Manfred Spitzer und Wulf Bertram

Hirnforschung für Neu(ro)gierige

Hirnforschung für Neu(ro)gierige

Braintertainment 2.0

Herausgegeben von

Manfred Spitzer und Wulf Bertram

Mit Beiträgen von

Josef B. Aldenhoff, Andreas Bartels, Wulf Bertram, Rafaela von Bredow, Giovanni Buccino, Anna Buchheim, Vince Ebert, Susanne Erk, Gregory J. Gage, Vittorio Gallese, Axel Karenberg, Giovanni Maio, Timothy C. Marzullo, Hirak Parikh, Michael Pauen, Edward G. Rantze, Joram Ronel, Johann Caspar Rüegg, Daniel Schäfer, Günter Schiepek, Stephan Schleim, Manfred Spitzer, Hans-Otto Thomashoff, Dieter Vaitl, Henrik Walter, Michael H. Wiegand

Mit einem Epilog von

Eckart von Hirschhausen

Mit 93 Abbildungen und 4 Tabellen

Schattauer Stuttgart New York

Bibliografische Information der Deutschen Nationalbibliothek
Die Deutsche Nationalbibliothek verzeichnet diese Publikation in der Deutschen Nationalbibliografie; detaillierte bibliografische Daten sind im Internet über http://dnb.d-nb.de abrufbar.

E-Mail: info@schattauer.de
Internet: http://www.schattauer.de
Printed in Germany

Lektorat: Volker Drüke, Münster, Dr. med. Annette Gesien, Stuttgart
Umschlagabbildung: Reinhold Henkel, Heidelberg
Satz: Satzpunkt Ursula Ewert GmbH, Bayreuth
Druck und Einband: AZ Druck und Datentechnik GmbH, Kempten/Allgäu

ISBN 978-3-7945-2736-6

Vorwort

Vom Anfang mit Neugier ... zum Meta-Spaß!

Selbsterfahrungsgruppen haben so ihre eigenen Rituale. So fordert manchmal ein Gruppenleiter die Teilnehmer etwa auf, ihre drei besten Eigenschaften zu nennen. Es wird berichtet, dass sich in bereits fortgeschrittenem Alter einst auch der Nestor der deutschen Psychosomatik, der Internist und Naturphilosoph Thure von Uexküll, auf die Teilnahme an einer solchen Runde einließ. Diejenigen, die vor ihm an der Reihe waren, hatten Attribute wie „Ausdauer, Zuverlässigkeit, Sorgfalt", „ Humor, Optimismus, Zuversichtlichkeit", oder „Geduld, Gelassenheit, Toleranz" genannt. Uexküll zögerte nicht lange mit seiner Antwort. Sie lautete: „Neugier, Neugier, Neugier". Durch die moderne Forschung wird er dahingehend bestätigt, dass Neugier tatsächlich ein Charakterzug (trait) ist, also eine Eigenschaft, die Menschen mehr oder weniger stark aufweisen, die eine biologische Grundlage hat und letztlich genetisch verankert ist.

Thure von Uexküll wurde in bester geistiger Verfassung 96 Jahre alt, forschte, lehrte und publizierte nach der Emeritierung von seinem Lehrstuhl in Ulm über 30 weitere Jahre lang und blieb für neue Denkanstöße und selbst für quer gedachte Ideen seiner Mitstreiter, Schülerinnen und Schüler stets aufgeschlossen. Neugierig eben.

Neugier ist allerdings nicht immer und automatisch mit Freude und langem Leben verknüpft. Nach der griechischen Mythologie machte Pandora, die erste auf Geheiß von Zeus aus Lehm geschaffene Frau, aus Neugier ein Fass auf. Dummerweise bewahrte Zeus die Plagen der Menschheit darin, und so brachte Pandoras Neugier vielerlei Übel in die Welt. Der kühne Odysseus wird für seine Unruhe und Neugier von den Göttern hart bestraft und Adam und Eva werden nach der biblischen Überlieferung aus dem Paradies vertrieben. Und so mancher Polar-, Dschungel- oder Höhlenforscher bezahlte für seine Neugier mit dem Leben. Nicht anders geht es dem heutigen Sensation-Seeker, der im Eis-Wasserfall klettert, am Lenkdrachen hängt oder auf dem 200-PS-Motorrad sitzt und Grenzbereiche neugierig auslotet. Und weil es immer einen noch schwierigeren Eisbruch, eine noch höhere Flugbahn und ein noch schnelleres Motorrad (bzw. eine noch engere Kurve) gibt, wird die potenziell tödliche Neugier nie gesättigt.

Wenn Sie zu den Menschen mit Extra-Dosis des Neugier-Gens gehören und sich dieses Buch in Uexkülls Geisteshaltung vorgeknöpft haben, befinden Sie sich also nicht nur in bester Gesellschaft. Sie haben es auch verstanden, aus Ihrem Neugier-Gen das Beste zu machen und vor allem, ihm den lebensverkürzenden Aspekt zu rauben. Und wenn für Sie nach der Lektüre mehr Fragen offen geblieben sind, als Sie vorher hatten, hätten Sie unser Buch mit Gewinn gelesen. Denn mit dem Gehirn ist es wie mit dem Motorrad: Sie können in ihm noch so lange mittels Elektroenzephalo-

graphie (EEG) oder funktioneller Magnetresonanztomographie (fMRT) herumkurven, viel Neues entdecken und noch mehr publizieren, es gibt immer neue Weggabelungen und weitere Kurven: Und je mehr Straßen Sie befahren haben, desto mehr haben Sie auch links oder rechts liegenlassen, es bleibt also manches im Dunkeln. Einige Wissenschaftler meinen, dass das in Hinblick auf unsere Kenntnisse vom Gehirn wohl auch so bleiben werde: Wenn dieses Organ so raffiniert und sublim sei, dass es sich gar selbst erforschen kann, sorge diese immense Komplexität dafür, dass ihm das nie erschöpfend gelingen wird. Das ist natürlich Unsinn! Wenn Achtklässler im Biologieunterricht ein Kuhauge untersuchen, tun sie das mit Lupe, Messer, Mikroskop und vor allem – mit ihren Augen. Augen untersuchen also Augen! Wenn es gut geht, erkennen sie dabei den Zusammenhang von Biologie und Physik: Sie lernen etwas über Lichtbrechung an optisch unterschiedlich dichten Medien im Auge und über die Umwandlung von Licht in Information im Auge. Ist das alles zirkulär oder gar paradox und damit unmöglich? – Durchaus nicht! Warum sollte das beim Gehirn anders sein? In beiden Fällen trifft eines jedoch auf alle Fälle zu: die Triebfeder, es wissen zu wollen, heißt Neugier, Neugier, und nochmal Neugier!
Was ist Neugier? Der Philosoph könnte, mit Heidegger beispielsweise, sagen, dass die Antwort auf diese Frage nicht zuletzt darin liegt, die Frage besser zu verstehen. Denn die Frage nach der Neugier ist ja selbst eine neugierige Frage. Mit der Neugier ist es also wie mit dem Denken: Wenn man darüber nachdenkt, hat man schon damit angefangen. Denken und Neugier sind auf einen Inhalt gerichtet, haben also intentionale Struktur, sind nicht statisch, sondern in Bewegung – auf etwas hin, das man noch nicht kennt. Dieses Auf-etwas-gerichtet-Sein, das zugleich wesensmäßig noch nicht gekannt ist – ja, das gehört zur Neugier. Und die Freude daran, die uns treibt, das Erkenntnisinteresse, gehört zu ihr.
Und genau dieses Erkenntnisinteresse kann mich dazu treiben, die Neugier ihrerseits zu untersuchen. Mit Messer und Mikroskop kommt man da nicht sehr weit (tote Augen brechen immerhin noch Licht, die Physik funktioniert also noch; die Biologie, das Leben und damit in diesem Fall die Umwandlung von Licht in Information, nicht mehr). Aber mit EEG oder fMRT kommt man schon weiter. Diese Methoden untersuchen lebendige Prozesse bei lebendigen Systemen.
Wie aber untersucht man Neugier? – „Ist doch klar: Man legt eine Versuchsperson in den Scanner und sagt: Nun sei doch mal neugierig!" und dann macht man ein Bild vom Gehirn und – voilà – schon hat man ein buntes Bildchen der Neugier im Gehirn.
Langsam! Dass es so nicht geht, zeigt nicht zuletzt ein Beitrag dieses Buches sehr deutlich (Kapitel 11 von Henrik Walter und Susanne Erk). Wie geht es aber dann? Wie die philosophische Analyse zeigte, geht es bei der Neugier darum, dass man etwas nicht weiß und es wissen will. Man ist also mehr oder weniger unsicher und will etwas mehr oder weniger stark wissen. (Oder anders: Wenn ich nicht unsicher bin, bin ich nicht neugierig; und wenn ich etwas nicht wissen will, auch nicht.) Unsicherheit und Wissen-Wollen sind damit zwei Aspekte der Neugier und beide lassen sich erfassen.

Der Kontext, in dem Neugierde damit steht, ist nicht der Gleitschirm und auch nicht das Motorrad, sondern – und das wird manchen überraschen – die Schule. Geht es doch bei der Neugierde um nichts weniger als um die Triebfeder dessen, was der Mensch von allen Lebewesen auf der Erde am besten kann, womit er deswegen auch seine meiste Zeit verbringt und was er ohnehin am liebsten macht: Lernen!

In der schönen Arbeit „Der Docht in der Kerze des Lernens" (Kang et al. 2009; ja, so originell können wissenschaftliche Originalarbeiten zur funktionellen Magnetresonanztomographie betitelt sein!) zum Zusammenhang von Neugier und Lernen wird beschrieben, wie es geht: 19 Studenten liegen im MR-Tomographen und sehen jeweils eine von 40 mehr oder weniger interessanten Fragen zur Allgemeinbildung: „Welches Musikinstrument wurde entwickelt, um wie die menschliche Singstimme zu klingen?" oder „Wie heißt die Galaxie, in der unsere Erde liegt?" Dann sollen sie zunächst auf einer Skala von 1 bis 7 angeben, wie neugierig sie auf die Antwort sind. Danach werden sie danach gefragt, wie sicher sie die Antwort wissen – von 0 % (weiß gar nichts) bis 100 % (weiß es sicher). Daran anschließend wird ihnen die Frage noch einmal gezeigt und erst dann sehen sie die Antwort. Nach dem Scannen sollen sie noch ihre jeweils vorher vermuteten Antworten auf die Fragen aufschreiben.

In einem zweiten Experiment mit 16 anderen Studenten wird das Ganze noch einmal gemacht, diesmal ohne Scanner aber mit einem Messgerät zur Pupillenweite zur Bestimmung der Aktivierung des vegetativen Nervensystems. Diese Studenten werden nach der ganzen Prozedur mit der Bitte überrascht, in ein bis zwei Wochen noch einmal ins Labor zu kommen. An diesem Termin werden ihnen dann alle Fragen noch einmal gestellt und sie erhalten 25 Cent für jede korrekte Antwort. Man misst also die Gedächtnisleistung.

Ein drittes Experiment an insgesamt 30 (wiederum anderen) Studenten untersucht den Zusammenhang zwischen Neugierde und Belohnung. Wieder ist alles wie gehabt, aber zehn der Studenten bekommen vor Beginn des Experiments halb so viele Münzen wie sie anschließend Fragen gestellt bekommen. Damit können sie sich das Anzeigen der richtigen Antworten (nachdem sie zunächst raten mussten) „erkaufen". Die anderen 20 Studenten bekommen keine Münzen, sondern müssen entweder auf die Anzeige der richtigen Antwort 5 bis 25 Sekunden warten oder sie können die Antwort überspringen und die nächste Frage abrufen. Die Idee dahinter: Wenn die Probanden neugierig sind, bezahlen die Münzbesitzer für die Anzeige der Antwort und die der anderen Gruppe warten darauf. Wenn sie nicht neugierig sind, bezahlen oder warten sie nicht. In beiden Fällen wird also gemessen, wie neugierig die Probanden auf die Antwort wirklich sind.

Was kommt heraus? Zunächst zu den funktionellen Gehirn-Bildern: Man gruppiert sie nach der Neugier (Bilder von Durchgängen mit überdurchschnittlich viel Neugier versus Bilder von Durchgängen mit unterdurchschnittlicher Neugier) und findet auf diese Weise Bereiche im Gehirn, die mit Neugier in Zusammenhang stehen: Beim *Stellen der Frage* sind der linke Nucleus caudatus, der inferiore präfrontale

Kortex beidseits und der parahippocampale Kortex beidseits aktiver, wenn man auf die Antwort neugierig ist, als wenn man das nicht ist. Bei der *Anzeige der Antwort* sind Bereiche des Gehirns, die für Lernen und Gedächtnis zuständig sind, viel stärker aktiviert, wenn die Probanden zuvor *falsch* geraten hatten. Dieser Effekt wiederum war von der Neugierde moduliert: Die mit Lernen und Gedächtnis in Zusammenhang stehenden Bereiche des Gehirns (wer es genau wissen will: der inferiore frontale und der parahippocampale Kortex sowie der Hippocampus) waren umso aktiver, je neugieriger die Probanden auf die Antwort waren. Hatten sie zuvor die Antwort bereits richtig geraten, zeigte sich kein Zusammenhang der Aktivierung dieser Areale mit der Neugier.
Es ist eine Sache zu zeigen, dass durch Neugier die „Lernzentralen" des Gehirns aktiviert werden, und eine andere, ob Neugier tatsächlich zu besserem Lernen führt. Hierzu diente das zweite Experiment, bei dessen Auswertung nachgewiesen wurde, dass größere Neugier tatsächlich zu besserem Behalten führt: Man teilte die Fragen je nach Ausmaß der von den Probanden berichteten Neugier in drei Gruppen mit geringem, mittlerem und hohem „Neugierwert" ein. Waren die Probanden nur wenig neugierig auf die Frage gewesen, wurde gerade mal etwas mehr als ein Drittel der Antworten korrekt behalten, bei mittlerer Neugier war es etwa die Hälfte und bei großer Neugier waren es gar zwei Drittel.
Je neugieriger man also war, desto mehr blieb hängen. Zudem wurde gezeigt, dass Neugierde mit einer Vergrößerung der Pupille bereits *vor* der richtigen Antwort (und auch danach) einhergeht. Eine Pupillenvergrößerung zeigt neben erwarteter Belohnung auch vegetative Aktivierung, Aufmerksamkeit, Interesse und kognitiven Aufwand an – also Prozesse, die Lernen beschleunigen.
Das dritte Experiment zeigte schließlich, dass Neugier einen direkten belohnenden Effekt hat: Je neugieriger die Probanden waren, desto eher bezahlten sie für die Antwort (bzw. desto länger warteten sie darauf).
Insgesamt ergibt sich damit ein neurobiologisches Bild der Neugierde, das sie in einen klaren Zusammenhang mit Lernen, Erwartung und Belohnung stellt: Ereignisse der Umgebung (Fragen beispielsweise) triggern in unterschiedlichem Ausmaß die Neugier, d.h. die Suche nach Information. Diese Information hat belohnenden Charakter, und dieser Belohnungsaspekt ist in den Basalganglien repräsentiert. Diese wiederum versorgen das Arbeitsgedächtnis im Frontalhirn mit dopaminergem Input, so dass es die zu befragende Umgebung besser online halten kann. Ein stärkerer Input vom Belohnungssystem bewirkt eine bessere Einspeicherung der Antwort und sichert damit ihr besseres langfristiges Behalten. Das ganze trifft vor allem dann zu, wenn die erwartete Antwort *nicht* eintritt, sondern eine neue, andere Antwort von der Umgebung als Input geliefert wird. Dann wird gelernt!
Sofern Sie dieses Buch als relativer Neuro-Anfänger lesen, haben Sie also die größten Chancen auf Glück- und Lernerlebnisse. Sie werden in Ihren Erwartungen oft genug enttäuscht werden, um hoffentlich viel Neues zu lernen. Sind Sie kein Anfänger mehr oder gar ein Braintertainment-Wiederholungstäter, dann hoffen wir Herausgeber darauf, dass dieses Buch dennoch funktioniert, beinhaltet es doch genü-

gend unerwarteten Stoff selbst für eingeweihte Spezialisten. Und wenn Sie, Gott-gleich, schon alles wissen, dann lesen Sie diese Zeilen gar nicht, denn dann hätten Sie das Buch gar nicht erst gekauft, ausgeliehen oder geschenkt bekommen. Was auch immer zutrifft, Sie sind entweder Gott selbst (das einzige Wesen ohne Neu-Gier) oder haben Spaß und lernen neu. Gehirnforschung macht also Spaß und zeigt auch noch, warum – und auch das macht Spaß! – Meta-Spaß!

Spaß hat es offensichtlich auch den Autorinnen und Autoren gemacht, an diesem Buch mitzuschreiben, wie man ihren Beiträgen wohl anmerkt. Akademisches Publizieren ist meist kein Vergnügen, verlangt eine eigene, geradezu standardisierte, nüchterne Wissenschaftssprache und oft umständliche Begutachtungsprozeduren durch kritische Kollegen, die teilweise in Konkurrenz mit den Verfassern stehen. Aber es ist für eine Wissenschaftskarriere überlebensnotwendig (*publish or perish ...!*), weil man so genannte Impact Factor Scores sammeln muss. Sie messen, wie oft ein Beitrag von anderen Autoren zitiert wurde. Akademische Berufungen und Zuteilung von Forschungsbudgets hängen heute leider auch davon ab, ob man durch fleißiges Publizieren genügend solcher Punkte einheimsen konnte. Für Bücher und Beiträge wie die in diesem Band gibt es keine Punkte. Daher bleiben selbst die spannendsten und für unseren Alltag oft wichtigsten Forschungsergebnisse meist schön im akademischen Insiderzirkel. Umso mehr ist unseren viel beschäftigten und unter Publikationsdruck stehenden Autorinnen und Autoren zu danken, dass sie sich gut gelaunt aus der trockenen akademischen Höhenluft auf einen Sprung zu der neurogierigen Leserschaft gesellen, die sich von diesem Buch angesprochen fühlt. Es war nicht immer leicht, sie trotz ihrer zahlreichen Verpflichtungen in unser Boot zu bekommen, aber dann haben eigentlich alle beim Abliefern ihrer Manuskripte kundgetan, dass es ihnen Spaß gemacht habe, anders und „freier" schreiben zu dürfen als in den wissenschaftlichen Journals.

Und da wir einmal beim Danken sind: Ohne ein kritisches, kreatives und kompetentes Lektorat wäre dieses Buch zwar wohl auch zustande gekommen, aber fragen Sie nicht wie ...! Frau Dr. med. Annette Gesien und Herr Volker Drüke (letzterer als bewährter Braintertainment-Wiederholungstäter) haben die heterogenen, individuell unterschiedlichen Beiträge so bearbeitet, dass Originalität und Individualität unangetastet blieben, aber so weit wie möglich ein Buch aus einem Guss daraus geworden ist. Sie haben uns dabei mit manchen kritischen Fragen konfrontiert, um Sachverhalte noch klarer darzustellen, auf einige Widersprüche aufmerksam gemacht, die es aufzulösen galt und bei der Beschaffung fehlender Informationen geholfen. Dafür danken wir ihnen sehr. Frau Birgit Heyny hat ebenso gnadenlos wie mit freundlicher Engelsgeduld und großer Flexibillität erreicht, dass der von uns selbst gesetzte Zeit- und Umfangsrahmen eingehalten werden konnte und die redigierten Texte in eine ansprechende lesefreundliche Form gegossen wurden, dafür gebührt ihr ein Sonderdank, ebenso wie Frau Ruth Becker, die uns sozusagen „nebenbei" eine ganze Reihe organisatorischer Schritte und das Kollationieren des Umbruchs abgenommen hat. Nach einer rudimentären Vorstellung unsererseits hat Reinhold Henkel – wie auch bereits bei „Braintertainment" – virtuos die Um-

schlagsabbildung gestaltet, viele eigene Ideen eingebracht und unsere wiederholten und manchmal wohl etwas sprunghaften Änderungswünsche mit Großmut, Engagement und Kreativität aufgegriffen. Dafür danken wir ihm herzlich.
„Hirnforschung für Neu(ro)gierige" ist die Fortsetzung von „Braintertainment". Auf den Gedanken, jenes erste Buch herauszugeben, waren wir, wie wir in dessen Vorwort berichtet haben, seinerzeit nicht zuletzt gekommen, weil wir zusammen mit unserem Freund Joram Ronel gerade ein Trio mit dem Namen „Braintertainers" gegründet hatten. Dieser Neologismus gefiel uns selber so gut, dass wir – beim Rotwein nach dem Üben – beschlossen, unter einem ähnlichen Titel auch ein Buch in die Welt zu setzen. Dass im vorliegenden Nachfolgeband nun alle drei Braintertainers vertreten sind, war also überfällig, zumal wir bei unseren leider viel zu seltenen Übungsabenden immer auch über „... das Buch!" gesprochen haben. Was bei diesen Treffen sonst noch herausgekommen ist, können Sie bei youtube unter dem Suchwort „Braintertainers"(www.youtube.com/watch?v=AdrI0FbCIr0) ansehen, wenn Sie möchten.
Aber nun halten wir Sie nicht weiter vom Lesen ab, denn wir dürfen ja davon ausgehen, dass Sie neugierig sind, was in diesem Buch jetzt so alles auf Sie zukommt.

Ulm und Stuttgart, im Sommer 2009

Manfred Spitzer
Wulf Bertram

Literatur

Kang MJ, Hsu M, Krajbich IM, Loewenstein G, McClure SM, Wang JT, Camerer CF (2009). The wick in the candle of learning. Epistemic curiosity activates reward circuitry and enhances memory. Psychological Science; 20: 963–973.

Inhalt

1 Hirnlandschaften

Eine funktionell-neuroanatomische Tour d'Horizon

Johann Caspar Rüegg und Wulf Bertram

„Wenn das menschliche Gehirn so einfach wäre, dass wir es verstehen könnten, wären wir zu simpel, um es zu verstehen", erklärte der amerikanische Physik-Professor Emerson M. Pugh (1896–1981) in den 70er Jahren des 20. Jahrhunderts. Sollte man es also vielleicht lieber gar nicht erst versuchen?

Mehr als 30 Jahre später sieht es nicht so aus, als hätte sich die Scientific Community von diesem Verdikt entmutigen lassen. Und eine ständig wachsende „neurogierige" Öffentlichkeit schon gar nicht: Hirnforschung hat Hochkonjunktur. Am 17. Juli 1990 hatte der damalige US-Präsident George Bush (der Vater!) das gerade angebrochene Jahrzehnt zur „Decade of the brain" ausgerufen. Mit der üblichen zehnjährigen Verspätung wurde dann auch im April 2000 im Rahmen eines „Wissenschaftsfestivals" auf dem Petersberg bei Bonn das „Jahrzehnt des Gehirns" in Deutschland proklamiert. Die Anzahl der Publikationen über unser komplexestes, knapp drei Pfund schweres Organ ist exponentiell angewachsen, und Sie beschäftigen sich gerade mit einer derselben aus einem Meer von Tausenden. Seien Sie also erst einmal herzlich willkommen!

Wir glauben, dass Sie von den nachfolgenden Beiträgen mehr profitieren und dass sie Ihnen mehr Freude machen werden, wenn wir Sie zunächst mitnehmen auf eine „Tour d'Horizon" durch die Hirnlandschaft, die Ihnen einige Grundkenntnisse über Begriffe, Funktionen und den anatomischen Aufbau des Gehirns vermitteln soll. Wenn Sie damit schon weitgehend vertraut sind, werden Sie sich sicherlich zunächst einmal von uns verabschieden und direkt zu den nächsten Beiträgen springen, um vielleicht ja später hier und da mal etwas in unserem kurzen Überblick nachzulesen oder ein paar Details aufzufrischen.

Begeben wir uns also auf die Tour.

Die Gliederung der Hirnhalbkugel

Das Gehirn gliedert sich in mehrere Hauptabschnitte (Abb. 1). Das **Großhirn**, auch Endhirn (Telencephalon) oder Cerebrum genannt, ist in seiner Komplexität die jüngste Errungenschaft der Evolution. Es besteht aus den beiden Hirnhälften (Hemisphären), die durch einen dichten Filz von Nervenfasern miteinander verbunden sind, den so genannten **Balken** (Corpus callosum). In ihrem Inneren enthalten die

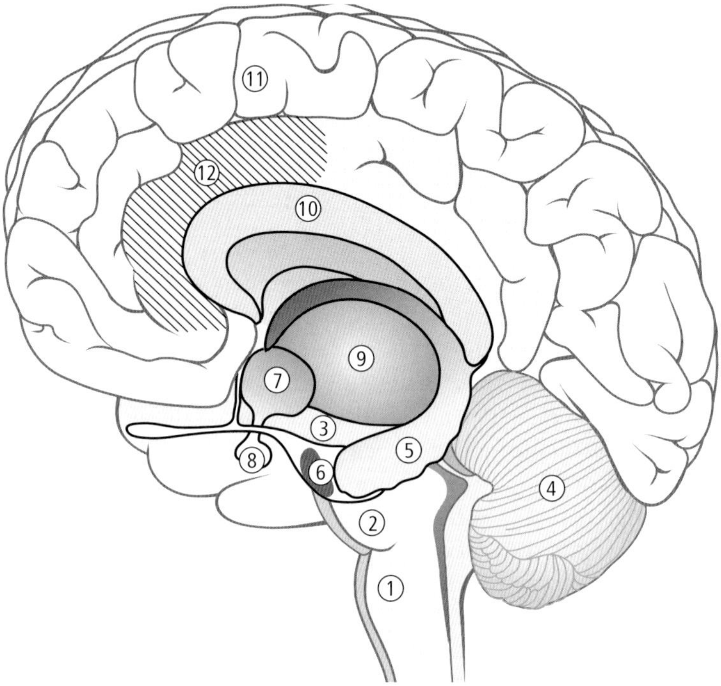

Abb. 1 Darstellung der Gehirnabschnitte und des anterioren Gyrus cinguli (ACC) in der Großhirnrinde (12, schraffiert). 1 = Verlängertes Rückenmark (Medulla oblongata); 2 = Brücke (Pons); 3 = Mittelhirn; 4 = Kleinhirn; 5 = Hippocampus; 6 = Mandelkern (Amygdala); 7 = Hypothalamus; 8 = Hypophyse; 9 = Thalamus (Teil des Zwischenhirns); 10 = Balken (Corpus callosum); 11 = Großhirnrinde mit ACC

beiden Hirnhemisphären die mit einer klaren, farblosen Flüssigkeit (Liquor cerebrospinalis) gefüllte linke und rechte Hirnkammer (Ventrikel). Der Balken legt sich über diese Ventrikel und das **Stammhirn**, also das Zwischenhirn (Diencephalon) mit dem darunter gelegenen Hirnstamm, der seinerseits durch „Stiele" (Pedunculi) mit dem Groß- und **Kleinhirn** (Cerebellum) verbunden ist.

Der Hirnstamm (Truncus cerebri)

Der Hirnstamm umfasst das **Mittelhirn** (Mesencephalon), die **Brücke** (Pons; mit Verbindungen zum Groß- und Kleinhirn) sowie das **verlängerte Rückenmark** (Medulla oblongata), das viele unserer vegetativen Funktionen reguliert, etwa Atmung und Blutdruck. Es geht am hinteren (kaudalen) Ende in das – in der Wirbelsäule gelegene – Rückenmark (Medulla spinalis) über. Ist also, etwa infolge eines Schädeltraumas, die Medulla oblongata beschädigt, bedeutet das den sicheren Tod, da die Atmung versagt und der Blutdruck nicht mehr reguliert werden kann. Bei einer Verletzung des übrigen Hirnstamms fällt der Mensch in einen Zustand tiefster Bewusstlosigkeit, das Koma. Der Hirnstamm enthält nämlich eine netzartige Struktur, die **Formatio reticularis**, die von der Brücke bis zum Mittelhirn zieht und nicht nur an der Steuerung so wichtiger Körperfunktionen wie Schlafen und Wachen beteiligt ist, sondern auch an der Regulation von Aufmerksamkeit und Bewusstseinszuständen.

Im Hirnstamm entspringen zehn der zwölf **Hirnnerven**, z. B.

- der Nervus trigeminus, der u. a. für Wahrnehmungen der Hautsinne im Kopfbereich zuständig ist;
- der Nervus facialis, der die mimische Gesichtsmuskulatur innerviert;
- der Nervus vagus (der „Umherschweifende"), der die Herzschlagfrequenz kontrolliert, aber auch im Bauch „vagabundiert", wo er fast alle Eingeweide mit Nervenfasern versorgt.

Der „Vagus" enthält sowohl sensorische als auch motorische Fasern, die z. B. die Schlundmuskulatur innervieren, aber auch Fasern des autonomen (vegetativen) Nervensystems. Letztere gehören zum **Parasympathikus**, dessen Aktivität zu einer ruhigen Erholungslage im Organismus führt, indem sie die Leistung drosselt und Energieverbrauch, Blutdruck und Herzfrequenz senkt. Sein Gegenspieler ist der **Sympathikus**, dessen Ursprungsneurone im Brust- und Lendenbereich des Rückenmarks liegen und (wie der Parasympathikus) vom Hirnstamm kontrolliert werden.

Das Kleinhirn (Cerebellum)

Das Kleinhirn ist ein „Bewegungssupervisor" (Bertram 2007). Es besteht zum einen aus einem phylogenetisch alten Teil, der hauptsächlich der Steuerung des Gleichgewichts und der Körperhaltung dient, und zum anderen aus einem jüngeren Teil, der über die Brücke (Pons) mit dem Großhirn verbunden ist. Das Großhirn ist über diese Verbindung an der Feinregulierung und Koordination der Muskelbewegungen beteiligt. Bei Erkrankungen des Kleinhirns können deshalb die Betroffenen unter Schwindel und Gangunsicherheit leiden, aber auch unter Störungen der Motorik. Sie können beispielsweise im Finger-Nase-Versuch nicht mehr bei geschlossenen Augen mit dem Zeigefinger die Nase treffen, und sie sprechen oftmals „verwaschen".

Das Zwischenhirn (Diencephalon)

Das Zwischenhirn beherbergt den **Thalamus**, eine wichtige Umschaltstelle für Nachrichten von den Sinnesorganen, z. B. den Hautsinnen, die aus der Körperperipherie über das Rückenmark dem Großhirn zugeleitet werden. Dort erst können sie uns bewusst werden – wenn überhaupt: Denn von den unzähligen Eindrücken, denen wir in jedem Augenblick ausgesetzt sind, können wir nur einen ganz kleinen Teil bewusst verarbeiten. Am hinteren Ende des Thalamus liegt die **Zirbeldrüse**, die das „Schlafhormon" Melatonin produziert. Unterhalb des Thalamus, in der untersten Etage des Zwischenhirns, befindet sich der **Hypothalamus**. Er kontrolliert automatisch eine Reihe von vegetativen Körperfunktionen, etwa die Körpertemperatur. Über den Hypophysenstiel ist er mit der Hirnanhangsdrüse, der **Hypophyse**, verbunden, die unter dem Hypothalamus in einer sattelförmigen Knochengrube („Türkensattel") der Schädelbasis liegt und sich dem Boden des Zwischenhirns anschmiegt. Durch CRH (Corticotropin-releasing-Hormon oder Kortikoliberin), ein im Hypothalamus gebildetes Neurohormon, wird in der Hypophyse die Sekretion von ACTH (Adrenokortikotropes Hormon) angestoßen. Das schwer auszusprechende Wort „adrenokortikotrop" bedeutet „auf die Nebennierenrinde einwirkend", und tatsächlich geht es uns dann „an die Nieren": In der Nebennierenrinde werden die Synthese und die Ausschüttung des Stresshormons Kortisol angekurbelt, während die Sekretion des Stresshormons Adrenalin nach der Aktivierung des Sympathikus durch das Nebennierenmark erfolgt.

Das Großhirn (Cerebrum)

Das Großhirn lässt sich in vier Lappen (Lobi) unterteilen: Stirn-, Scheitel-, Schläfen- und Hinterhauptlappen (Frontal-, Parietal-, Temporal- und Okzipitallappen). Seine Oberfläche wird durch zahlreiche Furchen vergrößert (s. Abb. 2), welche die nur wenige millimeterdicke dicke Hirnrinde in Windungen (Gyri) unterteilen. Dazu zählen z. B. der vor der Zentralfurche im Frontallappen gelegene Gyrus praecentralis. In dieser Hirnwindung befindet sich der motorische Kortex, der unseren Bewegungsapparat beherrscht. Gegenüber, hinter der Zentralfurche im Parietallappen, liegt der Gyrus postcentralis, der eine Repräsentation – quasi eine (verzerrte) „Landkarte" – unserer sensiblen Körperoberfläche enthält. Man spricht vom sensorischen „Homunculus". Auf der Innenseite jeder Hemisphäre liegt, direkt über dem Balken, ein phylogenetisch alter Teil der Großhirnrinde, der Gyrus cinguli, den man zum „limbischen System" zählt, über das in diesem Buch noch so manches Mal die Rede sein wird (vor allem in Kap. 16, S. 247).

Die Großhirnrinde (Cortex cerebri) besteht aus Milliarden „kleiner grauer Zellen", anatomisch korrekter als „graue Substanz" bezeichnet. Darunter (subkortikal) befindet sich das Marklager. Es enthält die „weiße Substanz" des Gehirns, also die unzähligen markhaltigen Nervenfasern. Diese Fasern sind mit dem „Isoliermaterial" Myelin ummantelt, d. h. myelinisiert. Sie verkabeln u. a. die in der Hirnrinde gelegenen Nervenzellen (Neurone) mit anderen Teilen des Zentralnervensystems, etwa mit den Neuronen anderer Hirnlappen oder – als so genannte Projektionsfasern – mit dem Kleinhirn, dem Hirnstamm und dem Rückenmark. Gleichsam eingebettet in die weiße Substanz des Marklagers sind Areale aus grauer Substanz, so

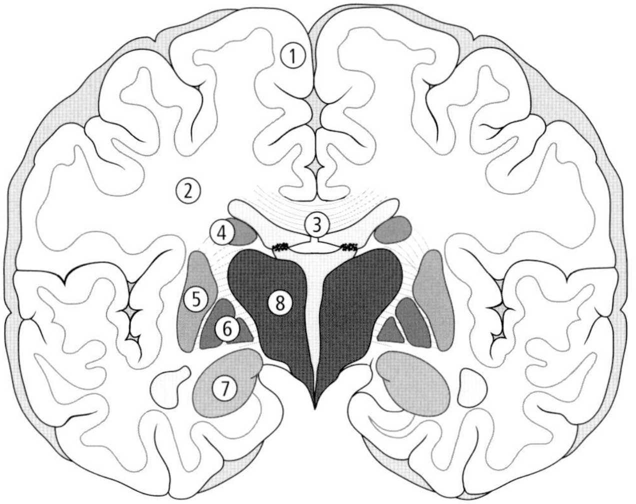

Abb. 2 Querschnitt durch Groß- und Zwischenhirn. 1 = Großhirnrinde; 2 = Großhirnmark; 3 = Balken; 4 = Schweifkern (Nucleus caudatus); 5 = Schale (Putamen), 6 = Pallidum (→ 4 bis 6 entsprechen den Basalganglien); 7 = Mandelkern; 8 = Zwischenhirn

genannte Hirnkerne (Nuclei), die aus den Ansammlungen von Zellkörpern (Perikaryen) zahlreicher Nervenzellen bestehen – beispielsweise der Mandelkernkomplex (Amygdala) und die Basalganglien (z.B. Putamen, Nucleus caudatus und Nucleus accumbens).

Die Nervenzellen des Gehirns

In der grauen Substanz des Gehirns befinden sich Milliarden von Nervenzellen, so genannte Neurone, die in bis zu sechs Schichten übereinanderliegen. Weitere Hirnzellen sind die von Rudolf Virchow entdeckten Zellen mit einer Stütz- und Schutzfunktion, denen er – abgeleitet vom griechischen Wort für „Leim" – den Namen „Gliazellen" gab. Dazu gehören die Oligodendrozyten, welche die Myelinscheiden um die Nervenfasern bilden, sowie die zwischen den Nervenzellen und Blutgefäßen gelegenen Astrozyten. Diese regulieren die Weite der zerebralen Blutgefäße und somit die Hirndurchblutung.

Jedes Neuron besteht aus dem **Zellkörper** (Perikaryon), aus dem zweierlei Fortsätze sprießen: das Axon (auch Neurit genannt) mit seinen zahlreichen Endverzweigungen und die vielfach verästelten Dendriten (Abb. 3). Letztere knüpfen unzählige Kontakte mit den Endigungen der Axone anderer Neurone. Zu den größten Neu-

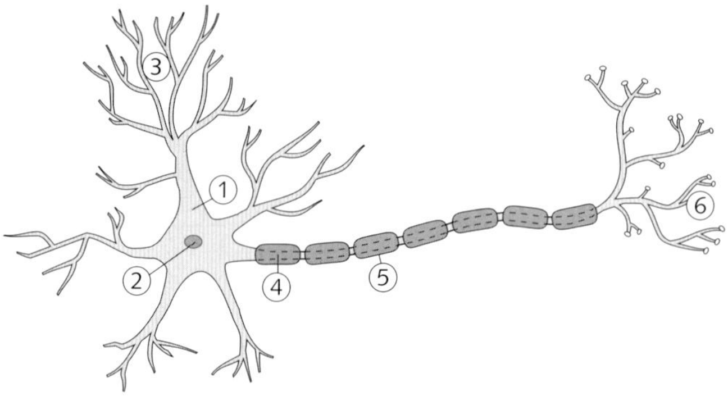

Abb. 3 Neuron. 1 = Zellkörper; 2 = Zellkern (Nucleus); 3 = Dendrit; 4 = Axon; 5 = Myelinscheide; 6 = Axonterminale

ronen zählen die so genannten Pyramidenzellen im motorischen Kortex. Ihre Axone ziehen sich entlang der Pyramidenbahn (im Tractus corticospinalis) durch das Marklager und den Hirnstamm bis ins Rückenmark. Dort kontaktieren sie die Dendriten von Motoneuronen, welche die Muskulatur des Bewegungsapparates innervieren. Damit können die Muskelkontraktionen ausgelöst werden, die uns zu beweglichen Wesen machen.

Die Verknüpfungspunkte eines Axons mit Dendriten heißen **Synapsen**. Da jedes Neuron bis zu 10 000 solcher Kontaktstellen hat, kommt es zu der gigantischen Zahl von einer Billiarde Synapsen in unseren Gehirnen (eine Milliarde Millionen oder eine 1 mit 15 Nullen). An den Synapsen berühren sich die Fortsätze der Neuronen nicht unmittelbar; sie bleiben durch eine submikroskopisch enge Kluft, den synaptischen Spalt, voneinander getrennt. Über diesen Spalt hinweg tauschen die Nervenzellen mithilfe von Botenstoffen (Neurotransmittern) Informationen aus. Sie „sprechen“ miteinander, indem jede Nervenzelle mittels ihrer verzweigten Axone über unzählige Synapsen an andere Nervenzellen Nachrichten sendet und umgekehrt mit ihren „Antennen“, den **Dendriten**, wieder solche Signale empfängt. Von diesen Impulsen wird die Nervenzelle entweder erregt oder in ihrer Aktivität gehemmt.

Letztlich entscheidet dann die algebraische Summe aller empfangenen hemmenden bzw. erregenden Signale darüber, ob ein Neuron zum „Schweigen“ gebracht wird oder nicht. Auf diese Weise wird die Aktivität des Gehirns von den zahllosen **Neurotransmittern** (Überträgerstoffen) bestimmt, welche die Billionen von erregenden oder hemmenden Synapsen der grauen Substanz durchfließen. Der Neurotransmitter hemmender Synapsen heißt GABA (Gamma-Aminobuttersäure), der wichtigste erregende Transmitter ist die Aminosäure Glutamat. Außerdem gibt es noch drei Überträgerstoffe aus der Gruppe der so genannten Monoamine (Dopamin, Serotonin und Noradrenalin) sowie gewisse Neuropeptide, etwa die schmerzlindernden Endorphine. Ein Übermaß, aber auch ein Mangel an einem ganz bestimmten Über-

trägerstoff kann zu mehr oder weniger schweren Störungen der Gehirnfunktion und des Verhaltens führen. Man denke z. B. an die Symptome der Parkinson-Krankheit, die durch einen dramatischen Abfall des Gehalts an Dopamin in den Basalganglien bedingt sind.
Die Wirkungsweise der Neurotransmitter ist etwas kompliziert. Sie reagieren auf der Oberfläche der Neuronen mit **Rezeptoren**, die jeweils für einen bestimmten Transmitter spezifisch sind – Proteinmoleküle, die in der Zellmembran verankert sind und zum Teil auch als ionendurchlässige Membranporen (Ionenkanäle) fungieren. Ihre Aktivierung durch Neurotransmitter bringt im Inneren der Nervenzellen biochemische Programme zum Laufen, beispielsweise solche, die den Stoffwechsel oder die Ionendurchlässigkeit der Zellmembran und damit die bioelektrischen Eigenschaften der Neuronen verändern und auf diese Weise das Neuron erregen oder hemmen. Für die Gedächtnisbildung besonders wichtig ist der so genannte NMDA-Rezeptor (N-Methyl-D-Aspartat-Rezeptor), der für Kalzium-Teilchen durchlässig ist. Wird er durch den Neurotransmitter Glutamat gleichzeitig mit einem anderen Glutamat-Rezeptor aktiviert, der die Durchlässigkeit für Natrium erhöht, so verfestigt sich die Synapse. Sie wird nachhaltig, ja sogar dauerhaft verstärkt (potenziert), was den Informationsfluss von Neuron zu Neuron verbessert. Man spricht von „long term potentiation" (LTP). Das ist die zelluläre Grundlage des Gedächtnisses, auch im Hippocampus, einem Teil des limbischen Systems (Kandel 2006).

Das limbisch-emotionale System

Zum limbischen System zählt man außer dem im Schläfenlappen gelegenen Hippocampus u. a. auch den Gyrus cinguli (auch „Gürtelwindung" genannt), den Gyrus parahippocampalis, den in den subkortikalen Kerngebieten (Basalganglien) gelegenen Nucleus accumbens und den Mandelkern (Amygdala) (Abb. 2). Letzterer ist reziprok mit dem über der Augenhöhle (Orbita) gelegenen orbitofrontalen Kortex im Stirnhirn verschaltet, seiner wichtigsten Kontrollinstanz. Dieser Teil des präfrontalen Kortex wird daher meist ebenfalls zum limbischen System gerechnet (Nieuwenhuys et al. 1988).

Der Hippocampus

Der Hippocampus ist der entwicklungsgeschichtlich urtümlichste Abschnitt der Hirnrinde, der während der Entwicklungsphase durch die „moderneren" Rindenabschnitte (Neokortex) ganz an den medialen Rand des Schläfenlappens gedrängt wurde und sich dort quasi wie ein Tuch faltete und nach innen aufrollte. Dadurch

diese Symptome, wenn sie mit so genannten Neuroleptika behandelt wurden – mit Psychopharmaka also, die Dopamin von seinen zellulären Rezeptoren verdrängen.

Die zinguläre Hirnrinde (Gyrus cinguli)

Unser „emotionales Hirn", der Gyrus cinguli, liegt direkt über dem Balken und windet sich wie ein Gürtel um dessen vorderes (d.h. der Stirn zugewandtes) Ende, das „Knie" des Balkens (Abb. 1). Der direkt unter dem Knie (subgenual) gelegene Teil der Windung entspricht in der heute allgemein gebräuchlichen Nomenklatur (nach Korbenian Brodmann) dem Brodmann-Areal BA 25. Der subgenuale Gyrus cinguli wird nach Ausbruch einer schweren (klinischen) Depression hyperaktiv, wie mit funktioneller Magnetresonanztomographie gezeigt wurde. Unlängst gelang es, bei scheinbar unheilbar depressiven Patienten die Übererregbarkeit dieses winzigen Teils der Hirnrinde durch eine tiefe Hirnstimulation mittels elektrischer Impulse gezielt zu „zähmen". Die Hyperaktivität des Areals BA 25 verschwindet dann, und zwar nachhaltig, vielleicht sogar dauerhaft. Dadurch werden die für die Depression typischen seelischen Schmerzen gelindert, die Stimmung hellt sich auf.
Eine deutliche Besserung der Symptomatik und eine Besänftigung des anterioren Gyrus cinguli (ACC, s. Abb. 1) traten jedoch nicht nur nach einer tiefen Hirnstimulation auf, sondern oft auch nach einer vom Patienten als erfolgreich erlebten Psychotherapie oder einer Pharmakotherapie mit so genannten Serotonin-Wiederaufnahmehemmern (SSRI) (Ressler u. Mayberg 2007). Letztere erhöhen im synaptischen Spalt die Konzentration von Serotonin. Dank solcher Erkenntnisse wissen wir, wo genau in der „Hirnlandschaft" sich das menschliche Zentralorgan bei einer Depression und nach deren Therapie verändert – ein großer Fortschritt in der Neurobiologie der Psychotherapie (Rüegg 2007).
Kommen wir aber noch einmal zurück auf den Satz jenes amerikanischen Physikers Plugh, der es als aussichtslos bezeichnete, das Gehirn verstehen zu wollen. Es hat sich viel getan in den letzten „Jahrzehnten des Gehirns". Insbesondere die funktionelle Magnetresonanztomographie hat eindrucksvolle Fortschritte bei unseren Kenntnissen über Aufbau und Funktion des Gehirns ermöglicht. Dass der viel zitierte Satz, man könne „dem Gehirn bei der Arbeit zusehen", allerdings stark übertrieben ist, machen Henrik Walter und Susanne Erk in diesem Buch deutlich (s. Kap. 11)!
Es gibt noch viele weiße Flecken auf der Karte der Hirnlandschaften, die unser Wissen über jenes Organ darstellt, mit dem wir dieses Wissen erwerben. Vielleicht hat Plugh ja letztlich Recht und für Hirnforscher gilt sinngemäß das, wovon Rainer Maria Rilke in seinem Gedicht träumt:

Ich lebe mein Leben in wachsenden Ringen,
die sich über die Dinge ziehn.
Ich werde den letzten vielleicht nicht vollbringen,
aber versuchen will ich ihn.

Literatur

Bertram W (2007). Wo geht es hier zum Hippocampus? Ein Rundgang durch die Hirnlandschaft. In: Spitzer M, Bertram W (Hrsg). Braintertainment. Expeditionen in die Welt von Geist & Gehirn. Stuttgart, New York: Schattauer.

Büchel C, Dolan RJ (2000). Classical fear conditioning in functional neuroimaging. Curr Opin Neurobiol; 10: 219–23.

Erk S, Spitzer M, Wunderlich AP, Galley L, Walter H (2002). Cultural objects modulate reward circuitry. Neuroreport; 13: 2499–503.

Kandel ER (2006). Auf der Suche nach dem Gedächtnis. Die Entstehung einer neuen Wissenschaft des Geistes. München: Siedler.

Leknes S, Tracey I (2008). A common neurobiology for pain and pleasure. Nature Rev Neurosc; 9: 314–20.

Nieuwenhuys R, Voogd J, van Huijzen C (1988). The Human Central Nervous System: Synopsis and Atlas. 3rd ed. Berlin, Heidelberg, New York: Springer.

Ressler KJ, Mayberg HS (2007). Targeting abnormal neural circuits in mood and anxiety disorders: from the laboratory to the clinic. Nature Neurosc; 10: 1116–24.

Rilke RM (2005). Das dichterische Werk. Frankfurt a. M.: Gerd Haffmans bei Zweitausendeins.

Rohen JW (2001). Funktionelle Neuroanatomie. 6. Aufl. Stuttgart, New York: Schattauer.

Rüegg JC (2007). Gehirn, Psyche und Körper. Neurobiologie von Psychosomatik und Psychotherapie. 4. Aufl. Stuttgart, New York: Schattauer.

Rüegg JC (2009). Traumagedächtnis und Neurobiologie. Konsolidierung, Rekonsolidierung, Extinktion. Trauma & Gewalt; 1: 6–17.

Spitzer M (2005). Frontalhirn an Mandelkern. Letzte Meldungen aus der Nervenheilkunde. Stuttgart, New York: Schattauer.

2 Sezierer und Sektierer

Die antiken Hauptdarsteller der Hirnforschung

Axel Karenberg

Wann beginnt die Hirnforschung? Die meisten Wissenschaftler und Laien werden kurz zögern, dann aber diese Frage mit einem Hinweis auf die Zeit nach 1950 beantworten: auf die Epoche der „Neurosciences" mit einer Explosion von Erkenntnissen, mit Hightech-Bildgebung und Hirnschrittmachern, mit spezialisierten Forschungsinstituten, zahlreichen Nobelpreisen und einer beeindruckenden Medienpräsenz des Themas. Einzelne werden sich an das späte 19. Jahrhundert erinnern, als zerebrale Lokalisationslehren und feingewebliche Hirnarchitekturen aufkamen und das Modell eines miniaturisierten Telegrafennetzes Konjunktur hatte. Seltener dürften die Jahrzehnte vor 1700 Erwähnung finden; allenfalls René Descartes, jener Philosoph mit einer ausgeprägten Neigung zur Neurophysiologie, der nachfolgenden Jahrhunderten ein brauchbares Menschenbild lieferte und an dessen Argumenten sich noch die heutige Neurophilosophie abarbeitet. Kaum jemand wird das Mittelalter berücksichtigen, obwohl die damalige Verortung einzelner innerseelischer Vorgänge wie Phantasie, Denken oder Erinnerung in den Hohlräumen des Gehirns eine spätere Verräumlichung spezifischer Hirnfunktionen in umschriebene Strukturen vorwegnahm – nur eben an der falschen Stelle.
Und die Antike? Welche befruchtende (oder behindernde) Rolle spielte das viel gerühmte Erwachen der wissenschaftlichen Neugier für die Deutung des walnussähnlich geformten Organs innerhalb der Schädelkapsel? Es wäre falsch zu behaupten, jene etwa 1000 Jahre zwischen 500 v. Chr. und 500 n. Chr. würden gänzlich ignoriert. Woran es aber fehlt, ist Folgendes: Interessierten Lesern wird fast nie die Gelegenheit gegeben, die wenigen erhaltenen und fragmentarisch überlieferten Zeugnisse unmittelbar kennen zu lernen und eigene Interpretationen zu entwerfen. Genau dies soll sich auf den folgenden Seiten ändern. Der Neurohistoriker der Frühzeit betätigt sich als Perlentaucher in antiken Textgefilden und bringt beeindruckende Preziosen wie diese Worte des Sokrates an die Oberfläche:
„In meiner Jugend (...) hatte ich ein wunderbares Bestreben nach jener Weisheit, welche man die Naturkunde nennt; denn es dünkte mich etwas Herrliches, die Ursachen von allem zu wissen, wodurch jegliches entsteht und wodurch es vergeht und wodurch es besteht, und hundertmal wendete ich mich bald hier-, bald dorthin, indem ich bei mir selbst zuerst dergleichen überlegte: (...) Ob es wohl das Blut ist, wodurch wir denken, oder die Luft oder das Feuer? Oder wohl keines von diesen, sondern das Gehirn uns alle Wahrnehmungen hervorbringt des Sehens und Hörens und Riechens und aus diesen dann Gedächtnis und Vorstellung entsteht

und aus Erinnerung und Vorstellung, wenn sie zur Ruhe kommen, dann auf dieselbe Weise Erkenntnis entsteht?" (Platon, Phaidon, 96b)
Neben zeitlos gültigen Anmerkungen zu intellektuellen Voraussetzungen einer wissenschaftlichen Karriere greift dieser kurze Abschnitt drei Probleme auf, welche auch die gegenwärtige Forschung bewegen:

- Erstens stellt er die Frage, was es ist, das in uns denkt.
- Zweitens bietet er insofern eine bis heute akzeptierte Erklärung, als das Gehirn als Ort menschlichen Denkens angesehen wird.
- Drittens identifiziert er die „Substanz", die Wahrnehmungen aufnimmt, als dieselbe, die sie verarbeitet und auf diese Weise Phänomene wie Gedächtnis, Urteilsvermögen und Wissen hervorbringt.

Schlüsselstellen wie diese sollen – chronologisch geordnet, mit knappen Kommentaren versehen und in ihren Kontext gesetzt – die geschätzten Leser auf den folgenden Seiten in einen Zustand genussvollen Staunens versetzen. Die alten Schriften setzen dem Anspruch einiger Neurowissenschaftler, endgültige Antworten auf Fragen nach dem Verhältnis von Körper und Geist zu liefern, die schlichte Wucht der medizin- und philosophiegeschichtlichen Tradition entgegen und damit eine Vergangenheit, die in manchen Teilen gar nicht so vergangen wirkt. Provozierend formuliert: Im Blick auf die derzeitige Hirnforschung könnte, ohne dass eine solche Lektürefolgenabschätzung bereits statistisch belegt wäre (und hoffentlich auch nur vorübergehend), die grundlegende Einsicht stehen: Alles Antike, oder was?

Die Geburt des Gehirns aus dem Geist der Vorsokratiker

Wer seinen Homer aufschlägt, wird darin wenig Erhellendes über das Enzephalon finden. Beispielsweise wird vom Krieger Hippothoos erzählt, den bedauernswerten Kämpfer habe ein den Helm penetrierender Speer getroffen, und „gleich quoll das Gehirn an der Röhre des Schafts aus der Wunde/Blutend hervor; ihm entwich auf der Stelle die Kraft" (Ilias XVII, 296–297). Ein ähnliches literarisches Schicksal erleidet einen Gesang zuvor ein gewisser Erymas (Ilias XVI, 345–350). Vergleichsweise vage bleiben die homerischen Vorstellungen von der Seele, für die der Altmeister der europäischen Erzählkunst auch kein eigenes oder einheitliches Wort hatte. *Psyche*, für die späteren Griechen die Instanz des Denkens oder Fühlens, hat bei ihm nichts mit Bewusstsein zu tun und ist bloß der Rest, wenn der Körper eines menschlichen Individuums stirbt – ein geisterhafter und verstandloser Schatten, die Totenseele eben. *Thymos* und *Nous* hingegen stellen in Analogie zu Leber oder Nieren gleichsam unkörperliche „Organe" dar, deren Aufgaben in unserer Sprache nur unzulänglich wiederzugeben sind. Ersterer veranlasst beim Menschen die Gemütsregungen und jede Bewegung, Letzterer hingegen bringt die Vorstellungen hervor und zielt mehr auf das Intellektuelle. Alle drei Wesenheiten wirken – sehr hellenisch gedacht – als „natürliches Geschenk der Götter", ohne die Einheitlichkeit des Seelischen einzuschließen.

Diese für das archaische Griechenland typische Mischung aus pragmatischem Alltagswissen und einer halbmagischen Weltsicht wich bald einem systematischer konzipierten Erkenntnisprozess. Ein Fragen nach dem Ursprung der sichtbaren Dinge und das Suchen nach rationalen Erklärungen kennzeichnen jene Denker bis zur Zeit des Sokrates, die zusammenfassend als „Vorsokratiker" bezeichnet werden. Männer wie Thales, Anaximander und Anaximenes führten die Vielfalt der belebten und unbelebten Dinge im Kosmos auf wenige Grundelemente (wie Feuer und Wasser, Luft und Erde) und auf deren Grundqualitäten (wie warm und trocken, kalt und feucht) zurück. Andere Gelehrte formulierten erstmals speziellere, die Natur des Menschen betreffende Fragen: Wohin übermitteln die Sinnesorgane des Menschen ihre Botschaft? Oder: Wie werden Bewegungen im Körper gesteuert?

Als Protagonist eines solchen Wissensdrangs gilt – man höre und staune – ein Arzt, ein gewisser Alkmaion von Kroton (um 570–500 v. Chr.). Der Überlieferung nach machten ihn bereits in der Antike zwei Auffassungen berühmt. Zum einen gehörte er zu den ersten, die eindeutig das Gehirn als stoffliche Grundlage des Wahrnehmens und Denkens, also des geistigen Lebens überhaupt, ansahen und daraus auch pathologische Zustände erklärten:

„Alkmaion lehrte, dass sämtliche Sinnesvermögen irgendwie mit dem Gehirn zusammenhängen. Daher litten sie auch Schaden, wenn dieses erschüttert wurde und seine Lage veränderte. Denn es ziehe auch ‚die Poren' in Mitleidenschaft, durch die die Sinnesvermögen vermittelt würden." (Theophrast, Von den Sinneswahrnehmungen 25; zit. nach Capelle 1963, S. 109)

Unter „Poren" verstand der Stammvater der Sinnesphysiologie Durchgänge, in denen die vom Körper eingesogene und als Ur-Prinzip des Lebens angesehene Luft – das so genannte Pneuma – floss. Mit großer Wahrscheinlichkeit setzte er ähnliche Kanäle zum Gehirn für Ohren, Nase und Zunge voraus. Darauf lässt zumindest das folgende Zeugnis schließen:

„Alkmaion behauptet, dass wir mit den Ohren hören, weil in ihnen ein Hohlraum vorhanden sei; denn dieser töne (...). Wir riechen mit der Nase zugleich mit der Einatmung, indem wir den Atem bis zum Gehirn einziehen. Mit der Zunge aber unterscheiden wir Geschmäcke. Denn sie sei warm und weich und bringe daher durch ihre Wärme die Geschmäcke zum Schmelzen. Infolge ihrer lockeren Natur nähme sie sie dann auf und gäbe sie weiter zum Gehirn." (Theophrast, Von den Sinneswahrnehmungen 25; zit. nach Capelle 1963, S. 109)

Alkmaions zweite große Entdeckung, die er tieranatomischen Untersuchungen verdanken soll, war, dass die erst später so benannten Sehnerven eindeutige Verbindungen zum Gehirn aufweisen:

„Alkmaion von Kroton, ein bewährter Naturforscher, [hat es] zuerst gewagt, eine Sektion vorzunehmen (...), und viele herrliche Entdeckungen gemacht: Es gäbe

zwei schmale Wege, die vom Gehirn aus, in dem die höchste und entscheidende Kraft der Seele wurzele, zu den Höhlungen der Augen gehen, die ein natürliches Pneuma enthalten. Während diese Wege von ein und demselben Ursprung und derselben Wurzel ausgehen und im innersten der Stirn eine Weile verbunden sind [d. h. parallel laufen], gelangen sie, nachdem sie sich gabelförmig voneinander getrennt haben, zu den Augenhöhlen (...); dort biegen sie um (...) und füllen Kugeln aus, die durch die Decke der Augenlider geschützt sind.“ (Chalcidius, Kommentar zu Platons Timaios; zit. nach Capelle 1963, S. 109)

Der „erste Hirnforscher“ stand mit solchen Vorstellungen beileibe nicht allein. Ein anderer Vorsokratiker, Diogenes von Apollonia, erhob ebenfalls das Gehirn zum Zentrum der sensorischen und kognitiven Aktivität, doch übernahmen in seinem Schema die Blutgefäße die Funktion der „Kanäle“. Nach dieser Auffassung wurden auch die Körperglieder mithilfe des strömenden Pneumas bewegt, entsprechende Krankheiten waren eine Folge von Störungen innerhalb des Transportsystems. Demokrit schließlich, der Mitbegründer des philosophischen Atomismus, schrieb dem Gehirn ebenfalls eine wichtige Rolle zu, vor allem bei der Erklärung des Hörvorgangs.

Die Leitvorstellung Alkmaions und seiner Nachfolger war also, modern ausgedrückt, die eines körpereigenen Carrier-Systems, das Eindrücke aus der Außenwelt mithilfe des hypothetischen Pneumas über die Sinnesorgane zum Gehirn bzw. von diesem zu den Muskeln transportierte. Ein solches „Modell“ mag dem modernen Leser in manchen Teilen bizarr und rätselhaft, an anderen Stellen banal und selbstverständlich erscheinen. Warum also beschäftigen wir uns damit? Ganz einfach: Diese Überlegungen stehen ohne Zweifel für eine erkenntnistheoretische Wende – durchaus vergleichbar mit den von Kopernikus oder Darwin angestoßenen Umwälzungen. Mit den Vorsokratikern nämlich meldet das Gehirn erstmals seine Kandidatur als Sitz einer „Seele“ an, die Motorik, Sensorik und Bewusstsein steuert. Zwar blieb eine solche Lehre weder ohne Kritik noch ohne Konkurrenz: Der Enzephalozentrismus jedoch, die Doktrin vom Gehirn als Zentralorgan des Körpers, war fortan fester Bestandteil der intellektuellen Geschichte der Menschheit.

„Die größte Macht im Menschen“: Hirnphysiologie zur Zeit des Hippokrates

Wer kennt ihn nicht, den Vater der westlichen Medizin? Er ist historische Persönlichkeit und Mythos zugleich (Abb. 1). Als gesichert gilt allerdings lediglich, dass er um 460 v. Chr. als Spross einer Ärztesippe auf der vor der kleinasiatischen Küste gelegenen Insel Kos geboren wurde, wo er einige Zeit praktizierte und lehrte. Nach Jahren als Wanderarzt verbrachte Hippokrates die letzten Lebensjahre in Nordgriechenland und soll hochbetagt in Larissa, einer Stadt in Thessalien unweit des Olymp, gestorben sein.

gestützte Behandlungsmöglichkeiten gehörten von nun an sowohl zur Lehre vom Gehirn wie zur ärztlichen Kunst allgemein. Lediglich die morphologischen Grundlagen dieses Gedankengebäudes waren nach wie vor eine „Blackbox“ geblieben. Entscheidende Entdeckungen zur Struktur des Zentralorgans sollten erst in die nächste Periode fallen, in die der „antiken Neurowissenschaften“.

Anatomie in Alexandria: Wie das Hirn endlich in Form kam

Ein halbes Jahrhundert nach dem Tod des Hippokrates begannen erstmalig systematische Sektionen an menschlichen Leichen. Dieser Vorgang stellt eine für die Historie der Erforschung des Nervensystems und für die allgemeine Kulturgeschichte epochemachende Entwicklung dar – eine Entwicklung, die allerdings nur im Kontext anderer Ereignisse verständlich wird.

Gegen Ende des 4. Jahrhunderts v. Chr. verlagerte sich das wissenschaftliche und medizinische Zentrum der griechischen Welt nach Alexandria und damit in jene Stadt, die Alexander der Große selbst nach Abschluss seines Eroberungszuges durch Ägypten gegründet hatte. Was aber machte Alexandria innerhalb weniger Jahre zu einer wahren Wissenschaftsstadt? Die lange Liste „positiver Standortfaktoren“ scheint sich bis zur Gegenwart nur unwesentlich verändert zu haben. Zum einen ermöglichte die politische und finanzielle Patronage durch die herrschende Dynastie der Ptolemäer eine staatlich gesponserte Forschung, denn bereits ihnen war klar: Wissen ist Macht. Zum zweiten zog die weltoffene Atmosphäre des „melting pot“ im Nildelta Gelehrte aus allen Teilen Griechenlands an. Nicht zuletzt standen diesen Forschern herausragende wissenschaftliche Institutionen zur Verfügung. Dazu zählten zoologische Sammlungen und eine riesige Bibliothek, in der auch die hippokratischen Schriften zusammengetragen wurden.

Alexandria war noch aus anderen Gründen ein idealer Platz für anatomische Forschungen. Hier spielten rechtliche Einschränkungen, religiöse Tabus und moralische Hemmnisse eine geringere Rolle als im griechischen Mutterland; der uralte und damals noch praktizierte ägyptische Mumienkult mag als eine Art Vorbild eine zusätzliche Rolle gespielt haben. In jedem Fall bot sich unter diesen Umständen erstmalig die Gelegenheit, neben Tierkörpern in großem Stil auch menschliche Leichname zu sezieren, und wahrscheinlich sind sogar Vivisektionen an zum Tode verurteilten Kriminellen durchgeführt worden.

Der Beginn empirischer Forschungen in der Neuroanatomie und die „Entdeckung der Nerven“ sind untrennbar mit den Namen der beiden Ärzte Herophilos und Erasistratos verbunden. Zwar gingen ihre Schriften leider gänzlich verloren; doch sind ihre Erkenntnisse, wie bei vielen frühen Autoren, zumindest teilweise durch Zitate und Paraphrasen in den Werken späterer Autoren erhalten geblieben.

Herophilos (um 330–250 v. Chr.) gelangen während seines Wirkens in Alexandria eine Reihe bahnbrechender Beobachtungen (Abb. 2). Zunächst bestätigte er für die menschliche Anatomie die Unterteilung in Großhirn und Kleinhirn, die vor ihm bereits Aristoteles bei zoologischen Untersuchungen postuliert hatte. Weiter unterschied der Alexandriner motorische von sensiblen Leitungsbahnen und identifizierte sechs Paare von Hirnnerven (heute kennen wir deren zwölf). Seine besondere Aufmerksamkeit erregte die zwischen Kleinhirn und Rückenmark gelegene vierte Hirnkammer, denn in dieser Kavität sah er eine Art Steuerungszentrale des menschlichen Körpers lokalisiert: Damit beginnt eine lange Traditionslinie, die den Hohlräumen des Gehirns und nicht der festen Substanz eine überragende Rolle zusprach. Bei Tieren schließlich beobachtete der frühe Neuroanatom ein symmetrisches Arrangement von Arterien an der Schädelbasis, das er „wunderbares Netz" (Rete mirabile) nannte. Die Struktur (welche in dieser Form beim Menschen nicht vorkommt) sollte für spätere antike und mittelalterliche Theorien von der Hirnfunktion entscheidende Bedeutung erlangen.

Abb. 2 Die erste Sektion durch den alexandrinischen Arzt Herophilos. Idealisierendes Relief aus Paris (1955)

Herophilos' jüngerer Zeitgenosse Erasistratos (um 320–245 v. Chr.) erforschte das Nervensystem ebenfalls mithilfe methodischer (Vivi-)Sektionen bei Tier und Mensch. Er gilt als Vorläufer der vergleichenden Neuroanatomie: Bei morphologischen Studien zum Kleinhirn an verschiedenen Spezies fiel ihm auf, dass dessen Größe mit der Fähigkeit, schnell zu laufen, zunahm. In ähnlicher Weise korrelierte er intellektuelle Leistungen mit der Komplexität der Windungen und erklärte so die herausragende Stellung des menschlichen Geistes mit rein anatomischen Argumenten! Während sein Vorgänger den Hohlräumen im Gehirn eine überragende Bedeutung zugesprochen hatte, sah Erasistratos zu Beginn seiner Forschungen die harte Hirnhaut als koordinierendes Zentrum und Ursprung der Nerven an – noch im 18. Jahrhundert sollte diese Theorie eine Wiederbelebung erfahren. Doch ist er ein gutes Beispiel dafür, dass man seinen Standpunkt im Lauf eines Forscherlebens ändern kann: Später korrigierte er sich nämlich und rückte die Hirnsubstanz selbst in den Mittelpunkt. Als physiologisches Medium der nervösen Aktion sah auch er das Pneuma an, vor allem eine spezifische „psychische" Variante, ohne dass dazu nähere Ausführungen überliefert sind.

Die lebendigste Anschauung von den Resultaten der neuroanatomischen Studien im damaligen Alexandria vermittelt der folgende, Erasistratos zuzuordnende Auszug: *„Wir blickten auf die Gestalt des [menschlichen] Großhirns, und es war zweigeteilt wie bei anderen Lebewesen, und ebenso waren Hohlräume in länglicher Form vorhanden. Die inneren Kammern waren über einen Durchgang an der Stelle ihres Zusammentreffens miteinander verbunden. Von dieser Stelle aus führte ein Gang zum so genannten Kleinhirn, wo es einen weiteren schmalen Hohlraum gab. Jeder dieser [beiden Hirn-]Teile war durch die Hirnhäute abgeteilt. Denn das Kleinhirn wurde selbst noch einmal abgeteilt, ebenso wie das Großhirn, welches dem Dünndarm sehr ähnlich ist und viele Windungen aufweist; und das Kleinhirn ist, mehr noch als das Großhirn, mit vielen verschiedenen Windungen ausgestattet (...). Und die Fortsätze der Nerven kamen alle aus dem Gehirn; im Großen und Ganzen scheint das Gehirn der Ursprung der Nerven im Körper zu sein. Denn die Wahrnehmung, welche von den Nasenlöchern kommt, erreichte das Organ durch diese Kanäle, und auch die Empfindungen, welche von den Ohren herkommen. Und Fortsätze vom Gehirn gingen auch zur Zunge und zu den Augen.“* (Fragmente des Erasistratos, 289; zit. nach Garofalo 1988, S. 170–1; Übs. d. A.)
Ganz nebenbei hatte sich mit den Forschungsaktivitäten der Alexandriner ein neues Berufsbild etabliert. Neben den Arzt als Krankenbehandler war jetzt der Arzt als Wissenschaftler getreten – auch wenn bereits kurz nach dem Tod der beiden Gelehrten Humansektionen nicht mehr möglich waren und sich dieses in antiker Zeit einmalige „window of opportunity“ wieder schloss. Welche herausragende Bedeutung ihre Entdeckungen freilich für die Entwicklung der Kenntnisse vom Gehirn hatte, wird ein kurzer Blick auf die damalige Kontroverse um das Zentralorgan klären.

Hirn oder Herz?
Eine Millenniumsdebatte und ihre Hintergründe

„Tell me where is fancy bread; Or in the heart, or in the head?“ Die Frage der Portia aus William Shakespeares Komödie „Der Kaufmann von Venedig“ bewegte nicht nur das 16. Jahrhundert. Die Auseinandersetzung um den „führenden Teil“ im menschlichen Körper durchzog in gleicher Weise die langen 1000 Jahre antiker Medizin und Philosophie. Wie oben dargestellt, hatten bereits einige vorsokratische Denker eine Art Empfangs- und Verarbeitungszentrale der Sinneseindrücke innerhalb des Kopfes lokalisiert. Doch gab es eine einflussreiche Gegenposition, die vor allem Empedokles aus der sizilianischen Stadt Agrigent und seine Schüler vertraten: Sie vermuteten das leitende Prinzip im Thorax, im Blut (was auch in den eingangs zitierten Ausführungen des Sokrates erwogen wird) oder sogar direkt im Herzen.

Die Kontroverse um das *hegemonikon* stimulierte zwei der bedeutendsten antiken Philosophen, sich an einer Lösung zu versuchen. Platon (428/7–349/8 v. Chr.) trennte das Problem der Sinnesfunktionen zunächst von der Frage nach den Tätigkeiten des Geistes oder der Seele. In seinem späten Dialog „Timaios" vertrat er eine Dreiteilung der nichtmateriellen Seele innerhalb des Körpers. Seiner Auffassung nach wohnte die unsterbliche und göttliche Vernunftseele (*logistikon*) im Kopf:

„*Und denjenigen Teil des Markes, der, gleich einem Saatfeld, den göttlichen Samen [d.h. die göttliche Vernunftseele] in sich enthalten sollte, bildete der göttliche Schöpfer allenthalben kugelförmig, und ihn nannte er Gehirn [gr. enkephalos], da nach Vollendung jedes Lebewesens das Gefäß, welches es umgeben sollte, der Kopf [gr. kephalē] sein sollte.*" (Platon, Timaios, 73c–d)

Die sterbliche leidenschaftliche Seele (*thymoides*) hauste hingegen im Herzen, und die begierige, ebenfalls sterbliche Seele (*epithymetikon*) war in diesem Schema unterhalb des Zwerchfells zu finden:

„*Weil die Lebewesen aber Scheu trugen, die göttliche Seele zu verunreinigen (...), siedelten sie die sterbliche (...) in einem anderen Wohnbereich des Körpers an (...). Den Teil der Seele also, der an Mannheit und Zornesmut teilhat und ehrgeizig ist, siedelten sie zwischen Zwerchfell und Hals an, damit er der Vernunft gehorche (...). Den Teil unserer Seele, der nach Speise und Trank Verlangen hat und nach all dem, wofür er auf Grund der Natur des Körpers ein Bedürfnis hat, den siedelten sie zwischen dem Zwerchfell und der in der Nähe des Nabels gezogenen Grenze an.*" (Platon, Timaios, 69d–70a; 70d–e)

Umstritten ist allerdings, ob Platon in diesem schwierigen Text die moderne Auffassung des Gehirns als übergeordnete Schaltzentrale antizipiert. Doch auch er stellt fest, dass jegliche sinnliche Wahrnehmung mit dem Gehirn in Zusammenhang steht.

Wesentlich klarer äußerte sich Aristoteles (384–322 v. Chr.) und ebnete dabei der Wissenschaftsgeschichte einen ihrer größten Irrwege. Obwohl er ein Schüler Platons war, sah er das Herz als Sitz von Denken, Gefühl und Gedächtnis sowie als Ursprung aller körperlichen Bewegungen an. Dem Gehirn kam lediglich die Funktion einer Kühldrüse zu, welche die vom Herzen ausgehende Hitze dämpfen sollte; deshalb war es, wie sich in zahlreichen Tiersektionen zeigte, so außerordentlich groß und an der Oberfläche von Blutgefäßen umgeben. Für diese Theorie führte Aristoteles ein interessantes Bündel verschiedenartiger Argumente an. Zunächst bemühte er die Tradition: Mesopotamier, Ägypter und Juden – sie alle hatten das Herz und nicht das Gehirn als „Akropolis des Körpers" angesehen. Zudem war die Tätigkeit des Herzens bei Embryonen, das *cor punctum saliens*, als eine der frühesten Äußerungen ungeborenen Lebens zu erkennen. Überdies lag das Thoraxorgan im Zentrum des Körpers, fühlte sich warm an, bewegte sich und enthielt das lebenswichtige Blut; das Gehirn dagegen befand sich an der Peripherie, fühlte sich kalt an, war gefühllos und blutleer. Endlich, schloss der Zoologe Aristoteles die Beweiskette, gab es eine Menge primitiver Tiere, die zu Bewegung und Wahrnehmung fähig waren, aber kein Gehirn besaßen.

Die eingehende Betrachtung der aristotelischen Doktrin führt zu drei wissenschaftshistorisch wichtigen Einsichten:

- Auch irrige Theorien sind in der Regel ausgezeichnet begründet.
- Geschichte kann nicht nur die Geschichte von wissenschaftlichen Siegern sein.
- Als falsch erwiesene Lehren bleiben historisch nicht ohne Konsequenzen.

Etliche antike Ärzte folgten nämlich der aristotelischen Auffassung und deuteten neurologische Störungen als vom Herzen und den Gefäßen ausgehende Krankheiten. Auch für Philosophen gewann der Kardiozentrismus zunehmend an Attraktivität: Die Stoiker etwa entwickelten die Vorstellung einer physisch verankerten *Psyche*, die sowohl für höhere kognitive Funktionen wie Denken, Sprechen und die Bewegungssteuerung als auch für „natürliche“ Funktionen wie die Verdauung verantwortlich war; das Zentrum der *Psyche* aber lag, in bester Übereinstimmung mit dem Denken des Aristoteles, natürlich im Herzen.
Für das spätere Verständnis der höheren Hirnfunktionen war daher ein anderer, psychologischer Bereich des aristotelischen Theoriegebäudes wichtiger. Er fußte auf einer Unterscheidung eines Gemeinsinns (*sensus communis*) von der Einbildungskraft (*phantasia*) und dem Gedächtnis (*memoria*) und arbeitete damit, vor allem in der Schrift „De anima“, in subtiler Weise den Zusammenhang von Wahrnehmung und Denken weiter aus. Genau diese drei Vermögen waren es, die im Mittelalter in den Hohlräumen des Gehirns und in der Neuzeit in bestimmten Abschnitten seiner Substanz lokalisiert wurden (Abb. 3).
Somit standen sich Schlussfolgerungen zur Bedeutung des Gehirns und Befunde zur „Herz-Theorie“ nahezu unvereinbar gegenüber – und zwar für etliche Jahrhunderte. Erst in der späteren Antike kam frischer Wind in die Diskussion, und zwar durch eine neue Methode des Wissenserwerbs: das Experiment.

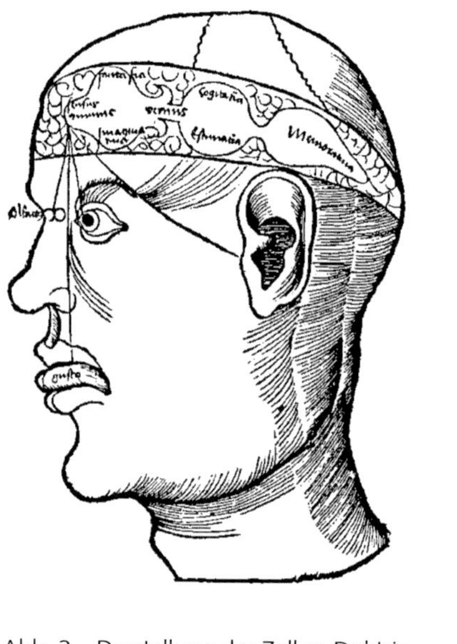

Abb. 3 Darstellung der Zellen-Doktrin des Gehirns mit Lokalisation einzelner Vermögen in den Hohlräumen. Zeichnung von Gregor Reisch (1523)

Galen und die Synthese des antiken Wissens vom Gehirn

Zwischen dem Ende der Blütezeit Alexandrias und dem Beginn der Wirkungszeit des Galen liegen 400 Jahre, die kaum neue anatomische oder physiologische Beobachtungen lieferten. Neben fehlenden Möglichkeiten zu Humansektionen kann diese „Leerstelle“ noch durch andere Umstände erklärt werden. Zum einen war es eine Zeit systematischen Sammelns und konzentrierten Inventarisierens der bekannten Erkenntnisse. Zum anderen fällt in diese Epoche der kulturelle Transfer von der untergehenden griechischen in die aufblühende römische Zivilisation. Und schließlich galt das Interesse verschiedener medizinischer Denkrichtungen vorrangig klinischen und therapeutischen Aspekten. So verwundert es wenig, dass die lang andauernde Kontroverse zwischen der enzephalozentrischen und der kardiozentrischen Auffassung erst gegen Ende des 2. nachchristlichen Jahrhunderts ihren vorläufigen Abschluss fand.

Die zentrale Figur in diesem Ideenwettstreit ist Claudius Galenos, der bekannteste Arzt, Forscher und Autor der späteren Antike (129–ca. 216 n. Chr.). Zeitweilig war er in seiner Vaterstadt Pergamon als Gladiatorenarzt tätig – angesichts mangelnder anatomischer Forschungsmöglichkeiten sicher eine gute Alternative, um Strukturen und Funktionsabläufe des Nervensystems gleichsam im Negativbild grauenvoller Verletzungen kennen zu lernen. Später übersiedelte er nach Rom ins Zentrum der damaligen Welt, wo er rasch zum führenden Mediziner seiner Zeit aufstieg. Sein wissenschaftliches Werk umfasst mehrere hundert Schriften, von denen rund die Hälfte erhalten ist (Abb. 4).

Galens anatomische Methodik war in hohem Maß innovativ, musste allerdings aufgrund religiöser und juristischer Vorbehalte der Zeit auf Tiere beschränkt bleiben. Anders als zuvor war nun die Beschäftigung mit der toten Form jedoch lediglich die Vorstufe zur Ergründung der lebendigen Funktion: Einzigartig in der antiken Physiologie sind Galens Vivisektionen an Versuchstieren, weshalb mit seinem Namen nicht zu Unrecht „die Geburt des Experiments“ verbunden wird.

Hervorragend veranschaulicht wird diese neue Forschungspraxis durch Demonstrationen zu einer komplexen Funktion, für die sich heutige Hirnforscher wenig interessieren: die Stimmbildung und ihre Störungen. Zum Hintergrund muss man wissen, dass die stoischen Philosophen als Argument für die Herz-Theorie vorgebracht hatten, dass die menschliche Stimme aus dem Brustkorb und damit letztlich vom Herzen her komme. Um die Haltlosigkeit dieser Position und die entscheidende Rolle des Gehirns als Steuerungsorgan

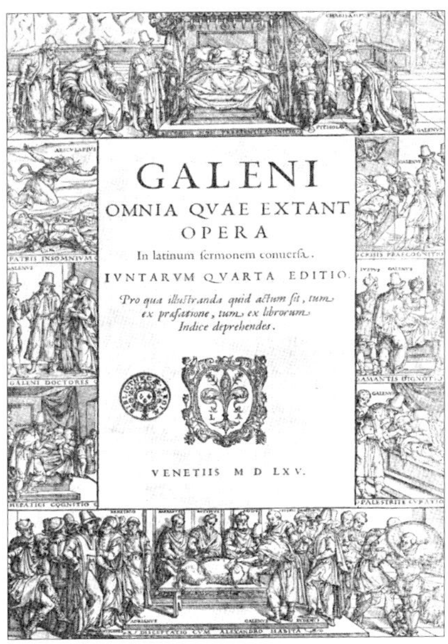

GALENI
OMNIA QVAE EXTANT
OPERA
In latinum sermonem conuersa.
IVNTARVM QVARTA EDITIO.
Pro qua illustranda quid actum sit, tum ex praefatione, tum ex librorum Indice deprehendes.
VENETIIS M D LXV.

Abb. 4 Titelblatt einer Galen-Ausgabe aus dem Jahr 1565. Neben Szenen aus dem Leben erscheint unten die (Vivi-?) Sektion eines Schweins.

zu beweisen, schnitt Galen zunächst bei Versuchstieren beidseitig den Nervus recurrens durch, der aus einem Hirnnerven entspringt, bis in der oberen Teil des Brustkorbs verläuft, dort umbiegt und zum Kehlkopf zurückkehrt, wo er die Stimmmuskeln aktiviert. Wie nicht anders zu erwarten, blieben die bedauernswerten Tiere stumm zurück.

Doch Galen ging noch einen entscheidenden Schritt weiter und demonstrierte die Übertragbarkeit dieser Zusammenhänge auch auf die menschliche Anatomie. Um die Überlegenheit des eigenen Wissens herauszustellen, breitete er genüsslich die Kunstfehler ahnungsloser Kollegen aus, zielte aber letztlich auf die empirische Ignoranz der Kardiozentriker ab:

„*Ein Chirurg, während er eine tief gelegene Drüsenschwellung am Hals [Kropf?] operierte, durchschnitt, ohne es zu bemerken, die zu den Stimmmuskeln laufenden Nerven. Infolge dieser Operation verlor der Patient seine Stimme, wiewohl er von der Drüsenstörung geheilt war. Ein weiterer Operateur, der in ähnlicher Weise einen anderen jungen Patienten behandelte, hinterließ diesen mit einer ‚halben' [d.h. heiseren] Stimme, was das Ergebnis einer Verletzung eines Stimmnerven war. Diese Operationsfolgen schienen jedermann zu erstaunen, waren doch weder Kehlkopf noch Luftröhre verletzt worden, und doch war die Stimme in erheblicher Weise betroffen. Als ich ihnen aber [Ursprung und Verlauf der] Stimmnerven demonstrierte, da hörten sie auf, verwundert zu sein.*" (Galen; zit. nach Finger 2000, S. 43f; Übs. d. A.)

Schon diese auch rhetorisch geschickt inszenierten Begebenheiten verdeutlichen, dass Galen ein Enzephalozentriker reinen Wassers war. Doch entpuppte sich seine eigene Theorie der Hirnfunktion am Ende als genauso spekulativ wie die seiner Vorgänger. Das galenische Gedankengebäude enthält die Summe des damals verfügbaren Wissens, denn verarbeitet sind u.a. die platonische Philosophie und die alexandrinische Physiologie, die schon damals uralte Pneumalehre genauso wie die eigenen Befunde und Experimente. Ihre historische Verfallsfrist wird freilich auf absehbare Zeit nicht erreicht werden: Bis ins 17. Jahrhundert, über anderthalb Jahrtausende also, reichte ihre Anwendung. (Vor der genaueren Lektüre möchte man jeden, der sich auf sie einlässt, warnen: Verzagen Sie nicht, falls Sie im ersten Anlauf nicht alles durchschauen, und fragen Sie bei Verständnisschwierigkeiten ihren Medizin- oder Wissenschaftshistoriker!)

Als entscheidendes Medium der Hirnfunktion erscheint in Galens Vorstellung (Abb. 5) der „Seelengeist" (psychisches Pneuma), welchen bereits die Vorsokratiker kreiert und Erasistratos erwähnt hatte. Dieses „erste Werkzeug der vernünftigen Seele" entstand in einem komplizierten Verfeinerungsprozess aus dem „Lebensgeist" (vitales Pneuma), der im Herzen gebildet und mit dem nach Art von Ebbe und Flut hin- und herpendelnden Blut in Richtung Gehirn gelangte. Zusätzlicher „Seelengeist" (oder seine Vorstufe) erreichte über das Riechorgan und Öffnungen im knöchernen Dach der inneren Nase das Hohlraumsystem im Inneren des Gehirns. Dies schloss Galen aus der Tatsache, dass das Abbinden beider Halsschlagadern beim Versuchstier keine nennenswerten Ausfälle erzeugte. Den entscheidenden Ort der Umwandlung vom

Lebens- zum Seelengeist stellte das Rete mirabile dar, jenes arterielle Wundernetz an der Schädelbasis, das auch Herophilos bei Tieren gesehen und dessen Existenz Galen bei vielen Spezies bestätigt hatte. Der transformierte und damit „verfeinerte" Seelengeist wurde in den Hirnkammern gespeichert und gewährleistete als eine Art Betriebsstoff der Nerven die Übertragung von Motorik und Sensibilität zwischen Gehirn und Körperperipherie. Wurden die Ventrikel experimentell durch Einschnitt eröffnet, kam es aufgrund des Entweichens des psychischen Pneumas zu Bewusstlosigkeit und Tod, was Galen als endgültigen Beweis seiner Doktrin betrachtete.

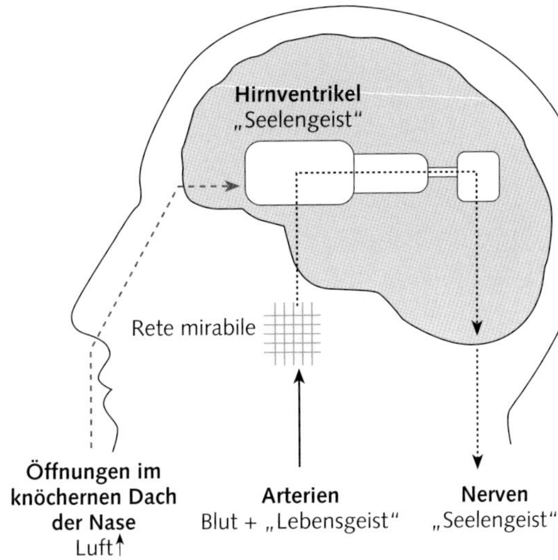

Abb. 5 Vereinfachtes Schema der Hirnfunktion nach Galen

Gegenüber früheren Theorien bot die galenische einen entscheidenden Vorteil. Seine pneumabasierte enzephalozentrische Physiologie ließ sich, wenn man noch die hippokratische Säftelehre hinzunahm, glänzend zur Erklärung zahlreicher Krankheitszustände verwenden. Blockierten überschüssige oder schlechte Körperflüssigkeiten alle oder einzelne Ventrikel, dann resultierten daraus Apoplexie, Lähmungen und andere Störungen. Leider wird nicht immer deutlich, ob Galen den Ursprung einer Störung ausschließlich in den inneren Hohlräumen oder bisweilen auch in der Substanz des Gehirns ansiedelte. Eine echte Lokalisationslehre entwarf er nicht; diese Frage sollte erst die folgenden Jahrhunderte ausführlich beschäftigen. Noch zu entdecken bleibt Galen als früher „materialistischer Neurophilosoph", der eine aktuell anmutende Philosophie des Geistes mit handfesten anatomischen Forschungsergebnissen verband.

Ausblick: Zur Zukunft der antiken Neurophilosophie

Jede Retrospektive zu den antiken Vorstellungen bezüglich des Gehirns muss einen zwiespältigen Eindruck hinterlassen, vor allem, wenn dieses Ideenpanorama konkrete Befunde zur Hirnstruktur und komplexe Theorien zur Funktion dieses Or-

gans einschließt. Für die einen wird eine solche Rückschau ihre Einschätzung von der Geschichte als großem Müllhaufen bestätigen, den die Zunft der Historiker nach halbwegs Brauchbarem umgräbt. Bei anderen erzeugt eine solche Betrachtung dagegen das Bild der heutigen „Zwerge auf den Schultern von Riesen“: Bei aller Unstimmigkeit im Detail imponiere doch die großartige Geschlossenheit des Welt- und Menschenbildes, das solche Gedanken hervorbringen konnte und umgekehrt von ihnen mitgeprägt worden ist.
Selbst wenn man eine Tour d'Horizon durch das antike Denken auf eine lineare Fortschrittsgeschichte einengt, wie dies auf den vergangenen Seiten teilweise geschehen ist, so wird man nicht umhin können, einige fixierende Koordinaten festzustellen, die seither das Forschen über das Gehirn bestimmen:

- das Verständnis des Gehirns als eines (auf welche Weise auch immer) steuernden Zentralorgans im menschlichen Körper, das bei Alkmaion von Kroton beginnt und sich in wichtigen hippokratischen Schriften fortsetzt
- die methodische und systematische Entschlüsselung der anatomischen Struktur des Organs mit ihrem historischen Anfangspunkt Alexandria
- der Versuch des Galen, mithilfe von ersten Experimenten die führende Rolle des Gehirns und anderer Abschnitte des Nervensystems zu beweisen

Von ungebrochener Aktualität sind antike Denkfiguren zum Zusammenhang zwischen Gehirn, Geist und Seele. Dabei muss man nicht reduktionistisch Platons Vernunftseele mit neokortikalen Funktionen gleichsetzen, seinen leidenschaftlichen Seelenanteil dem limbischen System zurechnen oder das Zentrum der Begierden mit dem Hypothalamus und dem vegetativen Nervensystem assoziieren. Die antiken Wurzeln der Neurophilosophie bieten weit darüber hinausreichende Konzepte, mit denen sich die Gegenwart auseinandersetzen sollte.

Literatur

Capelle W (Hrsg) (1964). Die Vorsokratiker. Stuttgart: Kröner.

Crivellato E, Ribatti D (2007). Soul, mind, brain. Greek philosophy and the birth of neuroscience. Brain Res Bull; 71: 327–36.

Doty RW (2007). Alkmaion's discovery that brain creates mind. Neuroscience; 147: 561–8.

Finger S (2000). Minds Behind the Brain. A history of the pioneers and their discoveries. Oxford: University Press.

Garofalo I (ed) (1988). Erasistrati fragmenta. Pisa: Giardini.

Grensemann H (Hrsg) (1968). Die hippokratische Schrift „Über die heilige Krankheit“. Berlin: de Gruyter.

Koelbing HM (1985). Remarques à propos de l'évolution des connaissances sur le cerveau. Gesnerus; 42: 315–28.

Oeser E (2002). Geschichte der Hirnforschung. Von der Antike bis zur Gegenwart. Darmstadt: Wissenschaftliche Buchgesellschaft.

Platon. Werke. Bd. 3. Phaidon. Bearb. v. Dietrich Kurz. Darmstadt: Wissenschaftliche Buchgesellschaft 1990.

Platon. Werke. Bd. 7. Timaios. Bearb. v. Klaus Widdra. Darmstadt: Wissenschaftliche Buchgesellschaft 1990.

Rocca J (2003). Galen on the Brain. Leiden: Brill.

Solmsen F (1971). Griechische Philosophie und die Entdeckung der Nerven. In: Flashar H (Hrsg). Antike Medizin. Darmstadt: Wissenschaftliche Buchgesellschaft 1971; 202–79.

Staden H v (1989). Herophilus. The art of medicine in early Alexandria. Cambridge: University Press.

3 „Ain't no sunshine when she's gone"

Wie Bindung das Gehirn verändert

Anna Buchheim und Wulf Bertram

Ain't no sunshine when she's gone
It's not warm when she's away
Ain't no sunshine when she's gone
And she's always gone too long anytime she goes away

Wonder this time where she's gone
Wonder if she's gone to stay
Ain't no sunshine when she's gone
And this house just ain't no home anytime she goes away

Zwei Jahre nachdem der englische Kinderpsychiater und Psychoanalytiker John Bowlby mit seinem Buch „Bindung – Eine Analyse der Mutter-Kind-Beziehung" (1969) die Bindungstheorie begründet hatte, die ihrerseits die Entwicklungspsychologie revolutionierte, debütierte der Sänger Bill Withers mit seinem Welthit „Ain't no sunshine", aus dem wir oben zitieren und der sage und schreibe über 300-mal gecovert wurde. Wir gehen davon aus, dass diese beiden Ereignisse nichts miteinander zu tun hatten. Aber man könnte meinen, der Song sei die lehrbuchmäßige Beschreibung einer unsicher-ambivalenten Bindung: Zunächst fällt auf, dass der Text in der dritten Person Singular geschrieben ist. Selbst traurige Liebeslieder bevorzugen in der Regel die zweite Person („Ne me quitte pas" oder „If you leave me now"). Hier besteht also kein unmittelbarer, bindender Bezug zur Angesprochenen. Und das ist nur folgerichtig, denn sie handelt nicht zuverlässig, nachvollziehbar und vorhersagbar. Der Alleingelassene kann nicht sicher einschätzen, wie die entbehrte Liebste in dieser Situation handeln oder reagieren wird („Wonder this time where she's gone").

Sicher gebundene Kinder gehen aufgrund ihrer Interaktionsgeschichte davon aus, dass die Mama, wenn sie sich einmal entfernt, schon wiederkommen wird – wie bisher immer –, und sie können, nachdem sie beruhigt worden sind, neugierig weiterspielen. Unsicher gebundene Kinder können darauf nicht zuverlässig bauen („Wonder if she's gone to stay"). In diesem Fall bilden die Kinder bereits sehr früh Strategien aus, um die Nähe zur Mutter auf Umwegen aufrechtzuerhalten. Der vertraute Ort, das innere Heim ist unsicher („Ain't no sunshine when she's gone / And this house just ain't no home anytime she goes away"). Diesen Kindern fehlt der lebensnotwendige sichere Hafen, den Bowlby einst „secure base" nannte.

Alle Kinder entwickeln Bindungsbedürfnisse – sie tun dies, um überleben zu können. Und das gilt nicht nur für menschliche Babys, sondern auch für unsere Verwandten, die Primaten, die jedoch – anders als etwa Bill Withers – auch im Erwachsenenalter keine schön-traurigen Lieder über Verlustangst, über den Schmerz, über die erfahrene und befürchtete Kälte komponieren und singen können („It's not warm when she's away"). Bereits elf Jahre vor dem Erscheinen von Bowlbys wegweisendem Buch wies der Psychologe und Verhaltensforscher Harry Harlow in damals heftig umstrittenen Versuchen bei Rhesusäffchen nach, dass das Bedürfnis nach Wärme und Geborgenheit dem Streben nach konstanter Nahrungsaufnahme überlegen ist: Er setzte die Rhesusbabys ohne ihre Mutter in einen Käfig und ließ sie zwischen zwei Attrappen wählen. Eine davon war aus Metalldraht geformt und spendete den kleinen Äffchen Milch. Das andere Gestell lieferte keine Nahrung, war dafür aber mit Stoff überzogen und „kuschelig". Wenn es nach den Psychoanalytikern und behavioristischen Verhaltensforschern gegangen wäre, die sich in diesem Fall aus unterschiedlichen theoretischen Überlegungen erstaunlich einig waren, hätten die Äffchen nicht mehr von der Seite der belohnenden (so die Behavioristen) bzw. die orale Libido befriedigenden (so die Psychoanalytiker) Mutter weichen dürfen. Doch weit gefehlt: Die Äffchen hielten sich bei dem Milch spendenden Gestell nur kurz zum Trinken auf, suchten aber zum lang anhaltenden Kuscheln die flauschige Attrappe auf. Harlow (1958) schloss daraus, dass eine weiche, anschmiegsame Gestalt ein primäres emotionales Bedürfnis der Äffchen mehr befriedigte als eine reine Nahrungsquelle.
Der bereits erwähnte John Bowlby, der nach dem Zweiten Weltkrieg den Auftrag erhalten hatte, an der Londoner Tavistock Clinic eine Abteilung für Kinderpsychotherapie aufzubauen, untersuchte dort, welche Auswirkungen es hatte, wenn Menschenbabys längere Zeit von ihren Müttern getrennt worden waren (Bowlby 1976). Von der WHO beauftragt, konnte er mit seinen Untersuchungen zeigen, dass sich Säuglinge aus eigenem Antrieb heraus dauerhaft den überlebenswichtigen Schutz durch eine Bindungsperson suchen. Aufgrund einer angeborenen Bindungsneigung suchen sie aktiv die Interaktionen mit der Bindungsperson, halten den Kontakt aufrecht und nutzen die Beziehung als sichere Basis für das Erkunden ihrer Umwelt. Nach Bowlby (1969) verfügen Menschen von der „Wiege bis zur Bahre" über ein „Bindungsverhaltenssystem", das bei Belastung, Trennung und Gefahr aktiviert wird: Unabhängig vom kulturellen Umfeld, in dem Kinder aufwachsen, signalisieren einjährige Kinder durch Weinen, Anklammern, Rufen oder Nachlaufen ihr Bindungsbedürfnis. Aufseiten der Eltern gibt es – ebenfalls biologisch determiniert – die Bereitschaft, intuitiv auf die Bindungssignale ihres Kindes angemessen zu reagieren.
Die Kanadierin Mary Ainsworth, eine Mitarbeiterin von John Bowlby, beobachtete das Verhalten von Kindern und Müttern in einer standardisierten Situation: Sie schickte die Mutter und ihr einjähriges Kind in ein fremdes Spielzimmer mit interessantem Spielzeug. Kurze Zeit darauf kommt dann eine freundlich gesinnte „fremde Person" hinzu. Nach drei Minuten verlässt die Mutter den Raum und lässt das Kind mit der fremden Person allein (Trennung). Nach weiteren drei Minuten kehrt

sie zurück (Wiedervereinigung). Dieser Vorgang wird zweimal wiederholt. Alles, was das Kind in dieser Situation tut oder unterlässt, um den Kontakt zur Mutter nach deren Abwesenheit wiederherzustellen, wurde von der Arbeitsgruppe der „baby watchers" um Mary Ainsworth sorgfältig beobachtet und dokumentiert (Ainsworth et al. 1978). Wie verhielten sich die Kinder bei der Wiedervereinigung mit der Bindungsperson? Welche Muster gab es bei der Kontaktaufnahme nach der Abwesenheit der Mutter?
Eine dreiminütige Trennung löst bei jedem einjährigen Kind in der Regel Unbehagen aus. Kinder, die sich aufgrund ihrer Vorerfahrungen in ihrer Beziehung zur Bindungsperson sicher und geborgen fühlen, zeigen zwar deutlich ihren Trennungsschmerz, können sich aber rasch wieder beruhigen und fortfahren, ihre Umgebung neugierig zu erkunden. Offensichtlich waren sie gewohnt, dass sich die jeweiligen Mütter nach allen vorangegangenen Trennungen ihnen wieder liebevoll und beruhigend zuwenden.
Unsicher gebundene Kinder dagegen hatten gelernt, dass sie die Nähe zu ihren Bindungspersonen wohl am besten aufrechterhalten konnten, wenn sie sie entweder mieden (vermeidende Bindung) oder in bedrohlichen Situationen weinten, ihr hinterherliefen und sie möglichst wenig aus den Augen ließen (ambivalente Bindung).
Die aufsehenerregenden Untersuchungen von Mary Ainsworth wurden weltweit mit Hunderten von Kindern wiederholt. Die Mehrzahl der untersuchten Kinder (50 bis 80 %) wurde dabei als „sicher gebunden" klassifiziert, 30 bis 40 % als „unsicher-vermeidend" und 3 bis 15 % als „unsicher-ambivalent". Viele Befunde belegen, dass sich die beobachtbaren Bindungsmuster nicht durch Temperament oder konstitutionelle Faktoren, sondern überwiegend durch die Bindungsqualität zur Bindungsperson entwickeln. Sichere Bindung wird als ein Schutzfaktor angesehen, unsichere Bindung jedoch als eine ungünstige Ausgangsbedingung für die spätere Entwicklung der Persönlichkeit im Sinne einer größeren psychischen Verletzbarkeit, besonders in Kombination mit Scheidung der Eltern oder Verlust der Bindungsperson. Sicher gebundene Kinder können sich im Alter von 5 bis 10 Jahren in Konfliktlösungsaufgaben doppelt so lange konzentrieren, initiieren weniger Streit und gehen offener mit Konfliktsituationen um als Kinder mit unsicherer Bindung, denen es schwerfällt, Hilfe zu suchen oder anzunehmen (Ainsworth et al. 1978).

Neurobiologisches

„It is difficult to think of any behavioral process that is more intrinsically important for us than attachment" – so fassen die amerikanischen Autoren Insel und Young (2001) die Bedeutung der Bindung zusammen. Frühe emotionale Erfahrungen prägen die Entwicklung sozialer und intellektueller Fähigkeiten, der Entzug von sozialem Kontakt und traumatische Erlebnisse können zu Verhaltensstörungen führen. Seit

den 90er Jahren belegen wegweisende neurobiologische Befunde bei Tieren (Ratten und Rhesusaffen) schwerwiegende Folgen nach Deprivations- und Trennungserfahrungen. Es treten deutliche Störungen dyadischer Regulationsprozesse bei der Entwicklung körperlicher Funktionen und deren neuronalen Vernetzungen auf (Reite u. Boccia 1994; Kraemer 1992; Carter et al. 1997; Hofer 1995).
Eine Arbeitsgruppe um Katharina Braun (Becker et al. 2007) untersuchte, auf welche Weise der Elternkontakt bei Tieren die Hirnentwicklung der Jungen beeinflusst. Sie wählten Tiere der Nagerrasse *Octodon degus*, deren Individuen lebenslang monogam, also in fester Paarbeziehung leben. Einige der jungen Strauchratten wurden ab dem achten Tag nach der Geburt einmal täglich für eine Stunde von den Eltern getrennt oder erhielten täglich eine Injektion von Kochsalzlösung. Das Ergebnis: Der kurze Entzug der elterlichen Zuwendung führt dazu, dass der Nachwuchs mehr Synapsen (Verknüpfungsstellen) zwischen Nervenzellen bildet als Kontrolltiere. Die Injektion reduziert hingegen die Anzahl der Synapsen. Dies machte deutlich, dass die Art des Stresses eine wesentliche Rolle für die „Emotionszentren" des kindlichen Gehirns spielt. Das Zentralnervensystem der Tiere wurde während der Trennung zu unterschiedlichen Zeitpunkten histologisch untersucht. Am Tag 8 nach der Injektion zeigte sich bei den Tieren mit Deprivationserfahrung eine allgemeine Abnahme des Hirnstoffwechsels in nahezu allen Regionen, wobei insbesondere präfrontaler Kortex, Hippocampus und Amygdala betroffen waren. Je stärker und intensiver die Deprivationserfahrung war, umso ausgeprägter stellte sich dieser Rückgang dar. Wurden die Jungtiere vom 8. bis zum 21. Tag jeweils mehr als eine Stunde von der Mutter getrennt, konnten die Forscher am 45. Tag bei licht- und elektronenmikroskopischen Untersuchungen der Hirnschnitte ausgeprägte Veränderungen an den Nervenzellen feststellen. Vor allem die erregenden Synapsen waren vermehrt, und das Gleichgewicht zwischen erregenden und hemmenden Synapsen hatte sich verändert. Dieser Befund passt zu der Beobachtung, dass die Nagetiere, die in der frühen Kindheit wiederholt und länger von ihren Müttern getrennt worden waren, nach dem 45. Tag – zu dem Zeitpunkt also, an dem ihre Pubertät eintritt –, deutlich rastloser und überaktiv waren. Darüber hinaus reagierten sie weniger sensibel auf die Kontaktlaute der Mutter. Auf Kosten des normalerweise zu erwartenden angemessenen Bindungsverhaltens hatte sich ein stärkeres Explorationsverhalten ausgebildet. Man könnte meinen, dass sie gewissermaßen chronisch auf der Suche nach etwas waren, was sie nicht bekommen hatten.

Von Mäusen und Müttern

Die Unfähigkeit der Strauchratte, ihre Sehnsucht in ein Lied, d.h. in Kunst zu verwandeln, gilt auch für ihre Verwandte, die Maus. Ihr widmete sich das Forscherteam von Francesca D'Amato, das sich die Frage stellte, ob gestörtes Bindungsverhalten von Mäusen mit einem Mangel an einem bestimmten Gen zusammenhängt, das einen hirneigenen Opioid-Rezeptor kodiert (Moles et al. 2004). Die Forscher züchteten Mäusebabys, die über keine solchen Rezeptoren im Gehirn mehr verfügten. Erwartungsgemäß zeigten diese Tiere keine Spur von Anhänglichkeit oder Verlangen nach ihrer Mutter. Bei normalen Mäusebabys mit aktiven Opioid-Rezeptoren löst die Abwesenheit der Mutter dagegen ähnliche Reaktionen aus wie ein körperlicher Schmerz. Verabreichte man neugeborenen „normalen“ Nagern ein Schmerzmittel, das auf die Opioid-Rezeptoren im Gehirn wirkt, beruhigten sich die Mäusebabys und stellten die Rufe nach ihrer Mutter ein. Emotionaler Trennungsschmerz wird also vom gleichen (chemischen) Faktor im Gehirn gesteuert wie der körperliche Schmerz.

Diese Befunde legen nahe, dass schwere Bindungsprobleme wie autistisches Verhalten und reaktive Bindungsstörungen bei diesen Tieren (das Muttertier wird bei Trennung nicht gerufen, es besteht keine Präferenz des Muttertiers) eine genetische Komponente haben. Es wäre zu untersuchen, ob bei autistischen Kindern, die sich von ihrer Umwelt abkapseln und unfähig sind, eine engere Beziehung zu ihrer Mutter und anderen Menschen aufzunehmen, möglicherweise ebenfalls eine Störung im Opioid-System vorliegt.

Wie liebevolles Lecken das Erbgut verändert

Michael Meaney, klinischer Psychologe und Neurobiologe in Kanada, untersuchte mit seiner Arbeitsgruppe, inwiefern sich mütterliche Fürsorge auf die Stresstoleranz von Rattenjungen auswirkt. Dabei beobachteten die Forscher, dass die Nager, die von ihrer Mutter häufig abgeleckt wurden, weniger ängstlich und anfällig für Stress waren als jene, die von einer weniger zugewandten Mutter aufgezogen worden waren und daher seltener in den Genuss der mütterlichen Brutpflege kamen. Dies ergab der „forced-swim-test“, bei dem die „Probanden“ gezwungen wurden, in einem engen Raum zu schwimmen, aus dem sie nicht fliehen konnten. Die Intensität der Stressreaktion, die ein Tier in seinen ersten Lebensmonaten zeigte, blieb ihm dabei lebenslang erhalten.

Welche molekularen Mechanismen liegen dieser bemerkenswerten Beobachtung zugrunde? Leckt die Rattenmutter ihren Säugling ab, wird bei diesem mehr Serotonin freigesetzt; ein Botenstoff, der Veränderungen in den Nervenzellen des Hippocampus anzeigt (Bredy et al. 2004). Diese Hirnregion spielt eine wichtige Rolle bei der Regulation des Stresshormons Kortisol. Serotonin bewirkt eine chemische Veränderung in den Nervenzellen des Hippocampus: Bestimmte Stellen im Genom – ausgewählte Cytosin-Basen – werden von ihren Methylresten befreit und dadurch aktiviert. In der Folge können Rezeptoren produziert werden, an die Kortisol andockt. Seine einschneidende Wirkung als Stresshormon wird gehemmt. Je mehr

Rezeptoren vorhanden sind, umso empfindlicher reagiert der Hippocampus auf Kortisol und umso intensiver ist die Hemmung der Stressreaktion. Umgekehrt sind bei den weniger umsorgten Jungratten die entsprechenden Stellen des Erbguts mit Methylgruppen besetzt und blockieren die Fähigkeit des Genoms, Rezeptoren zu produzieren, die Kortisol „einfangen". Damit kommt es zu einer ausgeprägteren Stressreaktion.

Die mütterliche Fürsorge nimmt bei der Ratte also nicht nur direkten Einfluss auf das spätere Verhalten ihres Nachwuchses, sondern sogar auf dessen Erbgut: Die Abfolge der Basenpaare (d.h. der „Buchstaben" der Erbinformation) im Erbmaterial bleibt unverändert, aber auch in der Kindergeneration sind die entsprechenden Cytosin-Basen von Methylresten befreit und können somit das Stresshormon binden.

Junge Nager, die von einer wenig fürsorglichen Mutter geboren, aber von einer zugewandten Adoptivmutter aufgezogen wurden, zeigten sich ähnlich stressresistent wie jene, die von einem treusorgenden leiblichen Muttertier geboren und aufgezogen wurden. Die Anfälligkeit für Stress ist also – zumindest bei Ratten – keineswegs genetisch fest verankert, sondern wird durch das Verhalten des Muttertiers bestimmt, das die Aufzucht übernimmt. Die Jungen von Rattenmüttern, die wenig abgeleckt wurden, entwickeln sich selbst wieder zu weniger zugewandten Müttern. Vermutlich wird also nicht nur die Stressresistenz, sondern auch das Fürsorgeverhalten bei den Nagern so über Generationen weitergegeben (Champagne u. Meaney 2007).

Ist das Schicksal des Nachwuchses von weniger fürsorglichen Müttern also von vornherein besiegelt? Nein! Die kanadische Forschungsgruppe wies nach, dass der Effekt durchaus reversibel ist. Beim benachteiligten Nachwuchs wurden an den entscheidenden Stellen des Erbguts durch einen pharmakologischen „Eingriff" dauerhaft die Methylgruppen entfernt. Dadurch ließ sich sekundär wieder eine verringerte Stressanfälligkeit erreichen. Das Verhalten der Mutter wird allerdings offensichtlich dadurch bestimmt, in welcher Umwelt sie sich und ihren Nachwuchs behaupten muss. Wenig fürsorglich verhielten sich jene Rattenmütter, die sich in einem bedrohlichen Umfeld aufhalten mussten. Diejenigen, die das Glück hatten, in einer sicheren Umwelt zu leben, wandten sich ihrem Nachwuchs deutlich mehr zu.

Mütterliche und romantische Liebe im Scanner

Irgendwo aus der Bauchgegend heraus kommt dieses überwältigende Gefühl von Glück – denken wir. Beim geringsten Anlass muss man lachen, meint zu schweben statt mit beiden Beinen auf dem Boden zu stehen und fühlt sich ein bisschen wie krank: Die Stirn ist heiß, es kribbelt unter der Haut und das Herz rast. Schlecht geht es einem dabei nicht – im Gegenteil. Die Liebe hat viele Facetten. Neben dem leidenschaftlichen, „romantischen" Begehren eines Partners kennen wir die Liebe auch als das auf ein Kind gerichtete warme, zärtliche Gefühl, das traditionell „Mutterliebe" heißt, obwohl es durchaus auch von Vätern empfunden werden kann, und geprägt ist von dem Wunsch, ganz für jemand anderen da sein zu wollen. Darüber hinaus kennen von der Geschwister- bis hin zur Vaterlandsliebe eine Reihe weiterer Formen gesteigerter emotionaler Zuwendung. Was unterscheidet diese Gefühle voneinander, und was passiert mit uns, wenn wir verliebt sind?

Andreas Bartels ist mit seinem Kollegen Semir Zeki dieser Frage auf den Grund gegangen (und berichtet in Kapitel 6 selbst ausführlich über die Untersuchungen der beiden Forscher). Sie untersuchten mithilfe der funktionellen Magnetresonanztomographie (fMRT) die Gehirnaktivierungen von Verliebten. Es wurde die Hirnaktivität von 17 Probanden gemessen, die sich als unzweifelhaft verliebt geoutet hatten, während sie Fotos ihres Partners betrachteten (Bartels u. Zeki 2000). Bei allen Versuchspersonen waren die gleichen vier Hirnregionen aktiv. Legte man den Verliebten als Gegenprobe Fotos von Personen vor, mit denen sie lediglich gut befreundet waren, zeigten diese Areale keine Aktivität. Den gleichen Versuch wiederholten sie mit Müttern, denen sie Fotos von ihren Babys präsentierten. Bartels und Zeki hatten eigentlich vermutet, dass sich diese sehr verschiedenen Emotionen auch im Gehirn unterschiedlich darstellen würden. Bei den Müttern wurden jedoch überwiegend die gleichen Hirnregionen aktiviert wie bei den leidenschaftlich verliebten Probanden. Anhand der fMRT-Aufnahmen konnten die beiden Forscher nachweisen, was die beiden Arten der Liebe vereint: Vor allem vier Bereiche im limbischen System waren aktiv (s. S. 95ff.). Dabei handelte es sich übrigens um eine ganz ähnliche Reaktion wie jene, die im Gehirn durch Kokain ausgelöst wird. Liebe scheint ebenfalls auf suchtähnlichen Mechanismen zu beruhen, was vermutlich nur Leserinnen und Leser bestreiten werden, die noch nie verliebt waren. Sie macht auch deswegen glücklich, weil sie unser Belohnungszentrum aktiviert, das uns berauscht und benebelt. Gleichzeitig zeigt das Gehirn weniger Aktivitäten in Arealen, die mit negativen Gefühlen verbunden sind, etwa im präfrontalen Kortex, der bei Depressionen besonders aktiv ist. Auch der Mandelkern (Amygdala), der bei fMRT-Studien eine verstärkte Aktivität zeigt, wenn der Untersuchte Angst hat, bleibt ruhig. Wenn wir durch die rosarote Brille der Liebe blicken, wird unsere kritische Distanz zu anderen Menschen im Zweifelsfall unterlaufen; wir gehen mitunter wie in Trance selbst fragwürdige Beziehungen ein und unterdrücken unsere Bedenken gegenüber dem anderen.

Jack Nitschke und seine Mitarbeiter untersuchten die Gehirnaktivierung, während Mütter Fotos von ihrem eigenen Baby, von einem ihnen unbekannten Baby und von einem Erwachsenen im Scanner betrachteten (Nitschke et al. 2004). Dabei sollten die Mütter ihre Stimmung einschätzen. Auch hier zeigte sich beim Betrachten des eigenen Babys eine Aktivierung des orbitofrontalen Kortex, die positiv mit der überproportional positiveren Einschätzung der eigenen Stimmung bei den entzückten Müttern korrelierte. Die Autoren schlossen daraus, dass in dieser Gehirnregion eine wesentliche Dimension von mütterlicher Liebe und Bindung zum eigenen Kind repräsentiert sein könnte.

Wenig überraschend fiel das Ergebnis einer Untersuchung aus, die sich der Frage widmete, welche Prozesse im Gehirn von gesunden Personen im Kernspintomographen beobachtet werden können, wenn bestimmte Bindungsprozesse thematisiert wurden (Gillath et al. 2005): Bindungsängstliche Frauen reagierten auf Themen wie „Streit“, „Trennung“ oder „Tod“, d.h. auf Verlustgedanken, neuronal weitaus empfindlicher als bindungssichere Frauen.

Repräsentationen – Sprechen im Scanner

Die Konzeption der klassischen Bindungstheorie geht davon aus, dass das Bindungssystem mit immer stärkeren stressreichen Stimuli aktiviert werden muss, wenn man messen will, wie stabil oder unsicher die Qualität der inneren Arbeitsmodelle von Bindung bei einer Belastung des Bindungsverhaltenssystems ist. Bei Kindern geschieht dies, wie wir bereits sahen, durch die zweimalige Trennung von der primären Bindungsperson (Fremde Situation). Bei Erwachsenen wird diese Stimulierung durch die Konfrontation mit bindungsrelevanten stressreichen Themen in einer Interviewsituation erreicht, und es rückt damit die Sprache in den Fokus des neurobiologischen Forschungsinteresses.
Ziel einer Studie an der Universität Ulm von Susanne Erk, Henrik Walter, Anna Buchheim und weiteren Mitarbeitern war es daher, die Repräsentation von Bindung bei Gesunden mithilfe der funktionellen Magnetresonanztomographie (fMRT) darzustellen (Buchheim et al. 2006). In einer Pilotstudie mit elf gesunden Frauen untersuchten wir, ob sich während der Aktivierung des Bindungssystems durch eindeutig bindungsrelevante Bilder und dazu jeweils erzählten Geschichten (Narrativen) Hirnaktivitäten messen lassen. Den Versuchspersonen wurden im Scanner sieben Bilder aus dem Adult Attachment Projective Picture System (AAP, George et al. 1999) über eine fMRT-kompatible Videobrille gezeigt. Die Bilderserie beginnt mit einem neutralen Bild (Spielende Kinder), dann folgen die bindungsrelevanten Bilder (z.B. Abb. 1 u. Abb. 2):

- „Kind am Fenster“ (Ein Kind steht allein am Fenster)
- „Abfahrt“ (Potenzielle Trennungssituation eines Paares)
- „Bank“ (Eine Person, den Kopf gebückt, sitzt alleine auf einer Bank)
- „Bett“ (Mütterliche Person am Bettrand des Kindes)
- „Krankenwagen“ (Eine ältere Person und ein Kind beobachten, wie jemand vom Krankenwagen abtransportiert wird)
- „Friedhof“ (Ein Mann steht vor einem Grabstein)
- „Kind in der Ecke“ (Ein Kind ist in die Ecke gedrängt und hält die Hände vor sich)

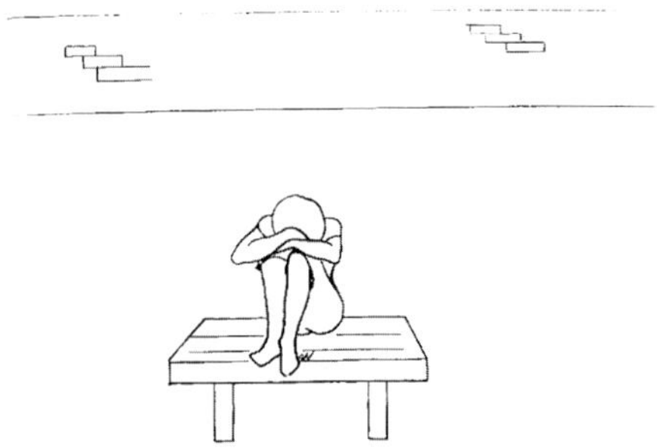

Abb. 1 AAP-Bild „Bank" aus dem Adult Attachment Projective (© George et al. 1999)

Abb. 2 AAP-Bild „Abfahrt" aus dem Adult Attachment Projective (© George et al. 1999)

Die Probanden wurden aufgefordert, zu den Bildern eine Geschichte zu erzählen: Was passiert auf dem Bild? Wie kam es zu dieser Szene? Was denken oder fühlen diese Personen? Wie könnte es weitergehen? Das AAP arbeitet mit solchen transkribierten Geschichten und textnahen Auswertungen, die bindungsrelevante Inhalte und Abwehrprozesse erfassen.
Wir gingen dabei von der Hypothese aus, dass Probandinnen, die im Bindungsnarrativ ein unverarbeitetes Trauma aufweisen, mehr Aktivierungen in limbischen Regionen zeigen als Personen, die Bindungstraumata wie Verluste oder Gewalterfahrungen verarbeitet haben. Unsere Interaktionsanalysen, die das Zusammenspiel von Bindungsgruppe und ansteigender Aktivierung der Bindungsbilder berücksichtigten, zeigten, dass nur die Probandinnen mit der Klassifikation „Unverarbeitetes Trauma" eine höhere Aktivierung in der Amygdala, im Hippocampus und im inferioren temporalen Kortex aufwiesen. Die Amygdala gilt ja als die zentrale Schaltstelle für das Erkennen und Prozessieren von überwiegend negativen emotionalen Reizen; der Hippocampus wird assoziiert mit dem Speichern von autobiografischen Erinnerungen, der inferiore temporale Kortex mit der Kontrolle von hochemotionalen Prozessen.

Allein sein tut weh

Die Borderline-Persönlichkeitsstörung ist in der klinischen Bindungsforschung die am meisten untersuchte Störungsgruppe. Als zentrale Problematik wird heute eine Störung der Affektregulation hervorgehoben. Epidemiologische Studien belegen sexuellen Missbrauch oder emotionale Vernachlässigung in der Vorgeschichte bei ca.

90 % der Borderline-Patienten. Gunderson brachte erstmals 1996 im American Journal of Psychiatry die typische angstvolle Unfähigkeit der Borderline-Patienten, allein zu sein, mit häufig missglücktem, desorganisiertem Bindungsverhalten in aktuellen Beziehungen und Erfahrungen von Vernachlässigung in der Kindheit in Verbindung. Funktionelle bildgebende Studien untersuchten die klinisch auffällige emotionale überschießende Reaktion in Bezug auf negative Stimuli bei Borderline-Patienten.

Die erste Studie stammte von Sabine Herpertz und Mitarbeitern (2001), die in einem Test mit Bildern bei Borderline-Patienten eine beidseitige Aktivierung der Amygdala als Reaktion auf emotional aversive Bilder nachwies, die üblicherweise mehr oder weniger starke Reaktionen auslösen (International Affective Picture Systems, Lang et al. 1993). Neben diesem Hinweis auf eine erhöhte limbische Erregbarkeit („bottom up“, also von „älteren“ zu „jüngeren“ Hirnzentren) durch aversive visuelle Reize wies die höhere Aktivierung des basolateralen und ventromedialen frontalen Kortex auf eine Veränderung hemmender Funktionen hin („top down“, also von „jüngeren“ zu „älteren“ Hirnzentren).

Nelson Donegan und seine Mitarbeiter (2003) fanden bei dieser Patientengruppe ebenso eine beidseitige Hyperaktivierung der Amygdala während der Betrachtung von traurigen und fröhlichen Gesichtsausdrücken (Basisemotionen); interessanterweise trat dies bei Borderline-Patienten auch bei neutralen Gesichtsausdrücken auf.

Eine weitere Studie (Schnell et al. 2007) untersuchte die Hirnaktivierung bei der Bilderpräsentation des Thematischen Apperzeptionstests (TAT), der es erlaubt, eigene Gefühlsregungen in das Bildmaterial zu projizieren, und fand bei Borderline-Patienten Aktivierungen, die mit autobiografischen Erinnerungsprozessen assoziiert sind; diese Gefühlsregungen erfolgten aber auch selbst bei neutralen, also autobiografisch irrelevanten Bildern.

Wie steht es nun mit der Betrachtung von bindungsrelevanten Situationen in Bezug auf eigene primäre Bindungserfahrungen? In Anlehnung an unsere erwähnte Pilotstudie (Buchheim et al. 2006) wurde von unserer Arbeitsgruppe mit der gleichen Versuchsanordnung auch bei Patientinnen mit einer Borderline-Störung das AAP im fMRT-Scanner durchgeführt (Buchheim et al. 2008). Ein spezifisches Merkmal der AAP-Bilder ist, dass einige Szenen Dyaden von zwei Erwachsenen oder einem Erwachsenen und einem Kind beinhalten und dabei eine potenzielle Bindungsbeziehung (z. B. Mutter und Kind, Großmutter und Enkel, Ehepaar) suggerieren; andere sind „monadisch“, d. h., sie stellen nur einen Erwachsenen mit einem Kind dar. Diese Szenen fordern den Betrachter heraus, in der eigenen Vorstellung eine Beziehung zu konstruieren. Auf der Verhaltensebene fand sich in unserer Studie bei den Patientinnen eine signifikant höhere Anzahl von traumatischen Elementen in den Geschichten zu Bildern im AAP, die Alleinsein repräsentieren. Analysierte man unter dieser Bedingung die Hirnaktivität, wiesen die Patientinnen bei den „monadischen“ Bildern im Vergleich zu den Gesunden eine höhere Aktivierung im anterioren Cingulum (ACC) auf, also in einer Hirnregion, die mit Angst oder Schmerz assoziiert ist (Buchheim et al. 2008). Der ACC ist keine homogene Gehirnregion (Vogt 2005). und spielt bei der Fehlerkontrolle sowie bei der emotionalen Schmerzwahrnehmung eine wichtige Rolle. Wir interpretierten diesen Befund als eine neuronale Widerspiegelung von Schmerz und Furcht, verbunden mit den in den Narrativen gehäuft auftretenden Wörtern, die traumatische Inhalte repräsentieren (z.B. Trunkenheit, Suizid, totale Verlassenheit, Hilflosigkeit, Gewalt), da die Patientinnen während der Konfrontation mit den „monadischen“ Bildern sowohl auf neuronaler als auch sprachlicher Ebene am stärksten reagierten.

In einer prospektiven Follow-up-Studie der Arbeitsgruppe um Mary Zanarini (2003) zeigte sich, dass sechs Jahre nach der Therapie noch 60 % der Borderline-Patientinnen von ihrer Angst, verlassen zu werden, berichteten, während sich andere Symptome auf der Verhaltensebene (Selbstverletzung, Impulsivität, interpersonelle Probleme) deutlich gebessert hatten. Dies spricht dafür, dass das verinnerlichte Erleben des Alleinseins und eine daraus resultierende Desorganisation und Dysregulation des Bindungssystems, ein klinisch relevantes Merkmal darstellen könnten, das besonders beharrlich bestehen bleibt und im Rahmen einer Psychotherapie bezüglich Dauer und Spezifität der Behandlung eine besondere Aufmerksamkeit verdient (Fonagy u. Bateman 2006).

Neun Aminosäuren für die Liebe

Noch vor zehn Jahren sprach man allenfalls in der Geburtshilfe von einem Neuropeptid namens Oxytozin, das 1953 erstmals von Vincent du Vigneaud isoliert und synthetisiert worden war und dem Chemiker 1955 den Nobelpreis für Chemie einbrachte. Physiologisch bewirkt das Hormon eine Kontraktion der Gebärmuttermuskulatur. Dadurch werden die Wehen während der Geburt ausgelöst. Hat ein Baby keine rechte Eile, auf die Welt zu kommen, lässt sich die Geburt durch Oxytozin in Tablettenform, als Nasenspray oder Infusion einleiten. Das Hormon bewirkt darüber hinaus das Einschießen der Muttermilch, indem es die Zellen der Milchdrüse stimuliert. Die durch das Nuckeln des Säuglings hervorgerufene Ausschüttung von Oxytozin erhöht aber nicht nur den Milchfluss. Auch der Gemütszustand der Mutter verändert sich: Das Stresshormon Kortisol wird verdrängt, es breiten sich angenehme bis lustvolle Gefühle aus und die emotionale Bindung der Mutter an das Kind wird intensiviert.

Es ist diese psychische Wirkung des Oxytozins, die das aus fünf Aminsosäuren bestehende Neuropeptid mittlerweile als „Sozialhormon“ zu einem kleinen Star in der Verhaltensforschung gemacht hat. Maßgeblich beigetragen zu dieser Karriere hat eine Studie, die der Psychologe Markus Heinrichs gemeinsam mit den Ökonomen Ernst Fehr und Michael Kosfeld in „Nature“ veröffentlicht hat (Kosfeld et al. 2005). In einem ökonomischen Spielexperiment konnten die Forscher der Universität Zürich nachweisen, dass eine höhere Oxytozin-Verfügbarkeit im Gehirn das Vertrauen in einen fremden Spielpartner wesentlich erhöht. Testpersonen, die unter dem Einfluss des Hormons standen, gingen viel eher Risiken ein. Sie waren schneller bereit, einem Geschäftspartner Geld anzuvertrauen, ohne darauf zählen zu können, dass dieser den Gewinn letztlich mit ihm teilen wird. Interessanterweise erhöht Oxytozin jedoch nicht einfach nur die allgemeine Risikobereitschaft, wie ein Kontrollexperiment zeigte, in dem der Mitspieler durch ein Computerprogramm ersetzt wurde. Die Studie sorgte für internationales Aufsehen. Macht uns das Hormon tatsächlich beziehungsfähiger? Gehen wir unter dem Einfluss von Oxytozin schneller auf unsere Mitmenschen zu? Könnte es auch die Therapie von Patienten unterstützen, die an und in Beziehungen leiden (Heinrichs u. Domes 2008)?

Geht es darum, die Gefühlslage unserer Mitmenschen einzuschätzen, genügt uns oft ein Blick. Der Ausdruck der Augen sagt uns, ob ein Gegenüber zufrieden oder traurig, aggressiv oder entspannt ist. Gregor Domes und Mitarbeiter (2007) wiesen nach, dass das Hormon Oxytozin diese Wahrnehmungsfähigkeit schärft. Grundlage für die Untersuchung war ein Test, der ursprünglich zur Abklärung des Asperger-Syndroms, einer relativ leichten Form von Autismus, entwickelt worden war. Im „Reading-the-mind-in-the-eyes“-Test (RMET, Baron-Cohen et al. 2001) werden auf einem Computerbildschirm ganze Serien von Augenpaaren gezeigt, die unterschiedliche emotionale Zustände repräsentieren. Bei jedem Bild sollte die Testperson unter vier möglichen Begriffen (Glück, Trauer, Ekel, Angst) den richtigen auswählen. An der Doppelblindstudie nahmen 30 gesunde Männer im Alter von 21 bis 30 Jahren teil. Bevor sie eine Serie von 36 Bildern mit unterschiedlichen Augenpartien vorgeführt bekamen, erhielten sie intranasal eine vorgegebene Dosis eines Oxytozin-Nasensprays oder eines Plazebos. Danach mussten sie bestimmen, welche Gefühlszustände die auf dem Bildschirm gezeigten Augenpaare repräsentierten. Die Forscher unterschieden dabei eindeutige Augenpartien von einfach und schwierig zu deutenden. Beim Bestimmen solcher schwierigen Items ist die Trefferquote normalerweise niedrig; auch gesunde Männer können nur rund 50 % der gezeigten Augenpartien dem richtigen Gefühlszustand zuordnen. Der Test wurde nach einer Woche wiederholt, so dass jeder der 30 Männer einmal Oxytozin und einmal das Plazebo bekam. Es zeigte sich, dass sich das Hormon gerade auf das Bestimmen von schwierig zu deutenden Augenpaaren positiv auswirkte. Im Vergleich zu Plazebo stieg die Trefferquote unter Oxytozin-Einfluss bei 20 der 30 Testpersonen signifikant an. Es scheint, dass uns Oxytozin im Wahrnehmen von Gefühlen präziser machen kann.

Nicht nur, dass sich Vertrauen und das präzisere Wahrnehmen von Gesichtsausdrücken durch den Wunderstoff verbessern lassen, auch die Bindungsbereitschaft nimmt unter Oxytozin kurzfristig zu. In einer eigenen Studie (Buchheim et al., im Druck) haben wir in einer Doppelblindstudie 26 männlichen Studenten Oxytozin und Plazebo intranasal verabreicht. Und tatsächlich haben die zuvor als „unsicher-gebunden“ eingestuften Studenten unter Oxytozin vermehrt angebotene Bindungssätze präferiert, die eindeutig für Bindungssicherheit standen (z. B.: „Das Kind ist alleine und geht zur Mutter, um sich trösten zu lassen"). In ihren eigenen Geschichten, die sie sich zu bindungsrelevanten Bildern aus dem AAP zuvor selbst ausgedacht hatten, kamen solche Aussagen nicht vor. Unsere Schlussfolgerung war, dass eine minimale Intervention mit dem Neuropeptid die vorübergehende Wahrnehmung von Bindungssicherheit erhöhen kann.

Oxytozin hat bereits Einzug gehalten in die Verhaltenstherapie bei Patienten mit krankhafter Schüchternheit (soziale Phobie). Ziel der Therapie ist es, Ängste nicht zu vermeiden und den Verhaltensspielraum der Betroffenen zu erweitern. Bei Gaben von Oxytozin sind die starken körperlichen Symptome der Patienten – Erröten, Schwitzen, schnelle Atmung, erhöhte Herzfrequenz – reduziert. Ob dieser positive Effekt nur kurzfristig anhält oder ob Oxytozin auch eine langfristige therapeutische Wirkung hat, gilt es noch abzuklären (Heinrichs u. Domes 2008).

Schon treibt der Wirbel um das Hormon skurrile Blüten. Im Internet preisen Firmen bereits den Spray „Liquid-Trust“ an. Auf den Arm gesprüht, soll das Mittel den Erfolg bei Geschäftsterminen oder Flirts steigern. Es wird versprochen, dass sich Moleküle des Hormons in die Nase des Gegenübers verirren und Wunder bewirken.

Wohin mag der Boom des Bindungshormons noch führen? Werden Ehekrisen in Zukunft statt durch den Gang zum Paartherapeuten kurzfristig durch gemeinsames Schnupfen einer Prise Oxytozin beigelegt? Werden Oxytozin-Vernebler in den Foyers der Bankhäuser für eine vertrauensselige Stimmung bei den Kleinanlegern sorgen? Wird die Polizei bei gewaltsamen Demonstrationen statt Wasserwerfern Oxytozin-Schleudern einsetzen und dann Hand in Hand mit den friedlich lächelnden Demonstranten davonziehen? Wird einer wie Bill Withers statt das sehnsuchtsvolle Entbehren seiner Liebsten in Moll zu beklagen ein kleines weißes Pülverchen einwerfen, um dann in Dur zu jodeln?

Der Gedanke an die Droge Soma in Aldous Huxleys „Schöne neue Welt“ drängt sich auf. Vorläufig halten wir lieber noch daran fest, dass Bindung, Vertrauen, Fürsorge, Zuwendung, Anteilnahme, Mitgefühl und letztlich Liebe, mütterliche wie romantische, mehr verlangen als die Wirkung eines Eiweißmoleküls aus neun Aminosäuren.

Literatur

Ainsworth M, Blehar M, Waters E, Wall S (1978). Patterns of Attachment: A psychological study of the strange situation. Hillsdale, New York: Erlbaum.

Baron-Cohen S, Wheelwright S, Hill J, Raste Y, Plumb I (2001). The "Reading the Mind in the Eyes" Test revised version: a study with normal adults, and adults with Asperger syndrome or high-functioning autism. J Child Psychol Psychiatry; 42(2): 241–51.

Bartels A, Zeki S (2000). The neural basis of romantic love. NeuroReport; 11: 3829–34.

Becker K, Abraham A, Helmke C, Braun K (2007). Exposure to neonatal separation stress alters exploratory behaviour and corticotropin releasing factor (CRF) expression in neurons in the amygdala and hippocampus. Developm Neurobiol; 67: 617–29.
Bowlby J (1969). Attachment. New York: Basic Books.
Bowlby J (1976). Trennung. Psychische Schäden als Folge der Trennung von Mutter und Kind. München: Kindler.
Bredy TW, Zhang TY, Grant RJ, Diorio J, Meaney MJ (2004). Peripubertal environmental enrichment reverses the effects of maternal care on hippocampal development and glutamate receptor subunit expression. Eur J Neurosci; 20(5): 1355–62.
Buchheim A, Erk S, George C, Kächele H, Ruchsow M, Spitzer M et al. (2006). Measuring attachment representation in an fMRI environment: A pilot study. Psychopathology; 39: 144–52.
Buchheim A, Erk S, George C, Kächele H, Martius P, Pokorny D et al. (2008). Neural correlates of attachment dysregulation in borderline personality disorder using functional magnestic resonance imaging. Psychiatry Research: Neuroimaging; 163(3): 223–35.
Buchheim A, Heinrichs M, George C, Pokorny D, Koops E, Henningsen P, O'Connor M-F, Gündel H (2009). Oxytocin enhances the experience of attachment security. Psychoneuroendocrinology. DOI 10.1016/j.psyneuen.2009.04.002
Carter C, Sue I, Lederhendler I, Kirkpatrick B (1997). The Integrative Neurobiology of Affiliation. New York: New York Academy of Science.
Champagne FA, Meaney MJ (2007). Transgenerational effects of social environment on variations in maternal care and behavioral response to novelty. Behav Neurosci; 121(6): 1353–63.
Domes G, Heinrichs M, Michel A, Berger C, Herpertz SC (2007). Oxytocin improves "mindreading" in humans. Biol Psychiatry; 61: 731–3.
Donegan NH, Sanislow CA, Blumberg HP, Fulbright RK, Lacadie C, Skularski P et al. (2003). Amygdala hyperreactivity in borderline personality disorder: Implications for emotional dysregulation. Biol Psychiatry; 54: 1284–93.
Fonagy P, Bateman A (2006). Progress in the treatment of borderline personality disorder. Br J Psychiatry; 188: 1–3.
George C, West M, Pettem O (1999). The Adult Attachment Projective – disorganization of Adult Attachment at the level of representation. In: Solomon J, George C (eds). Attachment Disorganization. New York: Guilford; 318–46.
Gillath O, Bunge SA, Shaver P, Wendelken C, Miculincer M (2005). Attachment style differences in the ability to suppress negative thoughts: Exploring the neural correlates. Neuroimage; 28: 835–47.
Gunderson JG (1996). The borderline patient's intolerance of aloneness: Insecure attachments and therapist availability. Am J Psychiatry; 153: 752–8.
Harlow H (1958). The nature of love. Am Psychologist; 13: 573–685.
Heinrichs M, Domes G (2008). Neuropeptides and social behavior: effects of oxytocin and vasopressin in humans. In: Neumann ID, Landraf R (eds). Progress in Brain Research; 170: 337–50.
Herpertz S, Dietrich TM, Wenning B, Krings T, Erbereich SG, Willmes K et al. (2001). Evidence of abnormal amygdala functioning in borderline personality disorder: A functional MRI study. Biol Psychiatry; 20: 292–8.
Hofer MA (1995). Hidden regulators: Implications for a new understanding of Attachment, separation and loss. In: Goldberg S, Muir R, Kerr J (eds). Attachment Theory: Social development and clinical perspectives. Hillsdale: The Analytic Press; 203–30.
Insel TR, Young LJ (2001). The neurobiology of attachment. Nature Rev Neurosci; 2: 129–36.

Kosfeld M, Heinrichs M, Zak PJ, Fischbacher U, Fehr E (2005). Oxytocin increased trust in humans. Nature; 435: 673–6.

Kraemer GW (1992). A psychobiological theory of attachment. Behav Brain Sci; 15: 493–541.

Lang PJ, Greenwald BMM, Hamm AO (1993). Looking at pictures: affective, facial, visceral, and behavioral reaction. Psychophysiology; 30: 261–73.

Moles A, Kieffer BL, D'Amato FR (2004). Deficit attachment behaviour in mice lacking the μ-opioid receptor gene. Science; 304(5679): 1983–6.

Nitschke JB, Nelson EE, Rusch BD, Fox AS, Oakes TR, Davidson RJ (2004). Orbitofrontal cortex tracks positive mood in mothers viewing pictures of their newborn infants. Neuroimage; 21: 583–92.

Reite M, Boccia ML (1994). Physiological aspects of adult attachment. In: Sperling MB, Berman WH (eds). Attachment in Adults: Clinical and Developmental Perspectives. New York: Guilford; 98–127.

Schnell K, Dietrich T, Schnitker R, Daumann J, Herpertz SC (2007). Processing of autobiographical memory retrieval cues in borderline personality disorder. J Affect Disord; 97: 253–9.

Vogt BA (2005). Pain and emotion interactions in subregions of the cingulate gyrus. Nature; 6: 533–44.

Zanarini MC, Frankenburg FR, Hennen J, Silk KR (2003). The longitudinal course of borderline psychopathology: 6 year prospective follow up of the phenomenology of Borderline Personality Disorder. Am J Psychiatry; 20: 274–83.

4 Wir und die anderen

Von den Spiegelneuronen zum Mitgefühl

Vittorio Gallese und Giovanni Buccino[1]

Mitempfindung. – Um den andern zu verstehen, das heißt um sein Gefühl in uns nachzubilden, gehen wir zwar häufig auf den Grund seines so und so bestimmten Gefühls zurück und fragen zum Beispiel: warum ist er betrübt? – um dann aus demselben Grunde selber betrübt zu werden; aber viel gewöhnlicher ist es, dies zu unterlassen und das Gefühl nach den Wirkungen, die es am andern übt und zeigt, in uns zu erzeugen, indem wir den Ausdruck seiner Augen, seiner Stimme, seines Ganges, seiner Haltung (oder gar deren Abbild in Wort, Gemälde, Musik) an unserem Leibe nachbilden (mindestens bis zu einer leisen Ähnlichkeit des Muskelspiels und der Innervation). Dann entsteht in uns ein ähnliches Gefühl, infolge einer alten Assoziation von Bewegung und Empfindung, welche darauf eingedrillt ist, rückwärts oder vorwärts zu laufen. In dieser Geschicklichkeit, die Gefühle des andern zu verstehen, haben wir es sehr weit gebracht, und fast unwillkürlich sind wir in Gegenwart eines Menschen immer in der Übung dieser Geschicklichkeit.

Friedrich Nietzsche, Morgenröte 142 (1881)

Ansteckung ohne Berührung

Es gibt Handlungen oder Verhaltensweisen, die ansteckend sind. Man muss sich nur mal ansehen, was in einem Fußballstadion bei einem Spiel passiert: Wenn unser Nachbar aufspringt und bebt, weil unser Lieblingsspieler auf das Tor schießt, neigen wir unwillkürlich dazu, das Gleiche zu tun. Und wenn wir uns während eines Theaterstücks langweilen und anfangen zu gähnen, ist es wahrscheinlich, dass es denjenigen, die neben uns sitzen, ebenso geht. Schauspieler können ein Lied davon singen! Jedes Individuum hat eine natürliche Tendenz, mit seinen Artgenossen „mitzuschwingen“. Wir tun das in sehr einfachen Situationen wie den beschriebenen, sind aber auch dazu in der Lage, wenn wir mit anderen Momente großen Schmerzes oder großer Freude teilen. Eine jüngere Entdeckung im Bereich der Neurophysiologie ermöglicht uns, die Mechanismen zu erklären, mit denen unser Ge-

1 Übersetzung aus dem Italienischen von Wulf Bertram

hirn uns befähigt, die Handlungen anderer zu verstehen und mit ihnen in „Resonanz“ zu treten: die Entdeckung der Spiegelneuronen.
Diese Nervenzellen sind von einer Gruppe Neurophysiologen um Giacomo Rizzolatti in einem Bereich der Hirnrinde beim Affen, dem so genannten Areal F5, entdeckt worden (di Pellegrino et al. 1992; Gallese et al. 1996; Rizzolatti et al. 1996) und anschließend in der parieto-posterioren Hirnrinde, die reziprok mit dem Areal F5 verbunden ist. Die Spiegelneuronen werden aktiviert (sie „feuern“, wie die Neurophysiologen sagen), wenn das Tier eine direkte, auf ein Objekt gezielte Handlung ausführt, wie z. B. das Ergreifen einer Nuss mit der Hand. Das Interessante dabei ist, dass sie auch feuern, wenn dasselbe Tier ein anderes Individuum sieht, während dieses die gleiche oder eine ähnliche Handlung ausführt. Es handelt sich also um eine Art von „Papageien-Zellen“, die beobachtete Handlungen „intern“ nachahmen. Warum benötigt ein Affe nun aber solche Papageien-Zellen? Die plausibelste Antwort auf diese Frage: Diese Zellen sind für die Ausführung einer bestimmten zielgerichteten Handlung zuständig. Indem sie bei der Beobachtung aktiv werden, erlauben sie, diese Handlung zu erkennen – gerade so, als wenn es das beobachtende Individuum selbst wäre, das sie ausführt. Dieses Erkennen beruht auf Erfahrung: Das Individuum kennt eine bestimmte Handlung, weil es selbst in der Lage ist, sie auszuführen, daher erkennt es sie wieder, wenn sie von einem anderen Individuum vollzogen wird – und macht es eben ein wenig so wie der Papagei. Können Sie sich eine bessere Weise des Wiedererkennens vorstellen als eine, die auf Erfahrung basiert? Mithilfe der Spiegelneuronen induziert die Beobachtung einer Handlung beim Beobachter die Aktivierung des gleichen neuronalen Netzes, das dazu dient, seine Ausführung zu kontrollieren. Die Beobachtung einer Handlung ruft beim Beobachter die automatische Simulation der gleichen Handlung hervor. Dieser Mechanismus erlaubt auf implizite Weise das Verständnis der Handlungen eines anderen.
Die Beziehung zwischen der motorischen Simulation einer Handlung und ihrem Verständnis zeichnet sich deutlich durch eine weitere Serie von Experimenten unserer Gruppe ab. Wenn es zutrifft, dass die Spiegelneuronen die Grundlage eines Mechanismus sind, der das Verständnis beobachteter Handlungen erlaubt, müsste ihr Anspringen mit der Bedeutung der Handlung korrelieren und nicht nur mit ihren sichtbaren Merkmalen. Lassen Sie uns ein praktisches Beispiel nehmen: Wir sind im Supermarkt (beispielsweise in der Abteilung für Waschmittel) und sehen einen anderen Kunden, der seinen Arm zu dem Regal mit der Ware ausstreckt, und wir verstehen auf simple und automatische Weise, dass er den Arm ausstreckt, um eine Packung Waschmittel zu ergreifen – ohne dass wir die Hand betrachten müssen, die die Ware berührt, sich um das Objekt schließt, es anhebt usw. Analog zu diesem Beispiel – natürlich könnten wir viele andere wählen –, sind eine Reihe von Experimenten durchgeführt worden, bei denen sich der Affe in einer sehr ähnlichen Versuchsanordnung befindet wie die, in der wir uns im beschriebenen Beispiel befinden. Alessandra Umiltà und Mitarbeiter haben in der Tat die Aktivität der Spiegelneurone des ventralen prämotorischen Areals F5 des Affen in zwei Versuchsan-

ordnungen untersucht: Bei der ersten Bedingung konnte der Affe die vollständige Sequenz der Handlung beobachten (z. B. eine Hand, die ein Objekt greift), in der zweiten wurde die Schlusssequenz der Handlung von einem Schirm verdeckt. Der Affe wusste, dass das Objekt hinter dem Schirm versteckt war, aber er konnte die Hand des Untersuchers, die es ergriff, nicht sehen. Trotz dieser Behinderung hat mehr als die Hälfte der registrierten Spiegelneuronen auch unter der verdeckten Sequenz fortgefahren zu reagieren. Diese Untersuchungsergebnisse machen deutlich, dass die Spiegelneuronen das Verständnis des Ziels einer Handlung vermitteln können, auch wenn diese nicht vollständig sichtbar ist und auf ihren definitiven Zweck nur geschlossen werden kann. Durch die Nachahmung kann der nichtsichtbare Teil der Handlung rekonstruiert und sein imaginierter Zweck erschlossen werden (Umiltà et al. 2001).

Einige auf ein bestimmtes Objekt gerichtete Handlungen sind mit einem charakteristischen Geräusch verbunden. Wenn man mit einem Schlüsselbund hantiert, erzeugt das einen typischen Klang, anhand dessen es möglich ist, die entsprechende Handlung zu erkennen, auch wenn man sie nicht direkt sieht. Eine andere Untersuchung der Gruppe aus Parma (Kohler et al. 2002) hat ermöglicht, die neuronalen Mechanismen zu untersuchen, die der Fähigkeit, Handlungen an ihrem typischen Geräusch zu erkennen, zugrunde liegen. Die Spiegelneuronen des Areals F5 des Affen sind dabei unter verschiedenen experimentellen Bedingungen untersucht worden: wenn der Affe Handlungen ausführte, die mit der Erzeugung eines typischen Geräuschs verbunden waren (z. B. eine Nuss knacken); wenn der Affe die gleiche Handlung sah und hörte, während sie vom Untersuchenden ausgeführt wurde; und schließlich, wenn der Affe diese Handlung entweder nur sah oder nur hörte. Die Ergebnisse haben gezeigt, dass stets ein konstanter Anteil der Spiegelneuronen feuerte, sei es, dass der Affe die Handlung selbst ausführte, sei es, dass er das von der Handlung hervorgerufene Geräusch hörte oder er die Handlung beobachtete, ohne das charakteristische Geräusch zu hören. Diese Neuronen wurden als „audiovisuelle Spiegelneuronen" bezeichnet. Was zeigen uns diese Untersuchungsergebnisse? Das Spiegelneuronen-System hat unabhängig von der Sinnesmodalität, mit der eine bestimmte Handlung wahrgenommen wurde, insofern eine fundamentale Bedeutung für deren Verständnis, als dieses System die beobachteten oder akustisch wahrgenommenen Handlungen auf den gleichen neuronalen Netzen repräsentiert, die auch ihre Ausführung kontrollieren. Es scheint also so zu sein, dass diese Nervenzellen die Handlungen auf eine abstrakte Weise kodieren. Allerdings handelt es sich dabei um eine Abstraktion motorischer Art, die nicht sprachvermittelt stattfindet, sondern eine Besonderheit des motorischen Systems darstellt, indem es bereits in seinem Inneren die Kenntnis des Zwecks als Organisationsprinzip für die Ausübung, die Vorstellung, die Beobachtung und das Verständnis der Handlung einschließt.

Hunde, die bellen, spiegeln wir nicht

Man könnte sich nun fragen, was die Nervenzellen, die sich beim Affen „papageienartig“ verhalten, mit der ansteckenden Begeisterung menschlicher Wesen im Stadion oder mit unserem Gähnen angesichts langweiliger Schauspieler im Theater zu tun haben. Natürlich gibt es hier eine Verbindung, sonst würden Sie dieses Kapitel nicht lesen wollen.

Viele Studien mit unterschiedlichem experimentellen Versuchsaufbau, beispielsweise die transkranielle Magnetstimulation (TMS) und die funktionelle Magnetresonanztomographie (fMRT), haben gezeigt, dass auch das menschliche Gehirn mit einem Spiegelneuronen-System ausgestattet ist, welches die beobachteten Handlungen auf den gleichen Nervenstrecken repräsentiert, die die Ausführung dieser Handlungen kontrollieren (s. Rizzolatti u. Craighero 2004; Rizzolatti u. Sinigaglia 2008). Insbesondere eine fMRT-Studie (Buccino et al. 2001) hat gezeigt, dass die Aktivierung des Spiegelneuronen-Systems beim Menschen nicht auf die Beobachtung von Handlungen beschränkt ist, die mit der Hand ausgeführt werden, sondern sich auch auf Handlungen erstreckt, die mit anderen Effektoren ausgeführt werden, wie dem Mund oder dem Fuß. Die Beobachtung der Handlungen, die mit einem dieser Effektoren ausgeführt werden, ruft die Aktivierung derjenigen Bereiche des motorischen Kortex hervor, die üblicherweise für die Ausführung der beobachteten Handlungen verantwortlich sind. Auch und vor allem beim Menschen erlaubt der Zugriff auf die motorischen Hirnregionen bei der Beobachtung von Handlungen anderer Individuen ein „inneres“ Verständnis dieser Aktivitäten, da sie auf den eigenen motorischen Erfahrungen und Fähigkeiten beruhen.

Diese Ergebnisse sind von einer jüngeren Untersuchung bestätigt und erweitert worden, die wie die vorige mit der fMRT durchgeführt wurde (Buccino et al 2004a). Während dieses Experiments beobachteten die Teilnehmer Filmsequenzen von Handlungen, die entweder von einem Menschen, einem Affen oder einem Hund mit dem Mund bzw. mit der Schnauze ausgeführt wurden. Es wurden zwei Arten von Handlungen präsentiert, zum einen „einverleibende“ (in der Filmsequenz bissen und kauten ein Mensch, ein Affe oder ein Hund eine Nahrung), zum anderen kommunikative (ein Mensch bewegte die Lippen zum Sprechen, ein Affe führte eine kommunikative soziale Gebärde aus, indem er die Lippen bleckte, ein Hund bellte). Die Ergebnisse haben gezeigt, dass die Beobachtung der Nahrungsaufnahme das Spiegelneuronen-System unabhängig von der Spezies aktivierte. Die Beobachtung der kommunikativen Handlungen aktivierte das Spiegelneuronen-System nur dann, wenn der Ausführende ein Mensch war. Diese Ergebnisse legen nahe, dass das Spiegelneuronen-System am Verständnis des Verhaltens von Individuen anderer Spezies beteiligt ist – aber nur, wenn die Handlungen (wie bei der Nahrungsaufnahme) Bestandteil unseres eigenen motorischen Repertoires sind und uns insofern die Möglichkeit bieten, sie innerlich nachzuahmen und ihren Zweck nachzuvollziehen. Wenn die beobachteten Handlungen – wie die Kontaktgeste des Affen

oder das Bellen des Hundes – nicht zu unserem motorischen Repertoire gehören (wir können zwar „bellen", und bei manchen klingt das auch sehr gut, ist aber rein metaphorisch!) und wir daher ihren Zweck nicht nachvollziehen können, tritt an die Stelle der Nachahmung ihre rein visuelle Beschreibung. Während der Beobachtung dieser Handlungen waren in der Tat die Hirnregionen im Bereich der Spiegelneuronen nicht aktiv, sondern nur ein Bereich des Sulcus temporalis superior, in dem vor einigen Jahren Nervenzellen identifiziert worden waren, die bei der Beobachtung biologischer Handlungen ohne motorische Aktivität aktiv waren. Das, was offensichtlich grundlegend das Verständnis durch eine verkörperte Simulation von dem durch die kognitive Interpretation einer beobachteten Szene unterscheidet (wie bei dem Hund, der bellt), ist die Qualität der Erfahrung, die dem Verständnis zugrunde liegt. Unsere Hypothese lautet, dass es ausschließlich die über das Spiegelneuronen-System vermittelte verkörperte Simulation ist, die das Verständnis dafür eröffnet, „wie jemand sich fühlt", wenn eine bestimmte motorische Handlung ausgeführt wird. Nur dieser Mechanismus gestattet es uns wahrscheinlich, uns auf diejenigen einzustellen, die wir beobachten (Gallese 2006).
Diese Befunde sind auch durch eine weitere Untersuchung mit der fMRT (Calvo-Merino et al. 2005) bestätigt worden, die gezeigt hat, dass die Aktivierung des Spiegelneuronen-Systems durch die Erfahrung beeinflusst wird, welche die Versuchspersonen von der beobachteten Handlung haben: Die Capoeira-Tänzer[2] beispielsweise aktivieren die Areale des Spiegelneuronen-Systems ausgeprägter bei der Beobachtung anderer Capoeira-Tänzer im Vergleich mit klassischen Tänzern, und umgekehrt zeigen die klassischen Tänzer eine größere Resonanz ihres Spiegelneuronen-Systems, wenn sie statt einer Capoeira-Sequenz Figuren des klassischen Tanzes beobachten. Das Spiegelneuronen-System ist darüber hinaus an der Imitation einfacher motorischer Akte beteiligt (Iacoboni et al. 1999) sowie am Imitationslernen komplexer motorischer Sequenzen, etwa beim Erlernen eines Musikinstruments durch die Beobachtung der Bewegungen eines erfahrenen Vorbilds (Buccino et al. 2004b). Die typisch menschlichen Neigungen zur Imitation und zum Imitationslernen finden im Spiegelneuronen-System ein organisches Korrelat, das dazu verhilft, die Entstehung und die Mechanismen zu verstehen, die ihnen zugrunde liegen.

Neurone mit Investigationsauftrag: Was hast du vor?

Diese Zellen werden also jedes Mal aktiviert, wenn wir ein anderes Individuum sehen, das eine Handlung ausführt, deren Vollzug sie selbst kontrollieren. Damit gestatten sie uns, aus eigenem Erfahrungsrepertoire, gewissermaßen „von innen

2 Brasilianischer Kampftanz mit afrikanischen Wurzeln (Anm. d. Übs.)

heraus", die Handlungen der anderen zu verstehen. Allerdings kann die gleiche Handlung in verschiedenen Kontexten ausgeführt werden, um unterschiedliche Ziele zu erreichen. Während des Frühstücks kann man eine Tasse ergreifen, um Kaffee zu trinken. Ist das Frühstück beendet, wird die Tasse ergriffen, um den Tisch abzuräumen und sie zum Spülbecken zu bringen. Ein externer Beobachter ist in der Lage, die verschiedenen Zwecke der gleichen Handlung zu verstehen, die in zwei verschiedenen Kontexten ausgeführt wird.

Üblicherweise ging man davon aus, dass die Interpretation von Handlungen, die andere Individuen ausführen, eine kognitive Aufgabe sei. Die Entschlüsselung würde demnach auf einer Reihe von logisch-deduktiven Operationen beruhen, die auf die handelnde Person und auf den Kontext der Handlung bezogen sind. Diese kognitiven Operationen werden in ihrer Gesamtheit als „Theory of Mind"[3] bezeichnet. Die Autoren, die sie vertreten, gehen davon aus, dass spezifische Hirnareale aktiviert werden müssen, damit sie ausgeführt werden können. Die Entdeckung der Spiegelneuronen hat es erlaubt, eine alternative Interpretation zur „Theory of Mind" zu umreißen, um unsere Fähigkeit der Deutung der Handlungen anderer zu klären: Wir können sie verstehen, weil wir während ihrer Kodierung in unserem Gehirn die gleichen neuronalen Strukturen aktivieren, als wenn uns selbst die gleichen Absichten bewegen. Mit anderen Worten: Man versteht die Handlungen anderer, indem man sie innerlich „nachäfft" – wobei wir dies natürlich vornehmer „simulieren" nennen wollen (Gallese 2005, 2006, 2007).

Zwei noch sehr junge Untersuchungen bestätigen die Hypothese, dass das Spiegelneuronen-System nicht darauf beschränkt ist, eine beobachtete Handlung zu verstehen, sondern auch zu begreifen, *warum* der Handelnde diese bestimmte Handlung durchführt, also die Absicht nachzuvollziehen, die der Handlung zugrunde liegt. In einer fMRT-Untersuchung bei Menschen (Iacoboni et al. 2005), die die grundlegenden neuronalen Mechanismen der Fähigkeit untersuchte, die Handlungen anderer zu verstehen, wurden Filmsequenzen mit Aktivitäten gezeigt, wie wir sie eben erwähnt haben: Die gleiche Handlung (Greifen der Tasse) wurde in zwei verschiedenen Kontexten präsentiert (vor und nach dem Frühstück). Die Versuchspersonen wurden in zwei verschiedene Gruppen eingeteilt: Eine Gruppe sollte die Filmsequenzen lediglich ansehen, die zweite Gruppe musste explizit die verschiedenen Intentionen der gleichen Handlung des Akteurs in zwei verschiedenen Kontexten benennen. Die Ergebnisse haben gezeigt, dass bei beiden Gruppen keine unterschiedlichen Hirnzentren aktiviert wurden; eine Tatsache die nahe legt, dass es im Gehirn keine spezifischen Hirnzentren für die Kodierung gibt, sondern dass die Zuschreibung der Intention automatisch mit der Verarbeitung der motorischen As-

3 In der deutschen Literatur wird in der Regel der englische Ausdruck „Theory of Mind" benutzt, ohne ihn zu übersetzen, etwa in „Theorie des Geistes". Gemeint ist die „Fähigkeit, das eigene Verhalten oder das Verhalten anderer Menschen durch Zuschreibung mentaler Zustände zu interpretieren" (Peter Fonagy) (Anm. d. Übs.).

pekte der Handlung selbst und dem Kontext, in dem sie ausgeführt wird, erfolgt. Diese Interpretation wird dadurch bestätigt, dass bei beiden Gruppen genau die Regionen der Hirnrinde aktiviert wurden, die zum Spiegelneuronen-System gehören, was die Untersuchung ja zeigte.

Mit einer Studie, die 2005 publiziert wurde, haben Leonardo Fogassi und seine Mitarbeiter die neurophysiologischen Mechanismen erklärt, durch die das Spiegelneuronen-System zur Kodierung der Intention beobachteter Individuen beitragen kann. Diese Untersuchung hat gezeigt, dass die parietalen Spiegelneuronen des Affen bei der Durchführung einer Aktion mit der Hand (Ergreifen eines Objekts) und der Beobachtung der gleichen Aktion selektiv aktiviert werden, und zwar nur und ausschließlich in Bezug auf die Handlung die folgt. Beispielsweise wurden Spiegelneuronen identifiziert, die auf das Ergreifen oder das Beobachten des Ergreifens eines Gegenstands nur dann reagieren, wenn das Objekt später zum Mund geführt wird. Andere Spiegelneuronen sprechen beim Ergreifen oder der Beobachtung des Ergreifens nur an, wenn das Objekt anschließend in einen Behälter gelegt wird. Die Autoren der Untersuchung gehen davon aus, dass die Spiegelneuronen ermöglichen, die Absichten anderer zu identifizieren, indem sie sequenzielle Aktionen kodierende Neuronenketten aktivieren (Fogassi et al. 2005).

Wir Menschen können sogar noch mehr: Wir können etwa unterscheiden, ob eine bestimmte Aktion von ihrem Subjekt gewollt war oder ob sie ihm missglückt ist. Stellen Sie sich beispielsweise vor, dass jemand einen Kaffee trinken will, ihm die Tasse aber aus der Hand gleitet, oder denken Sie an eine etwas ungeschickte Tänzerin, die einen falschen Schritt macht und unsanft landet. Wie stellt es unser Gehirn an, zwischen den Situationen zu unterscheiden, die dem Akteur aus der Kontrolle geraten sind, und denjenigen, bei denen es so scheint, als habe er genau dieses Ergebnis erzielen wollen? Eine neuere Untersuchung (Buccino et al. 2007) hat exakt dieses Problem aufs Korn genommen: Den Probanden wurden Handlungen gezeigt, bei denen die Intentionen des Akteurs vollständig umgesetzt wurden – oder eben nicht, wie bei jemandem, der zu einer Tasse greift, um daraus zu trinken, dem sie dann aber aus der Hand gleitet und herunterfällt. Wie im vorangehenden Experiment wurden die Teilnehmer in zwei Gruppen geteilt. Die Ergebnisse des Experiments haben gezeigt, dass bei beiden Gruppen jene Hirnareale, die bei der Beobachtung der Handlungen und der Kodifizierung ihrer Intentionen aktiv waren, im Spiegelneuronen-System lokalisiert waren, wodurch noch einmal die Rolle dieses Systems bei der Entschlüsselung von Intentionen bestätigt wurde. Allerdings zeigten sich, wenn im direkten Vergleich die aktivierten Areale bei den missglückten Handlungen mit denen der gelungenen verglichen wurden, bei ersteren in drei Bezirken der Hirnrinde spezifische Aktivitäten: in der temporo-parietalen Verbindung der rechten Hemisphäre, im Gyrus supramarginalis der linken und im meso-präfrontalen Kortex beider Gehirnhälften.

Diese Regionen werden zwar den zerebralen Prozeduren zugeordnet, die spezifisch mit der „Theory of Mind“ verbunden sind. Sie sind aber auch bei Aufgaben aktiv, bei denen die Teilnehmer z. B. das plötzliche Auftauchen von unerwarteten Stimuli anzeigen mussten, die in eine zeitliche oder räumliche Abfolge von Reizen eingestreut worden waren. Die Resultate dieser Untersuchung könnten auf den ersten Blick so interpretiert werden, dass sie eine größere Schwierigkeit der Teilnehmer aufzeigten, unbeabsichtigte Handlungen zu interpretieren, und daher eine implizite Evidenz zugunsten der „Theory of Mind“ darstellen. Doch sehr viel wahrscheinlicher sind sie ein Hinweis auf die Mitbeteiligung dieser Regionen an der „Meldung“ und Kodierung von unerwarteten Ereignissen überhaupt und insofern wichtig für die räumliche und zeitliche Vigilanz.

Soziale Intelligenz und Sprache

Keine Erklärung der sozialen Intelligenz kommt ohne die Bedeutung der Sprache aus. Die Sprache ist das charakteristischste Kennzeichen dessen, was Mensch-Sein bedeutet. Die Erforschung des Ursprungs und der Art und Weise, in der sich die Sprache entwickelt hat, und die Untersuchung der funktionellen Mechanismen, die an der Wurzel der sprachlichen Fähigkeit liegen, sind die Instrumente, mit denen sich die menschliche Natur erkunden lässt. Auch wenn Untersuchungen und Mutmaßungen hierzu eine sehr lange Geschichte haben, bleiben die tiefe Natur der Sprache und die Evolutionsprozesse, die zu ihrem Entstehen geführt haben, nach wie vor wenig geklärt. Einer der Gründe für diese mangelnde Klarheit ergibt sich aus der Komplexität und Vielschichtigkeit der Sprache selbst: Was verstehen wir unter einer Untersuchung des Sprachvermögens und seiner Entwicklung? Ist die Sprache das Ergebnis eines Systems, das auf diese Fähigkeit beschränkt ist, oder schließt sie in Wirklichkeit unspezifische kognitive Fähigkeiten ein?

Und was kann nun eine neurowissenschaftliche Perspektive in dieser Debatte verschiedener Positionen beitragen? Und wie kann sie dabei hilfreich sein, soziale Intelligenz zu erklären? Ein Ausgangspunkt ist die Erkenntnis, dass das menschliche Ausdrucksmittel während seiner Entwicklung überwiegend sprachlicher Ausdruck war. Das legt den Gedanken nahe, dass sich die Sprache entwickelt hat, um dem Individuum ein mächtigeres und flexibleres Instrument sozialer Intelligenz zu liefern, mit dem Wissen geteilt, kommuniziert und ausgetauscht werden konnte. Die soziale Dimension der Sprache wird somit zur Grundlage ihres Verständnisses.

Traditionell wurde stets angenommen, dass die Bedeutung eines Satzes unabhängig vom Inhalt auf der Basis symbolischer mentaler Repräsentanzen erschlossen würde. Eine alternative Hypothese, die inzwischen über 30 Jahre alt ist, behauptet dagegen, dass das Sprachverständnis auf der „Verkörperung“ („embodiment“) basiert (Literaturübersicht bei Gallese 2007 und 2008). Nach dieser Theorie spielen die neuronalen Strukturen, die die Ausführung einer Handlung lenken, eine Rolle beim Verständnis des semantischen Inhalts dieser Handlungen, auch wenn sie nur verbal beschrieben werden. Viele Experimente zeigen, dass es in der Tat so ist.

Die Theorie der verkörperten Natur des Sprachverständnisses geht davon aus, dass bei der Wahrnehmung von Sätzen, die mit Handlungen im Zusammenhang stehen, das Spiegelneuronen-System des Empfängers moduliert wird und dass die Wirkung dieser Modulierung die Erregbarkeit der primären motorischen Hirnrinde beeinflusst und in der Folge die Ausführungen der Bewegungen, die von ihr kontrolliert werden. Um diese Hypothese zu überprüfen, wurden zwei Experimente durchgeführt (Buccino et al. 2005). Im ersten Experiment wurden mithilfe der transkraniellen Magnetstimulation (TMS) in zwei verschiedenen Untersuchungssituationen die motorischen Areale der Hand und der unteren Extremität der rechten Hemisphäre untersucht, während die Teilnehmer Sätze hörten, die Aktionen beschrieben, die mit der Hand oder den Füßen ausgeführt werden. Die Darbietung von Sätzen mit abstrakten Inhalten diente als Kontrolle. Es wurden dabei die motorisch evozierten Potenziale (MEPs) der Hand und des Fußes aufgezeichnet: Die Ergebnisse zeigten, dass die gemessenen MEPs der Handmuskeln auf spezifische Weise beim Hören von Sätzen auftraten, die manuelle Handlungen betrafen. Das Gleiche passierte mit den MEPs des Beins und des Fußes beim Hören von Sätzen, die Bewegungen der unteren Extremität betrafen. In einem zweiten Experiment hatten die Probanden mit Hand- oder Fußbewegungen auf die Darbietung von Sätzen zu reagieren, die Bewegungen dieser Gliedmaßen beschrieben, wiederum im Vergleich mit abstrakten Sätzen. In Übereinstimmung mit den Ergebnissen, die mit der transkraniellen Magnetstimulation erhoben worden waren, wurde die Geschwindigkeit, mit der die Versuchspersonen mit einem der beiden Effektoren, d.h. Hand oder Fuß, reagierten, auf spezifische Weise durch die akustische Wahrnehmung von Sätzen moduliert, die sich auf den jeweils betreffenden Effektor bezogen. Diese Daten zeigen, dass die Verarbeitung von Sätzen, die Handlungen beschreiben, verschiedene Sektoren des motorischen Systems aktivieren – je nachdem, welcher Effektor bei der Handlung gebraucht wird, von der bei der Darbietung gesprochen wurde (s. auch Sato et al. 2008).

Einige Untersuchungen mit bildgebenden Verfahren haben gezeigt, dass die Bemühung um das Verständnis dargebotener sprachlicher Inhalte die Regionen des motorischen Systems aktivieren, die dem verarbeiteten semantischen Inhalt entsprechen. Hauk und Pulvermueller (2004) haben mit einer fMRT-Untersuchung nachgewiesen, dass die lautlose Lektüre von Sätzen, die Bewegungen des Mundes (Lecken), der Hand (Greifen) oder des Beins (Zutreten) thematisieren, die verschiedenen Areale der motorischen Hirnrinde aktivierte, die dem Körperteil entsprachen, mit dem die gelesenen Wörter in Zusammenhang standen. Tettamanti et al. (2005) haben gezeigt, dass das Hören von Sätzen, die Aktionen des Mundes, der Hand oder des Beins beschreiben, die Aktivierung der verschiedenen Bereiche des prämotorischen Kortex nach sich ziehen, je nachdem, welcher Effektor in der Darbietung genannt wurde. Die Regionen, die aktiviert werden, entsprechen – wenn auch relativ grob – denjenigen, die aktiv sind, wenn Handlungen mit der Hand, dem Mund und dem Fuß ausgeführt werden (Buccino et al. 2001). Diese Daten stützen die Auffassung, dass das Spiegelneuronen-System nicht nur am Verständnis visuell dargebotener Handlungen beteiligt ist, sondern auch in der Repräsentanz von sprachlich dargebotenem Material, das sich auf Handlungen bezieht. Wie genau die verkörperte Simulation am Sprachverständnis beteiligt ist, bleibt aber noch zu klären.

Ich sehe es dir an! Mimik und Mitgefühl

Wie stellen wir es an, jemanden als ärgerlich, glücklich oder traurig zu verstehen? Vor kurzem ist auch für das Verständnis emotionaler Zustände ein Mechanismus vorgeschlagen worden, der sich nicht von dem unterscheidet, den die Spiegelneuronen beim Handlungsverständnis ausüben. Diesem Ansatz zufolge wird auch das Verständnis der Gefühle anderer Menschen über die Fähigkeit zur Nachahmung vermittelt (Gallese 2001, 2003, 2006).

Eine fMRT-Untersuchung von Carr und Mitarbeitern (2003) hat gezeigt, dass sowohl die Beobachtung als auch die Imitation des Gesichtsausdrucks der Emotionen, die uns allen gemeinsam sind (Angst, Zorn, Glück, Ekel, Überraschung und Trauer), die gleichen Hirnstrukturen aktiviert (den ventralen prämotorischen Kortex, die Insula und die Amygdala), die für die aktive Erzeugung des Gesichtsausdrucks solcher Gefühle verantwortlich sind. Mit anderen Worten kann die Funktion dieser Hirnstrukturen als Mechanismus charakterisiert werden, der *Gefühle* widerspiegelt und insgesamt demjenigen entspricht, den wir in Bezug auf die *Handlungen* im Spiegelneuronen-System beschrieben haben.

In einer anderen Untersuchung mit der funktionellen Kernspintomographie haben Wicker und Mitarbeiter (2003) die Hirnstrukturen untersucht, die während der subjektiven Erfahrung von Ekel aktiv sind (vgl. Kap. 9). Diese Empfindung wurde einmal dadurch hervorgerufen, dass man den Teilnehmern unangenehm riechende Substanzen darbot, zum anderen, indem man sie Schauspieler beobachten ließ, die Ekel mimisch ausdrückten. Die Ergebnisse dieser Studien haben gezeigt, dass sowohl bei der persönlichen Erfahrung des Ekels als auch bei der Beobachtung dieser Emotion im Gesichtsausdruck anderer die gleiche Hirnregion aktiviert wurde, nämlich die linke anteriore Insula. Es ist wahrscheinlich, dass dieser Bereich viszero-motorische Neuronen enthält, die von einem „Spiegelmechanismus" sowohl dann aktiviert werden, wenn wir subjektiv Ekel empfinden, als auch dann, wenn wir die gleiche Emotion im Gesicht anderer erkennen.

Die Befunde der vorangegangenen Studien werden ergänzt durch eine klinische Beobachtung von Calder und Mitarbeitern. Sie beschrieben einen Patienten, der infolge einer isolierten Verletzung der vorderen Insula nicht nur unfähig war, Ekel zu empfinden, sondern dieses Gefühl auch im Gesichtsausdruck anderer nicht erkennen konnte (Calder et al. 2001). Zusammenfassend können wir feststellen, dass das Erkennen des Gefühlsausdrucks anderer Menschen über die Aktivierung jener zerebralen Strukturen erfolgt, die an der subjektiven Erfahrung eben dieser Emotionen beteiligt sind. Mit anderen Worten: Nicht nur das Verständnis der *Handlungen*, auch das Verständnis der *Emotionen* anderer Menschen verlangt ihre Nachahmung. Natürlich ist die Simulation nicht der einzige Mechanismus, der dem Gefühlsverständnis zugrunde liegt. Die sozialen Stimuli können auch auf der Grundlage der expliziten kognitiven Verarbeitung ihrer wahrgenommenen Aspekte verstanden werden. Allerdings fehlt dieser zweiten Art des Verstehens, die objektiver, sozusagen „in dritter Person" erfolgt, die Erfahrungsresonanz, die normalerweise unsere Beziehungsaufnahme mit anderen Menschen kennzeichnet.

Dein Schmerz in meinem Kopf

Gefühle zu teilen ist ein grundlegender Bestandteil zwischenmenschlicher Beziehungen. So spielen Berührungsempfindungen eine ganz besondere Rolle in den menschlichen Beziehungen: Wir drücken uns die Hände, wir küssen uns bei der Begrüßung, wir klopfen unseren Freunden auf die Schulter, um sie zu loben (jedenfalls trifft das vor allem auf die mediterranen Völker zu!). „Bleiben wir in Kontakt" ist eine übliche umgangssprachliche Floskel, die den Wunsch ausdrückt, mit jemandem eine Verbindung aufrechtzuerhalten.

Es häufen sich mittlerweile die experimentellen Befunde, die zeigen, dass die sinnliche Erfahrung, an einer bestimmten Stelle des Körpers berührt zu werden, die Aktivierung der gleichen Hirnregion hervorruft, wie es bei der Beobachtung des Körpers eines anderen passiert, der an der entsprechenden Körperstelle berührt wird (Keysers et al. 2004; Blakemore et al. 2005; Ebisch et al. 2008). Es ist wie bei den motorischen Aktionen: Ob wir nun selbst in einem bestimmten Körperbereich Berührungen spüren oder ob wir einen anderen sehen, der die gleiche sensorische Erfahrung macht – es wird stets der gleiche kortikale Bereich aktiviert (in diesem Fall die Region, die taktile Informationen empfängt).

Das scheint auch bei der Schmerzempfindung eine Rolle zu spielen. Untersuchungen mit bildgebenden Verfahren haben gezeigt, dass die Aktivität der Neuronen im anterioren zingulären Kortex und in der unteren Insula – zwei Regionen des Frontallappens, die bei der Analyse von Schmerzreizen und an der Kontrolle viszeromotorischer Reaktionen beteiligt sind – sowohl bei der Darbietung von Schmerzreizen der Versuchsperson als auch dann, wenn sie beobachtet, dass einer beobachteten Person die gleichen Schmerzreize zugefügt wurden, verändert wird (Jackson et al. 2005; Botvinick et al. 2005).

Diese Ergebnisse sind auch durch eine andere Untersuchung bestätigt worden: Die anteriore Insel und der anteriore zinguläre Kortex (die Hirnregionen also, die Sie mittlerweile kennen gelernt haben) wurden sowohl dann aktiviert, wenn man den Versuchspersonen Schmerzreize zufügte, als auch dann, wenn auf dem Computer-

Monitor vor ihnen ein symbolischer Stimulus dargeboten wurde, d. h., wenn ihrem Partner, der neben ihnen, aber außerhalb ihrer Reichweite lag, der gleiche Schmerzreiz zugefügt wurde. Auch diese „symbolische“ und indirekte Wahrnehmung einer Schmerzempfindung bei anderen ruft die Aktivierung der gleichen kortikalen Strukturen hervor, die an der persönlichen Erfahrung dieser Empfindung beteiligt sind (Singer et al. 2004). Daraus schließen wir, dass unsere Fähigkeit, die Sinneswahrnehmungen anderer zu erkennen und zu verstehen, durch einen Simulationsmechanismus hervorgerufen wird.

Spiegelneuronen und klinische Praxis

Die beschriebenen experimentellen Befunde zeigen, dass sich die Rolle des motorischen Systems nicht nur auf rein „exekutive“ Funktionen beschränkt. Durch die Ausführung von Bewegungen oder Handlungen erfahren wir die Welt. Das Kind entdeckt die äußere Realität und die Objekte, die dazu gehören, durch das „Begreifen“. Erwachsene erweitern ihre Erfahrungen der Welt vor allem über motorische Funktionen. Durch die Aktivität der Spiegelneurone hat das motorische System darüber hinaus die Fähigkeit zur „Resonanz“, wenn wir andere Individuen beobachten, die Handlungen ausführen, die bereits zu unserem motorischen Repertoire gehören oder ein fester Bestandteil davon werden können. Dieser Resonanzmechanismus erlaubt es uns, die Handlung anderer „von innen heraus“ zu verstehen. Dieses Verständnis der Handlungen anderer ist selbst wieder eine grundlegende Voraussetzung, um mit diesen in Beziehung zu treten und um stabile soziale Beziehungen zu festigen, wie wir gesehen haben.

Diese besonderen Eigenarten des motorischen Systems müssen uns auch in Bezug auf die klinische Praxis zu denken geben, aus zwei wesentlichen Gründen vor allem denjenigen, die sich mit der Rehabilitation beschäftigen: zum einen, weil diese Befunde – sofern das überhaupt noch nötig sein sollte – die Bedeutung der motorischen Rehabilitation unterstreichen. Es geht nicht nur darum, eine bestimmte Leistung wiederzugewinnen, sondern sie ist auch der Ausgangspunkt und eine unabdingbare Voraussetzung für jedwede kognitive und soziale Wiederherstellung. Zahlreiche Untersuchungen haben gezeigt, dass eine mäßige körperliche Aktivität die Gesundheit älterer Menschen erhält oder sogar den kognitiven Abbau bei Demenzkrankheiten verlangsamt. Diese Erkenntnisse bezeugen den „kognitiven Wert“ der Bewegungsrehabilitation.

Zum anderen liefern die Kenntnisse über das motorische System, die wir hier sehr knapp dargestellt haben, die theoretischen Grundlagen für verschiedene Rehabilitationsmaßnahmen: Die Wiederherstellung des motorischen Systems impliziert nicht notwendigerweise die aktiv oder passiv durchgeführte Ausübung einer Bewegung, sondern sie kann sich durchaus auch anderer Modalitäten bedienen. Man

weiß seit langem, dass die reine Beobachtung von Handlungen die Aktivierung des motorischen Systems über einen Resonanzmechanismus hervorruft – erinnern Sie sich an die „Papageien-Neuronen"? Eine kürzlich durchgeführte Studie hat gezeigt, dass allein die systematische Beobachtung ganz alltäglicher Handlungen, die insofern eine große Bedeutung im häuslichen Umfeld haben, bei der Rehabilitation von Schlaganfall-Patienten die Leistungen der oberen Gliedmaßen verbessern kann (Ertelt et al. 2007). Zukünftige Studien müssen zeigen, ob eine Behandlung, die auf der Beobachtung von Handlungen basiert, auch bei der Rehabilitation von weiteren neurologischen und nichtneurologischen Erkrankungen wirksam ist.
In näherer Zukunft kann die Neurorehabilitation auf der Basis neuer Erkenntnisse über das motorische System und seine Funktionen für die Wiedererlangung der motorischen Fähigkeiten auf verschiedene Instrumente und Techniken zurückgreifen, und vielleicht können auf der Basis klinischer Merkmale der Reha-Patienten und eigener Erfahrungen aus der Rehabilitationsmedizin die optimalen Maßnahmen gewählt werden.
Eine der besten Möglichkeiten, die Hirnfunktionen zu erforschen, besteht in der Untersuchung ihrer Ausfälle. Wenn z.B. ein Schlaganfall die Region befallen hat, die uns das Sprechen ermöglicht, werden wir aphasisch. Wenn, wie wir zu zeigen versucht haben, das Spiegelneuronen-System eine grundlegende Rolle bei unserer Fähigkeit spielt, Handlungen und Absichten anderer zu verstehen und allgemein soziale Beziehungen zu knüpfen, müsste sein Ausfall diese Fähigkeiten einschränken. Ein weiteres klinisches Feld, bei dem die Forschung von der Entdeckung der Spiegelneuronen beeinflusst wurde, sind nämlich die Syndrome des autistischen Formenkreises. Der kindliche Autismus ist ein Krankheitsbild der Entwicklung, das von einer dreifachen Symptomatik gekennzeichnet ist: Störungen der sozialen Beziehungen, Sprachstörungen und ein eingeschränktes Interesse für die Umgebung und andere Menschen. Diese Trias wurde als eine verringerte Funktion des „sozialen Gehirns" erklärt. Da, wie wir gezeigt haben, unsere Fähigkeit zur Mitempfindung an unsere Kapazität zur Resonanz gebunden ist (wir könnten sagen: die Erfahrungen anderer „nachzuäffen") und daher ein einwandfreies Funktionieren unserer Spiegelneuronen erfordert, wurde kürzlich die Hypothese aufgestellt, dass der Autismus seine pathophysiologische Grundlage in einer Dysfunktion des Spiegelneuronen-Systems hat (Gallese 2003, 2006; Oberman u. Ramachandran 2007; Gallese et al. 2009). Zwei noch sehr junge Untersuchungen stützen diese Hypothese. In einer Untersuchung ist das Verhalten autistischer Kinder mit dem normaler Kinder bei der Ausführung und Beobachtung komplexer Aktionen verglichen worden. Die Kinder führten koordinierte motorische Handlungssequenzen aus, indem sie beispielsweise eine Erdbeere ergriffen, um sie in den Mund zu führen, oder ein Stück Papier, um es in den Papierkorb zu werfen. Bei normalen Kindern führte das Ergreifen der Erdbeere zur Aktivierung eines Muskels, des Musculus mylohyoideus, der beim Schluckakt eine Rolle spielt – ganz so, als wenn der Organismus sich darauf vorbereitet, die Speise in den Mund zu nehmen. Diese vorbereitende Aktivierung blieb bei den autistischen Kindern aus. Ein ähnliches Phänomen ist auch

festgestellt worden, wenn die gleiche Aktion lediglich beobachtet wurde. Es ist wahrscheinlich, dass bei den autistischen Kindern die motorischen Resonanzmechanismen der Spiegelneuronen unzureichend funktionieren, so dass es für diese Kinder schwierig ist, die Handlungen anderer zu verstehen und mit ihnen in Beziehung zu treten. Ähnlich wie im Hinblick auf Aktionen scheint es bei diesen Kindern außerdem so zu sein, dass sie Schwierigkeiten haben, mit den sinnlichen und emotionalen Wahrnehmungen anderer „mitzuschwingen". In einer fMRT-Studie (Dapretto et al. 2006) ist die Fähigkeit autistischer und normaler Versuchspersonen beim Kodieren von Gesichtsausdrücken, die Basisemotionen ausdrückten, verglichen worden. Bei dieser Aufgabe haben die autistischen Versuchspersonen im Vergleich zu normalen Versuchspersonen eine geringere Aktivität jener Hirnregionen gezeigt, in denen das Spiegelneuronen-System lokalisiert ist. Darüber hinaus war der Grad der Aktivierung der Spiegelneuronen bei den autistischen Personen umgekehrt proportional zum Ausmaß des klinischen Bildes. Diese Ergebnisse, wenn sie auch zunächst noch vorläufig sind, scheinen eine Perspektive für das Verständnis der pathophysiologischen Mechanismen erschließen zu können, die dem kindlichen Autismus zugrunde liegen, und neue therapeutische Strategien zu eröffnen.

Mitschwingen, Logik und Verstehen

Die neurowissenschaftlichen Daten, die wir zusammengetragen haben, zeigen, dass unsere Fähigkeit, den Handlungen anderer einen Sinn zu geben und sie zu verstehen, und die Absichten, aus denen sie entstanden sind, sowie die Emotionen und Empfindungen, die unsere Mitmenschen empfinden, nicht ausschließlich auf kognitiven Strategien beruhen, die die Anwendung raffinierter logisch-deduktiver Vorgänge voraussetzen. Sie basieren genauso auf Simulationsmechanismen, deren neuronale Grundlagen das Spiegelneuronen-System und entsprechende zerebrale Widerspiegelungsmechanismen darstellen. Gemäß diesen Erkenntnissen ist unsere Fähigkeit, uns in andere einzufühlen (d. h. in die Welt der Erfahrungen einzudringen, indem wir diesen Erfahrungen einen gemeinsamen Sinn zuschreiben), das Ergebnis der Aktivierung neuronaler Widerspiegelungsmechanismen. Und nur dank dieser Mechanismen, die wir mit anderen Menschen teilen, ist es uns möglich, unsere Erfahrungen mit ihnen zu machen und sie so gewissermaßen „von innen heraus" zu verstehen. Wenn wir mit dem Verhalten eines anderen konfrontiert sind und dieses Verhalten eine Reaktion von unserer Seite erfordert, sei sie aktiv oder nur beobachtend, befinden wir uns so gut wie nie in einem Prozess expliziter und bewusster Interpretationen. In der überwiegenden Zahl der Fälle ist unser Verständnis der Reaktion unvermittelt und automatisch.

Sitzen wir z. B. in einem Restaurant und beobachten unseren Tischnachbarn, der seine Hand nach einem Bierglas ausstreckt, verstehen wir unmittelbar, dass er einen

Schluck von diesem Getränk zu sich nehmen will. Der entscheidende Punkt ist: Wie machen wir das? Nach dem klassisch-kognitivistischen Ansatz sollten wir die Bewegungen unseres Nachbarn in eine Reihe mentaler Repräsentanzen übersetzen, die seinen *Wunsch* betreffen, dieses Bier zu trinken, seine *Überzeugung*, dass der Humpen, den er ergreifen will, tatsächlich mit Bier gefüllt ist, und seine *Absicht*, ihn zum Mund zu führen, um zu trinken. Auch wenn diese Abfolge vielleicht ein wenig karikaturhaft wirkt, beschreibt sie doch grundlegend die Merkmale menschlicher Interaktionen, wie sie die klassische Kognitionswissenschaft zugrunde legt. Dieser klassisch-kognitivistische Ansatz wird mit einem vollkommen körperlosen menschlichen Geist erläutert. Was wir in diesem Beitrag geschrieben haben, legt nach unserer Überzeugung nahe, dass eine solche Auffassung zurückgewiesen werden kann, weil sie zu sehr vereinfacht und unzutreffend ist.

Wenn wir mit dem Verhalten eines anderen konfrontiert sind, erzeugt unser Gehirn Modelle dieses Verhaltens auf die gleiche Weise, wie es die Modelle unseres eigenen Verhaltens konstruiert. Das Endergebnis dieses Modellierungsvorgangs erlaubt es uns, zu verstehen und mit mehr oder weniger genauem Ergebnis die Konsequenzen des Handelns unseres Mitmenschen vorherzusagen, so wie es uns erlaubt, unser eigenes Verhalten vorherzusagen. Natürlich bedeutet das nicht, dass wir anderen *niemals explizit* Intentionen, Wünsche oder Überzeugungen zuschreiben. Wir sagen lediglich, dass diese *expliziten* Formen der Mentalisierung, wie immer sie auch seien, nur einen Teil unseres sozialen Geistes ausmachen.

Unsere hochentwickelten Fähigkeiten der sozialen Intelligenz implizieren wahrscheinlich die Aktivierung weiter Bereiche unseres Gehirns, die sicherlich umfangreicher sind als die eines hypothetischen und domänenspezifischen Moduls der „Theory of Mind". Unsere Auffassung ist, dass diese Hirnbereiche mit Sicherheit das kortikale parietal-prämotorische Netzwerk betreffen und in ganz besonderer Weise das Spiegelneuronen-System. Darüber hinaus bieten die verkörperte Simulation und das ihr zugrunde liegende System der Spiegelneuronen die Möglichkeit, kommunikative Absichten zu teilen sowie Bedeutungen und Bezüge herzustellen. Und auf diese Art und Weise stellen sie die Voraussetzungen für die Gemeinsamkeit in der sozialen Kommunikation dar.

Die Entdeckung der Spiegelneuronen löst freilich nicht endgültig das Problem des Verständnisses auf der Basis der sozialen Intelligenz. Immerhin hat dieser Ansatz zum ersten Mal einen neurophysiologischen Mechanismus ans Licht gebracht, der als Schlüssel zum Verständnis zahlreicher Aspekte der Intersubjektivität taugt. Unsere Entdeckung hat darüber hinaus den Vorzug, neue Ansätze der Vorstellung über die Intersubjektivität zu liefern. Sie erlaubt es uns, auf eine neue Art und Weise jene vielschichtigen Aspekte empirisch zu untersuchen, die einen Beitrag zur Definition der menschlichen Existenz leisten.

Literatur

Blakemore S-J, Bristow D, Bird G, Frith C, Ward J (2005). Somatosensory activations during the observation of touch and a case of vision-touch synaesthesia. Brain; 128: 1571–83.

Botvinick M, Jha AP, Bylsma LM, Fabian SA, Solomon PE, Prkachin KM (2005). Viewing facial expressions of pain engages cortical areas involved in the direct experience of pain. Neuroimage; 25: 315–9.

Buccino G et al. (2001). Action observation activates premotor and parietal areas in a somatotopic manner: an fMRI study. Eur J Neurosci; 13: 400–4.

Buccino G, Lui F, Canessa N, Patteri I, Lagravinese G, Benuzzi F, Porro CA, Rizzolatti G (2004a). Neural circuits involved in the recognition of actions performed by nonconspecifics: an fMRI study. J Cogn Neurosci; 16: 114–26.

Buccino G, Vogt S, Ritzl A, Fink GR, Zilles K, Freund H-J, Rizzolatti G (2004b). Neural circuits underlying imitation learning of hand actions: an eventrelated fMRI study. Neuron; 42: 323–34.

Buccino G, Riggio L, Melli G, Binkofski F, Gallese V, Rizzolatti G (2005). Listening to action-related sentences modulates the activity of the motor system: a combined TMS and behavioral study. Cogn Brain Res; 24: 355–63.

Buccino G, Baumgaertner A, Colle L et al. (2007). The neural basis for non-intended actions. Neuroimage; 36, Suppl 2: 119–27.

Calder AJ, Keane J, Manes F, Antoun N, Young AW (2000). Impaired recognition and experience of disgust following brain injury. Nature Neuroscience; 3: 1077–8.

Calvo-Merino B, Glaser DE, Grezes J, Passingham RE, Haggard P (2005). Action observation and acquired motor skills: a fMRI study with expert dancers. Cerebral Cortex; 15: 1243–9.

Carr L, Iacoboni M, Dubeau MC, Mazziotta JC, Lenzi GL (2003). Neural mechanisms of empathy in humans: a relay from neural systems for imitation to limbic areas. Proc Natl Acad Sci USA; 100(9): 5497–502.

Dapretto L, Davies MS, Pfeifer JH, Scott AA, Sigman M, Bookheimer SY, Iacoboni M (2006). Understanding emotions in others: mirror neuron dysfunction in children with autism spectrum disorders. Nature Neuroscience; 9: 28–30.

di Pellegrino G, Fadiga L, Fogassi L, Gallese V, Rizzolatti G (1992). Understanding motor events: a neurophysiological study. Exp Brain Res; 91: 176–80.

Ebisch SJH, Perrucci MG, Ferretti A, Del Gratta C, Romani GL, Gallese V (2008). The sense of touch: embodied simulation in a visuo-tactile mirroring mechanism for the sight of any touch. J Cogn Neurosci; 20: 1611–23.

Ertelt D, Small S, Solodkin A, Dettmers C, McNamara A, Binkofski F, Buccino G (2007). Action observation has a positive impact on rehabilitation of motor deficits after stroke. Neuroimage; 36, Suppl 2: 164–73.

Fogassi L, Ferrari PF, Gesierich B, Rozzi S, Chersi F, Rizzolatti G (2005). Parietal lobe: from action organization to intention understanding. Science; 302: 662–7.

Gallese V (2001). The "Shared Manifold" hypothesis: from mirror neurons to empathy. J Conscious Stud; 8: 33–50.

Gallese V (2003). The roots of empathy: the shared manifold hypothesis and the neural basis of intersubjectivity. Psychopathology; 36: 171–80.

Gallese V (2005). Embodied simulation: from neurons to phenomenal Experience. Phenomenol Cogn Sci; 4: 23–48.

Gallese V (2006). Intentional attunement: a neurophysiological perspective on social cognition and its disruption in autism. Cogn Brain Res; 1079: 15–24.
Gallese V (2007). Before and below "theory of mind": embodied simulation and the neural correlates of social cognition. Philos Trans R Soc Lond B Biol Sci; 362: 659–69.
Gallese V (2008). Mirror neurons and the social nature of language: the neural exploitation hypothesis. Social Neuroscience; 3: 317–33.
Gallese V, Fadiga L, Fogassi L, Rizzolatti G (1996). Action recognition in the premotor cortex. Brain; 119: 593–609.
Gallese V, Fogassi L, Fadiga L, Rizzolatti G (2002). Action representation and the inferior parietal lobule. In: Prinz W, Hommel B (eds). Attention and Performance XIX. Oxford, UK: Oxford University Press; 247–66.
Gallese V, Keysers C, Rizzolatti G (2004). A unifying view of the basis of social cognition. Trends Cogn Sci; 8: 396–403.
Gallese V, Rochat M, Cossu G, Sinigaglia C (2009). Motor Cognition and its role in the phylogeny and ontogeny of intentional understanding. Develop Psychol; 45: 103–13.
Hauk O, Pulvermueller F (2004). Neurophysiological distinction of action words in the fronto-central cortex. Hum Brain Mapp; 21: 191–201.
Iacoboni M, Woods RP, Brass M, Bekkering H, Mazziotta JC, Rizzolatti G (1999). Cortical mechanisms of human imitation. Science; 286(5449): 2526–8.
Iacoboni M, Molnar-Szakacs I, Gallese V, Buccino G, Mazziotta J, Rizzolatti G (2005). Grasping the intentions of others with one's owns mirror neuron system. PLoS Biol; 3: 529–35.
Jackson PL, Meltzoff AN, Decety J (2005). How do we perceive the pain of others: a window into the neural processes involved in empathy. Neuroimage; 24: 771–9.
Keysers C, Wicker B, Gazzola V, Anton J-L, Fogassi L, Gallese V (2004). A touching sight: SII/PV activation during the observation and experience of touch. Neuron; 42: 335–46.
Kohler E, Keysers C, Umiltà MA, Fogassi L, Gallese V, Rizzolatti G (2002). Hearing sounds, understanding actions: action representation in mirror neurons. Science; 297: 846–8.
Oberman LM, Ramachandran VS (2007). The simulating social mind: the role of the mirror neuron system and simulation in the social and communicative deficits of autism spectrum disorders. Psychol Bull; 133(2): 310–27.
Rizzolatti G, Craighero L (2004). The mirror neuron system. Ann Rev Neurosci; 27: 169–92.
Rizzolatti G, Sinigaglia C (2008). Empathie und Spiegelneurone: Die biologische Basis des Mitgefühls. Frankfurt a. M.: Suhrkamp.
Rizzolatti G, Fadiga L, Gallese V, Fogassi L (1996). Premotor cortex and the recognition of motor actions. Cogn Brain Res; 3: 131–41.
Sato M, Mengarelli M, Raggio L, Gallese V, Buccino G (2008). Task related modulation of the motor system during language processing. Brain and Language; 105(2): 83–90.
Singer T, Seymour B, O'Doherty J, Kaube H, Dolan RJ, Frith CF (2004). Empathy for pain involves the affective but not the sensory components of pain. Science; 303: 1157–62.
Tettamanti M et al. (2005). Listening to action-related sentences activates fronto-parietal motor circuits. J Cogn Neurosci; 17: 273–81.
Umiltà MA, Kohler E, Gallese V, Fogassi L, Fadiga L, Keysers C, Rizzolatti G (2001). "I know what you are doing": a neurophysiological study. Neuron; 32: 91–101.
Wicker B, Keysers C, Plailly J, Royet J-P, Gallese V, Rizzolatti G (2003). Both of us disgusted in my insula: the common neural basis of seeing and feeling disgust. Neuron; 40: 655–64.

5 Das gewollte Klischee

Der Mythos vom großen Unterschied zwischen Mann und Frau

Rafaela von Bredow

„Alle Psychologen, die die Intelligenz der Frauen studiert haben, ebenso wie Dichter und Schriftsteller, erkennen heute, dass sie die niedrigste Form menschlicher Evolution verkörpern. Sie brillieren in Wankelmut, Unbeständigkeit, Abwesenheit von Denken und Logik und der Unfähigkeit, vernünftig zu urteilen. Zweifellos existieren einige hervorragende Frauen, dem durchschnittlichen Mann sehr überlegen, aber sie sind so außergewöhnlich wie die Geburt einer jeden Monstrosität, wie z. B. eines Gorillas mit zwei Köpfen.“ (Le Bon 1879; zit. nach Kriz 1994, S. 10)

Dies schrieb vor 130 Jahren Gustave Le Bon, einer der Väter der Sozialpsychologie. Er schob die „offensichtliche Unterlegenheit“ des Weibes, die „niemand auch nur für einen Moment bestreiten könne“, der Tatsache zu, dass „deren Gehirne in der Größe eher denen von Gorillas ähneln als dem am weitesten entwickelten Männergehirn“. Das ist gar nicht so irrwitzig und verstaubt, wie es sich anhört. Zwar behauptet heute kaum ein Forscher mehr, dass sich die geringere Größe des Frauenhirns auf die Intelligenz des Weibes auswirke. Doch dass dessen Denkorgan sich maßgeblich von dem der Männer unterscheidet, davon sind die meisten überzeugt. Und schließlich: Frauen ticken doch wirklich anders als Männer. Oder?

Das Thema bewegt derart die Gemüter, dass einer wie Mario Barth mit seiner Comedy-Show „Männer sind primitiv, aber glücklich!“ 70 000 Zuschauer ins Berliner Olympiastadion locken kann. Dabei redet er eigentlich nur über sich und seine Freundin, die natürlich nicht einparken kann, ihn aber dazu zwingt, im Sitzen zu pinkeln. Wohl fürs gleiche Massenpublikum werden Buchtitel wie „Männer sind wie Waffeln, Frauen wie Spaghetti“ erfunden oder „Frauen reden anders, Männer auch“. Nach der Lektüre kann man den Kolleginnen in der Kantine oder den Kumpels in der Kneipe schön erklären, warum Männer saufen, lügen und zappen, während Frauen Schuhe kaufen, immerzu reden wollen und zu zweit Pipi machen gehen.

So bestätigt sich stets aufs Neue: Mann bleibt Mann, und Weib bleibt Weib. Und war das nicht schon immer so? „Die Frau ist ein menschliches Wesen, das sich anzieht, schwatzt und sich auszieht“, kalauerte schon vor 200 Jahren der französische Philosoph Voltaire. Alles bloßer Unfug, schlichtes Vorurteil? Immerhin, seriöse Wissenschaft scheint die Alltagserfahrung zu unterstützen. Frauen hörten besser, hieß es z. B. in der Bild-Zeitung, natürlich auf Seite 1. Also, schlossen die Redakteure, hätten „alle Männer, die ihren Ehefrauen nicht richtig zuhören“, jetzt eine „wissenschaftliche Ausrede“. Und triumphierten: „Endlich erforscht!“ 20 000 Wörter täglich quassele die Frau, der Mann begnüge sich mit gerade mal 7000. Dafür dächten Frauen nur einmal pro Woche an Sex, „Männer aber alle 58 Sekunden“ – macht 850-mal am Tag.

Die Quelle, aus der die Boulevard-Macher da zitierten, schien auf den ersten Blick tatsächlich seriös: „Das weibliche Gehirn – Wie Frauen die Welt erleben“, geschrieben von Louann Brizendine, einer Neuropsychiaterin aus San Francisco. Brizendine, Gründerin der dortigen „Women's Mood and Hormone Clinic“, beschreibt Mann und Frau als derart gegensätzlich, dass sie wie zwei verschiedene Spezies erscheinen: Homo testosteroniensis und Homo oestrogeniensis. Denn: Das weibliche Gehirn, durch Menses, Mutterschaft und Menopause zyklisch in Hormonen mariniert, nehme die Welt grundsätzlich anders wahr. „Das Unisex-Gehirn gibt es nicht“, glaubt Brizendine.

Brizendines Buch erklomm die Top Ten bei Amazon und hielt sich sieben Wochen auf der Bestsellerliste der „New York Times“; die „Washington Post“ kürte es zu einem der besten Wissenschaftsbücher des Jahres; in 18 Sprachen wurde es übersetzt. Es erschien im Februar 2007 und gilt bis heute vielen Kommentatoren als Glanzstück einer ganzen Serie populärwissenschaftlicher Werke wie „Vom ersten Tag an anders“ (Baron-Cohen 2004), „Mutter sein macht schlau“ (Ellison et al. 2006) oder „Das Geschlechter-Paradox“ (Pinker 2008). Wie Brizendine verorten auch die Autoren dieser Bücher den großen Unterschied fest verdrahtet im Gehirn. Die kalifornische Neuropsychiaterin plant seit ihrem Großerfolg ein Nachfolgewerk: über das männliche Denkorgan.

In der Tat haben die Forscher inzwischen eine ganze Reihe neurologischer Unterschiede zwischen Männlein und Weiblein zusammengetragen. Der Balken z. B., die Brücke zwischen den beiden Hirnhälften, sei bei Frauen dicker, heißt es. Das erkläre, warum diese, im regen Geschwätz beider Hirnhälften, eher ganzheitlich denken. Männer hingegen beschränkten sich offenbar auf die Analyse durch nur eine der beiden Hemisphären. Sollen sie sich im Raum orientieren, denkt es im Hirn nur rechts – sprechen sie, blitzt es ausschließlich links.

Vor allem die bildgebenden Verfahren eröffneten den Forschern in den letzten Jahren die Möglichkeit, die Geschlechterdifferenz direkt an ihrer Quelle zu untersuchen: im Gehirn, dem sie nun in Echtzeit dabei zuschauen, wie es rechnet, sich erinnert, Wortfeuerwerke zündet. Aber auch mithilfe von Frage- und Testbögen spüren die Forscher kognitiven Unterschieden der Geschlechter nach. So zeigen sich Männer meist überlegen, wenn es darum geht, dreidimensionale Gebilde gedanklich im Raum zu drehen oder zielgerichtet zu werfen. „Frauen dagegen erzielen im Schnitt leicht bessere Ergebnisse in der Feinmotorik und bei bestimmten Sprachtests“, erklärt Markus Hausmann, Biopsychologe an der Universität Bochum. Er sagt allerdings auch: „Die Effekte, die wir messen, sind ziemlich klein.“

Trotzdem deuten sie viele Forscher als Signale unausweichlicher Biologie: Männer werfen die Darts ins Schwarze, weil sie das in Jahrtausenden ihres Jobs als fleischbeschaffende Mammutjäger trainiert haben, bis es festsaß in ihren Genen. Daher auch die Wortkargheit – schwätzenden Speerträgern entwischt die Beute. Der pa-

läolithische Weiberclub dagegen sammelte Wurzeln und fragile Beeren – die Damen erwarben das Fingerspitzengefühl, das sie heute noch zum Zwiebelhacken und Schleifenbinden an Kinderschühchen befähigt. Außerdem ernteten die Steinzeitladys nah der heimischen Höhle – wer hätte sonst auf die Kleinen aufgepasst? Daher können sie heute weder einparken noch Karten lesen, geschweige denn als Pilotin ein Flugzeug sicher landen.
Die Rollenverteilung aus Jäger- und Sammlertagen präge bis heute die Psychologie der Geschlechter, argumentieren viele Evolutionspsychologen, vor allem bei der Partnerwahl. Demnach wäre der Mann ein notorischer Fremdgänger, weil er so ohne viel Federlesens sein Erbgut vermehren kann. Die Frau als solche dagegen sei keusch und treu, um den einmal gewonnenen Vater ihrer Kinder nicht zu verlieren. Sie investiere in Qualität statt in Quantität, heißt es, weil sie schlicht nicht so viele Babys in die Welt setzen kann. Deshalb achte sie bei der Partnerwahl vor allem auf Status und Geld. Gerne darf er älter sein, einen Bauch haben und schütteres Haar, Hauptsache, er kann Tennis- und Klavierstunden für die Kinder bezahlen sowie später das Schulgeld an der London School of Economics.
Spätestens bei dieser Art evolutionärer Deutung zeigt sich, dass es hier um weit mehr geht als nur um eine akademische Debatte. Die Suche nach dem großen Unterschied führt unmittelbar auf die Frage nach der Stellung von Mann und Frau in der Welt: Wer soll die Kinder großziehen? Wieso sacken die Jungs in den Schulen im Vergleich zu ihren Schwestern so deutlich ab? Warum verdient das weibliche Geschlecht für gleiche Arbeit deutlich weniger Geld? Warum führt in Deutschland keine einzige Chefin eines der 30 Dax-Unternehmen? Taugt das Weib überhaupt als Pilotin und Spitzenphysikerin? Und schließlich: Soll es so sein, dass Wirtschaft und Wissenschaft auf die weibliche Hälfte der Allerbesten verzichten und stattdessen vorliebnehmen mit den zweitbesten Männern?
Die Natur hat die Talente der Geschlechter vorgegeben; davon zeigt sich auch Simon Baron-Cohen von der University of Cambridge überzeugt. „Ausnahmen sind möglich, aber statistisch gesehen sind Frauen mit Talent zum Fliegen nun mal seltener als Männer“, meint der Psychologe. Er glaubt, dass Männer ein S-, Frauen hingegen ein E-Hirn besäßen, wobei „S“ für das Denken in Systemen steht und „E“ für Einfühlungsvermögen. Baron-Cohen: „Eine Frau fragt: ‚Wie fühlt sich das an?‘, ein Mann fragt: ‚Wie funktioniert das?‘“ Schon im Mutterleib, glaubt der Brite, finde diese „geschlechtsspezifische Prägung“ statt. Denn eine hochwirksame Substanz tränke schon in der achten Schwangerschaftswoche das Gehirn der kleinen Jungs in purer Männlichkeit: Testosteron.
Das Fachblatt „Nature“ geißelte Baron-Cohens – und Louann Brizendines – Sicht auf die frühe Prägung zu Weib und Mann als „pseudowissenschaftliche“ Einteilung der Geschlechter in „Denker und Fühlende“. Solche Deutungen, schrieben die Rezensenten, seien „fundamental unbiologisch“ und „erklären nichts“. Gründlich scheitern sie in den Augen vieler Fachkollegen an der Aufgabe, eine Antwort auf die große Frage der französischen Philosophin Simone de Beauvoir zu finden: „Was ist eine Frau?“

Ist sie ein biologisch geformtes, von tief verwurzelten Verhaltensprogrammen getriebenes Geschöpf? Oder ist das Geschlecht ein Konstrukt, das Ergebnis gesellschaftlicher Zuschreibungen? Was genau unterscheidet die Frau im Kern vom Manne? „Lange nicht so viel, wie alle immer denken", sagt Lutz Jäncke, und das klingt ziemlich lapidar angesichts der Tragweite dieses kleinen Halbsatzes. Denn der Neuropsychologe von der Universität Zürich hat, gemeinsam mit vielen Fachkollegen, eine – vom Laienpublikum weitgehend unbemerkte – Revolution losgetreten. Ihre Erkenntnis, inzwischen wissenschaftlich wohl belegt: Mann und Frau unterscheiden sich kaum in ihren Talenten und Schwächen. Da, wo sich Andersartigkeit messen lässt, spielt sie entweder keine Rolle für den Lebensalltag oder ist unbedeutend klein. Vor allem aber gibt es gute Gründe, sie nicht als Ergebnis biologischer Bestimmung zu sehen. Zwar wird der Mensch als Adam oder Eva geboren; im Mutterleib dirigiert durchaus noch die alte Biologie. Von diesem Moment an aber gewinnt ein anderer, zutiefst menschlicher Prozess rapide an Bedeutung: die Kultur. Nun entscheidet vor allem, was die Mädels und Jungs erleben, darüber, wie sie in Zukunft sprechen, raufen, rechnen oder einparken werden. „Wir kommen mit einer zartrosa und hellblauen Tönung auf die Welt", sagt Kirsten Jordan, Hirnforscherin an der Uni Göttingen. „Unsere Erfahrungen, die Kultur, in der wir leben, vertiefen sie dann erst zu satten Farben."

Biologisch sogar höchst plausibel wird diese Vorstellung, wenn das Gehirn, Schaltzentrale allen Verhaltens, nicht mehr als starres Gebilde betrachtet wird. Was die Natur dem Menschen in den Schädel gepflanzt hat, ist eben kein Ort fest verdrahteter Unterschiede, sondern eine faszinierend veränderliche Materie. „Denken Sie an Knetmasse", sagt Jäncke. Düfte und Blicke, Gesagtes und Erlebtes, Gefühltes und Verstandenes hinterlassen darin mehr oder weniger permanente Abdrücke. Diese gestalten Verhalten und Denken. Was wiederum nach außen wirkt, Reaktionen und Reize provoziert, die ihrerseits die Nerven neu verdrahten. Genau diese einzigartige Öffnung und Flexibilität macht den Menschen zum Überlebenskünstler in seiner rasant veränderlichen Welt.

Nicht politische Korrektheit oder feministische Leidenschaft treiben die neuen Gleichmacher unter den Forschern – das macht sie glaubwürdig. Denn all jene Biologen, Neuropsychologen, Anatomen, die jetzt die Gleichheit der Geschlechter ausrufen, begannen einst als hauptamtliche Fahnder nach der biologischen Differenz von Mann und Frau. Aber sie konnten den großen Unterschied nicht finden. Beim besten Willen nicht. „Ich bin als Löwe gestartet und als Bettvorleger geendet", konstatiert Jäncke. Über zu viele Befunde sind die Forscher im Laufe der Zeit gestolpert, deren Interpretation ihnen zu banal erschien – oder schlicht als falsch. Sie lernten, genauer hinzusehen, und was sie da an Fehlinterpretationen fanden, zwang sie, die jahrhundertealte Grundannahme des großen Unterschieds über Bord zu werfen.

Schon in der Gehirn-Anatomie lassen sich nur wenige Geschlechtsunterschiede zweifelsfrei nachweisen. Viele Befunde, längst für sicher gehalten, mussten revidiert werden (s. Abb. 1). Die Zweigleisigkeit weiblichen Denkens z. B. findet nicht statt;

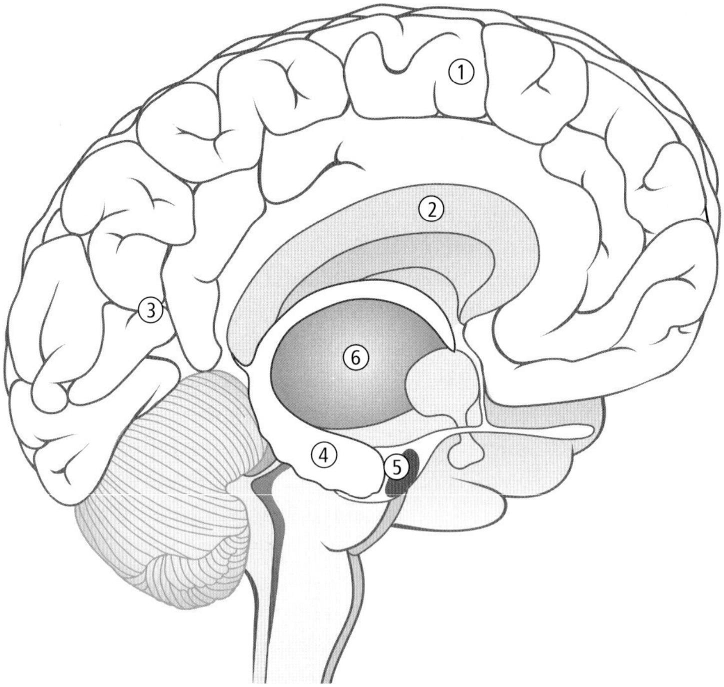

Abb. 1 Vergleich zwischen männlichem und weiblichem Gehirn
Hirngröße: M (Männer) haben rund 9 % mehr Hirnvolumen (im Verhältnis zur Körpergröße), aber F (Frauen) die gleiche Anzahl von Neuronen, da diese dichter zusammenliegen.
1 = Graue und weiße Substanz. F sollen mehr graue haben, also mehr Neuronenkörper. Lange galt, dass M mehr weiße Substanz, also mehr Fasern und Verbindungen hätten. Dieser Unterschied wird in neuen Studien angezweifelt.
2 = Balken, verbindet die beiden Hirnhälften. Bislang angeblich bei F deutlich größer, aber auch hier zeigen neue Untersuchungen keine deutlichen Unterschiede.
3 = Zentrum für Sprache und Hören. Bei F gibt es rund 11 % mehr Neuronen, aber keine signifikanten Unterschiede in der Mikrostruktur.
4 = Hippocampus. Der Hippocampus ist an der Speicherung von Gefühlen und Erinnerungen beteiligt. Er sollte angeblich bei F größer sein, woraus gefolgert wurde, dass sie sich emotional gefärbte Ereignisse besser merken könnten als M. Neue Forschungsergebnisse zeigen allerdings keinen deutlichen Größenunterschied.
5 = Amygdala. Dieser Kern ist zuständig für Angst, Wut, Aggression und Aufmerksamkeit für neue Stimuli allgemein. Bei beiden Geschlechtern ist der Kern im Gegensatz zu früheren Untersuchungen etwa gleich groß. Die Rezeptorverteilung kann sich schnell anpassen. Die alte Vorstellung, dass bei M wegen angeblich höherer Testosteronrezeptorendichte in der Amygdala das Aggressionspotenzial höher ist, ist demnach nicht mehr gültig.
6 = Hypothalamus. Er ist verantwortlich für die Steuerung des vegetativen Nervensystems, reguliert die Nahrungs- und Wasseraufnahme, den Schlafrythmus und das Sexualverhalten. In Versuchen mit Ratten wurden zwei Kerne, die bei M doppelt so groß seien wie bei F und die sexuelle Orientierung beeinflussen sollen, zerstört. Das Sexualverhalten änderte sich dadurch nicht.

der Balken im Hirn ist auch nicht dicker. „Bewiesen ist da gar nichts“, sagt Katrin Amunts, Neuroanatomin an der Uni Aachen. Natürlich heißt das Nichtfinden von Unterschieden nicht, dass es keine gibt – auch bei der Untersuchung von Einsteins Hirn wurden keine Besonderheiten gefunden. Interessant ist nur, dass jeder Unterschiedsfund sofort als Beweis für die Macht der biologischen Bestimmung von Frau und Mann angeführt wird.

So gilt das notorische Gewisper der beiden Hemisphären im Denkorgan des weiblichen Geschlechts inzwischen als Tatsache. Sie schien schon vor zehn Jahren bewiesen zu sein, als es eine Studie dazu auf die Titelseite von „Nature“ schaffte: Das Forscher-Ehepaar Shaywitz hatte beim Blick in jeweils 19 Gehirne festgestellt, dass Frauen Reime hübsch symmetrisch mit beiden vorderen Hirnlappen erkannten, Männer dagegen nur mit der linken. Doch bei näherer Betrachtung verschwindet dieser Geschlechterunterschied, wie Iris Sommer von der Universität Utrecht in einer Übersichtsstudie herausfand. Und die Amerikanerin Julie Frost schickte nicht nur 19, sondern gleich 50 Vertreter beider Geschlechter in den Kernspintomographen. Resultat: keine Unterschiede in der Symmetrie.

Vertrackte Diskussionen entspannen sich auch über die Bedeutung der Menge an weißer und grauer Masse. Sind Frauen schlauer, wenn ihr Gehirn im Verhältnis mehr von dem grauen Zeugs besitzt, den tatsächlichen Neuronen also? Oder beweist die weiße Substanz, die Verbindungsfasern zwischen den Zellen, dass Männer besser verdrahtet sind? „Wenn sich mehr weiße Masse in männlichen Gehirnen findet“, erklärt Jäncke, „liegt das schlicht daran, dass ein größeres Gehirn mehr Kabel braucht für die Kommunikation.“ Alles eine Frage der Interpretation. Die Frage ist, so Katrin Amunts: Selbst wenn eine Region, eine Funktionseinheit, kleiner oder größer sei bei den Geschlechtern, „was bedeutet es wirklich für das Verhalten?“

Was die unterschiedlichen Fähigkeiten von Männern und Frauen betrifft, so hat sich Janet Hyde, Psychologie-Professorin an der University of Wisconsin, die Mühe gemacht, alle wichtigen Übersichtsuntersuchungen zusammenzutragen, in denen die Differenz zwischen den Geschlechtern kalkuliert worden war. In der Liste der 124 untersuchten Unterschiede geht es um alle denkbaren Talente, Schwächen und Gelüste, die angeblich Männer auf den Mars und Frauen auf die Venus verbannen: vom abstrakten Denken bis zum Ins-Wort-Fallen, vom Raufen zur verbalen Stichelei, von der Masturbation zur Meinung über One-Night-Stands; Glück wurde ebenso abgefragt wie Lust auf Macht und Führungsqualitäten. Hyde war selbst überrascht vom Ergebnis: In knapp 80 % der untersuchten Eigenschaften gleichen sich die Geschlechter sehr, u. a. in den weitaus meisten Gebieten, die mit Sprache zu tun haben. Unversehens verschwindet das Klischee vom Plapperweib und dem wortkargen Eigenbrötler.

Unter dem verbliebenen Fünftel an Unterschieden fanden sich nicht zuletzt rein physische Talente wie die Wurfweite. Am ausgeprägtesten war hier die männliche Überlegenheit unmittelbar nach der Pubertät, genau dann also, wenn auch die Muskelmasse der Jungs die der Mädchen am stärksten übertrifft. Außerdem befriedigen sich Männer öfter und haben weniger Probleme mit One-Night-Stands – nicht wirklich überraschend, vor allem angesichts der Sexualmoral in den USA, dem Ort der meisten Studien zum Thema, die Mädchen ausschweifende Lust weitgehend verbietet.

Bei psychologischen Studien stellt sich ohnehin die Frage: Sagen und tun die Mädels und Jungs vielleicht nur, was ihrer Meinung nach von ihnen erwartet wird? Selten schließen Forscher bei ihren Untersuchungen diese Möglichkeit aus; dabei führte sie zu überraschenden Ergebnissen, berichtet Hyde. So ergab ihre Übersicht zwar, dass Jungs sich öfter prügeln. Ein einfaches Experiment aber wirft ein ganz anderes Licht auf die Aggression im Weib. Die Aufgabe bestand darin, Angreifer in einem Computerspiel mit Bomben abzuwehren. Die eine Hälfte der Probanden spielte vor Publikum, der anderen sagten die Studienleiter, sie blieben anonym. Die Jungs in der öffentlich bekannten Gruppe legten heftig los und warfen viel mehr Sprengkörper ab als die Mädchen. In der anonymen Gruppe dagegen verlor das schwache Geschlecht plötzlich alle Hemmungen. Die Probandinnen ließen die Bomben sogar noch stärker hageln als ihre männlichen Gegenparts. „Es gibt kein Phänomen ‚Geschlechterunterschied', das zu erklären wäre", resümiert Hyde trocken.

Fest steht: Ein fein orchestriertes Konzert aus Genen und Hormonen gestaltet die Geschlechtsorgane; später tragen sowohl die Androgene, zu denen das Testosteron gehört, als auch die Östrogene dazu bei, das Gehirn zu verschalten. So helfen die Geschlechtshormone, das Denken und Verhalten zu modulieren. Im weiblichen Geschlecht ist zusätzlich eine diffizile Sinfonie aus Östrogen und Progesteron vonnöten, um Eisprung, Schwangerschaft und Stillzeit zu dirigieren. Das durch Hormone beeinflusste Gehirn wiederum steuert alles Verhalten – in diesem Sinne bestimmt zweifellos die Biologie über den Menschen.

Die eigentlichen Fragen lauten also:

- Was sind die Unterschiede im Zusammenspiel von Gehirn und Hormonen?
- Und bringen sie wirklich unterschiedliches Verhalten hervor?

Ist der Mann als solcher z. B. ein latent aggressives Geschöpf, weil schon vor der Geburt Testosteron sein Gehirn überschwemmt hat? Genau das behaupten die Advokaten des Unterschieds. Gerne berufen sie sich dabei auf Tierexperimente. Die meisten Erkenntnisse über den Einfluss der Hormone aufs Gehirn und aufs Verhalten stammen nämlich aus Versuchen mit Ratten oder Mäusen. Und die Nager erweisen sich tatsächlich als Marionetten ihrer Körperchemie. Testosteron, um die Geburt herum von den Hoden ausgeschüttet, macht das Tier für immer zum Männchen – als wäre ein Kippschalter umgelegt. Werden den Neugeborenen die Geschlechtsorgane entfernt, nützen auch spätere Testosteron-Gaben nichts. Das Gehirn kann gar nichts mehr damit anfangen. Injizieren die Forscher dem entmannten Nager hingegen weibliche Sexualhormone, wird er hopsen und mit den Öhrchen wackeln, er wird den Schwanz wegbiegen und sein Hinterteil darbieten, um die Willigkeit zur Paarung zu bekunden.

Umgekehrt wandelt sich ein Test-Weibchen unter dem Einfluss von Testosteron unversehens zum Kerl: Es besteigt seine Geschlechtsgenossinnen und juckelt wie wild – das Hormon hat sein Gehirn umgebaut zur männlichen Schaltzentrale. Nun spielt es auch wilder, es verteidigt sich aggressiver.
Das Problem ist nur, dass die Erkenntnisse der Ratten-Biologie sich auf den Homo sapiens kaum übertragen lassen. Denn er denkt, anders als die Nager, vor allem mit seiner hochentwickelten Hirnrinde. Und die unterliegt weit weniger als Stamm- und Zwischenhirn der Kontrolle der Hormone. Selbst in seiner Sexualität, wo der Mensch zum Überleben urtümlichsten Instinkten gehorchen müsste, hat er teilweise die Strippen der alten Steuerung gekappt. Das gilt sogar für den Eisprung: Künstlich injiziertes Testosteron schaltet ihn im Rattenweibchen einfach aus. Bei Menschenfrauen dagegen springen nach entsprechender Hormoneinnahme die Eizellen weiter. Auch hat ein Rattenweibchen nur Lust auf Sex, wenn es ihm die Hormone gebieten. Das menschliche Pendant hingegen treibt es jederzeit gerne, vor, während und nach dem Eisprung.
Wenn aber die Natur beim Menschen schon bei Libido und Fruchtbarkeit die Leine der Hormone so sehr gelockert hat, um wie viel mehr dürfte sie dann den Einfluss bei anderen Verhaltensweisen eingeschränkt haben? Als eindrucksvoller Beleg für die verblüffende Freiheit des Menschen von der Macht der Hormone, gilt der britischen Neuropsychologin Melissa Hines von der University of Cambridge eine Erkrankung namens AGS (adrenogenitales Syndrom). Mädchen, die davon betroffen sind, waren im Mutterleib dem „Männermacher" Testosteron ausgesetzt. Es kann sich bei ihnen ein Penis entwickeln. Früher ließ man solche AGS-Babys manchmal als Jungs aufwachsen. Heute verwandeln Ärzte sie meist in ihr genetisches, weibliches Geschlecht zurück, zur Not auch chirurgisch.
Das Interessante dabei: Unter dem Einfluss ihrer Hormone schubsen und toben AGS-Mädchen zwar wie ihre männlichen Schulkameraden; Barbie ist eher nicht ihr Ding. Doch ob ihre Eltern sie als Jungs aufwachsen oder zum Mädchen zurückoperieren lassen – fast alle sind mit dem Geschlecht, in dem sie aufwachsen, zufrieden.
Umgekehrt gibt es Jungen, deren Gehirn und Geschlechtsorgane zu wenig Testosteron und damit oft uneindeutige Genitalien, etwa einen Mikropenis, abbekommen haben. Auch hier entscheiden oftmals Eltern und Ärzte über das äußere Geschlecht. Und auch hier zeigen sich die meisten verwandelten Jungs zufrieden mit der ihnen zugedachten Rolle als Mädchen. Dies legt zwar keinen kompletten, aber zumindest einen sehr starken Einfluss von Umwelt und Erziehung auf die Geschlechtsidentität nahe.
Andreas Bartels, Neurowissenschaftler aus Tübingen (s. Kap. 6), der eine größere Bedeutung der Biologie annimmt, würde einwenden, dass die AGS-Kinder sich von Anbeginn an zwischen den Stühlen befanden; demnach wäre zu erwarten, dass sie sich flexibel zeigen. Und was ist mit Geschlechtsumwandlungen? Da nehmen Menschen soziale Ächtung in Kauf, schmerzhafte Operationen, eine totale Lebensveränderung – weil sie sich absolut sicher sind, dass die Natur ihnen eigentlich eine andere Existenz zugedacht hat.

Das Paradebeispiel ist der Fall Bruce, später David Reimer aus Kanada, dessen Glied bei einer Beschneidung im Säuglingsalter verstümmelt wurde. Die Eltern ließen den Kleinen daraufhin auf Rat des Psychologen John Money umoperieren und zogen ihn als Mädchen groß. Angeblich war „Brenda" zufrieden damit; später aber schrieb er, der sich dann „David" nannte, mit 13 schon sei er todunglücklich, gar lebensmüde gewesen. Als junger Erwachsener unterzog er sich dann einer Behandlung, die ihn wieder zum Mann machen sollte. Mit 38 brachte er sich um.
Klarer Fall biologischer Bestimmung? Bruce war die ersten sieben Monate seines Lebens, bis zu jener fatalen Beschneidung, durchaus als Junge großgezogen worden, gemeinsam mit seinem Zwillingsbruder Brian. Bis zur endgültigen OP vergingen noch einmal zehn Monate. Haben seine Eltern den kleinen Kerl in dieser Zeit als Jungen betrachtet? Wie haben sie auf ihn reagiert? Wie entspannt mögen sie mit seiner Geschlechtlichkeit umgegangen sein – jedes Mal, wenn sie beim Wickeln das verletzte kleine Genital sahen? Wie überzeugend ist es Bruce' Familie dann gelungen, ihn später als Brenda zu behandeln?
Entwicklungspsychologen wissen, wie tief die ersten eineinhalb Jahre des Lebens einen Menschen prägen. Ohne die gewalttätige Geschlechtsumwandlung rechtfertigen zu wollen, muss es erlaubt sein, zu fragen, ob tatsächlich die Natur durchbrach, als Reimer wieder Mann sein wollte – oder ob sich hier die tief gehende, früh angelegte Fragilität seiner Geschlechtsidentität zeigte.
„Der Mensch hat sich weitgehend von der Lenkung durch seine Hormone befreit", sagt Lutz Jäncke. Genau das unterscheide ihn fundamental vom Tier. „Solange die Fortpflanzung insgesamt gewährleistet bleibt, tun wir, was wir gelernt haben, was wir sehen, was uns begegnet im Leben", meint Jäncke. „Auch in der Sexualität – oder peitschen sich etwa Affen?" Er rührt damit an eine schon seit Jahrhunderten schwelende Debatte: Ist der Mensch bei der Geburt ein unbeschriebenes Blatt, von diesem Moment an geformt von Umwelt und Erziehung? Oder stellt die Natur in Form von Genen und Hormonen bereits im Mutterleib alle entscheidenden Weichen?
Die Beantwortung dieser Fragen hat weitreichende Folgen. Denn wenn die Advokaten des großen Unterschieds recht haben, täten Frauen gut daran, zu Kindern und Küche zurückzukehren. Und Männer, die sich besonders innig ihren Kindern widmen, müssten sich fragen, ob sie als Baby im Mutterbauch zu wenig Testosteron abgekriegt haben. Die Vätermonate in der Elternzeit, einst geächtet als „Wickelvolontariat" und mittlerweile sehr beliebt, wären degradiert zu einem Delikt wider die Männlichkeit. Andersherum grübeln hartgesottene Vertreter der Umwelt-Erziehung-These, wie es kommt, dass die dreijährige Lina trotz Manager-Mami und Hausmann-Papa ihr Püppchen so zärtlich hätschelt? Und warum gerät ihr siebenjähriger Bruder Jan beim Anblick der Feuerwache im Playmobil-Katalog so in Ekstase?
Kein Zweifel: Die Diskussion hat Tradition. Jahrtausendelang, von der Antike bis heute, haben führende Köpfe versucht, die biologische Bestimmung des Weibes zu ergründen. Und stets kamen sie zu dem Schluss, dass seine Unterlegenheit als natur-

gegeben zu betrachten sei. So erklärte schon Aristoteles Frauen für zu „kalt“ und „nass“, um klug denken zu können. Ab dem 17. Jahrhundert galt es dann als hoffähig, nach den Spuren weiblicher Minderwertigkeit im Schädel zu suchen – siehe Gustave Le Bon und seine eingangs erwähnte Einschätzung der Frau. Entsprechend klar schien dem Philosophen Georg Wilhelm Friedrich Hegel, wofür Frauen eindeutig „nicht gemacht“ seien, nämlich „für die höheren Wissenschaften, wie Philosophie, und für gewisse Produktionen der Kunst, die ein Allgemeines fordern“. Eine Generation nach ihm bestätigte Charles Darwin: „Ob tiefe Gedanken gefragt sind, Vernunft oder Phantasie oder einfach nur die Benutzung von Sinnen und Händen, der Mann wird höhere Ehren erringen als die Frau.“

Erst zu Beginn des letzten Jahrhunderts dann schwang die Forschung um auf ein neues Paradigma. Die Behavioristen und die Erkenntnisse Sigmund Freuds lenkten den Blick auf Elternhaus, Erziehung und Umwelt als prägende Faktoren. In den 70er Jahren erlaubten Pille und eine gelockerte Sexualmoral den Frauen, aus den angeblich naturgegebenen Rollen auszubrechen. Nun galt es als Tabu, überhaupt nach Unterschieden zu suchen – sie konnten ja nur die Demütigung der Frau zum Ziel haben.

Diese Thesen überrollte wenig später das Wissen über die Genetik. Seit dem Ende der 90er Jahre vergeht fast keine Woche, ohne dass ein Erbgutschnipsel als Verursacher von Alkoholismus, Depression oder Menschenscheu entlarvt worden wäre. Alles, sogar Abenteuerlust und Spitzensport, ließ sich angeblich in den Genen verorten. „Eine Renaissance der Biologismen“ verzeichnet die Biologin und Geschlechterforscherin Sigrid Schmitz von der Uni Freiburg.

Dabei wackelt das gesamte Theoriegebäude, das die These vom großen Unterschied stützen soll. Denn die Haushaltsführung in paläolithischen Höhlen ist vor allem – Spekulation. Viele Funde sprechen eher für eine Beteiligung der Frauen an der Jagd. Und ebenso gut könnten Oma und Opa die Steinzeit-Rangen gehütet haben – die Urfrau muss nicht retrospektiv ans Herdfeuer verbannt werden, nur weil man erklären will, warum ihre Nachfahrinnen heute noch so oft dort anzutreffen sind.

Auch die Treue des Weibes ist wohl nicht so fest ins Hirn gebläut wie angenommen. Tatsächlich, so deutet sich an, scheuen Frauen das Risiko des Seitensprungs genauso wenig wie ihre männlichen Gegenparts – vorausgesetzt, sie sind wirtschaftlich abgesichert und leben in einer Gesellschaft, die sie nicht dafür ächtet.

Wenn aber der Höhlenmann und sein Gespons ähnliche Aufgaben zu bewältigen hatten, warum sollten deren Gehirne sich unterscheiden? Außerdem: „Selbst wenn sich Unterschiede im Gehirn entdecken lassen, heißt dies nicht, dass sie angeboren sind“, sagt Melissa Hines, die für ihr Buch „Brain Gender“ intensiv die wissenschaftliche Literatur zur Geschlechterdifferenz durchforstet hat (Hines 2003). Mindestens ebenso plausibel erscheint es, dass erst das Leben als kleine Eva das Gehirn von Lina formt – Mami, Papi, Geschwister und Erzieher werden ihr über die Jahre oft genug sagen, wie süß sie in dem rosa Röckchen aussieht und wie reizend die Glitzerhaarspangen in ihren schönen Locken funkeln. Je nach Dosis solchen Lobs und immer wiederkehrender Bestätigung ist es nicht ausgeschlossen, dass sich ein

heftiges Interesse an Klamotten und Shopping-Touren entwickelt. Und Jan mag seine archaischen Momente haben, wenn ihn tatsächlich das Testosteron zum Toben, Rangeln und Eisenbahn spielen animiert. Aber da Papa immer so schön mitmacht, wenn er eine besonders einfallsreiche Brio-Bahnstrecke aufgebaut hat, wird er dies öfter tun und so die Hirn-Schaltkreise festigen, die mit Technik umgehen.
Besonders empfänglich zeigen sich Mädchen dabei für alles, was angeblich „typisch Mädchen" ist, Jungs desgleichen bei dem, was ihre Geschlechtsgenossen ausgrenzt. Gerade aber die Definition von „feminin" und „maskulin" ist einem heftigen kulturellen Wandel unterworfen – anders als bei der Ratte, anders auch als beim Schimpansen. So wuchsen im viktorianischen England Jungs in Rosa auf, lange Haare galten als männlich. Schleifchen und Blümchen galten als passende Accessoires wie heute taschenbewehrte Cargo-Hosen. Was auch immer gerade als angesagt gilt – wer Erfolg beim anderen Geschlecht haben will, tut gut daran, sich aufs jeweilige Bild von Weiblichkeit oder Männlichkeit zu eichen.
Allzu leicht vergessen die Verfechter naturgegebener Geschlechterrollen, wie mächtig der Einfluss des Alltags auf Form und Funktion des Gehirns ist. Verblüffend schnell vermag sich das menschliche Denkorgan zu verändern. „Trainieren Sie eine Woche lang, eine Stunde am Tag, Ihren Daumen schnell hin- und herzubewegen", sagt Lutz Jäncke. „Und schon wird sich eine Veränderung in Ihrem motorischen Kortex feststellen lassen." Die Aachener Neuroanatomin Katrin Amunts berichtet: „Bis zum Alter von sieben Jahren kann sogar das gesamte Sprachzentrum noch in die andere Gehirnhälfte umziehen." Nachgewiesen wurde dies an Epilepsie-Patienten, bei denen die Verbindung zwischen den Hemisphären gekappt werden musste. Und wie viel Lebenszeit ein Taxifahrer damit verbracht hat, durch die Stadt zu kutschieren, lässt sich an einem Teil seines Hippocampus ablesen – einer Hirnregion, die etwas mit Gedächtnis und Orientierung zu tun hat: Je länger er fährt, desto größer das betreffende Areal.
Umgekehrt verkümmern Schaltkreise, die nie benutzt werden. Wozu noch investieren in Zellen und Synapsen, die Sudoku-Kästchen blitzgeschwind ausfüllen helfen, wenn der Besitzer des Gehirns jeden Abend seinen Denkapparat mit Bier und dem Geblödel von Comedy-Shows zudröhnt? Lutz Jäncke ist sogar überzeugt davon, dass in genau dieser neuronalen Plastizität die spezifische evolutionäre Strategie des Homo sapiens bestehe. „Das ist die natürliche Grundkonzeption des Menschen", meint der Neuropsychologe. Anders als andere Tiere gestalte er durch Kulturtechniken seine Lebenswelt selbst. Eben deshalb habe sich im Laufe der Evolution ein Gehirn herausgebildet, das sich einstellen kann auf die jeweils aktuelle Situation und ihre Anforderungen – ein Gehirn, bereit für lebenslanges Lernen.
Deshalb überrascht es Jäncke nicht, dass die kognitive Grundausstattung von Mann und Frau sich so sehr ähnelt. In einem einzigen Fall nur lassen sich durchgängig Unterschiede nachweisen: „Der Test, bei dem Frauen konsequent schlechter abschneiden, ist die mentale Rotation", sagt Markus Hausmann. So nennt sich eine von vielen Aufgaben, die Aufschluss über das räumliche Denken liefern soll. Die Probanden müssen dazu unter Zeitdruck dreidimensionale Würfelfiguren im Geiste

drehen und miteinander vergleichen. Aber: „Genau dieser Test spricht sehr stark auf Training an", berichtet Jäncke. „Wenn Frauen üben, sind sie genauso gut." Architektinnen oder Ingenieurinnen seien den Männern von vornherein ebenbürtig. Und das weibliche Geschlecht als Ganzes verbessert sich stetig beim Lösen dieser Aufgabe – wenn das Korsett aus starren Rollenbildern sich lockert, beginnen Bruder und Schwester einander zu ähneln.

Mehr direkten Bezug zum Alltag hat die Orientierungsfähigkeit. Die gilt bei Frauen als legendär schlecht, und tatsächlich zeigen sich Männer in Vergleichsstudien überlegen. Liegt es wirklich am Geschlecht? Die Psychologin und Mathematikerin Eva Neidhart ist die Frage einmal anders angegangen. Sie teilte ihre Probanden in zwei Gruppen: solche, die ihren Orientierungssinn als gut bezeichneten, und andere, die ihn als schwach ansahen. In beiden Gruppen, die sie nun auf Wegsuche durch ein virtuelles Städtchen schickte, waren sowohl Männer als auch Frauen vertreten. Am Ende stand fest: Der Erfolg ist eine Frage der Strategie. Gute Wegefinder, ob Männlein oder Weiblein, schauen im Geiste von oben auf das fremde Gebiet, denken in Himmelsrichtungen, merken sich ihren Ausgangspunkt. Während alle blinden Hühner, gleich welchen Geschlechts, einfach loszockeln und hoffen, irgendwie ans Ziel zu kommen. Vielleicht merken sie sich noch hier und da eine Landmarke: erst rechts beim Bäcker, dann links an der Tanke. Das heißt, nicht das Geschlecht, sondern die Art der Problemlösung ist entscheidend.

Doch warum wählen Frauen so oft die falsche Strategie? Die Antwort lässt sich im Kindergarten finden. Dort fragten Forscher kleine Jungs und Mädchen, wo ihr Zuhause liege. Jene Kinder zeigten in die richtige Richtung, die viel im Freien spielten. Noch deutlicher bestätigt sich der Trend bei älteren Kindern: Sie können umso präzisere Karten ihres Stadtviertels zeichnen, je mehr sie zu Fuß oder mit dem Fahrrad unterwegs sind. Genau hier aber ist tatsächlich ein Unterschied der Geschlechter festzustellen: Mädchen werden öfter von Mama oder Papa im Auto ans Ziel kutschiert. Und aus Angst vor Übergriffen lassen Eltern ihre Töchter weniger freizügig in der Gegend herumstromern.

Später, wenn sich die Jungs dank jahrelangen Trainings eben besser auskennen, verstärkt sich der Effekt bei den Mädchen. Wozu sich dann noch für Stadtpläne interessieren? Wozu die Wanderstrecke hinterher minutiös auf der Karte verfolgen? Wozu den Wagen selbst durch eine fremde Gegend chauffieren? „Da meistens *er* Auto fährt", meint die Freiburger Geschlechterforscherin Schmitz, „und es sowieso viel besser zu können glaubt, überlässt *sie* ihm auch meistens das Steuer." Doch wenn auf diese Weise der einzige kognitive Unterschied zwischen den Geschlechtern dahinschwindet, wie sieht es dann mit jener Domäne aus, die die Natur ganz exklusiv dem Weibe reserviert zu haben scheint? Wie sieht es aus mit der Betreuung der Babys?

Sogar hier säen die Forscher inzwischen Zweifel. Schon ein Blick auf andere – durchaus hormongesteuerte – Säugetiere zeige, dass allein die Anwesenheit von Gebärmutter und Zitzen das Weibchen nicht unbedingt festlegt auf die Versorgerrolle. So betüddeln brasilianische Weißbüschelaffen-Väter hauptamtlich die Kleinen; nur Milch tanken diese kurz bei Mama. Auch bei vielen anderen Säugern, Wölfen z. B., erweisen sich die Papas als exzellente Kinderkümmerer. Zudem scheint sich das Brutverhalten in sehr kurzen evolutionären Zeitspannen verändern zu können. Denn selbst sehr nah verwandte Arten unterscheiden sich mitunter dramatisch, wenn es um elterliche Qualitäten geht. So kümmern sich bei Präriewühlmäusen Mama wie Papa aufs Rührendste um die Kleinen, noch lange nach dem Entwöhnen. Die Eltern der Rocky-Mountains-Wühlmaus hingegen verlassen kaltschnäuzig ihre Brut kurz nach der Geburt (s. auch Kap. 6).

Wo in diesem Spektrum steht der Mensch? Tatsache ist: Frauen geben bei Befragungen meist ein größeres Interesse für Babys an als Männer. Tatsache ist aber auch: Sie schwärmen umso mehr von den Kleinen, wenn sie in Gesellschaft von Geschlechtsgenossinnen sind – Männer hingegen spielen im Beisein anderer Kerle ihre Hinwendung zu den Blagen herunter.

Bei Louann Brizendine ist es allein die Verwandlung des weiblichen Gehirns in ein „Muttergehirn", die jene „hoffnungslose Verliebtheit" ins Baby sicherstellt. Schon während der Schwangerschaft brächten die Hormone „auch bei sehr karriereorientierten Frauen die Gehirnschaltkreise unter ihre Kontrolle, so dass sie plötzlich anders denken, anders fühlen und andere Dinge für wichtig halten". Im letzten Schwangerschaftsdrittel schrumpfe das arme Mamahirn sogar um volle 8 %, berichtet die Autorin – ein Fest für die Freunde der Stereotypenwitze.

Durch harte Daten gestützt ist das nicht. So schlugen alle Versuche, einen Zusammenhang zwischen der Innigkeit der Mutterliebe und dem Östrogen- oder Progesteron-Spiegel nachzuweisen, fehl. „Es ist unwahrscheinlich, dass die Schwangerschaft ausschlaggebend für die Bindung an menschliche Säuglinge ist", sagt Hines. „Sonst würden Adoptivmütter weniger sichere Bindungen knüpfen als biologische Mütter." Das aber ist nicht belegt; Probleme entstehen allenfalls, wenn die Kinder erst sehr spät angenommen werden – Angelina Jolie kann ihren Ältesten, Maddox aus Kambodscha, ebenso ins Herz geschlossen haben wie die jüngsten Familienmitglieder, Zwillinge, ihre genetische Brut.

Der „Mutterinstinkt", zu diesem Schluss kommt auch die amerikanische Anthropologin Sarah Blaffer Hrdy in ihrem Monumentalwerk „Mutter Natur", sei weder instinktiv noch allen Müttern eigen. Wäre die Fürsorge schon früh angelegt, etwa durch Hormone oder Puppenspiel, müssten Mädchen insgesamt stärker auf Säuglinge reagieren als Jungen. Als Forscher jedoch beide Geschlechter mit einem schreienden Baby konfrontierten, erwies sich die weibliche Hilfsbereitschaft als genauso groß wie die der Jungs. Und später, wenn es wirklich darauf ankommt, entsteht die Bindung zum Baby vor allem durch – Bindung zum Baby. Will heißen: Eltern, egal ob Vater oder Mutter, wenden sich jeweils stärker fremden Kindern zu, wenn sie gerade selbst welche großpäppeln. Und werdende Väter, ebenso übrigens wie Großpapas, interessieren sich deutlich mehr für Bilder von Säuglingen. So bekommt das Gehirn offenbar den Mutter-Kick durchs Mutter-Sein, den Vater-Kick durchs Vater-Sein.

Der Befund, dass Frauen offenbar keine geborenen Mütter sind, ist umso erstaunlicher, als alle Studien zeigen: Dass Mädchen gern mit Puppen spielen, Jungs dagegen mit Baggern, stimmt. Und angeboren ist dieser Unterschied obendrein; das zeigen die Mädchen mit AGS, die lieber toben als Püppi zu frisieren. Ausgerechnet Melissa Hines war es, die herausfand, dass sogar junge Affenweibchen lieber mit Puppen und Töpfchen hantieren; Affenmännchen dagegen schieben lieber Autos und kullern Bälle – kultureller Einfluss ausgeschlossen.

Wie aber verträgt sich das mit Hines' und Jänckes These von der Gleichheit der Geschlechter? Lenkt die Natur das Interesse der Mädchen nicht eben deshalb auf die Puppen, um sie auf ihre spätere Rolle als Mutter vorzubereiten? Und macht nicht sein natürliches Faible für die Brio-Bahn den Jungen zum geborenen Ingenieur? In Hines' Augen keineswegs. Sie sieht in der Hinwendung der Kleinkinder zu Puppenhaus und Legokasten vielmehr eine Art Relikt aus evolutionärer Vergangenheit. Anschließend jedoch beginne die kulturelle Prägung zu wirken: „Die Geschlechterunterschiede sind in der Kindheit am größten."

Die Sozialisation kann diese Unterschiede dann mindern oder verstärken. Durch all die Konversationen mit Barbie und Ken mag Lina irgendwann tatsächlich besser sprechen lernen und in ständigen Rollenspielen ihr Einfühlungsvermögen schulen. Und wenn Jan mit seinen Kumpels durch die Straßen stromert, mag er sich irgendwann wirklich besser orientieren können. Werden beide jedoch auf ähnliche Weise stimuliert, nähern sich auch ihre Interessen und Fähigkeiten an. Deshalb spielen bei der Entwicklung die Erwartungen, die andere an ein Kind stellen, eine ausschlaggebende Rolle. Das hat z. B. die Wissenschaftlerin Barbara Barres am eigenen Leib erlebt, als sie am Massachusetts Institute of Technology studierte: „Ich war die einzige Person in einer großen Klasse von fast nur Männern, die ein schwieriges mathematisches Problem lösen konnte – nur, um mir dann vom Professor sagen zu lassen, dass mein Freund es für mich gelöst haben müsse."

Barres heißt heute Ben mit Vornamen, ist ein Mann und Neurobiologe an der kalifornischen Stanford University. Der transsexuelle Forscher weiß, wovon er redet, wenn es um Rollenklischees geht: Kurz nach seiner Geschlechtsumwandlung hörte er ein Fakultätsmitglied sagen, Ben Barres habe ein tolles Seminar gegeben; er mache seinen Job wirklich „besser als seine Schwester".

Wie leicht es ist, das Selbstbewusstsein und damit auch die Leistung zu mindern, zeigte ein einfaches Experiment: Probandinnen sollten Mathematik-Aufgaben lösen. Ein Teil von ihnen bekam vorher einen wissenschaftlich abgefassten Text zu lesen, in dem behauptet wurde, Frauen litten unter einer angeborenen Mathe-Schwäche. Prompt rechneten sie deutlich schlechter als jene Geschlechtsgenossinnen, die nichts dergleichen gelesen hatten. Von ganz ähnlichen Ergebnissen berichtet Hausmann auch im Fall der mentalen Rotation: „Sobald die Probanden wissen, worum es geht, vergrößert sich der Unterschied in den Leistungen." Deswegen mögen die Entdecker der großen Ähnlichkeit Bücher wie das von Brizendine auch nicht abtun als amüsante Kurzweil. „Das ist nicht harmlos", sagt Hines. „Gelinde gesagt: Blödsinn", ätzt Jäncke.

Es ist Zeit für eine Nabelschau der Wissenschaftler, findet Hines. Denn: „Forscher sind auch Menschen." Und jeder, meint sie, Wissenschaftler ebenso wie Laie, habe

Schemata im Kopf von „männlich“ und „weiblich“, die ihn schnell zu falschen Schlüssen verleiten können. Schon 1938 warnte die Schriftstellerin Virginia Woolf: „Wissenschaft, so scheint es, ist nicht geschlechtslos; sie ist ein Mann, ein Vater und auch infiziert.“ Angesteckt, meinte sie, von Stereotypen und Vorurteilen.

Elizabeth Spelke, renommierte Säuglingsforscherin in Harvard, studiert seit vielen Jahren die angeborenen kognitiven Talente von Babys. Viel hat sie dabei gefunden – aber nie einen Geschlechterunterschied. Warum, so fragt sie, suchen so viele ihrer Kollegen so angestrengt danach? „Wenn wir intuitiv über uns und andere Leute nachdenken, neigen wir dazu, Unterschiede heftig zu übertreiben.“ Vor allem aber, und das bestimmt wohl wirklich die Biologie, müssen Mann und Frau einander weiterhin sexy finden. Dazu braucht es – Gegensätzlichkeit. Nur wenige begehren Gleiches. So erklärt sich der größte aller Geschlechterunterschiede: Männer fühlen sich, komme, was da wolle, als Männer – und Frauen als Frauen. Nur einer von 30 000 Männern will sich in eine Frau verwandeln lassen, und nur eine von 100 000 Frauen will sich in einen Mann verwandeln lassen. Der Grund für die Macht der Geschlechtsgewissheit ist profan: In der Evolution, damals in der Savanne, wäre der Mensch wohl gescheitert, wenn er sich heute mal als Kerl und morgen dann als Weib begriffen und gleichzeitig nicht so genau gewusst hätte, mit welchem Geschlecht er passend dazu gerade Sex haben möchte. Und weil es so wichtig ist, immer zu wissen, woran man ist, müssen die Unterschiede zwischen den Geschlechtern fortwährend und lauthals herausgeschrien werden.

Die Aufklärung erschwerend kommt hinzu, dass auch die Wissenschaft von Unterschieden lebt. „Gleichheiten sind als Ergebnis in der naturwissenschaftlichen Publikationspraxis unüblich“, erklärt die Biologin Schmitz. Wenn von 20 Studien nur eine den großen Unterschied feststellt, sagt Hines, finde meist nur dieses eine Experiment den Weg in die Wissenschaftsmagazine. Korrekturen will niemand hören, so scheint es, und daher zitiert z. B. selten jemand die Befunde Julie Frosts, der zufolge das weibliche Gehirn keineswegs Sprache symmetrischer verarbeitet als das männliche – dabei war die Studie im renommierten Fachblatt „Brain“ erschienen. „Noch weniger finden sie den Weg in die populärwissenschaftliche Presse“, meint Sigrid Schmitz.

Bessere Chancen haben da die zackigen Thesen von Louann Brizendine. Damit spielt die Neurobiologin, so der Vorwurf ihrer Kritiker, z. B. all jenen Chefs in die Hände, die sich nach Lektüre der Lehre vom großen Unterschied nun darin bestätigt sehen, Frauen nicht mehr zu befördern – wo diese doch, von Hormonen überschwemmt, nach der Geburt ihrer Kinder allen Ehrgeiz auf die Brut richten statt auf den Beruf.

„Es wird Zeit, voranzukommen“, findet Kirsten Jordan, ziemlich genervt. Denn wenn es stimmt, dass der Mensch im Laufe der Evolution die Fesseln seiner Hormone weitgehend abgeschüttelt hat, wenn sein Gehirn eben nicht als vorprogrammierter Gedanken- und Verhaltensgenerator funktioniert, dann sollte der Mensch diese Freiheit begreifen. Wenn letztlich so wenig Tier in ihm ist, das angebliche Steinzeiterbe entlarvt wurde als schlichter Abdruck von Stereotypen im Gehirn, könnte der Mensch sich endlich emanzipieren vom Glauben an die Biologie als letztgültiger Chefin seines Schicksals. „Die Gesellschaft kann sich jetzt entscheiden“, sagt Hines. „Wollen wir den Mädchen wirklich sagen, dass sie leider die mentale Rotation nicht beherrschen und deswegen keine Physikerinnen werden können? Oder wollen wir sie ermutigen?“

Es würde schon helfen, meinen die Wissenschaftler, sich der Macht der klassischen Geschlechterstereotypen auf die eigenen Entscheidungen bewusst zu werden. Denn wie stark sich die Klischees aus den Tiefen der Hirnwindungen ins Denken hineinflüstern, offenbart eine Studie aus Schweden: Wissenschaftlerinnen, so zeigte sich, mussten selbst dort, im Land der Gleichheit, zweieinhalb mal so gut sein wie ihre männlichen Kollegen, um Fördergelder zu erhalten. Die Professoren in der Entscheidungskommission waren sich dessen nicht bewusst.

Gemächlich keimen Versuche, solche Mechanismen von außen zu ändern. Nachdem in den Vereinigten Staaten ein Preis für Pionierleistungen in der Wissenschaft nur an Männer vergeben worden war, änderten die Spender die Bedingungen für die Vergabe. Bewusst ermutigten sie Frauen, Anforderungen wie „höchst risikofreudig“ strichen sie aus dem Auslobungstext, und vor allem wurde die Jury paritätisch besetzt. Ergebnis: Der Anteil der Preisträgerinnen stieg abrupt von 0 auf 43 %.

Werden sich, befördert durch solche Maßnahmen, die Geschlechter immer weiter annähern? Den Beweis wird nur die Zeit erbringen können. Aber wie stark bis heute die Geschlechterstereotypen wirken, das jedenfalls habe er am eigenen Leib erfahren, erzählt Ben Barres. Trotz Testosteron-Behandlung verfahre er sich immer noch dauernd. Dafür habe sich etwas anderes seit seiner Geschlechtsumwandlung deutlich verändert: der Respekt, mit dem Leute ihm begegnen. „Ich kann sogar einen ganzen Satz zu Ende sagen, ohne dass mich ein Mann unterbricht.“

Literatur

Baron-Cohen S (2004). Vom ersten Tag an anders. Das weibliche und das männliche Gehirn. 2. Aufl. Düsseldorf, Zürich: Walter-Verlag.

Brizendine L (2006). The Female Brain. New York: Morgan Road/Broadway Books.

Ellison K, Steckhan B, Schuhmacher S, Förs K (2006). Mutter sein macht schlau. Kompetenz durch Kinder. München: Kunstmann.

Hines M (2003). Brain Gender. New York: Oxford University Press.

Hrdy SB (1999). Mother Nature. Maternal instincts and how they shape the human species. New York: Ballantine Books.

Hyde J (2003). Half the Human Experience: The Psychology of Women. Boston: Houghton Mifflin Company.

Jordan K (2004). Warum Frauen glauben, sie könnten nicht einparken – und Männer ihnen Recht geben. München: C.H. Beck.

Kriz J (1994). Grundkonzepte der Psychotherapie. 4. Aufl. Weinheim: Beltz PVU.

Pinker S (2008). Das Geschlechter-Paradox. München: Deutsche Verlagsanstalt.

von Bredow (2009). Der Männchenmacher. Spiegel Wissen; 1: 30–3.

6 Die Liebe im Kopf

Über Partnerwahl, Bindung und Blindheit

Andreas Bartels

What is this thing called love? Cole Porter (1929)

Die Liebe. Wunderbarste Sache der Welt – oder verstrickte Gefühlskiste? Ist sie eine komplizierte Sache – oder die einfachste der Welt? Lässt sie sich überhaupt wissenschaftlich erklären? Sie dominiert unser Leben – wir genießen sie oder suchen nach ihr – und wenn sie uns entzogen wird, scheint eine Welt zusammenzubrechen. Die vielen Facetten der Liebe beschäftigen uns so sehr, dass seit Menschengedenken beinahe jedes Gedicht, jedes Buch, jedes Musikstück, jeder Film sich mit der Liebe befasst, und immer wieder ist sie neu, faszinierend. Recht so – denn Liebe ist der Schlüssel des Fortbestandes der Menschheit. Kein Wunder also, dass Liebe durch starke und überraschend einfache biologische Mechanismen gesteuert wird. Diese Mechanismen beeinflussen allerdings nicht nur unser Liebesleben, sondern auch große Aspekte unseres Sozialverhaltens. Neue Hypothesen legen sogar nahe, dass die komplexen Konsequenzen sozialer Bindungen für die Komplexität und selbst für die außergewöhnliche Größe des menschlichen Hirns mitverantwortlich sind (Dunbar u. Shultz 2007). Die Liebe ist also einfach, aber mit weitreichenden Konsequenzen.

In diesem Kapitel werden die wirklich erstaunlichen wissenschaftlichen Erkenntnisse über die Liebe, ihre genetischen, hormonellen und neurobiologischen Aspekte erläutert. Aber bevor wir dies tun, drängt sich dem Darwinist der Gedanke auf, dass dem Menschen gar keine Wahl gelassen wird: Die Liebe ist wohl genetisch in uns verankert. Wenn dies so ist, welchen Vorteil verschafft sie uns?

Wir sind ja regelrecht Opfer der Liebe, wenn uns Amors Pfeil einmal getroffen hat. Wenn's erst einmal funkt zwischen zwei Menschen, dann kennt die Liebe keine Grenzen: Verliebte unternehmen schlichtweg alles, um beieinander bleiben zu können – ob sie nun hierfür religiöse Grenzen überspringen müssen, riesige Reisen unternehmen, die High Society mit der Unterschicht unter einen Hut bringen müssen oder die Telefonanbieter durch horrende Rechnungen unterstützen. All dies liefert ja tatsächlich viel Stoff für unterhaltsame Kinofilme. Die Liebe setzt sich aber nicht nur gegen äußerliche Widerstände durch, auch innerlich überwindet sie so manchen Kampf. Manche Menschen bleiben verliebt – mit dem „Bauch" –, obwohl der „Kopf" zweifelt. Oder Frauen bleiben trotz Misshandlung beim Mann. Die Liebe kann uns mit unsäglicher Blindheit schlagen. Die Schwächen des eigenen

Partners oder auch Defizite des eigenen Kindes werden nicht wahrgenommen, verdrängt, ausgeblendet. Dies ist für uns sicherlich nicht immer das Beste – doch offensichtlich hat die Liebe einen starken Drang zur Selbsterhaltung. Liebe schärft die Sinne aber auf eine andere, wundervolle Weise: Sie öffnet uns für das Schöne des Lebens. Die Realität des Alltags scheint zu verschwimmen, es werden Dinge registriert, die uns sonst schlicht im Verborgenen blieben, die Gewichtung verschiebt sich ins Optimistische. Andere potenzielle Partner werden nicht mehr wahrgenommen, gegen deren Annäherung werden wir völlig immun. Sie übernimmt die Kontrolle über unser Handeln, lässt uns Dinge tun, von denen wir sonst nicht träumen würden. Noch mehr Stoff für Unterhaltung. Offensichtlich ist die Liebe sehr, sehr mächtig.

Und wehe uns, wenn wir mitten im Verliebt-Sein von jemandem verlassen werden – ganz egal, ob uns ein Partner davonläuft oder ein Familienmitglied stirbt. Das Gefühl, in einem riesigen Loch zu versinken, beherrscht uns dann wochen-, ja monatelang. Es beeinträchtigt unser tägliches Handeln und beeinflusst unser Denkvermögen enorm. Entzug. Oft werden Depressionen hierdurch ausgelöst, und das Fehlen einer Person scheint manchen Menschen den gesamten Sinn am eigenen Leben zu nehmen. Was ja eigentlich vollkommener Unsinn ist. Dies geschieht selbst dann, wenn wir wissen, dass es sowieso nicht die richtige Person für uns war. Da scheint ein Teil des Hirns einer verlorenen Liebe nachzutrauern, obwohl der andere weiß, dass sie zu nichts geführt hätte oder dass es ja auch noch andere Menschen gibt. Noch mehr Stoff für Liebesgeschichten. Und für Neurobiologen: Offenbar lässt sich die Liebe nicht willentlich kontrollieren, sie scheint in urtümlichen, tiefen Hirnbereichen beheimatet zu sein – keine Überraschung, dass sich dies mittlerweile durch Tierexperimente und Hirnscans am Menschen bestätigt hat. Und ebenso keine Überraschung, dass die neueste Forschung auf molekularer Ebene im Hirn eine enge Verbindung zwischen Sucht und Liebe aufdeckt.

Vielleicht ist die Liebe an sich ja wirklich ganz einfach, und nur ihre Konsequenzen machen sie, manchmal, kompliziert. Denn in Wirklichkeit kommt der große Unterhaltungswert der Liebesgeschichten ja nicht durch die Liebe selbst zustande, sondern durch all die glücklichen, unglücklichen, komischen und tragischen Umstände, die sie durch ihre Macht über unser Handeln herbeiführt.

Viele dieser Konsequenzen fallen bei einer Liebesform weg: der zum eigenen Kind. Sie ist ohnehin die kompromissloseste und uneingeschränkteste Liebe – sie ist vollkommen und vielleicht das Erfüllendste, das wir erfahren können. Obwohl die kleinen Dinger sich die Hosen vollmachen, uns je nach Laune lauthals anschreien oder mit riesengroßen Augen das Herz erweichen, uns mitten in der Nacht aufwecken – sie laufen nicht weg, lassen uns keine Wahl, bringen keinen sozialen Zündstoff. Aber an sich unterscheidet sich die Liebe zum Kind eigentlich nicht von der zu einem Partner. Außer dem Sex – noch so ein Faktor, der viel Unterhaltungsstoff bietet, aber eigentlich von der Liebe entkoppelbar ist. Denn Sex macht auch ohne Liebe Spaß. Vielleicht ist die Liebe also wirklich, ganz pur, etwas recht Einfaches: Sie macht uns glücklich, wenn wir Zeit mit einer ganz bestimmten Person verbringen.

Der Zweck der Liebe und die Scheu vor ihrer Erforschung

Der Liebe wegen soll schon vor über 3000 Jahren der große Trojanische Krieg entfacht worden sein, die größten Kunstwerke wurden ihretwegen erschaffen, und um sie dreht sich seit jeher ein Großteil unseres Freizeit-, Kultur- und Bildungslebens. Seltsam ist daher, dass sich Psychologen, Biologen und Neurowissenschaftler so lange so schwer damit getan haben, sich außerhalb ihres Privatlebens auch professionell mit der Liebe und ihren Ursachen auseinanderzusetzen. Dies erinnert an das Tabu der Sexualforschung (was allerdings ein anderes Thema ist).

Der Pionier der Bindungspsychologie, Harry Harlow, begann im Jahre 1958 seine präsidenzielle Ansprache am 66. Jahreskongress der Amerikanischen Psychologischen Gesellschaft mit den folgenden Worten:

„*Die Liebe ist ein wundersamer Zustand, tief, zart und belohnend. Wegen ihrer intimen und persönlichen Natur wird sie von manchen als unangebrachtes Forschungsgebiet angesehen.*“ (Harlow 1958, S. 673)

Man stelle sich also vor, dass bis in die 60er Jahre sich nicht einmal die Psychologen ungeächtet mit der Liebe auseinandersetzen konnten. Harlows Forschung wies nach, wie enorm wichtig soziale Bindungen während des Aufwachsens von Babys sind und dass sie die spätere soziale Kompetenz und Bindungsfähigkeit stark beeinflussen. Harlows Frustration, Kritik und Aufforderung waren damals an Psychologen gerichtet und haben dort offenbar Früchte getragen – heute gibt es große Fortschritte in der Bindungspsychologie (Cassidy u. Shaver 1999; Asendorpf u. Banse 2000). Auf physiologischer und genetischer Ebene hat die Tierforschung unglaubliche Einsichten in die Paarbindung und Mutter-Kind-Bindung erlangt, die im Folgenden beschrieben werden (Kendrick 2000; Insel u. Young 2001; Lim et al. 2004).

Was erstaunt, ist, dass trotz dieser Fortschritte in der Psychologie und in der Tierforschung die Untersuchung der Liebe am menschlichen Hirn lange nicht angetastet wurde: Moderne Hirnscanner wurden erst 20 Jahre nach ihrer Installierung in Kliniken und Instituten zur Erforschung der Liebe oder anderer Aspekte sozialer Bindung wie des zwischenmenschlichen Vertrauens oder der Empathie eingesetzt. Andere Emotionen, vor allem negative, und alle möglichen Aspekte der Wahrnehmung wurden dagegen von Anfang an und mittlerweile bis in letzte Detail „durchgescannt“.

Die Scheu vor einer objektiven Analyse der biologischen Grundlagen insbesondere der menschlichen Liebe lag wohl daran, dass sie eine höchst subjektive, intime Erfahrung, ein Gefühl, eine Emotion ist – auf den ersten Blick scheint sie sich somit einer wissenschaftlichen Charakterisierung, einer Quantifizierung durch objektive und vor allem physiologische Maßeinheiten zu entziehen. Oder vielleicht dachte man, die Liebe wäre ein Produkt der Kultur – ohne wissenschaftlich ergründbares physiologisches Fundament – ähnlich, wie in Kapitel 5 von Rafaela von Bredow in Bezug auf Unterschiede im Verhalten von Mann und Frau teilweise argumentiert wird. Jedenfalls wurde die wissenschaftliche Untersuchung einer der wichtigsten

Triebfedern unseres Lebens lange Zeit schlichtweg übergangen. Der hierdurch entstandene Verlust lässt sich schwer abschätzen. Auch abgesehen von den unzähligen Facetten unseres normalen Verhaltens, die durch biologische Mechanismen der Liebe beeinflusst werden, zeichnen sich direkte Verbindungen zu denen schwerwiegender Störungen wie Autismus, Zwangshandlungen, Depressionen sowie zu Kindesmisshandlung und sozialem Fehlverhalten und auch zu Süchten ab.

Das junge Alter der Liebesforschung belegt daher auch, wie sehr menschliche Voreingenommenheit und Trends selbst in der Wissenschaft beeinflussen, was erforscht wird und was nicht. Seltsam ist die wissenschaftliche Scheu der Liebe gegenüber aber nicht nur ihrer Bedeutung wegen, sondern auch deshalb, weil die Liebe selbst dem Laien schon auf den zweiten Blick einige Eigenschaften und Gesetzmäßigkeiten enthüllt, die zumindest einen wissenschaftlichen Zugang nahe legen. Beispielsweise funktionieren Liebesgeschichten deshalb so gut, weil wir alle sie gut verstehen können: Uns allen wird bei einer rührenden Liebesgeschichte warm ums Herz, und wir leiden schrecklich, wenn (vor dem Happy End) die Liebenden unfreiwillig getrennt werden. Dies funktioniert über Kulturen und über Zeiten hinweg – die Liebe hat also etwas Universelles an sich, ja etwas Artenübergreifendes. Liebe gibt es nicht bei allen, sondern nur bei wenigen Tierarten. Dies wiederum weist auf genetische Vererbung hin.

Für bestimmte Spezies, wie auch für den Menschen, ist die Bindung an eigene Kinder evolutiv existenziell – und bei 3 bis 5 % der Säugetiere auch die Bindung zwischen Partnern (Kleiman 1977). Dies ist dann der Fall, wenn unselbstständige Babys zur Welt gebracht werden und entsprechend elterlicher Pflege bedürfen, die durch gegenseitige Bindung gewährleistet wird. Hier ist also schon der darwinistische Selektionsvorteil: Uns gäbe es gar nicht ohne Liebe! Genau genommen ist es natürlich etwas komplizierter. Die elterliche Bindung, ja die soziale Bindung insgesamt, erlaubt es uns, Erfahrungen über Generationen hinweg weiterzugeben, ohne dass sie genetisch verankert sein müssen. Dies ergibt einen enormen evolutiven Vorteil. Liebe und Bindung hängen also direkt mit der Lernfähigkeit unseres Gehirns und der Weitergabe von kulturell erreichtem Wissen zusammen.

Beim Menschen würde das voll ausgewachsene Hirn wegen seiner enormen Größe gar nicht durch den Geburtskanal der Mutter passen – und dessen Verbreiterung wäre mit schweren Nachteilen der Fitness verbunden. Die Geburt unterentwickelter Babys, die Liebe und die Lernfähigkeit sind also evolutionär eng miteinander verflochten. Ohne eine frühe Geburt könnte der Mensch sich gar kein so großes Gehirn leisten. Die frühe Geburt wiederum macht ausschließlich dann Sinn, wenn das Baby auch gepflegt wird, und dies geschieht nur, wenn die Mutter (oder der Vater) an das Kind gebunden ist. Dies wiederum ermöglicht die Weitergabe von Erlerntem über Generationen hinweg. Die Bindung selbst wiederum hat weitreichende Konsequenzen, weil das damit einhergehende ausgeprägte Sozialleben wiederum komplexe und viel Volumen benötigende Hirnstrukturen benötigt (Dunbar u. Shultz 2007). Ohne Bindung gäbe es also weder uns noch manche andere Tierarten in ihrer heutigen, lernfähigen und hochentwickelten Form.

Weiter sticht die Intensität ins Auge, mit der die Liebe Individuen aneinanderkittet. Der Liebende ist geradezu süchtig nach dem anderen. Und bei Entzug treten Verhaltensweisen auf, die denen des Drogenentzugs in nichts nachstehen. Scharfes Beobachten legt also – korrekterweise – eine Verbindung zu Mechanismen der Sucht nahe. Ebenso fällt auf, dass sich das Entzugsverhalten unabhängig davon zeigt, ob wir nun einen Partner oder ein Kind oder einen sehr liebgewonnenen Freund verloren haben. Liebe scheint an sich immer gleich zu sein.

Liebe ist also ein soziales Band, das Individuen aneinanderbindet. Es ist daher nicht erstaunlich, dass die Formen der Liebe, Mutterliebe und Partnerliebe, und auch die soziale Bindung aus neurobiologischer Sicht stets mit den gleichen Hirnarealen und Neurohormonen zusammenhängen.

Menschliche Bindung ist sicherlich komplexer und vielschichtiger als die von Tieren, und sicherlich wird sie oberflächlich auch kulturell beeinflusst. Vielleicht unterscheiden sich die beiden Bindungsformen vor allem dadurch, dass wir über sie reflektieren, nachdenken, uns ihrer bewusst sind, sie manchmal zu bekämpfen oder krampfhaft festzuhalten suchen. Es wäre allerdings eine Illusion, deshalb anzunehmen, es gäbe keine mechanistischen Ursachen der Bindung im Menschen – wie wir noch sehen werden, können heute sogar unterschiedliche Bindungsintensitäten und bestimmte menschliche Charaktereigenschaften auf genetische, hormonelle und neurophysiologische Einflüsse zurückgeführt werden. Wie Harlow es ausdrückte, wurde dieses Gebiet als „improper topic for experimental research" angesehen und deshalb vermieden. Dies hat sich nun in den letzten Jahren geändert.

Zunehmende Evidenz und unsere neuen Forschungsresultate legen nahe, dass menschliche Bindung zumindest auf den gleichen grundsätzlichen biologischen Mechanismen aufbaut, die aus der Tierforschung bis auf molekulares und genetisches Niveau bekannt sind (Bartels u. Zeki 2000, 2004). Die Resultate aus Experimenten an verschiedenen Tierarten haben sich als weitgehend speziesübergreifend erwiesen, und bestätigen sich mittlerweile Schritt für Schritt auch im Menschen. Diese Einsichten bieten sich also als Ausgangspunkt an, um die physiologischen Ursachen und Mechanismen der zahlreichen Facetten menschlicher Bindung zu untersuchen. Wir stehen erst am Anfang, aber ohne Zweifel wird sich das physiologische Verständnis menschlicher Bindungscharakteristika zu einem bedeutenden und höchst einflussreichen Forschungsgebiet entwickeln, nicht nur, weil es uns so viel bedeutet, sondern auch, weil so viel in unserem Leben und so viel unserer Biologie durch die Liebe geprägt ist.

Vielleicht sollte in diesem biologischen Kontext ja eher von Bindung als von Liebe gesprochen werden. Aber gibt es eine starke positive Bindung ohne Liebe? Gibt es Liebe ohne Bindung? Vielleicht brauchen wir das Wort „Liebe", um die bewusst positiv wahrgenommenen Aspekte der Bindung zu beschreiben. (Im Wissen, dass Liebe einige menschliche oder kognitive Sekundäreffekte der Bindung beinhalten mag, aber letztlich einzig auf Bindung zurückzuführen ist, werde ich die beiden Worte fortan bewusst als Synonyme gebrauchen.)

Im Folgenden versuchen wir in wenigen Beispielen einige biologische Grundsätze der Partnerwahl sowie der Bindung zu illustrieren. Insgesamt wird deutlich, dass unser menschliches Handeln erstaunlich stark durch unsere Biologie bestimmt wird – teilweise durch genetisch vererbte Verhaltensmuster, teilweise durch Erfahrungen im Kindesalter, die Spuren im Hirn hinterlassen. Bestimmte Verhaltensmuster und Persönlichkeitsunterschiede sind schon heute durchaus biologisch erklärbar – dies beraubt uns aber keineswegs der Verantwortung, die wir für die Konsequenzen unserer Entscheidungen und unseres Handelns voll und ganz tragen. Biologische Organismen zu sein ist Teil unseres Menschseins.
Aus biologischer Sicht lässt sich die erfolgreiche Fortpflanzung in drei Schritte gliedern:

- Partnerwahl
- sexueller Akt
- Nachwuchspflege

Im Folgenden diskutieren wir einige generelle biologische Mechanismen bezüglich der Partnerwahl und der Nachwuchspflege – Mechanismen, die auch im Menschen gültig zu sein scheinen.

Wer ist der Richtige für mich? Die Biologie der Partnerwahl

Was gäbe es Wichtigeres, als den richtigen, den Traumpartner fürs Leben zu finden? Wir alle waren oder sind immer noch auf der Suche nach diesem Lebensglück. Nicht zufällig drehen sich so viele Liebesgeschichten genau darum. Partnervermittlungsagenturen haben sich zu einer milliardenschweren Industrie entwickelt, und wir alle möchten das ewige Rein-und-raus aus nicht so tollen Beziehungskisten einfach und glücklich hinter uns lassen. Nur wie? Und was bestimmt unser natürliches Vorgehen? Warum funkt's manchmal – und manchmal gar nicht? Was bestimmt, wen wir mögen und wen nicht?
Eines vorweg: Am besten entscheiden wir selbst, wer am besten zu uns passt – die Intuition ist hier unübertroffen. Keine Agentur, kein Berater, kein psychologisches Formular kann hier weiterhelfen: Manchmal ziehen sich Gegensätze an, manchmal finden geistige Zwillinge zueinander – und wie oft finden wir zu jemandem, der genau das Gegenteil von unserem vorgefassten Bild des Traumpartners ist. Nicht einmal wir selbst wissen also im Voraus, wer gut zu uns passt. Offen gestanden kann bei all diesen Fragen auch die Wissenschaft nur wenig weiterhelfen, schlicht deshalb, weil – bemessen an der Komplexität des Gebiets – relativ wenig bekannt ist. Aber sie kann uns etwas Verständnis davon vermitteln, weshalb unsere Partnerwahl manchmal so wenig mit unserem Verstand planbar oder nachvollziehbar

ist – denn in manchen Aspekten wird unser Verhalten durch vererbte Regeln beeinflusst, die es darauf absehen, einen genetisch möglichst optimalen Partner zu finden.
Partnerwahl ist eines der Schlüsselthemen moderner Verhaltensbiologie, da sie einen direkten Einfluss auf die Evolution hat und somit von unglaublicher Wichtigkeit ist: Je besser die Partnerwahl gesteuert ist, desto größere Vorteile ergeben sich. In der Natur gibt es daher in jeder Spezies ausgeklügelte Mechanismen, die die Partnerwahl steuern. Jedes Geschöpf will sich nur mit dem besten, dem fittesten, dem gesündesten, dem langlebigsten, dem fürsorglichsten Partner paaren, den es erreichen kann, um dem eigenen Nachwuchs bzw. dem Überleben der eigenen Gene einen Vorteil zu verschaffen. Meist tragen die Weibchen die langwierige Last der Geburt und des Aufziehens, während die Männchen nur einen kurzen (manche Frauen würden sagen: manchmal zu kurzen), vergnüglichen Beitrag leisten. Da sie an den Konsequenzen zu tragen haben, ist die Wahl für Weibchen entscheidend: In die Gene welchen Mannes möchte es so viel Arbeit investieren? Mit welchen Genen werden ihre Kinder die besten Chancen haben? Weibchen sind deshalb oft wählerisch und zurückhaltend (lieber gut investieren), Männchen aggressiv, unspezifisch und sexbesessen (weit streuen schadet ja nix). Die hiermit verbundenen Verhaltensunterschiede zwischen Weibchen und Männchen werden dementsprechend auch durch verschiedene Neurohormone, Gene und Hirnregionen gesteuert. Wie weiter unten beschrieben, konnte mittlerweile nicht nur im Tier, sondern auch im Menschen ein geschlechtsgetrennter Einfluss von Vasopressin-Rezeptoren nachgewiesen werden, der hiermit zumindest einen Teil der kleinen, aber feinen Verhaltensunterschiede zwischen Mann und Frau auf erblicher Basis mitbestimmt (Walum et al. 2008).
Wie wählen Weibchen? Hier konzentrieren wir uns auf die beiden wichtigsten biologischen Grundsätze, die die Partnerwahl nicht nur in der Tierwelt beeinflussen: genetische Distanz und Fitness.

Genetische Distanz

Genetisch gesehen gibt es eine „optimale Distanz" zum Partner, wobei zwei gegenläufige Faktoren balanciert werden müssen. Wenn der Partner extrem verwandt ist, wie beispielsweise ein Geschwister, dann können sich harmlose genetische Defekte im Kind doppelt manifestieren, da sie ihm von beiden Elternteilen mitgegeben werden: Inzucht resultiert, die vermieden werden soll. Andererseits soll der Partner auch nicht zu verschieden sein: Denn letztlich sollen ja die Kinder möglichst die eigenen Gene weitertragen, die sich also nicht zu sehr mit anderen „vermischen" sollen. Im Extremfall passen Gene von Vater und Mutter nicht zueinander: So sind die durch die Paarung von Esel und Pferd entstandenen Nachkommen unfruchtbar. Ein Kompromiss zwischen Nähe und Distanz ist daher optimal.
Eine kürzlich im renommierten Journal „Science" erschienene Studie hat genau diese optimale Distanz beim Menschen zu eruieren versucht und hierzu Menschen

im genetisch relativ abgeschlossenen „Biotop“ Island untersucht (Helgason et al. 2008). Erstaunlicherweise kam heraus, dass Paare, die Cousins dritten Grades waren, genetisch am „fittesten“ waren, am meisten Kinder zur Welt brachten und sich daher am erfolgreichsten fortpflanzten. Cousins dritten Grades! Auf den ersten Blick scheint es sich hier um eine recht nahe Verwandtschaft zu handeln, aber die Daten sprechen für sich.

Du ziehst mich an!

Die Suche nach selbst-ähnlichen Partnern gibt es bei vielen Arten, und der biologische Begriff hierfür ist „Homogamie“. Wie aber stellt man (bzw. frau) es an, Partner zu finden, die genetisch möglichst nah sind? Die Antwort ist recht einfach: Genetisch Verwandte sind uns auch äußerlich ähnlich. Und wie sieht man dies (vor allem, wenn man, wie als Nicht- oder Ur-Mensch, keine Spiegel hat)? Eine Antwort hierfür wird postnatale Prägung („sexual imprinting“) genannt: Da die eigenen Eltern die nächsten Verwandten sind, sucht man einen Partner oder eine Partnerin, die den Eltern (oder am besten dem gegengeschlechtlichen Elternteil) möglichst ähnlich sieht. Konrad Lorenz (1935) hatte dies schon bei Vögeln demonstriert. Gilt dies aber auch für Säugetiere? Und wie stark bestimmt es unsere Partnerwahl?
In einem spektakulären Experiment hat der Biologe Keith Kendrick 1998 Ziegenmüttern Schafbabys untergejubelt (der Trick, den er hierzu benutzte, wird im Kontext der Bindung beschrieben, s. S. 88). Die adoptierten Schäfchen wuchsen also mit Ziegeneltern auf – und wenn Homogamie tatsächlich am Werke ist, würden sie sich das Aussehen ihrer Eltern merken, um sich später bei der Partnerwahl daran zu orientieren. Mit anderen Worten würden die Schafe in ihrer Pubertät dann Ziegen „sexy“ finden. Und dies ist genau, was Kendrick fand: Im Erwachsenenalter zogen es diese Schafe vor, sich mit Ziegen statt mit Schafen zu paaren (Kendrick et al. 1998). Die sexuelle Präferenz wurde also durch das Aussehen der Eltern beeinflusst, und nicht durch die biologische Identität. Das Experiment ließ sich auch in speziesumgekehrter Anordnung replizieren.
Wirkt solch postnatale Prägung auch im Menschen? Bestimmt auch bei uns das Aussehen des gegengeschlechtlichen Elternteils unsere spätere Partnerwahl? Trotz unserer ungleich komplexeren Psyche, trotz hochkognitiver und rationaler Komponenten in unserer Partnerwahl sowie sozialer und kultureller Einflüsse lautet die Antwort eindeutig Ja. Die erste detaillierte Studie zu diesem Thema zeigte einen Einfluss des Alters der Eltern: Sowohl männliche als auch weibliche Individuen zogen ältere Partner vor, wenn ihr gegengeschlechtlicher Elternteil auch älter war (Perrett et al. 2002). Ebenso ziehen Menschen Partner vor, die die gleiche Augen- und Haarfarbe wie ihr gegengeschlechtlicher Elternteil haben (Little et al. 2003). Am wichtigsten war aber eine Studie, die statt Adoptiv-Schäfchen menschliche Adoptiv-Töchter untersuchte. Es zeigte sich, dass ehemalige Adoptiv-Töchter Partner aussuchten, die ihren Stiefvätern ähnlicher sahen, als der Zufall dies erlauben würde – interessanterweise war dies vor allem dann der Fall, wenn die Töchter

auch emotional besonders gut mit ihren Stiefvätern auskamen (Bereczkei et al. 2004). Weil hier Adoptiv-Töchter untersucht wurden, konnte ausgeschlossen werden, dass diese Präferenz ererbt wurde. Anscheinend ist es also tatsächlich so, dass auch Menschen genetisch verwandte Partner suchen. Aber wie vermeiden wir Inzucht?

Ich kann dich nicht riechen!

Homogamie und die postnatale Prägung bergen die Gefahr, eigene Geschwister für hochattraktiv zu halten. Die einfache Regel der Geschwistervermeidung kann diese Gefahr abwenden. Einer der Gründe, welcher die Fortpflanzung mit nicht direkt Verwandten vorteilhaft macht, ist, dass hierdurch die Immunabwehr variabler wird und so besser mit der Anpassung von Parasiten mithalten kann. Der so genannte MHC-II-Komplex (major histo-compatibility complex II) ist ein wichtiges Molekül des Immunsystems, und Menschen, die von Vater und Mutter verschiedene Versionen dieses Moleküls mitbekommen haben, werden tatsächlich seltener krank. Hat also biologische Inzuchtvermeidung tatsächlich Einfluss auf menschliche Partnerwahl? Und wie umgehen wir die Vermählung mit immer noch zu eng Verwandten (Cousins, Onkel, Tanten etc.), die wir unter Umständen gar nicht kennen?
Verschiedene Studien haben inzwischen gezeigt, dass sowohl Männer als auch Frauen durch den Geruchssinn die Ähnlichkeit des eigenen MHC-II-Komplexes mit dem eines Fremden bemerken können – und dass dies tatsächlich unsere Partnerwahl beeinflusst. Hierbei sei angemerkt, dass dies kein mysteriöser Effekt ist, bei dem unser Unbewusstes durch nicht wahrnehmbare Duftstoffe unser Handeln manipuliert – ganz und gar nicht. MHC-II-Komplexe, die unserem eigenen unähnlich sind, werden schlichtweg als angenehmerer und attraktiverer Körpergeruch empfunden. Körpergeruch ist daher nichts, worüber sich alle einig sein können: Für Frau S. riecht Mann M. unwiderstehlich gut, während Frau C. ihn nicht riechen kann. Menschen, die einen unterschiedlichen MHC-II-Komplex haben, werden wir als geruchlich attraktiver empfinden. Also Achtung: Mit zu viel Parfüm wird die biologische Kompatibilitätsprüfung wohl leider unwirksam gemacht!
Und noch etwas: Interessanterweise kann sich dieser Effekt bei Frauen umdrehen, die eine kontrazeptive Pille einnehmen – sie ziehen dann geruchlich eigene Familienmitglieder vor, und somit auch Menschen mit ähnlichem MHC-II-Komplex (Wedekind et al. 1995). Aber keine Angst: Der MHC-Geruch ist nur einer von mehreren geruchlichen Faktoren, die unsere Attraktivität ausmachen. Die frühen Studien hierzu wurden übrigens mit Frauen durchgeführt, die von Männern getragene T-Shirts geruchlich beurteilen sollten. Mittlerweile konnte auch nachgewiesen werden, dass Frauen nicht nur den MHC-Geruch werten, sondern auch tatsächlich ihre Partnerwahl hierdurch beeinflusst wird. MHC-Unähnlichkeit hat also auch heute beim Menschen einen direkten Einfluss auf Partnerwahl (ebd.).

Fitness

Sexy aufgrund gegenseitiger Verwandtschaft und MHC-Geruch??? Das kann doch nicht alles sein!!! Natürlich nicht. Die wichtigsten Faktoren liegen woanders: Manche Leute sehen ja schlichtweg unheimlich sexy aus, andere weniger, Geruch oder Selbst-Ähnlichkeit hin oder her. Sexy Menschen sind gut gebaut, sportlich, gesund, sozial, sympathisch – man muss ja nur das Cover eines Frauen- oder Männermagazins anschauen, und sofort ist klar, wie die Traumfrauen und Traummänner von heute aussehen.

Du bist sexy! Aber warum?

Nur, weshalb lässt uns die Evolution manche Menschen als sexy erscheinen und andere nicht? Ein paar der Dinge, auf die wir achten, haben eine biologische Bedeutung, die uns gar nicht bewusst ist. Beim Menschen ist besonders die Attraktivität des Gesichts gut untersucht (Thornhill u. Gangestad 1999). Weshalb sind also die Coverboys und -girls so attraktiv? Und, ehrlich gesagt, sehen sie sich doch alle recht ähnlich. Jedenfalls sehen Charaktermenschen anders aus. Und dies hat auch seine Gründe, die beiden wichtigsten seien hier beschrieben.

Erstens haben zahlreiche Computer-assistierte Gesichtsspiegelungsstudien gezeigt, dass wir ein Gesicht umso schöner finden, je symmetrischer es gemacht wird (künstlich, auf dem Computer-Monitor). Symmetrie wird also als schön empfunden – und nicht nur beim Menschen, sondern auch bei anderen Tierarten. Symmetrie kann als ein Maß für die Genauigkeit der Umsetzung des genetischen Plans verstanden werden, die wiederum die Umweltbedingungen des Aufwachsens widerspiegelt – gute Ernährung, Pflege, Bewegung etc. (Moller u. Swaddle 1997). Symmetrie ist also nicht nur schön, sondern auch ein Indiz für biologische Fitness: Studien weisen bei verschiedenen Tierarten und auch beim Menschen eine Korrelation zwischen physischer Symmetrie und Langlebigkeit, Fruchtbarkeit und Gesundheit nach (Moller 1997) – beim Menschen sogar auch eine Korrelation mit Intelligenz (Furlow et al. 1997). (So manche Schönheitskönigin lässt am letzteren Resultat allerdings Zweifel aufkommen ...) Interessanterweise zeichnen sich die Faktoren, die visueller Symmetrie zugrunde liegen, auch im Körpergeruch ab: Symmetrie lässt sich also auch erriechen! Sie ist ein wichtiges Auswahlkriterium bei der Partnersuche, das dazu führt, das wir einen potenziellen Partner meist unbewusst möglicherweise als „attraktiv" wahrnehmen (Gangestad u. Thornhill 1998).

Und noch etwas haben die hübschen Covers gemeinsam: Kaum zu glauben, aber neben Symmetrie ist Mittelmäßigkeit attraktiv. Allerdings soll dies richtig verstanden werden: Models sehen überdurchschnittlich schön aus, weil sie in ihrem Aussehen dem Mittel vieler Gesichter nahe kommen, nicht weil sie etwa mittelmäßig aussähen. Psycho-physische Studien haben nachgewiesen, dass unser Schönheitsideal eines Gesichtes dem nahe kommt, was durch das künstliche Mitteln zahlloser reeller Einzelgesichter entsteht. Mit anderen Worten: Je näher ein Individuum dem

Durchschnitt der Population kommt, desto schöner wird es empfunden. Dies kann auch erklären, weshalb sich das Schönheitsideal über die Jahrhunderte ändern kann – im Barock beispielsweise litt das Schönheitsideal noch nicht an Magersucht, sondern war gesund und füllig.
Jeder von uns hat also sein eigenes Schönheitsideal, da wir im Kopf alles Gesehene (und leider auch die vielen magersüchtigen Models und TV-Helden und Heldinnen) aufsummieren – und was auch immer dem Durchschnitt nahe kommt, wird als schön empfunden. Der biologische Sinn dahinter ist die konservative Strategie, Partner zu vermeiden, die stark vom Mittel abweichen. Eine solche Abweichung könnte z. B. ein Indiz für Krankheit, schlechte Ernährung, genetische Veränderung etc. sein. Dies ist allerdings eine vereinfachte Darstellung, denn bestimmte Abweichungen, z. B. eine erhöhte Weiblichkeit bei Frauen, werden anscheinend als noch attraktiver empfunden (Perrett et al. 1994, 1998). „Erhöhte Weiblichkeit" wiederum korreliert bei der Frau mit physisch höheren Östrogen-Werten, welche ihrerseits direkt mit reproduktiver Fitness einhergehen (Smith et al. 2006).
Zu guter Letzt noch ein äußerst interessanter „Schönheitsfaktor": Wer hätte es gedacht, es ist Testosteron. Hierzu lohnt sich wieder eine kleine Exkursion in die Tierwelt, da wir Menschen so anders eben auch nicht sind. Die Federpracht des Pfaus, der Kopfkamm des Hahns oder auch der schwarze Fleck auf der Brust des männlichen Spatzen zeigen deren Testosteron-Werte an und sind direkte und sichtbare Marker biologischer Fitness. Das Paradox liegt darin, dass ein möglichst großes und daher auch oft dem Überleben eher hinderliches Merkmal auf große genetische Fitness hindeutet und somit verführerisch auf das wählerische Weibchen wirkt: Nur ein genetisch „fittes" Individuum kann sich ein anderweitig hinderliches Merkmal leisten. Interessanterweise zeigen sichtbare Merkmale aber nicht nur die äußere Kraft an, sondern auch die innere. Testosteron ist dabei ein zentraler Faktor. Es wirkt immunsuppressiv, und daher können sich nur Individuen mit besonders starker Immunabwehr hohe Spiegel leisten. Deshalb wird es auch stolz der Umwelt offenbart. Viele äußerlich sichtbare Faktoren (wie die oben genannten) sind direkt vom Testosteron-Spiegel abhängig und zeigen dem Weibchen extern sichtbar die innere genetische Fitness des Männchens an.
Beim Menschen wirken sich die Testosteron-Werte beim Mann direkt auf seine physische Erscheinung (und kontextabhängig potenziell auch auf sein Verhalten) aus, und wie bei Tieren können sich Menschen mit besonders starkem Immunsystem auch besonders hohe Werte leisten. Hohe Testosteron-Werte führen zu vermännlichter Erscheinung. Diese wiederum wird von Frauen als attraktiv empfunden, allerdings pikanterweise vor allem zu Fortpflanzungszwecken, nicht unbedingt zur Wahl des bleibenden Partners: Wer will denn schon mit einem muskelstrotzenden, sexhungrigen und aggressiven Mannsbild verheiratet sein? Dann eher den lieben treuherzigen Mann für die Familie und hier und da ein Abenteuer mit dem aufregenden Supermann. Und tatsächlich: Als per Software für Computer-Morphing die Gesichter von Männern künstlich und stufenlos vermännlicht oder verweiblicht wurden, konnte genau dies an weiblichen Probandinnen getestet werden.

Und was kam heraus? Normalerweise ziehen Frauen feminisierte Männergesichter vor, nur nicht in der fruchtbaren Phase innerhalb des Menstruationszyklus. Dann ziehen sie besonders vermännlichte Gesichter vor (Penton-Voak et al. 1999). Erstaunlich, in welchem Maße uns die Biologie in unsere Wahrnehmung und unser Schönheitsempfinden hineinspielt.
Auch in anderen Studien konnte gezeigt werden, dass die evolutiv kritischen Auswahlkriterien vor allem dann eine Rolle zu spielen scheinen, wenn Frauen sich in der fruchtbaren Phase ihres Zyklus befinden – genau dann also, wenn die Auswahl genetische Konsequenzen hat. Männlichkeit des Gesichts, Symmetrie und auch Körpergeruch (MHC) sind dann besonders wichtig. Genau zu diesem Zeitpunkt ist auch die Wahrscheinlichkeit für sexuelle Untreue am höchsten. Eine Population untersuchter britischer Frauen zeigte eine 2,5-mal höhere Frequenz von Affären während der fruchtbaren Phase innerhalb des Zyklus – also genau dann, wenn auch die Partnerpräferenz auf besonders „fitte" Gene eingestellt ist (Baker u. Bellis 1995).
Übrigens betrügen sich nicht nur die bösen Menschen – im Gegenteil: Selbst die allerliebsten Vogelpärchen, die täglich beim niedlichen Duett-Singen beobachtet werden können und auch die ansonsten lebenslang treu miteinander kuschelnden Wühlmauspärchen sind sich sexuell überhaupt nicht immer treu. Sexuelle Ausschweifungen geschehen auch hier, und fast ausschließlich mit genetisch „fitteren" Partnern. Die sexuelle Untreue hat aber ansonsten kaum Einfluss auf das (abgesehen hiervon) sozial treue Paarleben.
Menschen folgen also, im Durchschnitt, ganz fundamentalen biologischen Kriterien in der Partnersuche – trotz kultureller, sozialer und kognitiver Einflüsse. Es sei hier aber betont, dass unser Verhalten und auch unsere Partnerwahl eine enorme Komplexität aufweisen. Viele Einflüsse sind wohl noch weitgehend unbekannt und unerforscht, und viele Einflüsse haben vielleicht mehr mit uns als kognitiven Individuen zu tun als mit uns als biologischen, evolutionsoptimierenden Akteuren.
Noch ein Gedanke: Ob wir am Ende mit unserem Partner glücklich sind, hat auch nicht unbedingt mit der Erfüllung aller biologisch relevanten, genetisch optimalen oder evolutiv vorteilhaften Kriterien zu tun. Diese von der Evolution determinierten Kriterien helfen ja bloß dabei, unsere Gene möglichst weit voranzubringen. Unser persönliches Glück könnte ganz woanders sein.

Was bindet uns? Die Chemie der Liebe

Romantische, mütterliche und natürlich auch väterliche Liebe gehören ohne Zweifel zu den mächtigsten Emotionen und Motivationsfaktoren, die unser Leben beeinflussen. Beide gehen einher mit einem Drang zum Zusammensein und zur Fürsorge, die bis zur Selbstaufopferung reicht, mit Vertrauen, uneingeschränkter Nähe, aber auch mit einer gewissen und vielfältig beschriebenen Blindheit.

- Wie wird Liebe generiert?
- Welche Mechanismen steuern sie?
- Können wir sie beeinflussen?
- Weshalb unterscheiden sich Menschen in ihrer Liebeskapazität und Treue?
- Wird Liebe vererbt?
- Kann erfahrene Liebe die eigene Liebesfähigkeit erhöhen?

Zu all diesen Fragen scheint es eine Antwort zu geben: Oxytozin. Die Präsenz und Konzentration dieses Neurohormons sowie die Präsenz und Dichte der Rezeptoren, an die es andockt, scheinen das A und O in der Liebe zu bilden (s. auch Kap. 3, S. 28ff.). Vasopressin sollte auch nicht vergessen werden – es ist allerdings beinahe das gleiche Molekül wie Oxytozin. Beides sind Peptide. Das sind kurze Proteine, also aneinander gehängte Aminosäuren, genau neun. Oxytozin und Vasopressin unterscheiden sich nur in zwei der neun Aminosäuren. Dopamin, ein viel kleineres Molekül, ist auch noch nötig – denn Dopamin spielt überall dort eine Rolle, wo es ums Lernen oder ums Sich-gut-Fühlen geht. Wichtig sind natürlich die Hirnareale, die von diesen Chemikalien beeinflusst werden. Gar nicht romantisch ist nun aber, dass diese wenigen Ingredienzen beinahe alles erklären, was Liebe biochemisch ausmacht.
Zunächst sei erwähnt, dass Oxytozin und Vasopressin, wie die meisten Botenstoffe biologischer Systeme, mehrere Funktionen haben. Oxytozin beispielsweise leitet bei einer Schwangeren die Wehen ein und steuert dann die Milchproduktion. Vasopressin reguliert den Wasserhaushalt über die Nieren. Umso erstaunlicher also, dass dieselben Stoffe zu einem hohen Grad für unser Liebesverhalten verantwortlich sind. Beide werden im Hypothalamus, einer sehr alten Hirnstruktur, produziert, und dann durch die Hypophyse direkt im Hirn freigelassen. Oxytozin wirkt vor allem bei Weibchen, und wirkt generell beruhigend und anxiolytisch (angstvermindernd). Vasopressin wirkt vor allem bei Männchen und ist für Paarbindung, väterliche Fürsorge und auch für aggressives Verhalten verantwortlich – wohl auch um potenzielle Konkurrenten abzuwehren. Im Tierexperiment sind aber beide Moleküle bei beiden Geschlechtern einsetzbar – oft mit der gleichen Wirkung auf das Bindungsverhalten.
Oxytozin und Vasopressin werden vor allem beim Gebären, beim Säugen und beim Sex in großen Mengen direkt im Hirn freigegeben – aus mechanistischer Sicht also bei der Stimulation von Muttermund und Brustwarzen. Genau so hatte auch Keith Kendrick in seinen klassischen Versuchen seine Schafe stimuliert, bevor er ihnen die Ziegenbabys unterjubelte. Nach manueller Muttermund-Stimulation und entsprechender Oxytozin-Freigabe haben die Schafe die fremden Ziegenbabys akzeptiert und aufgezogen, als ob es ihre eigenen wären – ansonsten hätten sie die fremden Babys abgestoßen. Dies funktioniert ebenso bei Ziegen, Ratten und bei Wühlmäusen – kurz: bei allen Säugern, die generell zur Mutter-Kind-Bindung fähig sind. Wühlmäuse wurden besonders gut untersucht, weil sie sich als Modell für Bindungsstudien ausgezeichnet gut eignen: Es gibt nämlich mehrere Wühlmausarten,

wobei manche (wie die Präriewühlmäuse) sehr treue und lebenslange Paarbindungen eingehen, während andere (wie die Wiesenwühlmäuse) keine Paare bilden. Präriewühlmäuse sind einander bis ans Lebensende treu – selbst dann, wenn einer der Partner frühzeitig stirbt, wird der übrig Gebliebene in der Regel bis ans Lebensende nicht einmal einen neuen Partner suchen. Ganz im Gegensatz zu Wiesenwühlmäusen: Diese bilden keine Paare und sind auch ansonsten eher asozial – sie treffen sich eigentlich nur für den sexuellen Akt.

Nun, was unterscheidet die beiden Spezies aus neurobiologischer Sicht? Vor allem eines: Die Dichte der Oxytozin- und Vasopressin-Rezeptoren ist in der paarbildenden Spezies um ein Mehrfaches höher. Die Rezeptoren sind in verschiedensten Hirnarealen vorhanden, aber vor allem in den Bereichen, die mit Lernen und mit Belohnung zu tun haben – im Striatum, dem Nucleus accumbens und mehreren anderen Bereichen. Generell dort, wo es auch viele Rezeptoren für das „Glückshormon" Dopamin gibt.

Wühlmaus-Experimente haben nun Erstaunliches zutage gebracht (Insel u. Young 2001; Young u. Wang 2004): Injiziert man Oxytozin (oder Vasopressin) direkt ins Hirn von Präriewühlmäusen und gibt ein Männchen und ein Weibchen gemeinsam in dieselbe Kammer, werden sich die beiden fürs Leben aneinanderbinden. Wenn man einem jungfräulichen Weibchen das Liebeshormon ins Hirn injiziert, wird es sich um ein dazugegebenes fremdes Baby kümmern, als ob es seine Mutter wäre – ohne Oxytozin-Injektion hätte sie das Baby mehr oder weniger aggressiv abgestoßen. Umgekehrt funktioniert das auch: Es gibt Chemikalien, die verhindern, dass Oxytozin oder Vasopressin an ihre Rezeptoren binden können. Injiziert man solche Blocker während der Geburt, wird sich die Wühlmaus-Mutter nicht um die eigenen Kinder kümmern, sondern sie eiskalt im Stich lassen. Ebenso kann die Paarbildung zwischen Männchen und Weibchen unterbunden werden.

Diese Experimente sind wirklich dramatisch: Sie zeigen, dass eine erstaunlich einfache Manipulation – die Gabe einer einzigen Substanz – eine lebenslange Bindung herbeiführen oder blockieren kann. Gleichzeitig zeigen sie, dass ein und derselbe neurobiologische Mechanismus für die Mutter-Kind-Bindung sowie für die Erwachsenenbindung zuständig ist.

In dem vielleicht aufsehenerregendsten Experiment wurde ein einzelnes Gen der paarbildenden Spezies der Präriewühlmaus in die nichtpaarbildende Spezies der Wiesenwühlmaus transferiert (Lim et al. 2004). Es war das Gen, welches für den Vasopressin-Rezeptor der Präriewühlmaus kodiert. Das Resultat: Die transgenen Tiere bildeten nun Partnerpräferenzen, obwohl sie der nichtpaarbildenden Art angehören. Wer hätte das gedacht? Selbst wenn dieses Gen auf Mäuse übertragen wird, wurde ein stark erhöhtes Sozialverhalten festgestellt, das dem der Präriewühlmäuse nahe kam (Young et al. 1999). Ein einzelnes Gen macht also den Unterschied zwischen Paarbildung und Nichtpaarbildung einer Art aus!

Unterschiede gibt es aber nicht nur zwischen Arten, sondern auch zwischen Individuen. Beim Menschen gibt es Unterschiede in der Zärtlichkeit, der gegenseitigen Zuwendung, der Aufmerksamkeit, die wir einem Partner oder unseren Kindern schenken, aber auch im Grad der Aggression, die potenziellen Rivalen entgegengebracht wird, um nur einige zu nennen. Und solche individuellen Unterschiede tauchen ebenso bei Tieren auf. Wer hat nicht schon mal eine so richtig schmusig-zärtliche, dann aber eine distanzierte Katze getroffen? Was ist hierfür verantwortlich? Zumindest eine Antwort hierfür kommt wieder von der Präriewühlmaus, und wieder geht es um einen alten Bekannten: Auf dem DNA-Strang gibt es ganz in der Nähe des Rezeptor-Gens für Vasopressin eine Region, die Dutzende völlig sinnlose Wiederholungen einer kurzen DNA-Sequenz enthält (eine Abfolge der Nukleotide Guanosin und Adenosin: GAGAGA etc.). Obwohl diese keine Information kodiert, beeinflusst sie aber, wie häufig das nahe liegende Rezeptor-Gen abgelesen und in Form von Rezeptoren verbaut wird. Als Wühlmäuse mit langer und andere mit kurzer GAGA-Sequenz gezüchtet wurden, stellte man Erstaunliches fest: Männliche Wühlmäuse mit langer Sequenz verbringen mehr Zeit damit, Babys zu pflegen, als Wühlmäuse mit kurzer Sequenz. Ebenso untersuchen sie mit mehr Interesse Gerüche von anderen Individuen. Und interessanterweise verbringen sie mehr Zeit mit ihrer Partnerin als mit anderen Individuen, im Gegensatz zu ihren Kollegen mit kurzer Sequenz. Im Hirn findet man denn auch, dass Individuen mit langer Sequenz in manchen Hirnregionen mehr Vasopressin-Rezeptoren, in anderen Hirnregionen weniger als ihre kurzsequenzigen Kollegen haben. Die Rezeptor-Dichten in diesen Hirnregionen bestimmen also die Intensität der Bindung bzw. die Bindungsstärke. Nicht überall bedeuten mehr Rezeptoren auch stärkere Bindung, es kommt wohl auf die richtige Balance an. Interessanterweise ist aber die Rezeptor-Dichte in einer bestimmten Hirnregion unbeeinflusst von der Sequenzlänge – es ist genau jene, die den Unterschied zwischen den Prärie- und den Wiesenwühlmäusen ausmacht. Diese Hirnregion also macht den kategorischen Unterschied zwischen paarbindender Spezies und nichtpaarbindender Spezies aus, und sie bleibt unbeeinflusst von den Faktoren, die für individuelle Unterschiede verantwortlich sind (Hammock u. Young 2005). Die individuellen Unterschiede machen sich stattdessen in verschiedensten Hirnregionen bemerkbar, die in zahlreichen Studien mit verschiedenen Aspekten emotionalen Verhaltens assoziiert wurden: die Amygdala, der zinguläre Kortex, das Septum, der Hypothalamus. Unterschiedliche Rezeptor-Dichten in diesen Hirnregionen korrelieren übrigens auch mit dem Grad der sexuellen Untreue, die es bei den „süßen", kuschelig-paarbindenden Präriewühlmäusen gibt (Ophir et al. 2008).

Hat dies nun auch irgendwas mit dem Menschen zu tun? Schließlich sind Wühlmäuse Nagetiere, und deren Bindungsverhalten hat vielleicht nichts mit dem zu tun, was wir Menschen „Liebe" nennen, oder? Anscheinend aber schon. Inspiriert von diesen erstaunlichen Ergebnissen, hat sich eine schwedische Forschergruppe daran gemacht, die verschiedenen Versionen von Rezeptor-Genen für Vasopressin von über 1100 Menschen zu eruieren und diese mit der von den Probanden (und deren Partnern) wahrgenommenen Qualität ihrer romantischen Beziehungen zu vergleichen (Walum et al. 2008). Eine Version des Rezeptor-Gens stach heraus, allerdings nur bei Männern. Der Effekt war beachtlich: Die Träger dieser Version hatten ein doppelt so hohes Risiko einer Ehekrise im Vergleich zu allen anderen. Ohne die genetische Beschaffenheit ihrer Männer zu kennen, berichteten deren Frauen signifikant öfter von schlechterer Ehequalität und größerer Unzufriedenheit als ihre Kolleginnen. Außerdem waren Männer mit diesem Gen nur halb so oft verheiratet wie die ohne dieses Gen. Dasselbe Gen wurde auch mit Autismus, einer extremen Form der sozialen Absenz, in Verbindung gebracht (Gallagher u. Skuse 2009) und es beeinflusst die Aktivierung der Amygdala, eines der wichtigsten emotionalen Hirnzentren (Meyer-Lindenberg et al. 2008). Auch die meisten anderen im Tier nachgewiesenen Effekte von Oxytozin und Vasopressin lassen sich beim Menschen finden (Heinrichs u. Domes 2008). Es ist kein Zufall, dass die genetische Version des Vasopressin-Rezeptors nur das Verhalten von Männern beeinflusste – auch im Tier ist Vasopressin das bei Männchen aktive Liebeshormon. Offenbar ist auch dieser Aspekt vom Tier auf den Mensch übertragbar. In diesem Kontext ist es auch angebracht zu erwähnen, dass diese schon jetzt weitreichenden Befunde erst die Spitze eines wohl äußerst beachtlichen Eisbergs darstellen, da dieses Forschungsgebiet wegen seiner langen Vernachlässigung erst am Anfang steht. Insbesondere wird es interessant sein zu sehen, welche Einflüsse Oxytozin und Vasopressin (und zusätzliche, noch zu entdeckende Neurohormone) auch auf unser Verhalten außerhalb der Bindung haben. Schon jetzt ist bekannt, dass Oxytozin menschliches gegenseitiges Vertrauen beeinflusst sowie generell anxiolytisch wirkt, und Vasopressin – was ja vor allem im Mann wirkt – einen direkten Einfluss auf aggressives Verhalten hat. Wahrscheinlich wird die Forschung bald entdecken, dass diese zunächst primär im Zusammenhang mit der Liebe untersuchten Mechanismen viele weitere Aspekte menschlichen Verhaltens und Fehlverhaltens direkt beeinflussen – nicht zuletzt, weil sich ein Großteil unseres Verhaltens in sozialen Beziehungen abspielt. Die Untersuchung dieser Sozialhormone dürfte eine kleine Revolution im Verständnis unserer Verhaltensbiologie auslösen. Dies wird auch biologisch erklärbare Unterschiede zwischen Mann und Frau betreffen (s. auch Kap. 5).

Es wäre natürlich vollkommener Unsinn, zu glauben, dass unser gesamtes Verhalten am Ende nur von unseren Genen abhinge. Es hängt von unserem Gehirn ab! Natürlich ist auch dies eine mechanistische Sichtweise, aber zumindest ist das Hirn nicht nur von Genen, sondern auch von unserer Entwicklung beeinflusst, es ist lernfähig, und es kann für seine Handlungen verantwortlich gemacht werden. Allein die Anzahl der Gene ist um ein Vielfaches zu klein, um die Komplexität des Gehirns kodieren zu können – deshalb bestimmen Gene oft lediglich generelle Baupläne und Regeln, und in welche Richtung sich ein Hirn besonders gut entwickeln kann. Hier kann ein leichter genetischer Anstoß – wenn er im Leben dann auf fruchtbare Reize stößt – dann, im Erwachsenen, große Konsequenzen haben. Genetische Ausrichtung und Lebenserfahrung beeinflussen sich also gegenseitig stark. Vielleicht ist deshalb jemand später ein begabter Mathematiker und jemand anders sprachbegabt – wenn ihr Umfeld ihnen dies auch so erlaubt. So hat die Entwicklung – d. h. unser Aufwachsen – auch Konsequenzen für die Liebe. So konnte gezeigt werden, dass sich kleine Jungtiere (etwa Maus- und Rattenbabys), die vom

Pfleger häufig in die Hand genommen wurden und dadurch etwas Wärme und Liebkosung erfahren haben, als erwachsene Tiere von anderen unterscheiden: Sie sind sozialer, verbringen mehr Zeit mit ihrem Partner und kümmern sich besser um ihre eigenen Jungen als ihre Kollegen, die als Jungtiere weniger Liebe erfahren haben. Und woran liegt dies? Erneut an alten Bekannten: Die geliebkosten Tiere haben tatsächlich mehr Vasopressin- und Oxytozin-Rezeptoren im Gehirn als die anderen – obwohl sie genetisch gleich sind (Carter 2003).

Dieser Befund hat gewichtige Implikationen: Er bedeutet, dass vielleicht auch im Menschen das soziale Umfeld einen Einfluss auf unsere spätere Liebeskapazität, unsere Vertrauenswürdigkeit und andere soziale Kompetenzen haben kann. Tatsächlich ist beispielsweise bekannt, dass Kinder, die aus sozial problematischen Elternhäusern stammen, später auch selbst häufig soziale Schwierigkeiten haben können – dies ist keinesfalls in der Regel so, aber es ist statistisch messbar und betrifft nicht nur Gewaltbereitschaft und ein höheres Suchtpotenzial, sondern auch Vernachlässigung der eigenen Kinder und Eheprobleme (Carter 2005). Solche Studien legen nahe, dass sich Investitionen in das soziale Wohlbefinden von Kindern enorm lohnen – nicht nur für die Kinder, sondern auch für deren Zukunft und deren Kinder. Eine neue Studie suggeriert genau dies: Sie wies nach, dass Kinder, die nach ihrer Geburt zunächst in einem Waisenhaus untergebracht waren, auch Jahre nach einer Adoption in eine gutbürgerliche Familie weniger Oxytozin und Vasopressin produzierten (Fries et al. 2005). Das heißt, im Tierversuch und am Menschen lässt sich zeigen, dass emotionale und soziale Kontakte in der Kindheit Spuren im Hirn hinterlassen, die Folgen für das soziale Verhalten im Erwachsenenalter haben. Es liegt also in der Verantwortung unserer Gesellschaft, das in jedem Kind – mehr oder minder – vorhandene Potenzial für Menschlichkeit zu fördern und es nicht durch Vernachlässigung, fehlende soziale Interaktion, übermäßig häufiges Fernsehen oder Spielen am Computer gleichsam verdorren zu lassen und die hierdurch entstehenden Defizite hiermit auch in die übernächste Generation zu vererben.

Hirnareale der Liebe

Gene, Hormone und Chemie hin oder her: Am Ende kommt es darauf an, wie und wo das Gehirn aktiviert wird – denn das ist, was wir spüren. Liebe ist Hirnaktivität. Die Chemie im Hirn dient dazu, die Aktivität zu beeinflussen. Gene und auch Lernprozesse steuern, welche und wie viele Neurohormone und Rezeptoren dafür zur Verfügung stehen. Weil Liebe – gerade im Menschen – viele Komponenten hat, wollen wir uns auf möglichst Essenzielles, Urtümliches, auf den „Motor" der Liebe im Hirn konzentrieren. Dieser ist wohl allen bindungsfähigen Menschen und Tieren gemein. Denn das Wichtigste aus biologischer und evolutiver Sicht ist, dass wir sehr viel daran setzen, unserem Partner oder Kind nahe zu sein und uns um sie zu kümmern – denn dies macht uns glücklich, und dies ist letztlich die Funktion der Liebe. Beim Menschen ist visueller Input hierbei essenziell – denn der Sehsinn ist unsere hauptsächliche Verbindung zur Außenwelt und informiert uns über die Nähe zu unserem Partner oder zu unserem Kind und über deren Wohlbefinden. Geruchssinn, Spürsinn und Hörsinn sind ebenfalls wichtig, doch das Sehen ist der Leitsinn des Menschen. Was geschieht also im menschlichen Hirn, wenn wir unseren Partner oder unser Kind sehen?

Diese Frage kann seit gut 20 Jahren beantwortet werden – denn seitdem hat die neurobiologische Forschung bildgebende Verfahren zur Verfügung, die es uns erlauben, am gesunden Menschen ohne Nebenwirkungen und ohne schädliche Auswirkungen Hirnaktivität mit großer räumlicher und guter zeitlicher Auflösung zu messen. Die so genannte funktionelle Magnetresonanztomographie (fMRT, engl.: functional magnetic resonance imaging, fMRI) misst Magnetfeldveränderungen im Gehirn. Diese treten deshalb auf, weil aktive Hirnregionen stärker durchblutet werden, und Blut wiederum ist leicht magnetisch – wegen des Eisens im roten Blutfarbstoff Hämoglobin. fMRT liefert typischerweise alle zwei bis drei Sekunden ein Hirnbild mit 3 × 3 × 3 mm räumlicher Auflösung. fMRT hat es uns erlaubt, detaillierte Hirnkarten von visuellen, kognitiven, aber auch emotionalen Prozessen zu erhalten (vgl. Kap. 11). Aus unerklärlichen Gründen haben sich, ähnlich wie im Fall Harlow im Jahre 1958 in Bezug auf die Psychologie, die bildgebenden Forschungsgruppen – im Gegensatz zu Psychologen und auch Tierphysiologen – nicht mit dem Thema der neuronalen Grundlagen menschlicher Bindung auseinandergesetzt. Professor Semir Zeki und ich hatten – damals am University College London – deshalb das Glück, 20 Jahre nach Aufkommen dieser Methoden zum ersten Mal die Hirnaktivität verliebter Menschen charakterisieren zu dürfen. Selbst in Tieren war zuvor keine Hirnaktivität gemessen worden, sondern Hormone und Rezeptor-Dichten.

In diesen ersten Studien am Menschen ging es uns deshalb darum, einige erste und grundsätzliche Fragen zu beantworten und damit den Grundstein zu legen (und auch das Eis zu brechen) für eine neurobiologische Erforschung der unzähligen Facetten menschlichen Bindungsverhaltens, deren neurophysiologische, entwicklungsabhängige und auch genetische Zusammenhänge die Forschung, Medizin und unsere Kultur bestimmt noch über Jahrzehnte beschäftigen werden. Unsere Studien sollten Anhaltspunkte für die folgenden grundlegenden Fragen geben:

- Welche Hirnareale sind involviert in menschliche Bindung?
- Gibt es Gemeinsamkeiten und Unterschiede in den neuronalen Korrelaten der romantischen und der mütterlichen Bindung?
- Sind im Menschen die gleichen Hirnareale aktiv, die in Tieren wichtig für die Bindung sind?
- Sind im Menschen jene Hirnareale aktiv, die eine besonders hohe Dichte an Rezeptoren für Oxytozin und Vasopressin aufweisen?

Da es im Menschen schwierig ist, die neuronalen Korrelate der Entstehung einer Bindung zu messen, entschieden wir uns dafür, die Hirnaktivierung zu messen, wenn stark Verliebte einem visuellen Bindungsreiz ausgesetzt werden: dem Gesicht ihres Partners oder ihres eigenen Kindes. Wir konzentrierten uns auf einen visuellen Bindungsreiz, da dieser das primäre Sinnesorgan des Menschen anspricht und auch besonders einfach zu kontrollieren ist.

Wie misst man Liebe im Hirn?

Zusammen mit meinem Londoner Kollegen Semir Zeki führte ich also zwei unabhängige und zeitlich getrennte fMRT-Studien durch: eine zu den neuronalen Korrelaten romantischer Liebe, eine zweite über diejenigen der mütterlichen Liebe – jeweils mit 20 Probanden (Bartels u. Zeki 2000, 2004). Der Versuchsaufbau war sehr einfach und an erprobten visuellen Studien orientiert:
Den Probanden und Probandinnen wurden Passbilder ihrer Partner sowie dreier guter Bekannter präsentiert, während ihre Hirnaktivität gemessen wurde. Die Bekannten waren so ausgewählt, dass sie den Probanden eng vertraut und mindestens ebenso lange bekannt waren wie ihre Liebespartner. Überdies hatten sie das gleiche Geschlecht und Alter wie die Partner oder Partnerinnen. Für einen außen stehenden Betrachter gab es also überhaupt keine Unterschiede beim Betrachten dieser Bildsequenz – die Bilder unterschieden sich lediglich für den jeweiligen Probanden: Alles waren Bilder eng vertrauter Personen, wovon eine der/die Geliebte eines starken Liebesverhältnisses war.
Die Studie über mütterliche Liebe war ähnlich aufgebaut. Die jungen Mütter betrachteten die Bilder ihrer eigenen Kinder sowie die der gleichaltrigen Kinder ihrer besten Freundin. In dieser zweiten Studie schlossen wir noch zusätzliche Kontrollen mit ein, um explizit Faktoren wie Freundschaft oder Bekanntschaft kontrollieren zu können: Die Mütter betrachteten in demselben Experiment auch noch Bilder von gleichaltrigen und gleichgeschlechtlichen unbekannten Kindern sowie Bilder ihrer besten Freundin, einer neutralen Bekannten und einer unbekannten Person. Der Vergleich der Hirnaktivierung beim Betrachten des eigenen Kindes und des Kindes der besten Freundin würde bindungsspezifische Aktivierungen zutage bringen. Zusätzlich konnten wir hiervon aber Aktivierungen, die mit „Freundschaft" oder mit dem Grad der Bekanntschaft (Familiarisierung) zu tun hatten, subtrahieren. Hierzu verglichen wir die Hirnaktivierung beim Betrachten der besten Freundin und bei dem einer neutralen Bekannten und zogen diese Differenz von der bindungsspezifischen Aktivierung ab. Auf ähnliche Art und Weise – indem wir Aktivierungen beim Betrachten unbekannter und bekannter Fremder Kinder oder Erwachsener verglichen – konnten wir Aktivierungen, die lediglich mit Bekanntheit zu tun haben, von bindungsspezifischer Aktivierung abziehen. (Es sei hier vorweggenommen, dass die Resultate in Bezug auf die Betrachtung des eigenen Kindes immer gleich ausfielen, unabhängig davon, ob die Faktoren „Freundschaft" oder „Bekanntschaft" aus der Hirnaktivierung subtrahiert wurden. – Liebe scheint also von recht spezifischer Hirnaktivierung hervorgerufen zu werden.) Die Probanden

beider Studien schlossen Vertreter verschiedener Kulturen und Ethnien ein, einschließlich Europa, Asien und Afrika.
Ein erstes Resultat haben wir gar nicht publiziert, es ist trotz der Zweideutigkeit aber doch interessant: Die meisten Antworten von stark Verliebten – von den Tausenden per E-Mail angefragten Studenten – kamen von weiblichen Verliebten. Vielleicht sind Frauen mitteilsamer, vielleicht empfinden sie Liebe intensiver.
Zusätzlich zur Hirnaktivität maßen wir die Leitfähigkeit der Haut – mit der gleichen Methode, die in den USA für Lügendetektortests eingesetzt wird (s. Kap. 12). Der Anblick einer geliebten Person gab hier tatsächlich einen signifikant erhöhten Ausschlag im Vergleich zu den anderen Bildern.

Liebe im Gehirn: Cocaine for free

Nun aber zu den Hirnaktivierungen. Die Resultate der Studien sind einerseits erstaunlich, andererseits stehen sie in absolutem Einklang mit der Tierphysiologie. Erstaunlich war – jedenfalls für uns – zunächst die Klarheit der Aktivierungen. Sie waren begrenzt auf wenige, aber wichtige Areale, die alle symmetrisch beidseitig im Gehirn aktiviert waren. Auch war die Ähnlichkeit der Aktivierungen in den beiden Studien erstaunlich – trotz der verschiedenen Probanden, der verschiedenen Paradigmen und der verschiedenen Formen der Liebe waren die Resultate der beiden Studien beinahe identisch. Beinahe alle Hirnareale, die eine hohe Dichte an Oxytozin- und Vasopressin-Rezeptoren aufweisen, waren aktiviert. Und dies galt auch für die Aktivierung der wichtigen Areale der Belohnungszentren. Alles in allem werden offenbar schon beim Anblick der Person, die das Objekt der Liebe ist, exakt die Areale aktiviert, die reich an Oxytozin- und Vasopressin-Rezeptoren sind. Und es macht kaum einen Unterschied, ob es sich nun um romantische oder um mütterliche Liebe handelt – wiederum sehr ähnlich den Tierversuchen, wo – wie wir bereits sahen – dieselbe pharmakologische Manipulation beide Formen der Bindung beeinflusst. Diese Resultate standen also in direktem Einklang mit denen der Tierforschung und legten nahe, dass sich die hormonellen und genetischen Studien bei Tieren zumindest teilweise auf den Menschen übertragen lassen würden.
Die Abbildung 1 zeigt eine (unvollkommene) Übersicht der Areale, die in beiden Studien spezifisch durch das Ansehen des geliebten Partners oder des eigenen Kindes aktiviert wurden. Die Abbildung 2 zeigt eine Übersicht der Areale, welche beim Anblick des Partners oder des eigenen Kindes deaktiviert bzw. unterdrückt wurden. Die Ähnlichkeit der involvierten Hirnareale und die symmetrische Anordnung der betroffenen Areale sind evident. Übrigens waren alle Regionen, die in den Abbildungen gezeigt werden, sowohl bei verliebten Frauen als auch bei verliebten Männern aktiv. Es wären aufgrund der Tierforschung ohnehin nur wenige – aber wichtige und gut dokumentierte – Unterschiede zwischen den Geschlechtern zu erwarten, doch hierzu sind weitere fMRT-Studien notwendig. (Beispielsweise unterscheiden sich die Rezeptor-Dichten der Bindungshormone Oxytozin und Vasopressin zwi-

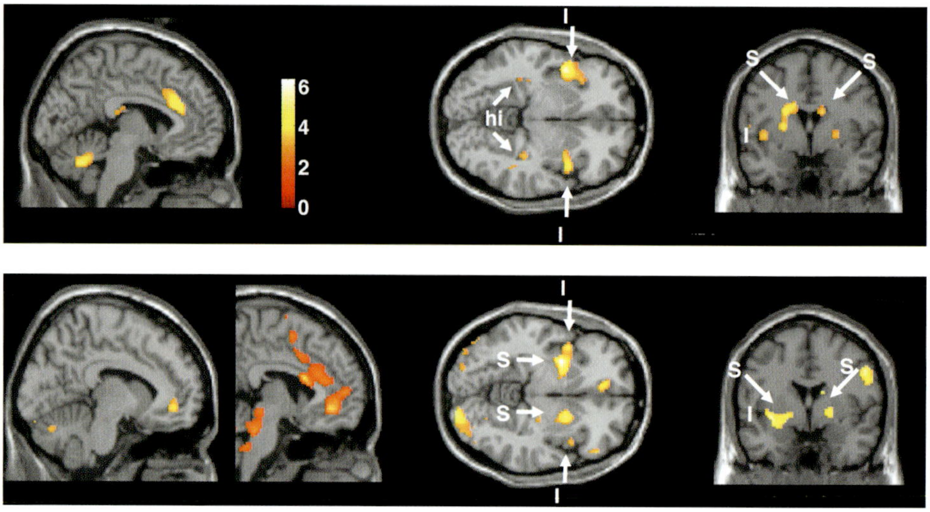

Abb. 1 Areale, die spezifisch beim Anblick des/der geliebten Partners/Partnerin (oben) oder des eigenen Kindes (unten) aktiviert wurden (I = Insula; S = Striatum; hi = Hippocampus) (mod. nach Bartels u. Zeki 2000, 2004).

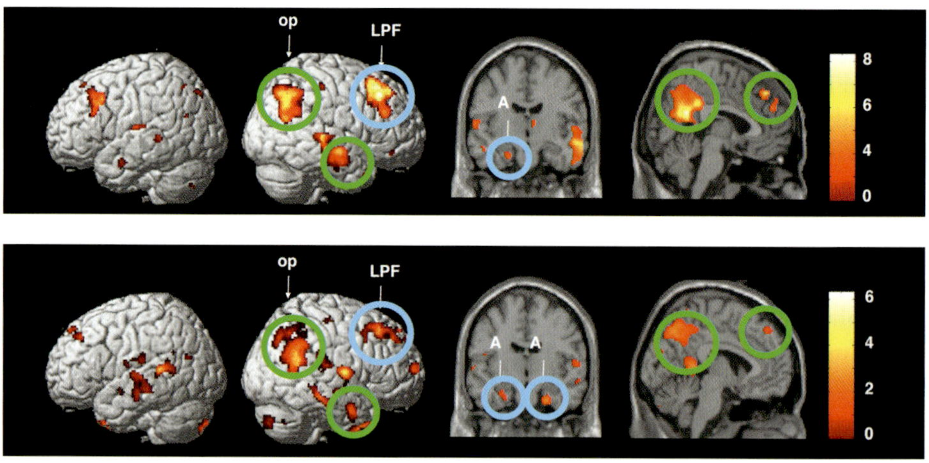

Abb. 2 Areale, die beim Anblick des/der geliebten Partners/Partnerin (oben) oder des eigenen Kindes (unten) deaktiviert/unterdrückt wurden (A = Amygdala; pt = parietal-temporale Verbindung; LPF = lateraler präfrontaler Kortex; blaue Kreise = Netzwerk involviert in negative Emotionen; grüne Kreise = Netzwerk involviert in sozialkritisches Urteilen) (mod. nach Bartels u. Zeki 2000, 2004).

schen Weibchen und Männchen in manchen Hirnarealen, wie dem Nucleus accumbens und dem ventralen Pallidum – Hirnkerne, die sehr nahe beieinander liegen.) Eine Replikationsstudie unserer romantischen Liebesstudie, die kurzzeitig verliebte Probanden untersuchte, und eine ähnliche Studie mit Müttern kamen zu sehr ähnlichen Resultaten wie unsere eigenen Studien (Leibenluft et al. 2004; Aron et al. 2005). Auch das Hören von Babygeschrei hat eine Aktivierung in manchen der hier beschriebenen Hirnareale hervorgerufen (Lorberbaum et al. 2002).

Hier seien lediglich die wichtigsten Aspekte der Aktivierungen besprochen. Die am meisten aktivierten Hirnzentren schlossen vor allem die so genannten Belohnungszentren ein, wie das Striatum, den Nucleus accumbens und die Substantia nigra, die wiederum aus verschiedenen Unterbereichen bestehen. Diese Bereiche sind nötig für alle Formen des Glücklichseins – sie enthalten viele Dopamin-Rezeptoren und sind anatomisch mit vielen anderen Hirnarealen verbunden. Denn jedes Mal, wenn wir etwas tun, sehen, hören oder spüren, das uns glücklich macht oder positiv überrascht, ist dieses Zentrum im Spiel. Sogar bei den meisten Entscheidungen, die wir treffen: Denn wir treffen Entscheidungen meist so, dass sie uns glücklich machen oder zumindest glücklicher als die Alternative. Kein Wunder also, dass sehr ähnliche Aktivierungen in den Belohnungszentren beobachtet wurden, wenn den Probanden Geld angeboten wurde, gutes Essen oder auch sexuell aufregende Reize gezeigt wurden (Karama et al. 2002; Schultz 2007).

Und: Nur bei sozialen und vor allem bei paarbildenden Tierarten sind, wie im Menschen, die Regionen der Belohnungszentren zusätzlich zu Dopamin-Rezeptoren auch voller Rezeptoren für Oxytozin und Vasopressin. Denn diese beiden Neurohormone haben die Macht, Teile der Belohnungszentren auf molekularer und mikro-anatomischer Ebene umzubauen: Sie vermitteln die Bildung neuer Verbindungen, die dazu führen, dass sensorische Reize unseres Partners (Aussehen, Geruch, Ton der Stimme etc.) zur Aktivierung in Belohnungszentren führen und uns Glücksgefühle vermitteln. Genau deshalb wollen wir so viel Zeit mit unserem Kind oder unserem Partner verbringen, und deshalb wurden in dieser Studie durch den Anblick der geliebten Person auch Belohnungszentren aktiviert.

Liebe ist der Sucht nicht unähnlich. Bei Letzterer ist zwar kein Oxytozin im Spiel, aber Drogen führen zu einem ähnlichen Umbau in den Belohnungszentren – ein Umbau, der jeweils eintritt, wenn wir die Droge einnehmen. Deshalb nehmen Süchtige immer mehr Drogen, was wiederum zu größerer Sucht führt. Und tatsächlich: Wenn Süchtigen die Utensilien zur Einnahme von Heroin oder Kokain gezeigt werden, offenbart sich bei ihnen eine sehr ähnliche Hirnaktivierung wie in unserer Studie bei der Präsentation der geliebten Person (Breiter et al. 1997). Auf molekularer Ebene und auf der Ebene der Hirnaktivierung sind Sucht und Liebe nahe beieinander – es gibt sogar Wissenschaftler, die vermuten, dass Süchte durch genau die Mechanismen im Gehirn vermittelt werden, die sich eigentlich für die Bindungsfähigkeit entwickelt haben (Curtis et al. 2006).

Die Insula: Mitgefühl, Körpergefühl und Bindung

Die zweitstärkste Aktivierung war in der mittleren Insula sichtbar, einem alten Bereich des Großhirns. Dies ist eine hochinteressante Region, die erst in letzter Zeit mehr Aufmerksamkeit auf sich zog. Die Insula ist das „Interface“ von sensorischen Reizen zu emotionalen und körperlichen Gefühlen (Craig 2009). Beispielsweise vermittelt sie uns im Wortsinn Bauch- und Körpergefühle – sowohl (körperlich) bei der Verdauung als auch (emotional) die Bauchgefühle, die wir bei Traurigkeit verspüren, den „Kloß im Hals“ bei Angst und Bedrückung und die berühmten „Schmetterlinge im Bauch“, wenn wir verliebt oder glücklich sind (Damasio 1999). Eine Region der Insula ist aktiv, wenn wir Schmerzen fühlen, aber auch dann, wenn wir Schmerzen anderer Personen wahrnehmen (Singer et al. 2004). Die Insula vermittelt auch Aspekte der durchaus menschlichen Eigenschaft, uns auch emotional in andere hineinversetzen zu können (s. Kap. 4). Wegen der Überzahl an Studien im Zusammenhang mit negativen Gefühlen kam es zeitweise zu dem Missverständnis, dass die Insula spezifisch auf negative Reize reagiert. Weit gefehlt: Die Insula reagiert immer dann, wenn wir uns körperlich involviert fühlen – auch bei positiven Gefühlen.

Unsere beiden Studien und mehrere andere zeigen dies auf eindrucksvolle Weise. Eine in diesem Zusammenhang besonders relevante Studie hat eine gesonderte sensorische Nervenbahn aufgezeigt, die verantwortlich für „limbische“, also emotionsgeladene Berührung ist. Dies zu zeigen war möglich bei einer Patientin, die keine Hautberührungen mehr spüren konnte – sie konnte beispielsweise nicht sagen, in welche Richtung eine Berührung entlang ihres Arms strich (Olausson et al. 2002). Denn das gesamte damals bekannte Nervensystem für Hautberührung war bei ihr ausgefallen. Trotzdem hatte die Patientin ein angenehmes, warmes, positives Gefühl, wenn sie berührt wurde. Dies führte zu der Entdeckung einer damals unbekannten Nervenbahn, die ausschließlich das Angenehme einer Berührung vermittelt – das, was wir empfinden, wenn wir uns an jemanden anlehnen, wenn wir kuscheln, streicheln. Es geht hier also um soziale Berührung. Das Besondere an dieser Nervenbahn ist, dass sie die Signale nicht wie die „klassische“ Berührungsnervenbahn in den sensorischen Kortex im Hirn sendet, sondern ganz woanders hin: in die Insula, das Zentrum körperlichen Empfindens. Diese Route soll direkt verantwortlich sein für angenehme Gefühle bei sozialer Berührung, d. h. Haut-zu-Haut-Kontakt, wie er in der liebenden Intimnähe zwischen Liebenden, aber auch zwischen Mutter und Kind vorkommt und eine so wichtige Rolle bei allen Säugetieren einnimmt. Im Hirnscan wies diese Patientin denn auch genau dort eine Aktivierung auf, wo sie beim Betrachten geliebter Personen auftaucht: in der Insula. Interessanterweise gehört im Menschen die Insula auch zu den Regionen, die hohe Rezeptor-Dichten für Oxytozin aufweisen. Und Oxytozin spielt praktisch ausschließlich in sozialem und positivem Kontext eine Rolle. Wir denken daher, dass die Insula-Aktivierung durch soziale Berührung und Liebe nicht zufällig zustande kommt. Im Gegenteil: Die Insula könnte eine wichtige Rolle spielen. In den berühmten Versuchen von Harlow war einer der wichtigen Funde, dass Babyaffen jeweils immer eine weiche, flauschige Kunst-Mutter (d. h. ein fellbezogenes Drahtgestell) der drahtigen Kunst-Mutter vorzogen – selbst dann, wenn nur die drahtige Mutter Milch von sich gab und die flauschige mit angstinduzierenden Merkmalen (z. B. mit blitzenden Augen) ausgestattet war. Damals war dies ein Beweis für die Wichtigkeit intimer körperlicher Nähe – denn Babys ohne diese Nähe hatten später vermehrt soziale Störungen. Mittlerweile wissen wir, dass der neuronale Unterschied zwischen flauschiger und drahtiger Kunst-Mutter wahrscheinlich ausgerechnet in der Aktivierung der Insula liegt. Und dass selbst der Anblick einer geliebten Person die gleiche Stelle aktiviert. Überdies wissen wir, dass eine sanfte soziale Berührung zur Ausschüttung von Oxytozin führt und letztlich zur Vermehrung von Oxytozin-Rezeptoren im Gehirn. Die Insula, so vermuten wir, könnte also eine zentrale Rolle bei der Vermittlung von Oxytozin-Ausschüttungen als Antwort auf sensorische Reize haben und somit eine direkte und zentrale Rolle in der Biologie der Liebe spielen. Interessant in diesem Kontext ist auch eine anatomische Besonderheit der Insula. Sie ist neben dem anterioren zingulären Kortex (ACC) der einzige Ort, an dem eine ganz besondere Art von Hirnzellen nachgewiesen wurden, die so genannten Von Economo-Neurone. Diese Neurone gibt es nur im Menschen, in Menschenaffen, Walen und Elefanten – alles sozial außerordentlich kompetente, intelligente und vor allem zu Mitgefühl fähige Spezies.

Wichtig ist es, zu bemerken, dass wir hier lediglich jene Aktivierungen betrachten, die allen Probanden gemein waren. Die motivierende Kraft der Liebe mobilisiert vielleicht, je nach Situation, viele andere Hirnaktivitäten, die auch Künstler in ihrer Kunst, Sportler in ihrem Sport beflügeln. Wir waren hier aber an der treibenden Kraft, am Ursprung interessiert, nicht an all dem, was er bewirken kann.

Mutterliebe und Romantik

In der Neurobiologie gibt es eine Faustregel: Wenn sich zwei Dinge unterschiedlich anfühlen, dann liegt das an Unterschieden in der Hirnaktivität. Und meist lassen sich diese Unterschiede auch mittels fMRT messen. So auch hier. Mütterliche Liebe und romantische Liebe sind im Kern wohl identisch, und die romantische Liebe hat sich evolutiv höchstwahrscheinlich aus mütterlicher Liebe entwickelt. Aber Unterschiede gibt es doch: Bei romantischer Liebe kommt zur Bindung beispielsweise auch eine sexuelle Komponente hinzu, die bei der mütterlichen Liebe im Normalfall wegfällt. Dies schlägt sich auch in der Hirnaktivität nieder: Mehrere fMRT-Studien haben eine Hirnaktivierung bei sexueller Erregung gemessen, wobei der Hypothalamus eine der konsistentesten aktivierten Regionen war. Und in unseren Studien (Bartels u. Zeki 2000, 2004) war genau dieser Bereich auch bei romantischer Liebe stärker aktiviert als bei mütterlicher Liebe. Umgekehrt war bei mütterlicher Liebe ein bestimmter Bereich des Stammhirns aktiver: das periaquaeduktale Grau, das im Tier direkt für mütterliches Verhalten verantwortlich ist.

Insgesamt deuten also nicht nur die Neurochemie der Tierforschung, sondern auch die Hirnaktivierung beim Menschen auf zwar nicht identische, aber ähnliche Mechanismen bei mütterlicher und romantischer Liebe hin. Hinzu kommt, dass im Menschen die gleichen Areale aktiviert werden, die auch in der Tierforschung mit

Bindung zu tun haben. Dies legt den Schluss nahe, dass bei Mensch und Tier die grundsätzlichen Mechanismen der Bindung gleich sind.
Was unterscheidet nun die Liebe beim Menschen von der Bindung beim Tier? Natürlich hängt dies von der Tierart ab. Aber wer höhere Säugetiere gut kennt, ist versucht, zu sagen, dass der Unterschied im Kern wohl nicht sehr groß ist. Sicherlich kommen beim Menschen kognitive und emotionale Konsequenzen der Bindung hinzu: Der Mensch reflektiert über sein Verliebt-Sein und auch über das des Partners, er hinterfragt es, genießt die vergängliche Freude auf bewusste Art und Weise. Sicherlich haben auch Persönlichkeitseigenschaften Einfluss auf den Liebesstil: der Grad der Selbstsicherheit, Neugierde, Abenteuerlust, Ängstlichkeit. Auch diese Eigenschaften können teilweise durch genetische Eigenschaften erklärt werden. Sie beeinflussen den Stil des partnerschaftlichen Lebens, aber sind wohl eher Faktoren, die die Bindung modulieren – der Kern der Liebe, der Kitt, der uns zusammenhält, ist wohl immer derselbe.

Macht Liebe blind?

Schon Plato beschrieb vor mehr als 2000 Jahren die Liebe als eine der vier Arten göttlichen Wahnsinns (Platon, 350 v. Chr.). Und Nietzsche schrieb:
„Es ist immer etwas Wahnsinn in der Liebe. Es ist aber auch immer etwas Vernunft im Wahnsinn.“ (Nietzsche 1885, S. 306)
Adolph Freiherr Knigge, einer der besten Menschenkenner und Beobachter, schrieb:
„In den Jahren, in welchen so gern das Herz mit dem Kopfe davonläuft, bauet so mancher das Unglück seines Lebens durch übereilte Eheversprechungen. Er verbindet sich auf ewig mit einem Geschöpfe, das sich seinen von Leidenschaft geblendeten Augen ganz anders darstellt, als es ihn nachher die nüchterne Vernunft kennen lehrt, und dann hat er sich eine Hölle auf Erden bereitet (...). Allein, was vermögen Rat und Warnung im Augenblicke des Rauches?“ (Knigge 1788, S. 186)
Wir alle haben uns schon einmal darüber gewundert, mit welch unsäglicher Blindheit sich eine uns nahe stehende Person, ein Verwandter oder Kollege, einen total unpassenden Freund oder eine ebenso unpassende Freundin ausgesucht hatte. Da hilft auch gutes Zureden nicht, denn die „Liebesgeschlagenen“ wollen es nicht einsehen – bis es dann vielleicht vorbei ist und sie sich selbst über ihr Verhalten wundern. Auch Eltern kann solche Blindheit gegenüber ihren über allem stehenden Kindern schlagen, mit teilweise dramatischen Konsequenzen. So hat einmal ein Vater trotz mehrfacher Warnungen aus Bekanntenkreisen die Magersucht der eigenen Tochter übersehen, bis diese aus Schwäche starb. Der Vater selbst war Arzt. Es gibt etliche solcher Geschichten. Sind dies „Kollateralschäden“ der Liebe, ungewollte Konsequenzen eines biologischen Mechanismus, Opfer zugunsten der Evolution? Hier wird noch einmal deutlich: Was biologisch „gut“ ist, was vielleicht hilft, unsere Gene weiterzubringen, ist nicht unbedingt „gut“ für unser eigenes Leben, unseren persönlichen Lebensgenuss.

Was ist aber die Funktion der Blindheit gegenüber der geliebten Person? Vielleicht schlichtweg, die Bindung zu stärken, indem Negatives ausgeblendet wird. Denn die Bindung hilft letztlich, die eigenen Gene eine Generation weiterzubringen, und dies ist – biologisch gesehen – wichtiger als alles andere. Wahrscheinlich ist es sogar gut, den „Schwellenwert" einer Beziehungskrise zu erhöhen – was wäre denn, wenn bei jedem kleinen Problemchen gleich die Beziehung im Eimer wäre oder hinterfragt würde. Wenn wir so richtig verliebt sind, hilft uns die Biologie also, über das eine oder andere oder über noch mehr hinwegzusehen. Die rosarote Brille der Liebe eben. Was ist hierfür verantwortlich? Höchstwahrscheinlich wieder unser alter Bekannter, das Oxytozin. Bekannt ist jedenfalls, dass es Ängste mildert, die Aktivierung der Amygdala reduziert und interessanterweise unser Vertrauen anderen Personen gegenüber erhöht (Kosfeld et al. 2005). Und auf recht blinde Art und Weise: Selbst wenn eine andere Person unser Vertrauen missbraucht, führt (von Probanden durch die Nase inhaliertes) Oxytozin dazu, dass sie ihr naives Vertrauen beibehalten – während andere auf den Vertrauensbruch mit reduziertem Vertrauen reagieren (Baumgartner et al. 2008). Erhöhtes Vertrauen und reduzierte Ängste sind nur zwei Aspekte der Bindung; umso erstaunlicher ist es, dass Oxytozin selbst auf diesen (wichtigen) Nebenschauplätzen seines Hauptaktionsfelds – der Liebe und der sozialen Bindung – so klare Spuren hinterlässt.
Abgesehen von dieser Blindheit überwindet die Liebe nicht nur unseren Verstand, sondern auch andere Hindernisse: Fremden oder auch Bekannten gegenüber wahren wir eine minimale Distanz – wir kommen uns nicht zu nahe, weder physisch noch psychisch. Es ist uns unangenehm, wenn uns jemand in der U-Bahn in den Nacken atmet. Diese Distanz bricht nur in zwei Situationen zusammen: durch Aggression oder durch Bindung – nur dann erlauben oder suchen wir intime Nähe. Genau dieses Verhalten, die Einhaltung der persönlichen Sphäre, ist auch Tieren eigen – das so genannte Ausweichverhalten („avoidance behaviour"). Und genau dieses Verhalten, wen wundert's, kann durch Oxytozin „ausgeschaltet" werden (Insel u. Young 2001).
Liebe scheint also u. a. durch zwei Effekte im Hirn verursacht zu werden: Erstens werden Hirnareale aktiviert, die mit Belohnung zu tun haben, uns glücklich machen, wenn wir in der Nähe unserer geliebten Person sind. Zweitens scheint unser kritisches Urteil gegenüber der geliebten Person vermindert zu werden, und unser natürliches Ausweichverhalten wird ihr gegenüber unterdrückt.
Gab es in unseren fMRT-Resultaten auch Hinweise auf diesen zweiten Effekt? Zu unserer eigenen Überraschung lautete die Antwort „Ja". Unabhängig von den bereits beschriebenen aktivierten Arealen reagierten andere Hirnareale mit einer Verminderung ihrer Aktivität beim Anblick der geliebten Person – und wiederum waren dies die gleichen Areale bei Müttern und bei romantisch verliebten Probanden. Und nach allem hier Gesagten wird es kaum erstaunen, dass dies exakt die Areale sind, die ansonsten mit negativen Emotionen oder mit kritischem Beurteilen anderer Personen aktiviert sind.

Die unterdrückten Areale befinden sich vor allem in der rechten Hirnhälfte. Die erste Gruppe dieser Areale bestand aus solchen, die normalerweise mit negativen Emotionen aktiviert sind. Die Amygdala beispielsweise ist eine zentrale Schaltstation der Emotionen, die in fMRT-Studien typischerweise mit negativen Emotionen aktiviert ist. Ebenso ist der rechte präfrontale Kortex bei negativen Emotionen und auch bei Depression aktiviert. Wenn er durch Hirnschlag ausfällt, führt dies zu Defiziten des Erkennens negativer Emotionen, und wenn er mittels künstlich angelegter Magnetfelder in seiner Aktivität unterdrückt wird, können hiermit Depressionen reduziert werden (Menkes et al. 1999). Offenbar hat die Liebe den gleichen Effekt: Liebe unterdrückt in Anbetracht des Partners Hirnareale, die mit negativen Emotionen zu tun haben.
Die zweite Gruppe der unterdrückten Areale, die parieto-okzipitale Verbindung sowie die übrigen markierten Areale in der Abbildung 2 (s. S. 96), formt ein altbekanntes, recht gut beschriebenes Netzwerk: Es ist verantwortlich für unsere Fähigkeit, uns in andere hineinversetzen zu können, sie und auch uns selbst kritisch zu hinterfragen („Theory of Mind“, Gallagher u. Frith 2003). Diese Areale sind aktiviert

- beim Abschätzen der Vertrauenswürdigkeit anderer (Winston et al. 2002),
- beim Einschätzen von Gesichtsausdrücken (Critchley et al. 2000),
- bei moralischen Entscheidungen (Greene u. Haidt 2002; Moll et al. 2002),
- bei der Konzentration auf eigene Emotionen (Gusnard et al. 2001; Johnson et al. 2002),
- beim Riechen sozialer Pheromone (Gulyas et al. 2004).

Die Deaktivierung der Areale könnte möglicherweise das neuronale Korrelat dessen sein, was der Volksmund als „blinde Liebe“ bezeichnet: ein gewisses Manko an kritischem Urteil gegenüber der geliebten Person, was bei Frischverliebten, aber auch bei Eltern zu beobachten ist und schon oft tragische Konsequenzen und späte Einsicht zur Folge hatte.
Diese augenblicklich noch spekulative Interpretation der Resultate wird durch die genannten Studien unterstützt. Sie wiesen eine Deaktivierung der Amygdala sowie ein gewisses „blindes Vertrauen“ nach, beides induziert durch Gaben von Oxytozin. Es könnte auch sein, dass schlicht die Notwendigkeit einer kritischen Auseinandersetzung mit eng vertrauten Personen generell reduziert ist, was daher mit einer Reduktion der Aktivierung der hierfür notwendigen Areale einhergeht. Die hier unterdrückten Areale dürften auch verwandt mit jenen sein, die für unser Ausweichverhalten, also eine gewisse emotionale Barriere gegenüber weniger bekannten Personen, verantwortlich sind.

Schlussgedanken

Die Liebe. Nichts als ein biochemisch-neuronales Konstrukt? Ja und nein. Liebe ist eines der mächtigsten, wunderbarsten Gefühle, denen wir uns hingeben können. Sie macht unser Leben lebenswert und sorgt für so manches Hoch und Tief. Selbst die detailliertesten wissenschaftlichen Erklärungen werden am subjektiven Genuss der Liebe nie etwas ändern. Und dass Liebe, wie alles, was wir sehen, hören, denken, letztlich auf neuronale Prozesse zurückzuführen ist, war schon vor ihrer Erforschung klar. Erstaunlich ist aber, dass sich Forscher so lange gescheut haben, Liebe wissenschaftlich zu betrachten – wohl auch deshalb, weil sie daran zweifelten, dass solch ein intimes, komplexes, subjektives Empfinden überhaupt wissenschaftlich fassbar ist. Und nun verstehen wir von der Liebe wohl mehr als von den meisten anderen mentalen Prozessen, denen sich die Wissenschaft oft seit viel längerer Zeit gewidmet hat. Wir können sie „an- und ausknipsen", durch die Gabe einer einzigen Substanz. Wir kennen die Gene, die bestimmen, ob eine Tierart zur Liebe fähig ist oder nicht. Die Eigenschaften dieser Gene sagen im Menschen mit hoher Wahrscheinlichkeit voraus, ob sie heiraten werden oder nicht – und wie gut die Ehe verlaufen wird. Wir wissen, weshalb Kinder, die viel Liebe erfahren, auch als Erwachsene zu mehr Liebe fähig sind. Zunehmend wird auch klar, dass sich die Sucht zumindest teilweise die gleichen Mechanismen „borgt", die die Liebe so mächtig machen. Wir wissen auch, dass die Liebesfähigkeit eng an soziale Kompetenzen gekoppelt ist. Und wir haben die Substanzen, die all dies – auch im Menschen – beeinflussen können.

Unser neues Verständnis wird akzeptierte Vorgehensweisen infrage stellen: Mindert der Kaiserschnitt oder auch eine kurze Stillzeit die Bindung der Mutter an das Kind? Wird aus „rein sexuellen" Affären deshalb manchmal ungeplant mehr, weil die Oxytozin-Ausschüttung uns einen Strich durch die Rechnung macht? Sollten neue Psychopharmaka auch auf ihren Einfluss auf dieses physiologische System geprüft werden?

Die Biologie der Liebe ist sehr einfach, und dies hat uns erlaubt, sie so rasch so detailliert zu verstehen. Dies wird es auch sehr einfach machen, sie pharmakologisch zu beeinflussen. Manche Einsichten der Liebesforschung könnten helfen, Krankheiten wie Autismus, Obsessionen, Depression, Stalking oder auch Süchte zu behandeln. Kindesmissbrauch, Verwahrlosung, Eifersucht, Gewalt in der Ehe – wahrscheinlich wird all dies auch durch gestörte Gleichgewichte in Oxytozin- und Vasopressin-Systemen beeinflusst. Vielleicht werden neue ethische Fragen zu beantworten sein, die bis vor kurzem noch in die Märchenwelt gehörten. Gentests könnten schon heute gute Vorhersagen über die Qualität einer Ehe erlauben. Hirnscans könnten als Liebestest kommerzialisiert werden. Der vielbesungene Liebestrunk ist beinahe schon da. Dürfen wir ihn uns selbst oder sogar anderen verabreichen? Ist es ethisch, ein Liebesverhältnis zu stabilisieren? Wird es eine Vergiss-mich-Pille geben, die unsere Trauerzeit über eine verlorene Liebe verkürzen kann?

Andreas Bartels

Partnerwahl und die menschliche Liebe scheinen also durch klare biologische Mechanismen gesteuert zu sein, die in ihren Grundlagen über verschiedene Spezies hinweg konserviert sind. Die neuronalen Grundlagen der Liebe stehen in einem engen Zusammenspiel mit den Neurohormonen Oxytozin und Vasopressin. Unsere Studien haben im Menschen Evidenz für einen Push-pull-Mechanismus aufgezeigt, der negative Emotionen unterdrückt und kritisches Urteil inhibiert, während er das Zusammensein mit Geliebten durch eine Aktivierung des Belohnungssystems äußerst lohnenswert macht. Die Balance dieser Systeme und deren Kontrolle durch Neurohormone sind der Kern einer gesunden Liebesfähigkeit, und deren genaues Verständnis wird uns sicherlich noch viel zu forschen geben.

Literatur

Aron A, Fisher H, Mashek DJ, Strong G, Li H, Brown LL (2005). Reward, motivation, and emotion systems associated with early-stage intense romantic love. J Neurophysiol; 94: 327–37.

Asendorpf JB, Banse R (2000). Psychologie der Beziehung. Bern: Huber.

Baker RR, Bellis MA (1995). Human Sperm Competition: Copulation, Masturbation, and Infidelity. London: Chapman & Hall.

Bartels A, Zeki S (2000). The neural basis of romantic love. NeuroReport; 11: 3829–34.

Bartels A, Zeki S (2004). The neural correlates of maternal and romantic love. NeuroImage; 21: 1155–66.

Baumgartner T, Heinrichs M, Vonlanthen A, Fischbacher U, Fehr E (2008). Oxytocin shapes the neural circuitry of trust and trust adaptation in humans. Neuron; 58: 639–50.

Bereczkei T, Gyuris P, Weisfeld GE (2004). Sexual imprinting in human mate choice. Proc Biol Sci; 271: 1129–34.

Breiter HC, Gollub RL, Weisskoff RM, Kennedy DN, Makris N, Berke JD et al. (1997). Acute effects of cocaine on human brain activity and emotion. Neuron; 19: 591–611.

Carter CS (2003). Developmental consequences of oxytocin. Physiol Behav; 79: 383–97.

Carter CS (2005). The chemistry of child neglect: do oxytocin and vasopressin mediate the effects of early experience? Proc Natl Acad Sci USA; 102: 18247–8.

Cassidy J, Shaver PR (eds) (1999). Handbook of Attachment: Theory, Research and Clinical Applications. New York: Guilford.

Craig AD (2009). How do you feel – now? The anterior insula and human awareness. Nat Rev Neurosci; 10: 59–70.

Critchley H, Daly E, Phillips M, Brammer M, Bullmore E, Williams S et al. (2000). Explicit and implicit neural mechanisms for processing of social information from facial expressions: A functional magnetic resonance imaging study. Hum Brain Mapp; 9: 93–105.

Curtis JT, Liu Y, Aragona BJ, Wang Z (2006). Dopamine and monogamy. Brain Res; 1126: 76–90.

Damasio AR (1999). The Feeling of What Happens: Body and Emotion in the Making of Consciousness. New York: Harcourt Brace.

Dunbar RI, Shultz S (2007). Evolution in the social brain. Science; 317: 1344–7.

Fries AB, Ziegler TE, Kurian JR, Jacoris S, Pollak SD (2005). Early experience in humans is associated with changes in neuropeptides critical for regulating social behavior. Proc Natl Acad Sci USA; 102: 17237–40.

Furlow FB, Armijo-Prewitt T, Gangestad SW, Thornhill R (1997). Fluctuating asymmetry and psychometric intelligence. Proc Biol Sci; 264: 823–9.

Gallagher HL, Frith CD (2003). Functional imaging of "theory of mind". Trends Cogn Sci; 7: 77–83.

Gallagher L, Skuse DH (2009). Dopaminergic-neuropeptide interactions in the social brain. Trends Cogn Sci; 13: 27–35.

Gangestad SW, Thornhill R (1998). Menstrual cycle variation in women's preferences for the scent of symmetrical men. Proc Biol Sci; 265: 927–33.

Greene J, Haidt J (2002). How (and where) does moral judgment work? Trends Cogn Sci; 6: 517–23.

Gulyas B, Keri S, O'Sullivan BT, Decety J, Roland PE (2004). The putative pheromone androstadienone activates cortical fields in the human brain related to social cognition. Neurochem Int; 44: 595–600.

Gusnard DA, Akbudak E, Shulman GL, Raichle ME (2001). Medial prefrontal cortex and self-referential mental activity: relation to a default mode of brain function. Proc Natl Acad Sci USA; 98: 4259–64.

Hammock EA, Young LJ (2005). Microsatellite instability generates diversity in brain and sociobehavioral traits. Science; 308: 1630–4.

Harlow HF (1958). The nature of love (address of the President at the sixty-sixth Annual Convention of the American Psychological Association). Am Psychol J; 13: 673–85.

Heinrichs M, Domes G (2008). Neuropeptides and social behaviour: effects of oxytocin and vasopressin in humans. Prog Brain Res; 170: 337–50.

Helgason A, Palsson S, Gudbjartsson DF, Kristjansson T, Stefansson K (2008). An association between the kinship and fertility of human couples. Science; 319: 813–6.

Insel TR, Young LJ (2001). The neurobiology of attachment. Nat Rev Neurosci; 2: 129–36.

Johnson SC, Baxter LC, Wilder LS, Pipe JG, Heiserman JE, Prigatano GP (2002). Neural correlates of self-reflection. Brain; 125: 1808–14.

Karama S, Lecours AR, Leroux JM, Bourgouin P, Beaudoin G, Joubert S, Beauregard M (2002). Areas of brain activation in males and females during viewing of erotic film excerpts. Hum Brain Mapp; 16: 1–13.

Kendrick KM (2000). Oxytocin, motherhood and bonding. Exp Physiol; 85, Spec No: 111S–124S.

Kendrick KM, Hinton MR, Atkins K, Haupt MA, Skinner JD (1998). Mothers determine sexual preferences. Nature; 395: 229–30.

Kleiman DG (1977). Monogamy in mammals. Q Rev Biol; 52: 39–69.

Knigge AF v (1788). Über den Umgang mit Menschen. 3. Aufl. Frankfurt a. M.: Insel 2006.

Kosfeld M, Heinrichs M, Zak PJ, Fischbacher U, Fehr E (2005). Oxytocin increases trust in humans. Nature; 435: 673–6.

Leibenluft E, Gobbini MI, Harrison T, Haxby JV (2004). Mothers' neural activation in response to pictures of their children and other children. Biol Psychiatry; 56: 225–32.

Lim MM, Wang Z, Olazabal DE, Ren X, Terwilliger EF, Young LJ (2004). Enhanced partner preference in a promiscuous species by manipulating the expression of a single gene. Nature; 429: 754–7.

Little AC, Penton-Voak IS, Burt DM, Perrett DI (2003). Investigating an imprinting-like phenomenon in humans Partners and opposite-sex parents have similar hair and eye colour. Evol Hum Behav; 24: 43–51.

Lorberbaum JP, Newman JD, Horwitz AR, Dubno JR, Lydiard RB, Hamner MB et al. (2002). A potential role for thalamocingulate circuitry in human maternal behavior. Biol Psychiatry; 51: 431–45.

Lorenz K (1935). Der Kumpan in der Umwelt des Vogels. Journal für Ornithologie; 83: 137–215 u. 289–413.

Menkes DL, Bodnar P, Ballesteros RA, Swenson MR (1999). Right frontal lobe slow frequency repetitive transcranial magnetic stimulation (SF r-TMS) is an effective treatment for depression: a case-control pilot study of safety and efficacy. J Neurol Neurosurg Psychiatry; 67: 113–5.

Meyer-Lindenberg A, Kolachana B, Gold B, Olsh A, Nicodemus KK, Mattay V et al. (2008). Genetic variants in AVPR1A linked to autism predict amygdala activation and personality traits in healthy humans. Mol Psychiatry; 7: 266–75.

Moll J, de Oliveira-Souza R, Bramati IE, Grafman J (2002). Functional networks in emotional moral and nonmoral social judgments. Neuroimage; 16: 696–703.

Moller AP (1997). Developmental stability and fitness: A review. Am Naturalist; 149: 916–32.

Moller AP, Swaddle JP (1997). Asymmetry, Developmental Stability and Evolution. Oxford: Oxford University Press.

Nietzsche F (1885). Also sprach Zarathustra. Ein Buch für Alle und Keinen. In: Friedrich Nietzsche: Werke in drei Bänden. Bd. 2. Hrsg. v. Karl Schlechta. München: Hanser 1954.

Olausson H, Lamarre Y, Backlund H, Morin C, Wallin BG, Starck G et al. (2002). Unmyelinated tactile afferents signal touch and project to insular cortex. Nat Neurosci; 5: 900–4.

Ophir AG, Wolff JO, Phelps SM (2008). Variation in neural V1aR predicts sexual fidelity and space use among male prairie voles in semi-natural settings. Proc Natl Acad Sci USA; 105: 1249–54.

Penton-Voak IS, Perrett DI, Castles DL, Kobayashi T, Burt DM, Murray LK, Minamisawa R (1999). Menstrual cycle alters face preference. Nature; 399: 741–2.

Perrett DI, May KA, Yoshikawa S (1994). Facial shape and judgements of female attractiveness. Nature; 368: 239–42.

Perrett DI, Lee KJ, Penton-Voak I, Rowland D, Yoshikawa S, Burt DM et al. (1998). Effects of sexual dimorphism on facial attractiveness. Nature; 394: 884–7.

Perrett DI, Penton-Voak IS, Little AC, Tiddeman BP, Burt DM, Schmidt N et al. (2002). Facial attractiveness judgements reflect learning of parental age characteristics. Proc Biol Sci; 269: 873–80.

Platon (350 v. Chr.). Phaidros oder Vom Schönen. Ditzingen: Reclam 1986.

Schultz W (2007). Behavioral dopamine signals. Trends Neurosci; 30: 203–10.

Singer T, Seymour B, O'Doherty J, Kaube H, Dolan RJ, Frith CD (2004). Empathy for pain involves the affective but not sensory components of pain. Science; 303: 1157–62.

Smith MJ, Perrett DI, Jones BC, Cornwell RE, Moore FR, Feinberg DR et al. (2006). Facial appearance is a cue to oestrogen levels in women. Proc Biol Sci; 273: 135–40.

Thornhill R, Gangestad SW (1999). Facial attractiveness. Trends Cogn Sci; 3: 452–60.

Walum H, Westberg L, Henningsson S, Neiderhiser JM, Reiss D, Igl W et al. (2008). Genetic variation in the vasopressin receptor 1a gene (AVPR1A) associates with pair-bonding behavior in humans. Proc Natl Acad Sci USA; 105: 14153–6.

Wedekind C, Seebeck T, Bettens F, Paepke AJ (1995). MHC-dependent mate preferences in humans. Proc Biol Sci; 260: 245–9.

Winston JS, Strange BA, O'Doherty J, Dolan RJ (2002). Automatic and intentional brain responses during evaluation of trustworthiness of faces. Nat Neurosci; 5: 277–83.

Young LJ, Wang Z (2004). The neurobiology of pair bonding. Nat Neurosci; 7: 1048–54.

Young LJ, Nilsen R, Waymire KG, MacGregor GR, Insel TR (1999). Increased affiliative response to vasopressin in mice expressing the V1a receptor from a monogamous vole. Nature; 400: 766–8.

7 Automatik im Kopf

Wie das Unbewusste arbeitet

Manfred Spitzer

Vom Feuer-Stoff zur Wissenschaft

In den vergangenen etwa 100 Jahren wurde sehr viel über das Unbewusste geschrieben. Populär wurde es durch die Schriften des Wiener Nervenarztes Sigmund Freud, der sich vor dem Hintergrund des damaligen neurobiologischen Wissens Gedanken darüber machte, dass wir vieles tun, ohne groß darüber nachzudenken, und wie unser Gehirn solche höheren geistigen Leistungen vollbringt. Noch 1895 sprach er von Neuronen im Gehirn, zeichnete sogar als einer der ersten neuronale Netzwerke (Abb. 1) und beschrieb – rein hypothetisch – deren Funktion. Er erkannte aber bald, dass die Gehirnforschung einfach noch nicht so weit war, um ausreichende die Gehirnfunktion charakterisierende Fakten liefern zu können, die als Randbedingungen in eine neurobiologische Theorie des Geistes eingehen könnten.

Er wollte daher nicht, dass seine Zeichnungen publiziert werden und bestand auf ihrer Verbrennung. Aus heutiger wissenschaftshistorischer Sicht sind sie eine Fundgrube, denn sie zeigen sehr deutlich auf, wie Freud sich die Funktionsweise des von ihm später, in seiner 1900 erschienenen „Traumdeutung“ so bezeichneten „psychischen Apparats“, vorstellte.

Aus seiner Sicht war der „psychische Apparat“ letztlich wie ein Reflexbogen aufgebaut: Energie kommt von außen hinein, wird innen abgelenkt, umgelenkt, neu mit anderen Bedeutungsgehalten verknüpft, kann auch einmal rückwärts laufen etc. – und muss schließlich den Weg wieder nach außen nehmen, um nicht drinnen steckenzubleiben. Das in hydraulischer Art im Geist ablaufende Verschieben, Verdichten, Speichern und Wieder-Entladen von Energie beschrieb Freud im Einzelnen als die Arbeit bzw. Funktion unbewusster Prozesse.

Was Freud nicht wissen konnte: Neuronen speichern keine Energie und sie leiten auch keine Energie weiter. Sie verarbeiten vielmehr Informationen. Der Begriff der Information wird bis heute zwar nicht einheitlich gebraucht, hat jedoch in Naturwissenschaft und

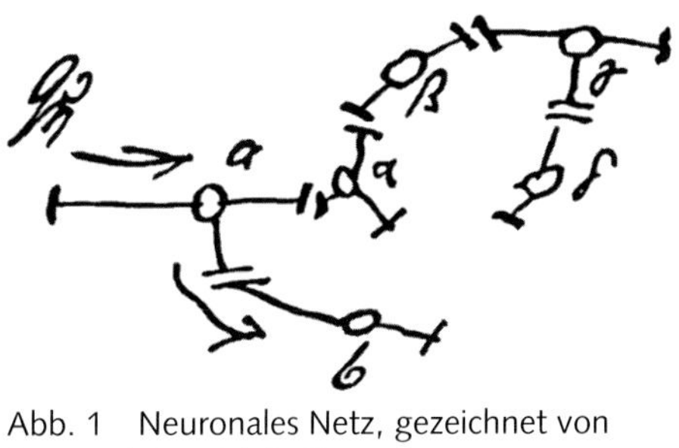

Abb. 1 Neuronales Netz, gezeichnet von Sigmund Freud (1895)

Technik eine präzise Bedeutung, mit der er auch in die Neurowissenschaft Eingang gefunden hat. Wenn nun aber unser Geist keine Energie aufnimmt und wieder abführt, ist jede Theorie des Unbewussten, die auf einer derartigen Seelenhydraulik aufbaut, notwendigerweise falsch. Können wir also das Unbewusste ebenso behandeln wie andere vermeintlich existierende Formen (oder Träger) von Energie wie (1) den Äther, (2) das Phlogiston, (3) den Orgon-Akkumulator oder (4) den Todestrieb? Erinnern wir uns:

> (ad 1) In der Physik war lange Zeit unbestritten klar, dass jede Schwingung voraussetzt, dass etwas da ist, das schwingt. Betrachtet man Wellen am Meer, so schwingen letztlich Wassermoleküle auf und ab. Beim Schall schwingen Luftmoleküle. Was schwingt aber bei elektromagnetischen Wellen? Die Antwort der Physik auf diese Frage war lange Zeit: der Äther. Hiermit war also nicht die Flüssigkeit gemeint, mit der man gegen Ende des vorletzten Jahrhunderts Narkosen durchführte, sondern ein ganz feiner Stoff, der alles durchdringen muss, damit elektromagnetische Wellen, die ebenfalls alles durchdringen, gleichsam einen Träger besitzen, so dass irgendetwas schwingen kann. Es war letztlich Einstein, dessen Überlegungen zu bereits vorliegenden experimentellen Daten deutlich machten, dass es den Äther nicht gibt bzw. dass man den Äther nicht annehmen braucht, um die Phänomene in der Natur zu erklären.
>
> (ad 2) Ähnlich wie dem Äther in der Physik erging es dem Phlogiston in der Chemie: Man nahm lange an, dass bei jeder Verbrennung ein Stoff eine Rolle spielt, und diesen Feuer-Stoff nannte man Phlogiston. Es handelte sich also gleichsam um den Stoff, aus dem eine Flamme besteht. Die genaue Aufklärung von Verbrennungsprozessen als Oxidation und die physikalische Erklärung vom Leuchten heißer Gase machten das Phlogiston überflüssig. Es gibt keinen solchen Stoff.
>
> (ad 3) Der Psychoanalytiker Wilhelm Reich nahm die von Freud konzipierte psychische Energie (er nannte sie „Orgon") sehr ernst und baute gar eine Maschine, mit der man sie sammeln kann. Diesen so genannten Orgon-Akkumulator gab es also wirklich, obgleich es die entsprechende Energie niemals gab. Entsprechend wurden seine diesbezüglichen Schriften mit Recht belächelt.
>
> (ad 4) Der Todestrieb war nicht nur seit seiner Einführung durch Freud umstritten; er spielt in der psychoanalytischen Diskussion und vor allem Praxis heute praktisch keine Rolle mehr.

Gehört also das Unbewusste auf den Theorienfriedhof? – Ja und nein! Freuds Theorien vom innerseelischen Geschiebe immer neuer Zusammensetzungen von Energie und Bedeutungsgehalt – dies ist letztlich der Bedeutungskern des Wortes „Psychodynamik" – landete zu Recht auf dem Theorienfriedhof. Wer aber meint, dass das Unbewusste damit dem gleichen Schicksal überantwortet werden muss, der irrt – und zwar gründlich!

Das Unbewusste als Idee zur Funktionsweise unbemerkter seelischer Prozesse gab es nämlich schon zwei Jahrhunderte vor Freud und es feiert gegenwärtig, etwa ein

Jahrhundert nach Freud, eine überaus lebhafte Renaissance. Ich möchte im Folgenden zeigen,

- wie die gegenwärtige Forschung letztlich auf die über 300 Jahre alten Ursprünge der Idee des Unbewussten zurückgeht;
- wie man die Idee des Unbewussten mit gegenwärtigen Erkenntnissen aus der Neurobiologie völlig unproblematisch verknüpfen kann;
- welche zum Teil sehr verblüffenden und ebenso praktisch relevanten Erkenntnisse die wissenschaftliche Erforschung unbewusster Prozesse gerade in den letzten Jahren zutage gebracht hat.

Geschichte: unendlich viel, unendlich klein

Der Philosoph und Mathematiker Gottfried Wilhelm Leibniz (Abb. 2) ist nicht zuletzt dafür weltbekannt, dass er parallel zu Isaac Newton die Integral- und Differentialrechnung entwickelt hatte. Beim mathematischen Verfahren der Integration geht es darum, unendlich viele unendlich kleine Summanden aufzuaddieren und dabei – dennoch, möchte man sagen – ein klares Ergebnis zu bekommen: 17,3 beispielsweise (beträgt die Fläche unter der Kurve) oder 29,7.

Bislang wenig Beachtung gefunden hat die Tatsache, dass Leibniz den Grundgedanken der Integralrechnung auf die Arbeitsweise des Gehirns im Hinblick auf seelische Phänomene übertragen hat. Vor über 300 Jahren publizierte er diese Überlegungen in der Schrift „Neue Abhandlungen über den menschlichen Verstand" (Leibniz 1700) bei der es sich um einen Kommentar zu John Lockes zehn Jahre zuvor erschienenen „Essay Concerning Human Understanding" handelte (Abb. 3). Auch erfand Leibniz einen Terminus technicus für kleinste, von der betreffenden Person nicht bemerkte innerseelische Prozesse, die in ihrer Summe dann das psychische Geschehen ausmachen: Er sprach von „kleinen Perzeptionen", die einerseits unbemerkt sind, aber andererseits Wirkungen haben. Die folgenden Zitate mögen verdeutlichen, wie modern Leibniz' Ansichten im Hinblick auf unbewusste Prozesse im Grunde sind:

Abb. 2 Gottfried Wilhelm Leibniz (1646–1716) (Gemälde von B. Chr. Francke, um 1700)

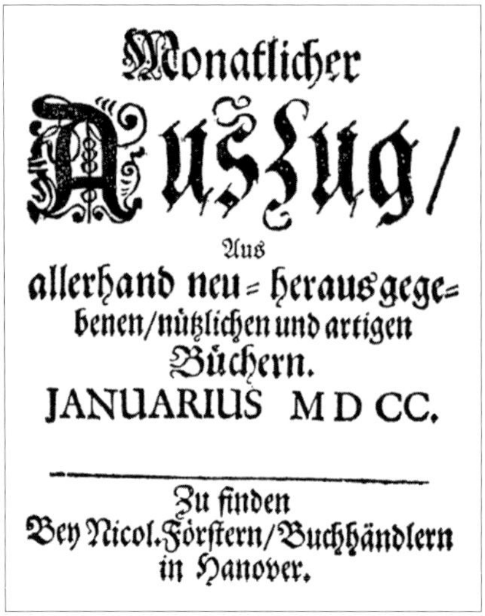

Monatlicher
Auszug/
Aus
allerhand neu-herausgege-
benen/nützlichen und artigen
Büchern.
JANUARIUS MDCC.

Zu finden
Bey Nicol. Förstern/Buchhändlern
in Hanover.

Abb. 3 Titelblatt der Zeitschrift „Monatlicher Auszug aus allerhand neu-herausgegebenen, nützlichen und artigen Büchern", in der Leibniz im Jahr 1700 Lockes Werk, das 1690 erstmals erschienen war, kommentierte, nachdem es kurz zuvor in französischer Übersetzung erschienen war.

Abb. 4 Sir Francis Galton (1822–1911), der Begründer des Verfahrens der freien Assoziationen zur Untersuchung der Arbeitsweise des Denkens (Gemälde aus Galton 1910)

„So gibt es auch wenig hervorstechende Perzeptionen, die sich nicht deutlich genug abheben, um bemerkt und in der Erinnerung wieder hervorgerufen zu werden, die sich aber in bestimmten Folgen erkennbar machen." (S. 86)

„Alle Eindrücke haben ihre Wirkung, aber nicht alle Wirkungen sind immer bemerkbar." (S. 90)

„Solche kleinen Perzeptionen sind also von größerer Wirksamkeit, als man denken mag." (S. 11)

„Wenn ich noch hinzufüge, dass diese kleinen Perzeptionen es sind, die uns bei vielen Vorfällen, ohne dass man daran denkt, bestimmen." (S. 12)

„Mit einem Wort, der Glaube, dass es in der Seele keine anderen Perzeptionen gibt, als die, die sie gewahr wird, ist eine große Quelle von Irrtümern." (S. 92)

Gut eineinhalb Jahrhunderte nachdem die Idee kleinster wirksamer, aber unbemerkter Gedanken erstmals konzipiert worden war, machte sich der Engländer Francis Galton (Abb. 4), ein Neffe Charles Darwins, daran, unbewusste Prozesse experimentell zu untersuchen. Er beobachtete hierzu nicht zuletzt sein eigenes Denken sozusagen minutiös bei der Arbeit. Hierdurch gelangte er zu interessanten Schlussfolgerungen darüber, wie sich einzelne Gedankengänge aneinanderreihen. Zudem versuchte er auch durch Befragung gesunder Versuchspersonen, Assoziationen hervorzurufen und damit Gesetzmäßigkeiten des Gedankenflusses experimentell zu untersuchen. Galton publizierte seine „psychometrischen Experimente", wie er sie nannte (Abb. 5), im zweiten Band der damals noch sehr jungen Zeitschrift „Brain" (Galton 1879) sowie vier Jahre später in seinem Buch über die Fähigkeiten des

Menschen und ihre Entwicklung (Galton 1883).

Insbesondere die Beobachtungen an sich selbst, die Galton sehr detailreich beschreibt, sind heute noch lesenswert:

„Wenn wir versuchen, die ersten Schritte jeder Operation unseres Geistes nachzuzeichnen, sind wir für gewöhnlich durch die Schwierigkeit des Beobachtens selbst, ohne die Freiheit der Aktionen durcheinanderzubringen, behindert. Die Schwierigkeit ist (…) insbesondere dadurch bedingt, dass die elementaren Funktionen des Geistes extrem schwach, undeutlich und flüchtig sind, so dass es größter Sorgfalt bedarf, sie ordentlich zu beobachten. Es erscheint zunächst unmöglich, die notwendige Aufmerksamkeit dem Prozess des Denkens zu widmen und gleichzeitig frei zu denken, als ob der Geist in keiner anderen Weise beschäftigt wäre. Die Besonderheit des Experimentes, das ich jetzt gleich beschreiben werde, besteht darin, dass ich es geschafft habe, diese Schwierigkeit zu umgehen. Meine Methode besteht darin, dem Geist freies Spiel für eine kurze Zeit zu erlauben, bis ein paar Ideen durch ihn gewandert sind, und dann, während die Spuren und Echos dieser Ideen noch immer im Gehirn nachklingen, die Aufmerksamkeit auf sie ganz plötzlich und hellwach zu richten, so dass sie festgehalten und untersucht werden können, vor allem im Hinblick auf die genaue Art ihrer Erscheinung." (Galton 1883, S. 185)

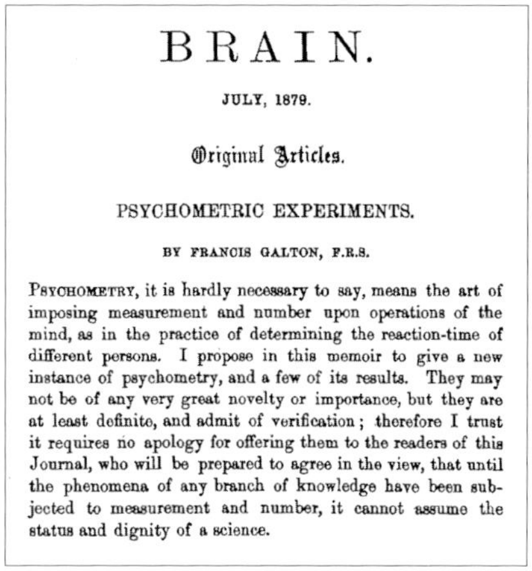

BRAIN.

JULY, 1879.

Original Articles.

PSYCHOMETRIC EXPERIMENTS.

BY FRANCIS GALTON, F.R.S.

PSYCHOMETRY, it is hardly necessary to say, means the art of imposing measurement and number upon operations of the mind, as in the practice of determining the reaction-time of different persons. I propose in this memoir to give a new instance of psychometry, and a few of its results. They may not be of any very great novelty or importance, but they are at least definite, and admit of verification; therefore I trust it requires no apology for offering them to the readers of this Journal, who will be prepared to agree in the view, that until the phenomena of any branch of knowledge have been subjected to measurement and number, it cannot assume the status and dignity of a science.

Abb. 5 Faksimile der ersten Seite von Galtons in „Brain" publizierter Arbeit

Galton begann diese Untersuchungen zunächst damit, dass er in der Gegend herumlief, verschiedene Objekte betrachtete und zugleich beobachtete, was ihm dabei einfiel. Später entwickelte er die Technik einer Wortliste, die zum Teil abgedeckt war, so dass immer nur ein Wort zu sehen war. Zu diesem Wort assoziierte er dann frei. Auch nahm er bereits Messungen der Zeit vor, die diese Assoziationen brauchten:

„Ich hatte eine kleine Stoppuhr in der Hand, die ich startete, indem ich eine Feder herunterdrückte, genau in dem Moment, in dem ein Wort meinen Blick erhaschte, und die in dem Augenblick stoppte, in dem ich die Feder wieder gehen ließ. Ich tat dies genau in dem Moment, als ein paar Ideen, die mit dem Wort direkt assoziiert waren, in meinem Geist auftauchten." (Galton 1883, S. 188)

Galton fasste die Quintessenz seiner Untersuchungen mit bemerkenswerter Schärfe wie folgt zusammen:

„Ich habe versucht zu zeigen, wie ganze Schichten geistiger Operationen, die aus dem normalen Bewusstsein verschwinden, dennoch ans Licht gezogen, aufgeschrieben und statistisch analysiert werden können und wie dadurch die Unverständlichkeit der ersten Schritte unsere Gedanken durchlöchert und zerstreut werden kann.

Abb. 6 Wilhelm Wundt (1832–1920)

(…) Der stärkste Eindruck, den diese Experimente hinterlassen, betrifft vielleicht die Verschiedenhaftigkeit der Arbeit des Geistes in einem Zustand des Halb-Unbewussten und die guten Gründe, die durch sie geliefert werden, um an die Existenz noch tieferer Schichten geistiger Operationen zu glauben, die völlig unterhalb des Niveaus des Bewusstseins versunken liegen und die vielleicht solche geistigen Phänomene verursachen, die wir anderweitig nicht erklären können.“ (Galton 1879, S. 162)

Das Zitat (vgl. auch Galton 1883, S. 202f) macht deutlich, dass Sigmund Freud und Carl-Gustav Jung auf den Spuren Galtons wanderten, als sie die Methode des freien Assoziierens in die Diagnose und Therapie psychischer Störungen einführten. Man kann sich heute kaum noch vorstellen, in welch großem Stil um die Jahrhundertwende des vorletzten zum letzten Jahrhundert Gedanken-Gänge mittels der Wort-Assoziationen untersucht wurden, zumal im Jahr 1879 in Leipzig das weltweit erste psychologische Labor durch Wilhelm Wundt (Abb. 6) begründet worden war. Dieser wird allgemein auch als Begründer der empirisch-experimentellen Psychologie betrachtet. An diesem Ort lernte kein Geringerer als Emil Kraepelin, der Begründer der modernen Psychiatrie, im Rahmen einer zweijährigen Tätigkeit als Assistent die Methode des Wort-Assoziierens.

Die Methode bestand darin, der Versuchsperson ein Wort vorzugeben und sie aufzufordern, das erste ihr in den Sinn kommende Wort zu nennen. Bevor Sie weiterlesen und umblättern, versuchen Sie es selbst! Bitte sagen Sie so rasch wie möglich, was Ihnen zu den folgenden zehn Wörtern einfällt:

weiß–	Lied–
Mutter–	Messer–
Tisch–	Hammer–
kalt–	Sonne–
Bruder–	gut–

Mit großer Wahrscheinlichkeit haben sie auf die zehn Wörter die folgenden Assoziationen produziert:

–schwarz	–singen
–Vater	–Gabel
–Stuhl	–Nagel
–heiß	–Mond
–Schwester	–schlecht

Vielleicht lagen Sie auch bei einem oder zwei Wörtern anders, aber Sie werden zugeben, dass die bereits zur Jahrhundertwende bekannten Befunde zutreffend sind, nach denen die meisten gesunden Menschen in relativ einförmiger Weise reagieren (vgl. Spitzer 1992). Man hat in mehreren Ländern und Sprachen Assoziationsnormen durch die Untersuchung einer größeren Anzahl von Personen aufgestellt (vgl. z.B. Francis u. Kucera 1982). Man kann somit in Büchern (die ein bisschen aussehen wie Telefonbücher: links ein Wort, rechts eine Zahl) nachschlagen, was Otto Normalverbraucher zu einem bestimmten Wort einfällt.

Assoziationsforschung in der Psychiatrie

Es ist erstaunlich, welche Fragen bereits vor 100 Jahren mit der Methode des Assoziierens bearbeitet wurden (vgl. Spitzer 1992). Gustav Aschaffenburg (1866–1944; Abb. 7) war Assistent bei Emil Kraepelin und interessierte sich für die Auswirkungen von Ermüdung auf unser Denken. Um dies zu untersuchen, führte er bei seinen Kollegen im Nachtdienst den Assoziationsversuch durch, um 21.00 Uhr, gegen Mitternacht, um 3.00 und um 6.00 Uhr morgens! (Ob er sich damit bei seinen Kollegen besonders beliebt gemacht hat oder eher im Gegenteil, wird nicht berichtet.) Die Kollegen mussten jeweils zu 100 Wörtern sagen, was ihnen einfällt. Die resultierenden 400 assoziierten Wörter – 100 bei jedem Durchgang – wurden dann von Aschaffenburg jedes für sich daraufhin untersucht, in welcher Beziehung sie mit dem „Reizwort" stehen. Normalerweise ist diese Beziehung begrifflicher Natur, also durch Bedeutungsstrukturen bzw. durch begriffliches Denken geprägt. Beispiele hierfür haben Sie oben selbst generiert: „Sonne–Mond", „weiß–schwarz" etc. sind *begriffliche* Assoziationen, denn sie sind durch die *Bedeutung* der Wörter geprägt. Bei „weiß" hätte Ihnen auch „heiß" einfallen können, nämlich dann, wenn Ihr begriffliches Denken nicht mehr so gut funktioniert. Dann wird das Denken weniger durch den Begriff und mehr durch niederstufigere klangliche Strukturen bestimmt. Genau dies ist unter Ermüdung der Fall, wie Aschaffenburg herausfand. Die Häufigkeit begrifflicher

Abb. 7 Der deutsche Psychiater Gustav Aschaffenburg

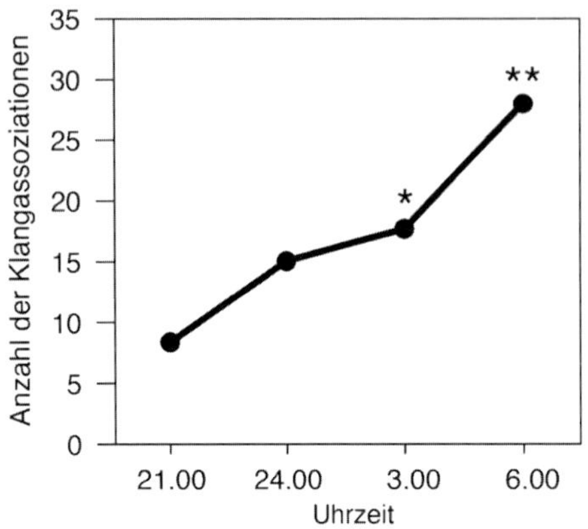

Abb. 8 Einfluss zunehmender Ermüdung auf die Häufigkeit von Assoziationen, die durch den Wortklang bedingt sind (reimende Wörter; bedeutungslose reimende Silben; Ergänzungen von Wörtern, die sich durch den Wortklang ergeben). Dargestellt sind die Mittelwerte, die bei neun freiwilligen Versuchspersonen (den Kollegen Aschaffenburgs im Nachtdienst) erhoben wurden. Um 3.00 Uhr war die Zunahme signifikant (*), um 6.00 Uhr hochsignifikant (**). Die Daten entstammen der Originalarbeit von Aschaffenburg (1899).

Assoziationen nahm ab, während „oberflächliche" und klangliche (reimende) Assoziationen zunahmen: *„Worin besteht nun überhaupt die Wirkung der Erschöpfung auf den Assoziationsvorgang? Das, was allen Nachtversuchen gemeinsam zukommt, ist die Verschlechterung in der Qualität der gebildeten Vorstellungen. An die Stelle des* begrifflichen *Zusammenhangs tritt die lockere Verknüpfung nach dem Klange des Reizwortes, dessen* Bedeutung *für die angereihte Reaktion ganz gleichgültig ist.*" (Aschaffenburg 1899, S. 48) Aschaffenburg konnte seine Ergebnisse nur durch Auszählen einzelner Nächte und durch Vergleich der Assoziationshäufigkeiten gewinnen. Er konnte nicht sagen, wie dies heute üblich ist, dass Klangassoziationen bei Ermüdung signifikant häufiger sind als beim wachen klaren Denken (Abb. 8). Das Konzept der statistischen Signifikanz wurde erst ein viertel Jahrhundert später von Fischer entwickelt, und es dauerte noch einige Jahrzehnte, bis es in der medizinischen Forschung Verbreitung fand. Aschaffenburg hat jedoch seine Rohdaten, d.h. die Anzahl der unterschiedlichen Assoziationen je Versuch, in Form von Tabellen sehr detailreich publiziert, so dass man heute mit diesen Daten statistisch rechnen kann. So kann man zeigen, dass die Zunahme der Klangassoziationen im Vergleich zum Versuch am Abend nachts um 3.00 Uhr signifikant, die Zunahme morgens um 6.00 Uhr hochsignifikant ist.

Die Ergebnisse lassen sich unter Zuhilfenahme des heute vorliegenden Wissens über die Repräsentation semantischer Gehalte leicht interpretieren: Wort-Assoziationen werden aufgrund des häufigen gemeinsamen Auftretens von Wörtern in Sätzen oder in Bedeutungszusammenhängen produziert. Beim wachen klaren Denken sind strukturbildende Prozesse in semantischen Arealen der Gehirnrinde am Werk und sorgen für zielgerichtete Handlungen und sinnstiftende Sprache, kurz: für eine „hochstufige" Ordnung. Je stärker die Ermüdung, desto schwächer werden diese „höheren" Leistungen. Damit können Denkabläufe umso eher von der Struktur „einfacherer", „niederer" Areale geprägt werden, die nicht Bedeutungen, sondern beispielsweise lautliche Aspekte von Wörtern repräsentieren. Kurz: Wird der begriffliche Einfluss schwächer, dann steigt der Einfluss einfacherer Strukturen auf

das Denken. Dieses wird dann weniger durch Bedeutungsaspekte und in stärkerem Maße durch lautliche Aspekte geprägt. Dieses Prinzip des bei Wegfall „höherer" Zentren zunehmend sichtbaren Einflusses „niederer" Zentren des Nervensystems auf die jeweils betrachtete Leistung wurde bereits von dem Neurologen John Hughlings Jackson im vorletzten Jahrhundert formuliert.
Aschaffenburg diskutierte seine experimentellen Befunde vor dem Hintergrund von Alltagserfahrungen. Er meinte, dass Witze, die sich reimender Wörter bedienen, bei müden Zuhörern besser ankommen als bei wachen. Um den einen oder anderen Leser zu Replikationsversuchen zu ermuntern, seien Aschaffenburgs Beobachtungen im Original zitiert:
„Schon vor mehreren Jahren versuchte ich gelegentlich einiger Bergtouren in der Schweiz mit den mich begleitenden Personen in einer dem Experiment ähnlichen Weise im Beginne und gegen Schluss der Märsche durch Zurufen von Worten die Assoziationsformen festzustellen. Wenn ich dabei auch durch die äußeren Umstände verhindert war, genauere Notizen zu machen, so kann ich doch versichern, dass fast stets eine außerordentlich große Anzahl von klangähnlichen Worten und Reimen auftrat. Schon die einfache Beachtung des Gespräches bei solchen Gelegenheiten aber genügt für denjenigen, der weiß, worauf er zu achten hat, um zu bemerken, welche Rolle die Klangassoziation spielt, sowohl in der Form des Reimes, als vor allem in der des typischen Wortwitzes." (Aschaffenburg 1899, S. 51)
Eine weitere von Aschaffenburg gemachte Beobachtung möchte ich ebenfalls direkt zitieren:
„Eine direkte Bestätigung, wie eng die Neigung zum Reimen mit starker – in solchen Fällen fast ausschließlich körperlicher – Anstrengung verbunden ist, bietet jedes beliebige Fremdenbuch auf Berggipfeln und in Schutzhütten. Ich sehe dabei selbstverständlich von solchen Produkten ab, die unter ausschließlicher oder gleichzeitiger Wirkung des Alkohols verfasst sind. Es wird wohl jeder zugeben müssen, dass ein wirklich inhaltreiches Gedicht nur selten die Fremdenbücher der Schutzhütten ziert; dabei sind es durchaus nicht ungebildete Personen, wenigstens nicht immer, die als Verfasser der albernsten Reimereien unterzeichnet sind, sondern oft genug solche, die in der Stille des Studierzimmers sich schämen würden, so gedankenarme Reimereien niederzuschreiben." (ebd., S. 51f)
Bevor Carl-Gustav Jung sich der Welt der Mythen und Märchen widmete, war er ein ausgezeichneter experimenteller Psychologe. Er arbeitete von 1902 bis 1909 als Assistenzarzt unter Eugen Bleuler an der Klinik Burghölzli bei Zürich und widmete sich sehr intensiv dem Studium von Assoziationen. In seiner Antrittsvorlesung beschreibt er das Assoziationsexperiment wie folgt:
„Das Experiment ist also ähnlich irgendeinem anderen Experiment aus der Physiologie, wo wir an einem lebenden Versuchsobjekt einen adäquaten Reiz anbringen, also zum Beispiel elektrische Reizungen an verschiedenen Stellen des Nervensystems, Lichtreize am Auge, akustische am Ohr. So bringen wir mit dem Reizwort am psychischen Organ einen psychischen Reiz an. Wir führen in das Bewusstsein der Versuchsperson eine Vorstellung ein und lassen uns angeben, was für eine weitere

Vorstellung im Gehirn der Versuchsperson dadurch ausgelöst wurde. Auf diese Weise können wir in kurzer Zeit eine große Anzahl von Vorstellungsverbindungen oder Assoziationen erhalten. Bei dem gewonnenen Material können wir konstatieren in Vergleichung mit anderen Versuchspersonen, dass der und der bestimmte Reiz meist eine bestimmte Reaktion auslöst. Wir haben auf diese Weise das Mittel in der Hand zur Erforschung der ‚Gesetzmäßigkeit von Ideenverbindungen'." (Jung 1906/1979, S. 431)

Zusammen mit Franz Riklin publizierte Jung im Jahr 1906 eine sehr detaillierte Arbeit mit dem Titel „Experimentelle Untersuchungen über Assoziationen Gesunder", in der er über 35 000 (!) Assoziationen bei insgesamt etwa 150 Versuchspersonen einer genauen Analyse unterzog. Ausgehend von den Studien Aschaffenburgs, wollte Jung zeigen, dass nicht Ermüdung, sondern ganz allgemein die Verminderung der zielgerichteten Aufmerksamkeit für die Effekte der Abnahme der begrifflichen Assoziationen bzw. der Zunahme der klanglichen Assoziationen verantwortlich war. Er verwendete hierzu einen experimentellen Ansatz, der erst Jahrzehnte später von angloamerikanischen Psychologen wiederentdeckt wurde, die so genannte Zwei-Aufgaben-Methode.

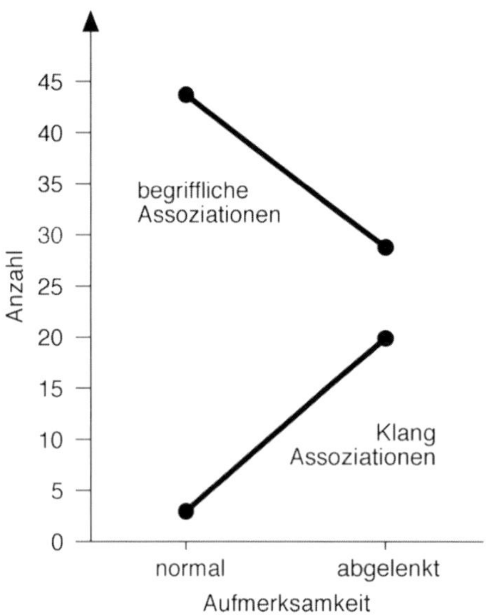

Abb. 9 Anzahl begrifflicher und klanglicher Assoziationen unter Normalbedingungen sowie unter der Bedingung abgelenkter Aufmerksamkeit (Mittelwerte von drei Versuchspersonen; Daten aus Jung 1903/1978, S. 180f). Die Abnahme der begrifflichen und die gleichzeitige Zunahme der klanglichen Assoziationen sind sehr deutlich.

Jung stellte den Versuchspersonen die Aufgabe, im Takt eines Metronoms (das sich auf verschiedene Geschwindigkeiten einstellen ließ) Striche mit Bleistift auf ein Papier zu zeichnen, z. B. ein oder zwei Striche je Sekunde. Während die Versuchspersonen dies taten, führte Jung den Assoziationsversuch durch: Er rief ihnen nacheinander 100 Wörter zu und ließ sie sagen, welches Wort ihnen einfiel. Die Versuchspersonen mussten also zwei Aufgaben gleichzeitig bewältigen. Die dahintersteckende Idee ist einfach: Um zu untersuchen, welchen Einfluss die geistige Funktion A auf die geistige Funktion B hat, wird Funktion A für etwas anderes benutzt und werden die Änderungen der Funktion B aufgezeichnet (daher der Name dieses Verfahrens: Zwei-Aufgaben-Methode, „dual task method"). Jung zog die Aufmerksamkeit vom Assoziieren ab, indem er die Versuchspersonen Striche zeichnen ließ. Der Effekt dieser „ex-

perimentellen Manipulation der Variable ‚Aufmerksamkeit'" (wie man sich heute in der Psychologie ausdrückt) wurde dann durch Analyse der einzelnen assoziierten Wörter bestimmt.
Wie Aschaffenburg hat Jung seine Rohdaten in Tabellenform publiziert, so dass man seine Ergebnisse ebenfalls nachrechnen kann (Abb. 9). Jung konnte tatsächlich zeigen, dass Klangassoziationen nicht an den besonderen Zustand der Ermüdung geknüpft sind, sondern immer dann auftreten, wenn Aufmerksamkeit vom assoziativen Denken gleichsam abgezogen wird. Dies ist im Zustand der Ermüdung sicherlich auch der Fall, betrifft aber auch andere Zustände verminderter Aufmerksamkeit.

Das vorläufige Ende

100 Jahre später lesen sich die Forschungsergebnisse von damals einerseits recht kauzig und andererseits überaus modern. Man beforschte nicht nur die Denkgewohnheiten der Kollegen im Nachtdienst oder die Ursachen für ins Demenzielle spielende kognitive Defizite gipfelstürmender Professoren, sondern durchaus auch medizinisch relevante Sachverhalte, beispielsweise die Schizophrenie. Bis heute geht unser Verständnis dieser schweren seelischen Störung auf die Arbeiten von Eugen Bleuler und dessen Schüler Carl-Gustav Jung zurück, die beide das schizophrene Denken mit den experimentellen Mitteln der Assoziationsforschung minutiös genau beschrieben und so einen bleibenden Beitrag zur Aufklärung schizophrener Denkstörungen geleistet haben.

- Warum sind diese Dinge heute weitgehend unbekannt?
- Warum redet niemand über Galton, wenn vom Unbewussten die Rede ist?
- Warum ist C.-G. Jung für Mythen und Märchen, nicht aber für empirische Psychologie bekannt?

Die Forschungsarbeiten zu unbewussten Prozessen in der Psychologie und Psychiatrie von vor 100 Jahren lag wissenschaftsgeschichtlich mitten im Strom des damals herrschenden Forschungsparadigmas im Psycho-Bereich: der Assoziationspsychologie. Anders ausgedrückt: Psychologie (und damit auch psychologische Forschung in der Psychiatrie) war Assoziationspsychologie. Aus genau diesem Grunde war es für diese Art der Forschung folgenschwer, dass die Assoziationspsychologie im zweiten Jahrzehnt des letzten Jahrhundert, nahezu zeitgleich, sowohl in Europa als auch in den USA durch andere Paradigmen abgelöst wurde: Hierzulande war den Wissenschaftlern das Konzept der Assoziation zu eng und zu trocken, um die komplexe Natur menschlichen Denkens und Erlebens abzubilden. Die Assoziationspsychologie wurde aus letztlich diesem inhaltlichen Grund durch die Gestaltpsychologie und deren weitaus komplexere und reichere Begrifflichkeit abgelöst. In den USA fand die gegenteilige Bewegung statt: Dort war den führenden Psychologen das Konzept der Assoziation noch zu vage und schwammig, so dass man sich von der Psyche gänzlich verabschiedete und die Psychologie als reine Verhaltenswissenschaft (Behaviorismus) zu verstehen begann. In den USA erschien im Jahr 1913 Watsons Arbeit „Psychology as the Behaviorist Views It“, die von vielen als Beginn des Behaviorismus angesehen wird.

Zum vorläufigen Ende der wissenschaftlichen Beschäftigung mit unbewussten Prozessen hat sicherlich nicht zuletzt auch die Psychoanalyse beigetragen. Ihre deutlich anti-akademische Ausrichtung, ihre Immunisierungsstrategien gegenüber empirischen Widerlegungen (ein Befund wird so lange interpretiert, bis er wieder passt) und die insgesamt anti-akademische sowie zum Teil bis in die Esoterik hineinreichende Geisteshaltung ihrer Vertreter (Man denke nur an Wilhelm Reich und seinen „Orgon-Akkumulator“!) ließ das Unbewusste zu etwas nahezu Mystischem werden, das ehrfurchtsvoll bestaunt, aber nicht mehr wissenschaftlich untersucht wurde. Aus heutiger Sicht hat die Psychoanalyse damit das Unbewusste im Denken unserer Kultur fest verankert, zugleich aber für sehr viel Verwirrung, Unklarheit und sogar definitive (und teilweise bewusst lancierte) Falschinformation gesorgt.

Gewiss gab es da und dort kleine zeitlich-räumliche Inseln von Forschungsaktivität zu unbewussten Prozessen, sei es in der Wahrnehmung oder im Denken. Wenn man großzügig ist, kann man sogar viele Forschungsaktivitäten des letzten Jahrhunderts als Bemühungen verstehen, unbewusste Prozesse aufzuklären: Der gesamte Behaviorismus handelt definitionsgemäß von Gesetzmäßigkeiten, Reiz-Input und Verhaltens-Output, also von nicht bewussten Vorgängen.

Der verpatzte Neubeginn

Ein weiterer Grund für die „schlechte Presse“ unbewusster Prozesse ist mit dem Namen James Vicary verbunden (vgl. Dijksterhuis et al. 2005; Theus 1994): Im Herbst 1957 erschienen Sätze wie „Trink Cola!“, „Hungrig? Iss Popcorn!“ alle fünf Sekunden auf der Leinwand während eines Kinofilms in der Stadt Fort Lee im Bundesstaat New Jersey. Man hatte einfach in den ganz normalen Film, der aus 24 Bildern pro Sekunden besteht, ein zusätzliches Bild hineingeschnitten. Dieses 25. Bild, für weniger als 40 Millisekunden projiziert, wird nicht gesondert wahrgenommen, es erreicht nicht das Bewusstsein der Zuschauer. Obwohl die Botschaft also unterhalb der subjektiven Wahrnehmungsschwelle lag, publizierte Vicary, dass sich das Verhalten der Zuschauer geändert habe: Der Konsum von Coca-Cola sei um 58 %, der von Popcorn während des Kinofilms um 18 % gestiegen.

Während die Werbebranche euphorisch reagierte, fand Otto Normalverbraucher die Sache überhaupt nicht lustig: Die Idee, den Werbefachleuten über deren Zugriff auf das Unbewusste gleichsam willenlos ausgeliefert zu sein, verbreitete sich sehr

rasch in der Allgemeinbevölkerung. Schon 1959 ergab eine Umfrage, dass nahezu jeder zweite davon gehört hatte (vgl. Rogers u. Smith 1993). Bis heute gehört diese Geschichte zum bekanntesten, das die Psychologie der letzten 50 Jahre zu bieten hat, und man kann keinen Vortrag halten, nicht einmal eine Konversation über das Unbewusste beim Kaffee oder Bier führen, ohne dass diese Sache aufkommt. Dabei handelt es sich bei den „Erkenntnissen" des Herrn Vicary definitiv um gefälschte Daten, wie andere zunächst herausfanden und er selbst letztlich sogar öffentlich gestehen musste: Sehr bald nach dem Erscheinen seiner diesbezüglichen Publikation wurden erste Zweifel an der Wirksamkeit des neuen Verfahrens laut. Denn obwohl zahlreiche Werbefirmen die neue Technik einsetzten, stieg der Verkauf nicht im erwarteten Maß; die unbewusste Manipulation führte also keineswegs zu einem signifikant geänderten Kaufverhalten.
In einem in der Zeitschrift „Advertising Age" 1962 publizierten Interview gab Vicary schließlich zu, dass seine Daten die weitreichenden Schlussfolgerungen nicht erlaubten, obgleich er am Effekt im Prinzip festhielt. Seine Firma, Subliminal Projection Co., ging jedenfalls in jenem Jahr – fünf Jahre nach der Erstveröffentlichung – pleite, und der öffentliche Aufschrei über die Manipulation durch die „geheimen Verführer" (so der Titel der berühmten Monographie von Vance Packard zum Thema Werbung aus dem Jahr 1957, in Deutschland 1958 erschienen) ebbte langsam ab. Was blieb, ist die Tatsache, dass das Wort „subliminale Wahrnehmung" in den Sprachschatz der Bevölkerung eingegangen ist und dass jeder als erstes Beispiel hierfür die Experimente im Kino mit Pepsi und Popcorn nennt. Unter Wissenschaftlern blieb zunächst die Skepsis gegenüber subliminaler Werbung (vgl. Moore 1982; Pratkanis 1992) und subliminaler Wahrnehmung. Kein ernst zu nehmender Wissenschaftler (bzw. einer, der ernst genommen werden wollte) wagte es in den nächsten etwa zwei Jahrzehnten mehr, solcherart unbewusste Prozesse zu untersuchen.

Der wirkliche Wiederanfang

Die akademische Psychologie tangierte das Feld jedoch immer wieder und immer deutlicher: Studien zu den so genannten präattentiven Prozessen in der Wahrnehmung (beim Sehen und Hören geschieht vieles an komplexer Vorverarbeitung, ohne dass wir davon etwas merken) und zum Lernen von motorischen Fähigkeiten (man wird z. B. auch zwischendurch besser, wenn man gerade nicht übt) zeigten, dass in uns permanent sehr viele clevere geistige Prozesse ablaufen, von denen unser Geist nicht das Geringste mitbekommt. Die alte Erkenntnis von Leibniz drängte sich mit erdrückender Evidenz auf: Unser Geist arbeitet zu einem Gutteil vollautomatisch.
Bereits 1967 publizierten Benjamin Libet und Mitarbeiter ein Experiment, bei dem Versuchspersonen taktil so schwach gereizt wurden, dass sie nichts spürten, bei dem man aber dennoch somatosensorisch evozierte Potenziale nachweisen konnte.

Reize kamen also nachweislich im Gehirn an, obwohl sie nicht gespürt worden waren (Libet et al. 1967). In den 80er Jahren wurden schließlich auch methodisch aufwändige Studien publiziert, die kaum einen Zweifel daran ließen, dass es Unterschiede zwischen objektiver und subjektiver Wahrnehmung geben kann: Man sieht oder hört den Reiz nicht, aber er hat einen messbaren Effekt auf nachfolgende geistige Leistungen (Marcel 1983).
Nicht zuletzt die seit den 90er Jahren immer bedeutsamer werdende kognitive Neurowissenschaft bewirkte ein verstärktes Interesse an unbemerkt ablaufenden Prozessen, wurden diese doch durch Methoden der Gehirnforschung besser zugänglich als durch die Messung von Verhaltensdaten wie Reaktionszeiten und Fehlern allein. Schließlich brachte die neurowissenschaftlichen Grundlagenforschung Einsichten zur Neuroplastizität und zur Modularität des Gehirns, mit denen sich die Gedanken von Leibniz unschwer verknüpfen lassen. Synapsen ändern sich durch ihren Gebrauch, und obgleich sie sehr klein und zugleich sehr zahlreich sind, lassen sich Lernprozesse ganz allgemein als synaptische Modifikationsprozesse verstehen.
Der Aufbau unseres Gehirns ist modular (vgl. Abb. 10). Das bedeutet, dass es spezialisierte Module gibt, die beispielsweise für Sprache, das Farbensehen, die Gesichter-Erkennung oder den Tastsinn zuständig sind. Wie wir alle zuweilen leidvoll erfahren, wenn uns beispielsweise ein Wort auf der Zunge liegt oder der Name einer Person, die wir uns lebhaft vorstellen, einfach nicht einfallen will, können modular gespeicherte Informationen zuweilen nicht für uns verfügbar sein, weil der Zugriff nicht möglich ist. Hinzu kommt, dass unser Gehirn sehr viele Informationen implizit gespeichert hat, über die wir explizit nicht verfügen: Unser Sprachproduktionsapparat hat beispielsweise die gesamte Grammatik der Muttersprache gespeichert, obwohl kaum jemand diese explizit aufschreiben kann. Unsere Motorik muss die Hebelgesetze und die Gravitationskonstante der Erde gespeichert haben, sonst könnten wir beispielsweise nicht laufen. Dennoch können wir diese Informationen nicht direkt auslesen.
Aus dieser expliziten Unzugänglichkeit vieler implizit gespeicherter Informationen folgt keineswegs, dass diese Informationen nicht abgerufen und verwendet werden. Ganz im Gegenteil: Die Module sind vielmehr in einem hohen Grad miteinander vernetzt. Zudem muss man – wenn man die am visuellen System gemachten Erfahrungen berücksichtigt – annehmen, dass der Informationsfluss keineswegs nur von einfacheren zu komplexeren Arealen geht (Bottom-up), sondern dass vielmehr ebenso massive Verbindungen in die andere Richtung vorliegen, dass also ein Top-down-Einfluss gespeicherter Informationen auf einfachere Verarbeitungsareale wahrscheinlich ist. Aus rein quantitativen Überlegungen folgt weiterhin, dass über nur wenige zwischengeschaltete Synapsen jedes Neuron im Gehirn prinzipiell mit jedem anderen Neuron verbunden ist.

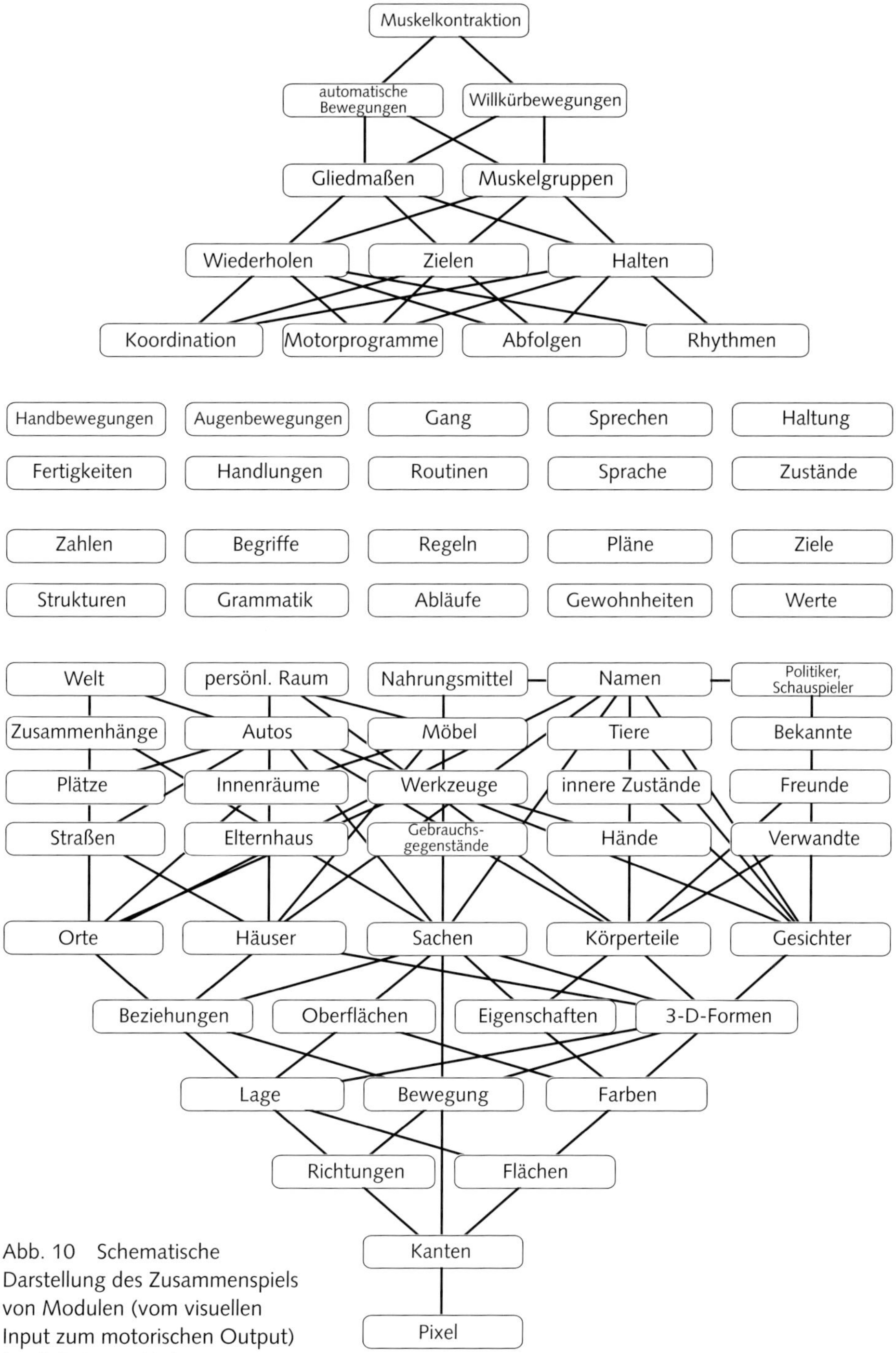

Abb. 10 Schematische Darstellung des Zusammenspiels von Modulen (vom visuellen Input zum motorischen Output) (nach Spitzer 2005)

Modularität und Plastizität

Die Modularität des Kortex und die Plastizität der Synapsen sind damit als wesentliche Mechanismen unbewusster Prozesse neurobiologisch identifiziert. Betrachten wir hierzu zwei Beispiele, eines aus der visuellen Wahrnehmung und eines aus der Motorik.

In Abbildung 11 sind zwei Tische dargestellt, ganz unterschiedliche Tische, wie man leicht sehen kann: ein quadratischer Couchtisch rechts und ein länglicher Esstisch links. Was würden Sie sagen, wenn jemand behauptete, die beiden Tischplatten seien identisch? „Unsinn“, würden sie sagen: Die Tischplatte links ist lang und schmal, die rechts kürzer und breiter, eben quadratisch. In Wahrheit jedoch sind beide Platten wirklich gleich groß. Wer es nicht glaubt, der lege ein durchsichtiges Blatt Pergamentpapier über eine der beiden Tischzeichnungen, zeichne die Platte ab, schneide sie aus und lege sie dann, leicht gedreht, auf den anderen Tisch. Voilà: Passt haargenau. (Ja, und wenn Sie es jetzt beim Lesen noch immer nicht glauben, dann holen sie sich bitte eine Schere – bitte, denn dann werden sie es glauben!)

Der Grund dafür, dass Sie hier gar nicht anders können als zwei ganz verschiedene Tischplatten zu sehen, liegt in Ihnen, genau genommen: in Ihren vielen Seh-Erfahrungen mit Tischen. Sie können gar nicht anders, als Ihr Wissen über Tische zu verwenden – und somit sehen Sie sich einen Couchtisch und einen länglichen Esstisch gewissermaßen „zurecht“. Das Ganze erledigt Ihr Sehsystem für Sie, Sie machen das also keineswegs „selbst“. Vielmehr wird der Effekt durch unbewusste Prozesse in Ihnen erledigt.

Betrachten wir das zweite Beispiel, das ebenfalls ganz einfach ist (Abb. 12). „Nehmen sie einen Klotz und legen sie ihn oben hin!“ So lautete die Aufforderung an die Versuchspersonen, die einen der beiden Klötze ergreifen und oben wieder ablegen sollten. Das war schon alles. Die einfachsten Experimente sind eben noch immer die besten!

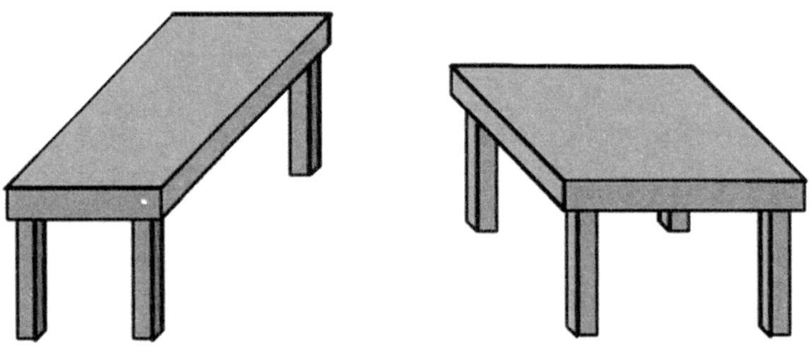

Abb. 11 Zwei Tische mit ganz unterschiedlichen Tischplatten – oder?

Die einzige experimentelle Variation besteht in Folgendem: Auf den Klötzen befindet sich jeweils eine Zahl, z.B. eine 8 oder eine 2. Analysiert man nun die Handbewegung im Einzelnen, d.h., betrachtet man die Öffnung zwischen Daumen und Zeigefinger im Verlauf der Bewegung (Andres et al. 2008), so stellt sich heraus, dass die Zahl auf dem Klotz den Grad der Öffnung der greifenden Hand beeinflusst: Insbesondere zu Beginn der Bewegung geht die Hand weiter auf, wenn ein Klotz gegriffen wird, auf dem eine 8 steht, als wenn ein Klotz gegriffen wird, auf dem eine 2 steht. Gegen Ende der Bewegung gibt es keinen Unterschied mehr. Ganz offensichtlich bestimmt jetzt die physikalische Größe des Klotzes die Programmierung der Bewegung, und die Finger zoomen gewissermaßen genau an den Ort, der für das Ergreifen des Klotzes jeweils optimal ist. Zu Beginn der Bewegung hingegen spielt die abstrakte Größe der Zahl eine Rolle: Die 8 ist größer als die 2, und ganz offensichtlich führt diese Information dazu, dass Daumen und Zeigefinger etwas weiter auseinandergehen, denn sie müssen ja „etwas Größeres“ greifen, als wenn sie „nur eine 2“ greifen (Abb. 13).

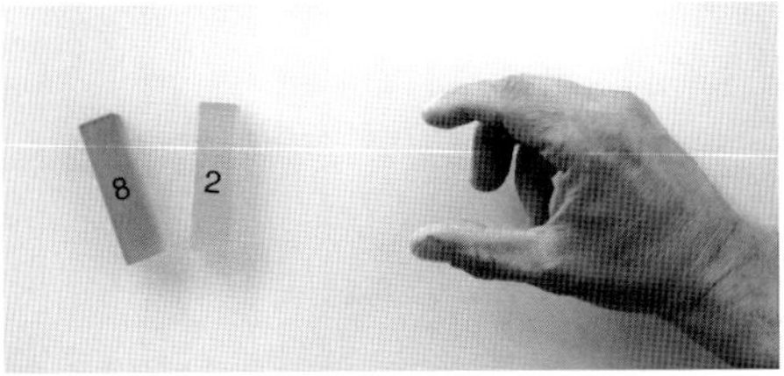

Abb. 12 Experiment zum Ergreifen eines Klotzes. Der Vorgang des Greifens wird dabei mittels geeigneter Instrumente genau aufgezeichnet, um z.B. die Entfernung zwischen Daumen und Zeigefinger in jeder Phase der Bewegung genau zu ermitteln.

Aber ist die Zahl nicht vollkommen irrelevant? Natürlich ist sie das, für unser bewusstes Denken und unsere bewusste Steuerung. Unbewusst jedoch, d.h. ohne unser willentliches und bewusst gesteuertes Denken nehmen wir die Zahl zur Kenntnis, wenn wir auf den Klotz schauen, ebenso wie wir ein Wort zur Kenntnis nehmen, wenn wir es ganz kurz gezeigt bekommen. Was wir nicht können, ist ein Wort oder eine Zahl zu sehen und sie *nicht* zur Kenntnis nehmen. Wir haben Wort oder Zahl immer schon zur Kenntnis genommen, wenn wir Wort oder Zahl wahrgenommen haben, ganz gleich, ob wir dies wollen oder nicht.

Das bekannteste Beispiel hierfür ist der Stroop-Effekt: Sie sollen die Farbe eines Wortes benennen, das Wort jedoch nicht lesen. Wenn Sie nun das Wort „Rot“ in blauer Tinte gedruckt wahrnehmen und sollen dann die Farbe des Wortes angeben, also „Blau“ sagen, so brauchen Sie hierfür länger als beispielsweise dann, wenn das blaue Wort auch tatsächlich „Blau“ lautet. Mit anderen Worten, das gelesene Wort geht in Ihre Antwort ein (die Farbe des Wortes zu benennen), ob Sie dies wollen oder nicht. Genauso ist es im Falle der Zahlen: Die Größe der Zahl (8 oder 2) geht in Ihr Denken ein, ob Sie dies wollen oder nicht. Wenn Sie dann den entsprechenden Gegenstand greifen, geht diese wahrgenommene Größe in die Programmierung der Greifbewegung ein, und zwar vor allem am Anfang, also dann, wenn die Physik des Gegenstandes (seine Länge) noch nicht die allergrößte Rolle spielt. Das Experiment zeigt aus meiner Sicht sehr schön, wie viel Geist in einer simplen Bewegung steckt.

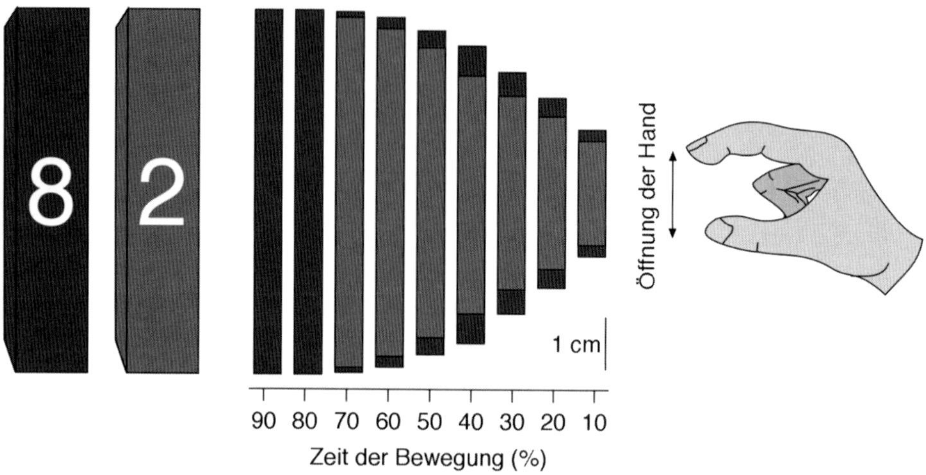

Abb. 13 Zahlen in Bewegung. Je nachdem, ob auf einem Klotz, den man ergreift, eine große oder kleine Zahl steht, öffnet sich die Hand beim Greifen, insbesondere zu Beginn der Bewegung (mod. nach Andres et al. 2008).

Unbewusste Prozesse: überall!

Diese Erkenntnis fügt sich mühelos in die Reihe der bereits an dieser Stelle geschilderten Befunde zu unbewussten Prozessen ein: Sehe ich das Wort „Greifen", so werden Bereiche in primären sensomotorischen Arealen aktiviert, die der Repräsentation der Hand entsprechen. Gleiches gilt für das Wort „Treten" („Fußareale" werden aktiviert) oder für das Wort „Lecken" (Mund- und Zungenareale werden aktiviert) (Hauk et al. 2004). Und wer gerade an das allgemeine Konzept „Alter" durch eine bestimmte Technik erinnert wurde, ohne dass er es merkte, läuft hinterher langsamer (Bargh et al. 1996). Wer französische Musik hört, greift eher zu französischem Wein, und wer deutsche Musik hört, greift eher zu deutschem Wein – und wer gerade Geldscheine gesehen hat, ist geiziger (Vohs et al. 2006), fühlt sich mitunter aber auch besser und hat weniger Schmerzen (Zhou et al. 2009). Wer in einer vermüllten oder Graffiti-verunstalteten Gegend ist, hält sich weniger an soziale Normen (Keizer et al. 2008). Kurz: Unser Verhalten wird auf der makroskopischen Ebene bis hinunter zur mikroskopischen Ebene des Wahrnehmens der Welt und der Ausführung von Bewegungen im Einzelnen durch Bedeutungsgehalte mit gesteuert, die sich aktiv bereits im System befinden, also von anderen kortikalen Modulen derzeit gerade in Form aktivierter Erregungsmuster repräsentiert werden.

So versteht man plötzlich, warum soziale Kälte wirklich kalt ist, oder warum man sich nach einer unmoralischen Tat gerne die Hände wäscht, wie die beiden abschließenden Beispiele demonstrieren.

Gemeinschaft und Wärme gehen für unser Empfinden ebenso einher wie Einsamkeit und Kälte: Eine offene, großzügige, umgängliche und freundliche Person, die jeder kennt, wird von uns ganz allgemein als warm bezeichnet, der abweisende, harsche, egoistische Einzelgänger dagegen als kalt. Unsere Sprache ist voll von entsprechenden Beispielen für die Verbindung von Einsamkeit mit Kälte und Gemeinschaft mit Wärme. Zwei Psychologen von der Universität von Toronto gingen daher kürzlich der Frage nach, ob es auch Bahnungsphänomene zwischen der Erfahrung *sozialer* Kälte/Wärme einerseits und der Bevorzugung tatsächlicher, *physikalischer* Kälte/Wärme andererseits gibt (Zhong u. Leonardelli 2008), d. h. ob soziale Kälte oder Wärme die wahrgenommene physikalische Temperatur beeinflusst. Hierzu wurde soziale Ablehnung oder soziales Aufgehobensein durch eine Erinnerungsprozedur jeweils beeinflusst. 65 Studenten wurden in zwei Gruppen aufgeteilt; die einen sollten sich an eine soziale Situation erinnern, bei der sie ausgeschlossen worden waren, die anderen an eine soziale Situation, bei der sie sich in der Gemeinschaft gut aufgehoben gefühlt hatten. Danach wurden alle Versuchspersonen gefragt, wie hoch sie die Raumtemperatur einschätzten. Man erklärte ihnen, dass der für die Heizung verantwortliche Hausmeister diese Informationen benötige, um das System besser einzustellen. Keiner der Versuchsteilnehmer hatte (wie sich hinterher beim Befragen zeigte) irgendeine Vermutung im Hinblick auf den Zusammenhang zwischen der „psychologischen Situation“ des Erinnerns und der anschließenden, „zufällig“ noch gestellten Frage nach der Temperatur. Konform mit der Temperatur-Bahnungshypothese zeigte sich aber (vgl. Abb. 14), dass die Versuchspersonen, die eine Erfahrung der sozialen Ablehnung erinnerten, die Raumtemperatur im Mittel um gut 2,5 °C geringer einschätzten (21,44 °C) als diejenigen, die sich an eine Situation des sozialen Aufgehobenseins erinnerten (24,02 °C).

Kommen wir zum zweiten, abschließenden Beispiel: Sauberkeit dient häufig als Metapher für Moralität, „dreckig“ steht entsprechend oft für „unmoralisch“. Der Ausdruck „ein paar dreckige Hände“ bezeichnet im Chinesischen einen Dieb. Hierzulande macht man sich „die Hände nicht schmutzig“, wenn man sich aus unmoralischen Aktivitäten heraushält. Man hat dann eine „saubere Weste“ und keinen „Dreck am Stecken“. Zu dieser Metaphorik passt die Tatsache, dass es in vielen Religionen symbolische „Waschungen“ gibt, mit denen die Gläubigen moralisch „rein“ werden. Die Hindus machen das in heiligen Flüssen, die Christen mit der Taufe, bei der die Erbsünde von den Babys abgewaschen wird.

Vier in der Fachzeitschrift „Science“ publizierte Experimente beschäftigten sich mit der Frage nach dem Zusammenhang von moralischer Bedrohung einerseits und körperlicher Reinlich-

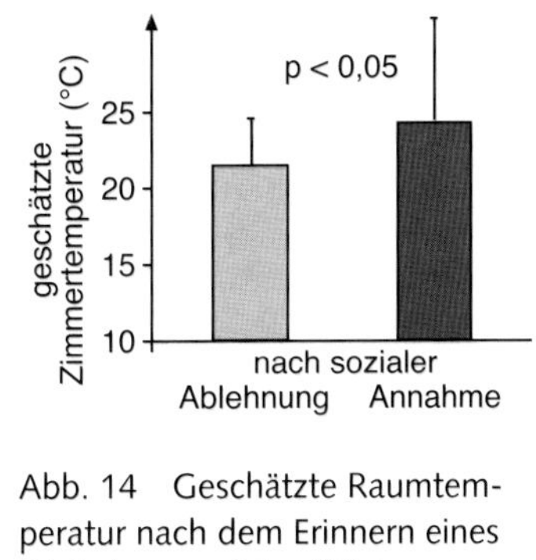

Abb. 14 Geschätzte Raumtemperatur nach dem Erinnern eines Erlebnisses sozialer Ablehnung (links) bzw. sozialer Annahme (rechts) (nach Daten aus Zhong u. Leonardelli 2008).

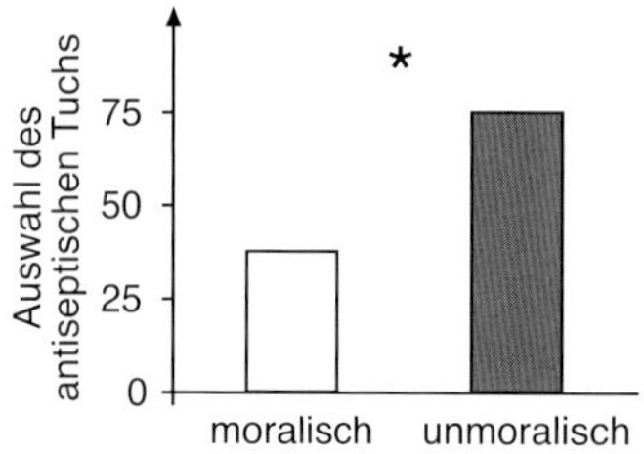

Abb. 15 Prozentsatz der Teilnehmer in der jeweiligen Gruppe, die das antiseptische Tuch gegenüber dem Bleistift bevorzugten. Der Unterschied ist mit * $p = 0{,}03$ signifikant (nach Daten aus Zhong u. Liljenquist 2006, S. 1451, Tabelle 1).

keit andererseits (Zhong u. Liljenquist 2006). Zwei der Experimente seien kurz geschildert. Jeweils 16 Personen sollten sich an eine moralische bzw. unmoralische eigene Tat erinnern und diese detailliert beschreiben. Danach konnten sie eines von zwei kleinen Geschenken für sich auswählen, entweder einen Bleistift oder ein antiseptisches Tuch zum Putzen der Hände. Es wurde ihnen gesagt, dass beides von einer früheren Studie übrig sei und dass der Versuchsleiter daher diese Dinge jetzt unentgeltlich verteilen würde. Wie Abb. 15 zeigt, wählten wesentlich mehr Teilnehmer, die zuvor ein unmoralisches eigenes Erlebnis berichtet hatten, das antiseptische Tuch. Das Experiment bestand in einem Fragebogen, in dem sich die Probanden im Hinblick auf die Emotionen Ekel, Glück, Amüsiertheit, Schuld, Peinlichkeit, Bedauern, Ruhe, Scham, Vertrauen, Erregung, Stress und Wut einschätzen sollten. Wie sich zeigte, reduzierte das Händewaschen selektiv diejenigen Emotionen (Ekel, Bedauern, Schuld, Scham, Peinlichkeit und Wut), die man zuvor durch Faktorenanalyse als *moralisches Cluster* identifiziert hatte.

Ein weiteres Experiment diente dazu, herauszufinden, ob tatsächliches Waschen eine Person von moralischer Belastung bzw. moralischen Skrupeln entlastet (wie ja das religiöse Waschen nahe legt). 45 Studenten wurden wieder einer von zwei Gruppen per Zufall zugeordnet. Alle Probanden sollten zunächst eine von ihnen ausgeführte unmoralische Handlung beschreiben. Danach wurden sie per Zufall einer von zwei Gruppen zugewiesen: Die einen konnten sich die Hände mittels eines antiseptischen Tuchs säubern, die anderen nicht. Man sagte ihnen (als Cover Story), dass die hiesige Ethikkommission von den Versuchsleitern verlangt hatte, den Versuchspersonen für ihre Hände feuchte Säuberungstücher zur Verfügung zu stellen, nachdem sie die möglicherweise bakteriell kontaminierten, häufig und öffentlich benutzten Computer verwendet hatten. Den anderen wurde lediglich gesagt, dass sie nun mit dem Experiment fertig seien und sich zum nächsten begeben könnten.

Danach wurden die Probanden gefragt, ob sie an einer weiteren Forschungsstudie teilnehmen würden. Es wurde ihnen gesagt, dass ein Student freiwillige Versuchspersonen für seine Dissertation brauche, aber kein Geld mehr habe, um sie für ihre Mitarbeit zu bezahlen, da der Student derzeit keine Mittel habe, aber unbedingt seine Dissertation beenden müsse (Cover Story). Man ging dabei davon aus, dass diejenigen Probanden, die ihre unmoralische Tat zuvor erinnert hatten, dadurch motiviert seien, dem Studenten zu helfen, gleichsam um dadurch ihr erinnertes moralisch falsches Verhalten kompensieren zu können. Demgegenüber sollten die Teilnehmer, die nach dem Computer-Test die Möglichkeit hatten sich die Hände zu reinigen, weniger geneigt sein, sich freiwillig weiterhin als Versuchsperson zur Verfügung zu stellen, weil sie ihre moralische Verfehlungen bereits „reingewaschen“ hatten.

Wie Abb. 16 zeigt, führte das Reinigen der Hände tatsächlich zu einer deutlichen Verminderung der freiwilligen Teilnahme an einem weiteren Experiment: Aus der Gruppe der Probanden, die sich nicht hatte reinigen können, boten 74 % ihre Hilfe an. Demgegenüber waren es nur 41 % aus der Gruppe der Probanden, die gerade ihre Hände gereinigt hatten (p = 0,025). Nach dem Erinnern einer eigenen unmoralischen Tat vermindert also das Waschen der Hände die Motivation zu einer kompensierenden guten Handlung von 74 % auf 41 %, d.h. die Hilfsbereitschaft ging um fast die Hälfte zurück!

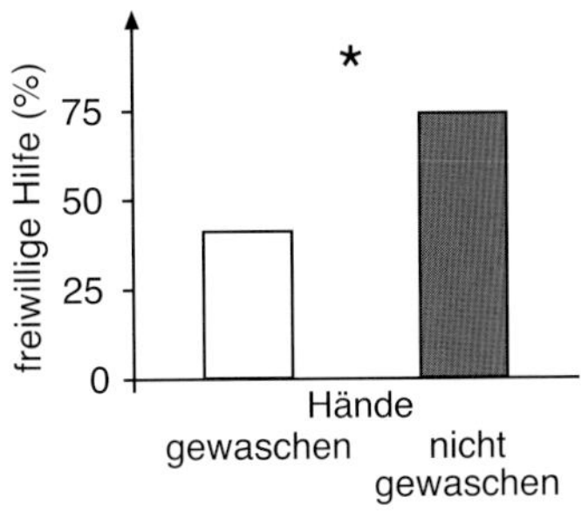

Abb. 16 Häufigkeit der Versuchspersonen, die nach der Beschreibung einer eigenen unmoralischen Handlung Hilfe anboten in Abhängigkeit davon, ob sie sich kurz vor der Frage nach Hilfe die Hände gesäubert hatten oder nicht. Der Unterschied ist mit * p = 0,025 signifikant (nach Daten aus Zhong u. Liljenquist 2006, S. 1451, Tabelle 1).

Moralisch fragwürdiges Verhalten steht mit subjektiv erlebter Unreinheit in Beziehung, so lautet das Fazit dieser Experimente, und führt zu einem Bedürfnis nach körperlicher Säuberung. Diese reduziert zum einen die unangenehmen Emotionen, die unmoralische Handlungen in uns auslösen, und mindert unsere Motivation, uns gut zu verhalten. Zum anderen sind wir tatsächlich weniger hilfsbereit, denn das „Reinwaschen“ mindert unseren Wunsch, früheres unmoralisches Verhalten durch gute Taten wiedergutzumachen.

Was folgt? In jedem Fall muss angesichts der hier vorgestellten Daten und der globalen Finanzkrise in der *Metaphern-Forschung* die Frage aufgegriffen werden, ob das Sprichwort „Eine Hand wäscht die andere“ vielleicht noch einen anderen Entstehungshintergrund hat, als den des *Do ut des* (ich gebe, damit du gibst), zumal es sicherlich gehäuft in Situationen verwendet wird, die moralisch nicht integer sind. Was die praktischen Konsequenzen des Zusammenhangs von körperlicher Hygiene und moralischem Handeln anbelangt, so sind diese nicht so einfach auszumachen wie bei der prosozialen Wärme-Metapher: Hier ist klar, dass Gedanken an sozial glückende Erlebnisse die Heizkosten deutlich senken können.

Im Hinblick auf die Finanzkrise mag der Zyniker vielleicht simulierte Wassernotstände in den Chefetagen von Großbanken und Hedgefonds-Verwaltungen vorschlagen. Die dreckigen Hände sollten das Bedürfnis nach wenigstens moralischer Integrität deutlich steigern! Ein Gesetz, das die Ausführung bedeutender politischer Debatten und Entscheidungen in Moorbädern vorschreibt, ginge in die gleiche Richtung. Vielleicht genügt ja schon die deutlich weniger radikale Empfehlung, sich im Rahmen des Morgengebets täglich der eigenen früheren Verfehlungen zu erinnern. – *Nach* dem Duschen! In jedem Falle gilt, dass die Erforschung unbewusster Prozesse in den vergangenen Jahren einen ungeahnten Aufschwung erfahren hat. Freud hätte seine Freude ...

Literatur

Andres M, Olivier E, Badets A (2008). Actions, Words, and numbers. A motor contribution to semantic processing? Curr Dir Psychol Sci; 17: 313–7.

Aschaffenburg G (1896). Experimentelle Studien über Associationen I. In: Kraepelin E (ed). Psychologische Arbeiten I, pp. 209–299, Leipzig: Engelmann.

Aschaffenburg G (1899). Experimentelle Studien über Associationen II. In: Kraepelin E (ed). Psychologische Arbeiten II, pp. 1–83, Leipzig: Engelmann.

Aschaffenburg G (1904). Experimentelle Studien über Associationen III. In: Kraepelin E (ed). Psychologische Arbeiten IV, pp. 235–373, Leipzig: Engelmann.

Bargh JA, Chen M, Burrows L (1996). Automaticity of social behavior: Direct effects of trait construct and stereotype activation on action. Journal of Personality and Social Psychology; 71: 230–244.

Bargh JA, Williams EL (2006). The automaticity of social life. Current Directions in Psychological Science; 15: 1–4.

Bechterew VM (1913). Objektive Psychologie oder Psychoreflexologie. Die Lehre von den Assoziationsreflexen. Leipzig: Teubner.

Bleuler E (1911). Dementia Praecox or the Group of Schizophrenias, transl. by Ziskin J, Lewis ND; New York: International Universities Press, 1950.

Dijksterhuis A, van Knippenberg A (1998). The relation between perception and behavior, or how to win a game of Trivial Pursuit. Journal of Personality and Social Psychology; 74: 865–877.

Dijksterhuis A, Aarts H, Smith PK (2005). The power of the subliminal: On subliminal persuasion and other potential applications. In: Hassin RR, Uleman JS, Bargh JA (Hg): The New Unconscious. Oxford Series in Social Cognition and Social Neuroscience, S. 77–107. Oxford University Press: Oxford.

Francis WN, Kucera H (1982). Frequency Analysis of English usage. Lexicon and Grammar. Boston: Houghton Mifflin.

Freud S (1895). Project for a scientific psychology. The Standard Edition of the Comlete Psychological Works of Sigmund Freud, vol. 1, pp. 283–397. London: Hogarth Press, 1978.

Freud S (1900). Die Traumdeutung (The Interpretation of Dreams). Gesammelte Werke II/III. Frankfurt: S. Fischer, 1976.

Galton F (1879). Psychometric experiments. Brain; 2: 149–162.

Galton F (1883). Inquiries into Human Faculty and Its Development. London: MacMillan.

Hauk O, Johnsrude I, Pulvermuller F (2004). Somatotopic representation of action words in the human motor and premotor cortex. Neuron; 41: 301–7.

Jung CG (1903). Über Simulation von Geistesstörung. Gesammelte Werke 1 (Psychiatrische Studien), 2nd ed., pp. 169–201. Olten, Freiburg: Walter, 1978.

Jung CG (1905). Experimentelle Beobachtungen über das Erinnerungsvermögen (Experimental Obervations on the Faculty of Memory). Gesammelte Werke 2 (Experimentelle Untersuchungen), pp. 289–307. Olten, Freiburg: Walter, 1979a.

Jung CG (1906a). Experimentelle Untersuchungen über Assoziationen Gesunder. Gesammelte Werke 2 (Experimentelle Untersuchungen), pp. 15–213. Olten, Freiburg: Walter, 1979a.

Jung CG (1906b). Die Psychopathologische Bedeutung des Assoziationsexperiments. Gesammelte Werke 2 (Experimentelle Untersuchungen), pp. 429–446. Olten, Freiburg: Walter, 1979a.

Jung CG (1906c). Über das Verhalten der Reaktionszeit beim Assoziationsexperimente. Gesammelte Werke 2 (Experimentelle Untersuchungen), pp. 239–288. Olten, Freiburg: Walter, 1979a.

Jung CG (1906d). Analyse der Assoziationen eines Epileptikers (Analysis of the Associations of an Epileptic Patient). Gesammelte Werke 2 (Experimentelle Untersuchungen), pp. 214–238. Olten, Freiburg: Walter, 1979a.

Jung CG (1906): Über die Psychologie der Dementia Praecox. Gesammelte Werke 3 (Psychogenese der Geisteskrankheiten), 2nd ed., pp. 3-170. Olten, Freiburg: Walter, 1979b.

Leibniz GW (1700). Neue Abhandlungen über den menschlichen Verstand. Hamburg: Meiner Philosophische Bibliothek, 1767/1971.

Libet B, Alberts WW, Wright EW, Feinstein B (1967). Responses of human somatosensory cortex to stimuli below threshold for conscious sensation. Science; 158: 1597–1600.

Marcel A (1983). Conscious and unconscious perception: An approach to the relations between phenomenal experience and perceptual processes. Cognitive Psychology; 15: 238–300.

Moore TE (1982). Subliminal Advertising: What you see is what you get. Journal of Marketing; 6(Spring): 38–47.

Packard V (1958). Die geheimen Verführer. Berlin: Econ-Verlag.

Pratkanis AR (1992). The Cargo-cult science of subliminal persuasion. Skeptical Inquirer; 16: 260–272.

Rogers M, Smith KH (1993). Public perception of subliminal advertising: Why practitioners shouldn't ignore this issue. Journal of Advertising Research; 33(2): 10.

Spitzer M (1992) Word-Associations in experimental psychiatry: A historical perspective. In: Spitzer M, Uehlein FA, Schwartz MA, Mundt C (Hg): Phenomenology, Language and Schizophrenia, S. 160–196. New York: Springer.

Spitzer M (1993). Assoziative Netzwerke, formale Denkstörungen und Schizophrenie. Zur experimentellen Psychopathologie sprachabhängiger Denkprozesse. Nervenarzt; 64: 147–159.

Theus KT (1994). Subliminal advertising and the psychology of processing unconscious stimuli: A review of research. Psychology & Marketing; 11(3): 271–290.

Vohs KD, Mead NL, Goode MR (2006). The psychological consequences of money. Science; 314: 1154–6.

Watson JB (1913). Psychology as the behaviorist views it. Psychol Rev; 20: 158–77.

Wundt W (1893). Grundzüge der Physiologischen Psychologie, 4th ed., vols I u. II. Leipzig: Engelmann.

Zhou X, Vohs KD, Baumeister RF (2009) The symbolic power of money. Psychological Science; 20: 700–6.

Zhong CB, Leonardelli GJ (2008). Cold and Lonely: Does Social Exclusion Literally Feel Cold? Psychological Science; 19(9): 838–43.

Zhong CB, Liljenquist K (2006). Washing away your sins: Threatened morality and physical cleansing. Science; 313: 1451–2.

Zhou X, Vohs KD, Baumeister RF (2009). The symbolic power of money. Psychological Science; 20: 700–6.

8 Hirnmüll oder Königsweg zum Unbewussten

Ist der Traum ein salonfähiges Forschungsthema?

Michael H. Wiegand

Salonfähig? Gibt es überhaupt noch Salons? Früher habe ich regelmäßig in Salons verkehrt, z. B. im Eissalon „Furgeri“ in Hagen-Haspe und im nicht weit davon entfernten Friseursalon von Herrn Bauermann. Auf diese Art von Salons jedoch bezieht sich der Ausdruck „salonfähig“ offenbar eher nicht. Vermutlich sind die eigentlichen Salons (diejenigen der feinen Gesellschaft des 19. Jahrhunderts) ja auch ausgestorben. Der Begriff „salonfähig“ dagegen hat überlebt; salonfähig ist ein Thema oder Verhalten, das in entsprechenden (besseren?) Kreisen kein betretenes Schweigen und/oder Naserümpfen auslöst. Auf die Wissenschaft bezogen: Salonfähig ist eine Thematik, die anerkannt und forschungswürdig ist, beispielsweise die Einteilung der postsynaptischen Serotonin-Rezeptoren. Dagegen ist die Diskussion über zahlenmäßigen Umfang, hierarchische Gliederung, Einteilung und Zuständigkeitsverteilung innerhalb der Engelwelt nicht mehr salonfähig (ich fürchte, nicht einmal mehr auf Theologen-Kongressen – aber weiß man's?).

Der Traum – ein wissenschaftlich salonfähiges Thema? Was würde der „Gebildete“ (gemeint ist so etwas in Richtung Arte-Zuschauer) unserer Tage mit dieser Thematik assoziieren? Vermutlich in erster Linie die Namen Freud und Jung, die er jedoch eher der Therapeuten-Couch oder der Studierstube des Wissenschaftshistorikers zuordnen würde, nicht so sehr einem modernen Forschungslabor. Und sonst? Vielleicht noch die Träume Josephs und Daniels aus dem Alten Testament. Oder den Traum-Urlaub in der Karibik, wo man im Traum-Resort den Traum-Partner findet. Das heißt: im Bewusstsein weiter Teile der Öffentlichkeit, auch der Fach-Öffentlichkeit, ist der Traum kein Thema von nennenswertem aktuellen wissenschaftlichen Interesse mehr. Im Zeitalter der blühenden neurobiologischen und genetischen Forschung, angesichts der Verheißungen von moderner Psychopharmakologie und Gentechnologie mag das Interesse an Träumen in bestimmten Nischen (Psychoanalyse, Kunst, Esoterik etc.) noch eine Weile überleben – die „Megatrends“ scheinen in andere Richtungen zu gehen.

Einspruch. Zum einen war und ist der Traum seit Jahrhunderten (auch vor, während und nach der Psychoanalyse) durchgehend Objekt wissenschaftlicher Hypothesenbildung und empirischer Forschung gewesen (Engelhardt 2006; Siebenthal 1953). Zum zweiten ist in den letzten Jahren, inspiriert durch neurobiologischen Methoden- und Erkenntnisfortschritt, das Interesse an dieser Thematik derart gewachsen, dass es nicht vermessen erscheint, von einer „Renaissance der Traumfor-

schung“ zu sprechen. Die renommierte, über jeden Mystizismus-Verdacht weit erhabene Fachzeitschrift „Behavioral and Brain Sciences“ beispielsweise widmete dem Thema im Jahre 2000 ein weit über 1 000 Seiten umfassendes Sonderheft („Special Issue: Sleep and Dreaming“). In neueren Publikationen wird ein Überblick gegeben über das breite Spektrum an Fachdisziplinen, die sich gegenwärtig mit dem Träumen befassen (Wiegand et al. 2006).
Aber der Reihe nach – ein gutes Rezept, um den Überblick zu behalten: Man „sagt es klar und angenehm, was erstens, zweitens und drittens käm“ (Busch 1873).

Träumen vor Freud: eine lange Geschichte

In leicht schräger, eher dem primärprozesshaften Denken verpflichteter Abwandlung eines Diktums von Loriot („Ein Leben ohne Möpse ist möglich, aber sinnlos“, Loriot 2003) kann man konstatieren: Träumen vor Freud war möglich, ja sogar allgemein üblich und vermutlich auch teilweise sinnvoll. Der einzige Unterschied: Es gab noch keine Freudianer.
Aber schon in der Antike war der Traum als Forschungsthema ein Problemfall. Kompetenz für seine wissenschaftliche Behandlung und den praktischen Umgang mit ihm (d. h. seine politisch korrekte und zielführende Deutung) reklamierten für sich: Philosophen, Priester, Propheten, Politiker und andere dubiose Personenkreise. Auch die Dignität des Traums als eines ernst zu nehmenden Gegenstandsbereichs wurde wiederholt ernsthaft infrage gestellt. Und das zieht sich durch die ganze Geschichte. Simplifiziert gesagt: Immer gab es zwei Fraktionen. Träume wurden entweder als Offenbarungen äußerer oder innerer „höherer“ Wahrheiten sehr ernst

Abb. 1 Ruinen des Asklepios-Tempels auf Kos (Foto: M. H. Wiegand)

genommen – oder als „Schäume" und sinnloses Geflimmer entwertet. Was für Platon einen Einblick in das Reich der Ideen bedeutete (Mertens 2000), war für den nüchternen Empiriker Aristoteles ein „Fortbestehen von Sinneseindrücken, die wie kleine Strudel, die in Flüssen entstehen, oft so bleiben, wie sie zu Beginn waren, oft aber miteinander kollidieren und so neue Formen annehmen" (zit. nach Borbély 1984). Also Geflimmer, allenfalls von flüchtigem ästhetischen Reiz.
Die Antike hat aber auch schon die Heilkraft der Träume gekannt. Erste erfolgreiche Ansätze zu deren kommerzieller Verwertung stammen von der Marketing-Abteilung des (antiken!) Asklepios-Konzerns: Kranke verweilten oft wochenlang in den entsprechenden Heiligen Bezirken (Abb. 1) und berichteten jeden Morgen dem diensthabenden Priester den Traum der vorangegangenen Nacht – so lange, bis dieser kraft seines Fachwissens entschied, dass es diesmal der „richtige" wahr; deutete ihn, gab noch ein paar Ratschläge, nahm die Liquidation entgegen, gab eine Quittung aus (für etwaige Erstattung bei der Kasse) und schickte den Patienten geheilt nach Hause. Um Asklepios-Priester zu werden, musste man natürlich eine mehrjährige, sehr zeit- und kostenintensive Ausbildung absolvieren ... aber das System kennen Sie ja.
In der zweiten Hälfte des 19. Jahrhunderts dominierte in Biologie und Medizin die empirisch-positivistische Orientierung. Die herrschende Lehrmeinung war, dass Träume Ausdruck „defizienten" oder „degenerierten" Denkens seien – Ergebnis eines Versuchs, im Schlafzustand etwas zustande zu bringen, was eigentlich nur im Wachzustand funktionieren kann: Denken. Zuvor hatte sich auch Kant sehr intensiv mit dem Träumen auseinandergesetzt; seine bündige Schlussfolgerung: „Der Verrückte ist (...) ein Träumer im Wachen" (Kant 1765), andersherum formuliert: Der Träumer spinnt.

Träumen mit Freud: auf dem Königsweg

Freuds Traumtheorien waren vor dem Hintergrund des wissenschaftlichen Klimas um die Wende zum 20. Jahrhundert eine revolutionäre Antithese zur den herrschenden Defizit-Theorien. Freud hat allerdings mehrere, nicht immer miteinander kompatible Hypothesen über die Funktion des Träumens aufgestellt. Die bekannteste ist vermutlich die vom „Hüter des Schlafs". Vielleicht deshalb, weil sie naturwissenschaftlich-medizinischem Denken nahe steht. Die Kontinuität des Schlafs wird gewährleistet durch Mechanismen, die dem Träumen zugrunde liegen. Der Traum ist sozusagen der Wachhund (darf auch ein Mops sein, Hauptsache laut), der potenzielle nächtliche Ruhestörer vertreibt, damit Herrchen und Frauchen weiterschlafen können. Um im Bild zu bleiben: Ein Albtraum entstünde dann, wenn der Wachhund dummerweise so laut bellt, dass die Herrschaft aufwacht. Was aber auch sinnvoll sein kann, wenn es ein Einbrecher wirklich ernst meint. Der Traum

ist Mittel zu einem übergeordneten, biologisch sinnvollen Zweck: Erhaltung der Schlafkontinuität.
Andere Hypothesen Freuds zur Funktion des Träumens geben dem Traum einen ganz anderen Stellenwert; beispielsweise die Idee von der „via regia", dem Königsweg zum Unbewussten. Im Lichte dieser Hypothese wohnt der Traum eigentlich nicht in der Hundehütte, er braucht auch niemanden zu hüten, sondern ist selbst ein preziöser, selbst der Behütung bedürfender Gegenstand – Behütung durch den ihn umgebenden Schlaf? Wann immer Träume (im engeren Sinne) direkt aus dem Wachzustand heraus auftreten, handelt es sich um pathologische Phänomene (z. B. bei der Narkolepsie). Im normal-physiologischen Fall geht dem Träumen stets eine Zeit traumlosen Schlafs voraus. Der Traum ist eingebettet in den Schlaf. Der Schlaf – Hüter des Traums?
Freud hat noch weitere Hypothesen zum Träumen generiert. Zum Teil waren es operationalisierbare, also prinzipiell überprüfbare Annahmen. Nicht zufällig: Freud verstand sich als Naturwissenschaftler, und einige seiner Bemerkungen deuten darauf hin, dass er manche Hoffnung auf künftig noch zu entdeckende neurobiologische Zusammenhänge setzte.
„Nehmen Sie nun an, es wäre uns etwa auf chemischem Wege möglich, in dies Getriebe einzugreifen, die Quantität der jeweils vorhandenen Libido zu erhöhen oder herabzusetzen oder den einen Trieb auf Kosten eines anderen zu verstärken, so wäre dies eine im eigentlichen Sinne kausale Therapie (…); mit unserer psychischen Therapie greifen wir an einer anderen Stelle des Zusammenhanges an, nicht gerade an den uns ersichtlichen Wurzeln der Phänomene." (Freud 1917, S. 419)
Später hat man dergleichen zeitweise als „szientistisches Selbstmissverständnis der Psychoanalyse" kritisiert (Habermas 1968). Als der Traum zum Objekt neurobiologischer Forschung wurde, hatte man viele überprüfbare Hypothesen, derer man sich gerne bediente – oft ohne ihre Herkunft offenzulegen.

Träumen nach Freud: der REM-Schlaf als Schnittstelle zwischen Leib und Seele?

Die moderne Schlafforschung beginnt mit der Entdeckung und systematischen Registrierung der elektrischen Hirnaktivität, des Elektroenzephalogramms (EEG), durch Hans Berger (1931). Bald nach den ersten EEG-Ableitungen im Wachzustand wurden auch die Charakteristika der hirnelektrischen Aktivität im Schlaf beschrieben (Loomis et al. 1937): Die Schlaftiefe variiert im Verlaufe einer Nacht und lässt sich auf einem Kontinuum vom flachen Schlaf zum Tiefschlaf abbilden.
1953 wurde der REM-Schlaf als eigenes Schlafstadium entdeckt (Aserinsky u. Kleitman 1953). Das EEG dieses Schlafstadiums ähnelt auf den ersten Blick dem flachen Schlaf, jedoch treten schnelle Augenbewegungen auf, und der Muskeltonus

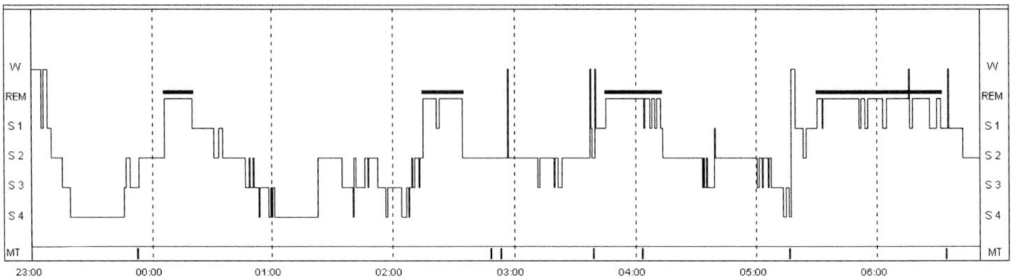

Abb. 2 Ganznacht-Hypnogramm einer gesunden jungen Versuchsperson (S1 bis S4 = Schlafstadien 1 bis 4; MT = movement time [größere Körperbewegungen]).

ist weitestgehend aufgehoben. Im Verlaufe einer Nacht tritt der REM-Schlaf periodisch etwa alle 90 Minuten auf. Die Episoden sind zunächst kurz und werden im Verlauf der Nacht immer länger. Sie alternieren mit dem „NREM-Schlaf" (sprich: NonREM-Schlaf); unter diese Bezeichnung werden die Schlafstadien 1 bis 4 subsumiert (Abb. 2).

Bald nach der Entdeckung des REM-Schlafs wurde erkannt, dass dieses Schlafstadium mit mentalen Vorgängen verknüpft ist, die in der Regel als Träume erlebt werden (Aserinsky u. Kleitman 1955; Dement u. Kleitman 1957a, 1957b; Foulkes 1962). Probanden wurden im Schlaflabor aus dem REM-Schlaf heraus gezielt geweckt; dabei erhielt man in bis zu 95 % der Fälle einen Traumbericht, während bei Weckungen aus dem NREM-Schlaf die Traumberichtsfrequenz nur etwa 10 % betrug. Solche REM-Schlaf-Weckungen wurden bald zur Standardmethode der experimentell-psychologischen Traumforschung.

Kurz danach entdeckte man, dass die REM-Phasen fast immer mit Erektionen verbunden sind (Karacan et al. 1976). Spätestens jetzt waren viele Psychoanalytiker begeistert: Auf dem Königsweg zum Unbewussten hat man(n) regelmäßig Erektionen – wenn das keine Bestätigung der Libidotheorie ist!

Der REM-Schlaf ist ferner charakterisiert durch eine schlaffe Lähmung der gesamten quergestreiften Muskulatur, mit Ausnahme der Herz-, Zwerchfell- und Augenmuskulatur. Ein Traum kann noch so wild sein – man sieht es dem Träumer nicht an (Abb. 3). Wird diese Muskelatonie durch krankhafte zentralnervöse Prozesse aufgehoben, kann der Träumer durch exzessive Bewegungen sich selbst und andere gefährden; dieses Krankheitsbild ist als „REM-Schlaf-Verhaltensstörung" erst seit einigen Jahren bekannt und abzugrenzen vom Schlafwandeln, das in aller Regel aus dem NREM-Schlaf heraus auftritt und nicht mit Träumen verbunden ist.

Die Begriffe „REM-Schlaf" und „Traum-Schlaf" wurden von nun an für lange Zeit synonym verwendet. Diese Gleichsetzung war anfangs wissenschaftlich stimulierend; einen großen Teil unseres systematischen Wissens über Trauminhalte verdanken wir der Methodik der REM-Schlaf-Weckungen im Schlaflabor, und auch viele andere der im Folgenden noch darzustellenden Erkenntnisse beruhen darauf – bis hin zu den neuesten funktionell-anatomischen Daten. Im weiteren Verlauf der For-

Abb. 3 Männlicher Schläfer mittleren Lebensalters, vielleicht im REM-Schlaf, möglicherweise träumend, dass er soeben seinen Chef oder seine Ehefrau ermordet oder aber auch etwas Sinnvolleres tut (Busch 1865).

schung hat sich die Einengung des Blickfelds der Traumforscher auf den REM-Schlaf jedoch eher hemmend ausgewirkt und Forschung und Theoriebildung in manche Sackgasse geführt (Solms 1997, 2000).

Wozu die Träumerei?

Träumen, um nicht verrückt zu werden?

Angesichts der phänomenologischen Parallelen zwischen Traum und psychotischer Symptomatik ist schon früh die Hypothese diskutiert worden, inwieweit Traumunterdrückung die Entstehung von Psychosen begünstigt. William Dement (1960) sowie später Berger und Oswald (1962) beobachteten psychopathologische Auffälligkeiten bei Versuchspersonen, die im Schlaflabor regelmäßig aus beginnenden REM-Phasen heraus geweckt wurden. Sämtliche folgenden, gründlicheren, methodisch besseren und mit psychopathologisch eindeutig unauffälligeren Probanden durchgeführten Studien konnten diese ersten Ergebnisse jedoch nicht mehr replizieren (Fisher u. Dement 1963; Clemes u. Dement 1967). Dennoch hält sich weiterhin der Mythos, dass Traumunterdrückung zu Psychosen führe.
Auch eine länger dauernde medikamentöse Unterdrückung des REM-Schlafs hat keine negativen Folgen. Im Gegenteil: Die meisten wirksamen Antidepressiva reduzieren die Dauer des REM-Schlafs und verlängern die REM-Latenz (Winokur et al. 2001), mit nur wenigen Ausnahmen, z.B. Trimipramin (Wiegand u. Berger 1989) und Nefazodon (Wiegand et al. 2004). Mit einer solchen Suppression des REM-Schlafs ist nicht notwendig auch eine Reduktion des Traum-Erlebens verbunden. Also: Träumen ist keine Psychose-Prophylaxe.

Träumen, um zu lernen?

Die Entdeckung des REM-Schlafs bei Tieren führte zu intensiven Untersuchungen der Zusammenhänge zwischen Schlaf, Lernen und Gedächtnis. Winson (1972, 1993) entdeckte während des REM-Schlafs bei verschiedenen Säugetieren einen auffälligen Theta-Rhythmus im Hippocampus mit einer Frequenz um 6/Sek. Dieser Rhythmus war bei diesen Spezies bereits aus dem Wachzustand bekannt: Er tritt stets dann auf, wenn das Tier besondere, für das individuelle Überleben wichtige Leistungen zu vollbringen hatte; darüber hinaus erschien der Theta-Rhythmus stets, wenn sich das Versuchstier in fremden Umgebungen zurechtzufinden hatte. Wie sich experimentell durch Einzelpotenzialableitungen an Hippocampuszellen demonstrieren ließ, geht diese Aktivität im REM-Schlaf von den gleichen Zellen aus, die auch am Vortag, beispielsweise bei einem intensiven Futtersuch-Training, aktiv waren. Diese Beobachtungen stützten die Hypothese, dass es eine der Funktionen des REM-Schlafs sein könnte, besonders lebenswichtige Informationen nachts in einem gesonderten Arbeitsgang („off-line") erneut zu bewerten und mit früheren Erfahrungen abzugleichen.
Mittlerweile ist die „gedächtniskonsolidierende" Wirkung nicht nur des REM-Schlafs, sondern ebenso des NREM-Schlafs weitgehend nachgewiesen (Siegel 2001; Stickgold et al. 2001; Fosse et al. 2003). Born und Wagner (2004) fanden überzeugende Belege zu differenziellen Effekten von REM- und NREM-Schlaf auf das Lernen. Beide Arten von Schlaf fördern offenbar unterschiedliche Arten von Gedächtnis. Im NREM-Schlaf wird vorrangig das „deklarative" Gedächtnis gefördert, also das Behalten von Tatsachenwissen, d.h. von allem, was wir über die Welt wissen („semantisches Gedächtnis"). Dazu gehört aber auch das „episodische Gedächtnis": die Erinnerung an eigene Erlebnisse. Der REM-Schlaf fördert eher das „prozedurale Gedächtnis", z.B. erlernte motorische Abläufe wie Rad fahren oder Klavierspielen. Zusätzlich scheint der REM-Schlaf solche deklarativen Gedächtnisinhalte zu begünstigen, die eine starke emotionale Färbung besitzen. Dieses Thema ist weiterhin ein ganz aktueller Gegenstand der experimentellen psychologischen und neurobiologischen Forschung. Die hier wirksamen Prozesse laufen unabhängig davon ab, ob die sie begleitenden kognitiven Inhalte dann als Träume erinnert und verarbeitet werden. Wir lernen also wirklich im Schlaf – aber weitgehend unabhängig davon, ob wir träumen, was wir träumen, ob wir uns an Träume erinnern und ob wir erinnerte Träume ernst nehmen.

Träumen, um zu vergessen?

Auf den ersten Blick fast konträr erscheinend, jedoch kompatibel mit Theorien zur schlafassoziierten Gedächtniskonsolidierung erscheint die Theorie von Crick und Mitchison (1983), die die Hauptfunktion des Träumens im selektiven Vergessen sehen. Sie postulierten, dass während der REM-Phasen eine Art „Löschprogramm"

ablaufe – mit dem Zweck, die am Tage durch die vielen Sinneseindrücke gefüllten Speicher des Gehirns wieder frei zu machen durch Löschung überflüssiger neuronaler Verknüpfungen und Löschung nutzloser Inhalte.
Diese Theorie trägt deutlich Züge ihrer Zeit: Es waren die 70er Jahre des vorigen Jahrhunderts, in denen Computer riesige blaue Kästen waren, die in großen Hallen herumstanden, auf denen meistens „IBM" stand. Ein Hauptproblem der damaligen Computerei hieß: Speicherplatz. Er war immer zu knapp, das Speichermedium waren riesige Magnetband-Trommeln, Speicherchips waren noch in Entwicklung. Nachts wurden eigens konzipierte Löschprogramme „gefahren", die überflüssige Inhalte entfernten und damit Speicherplatz für die Aufgaben des nächsten Tages frei machten. So macht es nach Crick und Mitchison das Gehirn auch. Inzwischen wissen wir, wie naiv der damalige Mythos vom „Gehirncomputer" war. Zweifellos spielen bei der schlafgebundenen Gedächtniskonsolidierung auch Löschvorgänge eine Rolle; die Hypothese von Crick und Mitchison ist allerdings sehr einseitig. Träume sind in ihren Augen nichts als Fragmente aus zu löschenden Inhalten, die gelegentlich zufällig (z. B. bei intermittierendem Erwachen) zu Bewusstsein kommen, was eigentlich nicht vorgesehen sei. Sie seien zur Entsorgung bestimmt, es sei kontraproduktiv, ihnen besondere Bedeutung beizumessen: „Never recall a dream". Eine bewusst provokativ formulierte anti-psychoanalytische Spitze.

Träumen: Entertainment fürs Gehirn?

Der größte Anti-Freudianer unter den Schlafforschern ist jedoch zweifellos Allan Hobson aus Boston. Er hat sich, anknüpfend an wichtige Arbeiten von Jouvet et al. (1963), seit den 60er Jahren des letzten Jahrhunderts sehr intensiv mit der Neurophysiologie des Schlafs beschäftigt und zusammen mit McCarley den Mechanismus der reziproken Interaktion zwischen REM- und NREM-Schlaf entdeckt (Hobson u. McCarley 1971; Hobson et al. 1975). Nach diesem Modell resultiert das periodische Alternieren von NREM- und REM-Schlaf aus dem Wechselspiel aminerger und cholinerger Neuronenpopulationen.
Aus diesen meisterhaften und faszinierenden neurophysiologischen Studien haben Hobson und Mitarbeiter dann sukzessive eine Traumtheorie entwickelt, die sich sehr pointiert gegen die freudschen Hypothesen wendet, insbesondere gegen die Annahme einer Sinnhaftigkeit der Träume. Als „Aktivierungs-Synthese-Theorie" war sie über lange Zeit ein herrschendes Forschungsparadigma (Hobson u. McCarley 1977; Hobson et al. 2000; Hobson u. Pace-Schott 2002; Pace-Schott u. Hobson 2002; Pace-Schott 2005). Demnach entstehen Träume ausschließlich im REM-Schlaf. In der Phase der Aktivierung erzeugen cholinerge „REM-on-Zellen" im oberen Hirnstamm zufällige Erregungssequenzen, die aufsteigen und höhere Hirnzentren stimulieren. In der Phase der Synthese empfängt das Großhirn das chaotische Stimulationsmuster „von unten" und tut das, was es den ganzen Tag tut und worauf es hochspezialisiert ist: Es erzeugt *Sinn*, d. h., es versucht, sich einen Reim

auf die wirren Stimuli zu machen, so gut es gerade geht; der erlebte Traum ist „nichts anderes als" das Ergebnis dieses Versuchs. Irgendetwas kommt ja immer dabei heraus. So wie man beim Bleigießen zu Silvester in jeder noch so bizarren Zinnfigur stets irgendwas erkennen kann (wobei es umso unterhaltsamer wird, je besser man den Gießenden und seine Lebensumstände kennt ...).

Nach Hobson sind „höhere" Hirnzentren nicht an der primären Genese der Träume beteiligt; damit gibt es für ihn keine neurobiologische Basis für irgendeine psychoanalytische Theorie. Ihm zufolge sind Träume Reflexe; ihr biologischer Sinn könnte allenfalls in einem gewissen Trainingseffekt für höhere zerebrale Funktionen bestehen. Das ansonsten im Schlaf etwas unterbeschäftigte, aber prinzipiell tatendurstige Großhirn soll nicht „einrosten", außerdem auch etwas Spaß haben: Damit wäre nach Hobson die Funktion des Träumens genau jene Mischung aus Erhaltung der vollen zerebralen Funktionalität und schierem Spaß, wie sie sich in jüngster Zeit unter dem Motto des genialen Neologismus „Braintertainment" (Spitzer u. Bertram 2007) allmählich auch für den Wachzustand durchzusetzen beginnt. (In der Tat hat Hobson einmal, wohl schon im Stadium der Altersweisheit, konzediert, dass die Beschäftigung mit Trauminhalten auch einen gewissen Unterhaltungswert habe, also Entertainment biete.)

Die Theorien von Allan Hobson und seinen Mitarbeitern haben über Jahrzehnte hinweg die Forschung und Hypothesenbildung im Bereich der neurobiologischen Traumforschung in einem Maße dominiert, dass man von einem Paradigma sprechen konnte. Entsprechend der Lehre des Wissenschaftsphilosophen und -historikers Thomas Kuhn (1973) werden solche Theorien als Paradigmata bezeichnet, denen es gelingt, ihre Erklärungs- und Überzeugungskraft und damit auch Macht im Sinne „herrschender" Lehrmeinung in einer Scientific Community über lange Zeit beizubehalten – auch wenn zwangsläufig zunehmend empirische Evidenzen beschrieben werden, die mit dem Paradigma nicht in Einklang zu bringen sind („Anomalien"). Das Paradigma „wehrt sich" durch immer neue Zusatzannahmen, um die Anomalien zu erklären, ohne den Theoriekern zu beschädigen (vgl. Nielsen 2000). Dadurch wird das Paradigma jedoch immer komplizierter und unhandlicher, es verliert seine anfängliche Eleganz und entspricht irgendwann nicht mehr dem wissenschaftstheoretischen Prinzip der Sparsamkeit. In dieser Situation tritt dann in der Regel ein neues Paradigma auf, und in einer Art Revolution (oder physikalischer Kipp-Entladung) läuft in recht kurzer Zeit die Mehrheit der Scientific Community zum neuen Paradigma über.

Gibt es einen Paradigmenwechsel in der Traumforschung? Zumindest gibt es mittlerweile eine Fülle von Befunden, die mit der Aktivierungs-Synthese-Theorie nicht ohne Weiteres in Einklang zu bringen sind. Dazu gehören die nicht an REM-Schlaf gebundenen Träume; dazu gehört auch das Fehlen der von Hobson als zentrales Merkmal angesehenen „Bizarrheit" in den meisten Träumen. Die empirisch-psychologische Traumforschung zeigt, dass die allermeisten Träume eben nicht bizarr sind, sondern ganz überwiegend der so genannten Kontinuitätshypothese im Sinne einer Fortsetzung alltäglicher Gegebenheiten entsprechen (Schredl 2006, 2007).

Auch die dominante Stellung des Neurotransmitters Acetylcholin im Rahmen des REM-Schlaf- bzw. Traumgeschehens wird infrage gestellt durch damit nicht vereinbare neurochemische und neuropharmakologische Beobachtungen. So werden Halluzinationen am häufigsten ausgelöst durch hypocholinerge Zustände, beispielsweise im antimuskarinergen Delir oder bei entsprechenden Vergiftungen. Extensive cholinerge Defizite dürften die Ursache für die visuellen Halluzinationen sein, die bei der Lewy-Körper-Demenz beobachtet werden.
Auf den Theoriekern von Hobsons Paradigmas – die Gleichsetzung von REM-Schlaf und Traumschlaf – zielen jedoch die Hypothesen und Befunde von Mark Solms, eines Londoner Neurophysiologen und Psychoanalytikers. Für ihn sind REM-Schlaf und Träume zwei schlafassoziierte Prozesse, die weitestgehend unabhängig voneinander reguliert werden.

Träumen, damit Wünsche wahr werden („Freud reloaded")?

Mark Solms (1997, 2000) sieht Traumveränderungen als neuropsychologische Syndrome an, analog zu Aphasien, Apraxien oder Agnosien; wie diese können sie Hinweise geben auf die Funktion des jeweils lädierten Areals. Anhand einer Studie an Patienten mit Hirnläsionen und einer umfangreichen Literaturanalyse demonstrierte er, dass aufgrund einer Schädigung im Bereich der Brückenhaube häufig kein REM-Schlaf mehr auftrat; nur bei einem dieser Patienten jedoch fiel die Traumaktivität vollständig aus (Charcot-Wilbrand-Syndrom). Alle übrigen „Traumlosen" hatten keinerlei Schädigung der pontinen Mechanismen der REM-Schlaf-Generierung und somit einen intakten REM-Schlaf. Betroffen war bei den meisten von ihnen der untere Parietallappen oder die weiße Substanz um die Vorderhörner der Seitenventrikel. Seltener gab es auch Traumausfall bei Läsionen der okzipito-temporo-parietalen Übergangsregion.
Zur Entstehung von Träumen ist nach Solms die pontine, cholinerg dominierte Stimulation unerheblich. Träumen werde primär im Vorderhirn generiert. Im Zentrum des Geschehens stehen der hochaktive mediobasale frontale Kortex und die limbischen Kerne, ein durch dopaminerge Transmission gekennzeichneter Regelkreis, der für Neugier, Interesse und Erwartung steht. Dopaminerge Projektionen aus der ventralen tegmentalen Area des Mittelhirns erzeugen das Traumbewusstsein, das nach Belohnung und Wunscherfüllung sucht. In der Tat, das haben wir schon einmal gehört: der Traum als halluzinatorische Wunscherfüllung.
Diese Erregungen werden durch vordere limbische Strukturen abgeblockt und erreichen somit nicht den frontalen Kortex, der entsprechend deaktiviert bleibt; stattdessen erreichen sie die heteromodalen inferior-parietalen Regionen und den unimodalen visuellen Assoziationskortex. Wir können weiterschlafen: Der Traum ist der Hüter des Schlafs. Nur Schädigungen auf der obersten Verarbeitungsebene, etwa des dopaminergen Systems im Frontallappen, führen zu einem totalen Traumausfall (bei erhalten bleibendem REM-Schlaf); tiefer liegende Schädigungen beein-

trächtigen nur bestimmte Qualitäten des Traums, nicht das Träumen selbst. Eine Schädigung der Pons schließlich kann nur den REM-Schlaf eliminieren, bei erhaltener bleibender Traumfähigkeit.

In der Schlaf- und Traumforschung ist dem Neurotransmitter Dopamin bisher wenig Aufmerksamkeit geschenkt worden, da die Dopamin-Konzentrationen zwischen Wachen und Schlafen sowie zwischen REM-Schlaf und NREM-Schlaf kaum spontanen Schwankungen unterworfen sind. Es gibt jedoch klinische Befunde, die auf die Bedeutung des Dopamins für das Träumen hinweisen:

- der von Solms beschriebene totale Traumausfall bei Zerstörung des mesolimbischen Dopamin-Systems
- die nicht mit einer Veränderung des REM-Schlafs einhergehende Steigerung der Traumintensität durch L-Dopa und andere Anti-Parkinson-Medikamente
- die Reduktion der Traumaktivität durch Dopamin-Antagonisten

Doch gibt es auch hier relativierende Befunde: Die auf die Dopamin-Wiederaufnahme hemmend wirkenden Stimulanzien (z. B. Methylphenidat) haben nur in hohen Dosen einen Effekt auf die Träume, und die D2-antagonistischen Neuroleptika hemmen die Traumaktivität nicht.

Aus meiner Sicht haben wir mit den Theorien und Befunden von Mark Solms ein veritables neurobiologisches Gegen-Paradigma. Allan Hobson bezeichnet seinen Kontrahenten gelegentlich polemisch als „Neo-Freudianer“; das verweist erstens auf sein Temperament und zweitens auf seine Einsicht, es hier wirklich mit einem ernst zu nehmenden Gegner zu tun zu haben. Drittens jedoch tut er Solms unrecht; dessen Überlegungen und Schlussfolgerungen basieren auf empirischen Untersuchungen und sind keinesfalls eine direkte Weiterführung der damals zwangsläufig spekulativen Hypothesen des Begründers der Psychoanalyse. Freud reloaded? Wir werden sehen.

Träumen, um die Sau rauszulassen?

Seit Mitte der 90er Jahre besitzen wir ein immer größer werdendes „Fenster zum Gehirn“: die Methoden der funktionellen Bildgebung (s. Kap. 11, S. 185). Auch die Gehirnfunktionen im Schlaf können immer genauer dargestellt werden. Da kommen dann diese bunten Bildchen heraus, die einem staunend-ehrfurchtsvollen Publikum suggerieren, dass das Gehirn im Grunde ganz einfach funktioniert: Wo's rot aufleuchtet, „geht's zu“ im Gehirn; ist die Power irgendwo raus, wird's kalt und blau (wenn die Leute wüssten, durch welche hochartifiziellen, weitgehend durch variable Ausgangsparameter manipulierbaren Rechenoperationen diese so nach „kalt“ und „warm“ aussehenden Bildchen zustande kommen …). Allerdings ist die Untersuchung schlafender Probanden – speziell mit der Zielsetzung, die Hirnfunktionen in unterschiedlichen Schlafstadien zu vergleichen – extrem aufwändig und methodisch komplex. Ein spezielles Problem kommt bei der funktionellen Kernspintomographie hinzu: Die Geräte machen einen solchen Lärm und sind meist zudem so eng, dass an Schlafen nicht zu denken ist (umso heroischer zu werten die präliminaren Daten einer Arbeitsgruppe im Max-Planck-Institut für Psychiatrie in München; Czisch et al. 2002). Die Mehrzahl der funktionell-bildgebenden Untersuchungen im Schlaf wurde mittels der fast geräuschlosen (dafür leider radioaktiven) Positronenemissionstomographie (PET) durchgeführt. Schon die ersten Studien von verschiedenen Arbeitsgruppen (Maquet et al. 1996; Nofzinger et al. 1997, 2002; Braun et al. 1998) zeigten eine erstaunliche Übereinstimmung der Ergebnisse, die auch in späteren Untersuchungen im Wesentlichen immer wieder repliziert werden konnte.

Die typischen Veränderungen der Hirnfunktion im REM-Schlaf sind in Abbildung 4 dargestellt. Es handelt sich hier um eine schematische Darstellung, die Daten aus den PET-Studien mehrerer Arbeitsgruppen zusammenfasst. Sie beruht auf den Differenzen des regionalen zerebralen Blutflusses (rCBF) zwischen REM-Schlaf und dem Wachzustand.

Spezifisch für den REM-Schlaf ist die Aktivierung im Bereich der Brückenhaube. Aktiviert sind ferner die Thalamuskerne sowie einige limbische und paralimbische Areale: Amygdalae, Hippocampusformation und der vordere Gyrus cinguli; aktiviert sind auch temporo-okzipitale Areale. Deaktiviert sind der dorsolaterale präfrontale Kortex, die parietalen Kortizes und der hintere Gyrus cinguli und Präcuneus.

Entscheidender und übereinstimmender Befund ist der Kontrast zwischen einer Deaktivierung der mit kognitiver Kontrolle assoziierten exekutiven Teile des frontalen Kortex und einer deutlichen Aktivierung zerebraler Strukturen, die an der Regulation von Gefühlen beteiligt sind. Man könnte auch mit Goya sagen: Vorne schläft

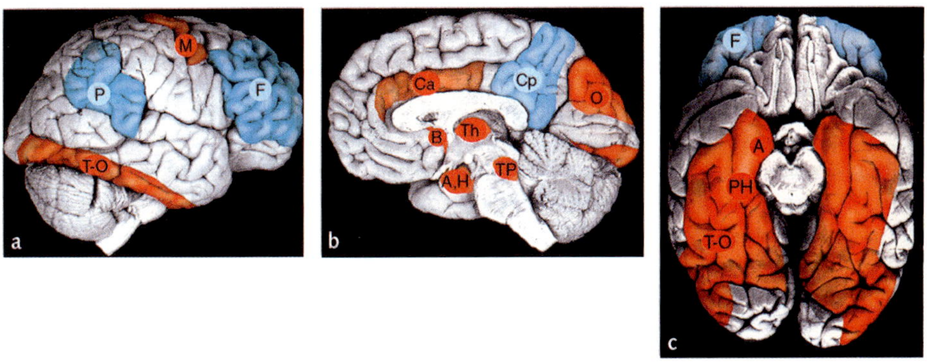

Abb. 4a,b,c Regionale Aktivierungsdifferenzen zwischen REM-Schlaf und Wachen im PET: (a) Ansicht von lateral; (b) Ansicht von medial; (c) Ansicht von ventral; Rot: Im REM-Schlaf gegenüber Wach aktiviert; Blau: Im REM-Schlaf gegenüber Wach deaktiviert; TP: Brückenhaube; A: Amygdala; B: Basales Vorderhirn; Ca: Cingulum anterior; Cp: Cingulum posterior; F: Präfrontaler Kortex; H: Hypothalamus; O: okzipito-lateraler Kortex; M: Motorischer Kortex; P: Parietaler supramarginaler Kortex; PH: Gyrus parahippocampalis; Th: Thalamus; T-O: temporo-okzipitaler extrastriataler Kortex (aus: Schwartz u. Maquet 2002).

die Vernunft, und hinten toben die Monster. Wenn das kein Abbild des „Primärprozesses“ ist! Freud wäre begeistert. Würde er wohl seine Couch durch einen Positronenemissionstomographen ersetzen? PET statt Bett?
Zum Abkühlen: Natürlich sind die Daten beschränkt aussagefähig. Wenn ein Hirnareal in irgendeinen Prozess involviert ist, kann der Metabolismus gesteigert oder reduziert sein. Die Stichproben der PET-Studien sind in der Regel sehr klein. Die Auflösung ist begrenzt; Strukturen wie die Raphekerne oder der Locus coeruleus sind kaum darstellbar. Speziell beim FDG-PET ist die zeitliche Auflösung sehr grob, so dass es meist nicht gelingt, eine Sequenz zu untersuchen, in der ausschließlich ein bestimmtes Schlafstadium auftritt (FDG = ^{18}F-Fluordeoxyglukose). Bislang ist es nicht gelungen, PET-Scans von REM-Schlaf ohne begleitende Traumaktivität aufzuzeichnen; ebenso fehlen PET-Bilder von NREM-Schlaf mit Träumen.
Festhalten können wir aber: Im REM-Schlaf lassen wir wirklich jede Nacht die Puppen tanzen – ob wir uns erinnern oder nicht.

Träumen: Griff in den Giftschrank?

Wäre dies ein Vortrag, würde ich etwa jetzt mit einer Zwischenfrage rechnen: „Wann, bitteschön, werden Sie endlich zum Thema kommen?“ Zum Thema? Ach so, zum „Traum“. Ja, vom Traum war bisher wenig die Rede. Es ging vielmehr um die Neurophysiologie des Schlafs, speziell des REM-Schlafs, um den Zusammenhang von Schlaf (besonders REM-Schlaf) und kognitiven Vorgängen (z. B. Lernen und Gedächtnis) sowie um die Funktion des REM-Schlafs und der mit ihm assoziierten kognitiven Vorgänge.
Träume wurden erwähnt als mehr oder weniger zufällig gelegentlich zustande kommende, meist aber nicht erinnerte und auf ewig vergessene „Epiphänomene“ schlafassoziierter kognitiver Vorgänge, die schon bei der direkten REM-Schlaf-Weckung im Schlaflabor einer rigorosen redaktionellen Bearbeitung unterworfen werden, spätestens aber auf der Couch des Psychoanalytikers.
Mit keinem Wort wurde diskutiert, ob es sinnvoll ist, sich um die Erinnerung an Träume zu bemühen, vielleicht unter Zuhilfenahme von Schreibblock und Diktiergerät, zu versuchen, sie zu verstehen, und sich darüber Gedanken zu machen, ob uns ein Traum etwas sagen will über unser Leben, ob es gut ist, darauf zu hören und Konsequenzen daraus zu ziehen, die das eigene Leben verändern können, ob man Entscheidungen darauf basieren kann, kurz: Ob uns der Traum „hilft, zu leben“ (Hesse 1941).
Haben wir uns bislang nur in der Vorhalle zum Traum aufgehalten, aus Scheu, das Allerheiligste zu betreten? Hängen wir die Frage etwas tiefer. Wir haben uns überwiegend mit der „primären Funktion“ des Träumens befasst: jenen mittels neurobiologischer und experimentell-psychologischer Methodik erfassbaren Vorgängen, aus denen das Träumen resultiert und gelegentlich die Erinnerung an Spuren dieses Träumens. Was die „sekundäre“ oder „kulturelle“ oder „lebenspraktische“ Funktion des Träumens betrifft – die „Mülltheorie“ von Crick und Mitchison gibt ja zu

denken. Wenn das Traum-Erinnern, das Ernstnehmen der Träume, sogar die therapeutische Instrumentalisierung der Träume so wichtig wären für das Leben, für die geistige und seelische und körperliche Gesundheit – warum sind diese Dinge dann so unendlich schwer zugänglich? Eingesperrt wie in einem Giftschrank? Was muss man für Verrenkungen machen, um sich an einen Traum zu erinnern! Warum sind Leute, die sich nie an Träume erinnern und/oder sie niemals ernst nehmen, psychisch und physisch genauso gesund wie andere (Schredl u. Montasser 1997)? Warum braucht man Asklepios-Priester oder Psychoanalytiker oder andere Gurus, um die eigenen Träume zu verstehen? Man muss allerdings nicht gleich das Kind mit dem Bade ausschütten und „Never recall a dream" fordern – dieser Schluss ist ebenso unhaltbar wie sein Gegenteil.
Die schlafassoziierten kognitiv-emotionalen Vorgänge laufen vermutlich bei allen Menschen allnächtlich regelmäßig ab und haben eine wichtige biologische Funktion. Sie laufen auch bei denen ab, für die Träume definitiv Schäume sind (Gott kümmert sich vermutlich ja auch um die Atheisten). Ob das Erinnern und Ernstnehmen von Träumen sinnvoll oder überflüssig ist, gut oder schlecht, wichtig oder unbedeutend, hilfreich oder schädlich, für die Lebenspraxis nutzbar oder schiere Zeitverschwendung – darüber lässt sich aus den Erkenntnissen über die primäre Funktion des Träumens nichts folgern. Da helfen uns weder PET oder EEG noch Kernspin oder Meister Hobson oder Mister Solms – das muss jeder für sich entscheiden. Vermutlich verlassen wir mit dieser Fragestellung den Bereich des Erforschbaren. Um es ad absurdum zu treiben: Man müsste zweimal leben, einmal als Verum (Träume ernst nehmen), ein weiteres Mal als Plazebo (Träume als Schäume ansehen) – natürlich in randomisierter Reihenfolge ... Fürs dritte Leben hätten wir dann eine ausreichende empirische Basis.

La vida es sueño

Zurück zur Wissenschaft. Das schillernde Thema „Traum" wurde in den letzten Jahren – zumindest was die „primäre Funktion" betrifft – wieder eingemeindet in die Community der Neurowissenschaften. Das erfreut, beruhigt und inspiriert. Der Traum als Forschungsgegenstand ist zurückgekehrt in den Kreis der „respektablen" Sujets, über die man sich auch habilitieren und Karriere machen kann. Die Psychoanalyse wird wieder (zögernd) in den Kreis der salonfähigen Wissenschaften aufgenommen, Freud ist wieder „in" und rehabilitiert, und alle sind froh. Das ist eigentlich die Take-home-Message dieses Textes.
Sie wissen nicht, was eine Take-home-Message ist? Also ein kleiner Exkurs: Jeder Autor und Vortragende muss folgende Grundausrüstung parat haben:

- eine Take-home-Message (auf die Frage: „Wos hod a denn gsogt?")
- eine „Vision" (sprich: [viʃn]); auf die Frage: „Wos soi denn da Schmarrn?")
- die „Mission" (sprich: [miʃn]; vor allem bei Sponsorenwerbung; auf die Frage: „Jo, is des wos Extrigs oda wia?")

Zurück zum Text. Die Take-home-Message ist also klar. Die „Mission“? Auch klar: Mein Verleger, die Herausgeber und ich wollen Geld verdienen (und eine kleine „Event-Tantieme“ verdienen wir doch sicher, oder?). Aber was ist mit der „Vision“? Sind nicht die Träume selbst – die Vision?

Der Schluss dieses Aufsatzes sollte entschieden seriös werden; aber der Königsweg zum Unbewussten führt auf Abwege. Man kommt geradezu ins Träumen und fragt sich z. B.: Was ist denn dann eigentlich die Realität? Sind Sie nicht auch schon mal aus einem eher unangenehmen Traum erwacht, erleichtert, dass alles doch nicht so schlimm ist, erleichtert, in die „Realität“ zurückgekehrt zu sein ... – um etwas später dann erneut zu erwachen, sich innewerdend, dass Sie aus einem Traum in einen Traum erwacht waren ... Wer es ganz doll treibt, wird dann nochmal wach, und dann ist er endlich „angekommen“: Der Wecker fiepst, die Arbeit ruft, die Kinder sind mürrisch, es gießt draußen in Strömen. Schön, diese Realität. So schön kontinuierlich und unbizarr – das muss das wahre Leben sein.

Vielleicht kennen Sie ja auch das „luzide Träumen“ (Holzinger 1997). Manche sind Naturtalente in dieser Kunst, bei anderen tritt es sporadisch, eher selten auf; andere können es trainieren, oft im Rahmen einer (durchaus potenziell erfolgreichen) Albtraumtherapie. Luzider Traum: Sie werden sich im Traum gewahr, dass Sie träumen – Sie träumen weiter, können aber aktiv eingreifen. Können Sie sich manch „Traumhaftes“ heranholen. Manchmal geraten Sie an einen Ort, den Sie gut kennen, aber nur aus Träumen – in der Realität waren Sie nie dort; gleichwohl: Sie kennen sich aus, sind sofort voll orientiert, wissen genau, was hinter der nächsten Straßenecke ist ... Déjà-vu ...

Kennen Sie auch das Gefühl, „im falschen Film“ zu sitzen? Da brennen zwei Wolkenkratzer. Viele Menschen haben in diesem Moment genau diesen Gedanken gehabt. Haben gedacht: „Ich glaube nicht, was ich sehe“. Drückt sich darin nicht der Wunsch aus, bitte, bitte aufwachen zu dürfen oder doch zumindest zu wechseln in eine andere Traumebene?

„Das Leben ein Traum“ – zum Besten an Calderón de la Barcas Theaterstück (1636) gehört sein Titel. Die entscheidenden Verse Calderóns gehen aber noch ein Stück weiter – keine Angst, hier reicht Ihr selbst gestricktes Spanisch voll aus:

¿Qué es la vida? Un frenesí.
¿Qué es la vida? Una ilusión,
una sombra, una ficción,
y el mayor bien es pequeño;
que toda la vida es sueño,
y los sueños, sueños son.

Ist unsere gemeinsame Realität wirklich die Zirkusmanege, auf der letztlich alle Träume enden, wo sich am Schluss alle, Hochseilartist wie Parterreakrobat, Clown und Zirkusdirektor, wiederfinden? Oder ist diese Realität nur ein (löchriges) Netz,

unter dem sich ein weiteres Netz befindet, das abgesichert ist durch ein weiteres Netz, und darunter ...
Ich möchte schließen mit den enigmatischen Versen des Großmeisters der Schlaf- und Traumkunde (ich spreche von „Kunde“ statt „Forschung“ – der Impact Factor des Autors war 0, sein Einfluss auf die Kultur des Abendlandes dagegen unendlich – es soll Leute geben, bei denen es umgekehrt ist):

(...) We are such stuff
As dreams are made on; and our little life
Is rounded with a sleep.
(William Shakespeare, The Tempest; IV, 1, 168–170)

Literatur

Aserinsky E, Kleitman N (1953). Regularly occurring periods of eye motility and concomitant phenomena during sleep. Science; 118: 273–4.

Aserinsky E, Kleitman N (1955). Two types of ocular motility occurring in sleep. J Appl Physiol; 8: 1–10.

Berger H (1931). Über das Elektroenkephalogramm des Menschen. Arch Psychiatr Nervenkr; 94: 16–60.

Berger RJ, Oswald I (1962). Effects of sleep deprivation on behavior, subsequent sleep and dreaming. EEG Clin Neurophysiol; 14: 294–7.

Borbély A (1984). Das Geheimnis des Schlafs. Stuttgart: Deutsche Verlags-Anstalt.

Born J, Wagner U (2004). Memory consolidation during sleep: role of cortisol feedback. Ann N Y Acad Sci; 1032: 198–201.

Braun A, Balkin T, Wesenstein N, Gwadry F, Carson R, Varga M, Baldwin P, Belenky G, Herscovitch P (1998). Dissociated pattern of activity in visual cortices and their projections during rapid eye movement sleep. Science; 279: 91–5.

Busch W (1865). Max und Moritz: Eine Bubengeschichte in sieben Streichen. Esslingen: Esslinger Verlag 2005.

Busch W (1873). Bilder zur Jobsiade. In: Wilhelm Busch-Album. Humoristischer Hausschatz. München: Bassermann 1953; 171–94.

Calderón de la Barca P (1636). La vida es sueño. Das Leben ist Traum. Spanisch/Deutsch. Stuttgart: Reclam 2009.

Clemes SR, Dement WC (1967). Effect of REM sleep deprivation on psychologic functioning. J Nerv Ment Dis; 144: 485–91.

Crick F, Mitchison G (1983). The function of dream sleep. Nature; 304: 111–4.

Czisch M, Wetter TC, Kaufmann C, Pollmächer T, Holsboer F, Auer DP (2002). Altered processing of acoustic stimuli during sleep: reduced autitory activation and visual deactivation detected by a combined fMRI/EEG study. Neuroimage; 16: 251–8.

Dement W (1960). The effect of dream deprivation. Science; 131: 1705–6.

Dement W, Kleitman N (1957a). Cyclic variations in EEG during sleep and their relation to eye movements, body motility, and dreaming. Electroencephal Clin Neurophysiol; 9: 673–90.

Dement W, Kleitman N (1957b). The relation of eye movements during sleep to dream activity: an objective method for the study of dreaming. J Exp Psychol; 53: 339–68.
Engelhardt D v (2006). Traum im Wandel – Geschichte und Kultur. In: Wiegand MH, Spreti F v, Förstl H (Hrsg). Schlaf & Traum. Neurobiologie, Psychologie, Therapie. Stuttgart, New York: Schattauer; 5–16.
Fisher C, Dement WC (1963). Studies on the psychopathology of sleep and dreams. Am J Psychiatry; 119: 1160–8.
Fosse MJ, Fosse R, Hobson JA, Stickgold RJ (2003). Dreaming and episodic memory: a functional dissociation? J Cogn Neurosci; 1: 1–9.
Foulkes D (1962). Dream reports from different stages of sleep. J Abnorm Soc Psychol; 53: 339–46.
Freud S (1917). Vorlesungen zur Einführung in die Psychoanalyse. Studienausgabe. Bd. 1. Frankfurt a. M.: Fischer 1969.
Habermas J (1968). Erkenntnis und Interesse. Frankfurt a. M.: Suhrkamp.
Hesse H (1941). Stufen. In: Sämtliche Gedichte in einem Band. Frankfurt a. M.: Suhrkamp 1995.
Hobson A, McCarley RW (1971). Cortical unit activity in sleep and waking. Electroencephalogr Clin Neurophysiol; 30: 97–112.
Hobson JA, McCarley RW (1977). The brain as a dream-state generator: an activation-synthesis hypothesis of the dream process. Am J Psychiatry; 134: 1335–48.
Hobson JA, Pace-Schott FF (2002). The cognitive neuroscience of sleep: neuronal systems, consciousness and learning. Nature Rev Neurosci; 3: 679–93.
Hobson JA, McCarley RW, Wyzinki PW (1975). Sleep cycle oscillation: reciprocal discharge by two brainstem neuronal groups. Science; 189: 55–8.
Hobson JA, Pace-Schott EF, Stickgold R (2000). Dreaming and the brain: toward a cognitive neuroscience of conscious states. Behav Brain Sci; 23: 793–842.
Holzinger B (1997). Der luzide Traum. Phänomenologie und Physiologie. 2. Aufl. Wien: WUV-Universitätsverlag.
Jouvet M, Jouvet D, Valatx J (1963). Study of sleep in the pontine cat. Its automatic suppression. C R Seances Biol Fil; 157: 845–9.
Kant I (1765). Versuch über die Krankheiten des Kopfes. In: Kant I. Werke. Bd. 2. Darmstadt: Wissenschaftliche Buchgesellschaft 1983; 887–901.
Karacan I, Salis PJ, Thornby JI, Williams RL (1976). The ontogeny of nocturnal penile tumescence. Waking and Sleeping; 1: 27–44.
Kuhn TS (1973). Die Struktur wissenschaftlicher Revolutionen. Frankfurt a. M.: Suhrkamp.
Loomis AL, Harvey EN, Hobart GA (1937). Cerebral states during sleep, as studied by human brain potentials. J Exp Psychol; 21: 127–44.
Loriot (2003). Möpse und Menschen. Eine Art Biographie. Zürich: Diogenes.
Maquet P, Peters J, Aerts J, Degueldre C, Luxen A, Franck G (1996). Functional neuroanatomy of human rapid-eye-movement sleep and dreaming. Nature; 383: 163–6.
Mertens W (2000). Traum und Traumdeutung. München: C. H. Beck.
Nielsen TA (2000). A review of mentation in REM and NREM sleep: “covert” REM sleep as a possible reconciliation of two opposing models. Behav Brain Sci; 23: 851–66.
Nofzinger EA, Mintun MA, Wiseman MB, Kupfer DJ, Moore RY (1997). Forebrain activation in REM sleep: An FDG PET study. Brain Res; 770: 192–201.
Nofzinger EA, Buysse DJ, Miewald JM et al. (2002). Human regional cerebral glucose metabolism during non-repid eye movement sleep in relation to waking. Brain; 125: 1105–15.

Pace-Schott EF (2005). The neurobiology of dreaming. In: Kryger MH, Roth T, Dement WC (eds). Principles and Practice of Sleep Medicine. Philadelphia: Elsevier Saunders; 551–64.
Pace-Schott EF, Hobson JA (2002). The neurobiology of sleep: genetics, cellular physiology and subcortical networks. Nature Rev Neurosci; 3: 591–605.
Rechtschaffen A, Kales A (Hrsg) (1968). A manual of standardized terminology, techniques, and scoring for sleep stages of human subjects. National Institute of Health Publications 204. Washington, DC: US Government Printing Office.
Schredl M (2006). Experimentell-psychologische Traumforschung. In: Wiegand MH, Spreti F v, Förstl H (Hrsg). Schlaf & Traum. Neurobiologie, Psychologie, Therapie. Stuttgart, New York: Schattauer; 37–73.
Schredl M (2007). Traum. Stuttgart: UTB.
Schredl M, Montasser A (1997). Dream recall: State or trait variable? – Part I: model, theories, methodology and trait factors. Imagin Cogn Personality; 16: 239–61.
Schwartz S, Maquet P (2002). Sleep imaging and the neuropsychological assessment of dreams. Trends Cogn Sci; 6: 23–30.
Shakespeare W (1623). The Tempest. London: First Folio Edition by W. & I. Jaggard and E. Blount.
Siebenthal W v (1953). Die Wissenschaft vom Traum – Ergebnisse und Probleme. Berlin: Springer 1984.
Siegel J (2001). The REM sleep-memory consolidation hypothesis. Science; 294: 1058–63.
Solms M (1997). The Neuropsychology of Dreams. Mahwah, NJ: Lawrence Erlbaum.
Solms M (2000). Dreaming and REM sleep are controlled by different brain mechanisms. Behav Brain Sci; 23: 843–50.
Spitzer M, Bertram W (Hrsg) (2007). Braintertainment. Expeditionen in die Welt von Geist und Gehirn. Stuttgart, New York: Schattauer.
Stickgold R, Hobson A, Fosse R, Fosse M (2001). Sleep, learning, and dreams: off-line memory reprocessing. Science; 294: 1052–7.
Wiegand MH, Berger M (1989). Action of trimipramine on sleep and pituitary hormone secretion. Drugs; 38, Suppl 1: 35–42.
Wiegand MH, Galanakis P, Schreiner R (2004). Nefazodone in primary insomnia: an open pilot study. Progr Neuro-Psychopharmnacol Biol Psychiatry; 28: 1071–8.
Wiegand MH, Spreti F v, Förstl H (Hrsg) (2006). Schlaf & Traum. Neurobiologie, Psychologie, Therapie. Stuttgart, New York: Schattauer.
Winokur A, Gary KA, Rodner S, Rae-Red C, Fernando AT, Szuba MP (2001). Depression, sleep physiology, and antidepressant drugs. Behavioral and Brain Sciences Special Issue: Sleep and Dreaming; 23: 2000.
Winson J (1972). Interspecies differences in the occurrence of theta. Behav Biol; 7: 487–97.
Winson J (1993). The biology and function of rapid eye movement sleep. Curr Opin Neurobiol; 3: 243–8.

9 Wenn das Gehirn den Magen umdreht

Ekel und Ekel-Lust

Dieter Vaitl

„*Inter faeces et urinas nascimur*" – zwischen Kot und Urin kommen wir zur Welt –, verkündete schon der Heilige Augustinus. Und das Lebensende? Der Anfang des Verfaulens! Zustände der Conditio humana also, die fern dessen sind, was wir als appetitlich empfinden. Doch ekeln würden wir uns nicht davor. Man nimmt dies – frei von Emotionen – einfach zur Kenntnis. Die Vorstellung allerdings, wir müssten, wie es die Tungusen in Sibirien tun, unseren Großeltern den Rotz aus der Nase saugen, erzeugt Gefühle des Widerwillens und Abscheus, dreht uns den Magen um und lässt uns speiübel werden. „Ekelhaft" nennen wir dies.

Die Göttergabe Ekel

Ekel muss, wenn er biologisch überhaupt zu etwas taugt, polymorph pervers sein, gnadenlos und zuverlässig. Die Palette dessen, was in uns Ekel-Gefühle hervorruft, beweist es. Bei dem einen ist es das berühmte Haar in der Suppe, bei einem anderen wiederum sind es die kauenden und schmatzenden fetten Zeitgenossen in der Fußgängerzone. Dinge, die von klebriger, matschiger, schleimiger Konsistenz sind, gelten als ekelig, ebenso Übelriechendes und Verfaultes. Als „widerlich" bezeichnen wir gerne auch alle Formen von krabbelndem, wimmelndem Kleingetier, seien es nun Gliederfüßler, Würmer oder Maden. Die breiteste Palette an Ekel-Auslösern finden wir allerdings im Bereich der Nahrungsauswahl. Die meisten Europäer finden es abscheulich, Maden und Wanzen, Stierhoden und farcierte Kalbsaugen oder, wie in China, „hundertjährige Eier" verspeisen zu müssen. Kutteln oder Bries, eine Delikatesse für Süddeutsche, sind für viele Norddeutsche ungenießbar. Das größte Ekel-Potenzial haben nach wie vor tierische Nahrungsmittel im Vergleich zu Pflanzen und unbelebten Produkten. Nichts bringt Menschengruppen so heftig gegeneinander in Wallungen wie die animalische Kost.
Und der Ekel ist es auch, der unseren Abstand zu anderen Menschen bestimmt: Wir setzen uns nicht gerne im Wartezimmer auf einen warmen Stuhl, auf dem vorher schon jemand saß; körperliche Deformation, penetranten Körpergeruch empfinden wir als abstoßend. Nichts ist beleidigender, als wenn man gesagt bekommt: „Du ekelst mich an"; denn damit ist der Ausschluss aus der Intimität besiegelt.

Eine bornierte Form des Abscheus aber ist der moralische Ekel. Ekel-Metaphern mussten in der Vergangenheit herhalten, um unliebsame Menschen zu diffamieren. Die Verunglimpfung der Juden als „Ungeziefer" und „Parasiten" durch die Nazis ist eines der schlimmsten Beispiele dafür. Obszönität oder Homosexualität wurden nur deswegen verfolgt, weil sie bei vielen Menschen moralischen Ekel erzeugten. Die wirkungsvollste Methode, eine Sache aus dem Weg zu räumen, bestehe darin, sie als ekelhaft zu definieren, meint der bekannte amerikanische Ekel-Forscher Paul Rozin (Rozin u. Fallon 1987). So verwundert es nicht, dass Personen, die zu heftigen Ekel-Reaktionen neigen, auch in ihren Vorurteilen anderen Menschen gegenüber rigide sind und Abstand zu ihnen suchen (Hodson u. Castello 2007).

Ein Schutz bei unserer Gefräßigkeit?

So verschiedenartig die Auslöser auch sein mögen, die in uns Ekel hervorrufen, so basal und uniform ist die Funktion dieses archaisch-animalischen Urgefühls. Ekel aktiviert ein automatisches Rettungsprinzip, sagt Winfried Menninghaus (1999). Ohne Ekel wäre der Mensch wahrscheinlich nicht überlebensfähig. Mit all seinen Begleiterscheinungen – Unwohlsein, Brechreiz und Würgegefühl – hält er uns auf Distanz von Dingen, die unserer Gesundheit gefährlich werden könnten.

Die Londoner Hygienikerin Val Curtis (2007) hat die Ekel-Reaktionen von 40000 Personen untersucht. Bei Bildern, die eine Gesundheitsgefährdung darstellten, empfanden fast alle Befragten Ekel. So waren die Ekel-Reaktionen bei grüngelbem Schleim oder bei einer eiternden Wunde weitaus stärker als bei einer zähen blauen Flüssigkeit oder bei Anzeichen einer Verbrennung. Da der Kontakt mit lebensbedrohlichen Stoffen und Ungenießbarem meist über die Nahrungsaufnahme erfolgt, bedarf es eines feinnervigen und effektiven Schutzmechanismus, der den Allesfresser Homo sapiens davor bewahrt, sich alles, was in seiner Reichweite liegt, einzuverleiben. Wenn es aber einmal unvorsichtigerweise doch geschehen ist, sorgen der Würgereflex und das Erbrechen dafür, sich der gefährlichen Speise rasch und nachhaltig zu entledigen. Und außerdem: Dieser Schutzmechanismus ist sehr lernfähig. Es genügt eine einzige „Dummheit" und schon bleibt ein lebenslanger Abscheu vor dem bestehen, was diese heftige Entleerungsexplosion verursacht hat. Aber auch Unwohlsein anderen Ursprungs kann zu solchen Reaktionen führen. Der Psychologe Martin Seligman berichtet, dass er, nachdem er eine Sauce béarnaise zu sich genommen hatte, eine Grippe bekam. Von da an ekelte er sich sein ganzes Leben lang vor dieser Köstlichkeit, obwohl er genau wusste, dass die Sauce nicht dafür verantwortlich sein konnte – eine tyrannische, aber weitsichtige Schutzmaßnahme seines Körpers: Beim Ekeln wird der Verstand ausgehebelt.

Dieser Schutzmechanismus mit all seinen Facetten ist nicht schon bei der Geburt vorhanden, er entwickelt sich. So haben Kleinkinder keine Hemmung, mit ihrer

„Kakawurst“ zu spielen oder auf Regenwürmern herumzukauen. Zwar ist die Fähigkeit, Ekel zu empfinden, angeboren, die spezifischen Ekel-Gefühle aber und die Auswahl der ekelerregenden Dinge bildet sich erst im Laufe der ersten Lebensjahre heraus. Die Alten sagen es den Jungen, wovor man sich zu ekeln hat: dass man sich nicht in die Hände schnäuzt, wie noch im Mittelalter, und die Notdurft nicht in der Öffentlichkeit verrichtet. Erst im 18. Jahrhundert hatte man davon die Nase voll. Heute ist das Spiel mit dem Ekel Mode. Ein Beispiel dafür ist die Trash-TV-Show „Ich bin ein Star – holt mich hier raus!“. Wenn sich ein paar Halbprominente im Dschungel zum Affen machen, schaut ganz Deutschland fasziniert zu. Wir sind dabei, den Ekel zu mästen.

Die Visage des Ekels

Wenn wir uns vor etwas ekeln, laufen Prozesse auf verschiedenen Reaktionsebenen ab: auf der Verhaltensebene, in der Mimik, in den vegetativen Reaktionen und in den Kognitionen. Es ist ein immer wiederkehrendes, sehr robustes Reaktionsmuster.

Verhaltensweisen

Ekelerregende Objekte oder Situationen rufen Flucht- und Vermeidungsverhalten hervor, das dazu dient, dem gesundheitsgefährdenden Objekt aus dem Weg zu gehen: Die Hand wird schützend vor Nase und Mund gehalten, der Kopf wird zurückgezogen, wir wenden uns ab.

Mimische Reaktionen

Typisch und spezifisch für eine Ekel-Reaktion sind folgende mimische Zeichen, die sich schon bei Säuglingen finden:
- Hochziehen der Oberlippe (Aktivierung des Musculus levator labii; s. Abb. 1)
- Naserümpfen
- Herunterziehen der Mundwinkel
- Herausstrecken der Zunge bei starkem Ekel

Vegetative Reaktionen

Neben der Übelkeit, dem Würgereflex und dem Erbrechen kommt es bei einer Ekel-Reaktion zusätzlich noch zu folgenden vegetativen Reaktionen:
- Abnahme der Herzrate
- Absinken des Blutdrucks bis hin zu einer Ohnmacht
- Zunahme der elektrodermalen Aktivität als Zeichen einer gesteigerten Sympathikus-Aktivität

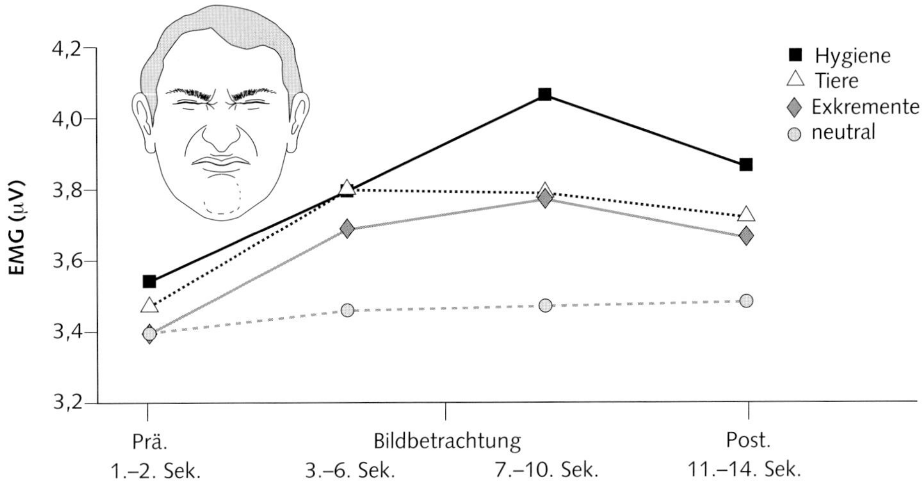

Abb. 1 Elektromyographische Registrierung (EMG) der Anspannung des Lippenheber-Muskels (Musculus levator labii) beim Betrachten von ekelerregenden Bildern der verschiedenen Kategorien aus dem Fragebogen zur Erfassung der Ekel-Sensitivität (FEE). Betrachtungsphasen: vorher (Prä): 1. bis 2. Sekunde; Bilder: 3. bis 10. Sekunde; nachher (Post): 11. bis 14. Sekunde (mod. nach Schienle et al. 2003).

Kognitive Reaktionen

Ekel ist eine Handlungsdisposition, die verhindert, dass dem Organismus Schaden zugefügt und seine Existenz gefährdet wird. Sich dabei nicht allzu viele Gedanken machen zu müssen kann biologisch von Vorteil sein. Dennoch sind mit der Ekel-Reaktion verschiedene Kognitionen verbunden. Sie reichen von Vorstellungen, dass etwas abscheulich und ungenießbar ist, bis hin zu moralischen Urteilen, also dass etwas „sittlich" abstoßend sei. Beispiele sind:

- eine rasche Verallgemeinerung – wenn die einmalige Erfahrung, dass aus einem Apfel eine Made herauskriecht, dazu führt, die meisten Äpfel für „wurmstichig" zu halten
- die Kontaminationsbefürchtung – wenn Ekel dadurch entsteht, dass Saft in einer Urinflasche serviert wird, obwohl mehrfach versichert wurde, sie sei desinfiziert worden
- die Ähnlichkeitsfalle – wenn ein eigentlich harmloser Gegenstand (etwa Schokolade), der z.B. in Form und Farbe einem ekelerregenden Gegenstand gleicht, Ekel-Empfindungen hervorruft

Das Ekel-Gefühl und seine kognitive Modulation beschränken sich nicht allein auf die vergleichsweise banalen Vorgänge wie Essen und Trinken, sondern erstrecken

sich auch auf die grundlegenden Regeln, wie Menschen miteinander umgehen. Ekel wird so zu einem Messinstrument, welche moralischen Kriterien in einer Gesellschaft gelten. Es gibt den Ekel vor der Lüge, vor dem „Schleim" des Heuchlers, vor dem Verrat oder der moralischen Weichheit.
Überdruss-Ekel ist eine spezielle Form des kognitiven Abscheus und Widerwillens. Alles, was zu viel ist – Fettleibigkeit, Verlogenheit, Langeweile, ausschweifender Sex oder Wohlstandsverwahrlosung –, erhält das Etikett „ekelhaft".

Die Ekel-Sensibelchen

Natürlich gibt es, wie bei allen Emotionen, individuelle Unterschiede in Bezug auf die Schnelligkeit und Intensität der Empfindung. Hier geben Fragebögen Auskunft. Anne Schienle hat einen Fragebogen zur Ekel-Sensitivität entwickelt (Schienle et al. 2002). Er erfasst fünf Ekel-Bereiche:

- Ekel vor Tod und Verletzung (Beispiel: Im Leichenwagen mitfahren)
- Ekel vor mangelnder Hygiene (Beispiel: Klobrille in öffentlichen Toiletten berühren)
- Ekel vor Körperausscheidungen (Beispiel: In einen Hundehaufen treten)
- Ekel vor Verdorbenem (Beispiel: Maden auf Fleisch sehen)
- Ekel vor ungewöhnlichen Nahrungsmitteln (orale Abwehr; Beispiel: Verschimmeltes sehen)

Dieser Fragebogen wurde beispielsweise 85 Frauen, die unter Essstörungen litten, vorgelegt. Wie zu erwarten war, hatten diese Frauen eine erhöhte Ekel-Empfindlichkeit. Je stärker diese war, umso mehr neigten sie dazu, sowohl Bilder von Nahrungsmitteln als auch solche mit neutralem Inhalt als ekelerregend zu empfinden. Je stärker ihre Ekel-Empfindlichkeit war, umso mehr hatten sie auch Angst vor Gewichtszunahme und den eigenen Gefühlen – und umso stärker neigten sie zu Perfektionismus (Schienle et al. 2003). Die Neigung zu Ekel-Reaktionen ist insofern ein Vulnerabilitätsfaktor für Essstörungen.
Bei fast jeder psychopathologischen Auffälligkeit ist auch Ekel mit im Spiel. Dies wird umso klarer, je systematischer diese Emotion psychometrisch untersucht wird. So haben z. B. schizophrene Patienten eine erhöhte Ekel-Empfindlichkeit, aber auch Patienten mit einer Borderline-Persönlichkeitsstörung leiden darunter (s. unten für weitere Störungsformen).

Der Brechreiz

Um widerliche Speisen wirkungsvoll loszuwerden, benötigt ein Organismus einen Katapult-Mechanismus: das Erbrechen. Das Brechzentrum im Gehirn koordiniert diesen Vorgang (s. Abb. 2). Es liegt im Hirnstamm und besitzt zahlreiche Nervenverbindungen zur Großhirnrinde (z.B. bei Ekel-Empfindungen), zum Kleinhirn, zum Gleichgewichtsorgan (z.B. beim Erbrechen nach einer Achterbahnfahrt) und über den Nervus vagus zum Magen-Darm-Trakt (wenn z.B. der Magen zu rasch vollgestopft wird). Über die Area postrema, ein zirkumventrikuläres Organ am Boden des vierten Ventrikels im Hirnstamm, steht das Brechzentrum außerdem mit dem Blut in Verbindung, woher es Informationen über mögliche Giftstoffe im Körper erhält. Gemeinsam mit den Kerngebieten der Formatio reticularis und dem Nucleus tractus solitarii bildet die Area postrema das Brechzentrum. Dopamin-Antagonisten und Serotonin-Antagonisten hemmen es, woraus sich eine anti-emetische Wirkung ergibt. Das Brechzentrum aktiviert für das Erbrechen die absteigenden Bahnen (Efferenzen) zur Bauch- und Zwerchfellmuskulatur, zur glatten Muskulatur des oberen Gastrointestinaltrakts und zur Mundhöhle.
Der Brechreflex spielt aber, so wichtig er auch sein mag, im Konzert der Ekel-Reaktion eine eher untergeordnete Rolle – er ist im Ekel-Sinfonieorchester derjenige, der weit hinten steht, um die Pauke zu schlagen.

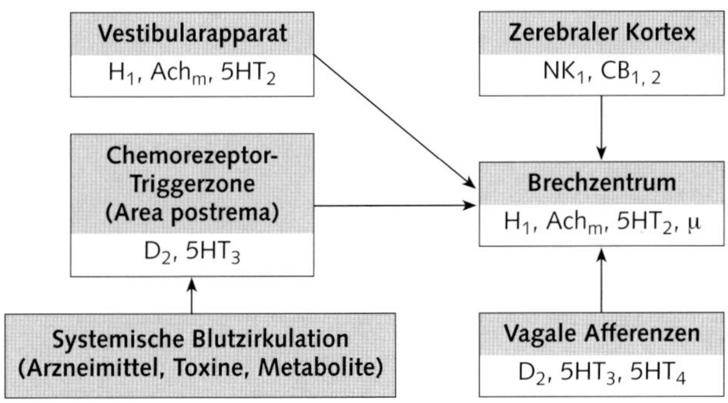

Abb. 2 Anatomische Strukturen, Pathophysiologie und Rezeptoren bei der Vermittlung von Übelkeit und Erbrechen (5HT = Serotonin-Rezeptoren; Ach_m = muskarinartige Acetylcholin-Rezeptoren; CB = Cannabinoid-Rezeptoren; D = Dopamin-Rezeptoren; H = Histamin-Rezeptoren; NK = Neurokinin-Rezeptoren; μ = μ-Opioid-Rezeptoren) (mod. nach Mannix 1998).

Die Ekel-Partitur

Wo im Gehirn lässt sich der Ekel verorten? Wie wird er dort orchestriert? Gibt es ein Ekel-Zentrum, so wie es ein Brechzentrum gibt? Darüber wird in den Neurowissenschaften erst seit kurzem nachgedacht. Zu sehr spornte die Basis-Emotion Angst zu akademischen Wettläufen an und machte dem Ekel Konkurrenz.
Die Neurowissenschaft der Emotionen hat sich schon seit langem von der Vorstellung verabschiedet, dass es für bestimmte Emotionen spezifische Zentren im Gehirn gibt. Stattdessen gleichen die Prozesse gewissermaßen jenen beim musikalischen Spiel im Orchester. Die Partitur bestimmt, was und wie gespielt wird, doch nur im Zusammenspiel der Instrumente (die Neurowissenschaftler nennen es „Netzwerk“) entsteht das Werk: die peitschenden Klänge der Angst, die strahlende Hymne der Freude, das erbsenzählerische Stakkato des Zwangs oder eben die Kakophonie des Ekels.
Die an der Ekel-Emotion beteiligten Instrumentalgruppen sind allerdings alles andere als ein voluminöses Sinfonie-Orchester, sondern gleichen eher einem kleinen, feinen Barock-Ensemble. Und darin hört man sehr häufig eine Instrumentalgruppe heraus, die nun etwas genauer beschrieben werden soll: der insuläre Kortex (oder einfach: „die Insel“ oder lateinisch: *insula*). Es ist ein Kortexbereich, der etwa in Höhe der Schläfen unter der Großhirnrinde liegt. In über 70 % der neurofunktionellen Studien zum Ekel nahm die Aktivierung in dieser Region zu. Bei anderen Emotionen wie Angst, Ärger und Freude war dies nur in weniger als 25 % der Studien der Fall (vgl. die Meta-Analyse von 106 Studien mit bildgebenden Verfahren von Murphy et al. 2003). Die Bedeutung, die dieses Kortexareal besitzt, leuchtet unmittelbar ein, wenn man die wichtigsten Informationen betrachtet, die dort aus dem Körperinneren zusammenlaufen und verarbeitet werden. Es dient hauptsächlich der somatosensorischen Integration, indem es unerwartete, noxische, aber auch angenehme Reize koordiniert (Augustine 1996).
Aber: Solche zentralen Instanzen haben nicht nur eine Aufgabe, sondern sind meist an zahlreichen anderen, oft sehr verschiedenen Funktionen beteiligt (s. Abb. 3). So ist der hintere (posteriore) Teil des insulären Kortex an der Temperaturregulation und an taktilen, muskulären und viszeralen Sensationen beteiligt. Es handelt sich dabei um primäre interozeptive Repräsentationen, die wir mit dem Begriff „Körpergefühl“ umschreiben. Anders verhält es sich mit den vorderen (anterioren) Regionen dieser Instanz. Hier werden die Meta-Repräsentationen kodiert. Dazu zählt die Wahrnehmung von viszeralen Zustandsänderungen wie z. B. die Unterbrechung der vegetativen Homöostase. Solche Balanceverschiebungen erzeugen nicht genau beschreibbare, unspezifische Zustände des Unwohlseins bis hin zu heftigen Ekel-Empfindungen. Damasio spricht hier von Proto-Emotionen (Damasio 1999).
Diese Vielfalt an Funktionen macht klar, dass Ekel-Empfindungen nicht allein im insulären Kortex repräsentiert sein können, sondern dass lediglich einzelne wichtige Komponenten dieses Reaktionsmusters mit diesen Hirnstrukturen in Zusammenhang stehen.

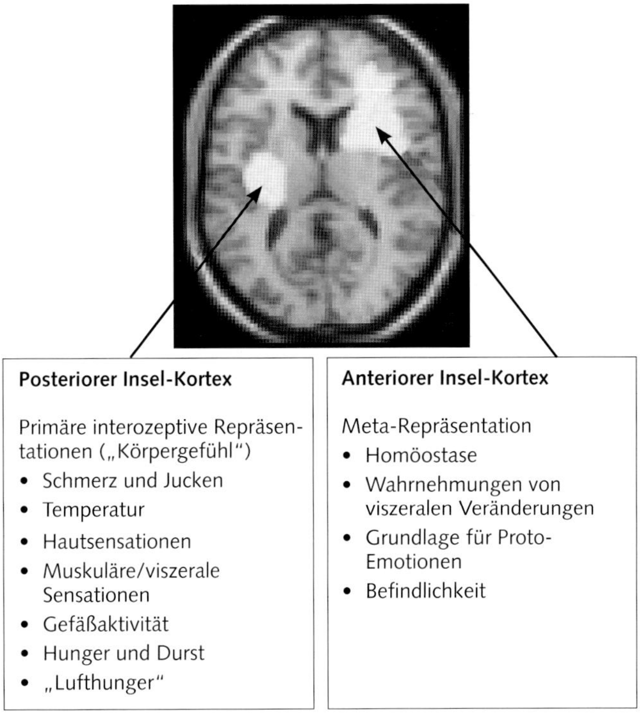

Abb. 3 Lage und Funktionen der hinteren (posterioren) und vorderen (anterioren) Region des Insel-Kortex.

Auf der Suche nach anderen, mit dem Ekel assoziierten Hirnstrukturen stießen wir auf die Amygdala (Mandelkern). Sie ist die Primadonna unter den subkortikalen Strukturen der Emotionsverarbeitung; die Angst-Forschung verhalf ihr zu diesem Ruhm. Sie ist eine an verschiedenen Subprozessen der Emotionsverarbeitung beteiligte Hirnstruktur, die sowohl bei Angst als auch bei Ekel und Freude eine Rolle spielt. So finden sich heute interessanterweise mehr Studien mit bildgebenden Verfahren, die die Amygdala nicht bei negativen, sondern bei positiven Emotionen aktiviert fanden (vgl. Meta-Analyse von Sergerie et al. 2008). Sie entdeckt („kodiert") in einem sehr frühen Stadium der Emotionsverarbeitung, welche Bedeutung ein bestimmter Reiz für den Organismus hat.
Bei der Betrachtung von Bildern mit ekelerregenden Szenen kommt es, wie wir mehrfach zeigen konnten, zu einer Aktivierung der Amygdala (Schienle et al. 2005). Dies zeigt sich vor allem deutlich bei Personen, die zu raschen Ekel-Reaktionen neigen, also eine hohe Ekel-Sensitivität besitzen. Je mehr sie verrottete und verdorbene Gegenstände als ekelhaft empfinden, desto aktiver ist ihre Amygdala (Stark et al. 2005a).
Nicht immer muss man direkt mit ekelhaften Dingen konfrontiert werden, um Abscheu und Widerwillen zu empfinden; meist genügt schon die bloße Vorstellung davon. Was geschieht im Gehirn, wenn man sich ekelerregende Szenen nur vor-

stellt? Sind die neuronalen Aktivierungsmuster ähnlich oder unterscheiden sie sich? Unterschiede zwischen beiden Bedingungen fanden sich in der Amygdala, in der Insula und im anterioren zingulären Kortex (Schienle et al. 2008). Interessanterweise kam es bei der Vorstellung dort zu einer *Abnahme* der Aktivierung. Und diese Abnahme war umso stärker, je ekelempfindlicher die Untersuchungsteilnehmerinnen waren. Dies ist ein klares Zeichen dafür, dass diese Hirnareale an der Verarbeitung von Ekel-Empfindungen beteiligt sind. Zu interpretieren ist die Deaktivierung während der Vorstellung als Vermeidungsverhalten. Denn warum – so würde sich eine halbwegs intelligente Versuchsperson fragen können – sollte sie sich den Tort antun und sich von den ekelerregenden Szenen den Magen umdrehen lassen, da ohnehin nicht (z. B. durch den Versuchsleiter) zu kontrollieren ist, ob sie sich die gewünschte Vorstellungen macht oder nicht. Also fällt die Hirnaktivierung schwächer aus.
Eine wichtige Funktion bei der Bewertung von affektiven Ereignissen spielt der orbitofrontale Kortex. Dieser Teil des Frontallappens liegt über den Augenhöhlen (Orbita). In ihm laufen, ähnlich wie in der Amygdala und im insulären Kortex, zahlreiche Informationen aus verschiedenen Modalitäten zusammen (z. B. Geschmack, Geruch). Ihn könnte man als eine intelligente Amygdala bezeichnen; denn er tritt immer dann in Aktion, wenn sich die Verstärkerkontingenzen ändern, also ein Wechsel zwischen Bestrafungs- und Belohnungsbedingungen stattfindet. Außerdem gibt es in diesem Hirnareal funktionell unterscheidbare Subregionen. Dies zeigt sich sehr schön beim emotionalen Umlernen, also dann, wenn etwas plötzlich Ekel erzeugt, das ursprünglich Lust hervorrief. Versuchpersonen hatten in einem Experiment zunächst die angenehme Aufgabe, Schokolade zu essen. Dadurch wurde der mediale Teil des orbitofrontalen Kortex angeregt. Nun blieb es aber nicht nur bei einigen wenigen Bissen, sondern sie waren gezwungen, immer weiter Schokolade in sich hineinzustopfen, bis es ihnen übel wurde. Darauf reagierte der orbitofrontale Kortex äußerst sensibel. Denn jetzt wanderte das Aktivierungszentrum von den medialen Positionen zur rechten Seite dieser Hirnstruktur hinüber, von der man weiß, dass sie mit aversiven Ereignissen und unangenehmen Körpergefühlen zusammenhängt (Small et al. 2001).
Diese Strukturen, die Amygdala, der orbitofrontale Kortex und die Insel, gehören zu einem Funktionssystem, das den Rückzug aus einer unangenehmen Situation in Gang setzt. Wenn eine Situation sehr unangenehm ist und Abscheu erregt, spricht man von einer „emotionalen Reiz-Salienz“: Eine Reizsituation drängt sich so vehement in den Vordergrund, dass die anderen Reize aus der Umgebung verblassen.
An diesem Vorgang ist außer den genannten Hirnstrukturen noch der visuelle Assoziationskortex in der Sehrinde beteiligt. Dort werden immer größere Areale aktiviert, je länger der Reiz einwirkt und je genauer die Analyse des wahrgenommenen Objekts erfolgt. Dies ist aber keinesfalls spezifisch für die Emotion Ekel, sondern gilt ebenso auch für andere Emotionen wie Furcht oder Angst. Die wichtigsten Instanzen des Netzwerks, das an der Verarbeitung ekelerregender Reize beteiligt ist, stellt Abbildung 4 schematisch dar.

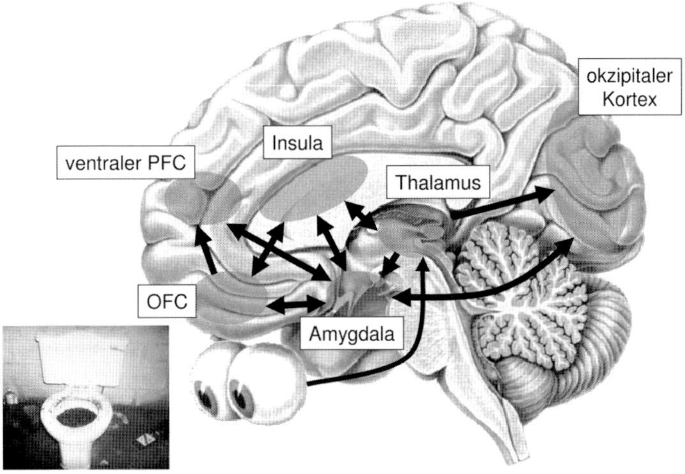

Abb. 4 Netzwerk der an der Verarbeitung von ekelerregenden Bildern (hier eine verschmutzte Toilette) beteiligten Hirnstrukturen (OFC = orbitofrontaler Kortex; PFC = präfrontaler Kortex).

Eine Sonderstellung nehmen die Basalganglien ein. Dass auch sie an der Emotion Ekel beteiligt sind, wissen wir aufgrund einer bekannten neurologischen Erkrankung: Chorea Huntington.

Glücklich die, die keinen Ekel empfinden?

Es gibt Menschen, denen es schwerfällt, den emotionalen Gesichtsausdruck ihres Gegenübers richtig einzuschätzen, ganz besonders dann, wenn er Ekel ausdrückt. Es sind Patienten, die an der Chorea Huntington (bekannt als Veitstanz) leiden. Sie beruht auf einer genetischen Anomalie, die sich in Bewegungsstörungen (unwillkürliche Muskelzuckungen, Zungenschmatzen, arhythmische Bewegungen, Dystonien, Athetose), vegetativen Symptomen (Harn- und/oder Stuhlinkontinenz, Schwitzen, Kachexie), organischen Psychoveränderungen (Launenhaftigkeit, Reizbarkeit, Gefühlsarmut, depressive Stimmungsschwankungen) und Demenz manifestiert. Gray et al. (1997) unterzogen Risiko-Patienten für Chorea Huntington, die noch nicht das Vollbild der Erkrankung zeigten, einer genetischen Analyse. Personen, denen es schwerfiel, Ekel zu erkennen, erwiesen sich als Träger der Genmutation für Chorea Huntington. Im Laufe der Erkrankung nahmen die Einbußen in der Erkennung von Ekel zu. Sie gehen sehr wahrscheinlich auf hirnatrophische Prozesse zurück, von denen vorwiegend die Basalganglien betroffen sind (Aylward et al. 1997). Wenn es aber darum geht, Ekel zu empfinden, der durch eine abstoßende Geschichte erzeugt wird, gibt es keine Unterschiede zwischen Patienten und gesunden Kontrollpersonen. Im fortgeschrittenen Erkrankungsstadium verliert sich diese emotionale Spezifität allerdings wieder; denn auch die anderen Emotionen wie Angst, Wut, Glück können dann kaum noch erkannt und unterschieden werden.

Der klinische Hautgout des Ekels

In der klinisch-psychologischen Forschung wird die Emotion Ekel immer hoffähiger. Ausgangspunkt war die Beobachtung, dass Patienten mit Angststörungen nicht nur über ihre Angst, sondern sehr häufig auch über Ekel und Abscheu berichteten, wenn sie mit Dingen konfrontiert wurden, die mit ihrer Störung typischerweise in Zusammenhang stehen. So empfanden beispielsweise Patienten mit einer Zwangsstörung verunreinigte Dinge, die bei ihnen die lästigen Wasch-Rituale auslösen, als abstoßend und eklig. Und für Spinnen-Phobiker sind Spinnen natürlich widerliche Geschöpfe. Welche Hirnareale dabei eine Rolle spielen, lässt sich mit einer einfachen Methode untersuchen.
Patienten mit einer Zwangsstörung sollen mit einer Digitalkamera die Situationen und Orte aufsuchen und fotografieren, die bei ihnen in der Regel die Zwangssymptomatik (Waschen/Kontrollieren) hervorrufen. Diese Bilder werden ihnen dann im Magnetresonanztomographen zusammen mit anderen, nämlich Standard-Kontrollbildern (z. B. furchteinflößende, allgemein ekelerregende und neutrale), präsentiert. Im Vergleich zu einer aus gesunden Versuchspersonen bestehenden Gruppe zeigten sich bei den Patienten (im Vergleich zu den neutralen Bildern) in folgenden Hirnarealen stärkere Aktivierungen auf die störungsspezifischen Bilder (Schienle et al. 2005b):

- im bilateralen orbitofrontalen Kortex
- im dorsolateralen präfrontalen Kortex
- im linken insulären Kortex
- im rechten supramarginalen Gyrus
- im linken Nucleus caudatus
- im rechten Thalamus

Dieses für Zwangsstörungen spezifische Aktivierungsmuster verteilt sich auf kortikale Instanzen, die an emotionalen, aber auch an motorischen Prozessen beteiligt sind. Die emotionstypischen Areale sind der orbitofrontale, der dorsolaterale und der insuläre Kortex; zu den bewegungsspezifischen Arealen zählt vor allem der supramarginale Gyrus. Er spielt eine zentrale Rolle bei der neuronalen Repräsentation von Bewegungen. Dies entspricht auch der Symptomatologie der Patienten: Sie sind ständig in Sorge darüber, ob sie sich z. B. genügend gewaschen haben, nachdem sie mit Schmutz in Berührung gekommen waren.
Der Nucleus caudatus ist ebenfalls eine wichtige Instanz bei Zwangshandlungen, vor allem bei der Handlungsunterdrückung. Der Neurologe José Delgado (zit. bei Bösel 2006) reizte in den 60er Jahren des vorigen Jahrhunderts in einer Stierkampf-

arena den Nucleus caudatus eines heranstürmenden Stiers elektrisch per Funk. Sofort bremste das Tier ab und ging in die Knie. Und noch ein Befund ist interessant: Unter einer Zwangsstörung leidende Patienten sind insgesamt ekelempfindlicher als die Kontrollpersonen, stuften sämtliche Ekel-Bilder als ekelerregender ein und zeigten eine stärkere Aktivierung ausschließlich im insulären Kortex. Außerdem fiel diese Aktivierung umso stärker aus, je mehr Zwangssymptome die Patienten hatten. Als Erklärung kann hier die Theorie der „somatic marker" von Damasio (1999) weiterhelfen. Wenn eine Person die Erfahrung macht, dass ein Reiz zu einem positiven Ergebnis führt, bildet sich daraufhin ein allgemein positives Gefühl („Körpergefühl") aus: Es entsteht ein positiver somatischer Marker im insulären Kortex. Umgekehrt führt die Erfahrung, dass auf einen Reiz etwas Unangenehmes folgt, zu Unwohlsein und negativen Gefühlen (negativer somatischer Marker) – wie bei Martin Seligman, der Sauce béarnaise und der Grippe. Diese Gefühle wirken wie Alarmsignale, die dafür sorgen, dass eine gefährliche Situation früh genug vermieden wird, d. h. vor den üblen gesundheitlichen Folgen. Auf diesem Hintergrund kann die gesteigerte Aktivierung im insulären Kortex von unter Zwang leidenden Patienten ein Hinweis darauf sein, dass sie eine erhöhte Sensitivität für negativ-valente Hinweis-

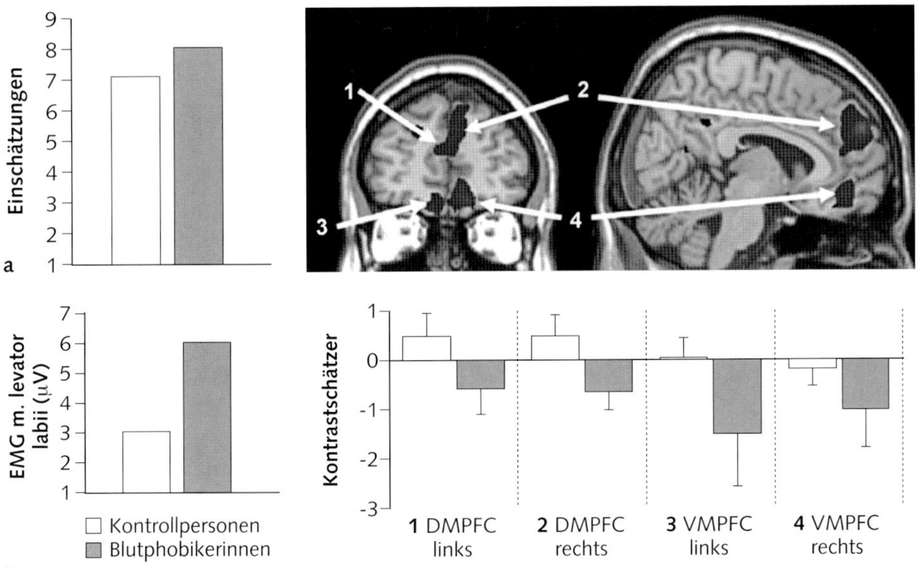

Abb. 5a,b,c Reaktionen von Patienten mit einer Blut-Injektions-Verletzungsphobie bei der Betrachtung von phobiespezifischen Bildern im Vergleich zu gesunden Kontrollpersonen. a) Einstufungen des subjektiven Ekel-Empfindens; b) Elektromyographische Registrierung (EMG) der Anspannung des Lippenheber-Muskels (Musculus levator labii); c) Lokalisation und Verminderung der Aktivität in präfrontalen Hirnregionen (rechts und links) (DMPFC = dorsomedialer präfrontaler Kortex; VMPFC = ventromedialer präfrontaler Kortex) (mod. nach Hermann et al. 2007; Schienle et al. 2003).

reize aus ihrer Umgebung besitzen und möglicherweise generell dazu neigen, negative somatische Marker zu entwickeln. Dies wäre ein Vulnerabilitätsmerkmal.
Hirnfunktionell interessant ist nicht nur die Frage, wie Emotionen hochgefahren werden, sondern auch, wie sie wieder heruntergefahren werden können. Welche Instanzen im Gehirn des Menschen wirken mit an der Kontrolle und der Regulation von Emotionen? Auch hier haben wir viel aus klinischen Studien gelernt. Patienten mit einer Blut-, Verletzungs- und Injektionsphobie reagieren, wenn sie mit Bildern von Spritzen, blutigen Szenen oder Verstümmelungen konfrontiert werden, stärker mit Ekel als Gesunde, d. h., sie rümpfen die Nase stärker und berichten über intensivere Gefühle des Abscheus und Widerwillens als jene aus der Vergleichsgruppe. Der einzige hirnfunktionelle Unterschied zwischen diesen beiden Gruppen bei der Betrachtung der jeweiligen Bilder besteht darin, dass die Aktivierungsmuster in den präfrontalen Hirnstrukturen bei den Patienten schwächer ausfallen, und zwar beidseitig, also im ventralen und im dorsolateralen präfrontalen Kortex (s. Abb. 5). Diese Hirnstrukturen sind bekanntlich an der Kontrolle von Emotionen beteiligt; denn sie üben einen hemmenden Einfluss auf die subkortikalen Funktionssysteme aus, z. B. die Amygdala (Hermann et al. 2007).
Die Ekel- und Angst-Reaktionen, die Spinnen überwiegend bei Frauen hervorrufen, lassen sich sehr effizient durch Verhaltenstherapie ändern (Schienle et al. 2005c). Die Spinnen-Phobikerinnen lernen dabei, sich in die Nähe einer Spinne zu begeben, sie anzufassen und sie über ihren Arm laufen zu lassen. Waren sie zu Beginn der Behandlung noch stark angeekelt und verängstigt, verlor sich diese Reaktion nach der Behandlung sehr rasch (s. Abb. 6).
Das spiegelte sich auch in ihrem Gehirn wider. Vor der Behandlung reagierte vor allem die Amygdala mit deutlicher Aktivierung, wenn sie Spinnenbilder dargeboten bekamen. Nach der Behandlung verschwand dieses Aktivierungsmuster, es fand sich kein Unterschied mehr zwischen den behandelten und den unbehandelten Personen. Dieses Abschalten des „Furchtsystems" könnte ein einfacher Gewöhnungseffekt (Habituation) sein. Aber kann Verhaltenstherapie nicht mehr als nur das? Gibt es

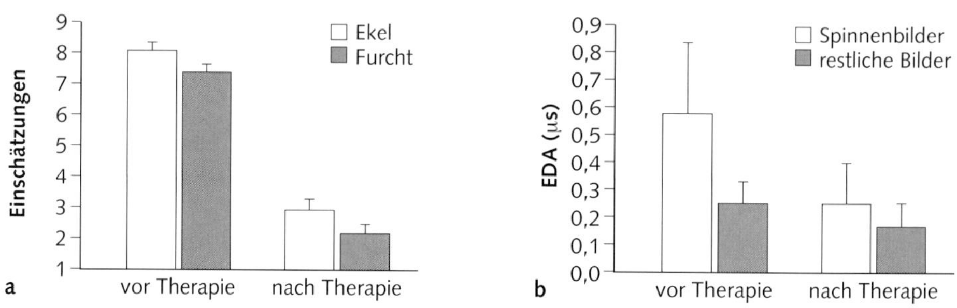

Abb. 6a,b Veränderungen der Ekel- und Furcht-Beurteilungen (a) und der elektrodermalen Reaktionen (EDA) (b) von Spinnen-Phobikerinnen bei der Betrachtung von Spinnenbildern vor und nach einer Verhaltenstherapie (mod. nach Schienle et al. 2005c).

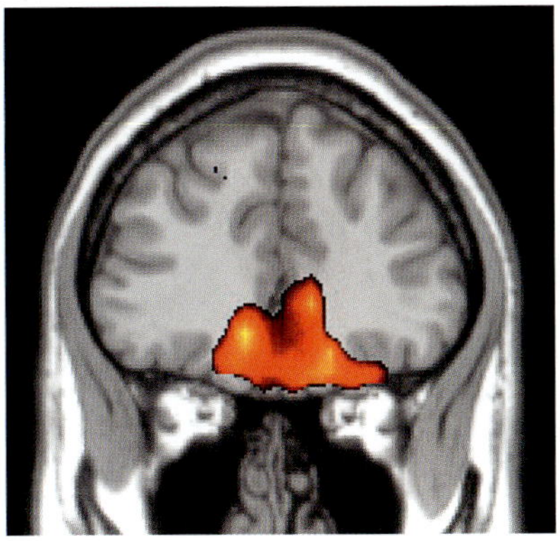

Abb. 7 Zunahme der Aktivierung im mittleren orbitofrontalen Kortex (Blickrichtung von vorne auf das Gehirn) von Spinnen-Phobikerinnen (n = 20), wenn sie nach einer Verhaltenstherapie Spinnenbilder betrachten, im Vergleich zu einer Warte-Kontrollgruppe (n = 20) (nach Schienle et al. 2006).

nicht auch Hirnareale, die durch sie angeregt werden? Der Vergleich mit einer Warte-Kontrollgruppe brachte es an den Tag. Bei den Patientinnen traten, wenn sie nach der Behandlung im Magnetresonanztomographen mit Spinnenbildern konfrontiert wurden, deutliche Aktivierungen im orbitofrontalen Kortex auf (Abb. 7).

Dies belegt, dass Verhaltenstherapie nicht nur zu einer Abschwächung der Reaktionen in den bekannten Emotionsverarbeitungssystemen führt, sondern dass die Patienten darüber hinaus lernen, die phobischen Objekte neu zu bewerten und deren Bedrohlichkeit und Scheußlichkeit bewusst anders einschätzen als zuvor. Dass sich diese Lerneffekte hauptsächlich im orbitofrontalen Kortex abspielen, liefert erste Hinweise auf die hirnfunktionellen Effekte der Verhaltenstherapie. Wir wissen heute, dass der orbitofrontale Kortex maßgeblich an der Emotionsregulation beteiligt ist, indem er, wenn die Ungefährlichkeit und Harmlosigkeit einer Situation einmal erkannt ist, einen dämpfenden Einfluss auf die Amygdala ausübt und die Löschung von Ekel- und Angst-Reaktionen beschleunigt.

Ekel-Lust

Eine stets aktuelle Ekel-Front ist der Sex. Widernatürliche Gelüste, Perversitäten, sexuelle Abartigkeiten, Sexsucht – eine schier unerschöpfliche Palette von Abscheubekundungen präsentiert sich seit der Antike auf dieser Art Schlachtfeld – mit oder ohne sittlichen Entrüstungsgestus.

Seit langem sind die hirnphysiologischen Prozesse bekannt, die bei sexuellem Verlangen und beim Orgasmus auftreten. Aber erst seit kurzem bemüht man sich, mithilfe bildgebender Verfahren, die neuronalen Prozesse genauer zu untersuchen, die bei sexuellen Reaktionen ablaufen. Benutzt man Bildmaterial, um diese Reaktionen zu provozieren, hängt die emotionale Reaktion ganz entscheidend von den sexuellen Präferenzen der untersuchten Personen ab. Erotisches Bildmaterial, das z. B. einen Sadomasochisten oder einen Homosexuellen sexuell erregt und in ihnen positive Emotionen erzeugt, wirkt auf einen Menschen, der andere sexuelle Neigungen hat, abstoßend und ekelerregend. Bei dem einen ruft ein und dasselbe Bild-

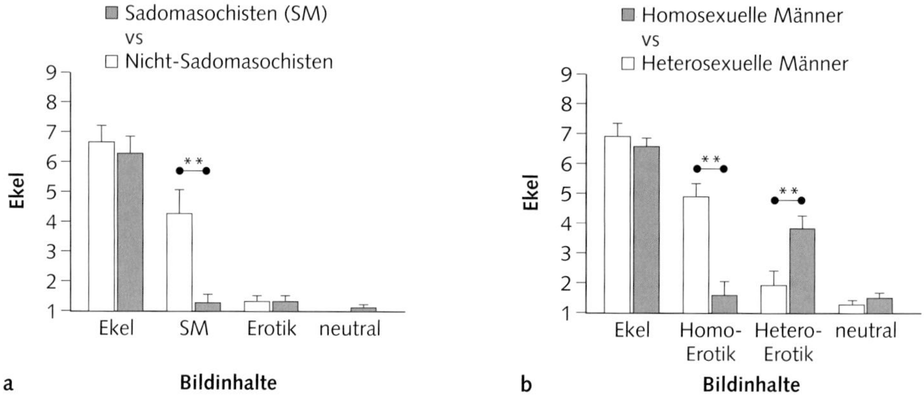

Abb. 8 Ekel-Empfinden von Personen mit unterschiedlichen sexuellen Präferenzen bei der Betrachtung von Bildern mit verschiedenen Inhalten (ekelerregend, sadomasochistisch, homo- und heteroerotisch, neutral; ** = $p < 0,01$) (mod. nach Stark et al. 2005).

material positive Emotionen hervor, bei einem anderen negative. Unsere Arbeitsgruppe (Stark et al. 2005) bediente sich dieses differenzialpsychologischen Merkmals, um die Effekte von angenehmen und ekelerregenden Reizen auf die Gehirnfunktionen weiter aufzuschlüsseln (s. Abb. 8 und Tab. 1).

Untersucht wurden Sadomasochisten und Homosexuelle. Personen ohne diese sexuellen Präferenzen dienten zum Vergleich. Dass sich diese Gruppen darin unterschieden, wie attraktiv oder wie abstoßend die Sex-Bilder für sie waren, illustriert die Abbildung 8. Die Tabelle 1 zeigt die Hirnregionen, in denen bei den entsprechenden Gruppen stärkere Aktivierungen auftraten. Hier zeigt sich deutlich, wie unterschiedlich die Aktivierungsmuster (hier: Anzahl der beteiligten Hirnregionen) bei den unterschiedlichen sexuellen Präferenzen sind. So werden beispielsweise bei Homosexuellen durch homoerotische Bilder sämtliche Hirnareale aktiviert, die nur irgendwie an emotionalen Prozessen beteiligt sind, während die Gehirne der Heterosexuellen beim Anblick dieser Bildern einfach „cool" bleiben. Es fand sich hier kein einziger neuronaler Hinweis darauf, dass durch sie Ekel erzeugt wird. Dennoch berichteten die Probanden, starken Ekel empfunden zu haben. Eine ähnliche Reaktion zeigten Sadomasochisten. Diese Unterschiede zu Personen, die die jeweilig auf den Bildern zum Ausdruck kommenden sexuellen Präferenzen nicht haben, kommen wahrscheinlich dadurch zustande, dass die Bilder bei Sadomasochisten und Homosexuellen Gefühle, Imaginationen sowie Erinnerungen an entsprechende lustvolle Situationen und Erfahrungen hervorrufen, die sie gewohnt sind.

Was bei dem einen Ekel erregt, bereitet dem anderen Lust. Sieht man einmal ab von den sexuellen Präferenzen und betrachtet nur, wie sich die „Hirn-Antworten" bei den negativen Emotionen (z. B. Ekel-Empfinden) im Vergleich zu den positiven Emotionen (z. B. sexuelle Erregung) unterscheiden, stößt man auf einen interessanten Befund: Die neurofunktionellen Reaktionsmuster gleichen einander sehr (Vaitl 2009).

Tab. 1 Übersicht über die Hirnregionen, die durch erotisches Bildmaterial bei Personen mit unterschiedlichen sexuellen Präferenzen (Sadomasochismus und Homosexualität) aktiviert werden. (Mittlere Spalte: Betrachten Sadomasochisten Bilder mit sadomasochistischen Darstellungen [SM-Bilder], kommt es zu einer Aktivierung fast sämtlicher Hirnareale, die an der Verarbeitung von Emotionen beteiligt sein können. Rechte Spalte: Ein ähnliches Bild zeigt sich, wenn homosexuelle Männer homoerotische Bilder betrachten.) (mod. nach Stark et al. 2005).

Hirnstruktur	**Bilder mit sadomasochistischem Inhalt**		**Bilder mit homosexuellem Inhalt**	
	Non-SM	**Sadomasochisten**	**heterosexuelle Männer**	**homosexuelle Männer**
medialer orbitofrontaler Kortex		x		x
anteriorer zingulärer Kortex				x
posteriorer zingulärer Kortex			x	x
Insula		x		x
Nucleus accumbens		x		x
Thalamus		x		x
Amygdala		x		x
Hypothalamus		x		x
Hirnstamm		x	x	x

Es gibt also Basisoperationen im Gehirn, an denen zahlreiche Hirnareale gemeinsam beteiligt sind – gleichgültig, ob die Bilder emotional als positiv oder negativ erlebt werden. Nur eine Hirnregion erwies sich vor allem bei den positiven Emotionen als besonders aktiviert, nämlich der Nucleus accumbens. Dieses Kerngebiet ist, wie Untersuchungen am Tier und am Menschen gezeigt haben, eine zentrale Schaltstelle im so genannten Verstärkersystem des Gehirns (Berridge 2003). Es wirkt hauptsächlich an der Beurteilung von positiven Valenzen mit und spielt u. a. eine entscheidende Rolle bei der Entwicklung von Suchtverhalten. Dementsprechend fand sich auch in unseren Untersuchungen ein enger Zusammenhang zwischen der Aktivierung dieses Kerngebiets und dem Ausmaß der sexuellen Erregung der Untersuchungsteilnehmer durch die erotischen Bilder. Dieses System ist sehr wahrscheinlich eine Art Gegenspieler für die Systeme, durch die Angst und Ekel reguliert werden.

Das Janusgesicht des Ekels – ein Ausblick

Kein Affekt des Menschen kommt so aus den Tiefen seiner Eingeweide wie der Ekel. Das Wissen, das Psychologie und Neurowissenschaften darüber zusammengetragen haben, ist nicht berauschend. Es scheint bis heute sogar eine inverse Beziehung zu bestehen zwischen der Allmächtigkeit dieser Emotion und ihrer wissenschaftlichen Dignität. Während es in den Massenmedien heutzutage nicht ekelerregend und abscheulich genug zugehen kann – vielleicht ein Ersatz für die Ekel-Lust, die früher das Zuschauen bei Hinrichtungen erzeugte –, hält sich die psychologische Wissenschaft bei diesem Thema vornehm zurück. Ganz anders die Geisteswissenschaften: Hier besitzt das Thema in der Ästhetik-Debatte rund um Kunst und Literatur eine hohe Attraktivität (vgl. hierzu die ausgezeichnete Monographie von Winfried Menninghaus aus dem Jahr 1999). Ekel-Empfindungen als Antrieb für Kulturleistungen – schon Freud war dieser Ansicht. Und es gibt in der abendländischen Geistesgeschichte vom 18. Jahrhundert an etliche Philosophen und Schriftsteller, die von der Karriere dieser Emotion in Kunst und Literatur fasziniert waren (z. B. Lessing, Kant, Hegel, Schlegel, Mendelssohn, Kafka, Sartre). Von ihnen wird die Phänomenologie des Ekels und seines anthropologischen Sinns beredt durchdekliniert.

Die Hirnforscher müssen sich sputen, um diesen Vorsprung aufzuholen. Wo könnten neue Ekel-Felder liegen, die zu beackern sich lohnt? Klinisch interessant ist sicherlich die Verbindung zwischen Ekel und Antworten durch das Immunsystem. Gewöhnlich springt das Immunsystem ein, wenn ein Kontakt mit einem gesundheitsgefährdenden Agens stattgefunden hat. Ekel könnte davor bewahren, dass dies überhaupt geschieht. Er setzt Vermeidungsverhalten in Gang und hilft so, dass dieses Agens erst gar nicht in den Körper gelangt oder, wenn es dann doch passiert ist, wieder aus ihm heraustransportiert wird. Als Vermittler der Informationen zwischen beiden Abwehrsystemen könnte der Neuromodulator Serotonin infrage kommen; er ist beteiligt sowohl am Brechvorgang, am Erlernen von Geschmacksaversionen und schließlich an der Modulation von angeborener und erworbener Immunität (Rubio-Godoy et al. 2007). Doch so einfach ist es nicht, denn es gibt auch die entgegengesetzte Meinung („Ekel macht krank."). Seit langem ist aus klinischen Fallschilderungen der Zusammenhang zwischen roten Fieberbläschen an der Lippe (Herpes) und Ekel bekannt. Ekel lähmt also die Immunabwehr – vielleicht so, wie Stressoren dies machen; denn nur solche Personen entwickelten die Bläschen, die zwei Tage zuvor heftig auf ekelerregende Bilder (verschmutzte Gläser und verdreckte Wäschestücke) reagiert hatten.

Ekel muss also keinesfalls ein heilsamer Schutz sein. Sein Janusgesicht wird der Ekel gewiss noch lange behalten.

Literatur

Augustine JR (1996). Circuitry and functional aspects of the insular lobe in primates including humans. Brain Res Rev; 22: 229–44.

Aylward EH, Li-Q, Stine OC, Ranen N, Sherr M, Barta PE, Bylsma FW, Pearlson GD, Ross CA (1997). Longitudinal change in basal ganglia volume in patients with Huntington's disease. Neurology; 48(2): 394–9.

Berridge KC (2003). Pleasures of the brain. Brain & Cogn; 52: 106–28.
Bösel RM (2006). Das Gehirn. Ein Lehrbuch der funktionellen Anatomie für die Psychologie. Stuttgart: Kohlhammer.
Curtis VA (2007). Dirt, disgust and disease: a natural history of hygience. J Epidem Comm Health; 61(8): 660–4.
Damasio AR (1999). The Feeling of What Happens. Body and emotion in the making of consciousness. New York: Harcourt Brace.
Gray JM, Young AW, Barker WA, Curtis A, Gibson D (1997). Impaired recognition of disgust in Huntington's disease gene carriers. Brain; 120: 2029–38.
Hermann A, Schäfer, A, Walter B, Stark R, Vaitl D, Schienle A (2007). Dimished medial prefrontal cortex activity in blood-injection-injury phobia. Biol Psychol; 75: 124–30.
Hodson G, Costello K (2007). Interpersonal disgust, ideological orientations, and dehumanisation as predictors of intergroup attitudes. Psychol Sci; 18: 691–8.
Mannix KA (1998). Gastrointestinal symptoms: palliation of nausea and vomiting. In: Doyle D, Hanks GWG, MacDonald N (eds). Oxford Textbook of Palliative Medicine. 2nd ed. Oxford, New York, Tokio: Oxford University Press; 459–83.
Menninghaus W (1999). Ekel. Theorie und Geschichte einer starken Empfindung. Frankfurt a. M: Suhrkamp.
Murphy FC, Nimmo-Smith I, Lawrence AD (2003). Functional neuroanatomy of emotions: A meta-analysis. Cogn Affect Behav Neuroscience; 3(3): 207–33.
Rozin P, Fallon AE (1987). A perspective on disgust. Psychol Rev; 94: 23–41.
Rubio-Godoy M, Aunger R, Curtis V (2007). Serotonin A link between disgust and immunity? Medical Hypotheses; 68(1): 61–6.
Schienle A, Walter B, Stark R, Vaitl D (2002). Ein Fragebogen zur Erfassung der Ekelempfindlichkeit (FEE). Z Klin Psychol Psychother; 31(2): 110–20.
Schienle A, Walter B, Schäfer A, Stark R, Vaitl D (2003). Ekelempfindlichkeit als Vulnerabilitätsfaktor für essgestörtes Verhalten. Z Klin Psychol Psychother; 32(4): 295–302.
Schienle A, Schäfer A, Stark R, Walter B, Vaitl D (2005a). Relationship between disgust sensitivity, trait anxiety and brain activity during disgust induction. Neuropsychobiology; 51: 86–92.
Schienle A, Schäfer A, Stark R, Walter B, Vaitl D (2005b). Neural responses of OCD patients towards disorder-relevant, generally disgust-inducing and fear-inducing pictures. Int J Psychophysiol; 57: 69–77.
Schienle A, Schäfer A, Stark R, Vaitl D (2005c). Effects of cognitive behaviour in therapy in spider phobis measured with fMRI. Psychophysiology; 42: 8–9.
Schienle A, Schäfer A, Vaitl D (2008). Individual differences in disgust imagery: an fMRI study. Neuroreport; 19: 527–30.
Sergerie K, Chochol C, Armony JL (2008). The role of the amygdala in emotional processing: A quantitative meta-analysis of functional neuroimaging studies. Neurosci Biobehav Rev; 32: 811–30.
Small DM, Zatorre RJ, Dagher A, Evans AC, Jones-Gotmann M (2001). Changes in brain activity related to eating chocolate: from pleasure to aversion. Brain; 124: 1720–33.
Stark R, Schienle A, Girod C, Walter B, Kirsch P, Blecker C, Ott U, Schäfer A, Sammer G, Zimmermann M Vaitl D (2005). Erotic and disgust-inducing pictures. Differences in the hemodynamic responses of the brain. Biol Psychol; 70: 19–29.
Vaitl D (2009). Funktionelle Neuroanatomie. In: Stemmler G (Hrsg). Enzyklopädie der Psychologie. Bd. C/IV/3: Psychologie der Emotion. Göttingen: Hogrefe; 81–130.

10 Neurogastronomie

Wie das Gehirn sein eigenes Süppchen kocht

Wulf Bertram

Das Institut war ein imposantes Ensemble einer reizvoll unzweckmäßig erbauten, geräumigen Gründerzeitvilla mit zahlreichen Erkern und Türmchen, die über eine Art Orangerie mit einem sachlich-kühlen Neubau aus Glas, Tropenholz und Stahl verbunden war. Die attraktive Empfangsdame von GANEBIO, dem Institut für Gastroneurobiologie, in einem Outfit zwischen medizinisch-technischer Assistentin und Saaltochter, hatte mich an ihren Biedermeiersekretär gebeten, auf dem in apartem Kontrast zur rehbraunen Kirschholzplatte ein schwarz mattierter Laptop stand. Sie nahm zunächst meine persönlichen Daten auf und fragte mich dann sehr freundlich, durch wen und mit welchen Erwartungen ich zu GANEBIO gekommen sei.
Ich hatte in einem Gourmetjournal eine Anzeige dieser Einrichtung gelesen. Darin wurde versprochen, dass man nach einer wissenschaftlich fundierten neurogastrologischen Untersuchung sein persönliches kulinarisches Präferenzprofil kennen und infolgedessen auf der Speisekarte nie wieder eine falsche Wahl treffen werde – schon gar nicht in der Restaurantkette, die mit dem Institut verbunden sei. Diese verfüge in jeder Filiale über einen Terminal, mit dem von der Chipkarte des Gastes dessen individuelle Geschmackspräferenzdaten eingelesen und mit dem jeweiligen Angebot der Speisekarte abgeglichen würden. Daraus werde dann unmittelbar eine automatische Bestellung generiert, was das zeitraubende und oft verunsichernde Wählen zwischen den verwirrenden Alternativen der Menüs erübrige. Mir hatte das sehr eingeleuchtet, und ich teilte der jungen Dame mit, dass ich mir von einer solchen Untersuchung verspreche, Zeit, Enttäuschungen und letztlich auch einiges Geld sparen zu können. Die Gastroassistentin quittiert meine Äußerung mit einem anerkennenden Lächeln, lobte mich für meine qualifizierte Entscheidung und bat mich dann, noch einen Augenblick Platz in einem der roten Lederfauteuils des geräumigen Wartezimmers zu nehmen. Es glich allerdings eher der Empfangshalle eines Luxushotels, und in der Tat gab es auch einen Pianisten, der an einem weißen Flügel diskret Claydermann spielte. Im Kamin aus euganeischem Trachyt flackerte ein ruhiges Feuer, auf den niedrigen Tischchen vor den bequemen Sesseln lagen Golf-, Gourmet- und Ambientemagazine. Nach einer knappen Viertelstunde, in der ich keltisches Mineralwasser kredenzt bekam (alles andere würde die folgende Untersuchung stören, klärte mich die Empfangsdame auf), wurde ich gebeten, mich in den Untersuchungsraum zu begeben. Im gedämpften Licht bemerkte ich eine wuchtige Walze mit einer kreisrunden Öffnung im Zentrum, an die sich eine schalenförmige Liege anschloss. An einem Pult mit mehreren Flachbildschirmen saß der Untersuchungsleiter, ein Diplom-Physiker mit abgeschlossener Kochausbildung, wie

es in dem farbigen Flyer gestanden hatte, der im Wartezimmer auslag. Er stellte sich vor als Dr. Scheibner, begrüßte mich freundlich und erklärte mir, dass es sich bei diesem Gerät um einen hochleistungsfähigen 3-Tesla-Magnetresonanztomographen handele. Damit könne man messen, welche Strukturen des Gehirns zu einem bestimmten Augenblick besonders gut durchblutet und damit hochaktiv seien. Das Gerät erzeuge extrem starke Magnetfelder, deswegen möge ich bitte alle metallenen Gegenstände ablegen und Plastikkarten mit Magnetstreifen abgeben, weil sie sonst mit Sicherheit unbrauchbar würden. Man werde mich jetzt mit der Liege in die Röhre fahren und mir darin über einen Schirm Bilder von Speisen zeigen. In einem zweiten Durchgang würden mir über eine orale Sonde Flüssigkeiten mit verschiedenen Aromen verabreicht, um jeweils zu messen, was in meinem Gehirn geschehe: Ob etwa die Zentren aktiviert würden, die man dem Belohnungssystem zuordnen könne oder ob auf dem Bildschirm Hirnregionen aufleuchteten, die bei Unlust oder gar Ekel aktiv sind. Dann bat er mich, auf der Liege Platz zu nehmen. Die Assistentin schob mir vorsichtig eine Art gebogenen Strohhalm zwischen die Lippen, der Ähnlichkeit mit den Saugern beim Zahnarzt hatte, befestigte ein paar Elektroden an Handinnenflächen und Puls und stülpte mir schließlich weich gepolsterte Kopfhörer über die Ohren. Der Gastrophysiker hatte mich darauf hingewiesen, dass die Untersuchung mit erheblicher Geräuschentwicklung verbunden sei, daher töne aus dem Kopfhörer Musik in angenehmer Lautstärke, Bach natürlich (alles andere würde die folgende Untersuchung stören, hatte die Assistentin ergänzt). Kaum merklich und geräuschlos fuhr die Liege in die Öffnung der Walze und hielt unter einem Bildschirm an, auf dem mein Name mit einem Willkommensgruß erschien, gleichzeitig tönte aus dem Lautsprecher eine freundlich-sonore Frauenstimme: „Im Namen von Diplom-Physiker Dr. Scheibner und seiner Crew heißen wir Sie herzlich willkommen und wünschen Ihnen einen angenehmen Aufenthalt in unserem Hochleistungsmagnettomographen. Wir möchten sie nun kurz mit unserer Untersuchung vertraut machen. Sie befinden sich im Zentrum sehr starker Magnetfelder, die durch große Spulen erzeugt werden. In wenigen Sekunden werden wir die Spulen aktivieren, was für Sie vollkommen ungefährlich ist. Sie werden lediglich eine größere Geräuschentwicklung bemerken. Bitte vermeiden Sie während der Messung unbedingt jede Bewegung, weil das die Ergebnisse verfälschen könnte. Sollten Sie irgendeine Form von Unbehagen verspüren, drücken Sie bitte den Knopf an der Fernbedienung, die sie in der Hand halten. Wir werden nun mit den Messungen beginnen, wünschen Ihnen einen angenehmen Aufenthalt in unserem Gastroscanner und danken Ihnen für Ihre Aufmerksamkeit."

Trotz der soeben begonnenen Bachschen Fuge ließ sich ein tiefes Brummen nicht überhören, das häufiger die Richtung innerhalb des Apparates wechselte. Auf dem Bildschirm erschienen jetzt brillante Fotos verschiedenster Speisen, zwischendurch neutrale Bilder von Landschaften, Blumen, Feldern, immer wieder gefolgt von Fotos appetitlich angerichteter Menükompositionen. Ab und zu wurden auch ein paar ekelerregende Bilder eingestreut, eine ausgedrückte Zigarettenkippe in einem Spiegelei, eine grün verschimmelte Pizza, jeweils begleitet von einer Entschuldigung über den Kopfhörer: „Zur Kalibrierung Ihrer aversiven gustatorischen Reaktionen müssen wir Sie leider auch mit solchen Bildern konfrontieren. Wir bitten um Ihr Verständnis."

In der folgenden Sequenz kündigte die Stimme aus dem Kopfhörer an, dass mir jetzt verschieden schmeckende Flüssigkeiten über den Schlauch verabreicht und anschließend eine kurze Spülung mit kohlesäurefreiem keltischem Mineralwasser erfolgen werde. Kurz darauf spritzte zunächst eine salzige, dann eine süße, anschließend eine saure Lösung aus dem Schlauch, gefolgt von einer bitteren und schließlich einer eigenartig herzhaften, wohlschmeckenden Flüssigkeit, jeweils unterbrochen durch einen kräftigen Schwall lauwarmen Wassers. In einer letzten Untersuchungsreihe wurden mir gleichzeitig widersprechende optische und geschmackliche Reize dargeboten: Das Foto einer Tasse Espresso mit stattlicher crema, parallel dazu über die orale Kanüle eine zitronensaure Lösung, danach das Bild eines saftigen Fiorentina-Steaks bei gleichzeitiger Einspritzung süßer Flüssigkeit mit Vanillegeschmack und schließlich das Konterfei einer sattgrünen Spreewalder Gewürzgurke mit gleichzeitiger Instillation eines kräftig-bitteren Arabica-Kaffeeextrakts.

Zum Schluss erfolgte eine längere Spülung, dann informierte mich Dr. Scheibner über den Kopfhörer, dass die Untersuchung nun erfolgreich beendet sei, die Auswertung der Daten begonnen habe, dass man mir für meine hervorragende Kooperation danke und mich anschließend ihn in das Besprechungszimmer bitte, das am anderen Ende des Untersuchungslaboratoriums liege.

Dort erwartete mich ein geschmackvoll sparsam möblierter Raum, eine Synthese aus ärztlichem Sprechzimmer und Nobelrestaurant. Nach kurzer Wartezeit trat Dr. Scheibner ein, gefolgt von der adretten Gastroassistentin, schob einen USB-Stick in den Laptop, um mir mit einer Sequenz von Powerpoint-Bildern meine Untersuchungsergebisse zu erläutern. „Sie sind ein deutlich Umami-affiner PROP-Schmecker im mittleren Sensibilitätsbereich bei geringgradiger Affinität zu Substraten, die Zucker-Rezeptoren stimulieren. Die Schwelle der durch Capsaicin provozierten Nozizeption liegt bei Ihnen leicht unterhalb des Normbereichs gesunder Vergleichspersonen, im Hinblick auf die optische Perzeption herrscht eine ausgeprägte Suszeptibilität vor allem für Sinneseindrücke aus dem längerwelligen Spektrum vor."

„Aha ...", war meine etwas ratlose Antwort. „Ist das irgendwie schlimm?" Dr. Scheibner lächelte milde. „Ganz im Gegenteil, bei Ihrem Profil dürfte es überhaupt keine Schwierigkeit sein, Speisekombinationen zu identifizieren, die Ihnen exzellente Geschmackserlebnisse verschaffen." Gewiss sei es nicht ganz leicht, die Ergebnisse der Untersuchung zu verstehen, und das sei eigentlich auch nicht unbedingt nötig, denn, wie in der Anzeige für GANEBIO versprochen, die Auswahl des für mich adäquatesten Menüs in Zukunft könne ja vollelektronisch getroffen werden, wenigstens in den Restaurants, die mit dem Institut afiliiert seien. Aber es sei natürlich sehr ratsam, auch die wissenschaftlichen Grundlagen des eigenen Geschmackserlebnisses zu kennen. Zu einem wirklichen Feinschmecker gehöre nämlich nicht nur, dass man die wichtigsten Prozeduren und Termini der Haute Cuisine kenne, also wisse, was etwa eine Julienne, ein Mirepoix, eine Bisque oder ein Bouquet garni sei. Man müsse den Geschmack auch nicht nur unbedingt über das Identifizieren der Texturen der Speisen schulen, sondern zusätzlich über die Kenntnis der neurobiologischen Funktionen des Geschmacksapparats. Die Wissenschaft habe, ergänzte Dr. Scheibner, in den letzten Jahren bahnbrechende Erkenntnisse über die zerebrale Geschmacksverarbeitung gewonnen, an denen er persönlich und sein Institut nicht unbeteiligt gewesen seien und die den Genuss eines Feinschmeckers besser als jede Geschmacksschule optimieren könnten. Man sei nicht mehr sehr weit davon entfernt, ganz spezifische Hirnstrukturen zu identifizieren, die beim Verzehr bestimmter Speisen aktiviert werden. Demnächst könne man womöglich einzelne Speisen bestimmten Hirnregionen zuordnen. „Denn wenn es ein Großmutterneuron gibt, werden wir irgendwann auch das Spiegeleineuron finden“, schloss Dr. Scheibner mit einem verträumten Lächeln.

Natürlich handele es sich jeweils nicht um einzelne Nervenzellen, sondern um räumlich-zeitliche Muster von Aktionspotenzialen im neuronalen Netz, man sei noch nicht ganz so weit, sie eindeutig lokalisieren zu können, aber die Erkenntnisse der Neurogastronomie seien doch schon so eindrucksvoll und spannend, dass er mir wärmstens ein Seminar empfehlen könne, das GANEBIO selbstverständlich als günstiges Zusatzmodul zu der Untersuchung anbiete, die ich soeben absolviert hätte. Es finde im angeschlossenen institutseigenen 5-Sterne-Hotel statt, natürlich mit Degustation der Menüs, die individuell auf der Basis der persönlichen gastrodiagnostischen Daten des Gastes errechnet worden seien. Er könne mir diesen Kursus nur wärmstens empfehlen. Der Referent sei übrigens Professor Dr. Dr. Friedrich Sauer von der Universität Freiburg, eine Kapazität im Bereich der Hirnforschung und mit besonderen Meriten im Bereich der gustatorischen Sensorik.

Das leuchtete mir ein, und nachdem ich mein persönliches neurokulinarisches Profil als Histogramm, als Tortengraphik und mit einer Tabelle meiner gastrodynamischen Befunde (in Relation zu den Normwerten einer gesunden männlichen kaukasischen Population im Alter von 35 bis 65 Jahren) ausgedruckt bekommen hatte, wollte ich mich nicht mit halben Sachen begnügen und buchte den Kurs bei Gastroneurobiologe Professor Dr. Dr. Sauer.

Geschmackssachen

Das Seminar begann am Samstagmorgen nach der Untersuchung. Professor Sauer, ein rundlicher, vergnügter Bonvivant, dem man ansah, dass er sich nicht nur theoretisch mit kulinarischen Angelegenheiten befasste, begrüßte die Teilnehmer fröhlich und begann seinen Vortrag mit den salbungsvollen Worten: „Alles, was zu wahrer Pracht aufblühen will, entspringt aus einer Knospe. Das gilt auch für die

Genüsse, mit denen uns köstliche Speisen beglücken können. Denn dazu brauchen wir ebenfalls eine Knospe, nämlich die Geschmacksknospe, lateinisch *caliculus gustatorius*. Der Mensch hat ca. 2 000 bis 9 000 davon. Die Mehrzahl liegt an der Oberseite der Zunge in kleinen Zäpfchen, den so genannten Zungenpapillen. Davon unterscheiden die Anatomen nach ihrer mikroskopischen Form drei verschiedene Arten, nämlich Pilzpapillen, Wallpapillen und Fadenpapillen. Aber auch am Gaumen, im Rachen und im Kehlkopfdeckel liegen weitere Geschmacksknospen. Sie bestehen jeweils aus 20 bis 30 Sinneszellen, die am oberen Ende einen kleinen stielförmigen Fortsatz tragen, der in die Öffnung der Knospe, den Porus, hineinragt. Und nun wissen Sie auch, warum es sinnvoll ist, dass Ihnen in Erwartung einer leckeren Mahlzeit das Wasser im Munde zusammenläuft: Damit die Aromen in den Porus gelangen können, müssen sie von ausreichend Speichel aufgelöst, an die Rezeptorzellen gespült und dann auch wieder davon weggestrudelt werden, damit sie für die nächste Geschmacksempfindung zur Verfügung stehen.

Diese Geschmacksknospen sind ausgesprochen vielseitig: Sie können sämtliche Geschmacksqualitäten wahrnehmen. Früher hieß es, dass wir arbeitsteilige Sinneszellen hätten, von denen die Süßspezialisten auf der Zungenspitze, die für sauer und salzig am Zungenrand und die für bitter im hinteren Zungenbereich ansässig wären. Das stimmt so nicht. Die Sinneszellen haben lediglich gewisse ‚Vorlieben'. So gibt es welche, die auf alle Qualitäten, am besten aber auf Süßes reagieren, und andere, die sich mit dem Salz- und dem Bittergeschmack am leichtesten tun. Diese Präferenzen der Geschmackszellen sind tatsächlich so verteilt, wie man es in den früheren Lehrbüchern lesen konnte: süß an der Zungenspitze, salzig und sauer am Rand und die mit der Vorliebe für Bitteres am hinteren Ende der Zunge.

1901 bemerkte der japanische Professor Kikunae-Ikeda von der Universität Tokio, dass er mit diesen vier Geschmacksqualitäten nicht auskam, wenn er seinen geliebten Shitake-Pilz verspeiste, und entdeckte damit den fünften Geschmackssinn, den er Umami taufte. Übersetzt heißt das so viel wie ‚herzhaft' oder ‚wohlschmeckend'. 1908 fand er dann im Seetang Mononatriumglutamat und stellte fest, dass es dieses Salz war, das die fünfte Geschmacksempfindung hervorrief. Seitdem polieren schlechte Köche und Fertiggerichtehersteller ihre Speisen mit diesem Pülverchen auf, das man daher als Geschmacksverstärker bezeichnet. Ob unsere Geschmackssinneszellen auch Fett und Wasser erkennen können, darüber streiten sich die Gelehrten noch. Ratten können aus einer fettreichen Nahrung mehrfach ungesättigte Fettsäuren gewissermaßen ‚herausschmecken'. Menschen scheinen den Fettgehalt einer Speise eher über deren ‚Textur' zu erkennen, d. h. die stoffliche Beschaffenheit (z. B. kross, weich, knusprig, klebrig, zäh). Ob eine Buttercremetorte sehr fettreich oder ‚light' ist, fühlen wir also mehr, als dass wir es schmecken und gebrauchen dazu unser sensibles Nervensystem statt den Geschmackssinn.

Und welchen Sinn hat es nun, dass wir diese fünf bis sieben Dimensionen des Schmeckens identifizieren können? Gourmetrestaurants sind im Laufe der Evolution ja erst relativ spät entstanden, und weder die Teilnahme an den Gelagen der alten Römer zu Ehren des Gottes Lucullus noch der Besuch eines Sternerestaurants

bringen wesentliche Überlebensvorteile. Wohl aber das Identifizieren nahrhafter und ungefährlicher Nahrung: Als erster unserer fünf Sinne ist beim Neugeborenen der Geschmackssinn ‚online geschaltet' und voll funktionsfähig. Riechen, fühlen, hören und sehen können wir erst später richtig gut, wenn uns die Muttermilch bereits wochenlang gemundet hat. Für den vom mütterlichen Versorgungsstrang abgenabelten Säugling ist es ja zunächst einmal überlebenswichtig, genügend Substanz für die energiefressenden Wachstums- und Reifungsprozesse aufzunehmen, und das geschieht nun einmal durch den Mund. Und es muss so gut schmecken, dass der Wunsch nach mehr entsteht, sonst wird es mit dem Gedeihen nichts. Darum verfügt der Säugling über fast doppelt so viele Geschmacksknospen wie der Erwachsene. Im Laufe der ersten Lebensjahre werden sie dann wieder abgebaut, d. h., die Bilanz von Abbau und Neubildung von Geschmacksknospen, deren Lebensdauer nur etwa zehn Tage beträgt, wird negativ, bis sie sich bei ein paar Tausend einpendelt.
Mit zunehmender Lebenserfahrung lernen wir schließlich besser, auch aufgrund von Aussehen und Geruch der Nahrungsmittel zu unterscheiden, was uns gut tut, früher einmal gut geschmeckt hat und uns gut bekommen ist – oder wovon wir lieber die Finger bzw. die Zunge lassen sollten.

Süße Kraftstoffe

Nicht nur wer sich des Nachts unwiderstehlich zum Kühlschrank hingezogen fühlt, spürt, dass Süßes die höchste Attraktivität der genannten Geschmacksdimensionen hat. Das hat seine Gründe, denn der süße Geschmack, auf den wir bereits mit der süßen Muttermilch geprägt werden (die darüber hinaus allerdings auch deutliche Spuren von umami enthält!), signalisiert energiereiche, schnell verwertbare und in körperliche Aktivität umsetzbare Nahrung. Auf die waren unsere Vorfahren im Kampf ums Überleben, auf der Flucht vor Säbelzahntigern und anderen Ungeheuern, auf der Wanderung zu neuen Jagdgründen und bei der Abwehr übergriffiger Nachbarsippen angewiesen. Wer eine besondere Vorliebe für Süßes hatte, merkte sich besser, wo Honigwaben lagen und schmackhafte Beeren und Früchte wuchsen. Es liegt auf der Hand, dass ihm solche Kraftnahrung im Bedarfsfall nicht nur die nötige Energie für überlebenswichtige Leistungen verlieh, sondern auch für die Liebe. Im Vergleich zu Zeitgenossen, die sich aus Süßigkeiten weniger machten, dürfte er daher wohl mit mehr Nachwuchs gesegnet worden sein, dem er dann seine Naschhaftigkeit vererbte – und von dem wir wiederum abstammen. Die Vorliebe für Süßigkeiten war somit ein klarer Selektionsvorteil. Da wir nun nicht mehr wie unsere Vorfahren häufiger mal auf der Flucht vor wilden Bestien oder auf der Suche nach neuen Jagd- und Weidegründen sind und unsere Körperwärme nicht mehr permanent hochregeln müssen, weil unsere Behausungen so unwirtlich sind, verarmen wir motorisch eher. Infolgedessen neigen wir bei reichlichem Verzehr kalorienreicher Nahrung zu Übergewicht, Diabetes, hohem Blutdruck und Trägheit, Letzteres wohl auch im Hinblick auf bewegungsintensive reproduktive Aktivitäten. In ein paar tausend Jahren müsste man daher mal überprüfen, ob die Vorliebe für Naschereien nicht eine negative Selektion bewirkt hat. Es wäre zu erwarten, dass dann eher Individuen mit einer Vorliebe für saure Gurken statt für Schokoriegel überwiegen.

Bittere Pillen

Die Fähigkeit, bittere Stoffe geschmacklich sensibel wahrzunehmen, hat sich in unserer evolutionären Vorgeschichte jedenfalls bereits bestens bewährt. Wer diese Fähigkeit in ausreichendem Maße besaß, geriet wesentlich seltener in die Gefahr, seinen Speiseplan mit giftigen Pflanzen oder Beeren zu bereichern. Viele der in der Natur vorkommenden Gifte haben einen deutlich bitteren Geschmack. Wir stammen eher von denjenigen Vorfahren ab, die Campari oder Bitter Lemon angewidert zurückgewiesen hätten, wenn es das damals schon gegeben hätte. Es ist also eigentlich wider unsere Natur, dass solche Getränke heute zu beliebten Lifestyle-Drinks gehören, und diese Tatsache erklärt sich nicht bio-, sondern psychologisch. Sie wurden uns im wahrsten Sinne des Wortes ‚schmackhaft' gemacht: Wenn man das Getränk in angenehmer Atmosphäre oder in der Erwartung positiver Konsequenzen mehrfach dargeboten bekommt, weil es ‚cool' ist, weil es zu einem bestimmten Lebensstandard gehört oder weil es in Werbespots von attraktiven jungen Menschen geschlürft wird, schmeckt es uns schließlich. Kinder sind jedenfalls besonders empfindlich gegenüber bitteren Speisen und Getränken.

Für den ungefährlichen Süßgeschmack gibt es ein nur einziges Rezeptormolekül auf der Außenseite der Geschmacksrezeptorzelle. Der riskante Bittergeschmack hingegen wird sicherheitshalber gleich von 25 verschiedenen Rezeptoren identifiziert – was aber noch wenig erscheint gegenüber den Tausenden von Stoffen, die die Geschmacksempfindung ‚bitter' hervorrufen und ganz unterschiedlichen chemischen Substanzklassen angehören. Sie schmecken uns ursprünglich alle nicht, und es kommt nicht darauf an, ob ein Rezeptor etwa von Salicin, einem von alters her bekannten natürlichen Schmerzmittel aus der Weidenrinde, Amygdalin aus der bitteren Mandel oder dem tödlichen Gift Strychnin aus der Brechnuss aktiviert wird. Dass viele Medikamente ‚bittere Pillen' sind, erklärt sich aus der Tatsache, dass es sich dabei oft um Gifte handelt, die in vernünftigen Mengen nicht töten, sondern Beschwerden lindern. Denn wie wir seit Paracelsus wissen, macht allein die Dosis das Gift.

Dass es bei der Geschmackswahrnehmung genetische Unterschiede gibt, wird beim Bittergeschmack besonders deutlich. 1931 experimentierte der amerikanische Chemiker Arthur Fox mit der Substanz Phenylthiocarbamid (PTC). Bei einem seiner Versuche entwich eine kleine Menge des Pulvers in die Luft des Labors, und kurze Zeit später beschwerte sich sein Assistent über einen schrecklich bitteren Geschmack im Mund. Fox selbst schmeckte überhaupt nichts, und das machte ihn neugierig. Er ließ andere Kollegen das Pulver probieren und stellte fest, dass einige davon genauso wenig schmeckten wie er, andere sofort über einen mehr oder weniger starken Bittergeschmack klagten. Systematische Versuche mit dem Thioharnstoff 6-n-Propylthiouracil (PROP) haben inzwischen gezeigt, dass etwa ein Viertel aller Menschen in Bezug auf PROP ‚geschmacksblind', also gewissermaßen immun gegen Bitterstoffe ist. Ein weiteres Viertel nimmt die Substanz dagegen ganz besonders intensiv wahr. Die PROP-Superschmecker bewerten bittere Nahrungs- und Genussmittel wie Kaffee, Grapefruitsaft, Rucola oder Rosenkohl eher als unangenehm und meiden sie in ihrem Speiseplan. Umstritten ist, ob die hochsensiblen Bitterschmecker auch andere Geschmacksrichtungen stärker wahrnehmen als ihre Mitmenschen. Wahrscheinlich verfügen die wahren Feinschmecker insgesamt eher über eine höhere Anzahl von Geschmackspapillen auf der Zunge.

Saure Ionen

In dem Spruch ‚Sauer macht lustig' könnte das berühmte Körnchen Wahrheit stecken, denn neben unreifen Früchten schmecken auch vergorene Speisen sauer. Da beim Gärungsprozess Zucker in Alkohol umgewandelt wird, könnten die unbekannten Urheber dieser Volksweisheit bemerkt haben, dass vergorene Speisen nicht nur sauer schmecken, sondern wegen ihres Alkoholgehalts einen angenehmen Schwips verursachen. Wissenschaftlich gesprochen ist Sauergeschmack eine ‚Detektion von Protonen'. Säure gibt Protonen (H^+-Ionen) ab, die beim Durchgang durch so genannte Ionenkanäle eine Aktivierung des Rezeptors auslösen, der auf den Sauergeschmack spezialisiert ist. Je höher die Konzentration dieser Ionen ist, desto intensiver ist die Geschmacksempfindung ‚sauer'.

Wie bei keiner anderen Geschmacksqualität läuft uns bei ‚sauer' das Wasser im Munde zusammen, offenbar sogar ferngesteuert auf dem Umweg über unsere Spiegelneuronen: Stellen Sie sich einmal vor eine Blaskapelle und beißen Sie herzhaft und gut sichtbar in eine Zitrone. Sie werden erleben, dass das harmonische Zusammenspiel innerhalb kürzester Zeit im Gurgeln und Blubbern der Tuben, Hörner und Trompeten absäuft. Der lebhafte Speichelfluss hat ursprünglich die Funktion, Säure zu verdünnen und davor zu schützen, dass die empfindliche Mundschleimhaut verätzt wird. Gleichzeitig kann er aber auch als eine Art hausgemachter Geschmacksverstärker wirken: Der Flüssigkeitsschwall löst die Aromen besser und spült sie vehement an die Geschmacksporen. Sauerbraten und Bismarckheringe werden durch das Einlegen in Essig also nicht nur haltbarer gemacht, ihr Geschmack wird auch intensiver. Und die Zitronenscheibe, die auf Ihrem Wiener Schnitzel oder auf Ihrer gegrillten Dorade liegt, ist ja auch nicht dazu da, noch schnell ein Gericht zu konservieren, bevor Sie es verspeisen, sondern ihr Saft soll Ihnen den Mund wässeriger und Ihren Genuss damit noch intensiver werden lassen.

Salzige Regler

Ein ähnlicher ‚Ionenentdeckungs-Mechanismus' ist auch für den Salzgeschmack verantwortlich. Hier sind es allerdings vor allem die Natrium-Ionen des Kochsalzes, die als salzig wahrgenommen werden. Ab und zu Hunger auf Salziges zu bekommen ist wichtig für den Mineralhaushalt des Körpers, weil Natrium- und Kalium-Ionen die entscheidende Rolle für die zellulären Erregungsprozesse und die Regulierung des Wasserhaushalts des Körpers spielen – und vom Organismus nicht selbst synthetisiert werden können. Auch hier kommt dem Geschmackssinn also nicht nur die Bedeutung zu, uns angenehme Empfindungen zu vermitteln, sondern über den Appetit auf bestimmte Speisen dafür zu sorgen, dass die Chemie des Körpers in Ordnung bleibt. Ein Erwachsener kommt zum Ausgleich des Verlusts durch Schwitzen und Ausscheidungen von Körperflüssigkeiten mit einem bis drei Gramm Salz aus, bei starkem Schwitzen, Fieber oder bestimmten Erkrankungen können bis zu 20 Gramm erforderlich sein. Nur etwa 20 % des täglichen Bedarfs stammen dabei aus dem Salzstreuer, das meiste Salz ist als Würzmittel in Brot, Fleisch- und Wurstwaren verborgen. Dass Salz für Bluthochdruck verantwortlich ist, wurde wissenschaftlich niemals eindeutig bewiesen, dagegen leiden 5 bis 10 % der älteren Menschen sogar unter einem Natriummangel, was zu Kopfschmerzen, Müdigkeit, Muskelkrämpfen und erhöhter Sturzneigung führen kann. Das Salz in der Suppe ist also keine verzichtbare Würze, sondern ein lebenswichtiger Nahrungsbestandteil.

Sensible Eiweißfahnder

Was uns bei salzigen Speisen jedoch am meisten schmeckt, ist weniger ihr Gehalt an Natrium-Ionen, sondern die fünfte Grundqualität des Geschmackssinns, die unser japanischer Professor Ikeda ‚umami' taufte. Hervorgerufen wird diese Geschmacksempfindung durch Glutamat, ein Salz der Glutaminsäure, das bereits in der Muttermilch vorkommt und uns damit für die Aufnahme proteinreicher Nahrung empfänglich macht. Glutamat ist nämlich besonders reichlich in Fisch und Fleisch, aber auch in Speisen wie vollreifen Tomaten, Sojasauce und Käse vorhanden. Da die meisten Nahrungsmittel, die ‚umami' schmecken, reichlich Proteine enthalten, sorgt die Lust auf diesen Geschmack für die ausreichende Zufuhr von Eiweiß, denn Proteine dienen in erster Linie zum Aufbau und Erhalt von Zellen. Aber auch die in Proteinen vorhandene Energie, die fast der der Kohlehydrate entspricht, kann vom Körper genutzt werden. Allerdings wird die Energie, die in Kohlehydraten steckt, um ein Vielfaches schneller nutzbar gemacht als die der Eiweiße. Wenn wir großen Hunger haben, ist die Schwelle für die Süßwahrnehmung erniedrigt, und wir greifen eher zum Schokoriegel als zur Leberwurst.

Ein eigener Rezeptor für Glutamat auf der Zunge wurde erst vor wenigen Jahren identifiziert und auf den Namen GluR4 getauft. Er ist sozusagen ein Schnipsel des Glutamat-Rezeptors im Gehirn, der auf den Neurotransmitter L-Glutamat spezialisiert ist, dies allerdings 1 000-mal empfindlicher als seine verkürzte Version auf der Zunge. Das ist sinnvoll, denn in Nahrungsmitteln ist die Glutamatkonzentration um ein Vielfaches höher als im Gehirn, und wenn die Kingsize-Version des Glutamat-Rezeptors im Gehirn genauso (un-)sensibel wäre wie der auf der Zunge, täte sich unser Gehirn bei der Erregungsübertragung schwer. Wäre der Rezeptor auf der Zunge wiederum so hochempfindlich wie sein großer Bruder im Gehirn, würde uns bei einer fleischhaltigen Speise der Umami-Geschmack Tsunami-artig überfluten.

Glutamat ist im Konzert der Geschmackseindrücke ohnehin so dominierend, dass es die meisten anderen natürlichen Geschmacksakkorde übertönt. Daher wird es von der Nahrungsmittelindustrie unter den Kürzeln E 620 bis E 625 auf der Liste der Lebensmittelzusatzstoffe und in der mittelmäßigen Gastronomie reichlich eingesetzt, um mit möglichst einfachen Mitteln Lust auf mehr hervorzurufen. Wer mit geschmacksverstärkten und stark künstlich aromatisierten Speisen aufwächst, wird von diesen Industrieprodukten zunehmend abhängig. Der differenzierte Sinn für das Schmecken feiner Aromen, wie sie in natürlicher Nahrung vorkommen, verkümmert – und damit auch unser über Generationen ausgeprägter Sinn für die ausgewogene Zufuhr von Speisen, die uns gut tun.

Ob Glutamat gar gefährlich sein kann, ist umstritten: 1968 eröffnete ein amerikanischer Arzt im ‚New England Journal of Medicine' in einem Leserbrief eine mehrere Jahre dauernde Diskussion über das so genannte Chinarestaurant-Syndrom, bei dem es kurze Zeit nach Genuss einer chinesischen Spezialität zu Mundtrockenheit, ‚hektischen Flecken', Hitzewallungen, Juckreiz, Kopfschmerzen, Gesichtsmuskel- und Nackenstarre, Gliederschmerzen und Übelkeit kommen soll. Ursache dafür sei eine Unverträglichkeit des Geschmacksverstärkers Monosodiumglutamat. Da Glutaminsäure im Gehirn die Funktion eines erregenden Botenstoffs hat, erscheint der Zusammenhang neurochemisch plausibel. Die Gesundheitsbehörden in den USA und in den meisten Ländern Europas konnten sich aber nicht entschließen, Glutamat auf die Liste der unzulässigen Zusatzstoffe zu setzen, weil kein eindeutiger Zusammenhang zwischen dem Genuss von Glutamat und dem Chinarestaurant-Syndrom nachgewiesen werden könne. Das hätte auch einen Kahlschlag im Angebot der Nahrungsmittelindustrie bedeutet, und es ist anzunehmen, dass der Lobby der Food-Giganten diese Aussicht so wenig schmeckte wie ihren Kunden vermutlich Produkte ohne Geschmackstuning. Es gab einige böse Zungen, die be-

haupteten, das hätte Einfluss auf das Design und die Interpretation der zu diesem Thema durchgeführten Studien gehabt, die keine eindeutigen Ergebnisse zum Nachteil von Glutamat erbrachten. In Deutschland ist Natriumglutamat als Zusatz für Babynahrung sicherheitshalber verboten, zumal der amerikanische Psychiater, Pathologe und Immunologe Professor John Olney in den 1970er Jahren in Hirnnervenzellen von Ratten, die mit Glutamat gefüttert worden waren, direkte Schädigungen nachweisen konnte. Olney geht so weit, dass er exogen zugeführtem Glutamat eine Bedeutung bei der Entstehung neurogenerativer Erkrankungen wie Alzheimer und Parkinson zuschreibt. Das natürliche Glutamat, das wir mit der Muttermilch zu uns nehmen, ist dagegen ungefährlich und fördert unseren späteren Appetit auf Nahrungsmittel, die die lebensnotwendigen Proteine enthalten.
Unsere Nahrungspräferenzen sind freilich stark davon abhängig, welche Aromaangebote wir bereits in den ersten Lebensmonaten vor der Geburt bekommen haben. Ab dem dritten Monat schluckt der Fötus mehrere Hundert Milliliter Fruchtwasser und reagiert ebenso positiv auf süße Geschmacksnuancen, wie er negativ auf Bitterstoffe reagiert. Die Aromen der Lebensmittel, die die Mutter in der Stillzeit zu sich nimmt, gehen in die Muttermilch über und beeinflussen die späteren Geschmacksvorlieben. Aromen, mit denen die Babys bereits Bekanntschaft gemacht haben, werden später deutlich besser akzeptiert. Welchen Einfluss dies hat, zeigt eine bemerkenswerte Untersuchung des Münchner Forscherpaares Irmgard und Friedrich Manz: Früher wurde (aus welchen Gründen auch immer) der Fertigmilch in Deutschland Vanillin zugesetzt. Probanden, die in dieser Fertigmilch-Ära Säuglinge gewesen waren, wurden als Erwachsene gebeten, zwei Ketchup-Sorten zu testen und zu sagen, welche sie bevorzugten. Eine davon war in der gleichen Konzentration mit Vanillin angereichert worden, wie sie damals die Babys erhalten hatten. Eindrucksvolles Ergebnis: Zwei Drittel der Versuchspersonen, die seinerzeit Fertigmilch mit Vanillin erhalten hatten, bevorzugten den Ketchup, der mit diesem Aroma angereichert worden war. Bei den Stillkindern, den Versuchspersonen also, die als Babys kein Vanillin bekommen hatten, waren es lediglich 30 %. Das zeigt, wie aufmerksam wir mit der Nahrung unserer Kinder umgehen müssen: Mit hoher Wahrscheinlichkeit werden sie später jene Speisen bevorzugen, an die sie durch den Verzehr des unüberschaubaren Angebots an Süßigkeiten bereits in frühester Kindheit gewöhnt wurden – ob diese nun dick machen, ungesund oder gar gefährlich sind bzw. den Weg für die Präferenz schädlicher Genuss- oder Suchtmittel ebnen, die mit ähnlichen Aromen getunt sind.
Einen dezenten Vanillegeschmack haben auch Weine, die in Eichenfässern, Barriques, gereift sind. Das geröstete Holz verleiht dem Wein nicht nur edles Tannin, sondern eben auch dieses aparte Aroma. Seit den 1980er Jahren erlebt der Barrique-Ausbau einen wahren Boom bei Weinliebhabern und Winzern. Dabei wird das typische Aroma nicht nur durch die Lagerung in Fässern aus besonderen Eichensorten erreicht, sondern notfalls auch durch kleine Säckchen mit Eichensägemehl, die man in die Edelstahl- oder Plastikbottiche hängt. Es wäre interessant zu untersuchen, wie viele Barrique-Fans ebenfalls verhinderte Stillkinder sind, denen

der Vanillegeschmack aus ihrer Retortenbabynahrung unterschwellig vertraut ist – und jetzt in das Alter gekommen sind, sich edle Weine mit diesem dezenten Aroma leisten zu können.

Scharfe Sachen

Was die meisten Kinder neben ‚bitter' überhaupt nicht mögen, ist ‚scharf'. Hierin unterscheiden sie sich freilich nicht von Ratten, bei denen man beobachtete, dass sie im Hausmüll alle erdenklichen Speisereste einschließlich alkoholhaltiger Abfälle verspeisen, die scharfen Sachen aber links liegen lassen. Wer gerne Peperoncini, Pfeffer oder Chilischoten mag, hat das in späteren Lebensjahren schlicht ‚gelernt'. Es lässt sich darüber spekulieren, warum scharfe Würze ausgerechnet in heißen Ländern wie Mexiko, Indien und Thailand, in Europa vor allem in Kalabrien, so beliebt sind: Jeder, der unfreiwillig oder in tollkühner Attitüde eine besonders scharfe Schote probiert hat, kann über den anschließenden Schweißausbruch berichten, den Wissenschaftler als ‚gustatorisches Schwitzen' bezeichnen. Möglicherweise verschafft das Verdunsten des gustatorischen Schweißes in der Hitze eine angenehme Kühlung der Hautoberfläche und senkt damit die Körpertemperatur.
Scharf gibt es als Geschmacksrichtung dabei eigentlich gar nicht. Tatsächlich handelt es sich um eine Hitze- bzw. Schmerzempfindung, die über sensible Äste des Nervus trigeminus geleitet wird und vor allem durch die Substanz Capsaicin hervorgerufen wird. Wir *schmecken* die Schärfe eigentlich nicht, sondern wir *fühlen* sie, was jeder sofort nachvollziehen wird, der sich nach dem Zubereiten oder Anfassen von Chilischoten nicht sorgfältig die Hände gewaschen und anschließend die Bindehaut am Auge oder andere hochempfindliche Körperteile berührt hat, deren sensorische Präferenz eigentlich auf wesentlich angenehmere Stimuli gerichtet ist.
Eine andere Hypothese, warum manche Menschen so scharf auf Scharfes sind, ist die nachgewiesene Ausschüttung körpereigener Opiate durch Capsaicin (eine der schärfsten Chili-Saucen wird tatsächlich unter dem Markennamen ‚Endorphin Rush' vertrieben): Der wiederholte Schärfe-Kick produziere schließlich eine regelrechte Abhängigkeit. Diese Vermutung ließ sich allerdings relativ leicht widerlegen, denn wenn man den Chili-Junkies vor dem Verzehr Opiat-Antagonisten verabreicht, müsste ihnen eigentlich das Verlangen auf den vermeintlichen Suchstoff vergehen. Das war aber bei einschlägigen Versuchen nicht der Fall. Den Probanden kam die Lust am Scharfen keineswegs abhanden, wenn man die Endorphin-Rezeptoren blockierte. Die Vorliebe für scharfe Sachen ist daher auch wieder in erster Linie ein psychologisches Phänomen. Wenn man sich das Angebot an scharfen Saucen im Internet ansieht, treiben einem deren Etikette bereits fast die Tränen in die Augen: Das mit dem Warnhinweis ‚Nichts für Weicheier und Warmduscher' angepriesene Sortiment reicht von dem bereits erwähnten ‚Endorphin Rush' über ‚Ulti-

mate Insanity Sauce', ‚Ass Reaper', ‚Mad Dog Inferno' bis hin zu ‚Devil's Revenge' und ‚After Death'. Teufelsfratzen sind beliebte Schmuckelemente, und kleine Gimmicks wie Totenköpfe, Dosierungspipette und Kindersicherung werden gerne mitgeliefert. Die Schärfe wird dabei stolz in Tausenden von Scoville-Einheiten angegeben: Scoville war ein Pharmakologe, der 1912 eine Maßskala für die Schärfe von Chili entwickelt hat, auf der reines Capsaicin den Wert 16 000 000 hat (Tabasco-Sauce kommt auf schlappe 2500 bis 5000, langweilige Normalo-Paprikaschoten rangieren unter 10). Schärfe-Freaks geht es offensichtlich weniger um das kulinarische Erlebnis als um das Spiel mit dem Feuer im Wortsinne, und sie sind somit eher mit Bungee-Jumpern und Sauna-Rekordjägern verwandt, die sich Zertifikate über die maximale Fallhöhe bzw. maximal ertragene Temperatur ab 100 °C aufwärts an die Wand hängen: der Chili-Kick als Feuertaufe, Mutprobe und Härtetest. Über Geschmack braucht man dabei nicht zu streiten, denn damit hat dies im eigentlichen Sinne gar nichts zu tun.

Aber was wäre unser Geschmack, wenn wir den Geruchssinn nicht hätten? Wer je einen heftigen Schnupfen gehabt hat – also eigentlich jeder –, kennt die Antwort: wenig! Der Mensch hat ca. 1000 verschiedene Geruchsrezeptoren; Tiere bringen es auf 10 000 und mehr. Die menschliche Riechschleimhaut hat insgesamt 1 000 000 Sinneszellen, die beteiligt sind, wenn wir einen Geschmack gewissermaßen ‚ganzheitlich' wahrnehmen. Ein Wein erregt, je nach Typ, mehr oder weniger stark, in jedem Fall die Rezeptoren für sauer und süß. Aber um seinen ‚Charakter' zu beurteilen und gegebenenfalls wiederzuerkennen, ist das Zusammenspiel mit dem Geruchssinn unerlässlich. Verschnupfte Sommeliers kann der Arzt bei einem banalen Schnupfen im Gegensatz zu fast allen anderen Arbeitnehmern mit gutem Gewissen arbeitsunfähig schreiben.

Geruchsempfindungen gehören zu unserem Frühwarnsystem. Brandgeruch zügig wahrzunehmen brachte einen erheblichen Überlebensvorteil. (Wie sensibel die heutige Zivilisation nach wie vor auf Brenzliges reagiert, können Sie leicht feststellen, wenn Sie mal einen möglicherweise peinlichen Geruch übertönen wollen: Zünden Sie rasch ein bis zwei Streichhölzer an und lassen Sie sie eine Weile brennen, dann treten alle anderen unerwünschten Düfte in den Hintergrund.) Geringste Konzentrationen von Substanzen in gasförmiger Lösung können starke Abwehrreaktionen und Fluchtreflexe hervorrufen und damit im Extremfall lebensrettend sein – sie können aber auch für das Auffinden von Nahrung wie reifes, duftendes Obst oder frische Waldpilze gut sein. Gerüche dabei in ‚Klassen' einzuteilen ist einigermaßen schwierig, weil es in der Natur selten ‚reine' Düfte gibt und meistens Mischungen mit mehr oder weniger dominanten Komponenten vorliegen. Es hat sich aber bewährt, sieben grundlegende Geruchsdimensionen zu unterscheiden: kampferartig, moschusartig, blumig, minzig, ätherisch, stechend und faulig.

Viele dieser Düfte provozieren unwillkürliche körperliche Reaktionen. Wenn Ihnen bereits beim Betreten der Küche das Wasser im Munde zusammenläuft, haben Sie den Sonntagsbraten ja vielleicht noch nicht einmal gesehen, geschweige denn, geschmeckt – können Letzteres dann aber umso besser, weil der reichliche Vorrat an

Speichel nur darauf wartet, die Aromen aufzulösen und in die Geschmacksporen zu spülen. Darüber hinaus ist der Geruchssinn stärker als alle anderen Sinnesqualitäten mit dem limbischen System verbunden, unserer Schaltstelle für positive wie negative Emotionen. Die Geruchsbahn nämlich passiert nicht wie die anderen zunächst die ‚Relaisstationen' des Thalamus, der dann die Impulse an die ‚Bewertungsinstanz' Großhirn weiterleitet, sondern erreicht das limbische System auf direktem Weg. Dort wird dann unmittelbar die Gefühlstönung der Wahrnehmung ausgelöst. Wenn Sie jemanden nicht riechen können, ist nichts zu machen: So sehr Sie auch darüber nachdenken, warum sie ihn oder sie vielleicht doch eigentlich mögen sollten – wenn Ihr limbisches System auf Abwehr schaltet, wird nichts aus dieser Beziehung.

Geschmack und Geruch sind die Sinnesqualitäten, die die entscheidende Rolle bei der Bewertung dessen spielen, ob uns etwas vorzüglich, ganz gut oder überhaupt nicht schmeckt – aber sie sind es nicht allein. Dass das Auge mitisst, gehört zu den Binsenweisheiten, die es bis auf die Etikette der Konservendosen gebracht haben, auf denen der ästhetisch oft wenig ansprechende Inhalt (Leberwurst!) in anregendem Entourage von Radieschen, Petersiliensträußchen und Tomatenvierteln gern als ‚Garnierungsvorschlag' ausgewiesen wird. Die Beteiligung des Sehsinns am Gourmet-Erlebnis geht dabei weit über das appetitliche Arrangement der Speisen hinaus und nährt sich aus den Tiefen unserer Seelen. Im Sommer 1988 spekulierte die Ernährungswissenschaftlerin und Kochbuchautorin Elizabeth Rozin im amerikanischen Journal of Gastronomy über ‚Ketchup und das kollektive Unbewusste'. Die Antwort auf die Frage, warum Ketchup einer der größten Erfolge in der ‚Saucen-Welt' geworden sei, liege an seiner brillanten roten Farbe, seinem kräftigen Geschmack und seinem markant-salzigen Geschmack. Alles zusammen befriedige damit sowohl real als auch symbolisch die atavistische, im kollektiven Unbewussten verwurzelte Lust auf Blut, dessen Einverleibung als Lebenssaft zu den magischen Ritualen unserer Vorväter und -mütter gehört habe. Dazu passt, dass man bei der Schilderung blutrünstiger Szenen in Film oder Fernsehen oft von dem ‚reichlich geflossenen Ketchup' spricht (was der Blutersatz aus der Requisite in Wirklichkeit nicht ist). Ketchup-Liebhaber wären insofern eine Art verhinderter oder sublimierender Vampire, und die Ursache der Beliebtheit wäre mehr die satte blutrote Farbe als die tatsächliche Zusammensetzung des Nahrungsmittels – sonst hätte die deutlich weniger populäre Blutwurst dem Ketchup locker den Rang abgelaufen.

Nicht geschmeckt, gespürt …

Letztlich ist jedes lukullische Erlebnis ‚ganzheitlich', denn auch das, was wir beim Essen fühlen, also über unsere Tast-Rezeptoren wahrnehmen, muss uns ‚schmecken': die Textur der Speise. Darunter verstehen wir die ‚mechanische', stoffliche

Beschaffenheit eines Gerichts, die nach Ansicht einiger Feinschmecker beim Essen spektakulärere Erlebnisse verschaffen kann als das aromatische Ensemble der Ingredienzen. Nahezu alle Kinder lieben Pommes, vor allem dann, wenn sie nicht labbrig, sondern schön kross sind. Zu den häufigsten Attributen bei der Anpreisung von Nahrungsmitteln in der Werbung gehören ‚knackig', ‚knusprig' und ‚krokant' (vom französischen Verb ‚croquer' = krachen, knirschen). Schleim ist nicht nur eklig, wenn er eklig schmeckt, auch der Gefühlseindruck von schleimig ist unangenehm. Bereits die Bezeichnung des Haferschleims ist prohibitiv, und man darf sich nicht wundern, wenn Kinder allein bei der Erwähnung und Vorstellung dieser Pampe das Gesicht verziehen, so sehr man sie auch als gesund anpreisen mag. Ein weicher Zwieback, ein zäher Wackelpudding, ein geleeartiges Steak, ein sahniger Apfel oder ein mehliger Jogurt würden uns nicht gefallen – eine mehlige Kartoffel in der Kombination mit einer wohlschmeckenden (aber bitte auch hier möglichst nicht mehligen!) Sauce schon eher.

Und was wäre der Genuss einer krossen Schweinshaxenkruste, wenn es dabei nicht kräftig zwischen den Kiefern krachte? Fazit: Der echte Gourmet hat alle fünf Sinne beisammen. Den sechsten braucht er darüber hinaus oft, um das richtige Restaurant herauszufinden."

Bei Erwähnung der Schweinshaxenkruste wurde der Professor von einem vernehmlichen Magenknurren unterbrochen. Es war nicht genau auszumachen, ob es sein eigener Magen oder der eines Seminarteilnehmers war. Der Referent nahm diesen Zwischenfall aber zum Anlass, kurz über Ursprung und Bedeutung des Magenknurrens (Borborygmus) zu dozieren: Es entstehe, wenn bei leerem Magen durch Bewegung seiner Wände Luft und Magensäfte verwirbelt würden, und sei ein deutliches Hungersignal. Dabei sah der Professor auf seine Uhr, schluckte kurz und kündigte an, er werde nun bald zum Ende kommen und danach stände das neurogastrologisch ausgewählte Menü für die Teilnehmer im Speisesaal bereit. In etwas beschleunigterem Tempo fuhr er sodann in seinem Vortrag fort:

„Wenn wir nun die periphere Ebene der Geschmackswahrnehmung, also die Mundhöhle mit all ihren Rezeptoren, verlassen und uns etwa 10 cm höher mitten ins Gehirn bewegen, können wir die bewusste Verarbeitung der gustatorischen Sinneseindrücke erforschen. Diese bestanden ja bislang zunächst nur aus mehr oder weniger simplen chemischen Reaktionen und der linearen Weiterleitung elektrischer Impulse. Bei dieser Weiterleitung bedienen sich die Geschmackseindrücke im Übrigen gewissermaßen einer Mitfahrgelegenheit auf verschiedenen Hirnnerven. Es gibt nicht, wie etwa beim Ohr oder bei den sensiblen Nerven, eigene Leitungsbahnen. Die Input-Impulse erreichen die an der Wahrnehmung, Unterscheidung, Speicherung und Gefühlstönung beteiligten Hirnzentren über den Vagusnerv, den IX. Hirnnerv (Nervus glossopharyngeus) und über den Zungennerv (Nervus lingualis), ein Ast des Trigeminusnervs. Dieser ist allerdings in erster Linie für die Tast- und Temperaturempfindung der Zunge zuständig. Die in ihm verlaufenden Geschmacksfasern stammen aus der Chorda tympani (‚Paukensaite'), ein Ast des Gesichtsnervs (Nervus facialis), der zwar durch das Mittelohr zieht, mit der Hörempfindung aber glücklicherweise nichts zu tun hat, sonst würde der Verzehr von Kräckern Lärmschutzmaßnahmen erfordern. Die Paukensaite leitet die Geschmacksimpulse aus den vorderen zwei Dritteln der Zunge in die höheren Hirnregionen. Fällt sie aus, etwa durch eine Verletzung oder durch einen Tumor, führt dies zu einer Ageusie, d. h. zu einer partiellen oder totalen Geschmacksblindheit.

Die drei getrennt von einander verlaufenden Ursprünge der Geschmacksbahn vereinigen sich dann wieder im Nucleus solitarius, der im verlängerten Rückenmark liegt. Von dort aus zieht ein weiterer Nervenstrang zum Thalamus, der wichtigsten Verbindungsstation mit der Großhirnrinde für alle Sinneseindrücke aus dem gesamten Nervensytem. Wenn wir also etwa erkennen, dass es sich bei der kalten weißen Masse, die wir gerade probieren, nicht etwa um Panna cotta, sondern um Zitroneneis handelt, das zudem noch saurer ist als eine andere Sorte und schon etwas zu sehr geschmolzen, und uns dann bewusst wird, dass wir Zitroneneis eigentlich sowieso nicht mögen, weil wir uns daran schon mal den Magen verdorben und danach einen heftigen Durchfall hatten, sind das Leistungen, die das Großhirn aus den Informationen macht, die es in Form elektrischer Impulse von den Nervenfasern bekommen hat, die aus den Tausenden kleiner Knöspchen auf der Zunge und im Mundraum entsprungen waren. Neben den Nervenfasern, die über den Thalamus den Kortex und damit unser Bewusstsein erreichen, ziehen parallele Fasern zur so genannten Inselrinde. Das ist ein eingesenkter Teil der Großhirnrinde, der nach außen von Stirn-, Scheitel- und Schläfenlappen bedeckt wird und dessen Funktion noch nicht ganz geklärt ist. Wahrscheinlich ist die Insel über ihre Beteiligung an der Wahrnehmung chemischer Reize wie Geruch und Geschmack hinaus am akustischen Denken und an der emotionalen Bewertung von Schmerzen beteiligt. Erst vor wenigen Jahren wurde vermutet, dass die Insel eine Bedeutung im Zusammenhang mit Liebesempfindungen hat (s. Kap. 6, S. 97f.). Die uralte Behauptung, die Liebe gehe durch den Magen, läge damit neurobiologisch also gar nicht so falsch.

Aus dem Nucleus solitarius ziehen aber nicht nur Fasern der Geschmacksbahn zum Großhirn und lassen uns unser Zitroneneis erkennen und bewerten, sondern es gibt auch Kontakte zu Zentren, die Reaktionen hervorrufen, die ohne bewusste Wahrnehmung oder willkürliche Beteiligung ablaufen: Verbindungen zum Kern des Gesichtsnervs führen zu den reflektorischen Grimassen, die wir von den Versuchen kennen, Kinder mit Spinat zu füttern. Ein Kontakt der Geschmacksnerven zum Kern des Nervus glossopharyngeus kann den Spinat dann mit flinken Zungenbewegungen auf den Löffel zurückschubsen. Und sollte das Essen gar zum Kotzen sein, sorgt der Kern des Nervus vagus für Würgereiz und die spontane Entleerung nicht nur der Mundhöhle, sondern darüber hinaus sicherheitshalber gleich von Magen und Speiseröhre.

Ein dritter Nervenfaserstrang aus dem Nucleus solitarius schließlich verzweigt zum Hypothalamus, der obersten Leitstelle für das vegetative Nerven- und das Hormonsystem des Körpers, und gewinnt schließlich ebenfalls – wie die Geruchsbahn – Anschluss an das limbische System. Daher können uns auch Geschmacks-

reize emotional stark bewegen. Wenn Ihnen plötzlich unerwartet etwas schmeckt ‚wie bei Muttern', wird Ihnen warm ums Herz. Literarische Berühmtheit hat Marcel Prousts Madeleine wohl nicht nur erlangt, weil das Erlebnis der intensiven gefühlsbetonten Erinnerung an die Kindheit des Protagonisten durch den Genuss eines kleinen Kuchens, eben der Madeleine, in Verbindung mit einem Schluck eines ganz bestimmten Tees, so virtuos beschrieben ist (s. Kap. 21, S. 319), sondern weil jeder ähnliche emotionale ‚Flashbacks' bei bestimmten Gerüchen oder Geschmacksempfindungen kennt.
Speisen ist eine hochemotionale Angelegenheit, und wenn ein Restaurantkritiker ein besonderes Menü als ‚Erlebnis' schildert, trifft er neurowissenschaftlich damit den Nagel auf den Kopf. Womit wir beim nächsten Programmpunkt wären, meine Damen und Herren: bei unserem neurogastronomischen Mittagsmenü. Ich danke Ihnen für Ihre Aufmerksamkeit und darf Sie in den Speisesaal bitten."
Mit diesen Worten schloss der Professor. Der Beifall für seinen Vortrag fiel durchaus heftig, wenngleich relativ kurz aus. Die Seminarteilnehmer waren sichtlich angetan von der Fülle des dargebotenen Stoffs und dessen Darbietung, doch hatte das wissenschaftliche Referat den Appetit über den normalen mittäglichen Hunger hinaus ungemein angeregt, und so trieb die Erwartung der praktisch-sinnlichen Erfahrung des bislang lediglich theoretisch dargebotenen Stoffs die Seminarteilnehmer beschleunigten Schrittes in Richtung Speisesaal.
Dort waren die Tische geschmackvoll eingedeckt: weißer Damast, weißes, klassisches Porzellan, verschiedene Wein- und Wassergläser, eine elegante, fast minimalistische Blumendekoration in der Mitte des Tisches – nichts also, was von der Hauptsache, den Speisen, hätte ablenken können. Angenehm fiel auch das Fehlen jeglicher Hintergrundmusik auf. An der Flügeltür zum Speisesaal hatten junge Saaltöchter gestanden, die auf silbernen Tabletts wahlweise Champagner oder keltisches Mineralwasser anboten, und da die meisten Seminarteilnehmer zu Ersterem tendierten, erfüllte bald ein vergnügtes, erwartungsvolles Geplauder den Raum, von dem sich gelegentlich das helle Lachen einer der eher weniger vertretenen Damen hervorhob. An meinem Tisch saß zu meiner Linken ein Herr aus Frankfurt, der mir schon zuvor freundlich grinsend anvertraut hatte, dass er sich aus erlesenen Gerichten eigentlich nicht viel mache. Nach der Verstaatlichung seiner insolventen Investmentbank und dem damit verbundenen Ausscheiden aus ihrem Direktorium habe er jetzt aber noch mehr Zeit als während seiner Vorstandstätigkeit – und irgendwas müsse er ja schließlich mit seiner Bonuszahlung anfangen. Zu meiner Rechten saß eine junge Unternehmerin aus Biberach, die es satt hatte, sich bei ihren Geschäftsessen von Männern darüber belehren lassen zu müssen, was einem warum zu schmecken habe und was nicht, wie sie mir nach dem Glas Champagner verriet.
Plötzlich verstummte das Gemurmel. Die elektrische Schiebetür der Küche hatte sich geöffnet, und eine Schlange schwarz, aber angenehm unprätentiös gekleideter Kellner bewegte sich in den Speisesaal. Jeder trug zwei Tabletts mit blitzenden silbernen Glocken, an denen man kleine Etiketten erkennen konnte. Es waren die

Namen der Gäste, für die die Gerichte neurogastrologisch ausgewählt worden waren, mit einer kurzen Beschreibung der Komposition. Wie nach einer versteckten Choreographie bewegten sich Kellner und Saaltöchter zielstrebig auf die einzelnen Tische zu. Eine sakrale Stille hatte sich über den Speisesaal gelegt. Nach kurzem Verharren an den Tischen senkten die Kellner die Glocken synchron auf die Platzteller der Gäste. Eine weitere kleine Pause steigerte unsere Spannung, dann lüfteten sie auf ein kaum merkliches Zeichen des Chef de rang gleichzeitig die Glocken und brachten die geschmackvoll drapierten Speisen ans Tageslicht.

Verhaltene, überraschte und erstaunte Ausrufe beendeten die erwartungsvolle Stille. Ich warf einen raschen Blick auf den Teller meines Frankfurter Nebenmanns und auf die kleine individualisierte Speisekarte, die ihm der Kellner neben sein Weinglas gelegt hatte: Dorade Rosé in Orangenbutter an grünem Spargel. Die Jungunternehmerin begann bereits, sich über ihren „Lammrücken in der Brotkruste an Schalottenconfit“ herzumachen. Auf meinem Teller lag in der Mitte, flankiert von vier gekreuzten Schnittlauchstängeln und Pistazienbrösel – eine gelbliche Kugel. Nein, eigentlich keine Kugel, sondern zwei Halbkugeln, zwischen deren horizontaler Schnittfläche eine braune, krustige Masse, eine Stück von einer Gurkenscheibe und ein wenig heruntergetriefte rote Sauce erkennbar war.

„Aber das ist doch …“, entfuhr es mir.

„… ein Hamburger, der Herr!“, nickte der Ober.

„Und was zum Teufel soll der auf meinem Teller? Warum habe ich keine Dorade? Keinen Lammrücken?“, fragte ich fassungslos.

„Mein Herr, aus Ihrem neurogastrologisch ermittelten optimierten individuellen Geschmacksprofil hat unser Hochleistungsrechner eindeutig den Hamburger als ideale gustatorische und texturielle Komposition für Ihr psychophysiologisches Merkmalscluster ermittelt. Unser Küchenteam hat die Chipkarte, die nach der Untersuchung im Scanner mit Ihren Daten geladen wurde, eingelesen und daraus mit absoluter Treffsicherheit Ihr Menü generiert. Ich wünsche dem Herrn also guten Appetit!“

Mit diesen Worten zog sich der Kellner nach kurzer angedeuteter Verbeugung zurück.

Ich überlegte, ob ich mir den Geschäftsführer kommen lassen sollte. Aber nach dem so anregenden Vortrag hatte ich Hunger. Und so nahm ich den Hamburger in beide Hände, ein Besteck erübrigte sich ja in diesem Fall, und biss herzhaft in das elastische Brötchen, spürte alsbald den krossen Widerstand der platten Frikadelle, die leicht glitschige Konsistenz der Gurke und den süß-säuerlichen Geschmack des Ketchups. Ich will nicht verhehlen, dass es mir schmeckte, obwohl ich mich eigentlich gourmetmäßig zu Höherem berufen fühle.

Und ich tröstete mich mit dem Gedanken, dass mein Menü ja schließlich mit maximaler wissenschaftlich-technischer Kompetenz und Objektivität zusammengestellt worden war. Da ist kein Platz für subjektive Präferenzen oder psychische Empfindlichkeiten (natürlich war es mir vor meinen Tischnachbarn mit ihren raffiniert komponierten Gerichten etwas peinlich, mit einem Hamburger-Präferenzprofil geoutet zu werden!). Aber es war gut so. Schließlich wissen Neurowissenschaftler besser als wir Laien, was wir wirklich fühlen und wollen – oder gefälligst fühlen und wollen sollten.

Literatur

Araujo IE, Rolls ET (2004). Representation in the human brain of food texture and oral fat, I. J Neurosci; 24(12): 3086–93.

Ding-Greiner C (2005). Der Wandel von Geruch und Geschmack im Alter. In: Engelhardt D v, Wild R (Hrsg) (2005). Geschmackskulturen. Frankfurt a. M.: Campus; 106–18.

Dollase J (2005). Geschmacksschule. Wiesbaden: Tre Torri.

Kreuter P (2007). Veränderungen der Beliebtheit und der Wahrnehmung von Fett im Verlauf eines Gewichtsreduktionsprogramms für Adipöse. Unveröff. Dissertation, Gießen.

Lindemann B (2001). Receptors and transduction in taste. Nature; 413: 219–25.

Manz F, Manz I (2006). Sinnesentwicklung und Sinnesausprägung beim Föten und Säugling. In: Engelhardt D v, Wild R (Hrsg) (2005). Geschmackskulturen. Frankfurt a. M.: Campus; 88–105.

Meyerhof W (2003). Geschmacksfragen – Mechanismen der Geschmackswahrnehmung und ihre Auswirkung auf das Essverhalten. Moderne Ernährung heute 1/2003. Köln, Lebensmittelchemisches Institut der Deutschen Süßwarenindustrie.

Rohen JW (2001). Funktionelle Neuroanatomie. Stuttgart, New York: Schattauer.

Rozin E (1988). Ketchup and the collective unconscious. J Gastronomy; 4(2): 45–55.

Spitzer M (2001). Descartes, Glutamat und der fünfte Geschmack. In: Spitzer M. Ketchup und das kollektive Unbewusste. Stuttgart, New York: Schattauer: 45–8.

van der Zypen E (2005). Gustatorisches Sinnessystem. In: Graumann W, Sasse D. CompactLehrbuch Anatomie. Bd. 4. Stuttgart, New York: Schattauer; 153–66.

11 Seh ich da was, was du nicht siehst?

Methoden, Möglichkeiten und Mängel des Neuroimagings

Henrik Walter und Susanne Erk

In seiner Anthropologie, der Wissenschaft vom Menschen, formulierte Kant drei Hauptfragen der Philosophie: Was kann ich wissen? Was soll ich tun? Was kann ich hoffen? Sie zu beantworten ist Aufgabe der Erkenntnistheorie, der Ethik und der Religionsphilosophie. Heutzutage prägt die Wissenschaft unser Selbstverständnis, insbesondere die Hirnforschung, die gelegentlich auch als neue Leitwissenschaft bezeichnet wird. Einen Teil ihrer Popularität hat sie sicher dem Neuroimaging, der Bildgebung des Gehirns, zu verdanken. Durch dieses Verfahren können Struktur und Funktion anschaulich in ästhetischen Bildern dargestellt werden (Walter 2005). Dabei handelt es sich um einen jungen aufstrebenden Zweig der Neurowissenschaft, welcher einer inzwischen fast schon klassisch zu nennenden Wendung zufolge, erlaubt, dem „Gehirn bei der Arbeit zuzusehen“. Doch was genau zeigen solche Hirnbilder eigentlich? Können wir inzwischen tatsächlich „Gedanken lesen“ (Schleim 2008; Schleim u. Walter 2008)? Oder handelt es sich nur um die übliche Übertreibung von Journalisten bzw. die werbewirksame Selbstdarstellung von Wissenschaftlern? Hier besteht Aufklärungsbedarf – nicht allein aus praktischen Gründen, sondern auch, weil neurowissenschaftliche Befunde im Moment die Diskussion um das Leib-Seele-Problem, das Bewusstsein, das Selbst sowie die Fragen nach Willensfreiheit und Verantwortlichkeit stark beeinflussen. Als vierte Hauptfrage für die Philosophie (des Geistes) lässt sich also formulieren: Was können wir messen? Darüber soll dieser Beitrag aufklären.

Die öffentliche Debatte um das Neuroimaging zeichnet sich durch starke Behauptungen einerseits und durch geringes Wissen andererseits aus. Methoden und Begriffe werden munter durcheinander geworfen, es wird bedenkenlos zwischen neurowissenschaftlicher und psychologischer Beschreibungsebene hin- und hergewechselt, und dabei ersetzt fachliche Autorität qua Amt häufig das sachliche Argument. Das ist nicht unbedingt als außergewöhnlich anzusehen, je jünger eine Wissenschaft, desto geringer das Allgemeinwissen darüber. Dieser Beitrag möchte daher zweierlei leisten:

- Zum einen sollen allgemein verständlich, d.h. ohne naturwissenschaftliche Vorkenntnisse nachvollziehbar, grundlegende methodische und technische Grundlagen der Messung von Gehirnsignalen erklärt werden.
- Zum anderen sollen die typischen Fehlschlüsse und Missverständnisse dargestellt werden, die sich immer wieder bei der Argumentation mit Neuroimaging-Studien finden lassen.

Abschließend wird auf eine aktuelle und viel Aufsehen erregende Kritik des Neuroimagings eingegangen.

Was ist Neuroimaging und welche Gehirnsignale misst es?

Neuroimaging ist die bildliche Darstellung der Struktur (strukturelles Neuroimaging), der molekularen Ausstattung (molekulares Neuroimaging) oder der Funktion (funktionelles Neuroimaging) des Gehirns (vgl. Abb. 1). Dafür werden mithilfe technischer Vorrichtungen Signale des Gehirns gemessen und aus ihnen die genannten Aspekte rekonstruiert (zur Übersicht: Walter 2005).
Die Geschichte des Neuroimagings ist noch jung. Sie beginnt im eigentlichen Sinne erst mit der Entdeckung des EEGs (Elektroenzephalogramm) durch Hans Berger Mitte der 20er Jahre des letzten Jahrhunderts in Jena. Berger hoffte, mit dieser Methode die geistige Energie physikalisch fassen zu können. Das EEG entwickelte sich zu einer Standardmethode und war bis zur Entwicklung neuer Techniken eine sehr wichtige diagnostische Methode in der Neurologie und der Psychiatrie. Heute wird es klinisch vor allem in der Epilepsie-Diagnostik eingesetzt, spielt in der Hirntod-Diagnostik eine wichtige Rolle und ist als Forschungsinstrument weiterhin wichtig. Innerhalb eines Zeitraums von nur 20 Jahren erfolgte dann die Einführung fast aller heute gängiger Neuroimaging-Methoden:

- 1968: die Magnetenzephalographie (MEG)
- 1971: die Computertomographie (CT)
- 1973: die Magnetresonanztomographie (MRT)
- 1975: die Positronenemissionstomographie (PET)
- 1985: die transkranielle Magnetstimulation (TMS)

In der neurowissenschaftlichen Erforschung geistiger Zustände, heute als kognitive Neurowissenschaft (cognitive neuroscience) bezeichnet, dominierte bis in die 90er Jahre das EEG, mit dem auch ereigniskorrelierte Potenziale (EKP) abgeleitet werden können. Einen Boom erlebte die kognitive Neurowissenschaft aber vor allem durch die funktionelle MRT (fMRT), die 1991 erstmals am Menschen angewandt wurde. Weiterentwicklungen der MRT-Forschung wie DTI und MRS ergänzten das Methoden-Arsenal (s. Tab. 1).
Doch welche Vorgänge im Gehirn werden mit diesen Methoden gemessen? Um dies zu verstehen, muss an dieser Stelle, in aller gebotenen Kürze, etwas zum Aufbau und der Funktionsweise des Gehirns erklärt werden. Die drei wesentlichen makroanatomischen Anteile des Gehirns sind die graue Substanz der Hirnrinde, in denen sich die Nervenzellen befinden (die „grauen Zellen“), die weiße Substanz (Zellfortsätze, die Nervenzellen miteinander verbinden) sowie das Hirnwasser (Liquor).

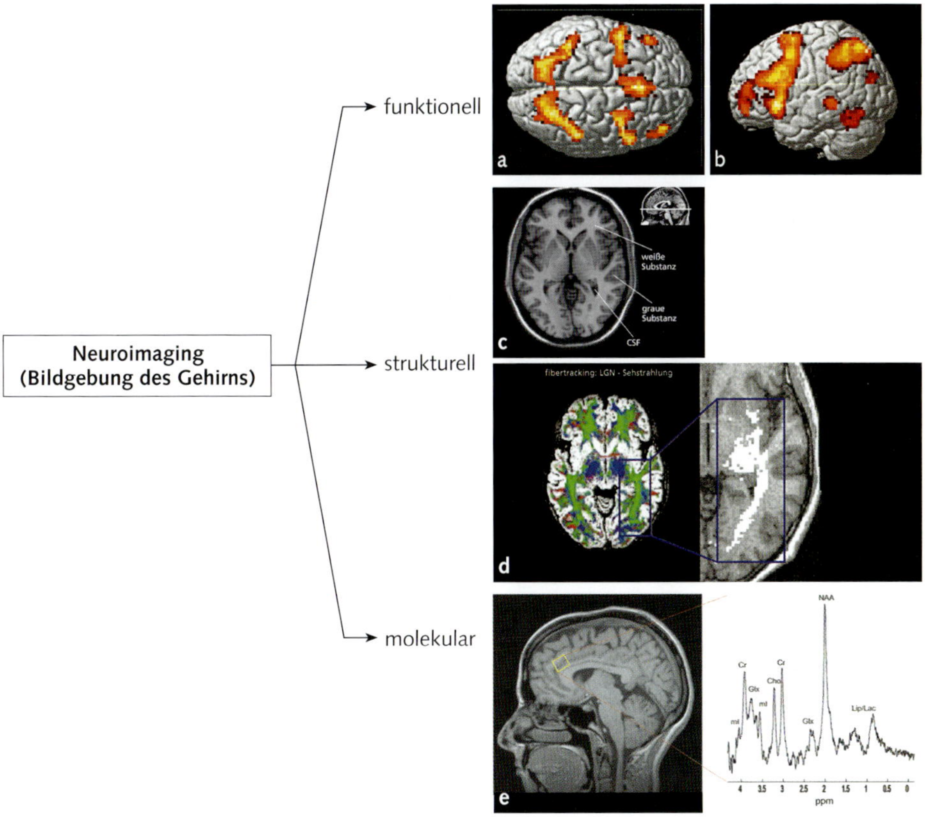

Abb. 1 Neuroimaging ist die bildliche Darstellung der Struktur, der Funktion oder der molekularen Ausstattung des Gehirns. Die nichtinvasive MRT (Magnetresonanztomographie) kann für alle drei Arten des Neuroimaging benutzt werden. Obere Bilder (funktionelle MRT): Die Abbildung zeigt farbkodiert, welche Regionen des Gehirns bei einer Arbeitsgedächtnisaufgabe im Vergleich zu einer einfachen Reaktionsaufgabe stärker durchblutet und damit aktiver sind. Mittlere Bilder (strukturelle MRT), links: Hochauflösendes strukturelles MRT-Bild, das einen deutlichen Unterschied zwischen weißer Substanz, grauer Substanz und „Hirnwasser" (CSF) zeigt; rechts: Eine neuere strukturelle Darstellung mithilfe des Diffusion-Tensor-Imagings (DTI): Hier werden die Nervenbündel sichtbar gemacht, die verschiedene Hirnregionen miteinander verbinden. Untere Bilder (molekulare MRT): Beispiel für die Darstellung der Konzentration verschiedener Moleküle in einem bestimmten Hirngebiet, dem anterioren zingulären Kortex (innerhalb des Kastens) mithilfe der Magnetresonanzspektroskopie (MRS). Die Höhe der Zacken entspricht der Konzentration des jeweiligen Moleküls, am deutlichsten ist die Zacke für NAA (N-Acetyl-Aspartat) ausgebildet, einem Molekül, anhand dessen sich die Integrität des Hirngewebes abschätzen lässt.

Tab. 1 Übersicht über Verfahren des Neuroimaging. Zur strukturellen Bildgebung rechnet man CT, sMRT und DTI; zur funktionellen Bildgebung PET, SPECT, fMRT, EEG, MEG, NIRS und (im weiteren Sinne) TMS; zur molekularen Bildgebung SPECT, ET und MRS.

Verfahren	Signaltechnische Grundlagen	Anmerkungen
CT (Computertomographie)	Absorption von Röntgenstrahlen durch unterschiedliche Gewebsanteile Erstellungen von Schichtaufnahmen	medizinisches Standardverfahren hohe räumliche Auflösung, aber mit radioaktiver Exposition verbunden
EEG (Elektroenzephalographie)	elektrische Potenzialschwankungen (Quelle: vorwiegend Endplattenpotenziale)	medizinisches Standardverfahren hohe zeitliche (ms), mäßige räumliche Auflösung, „verschmiertes" Signal neben Frequenzanalysen vor allem Einsatz als ereigniskorrelierte Potenziale (EKPs): Diese messen die (gemittelte) elektrische Reaktion auf einen zeitlich genau stimulierten Stimulus.
MEG (Magnetenzephalographie)	magnetische Feldschwankungen (Quelle: Endplattenpotenziale, intraaxonaler Stromfluss)	ähnlich wie EEG (hohe zeitliche, mäßige räumliche Auflösung, Frequenzmessungen, ereigniskorrelierte Felder, neue Analysemethoden), aber deutlich teurer (Hochtechnologie) Vorteil gegenüber dem EEG: Kopfoberfläche verzerrt magnetische Felder nicht, dadurch genauer, berührungsfrei (kein Kleben von Elektroden)
PET (Positronenemissionstomographie)	Zerfall radioaktiver Substanzen, damit Messung von regionalem Glukoseverbrauch (FDG-PET) oder Durchblutung (Wasser-PET) als Indikator für neuronale Aktivität; auch die Messung der Konzentration bestimmter Moleküle (Rezeptoren, Amyloid-Ablagerungen bei Alzheimer) ist damit möglich ähnliche, preiswertere, aber ungenauere Technik: SPECT (Single-Photon-Emissions-Computed-Tomography)	Glukose-PET: Funktionsmessung über den Zeitraum einer halben Stunde Wasser-PET: Auflösung nicht besser als ca. 30 Sekunden Rezeptor-PET: für molekulares Imaging unverzichtbar Nachteile: teuer, radioaktive Exposition, Gefäßpunktionen notwendig

Tab. 1 Fortsetzung

Verfahren	Signaltechnische Grundlagen	Anmerkungen
sMRT (strukturelle Magnetresonanztomographie)	Messung der Kernspinresonanz von Gehirnmolekülen, insbesondere Wasser, in einem starken magnetischen Feld; dadurch hochauflösende Darstellung verschiedener Hirngewebe	medizinisches Standardverfahren hohe räumliche Auslösung (im mm bis sub-mm-Bereich) Beeinflussung der Messergebnisse durch Ernährungszustand und Medikamente
DTI (Diffusion-Tensor-Imaging)	spezielle MRT-Technik, mit der die Diffusion von Wasser in Axonen gemessen werden kann; dadurch Darstellung von Faserverbindungen zwischen Hirngebieten	Technik mit großem Potenzial, methodisch noch in Entwicklung; erste vielversprechende Ergebnisse
fMRT (funktionelle Magnetresonanztomographie)	MRT-Technik, mit der regionale Unterschiede im Sauerstoffgehalt und damit der Durchblutung als Indikator für neuronale Aktivität gemessen werden (BOLD-Effekt)	am breitesten angewandte Technik im funktionellen Neuroimaging hohe räumliche (mm bis sub-mm), begrenzte zeitliche Auflösung (Sekunden) Vorteil: praktisch ohne Nebenwirkungen, beliebig wiederholbar Einschränkungen: Platzangst, lautes Geräusch beim Messen, bewegungs- und artefaktanfällig
MRS (Magnetresonanzspektroskopie)	spezielle MRT-Technik, die die Konzentration bestimmter Moleküle (N-Acetyl-Aspartat, Glutamat) im Gehirn messen kann	zurzeit nur sehr grobe Auflösung, nur wenige Moleküle geben ausreichende Signale; wird PET nie ganz ersetzen können, aber für spezielle Fragestellungen hilfreich
NIRS (Nahinfrarot-Spektroskopie)	Mithilfe von Infrarotstrahlung können oberflächennah durch den Schädel hindurch nichtinvasiv Durchblutungsänderungen gemessen werden.	nichtinvasiv, nicht weit verbreitet, nur sehr begrenzt einsetzbar, relativ teuer, aber ungefährlich; gut etwa bei Kindern einsetzbar
TMS (transkranielle Magnetstimulation)	Mit starken magnetischen Feldern können oberflächennahe Hirnareale erregt oder gehemmt werden.	nur im weiteren Sinne „bildgebend“ einzige Technik, mit der kausal in Gehirnprozesse interveniert wird wird auch diagnostisch in Neurologie und therapeutisch in Psychiatrie (Depressionsbehandlung) eingesetzt

Die Zellarten im Gehirn lassen sich grob einteilen in Neurone (eigentliche Funktionszellen) und Gliazellen (Zellen des Stützgewebes, die aber nach neueren Erkenntnissen auch zur Informationsverarbeitung dienen). Zwar ist die „Sprache des Gehirns" noch nicht vollständig verstanden, doch es ist unstrittig, dass das wesentliche Medium der Informationsübertragung elektromagnetischer Natur ist: Neurone sind miteinander durch ihre Fortsätze (Axone) verbunden, die elektrische Signale nach dem Alles-oder-nichts-Prinzip weitergeben, die so genannten Aktionspotenziale (das „Feuern" der Neurone). An den Kontaktstellen (Synapsen) der Axone mit anderen Neuronen erfolgt die „elektromechanische Kopplung", also die Umwandlung elektrischer Energie in den „mechanischen" Vorgang der Ausschüttung von Überträgerstoffen (Neurotransmitter). Diese docken an nachgeschalteten („postsynaptischen") Nervenzellen an und lösen dort kleine elektrische Potenziale (Endplattenpotenziale) aus. Je nach Transmitter und Rezeptor wird dadurch die Erregbarkeit der nachgeschalteten Zelle gesteigert (Exzitation) oder vermindert (Inhibition). Die nachgeschaltete Nervenzelle hat viele solcher Synapsen von vielen Neuronen. Sie funktioniert wie eine kleine elektrische Rechenmaschine: Sie reagiert letztlich auf eine Summation der erregenden oder hemmenden Endplattenpotenziale und wird, wenn die Erregung stark genug ist, ebenfalls „feuern", d. h. ein Aktionspotenzial auslösen. Die zwei wichtigsten Formen der Informationskodierung liegen dabei in der Häufigkeit von Aktionspotenzialen (Frequenzkodierung) und deren zeitlicher Synchronisation (zeitliche Kodierung).
Die beschriebenen elektromagnetischen Prozesse können, praktisch ohne Zeitverzögerung (zeitliche Auflösung im Millisekunden-Bereich), durch EEG und MEG gemessen werden, wenn auch nur recht summarisch. Die entstehenden elektrischen Potenziale an der Endplatte vieler Neuronen addieren sich nämlich auf und lassen sich mit dem EEG als Schwankungen der elektrischen Spannung auf der Kopfoberfläche ableiten: Negativ bedeutet dabei erregend, positiv hemmend. Diese Schwankungen erfolgen rhythmisch in typischen Frequenzen, die mit griechischen Buchstaben bezeichnet werden (α-Rhythmus = 8 bis 12 Hz), und haben eine Größenordnung von ca. 0,01 bis 0,1 Volt. Das MEG funktioniert ähnlich, nur wird hier das zum Stromfluss senkrecht stehende Magnetfeld erfasst. Dieses Magnetfeld ist allerdings sehr klein: Es liegt im Bereich von femto-Tesla, d. h. 10^{-15} Tesla; dies ist ungefähr zehn Dimensionen geringer als das Magnetfeld der Erde, das in Mitteleuropa etwa 4×10^{-5} Tesla beträgt. Daher sollte man seinen iPod unbedingt in der Kabine lassen, wenn man eine MEG-Untersuchung mitmacht – sonst überlagern dessen Störsignale die gemessenen Hirnsignale. Sowohl elektrische Potenziale als auch magnetische Felder nehmen in ihrer Stärke mit dem Quadrat der Entfernung ab, so dass die an der Kopfoberfläche messbaren Signale im Wesentlichen aus der Hirnrinde (der grauen Substanz) stammen. Die räumliche Auflösung des EEG ist nicht sehr gut (im Bereich von Zentimetern), die des MEG etwas besser. Eine Untersuchung im EEG oder MEG ist völlig ungefährlich.
Wie funktionieren nun die anderen Methoden wie PET und fMRT? Wo immer Neurone, erregend oder hemmend, tätig werden, verbrauchen sie Energie. Diese wird

durch Glukose erzeugt, die mithilfe von Sauerstoff „verbrannt", d.h. verstoffwechselt wird. Tatsächlich braucht das Gehirn, das nur 5 % der Körpermasse ausmacht, etwa 20 % der Glukose – ein deutlicher Hinweis auf die Wichtigkeit dieses Organs. Wenn man den Glukoseverbrauch des Gehirns in verschiedenen Regionen messen könnte, würde man also indirekt etwas über die Aktivität von Nervenzellen erfahren. Genau dies ist mit der PET möglich, bei der radioaktiv markierte Glukose in die Blutbahn injiziert wird, die dann in aktiven Regionen angehäuft wird (und dann später, aufgrund der geringeren Halbwertszeit, nicht mehr radioaktiv ist). Um messbare Größenordnungen zu erreichen, muss sich die Glukose jedoch über einen Zeitraum von etwa einer halben Stunde anreichern. Man erfährt also nur etwas über die durchschnittliche Aktivität in diesem Zeitraum. Eine bessere zeitliche Auflösung lässt sich durch die Messung der Hirndurchblutung mittels PET erreichen. Denn auch diese ändert sich mit der Aktivität von Nervenzellen: Glukose und Sauerstoff müssen angeliefert, Stoffwechselprodukte müssen abtransportiert werden. Erhöht sich der „Umsatz", steigert sich auch die Durchblutung. Dies wird durch die so genannte Autoregulation von Gehirnblutgefäßen ermöglicht, die sich, einige Sekunden nach dem Feuern von Nervenzellverbänden, regional erweitern, um diese Versorgung und den Abtransport zu gewährleisten. Mit anderen Worten: Es kommt zu einer räumlich umgrenzten Durchblutungssteigerung, die eine erhöhte Nervenzellaktivität anzeigt. Diese lässt sich mit der PET messen, indem Wasser (oder Alkohol) in die Blutbahn injiziert wird, das mit einem radioaktiv veränderten Molekül mit sehr kurzer Halbwertszeit (ungefähr zwei Minuten) markiert ist. Dieses so genannte Wasser-PET war in den 70er und 80er Jahren die einzige Methode, die funktionellen Signale vom Gehirn am lebenden Menschen zu messen. Sie war jedoch teuer, erforderte den Einsatz von Radioaktivität und die Punktion von Blutgefäßen.
Eine deutliche Verbesserung dieser Lage setzte dann durch die Entwicklung der Magnetresonanztomographie (MRT) ein, die auch unter der Bezeichnung „Kernspintomographie" bekannt ist. Sie erfordert keinen Einsatz radioaktiver Substanzen, es sind keine Injektionen nötig, und sie erlaubt, an jeder Stelle des Gehirns Signale fast gleichzeitig zu messen. Die MRT diente im Bereich der Medizin zunächst dazu, die Struktur des Gehirns (und die anderer Organe) darzustellen. Sie wendet dabei ein Hochtechnologieverfahren der Physik an, welches darauf beruht, dass verschiedene Atomkerne in einem starken Magnetfeld, durch Radiosignale angeregt, in charakteristische Schwingungen verfallen (Kernspinresonanz). Daher hieß die MRT früher auch Kernspintomographie – da dies aber zu sehr an die gefürchtete Kernphysik und damit an Atomkraftwerke erinnert, bevorzugt man inzwischen den harmloseren Ausdruck MRT. Und das zu Recht: Die MRT ist nämlich tatsächlich praktisch nebenwirkungsfrei – die Hauptgefährdung besteht darin, dass man metallische Geräte in den Scanner bringt, die dort zu gefährlichen Fluggeschossen werden können. Durch die Kernspinresonanz erwärmt sich der Körper bzw. das Gehirn zudem um einige Stellen hinter dem Komma, so dass man das MRT auch als große, aber nicht sehr effektive Mikrowelle bezeichnen könnte. Eine solche Benennung würde aber aus nahe liegenden Gründen auch nicht besonders vertrauensbildend wirken. Doch

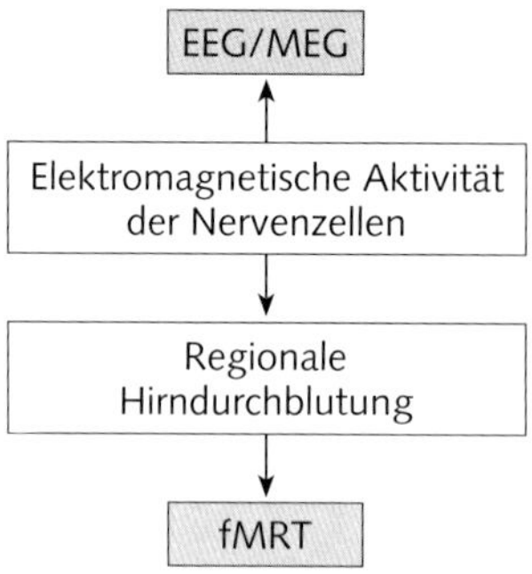

Abb. 2 Grundlage der Signalgebung der wichtigsten funktionellen Neuroimaging-Techniken: Die Elektroenzephalographie (EEG) sowie die Magnetenzephalographie (MEG) messen direkt die elektrischen Potenziale bzw. die magnetischen Felder, die durch die elektromagnetische Aktivität der Nervenzellen entstehen. Die fMRT (funktionelle Magnetresonanztomographie) misst dagegen die Änderung des Sauerstoffgehalts als Anzeichen der mit erhöhter Nervenzellaktivität einhergehenden regionalen Durchblutungsänderungen und erfasst die elektromagnetische Aktivität der Nervenzellen daher nur indirekt.

zurück zur Wissenschaft. Da der Mensch – und auch sein Gehirn – zu 70 bis 80 % aus Wasser besteht und dieses in weißer und grauer Substanz unterschiedlich verteilt ist, lassen sich hochauflösende Bilder des Gehirns anfertigen, die seine Struktur fast wie ein mikroskopisches Präparat darstellen.

Die eigentliche Revolution für psychologische Fragestellungen kam dann mit der Entwicklung des funktionellen MRTs. Denn mit der fMRT lässt sich nicht nur die Struktur, sondern auch die Durchblutung des Gehirns (und damit indirekt seine Aktivität) messen (vgl. Abb. 2). Grund dafür ist, dass bei der bereits erwähnten regionalen Durchblutungssteigerung während des Tätigseins von Nervenzellen frisches Blut antransportiert wird, das mit Sauerstoff angereichert ist. Die dadurch entstehende Differenz im Sauerstoffgehalt von aktiven und nichtaktiven Hirnarealen (der BOLD-Effekt: blood oxygen level dependent) lässt sich mithilfe der MRT messen. Leider unterscheidet die erhöhte Durchblutung (im PET wie im fMRT) jedoch nicht, ob die Energie für erregende oder hemmende Neurone gebraucht wird. Damit können weder PET noch fMRT (im Gegensatz zum EEG und MEG) zwischen Erregung und Hemmung unterscheiden. Das ist in der Regel nicht weiter problematisch, da die meisten Verbindungen im Gehirn, zumindest im Kortex, nicht hemmender, sondern erregender Natur sind, wird aber dennoch häufig übersehen. Die geschilderten Durchblutungsänderungen ereignen sich zudem erst mit einer gewissen Verzögerung, d. h. einige Sekunden nach einer neuronalen Aktivitätsänderung. Daher ergibt sich ein zeitlich „verschmiertes" Signal, so dass die sehr hohe räumliche Auflösung leider mit einer geringen zeitlichen Auflösung einhergeht (im Bereich von Sekunden).

Der quantitative Anstieg von Neuroimaging-Forschung im MRT-Bereich kommt vor allem dadurch zustande, dass Kernspingeräte in jeder medizinischen Klinik zur Verfügung stehen, weil sie gute Bilder nicht nur vom Gehirn, sondern auch von allen anderen Körperorganen liefern. Hirnforscher nutzten dies, indem sie abends und nachts, während diese Geräte nicht für klinische Zwecke gebraucht wurden, ihre Forschungen durchführten und Signale des Gehirns maßen, während sie im Scanner psychologische Experimente durchführten. Inzwischen gibt es aber glücklicherweise mehr und mehr Zentren, die Kernspingeräte, welche relativ teuer sind (1 bis 2 Millionen €), allein für Forschungszwecke und nicht mehr nur für medizinische Zwecke nutzen und damit dankenswerterweise den Forschern erlauben, auch tagsüber und in der Woche zu arbeiten. Die weite Verbreitung der MRT hat die Anwendung des Wasser-PETs heute praktisch überflüssig gemacht. Die PET hat heutzutage allerdings immer noch eine große Bedeutung, weil es nur mit ihr möglich ist, die Konzentrationen von Rezeptoren an den Synapsen zu messen (molekulares Neuroimaging). Zwar ist es auch mit einer Variante der MRT, der Magnetresonanzspektroskopie (MRS), möglich, die Konzentration mancher wichtiger Moleküle im Gehirn zu messen, sie kann aber nicht die PET ersetzen. Der Verlauf von Faserverbindungen in der weißen Substanz lässt sich mit einer anderen Variante der MRT darstellen, dem Diffusion-Tensor-Imaging (DTI).

Der Fortschritt durch Neuroimaging

Aus medizinischer Sicht ist der große Fortschritt der MRT darin zu sehen, dass sie eine millimetergenaue Auflösung von Organstrukturen erlaubt und damit einen praktisch nebenwirkungsfreien Blick in das Innere des Körpers ermöglicht. Das heißt, in vielen Fällen werden Röntgenuntersuchungen überflüssig, zudem sind die Bilder genauer und präziser als Röntgenbilder mit dem CT. Mit bestimmten Varianten kann man mit der MRT auch Gefäßdarstellungen erzeugen, die Kontraktion des Herzens verfolgen und viele Dinge für den Arzt anschaulich machen. In praktisch allen Gebieten der Medizin hat die Bildgebung mit MRT einen großen Fortschritt gebracht, da nunmehr pathologische Veränderungen verschiedenster Art genauer dargestellt, erfasst und kontrolliert werden können. Für die moderne Medizin ist die MRT heute quasi unverzichtbar geworden.

Der hohe Auflösungsgrad und die präzise Darstellung von Strukturen mittels MRT haben aber auch „diagnostische Nebenwirkungen". Während man früher auf den Röntgenbildern oder älteren CTs nur sehr auffällige pathologische Veränderungen erkannte, sieht man heutzutage viele Strukturen, von denen man nicht ganz sicher sein kann, ob sie nun krankhaft sind oder nicht. Ein Beispiel aus der Neurologie:

Bei der Diagnose einer multiplen Sklerose spielt der Nachweis von entzündlichen Prozessen im Gehirn eine große Rolle. Diese stellen sich im MRT in bestimmten Messprotokollen als helle Flecken im Gehirn dar. Nun findet man aber auch oft bei Gesunden solche Aufhellungen (erhöhte Signalintensitäten), deren Krankheitswert fraglich ist und die nicht nur bei Entzündungen, sondern auch durch andere Prozesse entstehen können. Handelt es sich bei der Entdeckung einer erhöhten Signalintensität also um einen harmlosen Zusatzbefund, eine beginnende MS oder um etwas noch ganz anderes? In Analogie zu anderen Rätseln der Menschheit wurden diese hellen Flecken in der Fachliteratur als „UBOs" bezeichnet (unidentified bright objects).

Mit der Zeit wurden zwar Methoden entwickelt, pathologische Veränderungen mit größerer Sicherheit von nichtpathologischen Veränderungen abzugrenzen, mit der Genauigkeit von Messmethoden stellen sich diese Fragen aber immer wieder neu. Eine alte, etwas selbstironische Ärzteweisheit lautet dementsprechend: Niemand ist gesund, er ist nur noch nicht genau genug diagnostiziert. Mit der Möglichkeit, selbst kleinste Veränderungen zu entdecken, entsteht natürlich auch die Angst, irgendetwas zu übersehen – ein Problem, das in der Medizin zu einer Kostenexplosion und in Form der so genannten Zufallsfunde (Schleim et al. 2007) in der Forschung eine große rechtliche Bedeutung hat.
Psychiater und Psychologen hatten bis zur Entwicklung der fMRT nicht die Möglichkeit, die von ihnen untersuchten Zustände psychisch kranker Menschen (Gedanken, Gefühle, kognitive Prozesse) anhand ihrer materiellen Realisierung mit hoher räumlicher Auflösung im Gehirn zu messen. Ihr einziger objektivierender Zugang war die Psychopathologie: verbale und stark theoriegeladene Beschreibungen mentaler Zustände. Dazu kam dann die Neuropsychologie, die Reaktionszeiten und Fehlerraten als Indikatoren für hypothetische Konstrukte wie Gedächtnis oder Aufmerksamkeit nutzt. Daher ist es vielleicht nicht überraschend, dass gerade Psychiater an der Entwicklung von Anwendungen von Neuroimaging-Verfahren einen großen Anteil hatten, dass das Neuroimaging heute zu den großen Forschungsfeldern in Psychiatrie und Psychologie gehört und dass daran viele Hoffnungen geknüpft werden. Könnte die fMRT einmal zu einem Hirn-EKG werden, zu einer Zusatzdiagnostik, mit der sich der Funktionszustand des Gehirns einmal so messen lassen wird wie die Funktion des Herzens beim Belastungs-EKG? Dies ist zumindest das regulative Ideal psychiatrischer Forschung und könnte bei der Diagnostik und Behandlung von Patienten mit psychischen Störungen einen großen Fortschritt bedeuten.
Können wir mithilfe des Neuroimagings dem Gehirn nun tatsächlich „direkt bei der Arbeit zusehen", wie es sich so schön plakativ formulieren lässt? Ja. Doch heißt das schon, dass wir damit Gedanken lesen können? Nein. Nüchtern ausgedrückt: Funktionelles Neuroimaging ist zunächst nicht anderes als die Messung von Signaländerungen im Verlauf psychologischer Experimente. Diese Signale hängen indirekt mit neuronaler Aktivität zusammen, bedürfen aber noch der Interpretation. Noch kürzer gesagt: Funktionelles Neuroimaging ist experimentelle Psychologie mit einer weiteren abhängigen Variable. Es ist keineswegs der Fall, wie die Laienpresse uns immer wieder suggeriert, dass man eine Versuchsperson einfach in ein MRT legen und dann direkt sehen kann, was sie denkt oder fühlt. Vielmehr ist es so, dass die Interpretation der gemessenen Hirnsignale erst dann seriös wird, wenn – wie bei psychologischen Experimenten üblich – Bedingungen und Veränderungen der experimentellen Manipulationen genau kontrolliert werden. Anders ausgedrückt: Die Qualität einer Signalinterpretation hängt wesentlich von der Güte des experimentellen Designs ab. Dazu kommen viele methodische Einschränkungen: In einem typischen Experiment im fMRT müssen immer zwei Bedingungen miteinander verglichen werden, weil wir mit den gemessenen Signalen nur relative Änderungen beurteilen können. Jede Bedingung muss mehrfach wiederholt werden (je

nach Experiment 10- bis 40-mal), weil das Signal-Rausch-Verhältnis der MRT nicht besonders, nun ja, berauschend ist. Die gemessenen Signale müssen statistisch daraufhin überprüft werden, ob ihre Änderungen zufällig sind oder nicht. Kleine Bewegungen können die Messungen stören. Und kurze zeitliche Änderungen können nicht erfasst werden. Die meisten Signalauswertungen gehen davon aus, dass sich die Gehirnsignale linear summieren, obwohl wir wissen, dass das Gehirn ein nichtlineares System ist. Und so gibt es noch viele weitere Einschränkungen.

Warum ist die Rede vom Gedankenlesen trotzdem so nahe liegend? Weil in bestimmten Kontexten die Interpretation von Hirnsignalen relativ einfach ist. So lassen sich im Bereich der Sensomotorik jene Regionen, die Berührungen oder Bewegungen kodieren und relativ fest „verdrahtet“ sind, sehr gut mithilfe der fMRT lokalisieren. Auch wenn Personen sich lediglich vorstellen, sie würden etwas bewegen, zeigen sich typische Signaländerungen in diesen Regionen, die so verlässlich sind, dass durch eine geschickte Kopplung von EEG und peripheren Geräten Versuchspersonen inzwischen allein durch ihre Gedanken (Vorstellung von Bewegungen) eine Schreibmaschine bedienen, Flipper spielen oder (ansatzweise) Prothesen steuern können. Solche Kopplungen zwischen Geräten, die Hirnsignale aufnehmen (EEG, fMRT), und dem Gehirn nennt man Brain-Computer-Interfaces, kurz: BCI (Lebedev u. Nicolelis 2006; http://ida.first.fraunhofer.de/bbci). Weiterhin gibt es im Gehirn spezialisierte Regionen, die für die gedankliche Verarbeitung von Bewegung, Farbe, Gesichtern, Körperteilen oder Häusern zuständig sind. Auch in diesen Bereichen lässt sich anhand der Messung von Gehirnsignalen unterscheiden, ob eine Versuchsperson in einem Experiment ihre Aufmerksamkeit auf Häuser und Gesichter lenkt, die gleichzeitig dargeboten werden, oder an eines dieser beiden Objekte denkt (O'Craven u. Kanwisher 2000). Ob man dies „Gedankenlesen“ nennen kann, darüber lässt sich streiten – man sollte es besser „Gehirnsignallesen“ nennen, was zugegebenermaßen sehr umständlich klingt. Aber zumindest lässt sich bei einem gut konstruierten Experiment aus den Gehirnsignalen relativ zuverlässig „lesen“, ob jemand an ein Haus, ein Gesicht, einen Körperteil oder an Bewegung denkt.

Allerdings gibt es nicht für jeden Gedankeninhalt spezialisierte Areale, genauer gesagt: Es gibt sie nur für relativ wenige. Mithilfe von Rechenvorschriften (Algorithmen) aus dem Bereich des Computerlernens ist es jedoch möglich, die Muster von Gehirnsignalen aus vielen Gebieten gleichzeitig zu analysieren (Haynes u. Rees 2006). Bei sehr genauer experimenteller Kontrolle der Bedingungen kann man dann aus den Gehirnmustern (im Nachhinein) herauslesen, ob in einem psychologischen Experiment eine Person ein Element aus einer bestimmten Kategorie gesehen hat oder – im Bereich der Intentionen – eine Addition oder eine Subtraktion vornehmen wollte (Haynes et al. 2007). Genauer gesagt: Die Wahrscheinlichkeit, aus der Beobachtung der Gehirnsignalen „zu lesen“, ob jemand addieren oder subtrahieren wollte, liegt signifikant über der Zufallswahrscheinlichkeit. Dabei werden Gehirnsignale während des wiederholten Durchführens einer Aufgabe gemessen. Mit einem Teil der Datensätze werden dann die Algorithmen trainiert (Trainingsdatensätze) und an einem anderen Teil angewendet. Mithilfe neuer Verfahren ist es sogar möglich, die durch Training verbesserten Algorithmen nicht auf die gleichen, sondern auf noch nie gesehene Stimuli anzuwenden: Sie werden mit Datensätzen trainiert, die beim Betrachten von 1 750 Bildern aufgenommen wurden, und werden dann auf Datensätze angewendet, die beim Betrachten von 120 neuen Bildern entstanden (Kay et al. 2008). Dabei lag die Trefferrate, d. h. die Wahrscheinlichkeit, mit der aus den Hirnsignalen „abgelesen“ (genauer: berechnet) werden konnte, welches Bild von einer Versuchsperson gesehen wurde, bei 92 % (Subjekt 1) bzw. 72 % (Subjekt 2). Die Zufallswahrscheinlichkeit, also die Wahrscheinlichkeit, rein zufällig den Wahrnehmungsinhalt aus den Signalen des Gehirns herauszubekommen, betrug dabei lediglich 0,8 %.

Diese wenigen Beispiele verdeutlichen, dass es möglich ist, die Signaturen geistiger Prozesse im Gehirn objektiv zu messen (für eine ausführliche Darstellung: vgl. Schleim 2008). Doch wie bei praktisch jeder innovativen Technologie knüpfen sich sofort übertriebene Erwartungen (und Befürchtungen) an diese, es kommt zu Übertreibungen ihrer Leistungsfähigkeit (und ihrer Bedrohlichkeit), und die Anschaulichkeit von Ergebnissen in Bildform wird leicht mit ihrem Verständnis verwechselt.

In der Diskussion um Geist, Gehirn, Selbst, Bewusstsein und Willensfreiheit wird häufig auf Neuroimaging-Experimente Bezug genommen. Dabei werden, gewollt oder ungewollt, Hirnbilder oft dazu benutzt (manchmal ist man fast geneigt zu sagen: missbraucht), um Behauptungen oder Meinungen zu unterstützen, die in einem nur sehr lockeren Zusammenhang mit den Ergebnissen wissenschaftlicher Studien stehen. Dies mag in manchen Zusammenhängen und in einem gewissen Rahmen vielleicht akzeptabel sein („Klappern gehört zum Handwerk“), manchmal ist es auch unbeabsichtigt, vor allem aber praktisch nie zu verhindern. In manchen Bereichen (medizinische Diagnostik, strafrechtliche Relevanz, bestimmte weltanschauliche Fragen) sollten jedoch besondere Sorgfaltskriterien gelten. Für den darstellenden Forscher, aber auch für Wissenschaftsjournalisten besteht die Verpflichtung, nicht durch vermeidbare und unzutreffende Vereinfachungen bewusst falsche Vorstellungen und Erwartungen zu wecken. Im Folgenden möchten wir daher weniger auf die beeindruckenden Leistungen der Neuroimaging-Technologien eingehen, von denen wir in unseren Forschungen ja selbst zehren, als vielmehr auf typische Missverständnisse, Fehler und Irrtümer hinweisen, die im Zusammenhang mit Ergebnissen des Neuroimagings häufig auftauchen.

Vermeidbare Fehler und Trugschlüsse

Basale Unkenntnis

In vielen Berichten werden auch von Experten bildgebende Verfahren schlicht miteinander verwechselt und so in ihrer Bedeutung fehlinterpretiert. So ist z. B. häufig in Zeitungsartikeln zu lesen, dass bei fMRT-Untersuchungen der Glukosestoffwechsel des Gehirns gemessen wird. Dies ist falsch und lässt den Schlussfolgerungen des Autors misstrauen, da er offenbar grundsätzliche Aspekte der verschiedenen Verfahren miteinander verwechselt (was nicht von Sachkenntnis zeugt) oder bewusst falsch darstellt (was umso bedenklicher wäre). So lässt sich mit der Glukose-PET die Aktivität des Gehirns, wie geschildert, nur zusammenfassend über einen Zeitraum von etwa einer halben Stunde beurteilen, während mit der fMRT psychologische Experimente durchgeführt werden, bei denen Reize innerhalb von Sekunden wechseln. Auch ist vielen Autoren ganz offensichtlich unbekannt, dass eine Signalverstärkung im fMRT nicht notwendigerweise bedeutet, dass eine Erregung gemessen wurde. Es kann sich auch, wie oben erläutert, um eine Hemmung handeln. Auch wenn solche Missverständnisse nicht ausschließen, dass die zitierte Untersuchung von Relevanz sein könnte, so gilt es doch, bei solchen kapitalen Fehlern der Interpretationsfähigkeit der Autoren grundsätzlich zu misstrauen.

Die Macht der Bilder

Bei der Auswertung funktioneller Bilder werden in einem klar definierten psychologischen Experiment Signaländerungen gemessen. Diese Signaländerungen werden nachher statistischen Verfahren unterworfen, die farbkodiert auf ein anatomisches Bild projiziert werden. Ein solches farbiges Bild sieht für den Laien praktisch genauso aus wie ein strukturelles Bild, das etwa einen Tumor zeigt. Trotz der sehr großen Ähnlichkeit der Bilder sind Funktions- und Strukturbilder jedoch von grundsätzlich anderer Bedeutung. Strukturänderungen sind da oder nicht da, sie sind zudem in der Regel nicht veränderbar. Funktionsbilder zeigen hingegen eine statistische Zusammenfassung von vorübergehenden Signaländerungen im Gehirn, die in ihrer Darstellung zum einen sehr stark von den konkreten Bedingungen, unter denen sie erstellt wurden, und zum anderen von Auswerteschemata abhängen. Verantwortliche Wissenschaftsjournalisten sollten daher den fundamentalen Unterschied zwischen Funktions- und Strukturbildern beachten.

Schluss von Gruppenergebnissen auf Einzelpersonen

Ein typisches fMRT-Experiment besteht darin, dass eine Gruppe von 15 bis 20 Probanden unter verschiedenen experimentellen Bedingungen untersucht wird und Bedingungsunterschiede in der Gruppe dargestellt werden. Im Falle der Untersuchung von Krankheits- und Störungsbildern werden in der Regel Unterschiede zwischen Gruppen berichtet. Das Ergebnis solcher Gruppenexperimente wird dann auf ein einzelnes (Standard-)Gehirn projiziert, so dass leicht (und fälschlicherweise) der Eindruck entsteht, hier handle es sich um die Messung an einem Individuum. Dieser Fehlschluss, wie auch einige der anderen genannten, wird übrigens in genau der gleichen Weise regelmäßig für psychologische Studien begangen. Insofern stellt das Neuroimaging keine Ausnahme im Wissenschaftsjournalismus dar – es hat lediglich mehr Überzeugungskraft, da man hier nicht das Verhalten, sondern (indirekt) die zugrunde liegenden Hirnprozesse untersucht. Gruppenstudien erlauben allerdings lediglich Aussagen über die gemessene Gruppe – Aussagen, die nur unter bestimmten Umständen verallgemeinert werden können. In der Argumentation vieler Berichte über Neuroimaging-Studien an Gruppen wird allerdings häufig suggeriert (und oft auch geglaubt), es ließen sich daraus direkt Aussagen über Individuen ableiten.

Wenn etwa diskrete statistische Unterschiede zwischen einer Gruppe von 40 schizophrenen Patienten und Gesunden gefunden werden, so ist in der Presse flugs zu lesen, jetzt könne man Schizophrenie diagnostizieren. Oder, im forensischen Kontext: Aus einem (statistisch signifikanten) Gruppenunterschied zwischen Mördern mit und ohne psychopathische Merkmale wird gefolgert, man könne jetzt erkennen, ob ein bestimmter Mörder ein Psychopath sei. Ein solcher Schluss von der Gruppe auf das Individuum ist zwar logisch, wissenschaftlich jedoch unzulässig. Um den Befund eines Individuums, vor allem im Bereich komplexer kognitiver Leistungen, einordnen zu können, bedarf es anderer Voraussetzungen, nämlich einer normierten Vergleichsgruppe und normierten Standardwerten. Dies ist z. B. ein absolut übliches Verfahren in der Testpsychologie, in der man standardisierte Tests entwickelt und altersabhängige Normwerte erhebt. Erst dann lässt sich das Messergebnis eines Individuums im Vergleich zu einer Normstichprobe beurteilen. Im Bereich des Neuroimagings gibt es in den allerwenigsten Fällen Normstichproben. Aber schon jetzt wird häufig so getan, als ob Ergebnisse von Gruppenuntersuchungen Aussagen über das Individuum erlauben. Natürlich ist das ein wünschenswertes Ziel, insbesondere der medizinischen Forschung. Es ist sogar das erklärte Ziel im Bereich des diagnostischen Neuroimagings. Doch genau aus den geschilderten Gründen haben funktionelle Neuroimaging-Verfahren eben (noch) keine Relevanz im klinischen Alltag: In der Regel erlauben sie keine Aussage über Individuen, sondern nur über Gruppen.

Schluss von gemittelten Ereignissen auf Einzelereignisse

In vielen Artikeln wird der Eindruck erweckt, man könne mithilfe der fMRT oder des EEGs das mit einem einzelnen (mentalen) Ereignis korrespondierende neuronale Signal messen. Dies ist praktisch immer falsch. In der Regel werden bei fMRT-Experimenten bestimmte Stimuluskategorien wiederholt gezeigt und die damit einhergehenden Signale gemittelt, damit sie sich vom biologischen Rauschen abheben. Oft wird jedoch der Eindruck erweckt, man könne einzelne Wahrnehmungsereignisse, einzelne Gedanken oder gar einen komplexen Geisteszustand beim einmaligen Vorkommen zuverlässig mit Neuroimaging untersuchen. Dies ist, bis auf wenige Ausnahmen, aus den genannten Gründen unzutreffend.[1] Auch bei Experimenten zur Lügendetektion müssen Probanden wiederholt über den gleichen Sachverhalt die Unwahrheit sagen, da nur so lügenbezogene Signaldifferenzen erhoben werden können.

Schluss von einzelnen Untersuchungen auf generelle Zusammenhänge

Typisch für diesen Fehlschluss ist etwa die Darstellung von Ergebnissen einer bildgebenden Untersuchung an einer Gruppe von Mördern (vgl. Raine et al. 1997), bei denen eine bestimmte neurobiologische Auffälligkeit gefunden wurde, aus der geschlossen wird, dass diese Auffälligkeit nun alle Mörder haben. In ähnlicher Weise ist dies bei vorschnellen Generalisierungen zu empirischen Studien zum Unterschied von Männern und Frauen ein häufig zu beobachtendes Phänomen. Natürlich ist es zulässig, darüber zu spekulieren oder die Hypothese aufzustellen, dass der in einer Studie gefundene Effekt ein Indiz für ein allgemeines Phänomen sei. Dies muss aber bewiesen werden.
In der Psychologie und erst recht in der kognitiven Neurowissenschaft gilt es zunächst, Ergebnisse von Einzelstudien zu replizieren, unabhängige Evidenzen für eine These zu gewinnen, und sehr oft, und keinesfalls überraschend, ist es so, dass Übersichtsarbeiten zu einem bestimmten Thema zeigen, dass Befunde oft inkonsistent und strittig sind.

Das Problem des Umkehrschlusses

Mit Umkehrschluss (inverse Inferenz) ist folgendes Problem gemeint (vgl. Poldrack 2006): Nehmen wir an, wir finden in einer Aufgabe A die Aktivierung der Hirnregion Z. Wie soll diese interpretiert werden? Nun, wenn aus der Literatur bekannt ist, dass die Hirnregion Z aktiviert ist, während der kognitive Prozess K abläuft, dann, so der Umkehrschluss, lief während der Aufgabe A wohl auch der kognitive Prozess K ab. So wird etwa von der Aktivierung der Amygdala während bestimmter Aufgaben häufig geschlossen, dass Angst im Spiel war. Dieser Schluss ist jedoch logisch nicht zwingend. Und mehr noch: Er ist auch inhaltlich nicht haltbar, da er

1 Es gibt durch komplexe mathematische Verfahren inzwischen auch die Möglichkeit, so genannte Single-Trial-Analysen durchzuführen, d. h. durch mathematische Verfahren die Signaländerung so zu verbessern, dass man Einzelereignisse auswerten kann – dies ist aber oft auf einfache und sehr starke Signale beschränkt, etwa im visuellen oder sensomotorischen Bereich. Die Ergebnisse zeigen, dass die Trefferrate zwar statistisch über dem Zufallsbereich liegt, aber deutlich geringer ist als für gemittelte Ereignisse. In dem im Text erwähnten Wahrnehmungsexperiment von Kay et al. (2008) sank sie von 92 % auf 51 % bzw. von 72 % auf 32 %.

dem fundamentalen Prinzip widerspricht, dass eine bestimmte Region im Gehirn zu verschiedenen Funktionen beiträgt, so dass von ihrer Aktivierung nicht auf das Vorhandensein einer bestimmten Funktion geschlossen werden kann, jedenfalls nicht ohne zusätzliche Evidenzen und Argumente.

Verwechslung von Korrelation mit Kausalität

Dies ist sicher einer der häufigsten, verführerischsten und leider auch gefährlichsten Fehlschlüsse. Nehmen wir etwa an, wir untersuchten eine Gruppe von Personen mit Depression und fänden dort eine Korrelation von Mehraktivierung in Struktur X und Ausprägung der Depression. Ein Fehlschluss wäre es, zu sagen, diese Minderaktivierung (im Vergleich zu Gesunden) sei die *Ursache* der Depression. Korrekterweise lässt sich zunächst nur sagen, dass sich hier eine Korrelation eines Hirnsignals mit einer psychopathologischen Variable findet. Darüber, wodurch diese Korrelation ursächlich zustande kommt, ist überhaupt noch nichts gesagt. Zwar *könnte* es durchaus der Fall sein, dass eine Fehlfunktion der Struktur X durch bestimmte Ereignisse, seien es genetische Faktoren oder frühkindliche Erlebnisse, zur Entwicklung einer Depression beiträgt. Theoretisch (obwohl unwahrscheinlich) könnte es sogar sein, dass dies der einzige kausale Weg hin zu einer Depression ist. Das Auffinden einer Korrelation von Signaländerungen in Experimenten mit Ursachen gleichzusetzen ist jedoch ohne weitere Evidenz bzw. Qualifikation unzulässig. Dahinter steckt offenbar die implizite Annahme, dass der Nachweis eines materiellen Substrates bei einer psychischen Störung schon gleichbedeutend mit der Entdeckung ihrer Ursache sei. Diesem Fehlschluss sitzen zum einen diejenigen auf, die eine verkürzte und fehlerhafte biologische Sichtweise mentaler Zustände haben, und zum anderen jene, die immer noch darüber erstaunt sind, dass es überhaupt materielle Grundlagen psychischer Störungen gibt.

Verwechslung von Objektivierbarkeit mit Unveränderbarkeit

Diese Gleichsetzung findet sich vor allem bei Laien (leider aber nicht nur dort). Vermutlich basiert sie ebenfalls auf der für viele Menschen immer noch erstaunlichen Tatsache, dass es tatsächlich neuronale Mechanismen des Geistes gibt. Vielleicht hat sie auch etwas damit zu tun, dass die Darstellung funktioneller Ergebnisse denen struktureller Läsionen sehr ähnlich ist. Jedenfalls wirkt der Nachweis einer Aktivierung einer Hirnregion für einen bestimmten mentalen Prozess auf manche Leute so stark, dass sie Objektivierbarkeit und Unveränderbarkeit verwechseln, getreu dem Motto: Wenn sich „da", in diesem Messverfahren, etwas Objektives zeigt, dann könne man daran ja nichts ändern. Tatsächlich gehen viele noch weiter und schließen daraus auch gleich noch, dass dieser Zustand angeboren ist. Diese Schlussfolgerung ist natürlich ebenfalls unzulässig.

Wenn wir z. B. Personen untersuchen, die zu einem bestimmten Zeitpunkt X mürrisch sind und es zehn Minuten später nicht mehr sind, so werden wir bei geeigneten Experimenten unterschiedliche Gehirnaktivierungen und ein „neuronales Korrelat des Mürrisch-Seins" finden. Dies besagt weder, dass „Mürrisch-Sein" unveränderbar ist, noch, dass es nicht vom Probanden selbst beeinflussbar ist. Und schon gar nicht, dass es in irgendeiner Weise angeboren ist.
Allerdings muss man sich auch vor dem doppelten Fehlschluss hüten: Obwohl dieser Schluss nicht zulässig ist, folgt aus der Nichtzulässigkeit auch nicht, dass es nicht möglich *wäre*! Auch wenn dies philosophisch-logischen Spitzfindigkeiten ähnelt, die für Schlagzeilen nun schon gar nicht geeignet sind: Hier geht es um ganz fundamentale Zusammenhänge, und es ist eminent wichtig, sich solcher fehlerhafter Schlussfolgerungen bewusst zu sein und sie, wann immer möglich, zu vermeiden.

Wiederentdeckung bekannter Tatsachen

Wir haben Neuroimaging mit der Psychologie verglichen und funktionelles Neuroimaging als experimentelle Psychologie mit einer weiteren abhängigen Variablen, nämlich der Gehirnaktivität, definiert. Dies haben inzwischen auch Psychologen erkannt. Durch die Verfügbarkeit von vielen Forschungsscannern werden viele Experimente der Psychologie und auch der Ökonomie, zu denen bis jetzt nur Verhaltensdaten vorliegen, nun auch mithilfe der funktionellen Bildgebung untersucht. Bei der Diskussion solcher Ergebnisse wird dann aber häufig gar nicht auf die Relevanz der Aktivierung bestimmter Hirnareale oder die vermuteten neuronalen Mechanismen eingegangen, sondern vielmehr das zugrunde liegende untersuchte Phänomen herausgestellt. Als ein Beispiel unter vielen sei der Framing-Effekt genannt. In einer in der Fachzeitschrift „Science" veröffentlichten Arbeit (De Martino et al. 2006) konnte nachgewiesen werden, dass das Gehirn auf ein Gewinnspiel unterschiedlich reagiert, wenn man einem Probanden, der gerade 50 € erhalten hat, entweder sagt, er verliere davon 20 € oder er dürfe 30 € behalten. Der relevante Aspekt dieser Arbeit besteht darin, dass der Effekt über Hirnregionen vermittelt wird, die mit emotionaler Informationsvermittlung in Verbindung stehen und damit das herkömmliche Modell des rationalen Akteurs infrage stellen. Die schlichte Tatsache jedoch, dass es diesen Framing-Effekt überhaupt gibt, d. h., dass Personen (und damit auch ihre Gehirne) unterschiedlich reagieren, wenn etwas positiv oder negativ dargestellt wird, ist nun wahrlich keine Neuigkeit. Für ein Laienpublikum wirkt aber oft gerade diese psychologische Information sehr faszinierend, während kundige Ökonomen und Psychologen sich dann häufig darüber beklagen, dass Neurowissenschaftlern durch den Nachweis eines Korrelates eines interessanten Phänomens zu starke Aufmerksamkeit geschenkt wird.

Kategorienfehler

Ein weiterer Fehler ist der Sprung von der physiologischen Ebene zur psychologischen Ebene. Dies ist ein Übergang, der leicht geschieht und dessen Vermeidung eine sorgfältig ausgewählte Sprache erfordert – so sorgfältig, dass sie unglücklicherweise dann recht umständlich wirken kann. Nehmen wir an, wir fänden wiederholt, dass beim Vorhandensein eines Konfliktes der dorsale anteriore zinguläre Kortex (ACC) aktiviert ist. Je besser dies belegt ist, umso eher tendiert man dazu, die Aktivierung dieser Struktur mit einem psychologischen Prozess gleichzusetzen. Statt zu sagen „Hier kommt es zu einem Konflikt", müsste man sagen „Hier kommt es zu einer Aktivierung des dorsalen ACC, der in verschiedenen Arbeiten regelmäßig dann aktiviert wird, wenn das psychologische Experiment so konstruiert ist, dass es einen Konflikt erzeugt". Eine solche Ausdrucksweise ist natürlich extrem unhandlich, und daher wird oft verkürzt gesprochen und geschrieben, was dann aber wiederum den Sprung von der physiologischen auf die psychologische Ebene verschleiert. Dieser Sprung hängt zudem oft mit dem Problem des Umkehrschlusses (inverse Inferenz) zusammen (s. oben). In ähnlicher Weise spricht man oft Hirnregionen psychologische Eigenschaften zu: „Das ventrale Striatum bewertet", „Der präfrontale Kortex entscheidet", „Der ACC signalisiert das Bedürfnis nach Kontrolle". Dies ist die Verwendung psychologischer Ausdrücke, die sich eigentlich für die Verwendung bei Personen entwickelt haben, nun aber in einem anderen Kontext verwendet werden. Es ist nicht immer einfach zu sagen, ob hier tatsächlich ein schlimmer „Kategorienfehler" vorliegt, wie Philosophen Neurowissenschaftlern oft vorwerfen (Bennett u. Hacker 2003), oder ob es hier zu einer langsamen Änderung des Sprachgebrauchs durch neue Erkenntnisse kommt. Dies wird die Zukunft zeigen. Allerdings wird dieser Kategorienfehler oft bewusst angewendet, um Leser oder Zuhörer zu verblüffen oder gar zu provozieren. Man sollte sich eines möglichen Kategorienfehlers zumindest immer bewusst sein.

Wenn man sich die Liste der zehn genannten Irrtümer und Fehlschlüsse ansieht, denen sich sicher noch weitere hinzufügen ließen, könnte man vermuten, dass wir dafür plädieren, den Ergebnissen des Neuroimagings keine besondere Aufmerksamkeit zu widmen, da sie in der Regel fehlinterpretiert werden und somit für das Verständnis des Geistes eigentlich irrelevant sind. Doch dieser Eindruck täuscht. Tatsächlich halten wir das Neuroimaging für eine hochinteressante und relevante wissenschaftliche Disziplin. Die vorstehenden kritischen Betrachtungen sind allein deshalb so detailliert ausgeführt worden, um sich gegen eine falsche, übertriebene, Hoffnung weckende oder Aversionen induzierende Verwendung von Neuroimaging-Ergebnissen auszusprechen. Viele Wissenschaftler lassen es stillschweigend und gerne zu, dass ihre Befunde überinterpretiert werden, verschafft es ihnen doch eine mediale Aufmerksamkeit, von der Chemiker oder Festkörperphysiker nur träumen können. Natürlich kann man glauben, dass es doch nicht schlimm sei, wenn man von übertriebenen Schlussfolgerungen zehrt und diese stillschweigend akzeptiert. Doch zeigt eine aktuelle Debatte in der Scientific Community, die erst nach dem Verfassen dieses Beitrags entstand, wozu dies führen kann. Diese Debatte wollen wir wegen ihrer wissenschaftlichen Relevanz abschließend zumindest noch kurz darstellen.

Voodoo-Korrelationen in der sozialen Neurowissenschaft?

Anfang des Jahres 2009 begann ein im Druck befindlicher Artikel mit dem provokanten Titel „Voodoo correlations in social neuroscience“ im Netz zu zirkulieren (Vul et al. 2008). Die soziale Neurowissenschaft bedient sich u.a. der fMRT und untersucht, welche Hirnregionen aktiv sind, während die Probanden sozial relevante Aufgaben durchführen oder sozial interagieren – und studiert dabei Phänomene wie etwa Empathie, Vertrauenswürdigkeit oder Persönlichkeitseigenschaften. Die drastische These des Aufsatzes lautet nun, dass viele dieser Untersuchungen wertlos seien, da die Daten falsch analysiert worden seien. Die schnelle Rezeption des Artikel in Medien und Internet zeigt, dass diese These einen wunden Punkt trifft; sie ist offenbar Balsam auf die Seelen der vielen, die Neuroimaging als neue Phrenologie ansehen und die Interpretationen von fMRT-Studien als naiv kritisieren. Der Text wurde sogar schon in „Nature“ diskutiert (Abott 2009). Was steckt dahinter?

Die Autoren der Studie schreiben, dass sie irritiert gewesen seien über die sehr hohen Korrelationen von Hirnaktivierungsstudien mit Persönlichkeitseigenschaften und über den Mangel an methodischen Details in manchen Neuroimaging-Studien. Daher nahmen sie eine Auswahl von 54 neueren Untersuchungen der sozialen Neurowissenschaft genauer unter die Lupe und sandten den jeweiligen Autoren einen kurzen Fragebogen mit methodischen Fragen. Sie setzten dann insgesamt 31 dieser Studien, teils in hochrangigen Journals wie „Science“ und „Nature“ publiziert, auf eine „rote Liste“ und kritisierten diese für grundlegende Fehler im Umgang mit den Daten und der Statistik. Als Kardinalfehler nennen sie vor allem den von ihnen so genannten Nicht-Unabhängigkeitsfehler. Dieser besteht darin, zunächst eine erste statistische Analyse durchzuführen (z.B. eine Korrelationsanalyse der gesamten Hirndaten mit einem Persönlichkeitsmerkmal), daran eine zweite, nichtunabhängige Korrelationsanalyse von Persönlichkeitsmerkmal und Hirnaktivierung anzuschließen und dies dann als unabhängiges Ergebnis zu publizieren. Dies sei unzulässig, die daraus resultierenden Ergebnisse und Interpretationen seien verzerrt. Und alle Studien, die so verfahren, seien vorerst „mit einem großen Fragezeichen“ zu versehen. Vul et al. fordern die Autoren der einzelnen Studien auf, ihre Daten zu re-analysieren und diese Re-Analysen zu veröffentlichen. Und sie schlagen dazu verschiedene Methoden vor.

Die Diskussion wurde nicht etwa durch die Publikation des Artikels eröffnet, sondern dadurch, dass die Autoren das Paper einfach herummailten und es sich blitzschnell verbreitete. Einige der kritisierten Autoren erfuhren erst von Journalisten davon und beklagen sich darüber, dass sie auf Nachfrage zu dem versandten Fragebogen von den Autoren keine Antwort bekamen, was offenbar zutrifft (Abott 2009). Vier der kritisierten Autoren haben nun eine vorläufige Antwort auf den Artikel verfasst, den sie ebenfalls ins Internet gestellt haben (Jabbi et al. 2009). Sie kündigen zugleich eine längere Replik in einem regulären Zeitschriftenaufsatz an.

In dieser vorläufigen Antwort erkennen die Autoren zunächst an, dass die „Voodoo-Kritik" tatsächlich einen einzigen relevanten Kritikpunkt habe: Sofern ein Paper tatsächlich so verfahre, dass es zwei unabhängige Tests mache und den zweiten als das eigentliche Ergebnis verkaufe, liege eine Verzerrung der Daten vor. Allerdings bestehe der Hauptmangel der Kritik darin, dass die Autoren nunmehr den Eindruck erweckten, alle Arbeiten der sozialen Neurowissenschaft wären wertlos, obwohl einige der von ihnen kritisierten Arbeiten diesen Fehler gar nicht begangen haben, verschiedene Schlussfolgerungen der Autoren auf einem fundamentalen Missverständnis der Statistik von Neuroimaging-Verfahren beruhen und die von ihnen vorgeschlagenen Alternativanalysen teilweise selbst fehlerhaft seien.

Hier ist nicht der Ort, um diese statistischen Diskussionen im Detail auszuführen. Tatsächlich haben unserer Meinung nach Jabbi et al. in den meisten Punkten zwar recht. Wichtig ist uns im Zusammenhang mit unseren eigenen Überlegungen dabei aber ein anderer Punkt. Warum wirbelt dieser Artikel überhaupt so viel Staub auf? Unserer Ansicht nach beruht dies nicht allein darauf, dass die Autoren einen wichtigen und leicht vermeidbaren Fehler beschreiben. Es beruht vielmehr darauf, dass Neuroimaging-Studien in den letzten Jahren zu hoch gehandelt wurden und noch viel naivere Interpretationsfehler immer wieder begangen wurden (s. oben). Nur deshalb trifft eine solch provokante, ja aggressive Kritik, überhaupt einen wunden Punkt. Die Neuroimaging-Forschung erhält nun sozusagen ihre Quittung, und wie bei der Übertreibung der positiven Aspekte wird es auch bei der Kritik so sein, dass am Ende des Tages vermutlich nicht allein die sachlichen Zusammenhänge ihre Wirkung entfalten, sondern der Vorwurf des Zaubers, des Voodoos, in den Köpfen vieler hängen bleiben wird. Damit werden sich viele, die dem Neuroimaging seinen Erfolg geneidet haben, sehr wohl fühlen.

Aus unserer Sicht ist die einzige vernünftige Reaktion darauf, in der Darstellung eigener Ergebnisse redlich zu sein, die oben genannten Fehler zu vermeiden und vor allem keine überzogenen Schlussfolgerungen aus Neuroimaging-Studien zu ziehen. Die öffentliche Debatte wird hingegen von Provokationen auf beiden Seiten bestimmt. Wissenschaftssoziologisch mag es sein Gutes haben, dass sich die Neuroimager nun einmal gegen harsche wissenschaftliche Vorwürfe verteidigen müssen. Positiv gewendet, kann man die angestoßene Debatte auch als Beispiel für die Selbstreinigungskraft der Wissenschaft ansehen. Jenseits aller steilen Thesen, gewollten Provokationen und empörten Reaktionen muss man sich letztlich mit sachlichen Argumenten auseinandersetzen. Und einmal in die Welt gebracht, kann man bestimmte Probleme einfach nicht mehr unter den Tisch kehren. Man kann sich aber argumentativ mit ihnen auseinandersetzen und diese Auseinandersetzung der interessierten Öffentlichkeit transparent machen. Wir hoffen, dass dieses Kapitel dazu einen kleinen Beitrag leistet.[2]

Literatur

Abott A (2009). Brain imaging studies under fire. Social neuroscientists criticized for exaggerating links between brain activity and emotions. Nature; 457: 245.

Bennett MR, Hacker PMS (2003). Philosophical Foundations of Neuroscience. Oxford: Blackwell.

Caspi A, McClay J, Moffitt TE, Mill J, Martin J, Craig IW, Taylor A, Poulton R (2002). Role of genotype in the cycle of violence in maltreated children. Science; 297: 851–4.

De Martino B, Kumaran D, Seymour B, Dolan RJ (2006). Frames, biases, and rational decision-making in the human brain. Science; 313: 684–7.

Haynes JD, Rees G (2005). Predicting the stream of consciousness from activity in human visual cortex. Curr Biol; 15: 1301–97.

Haynes JD, Rees G (2006). Decoding mental states from brain activity in humans. Nat Rev Neurosc; 7: 523–34.

Haynes JD, Sakai K, Ress G, Gilbert S, Frith C, Passingham RE (2007). Reading hidden intentions in the human brain. Curr Biol; 17: 323–8.

Jabbi M, Keysers C, Singer T, Stephan KE (2009). Response to "Voodoo correlations in social neuroscience" (www.bcn-nic.nl/replyVul.pdf).

Kay KN, Naselaris T, Prenger RJ, Gallant JL (2008). Identifying natural images form brain activity. Nature; 452: 352–5.

Lebedev MA, Nicolelis MAL (2006). Brain-machine interfaces: past, present and future. Trends in Neurosciences; 29: 536–46.

O'Craven KM, Kanwisher N (2000). Mental imagery of faces and places activates corresponding stimulus-specific brain region. J Cogn Neurosci; 12: 1013–23.

Poldrack RA (2006). Can cognitive processes be inferred from neuroimaging data? TICS; 10: 59–63.

Raine A, Buchsbaum M, La Casse L (1997). Brain abnormalities in murderers indicated by positron emission tomography. Biol Psychiatry; 42: 495–508.

Schleim S (2008). Gedankenlesen. Pionierarbeit der Hirnforschung. Hannover: Heise.

Schleim S, Walter H (2008). Gedankenlesen – eine Herausforderung für die Neuroethik. In: Vogelsang F, Hoppe C (Hrsg). Ohne Hirn ist alles nichts. Impulse für eine Neuroethik. Neukirchen-Vluyn: Neukirchener Verlag; 150–68.

2 Dieser Artikel ist eine stark überarbeitete Version des Textes „Was können wir messen?" (Walter 2009).

Schleim S, Spranger T, Walter H (2007). Zufallsfunde in der bildgebenden Hirnforschung. Empirische, rechtliche und ethische Aspekte. Nervenheilkunde; 26: 1041–5.

Vul E, Harris C, Winkielman P, Pashler H (2008). Voodoo correlations in social neuroscience (www.pashler.com/Articles/Vul_etal_2008inpress.pdf).

Walter H (Hrsg) (2005). Funktionelle Bildgebung in Psychiatrie und Psychotherapie: Methodische Grundlagen und klinische Anwendungen. Stuttgart, New York: Schattauer.

Walter H (2009). Was können wir messen? Neuroimaging: Eine Einführung in methodische Grundlagen, häufige Fehlschlüsse und ihre mögliche Bedeutung für Strafrecht und Menschenbild. In: Schleim H, Spranger T, Walter H (Hrsg). Von der Neuroethik zum Neurorecht? Der Beginn einer neuen Debatte. Göttingen: Vandenhoeck & Ruprecht; 67–103.

12 Gedankenlesen

Fiktion oder Zukunftstechnologie?

Stephan Schleim

Berlin/dpa Insiderberichten zufolge will die Bundesregierung ein Gesetz verabschieden lassen, das öffentlichen Amtsträgern einen Hirnscan vorschreibt. Zukünftig müssten dann beispielsweise Diplomaten, Richter und Abgeordnete einen bestimmten Test passieren, der ihre Hirnaktivierung als für das Amt geeignet einstuft. Bundesregierung, Bundestag und Bundesrat sollen von der Regel jedoch ausgenommen sein. Diesen Überlegungen sind Ergebnisse aus der Hirnforschung vorausgegangen, dass Menschen wichtige Entscheidungen manchmal nicht durch rationales Abwägen, sondern aufgrund unbewusster emotionaler Einflüsse träfen. Wenn das Gesetz wie erwartet Bundestag und Bundesrat passiert, könnte es schon zum 1. Januar 2015 in Kraft treten. Neue Bewerber für ein öffentliches Amt würden dann als berufsunfähig gelten, wenn ihnen der Hirnscan ungeeignetes Denken attestiere. Unklar ist jedoch, inwiefern sich das Gesetz auf bestehende Amtsverhältnisse auswirken würde. (Meldung vom 31. März 2014)

„Gedankenlesen" – dabei werden viele Menschen zunächst an Science-Fiction oder an Esoterik denken. Einen wissenschaftlicheren Anstrich verpassen sich Ratgeber über Körpersprache, die unbewusste Haltungen, Gestik und Mimik in bestimmte psychische Zustände übersetzen wollen. Diese Fähigkeiten, die Gedanken eines Gegenübers zu erkennen, werden vor allem von Entwicklungspsychologen und Primatenforschern untersucht. Sie interessiert, wie diese Fähigkeit funktioniert, seine eigenen Gedanken als getrennt vom anderen wahrzunehmen und sich umgekehrt in die Situation eines anderen hineinzuversetzen. Dabei hat es sich schon lange eingebürgert, vom „mind reading", also dem „Gedankenlesen" zu sprechen.

Neuerdings schicken sich aber auch Hirnforscher an, „brain interpretation", „brain reading" oder schließlich auch „mind reading" zu betreiben – und dabei geht es nicht so sehr um unsere biologischen Fähigkeiten, sondern um neue wissenschaftliche Verfahren. Mit ihnen sollen in der Hirnaktivierung die Gedanken, Gefühle und Erlebnisse einer Versuchsperson erkannt werden. Schneiden dabei teure Maschinen, gepaart mit rechenstarken Computern und intelligenten Algorithmen, besser ab als unsere natürlichen Fähigkeiten? Welche Möglichkeiten bietet die aktuelle Forschung, welchen Grenzen ist sie unterworfen? Welche Anwendungsideen lassen sich daraus entwickeln, und welche ethischen Bedenken sollten uns dabei beschäftigen?

Bildhaft das Gehirn verstehen

Zunächst sollte man sich die Dimensionen veranschaulichen, in denen heutige Wissenschaftler das Gehirn untersuchen. Es gibt eine Reihe verschiedener Verfahren, die von einer elektrischen Ableitung einzelner Nervenzellen über grobkörnige Ströme, die man auf der Kopfhaut misst, bis hin zur Untersuchung des ganzen Gehirns auf einmal reichen. Dabei erfreut sich vor allem die funktionelle Magnetresonanztomographie (fMRT) seit mehreren Jahren großer Beliebtheit. Sie erlaubt es, mit vertretbarer räumlicher und zeitlicher Auflösung die Hirnprozesse zu untersuchen, die beim Lösen bestimmter Aufgaben, also bei bestimmten gedanklichen Prozessen auftreten (vgl. dazu Kap. 11).

Konkret bedeutet das beispielsweise mit bewährten Standardwerten, dass man dreidimensionale Würfel (so genannte Voxel) mit einer Kantenlänge von drei Millimetern aufzeichnet, aus denen man im Zeitraum von zwei Sekunden das gesamte Gehirn zusammensetzt. Man muss sich dabei verdeutlichen, was das in neuronalen Dimensionen bedeutet: In so einem 3 × 3 × 3 Millimeter, also 27 Kubikmillimeter großen Würfel befinden sich nämlich verschiedenen Schätzungen zufolge und je nach Hirnbereich variierend ganze 500 000 bis 2 Millionen Neurone, für die man alle zwei Sekunden einen Durchschnittswert erhält. Denkt man nicht nur an die Nervenzellen, von denen Neurone nur die prominentesten Vertreter sind, sondern an ihre Verbindungen, dann ist diese Zahl noch einmal um einige Dezimalstellen größer. Dieser Komplexität entspricht, wohlgemerkt, nur ein einziger Durchschnittswert im Sekundentakt. Mit jeder Generation von Messgeräten verbessert sich zwar die zeitliche und räumliche Auflösung, es zeichnet sich aber auch so etwas wie eine „Unschärferelation" des Gehirns ab: Will man eine Größe besonders gut ermitteln, beispielsweise die zeitliche Dynamik der Signale besser erfassen, dann muss man bei einer anderen Größe Abstriche in Kauf nehmen, also räumliche Genauigkeit opfern.

Dass die fMRT-Forschung dennoch so erfolgreich ist und von Nikos Logothetis, einem der Direktoren des Max-Planck-Instituts für biologische Kybernetik in Tübingen, gar als die wichtigste Methode bezeichnet wurde, um die Hirnfunktion im Menschen zu untersuchen, mag neben den vergleichsweise guten räumlichen und zeitlichen Eigenschaften an ihrer vielfältigen Einsetzbarkeit liegen: Ganz gleich, welche gedanklichen Prozesse einen Forscher interessieren – solange sie eine Versuchsperson liegend und in einer überschaubaren Zeit mehrmals wiederholt ausführen kann, können sich dabei mit der fMRT die neuronalen Vorgänge aufzeichnen lassen, ohne störend in das Gehirn einzugreifen.

Die Logik der Forschung funktioniert dabei standardmäßig wie folgt: Man lässt die Versuchsperson zwei Aufgaben ausführen und erkennt in den Unterschieden der gemessenen Signalstärke dann, welche Hirnregion für die jeweilige Bedingung besonders stark aktiviert ist. Bei den beiden Aufgaben handelt es sich meistens um eine Zielbedingung und um eine Kontrolle. Die Kontrolle sollte dabei in bestimmten, für das Experiment nicht wesentlich interessanten Eigenschaften mit der Zielbedingung identisch sein, sich in relevanten Eigenschaften aber von ihr unterscheiden. Stellen wir uns die Untersuchung vor, wie wir auf das Sehen von lächelnden Gesichtern reagieren. Würde man einer Versuchsperson nur solche zeigen, könnte man die Messdaten nicht verstehen. Man würde zwar einen Wert über die Signalstärke in jedem Voxel erhalten, könnte aber nichts darüber aussagen, ob dies nun höher oder niedriger ist als unter anderen Umständen. Daher die Kontrollaufgabe: Würde primär die Verarbeitung von Gesichtern interessieren, könnte man andere visuelle Objekte zeigen, beispielsweise Möbelstücke oder Werkzeuge. Da das Interesse in dem gewählten Beispiel insbesondere auf *lächelnden* Gesichtern liegt, vergleicht man diese idealerweise mit Gesichtern, die nicht lächeln, also zum Beispiel ohne bestimmten Ausdruck gucken, neutral sind. Dann ist die Bedingung erfüllt, dass die Kontrolle in den uninteressanten Eigenschaften sehr ähnlich ist (Gesichter), sich in der Zieleigenschaft aber unterscheidet (lächelnd gegenüber neutral).

Mithilfe dieser Forschungslogik hat man in den letzten Jahrzehnten das Projekt der Hirnkartierung vorangetrieben. Das heißt, man fand für die jeweilige experimentelle Aufgabe eine oder mehrere bestimmte Hirnregionen stärker aktiviert. Die plausibelste Annahme war, dass die Nervenzellen in diesen Bereichen speziell für die Informationsverarbeitung während der Zielbedingung zuständig waren. Es war nur eine Frage der Zeit, bis man diese Logik der Forschung irgendwann auf den Kopf stellt: Angenommen, man fände in der Region X im Gehirn eine bestimmte Aktivierung, lässt sich dann auch bestimmen, mit welcher gedanklichen Aufgabe die Versuchsperson gerade beschäftigt war? Die Idee des Gedankenlesens mit der fMRT war geboren.

Daran hat sich um die Jahrhundertwende schon Nancy Kanwisher vom Massachusetts Institute of Technology (MIT) orientiert. Sie hatte zunächst anhand der ersten Logik untersucht, welche Hirnaktivierung beim Betrachten – oder auch nur beim Vorstellen – verschiedener Gesichter auftritt. Im nächsten Schritt wollte sie herausfinden, ob man anhand der neuronalen Aktivität bestimmen könnte, wann eine Versuchsperson gerade an ein Gesicht dachte und wann an etwas anderes, beispielsweise an eine Landschaft. Immerhin klappte das so gut, dass ein Dritter für jedes einzelne Ereignis mit 85%iger Trefferquote bestimmen konnte, wann sich jemand ein Gesicht vorstellte und wann eine Landschaft. Kanwisher selbst sah sich damit schon als Pionierin, die den „Inhalt eines einzelnen Gedankens“ erschlossen hatte. Wenn man sich allerdings klarmacht, in welch reduziertem Sinn sie hier von einem „Gedanken“ spricht, dann muss man diese Interpretation zurückweisen. Schließlich galt die Trefferquote nur für die sehr allgemeinen Kategorien – niemand hätte aber sagen können, um *welches* Gesicht es sich eigentlich handelte. Man darf hingegen davon ausgehen, dass es einen bedeutenden gedanklichen Unterschied macht, ob man sich beispielsweise das Gesicht Angela Merkels oder das Oskar Lafontaines vorstellt.

Weil sie es genauer wissen wollten, haben in den letzten Jahren einige Pioniere neue Methoden verwendet, um den Gedanken näher zu kommen. Forscher wie David Cox, ebenfalls vom MIT, John-Dylan Haynes vom Bernstein Center for Computational Neuroscience in Berlin oder Frank Tong von der Vanderbilt University haben dafür von ihren Kollegen aus der Informatik abgeguckt. Im Bereich des Maschinenlernens entwickelt man dort nämlich schon seit längerer Zeit Verfahren, um komplexe Daten zu klassifizieren. Anwendungen wie die Sprach- oder Gesichtserkennung sind uns aus dem Alltag oder mindestens vom Hörensagen schon vertraut. In diesen Fällen gilt es, eine theoretisch unendliche Menge an Eingaben, etwa Varianten des gesprochenen Worts „Danke“ oder des Porträts einer Person, einer eindeutigen Ausgabe zuzuordnen, also beispielsweise „Danke“ oder „Kurt Beck“. Idealerweise würde die Erkennung des Letzteren sowohl mit als auch ohne Bart gelingen – das setzt aber schon einen sehr cleveren Algorithmus voraus. Unsere Gehirne beweisen jedoch, dass diese Lösung zumindest prinzipiell möglich ist: Uns gelingt es nämlich spielend, diese Identifikationsaufgabe zu lösen, auch wenn noch niemand genau weiß, wie wir das eigentlich machen.

Will man als Hirnforscher Gedankenlesen betreiben, dann ist das Problem ganz ähnlich gelagert: Eine große Anzahl möglicher Hirnzustände soll möglichst eindeutig einem bestimmten gedanklichen Prozess zugeordnet werden. Interessanterweise ähnelt dieses Problem der Aufgabe eines Arztes, der anhand verschiedener Symptome („Eingabe“) eine bestimmte Krankheit diagnostizieren muss („Ausgabe“). Dass sich ein Gedanke auf vielfältige Weise im Hirnscanner niederschlagen kann, liegt nicht nur an der großen Variabilität der Nervenaktivität, sondern auch an der Mess-Ungenauigkeit der Instrumente selbst. Daher ist es essenziell, dass die Forscher, die den Methoden des Maschinenlernens folgen, nicht jedes gemessene Voxel isoliert, sondern viele in ihrem Zusammenhang zueinander berücksichtigen. Nervenzellen können nämlich ein bestimmtes Aktivitätsmuster aufweisen, so wie ein Flickenteppich aus bestimmten hellen und dunklen Fetzen zusammengenäht sein kann. Helle und dunkle Stellen stehen dann für starke und schwache Aktivierung.

Um für die Verwendung dieser Methoden einen besonderen Anreiz zu schaffen, haben Forscher der University of Pittsburgh sogar schon zweimal einen Brain-Interpretation-Wettbewerb veranstaltet. In der ersten Runde (2006) ging es darum, aus der Hirnaktivierung möglichst genau zu rekonstruieren, was für Szenen der Heimwerkerserie „Hör mal, wer da hämmert“ Versuchspersonen sahen. In der zweiten Runde (2007) sollte sogar schon das Verhalten virtueller Avatare bestimmt werden, welche die Probanden in einer Computerspielwelt steuerten. Freilich macht es die Aufgaben für die Versuchspersonen etwas unangenehmer, dass sie dabei im harten Hirnscanner liegen mussten. Jedenfalls konnten Informatiker und Hirnforscher überraschend genau Rückschlüsse auf das Erlebte ziehen – das gelang jedoch schlechter für subjektive Zustände wie Gefühlsregungen als für objektive Größen wie Ereignisse in der Spielwelt, die dann gesehen und gehört wurden.

Ein Haken an diesem Wettbewerb war jedoch, dass er nur die absolute Trefferquote berücksichtigte und das dazu führte, dass die Gewinner zwar die besten statistischen Algorithmen verwendeten, ihre Ergebnisse jedoch für die Hirnforschung unbrauchbar waren. Diese Funde ließen sich nämlich nicht mehr wie gewohnt bestimmten Hirnarealen zuordnen. Teilweise stammten die für die Vorhersage verwendeten Messwerte sogar aus Teilen des Kopfes, die außerhalb des Gehirns lagen, aber vom Hirnscanner mit aufgezeichnet wurden, beispielsweise den Augen. Daran wird ein generelles Problem der Muster-Erkennung deutlich: Die Verfahren des Maschinenlernens lassen sich zwar mit beliebig viel Information füttern, das macht aber am Ende das Verständnis des Ergebnisses schwierig. Daher haben sich Forscher auch schon überlegt, die Komplexität der Eingabe in einen solchen Algorithmus zu verringern, und sie haben sich dann die Idee mit dem „Suchscheinwerfer" einfallen lassen. Das kann man sich so vorstellen, als würde man jedes der bisher individuell ausgewerteten Voxel mit einer Taschenlampe anstrahlen. Jedes andere Voxel, das mit in den Lichtkegel fällt, wird dann auf der Suche nach einem bedeutungsvollen Muster in diesem Bereich berücksichtigt (Abb. 1).

Mithilfe der vorgestellten Methoden ist es Forschern wie Cox, Haynes und Tong bereits gelungen, anhand der Hirnaktivierung mit hoher Genauigkeit zu erkennen, welches von zehn möglichen Objekten eine Versuchsperson gerade sieht, auf welches von zwei möglichen Bildern sie sich gerade konzentriert oder auch, welche von zwei Handlungen sie gerade plant. Das Besondere an den meisten dieser Beispiele ist, dass sie in Einzelfällen sogar für individuelle Versuche oder Entscheidungen gelten, während man in der Auswertung von Hirndaten sonst meist viele Ereignisse über einen Kamm scheren muss. Teilweise waren die gefundenen Muster auch nach mehreren Tagen oder gar Wochen noch gültig, wenn sich die Versuchsperson erneut in den Scanner legte, oder ließ sich das mit den Daten *eines* Probanden Gelernte auf einen *anderen* übertragen. Das lässt den Schluss zu, dass die Wissenschaftler den Gedanken ein Stück weit näher kommen, als dies vorher der Fall war.

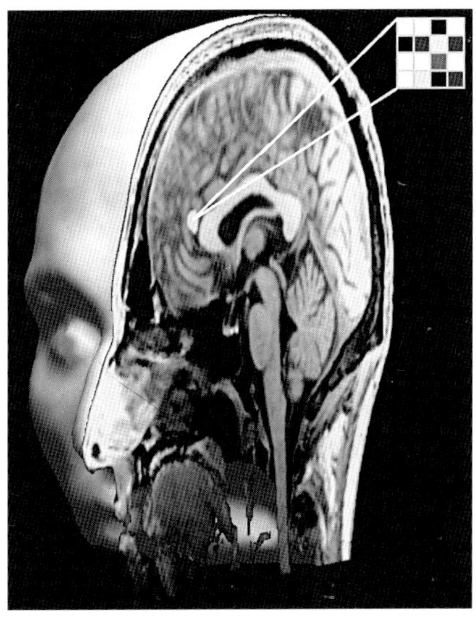

Abb. 1 Mit dem Suchscheinwerfer durchs Gehirn. Indem man nicht nur die Aktivierung einzelner Bildpunkte (Voxel) miteinander vergleicht, sondern nach räumlich ausgedehnten Mustern sucht, möchten Hirnforscher der Gedankenwelt näher kommen, als dies bisher möglich war – und erzielen damit beachtliche Erfolge.

Jüngste Erfolge ließen sich vor allem im Bereich des visuellen Systems erzielen: Da hier die Funktionsweise der Nervenzellen besonders gut verstanden ist, konnten Forscher um Kendrick Kay von der Berkeley University in Kalifornien sogar schon ein Modell entwickeln, welches das Aktivierungsmuster im Gehirn vorhersagt, wenn man damit bestimmte Bilder analysierte. Die Strategie bestand hier also nicht darin, einen Algorithmus selbsttätig Muster finden zu lassen, sondern mit dem vorhandenen neurowissenschaftlichen Wissen eine Aussage darüber zu treffen, welche Messungen für einen bestimmten Stimulus zu erwarten wären.

So konnten 120 Testbilder aus einer Datenbank von 2000 mit einer Trefferquote von bis zu 90 % richtig zugeordnet werden. Mit einer ähnlichen Strategie konnten Yoichi Miyawaki aus Kyoto und seine Kollegen im Hirnscanner gesehene Bilder live rekonstruieren. Als Stimuli dienten hier 10 × 10 Pixel große Matrizen, deren Felder entweder weiß oder schwarz sein konnten. Die Bilder, beispielsweise Buchstaben, konnten aus der gemessenen Hirnaktivierung wieder auf dem Computerbildschirm sichtbar gemacht werden. Diese Ergebnisse legen den Schluss nahe, dass man vor allem in den Bereichen, in denen man schon viel über die Funktionsweise des Gehirns weiß, anspruchsvolle Modelle für die Erkennung gedanklicher Prozesse entwickeln kann. Thomas Metzinger, Philosoph an der Universität Mainz, kritisiert generell die Redeweise vom „Gedankenlesen" oder auch „Dekodieren", wie es manchmal gerne verwendet wird. Seiner Meinung nach setzt ein Lesen oder ein Kode voraus, dass sich jemand oder eine Gemeinschaft – wie bei unseren Sprachen – auf die Bedeutung bestimmter Zeichen verständigt hat. Wer sollte das aber im Fall des Nervenfeuerns gewesen sein? Ich habe an anderer Stelle ausführlicher argumentiert, dass eine Reihe von Faktoren zu berücksichtigen ist, um den Gütegrad des „Gedankenlesens" zu erkennen: Wie genau funktioniert die Vorhersage und auf welcher Ebene der Feinkörnigkeit (man denke hier an den Unterschied zwischen Angela Merkel/Oskar Lafontaine und Gesicht/kein Gesicht zurück)? Wie stabil sind die gefundenen Muster im Lauf der Zeit? Lassen sie sich womöglich auf andere Personen oder gar auf ganz neue Fälle, mit denen man das System nicht vorher trainiert hat, übertragen? In dem Rennen zwischen natürlichen und wissenschaftlichen Gedankenlesern haben erstere also noch die Nase vorn, denn es gibt eine Reihe ungelöster Fragen zu erforschen. Womöglich hat auch Metzinger Recht – und wir benutzen die Begriffe des „Lesens" oder „Dekodierens" in einem metaphorischen Sinn. Ganz gleich, wie diese Fragen zu beantworten sind: Es lohnt auch heute schon ein Blick auf mögliche Anwendungen, die man aus der Grundlagenforschung entwickeln möchte.

Von der Forschung zur Anwendung

Eine der sehr frühen Anwendungen, die man mit den Methoden der bildgebenden Hirnforschung verfolgt hat, betrifft den Bereich des so genannten Neuro-Marketings. Die Absicht hinter diesen Versuchen ist es, die Eigenschaften von Konsumprodukten oder von Werbung so zu verändern, dass sie das Kauf-Verhalten positiv beeinflussen. Im Marketing haben sich über lange Jahre aufwändige Test- und Frageverfahren bewährt, die aus der psychologischen Forschung entstanden sind. Diese Idee auf die Hirnforschung zu übertragen würde bedeuten, die Verarbeitung von Werbung und Kauf-Entscheidungen im Gehirn besser zu verstehen. Wüsste man, welche Eigenschaften ein Produkt aufweisen müsste, um das „Kauf-Areal" vieler Menschen zu aktivieren, dann würde sich das in barer Münze auszahlen.

Eine der Pionierarbeiten in diesem Bereich ist von Susanne Erk und ihren Kollegen (Erk et al. 2002) geleistet worden, die damals noch in der Psychiatrie der Ulmer Universitätsklinik forschten. Bei Autoliebhabern, denen man Bilder verschiedener Sportwagen, Limousinen und Kleinwagen gezeigt hatte, fand man für die Sportwagen stärkere Aktivierungen in Hirnbereichen, die mit Belohnung in Zusammenhang gebracht werden. Seitdem gab es eine Reihe weiterer Studien, die mit Schokoriegeln oder anderen Konsumprodukten arbeiteten, die tatsächlich gekauft werden konnten. Viele der Ergebnisse deuten auf das Belohnungsareal. Es ist auch ohne Hirnaufnahmen plausibel, dass ein Produkt bevorzugt wird, wenn man sich davon eine Belohnung verspricht – und bestehe diese auch nur darin, dass das Waschmittel wirklich die Flecken reinigt. Auf theoretischer Ebene mag man sich durchaus fragen, ob diese Forschung tatsächlich neue Erkenntnisse bringt, daher ist das Neuro-Marketing auch nicht unumstritten. Ethisch wäre es verdienstvoll, sich darüber Gedanken zu machen, ob diese Forschung gesellschaftlich wünschenswert ist. Zumindest scheint die Suche nach dem „Kauf-Areal" das humanistische Menschenbild zu untergraben, dem zufolge wir unsere Entscheidungen wohlüberlegt und nach Abwägung von Gründen treffen.

Die heutige Werbung ist darauf optimiert, bestimmte Bedürfnisse nach Konsumprodukten zu erzeugen. Eine extreme Form ist dann erreicht, wenn gar nicht mehr das eigentliche Produkt, sondern etwa nur noch die Marke beworben wird. Damit ist der ursprüngliche Sinn der Werbung, die positiven Eigenschaften dieses Produkts gegenüber den anderen hervorzuheben und damit die Kauf-Entscheidung in die Richtung dieses Produkts zu lenken, längst in Vergessenheit geraten. Immer mehr Geld fließt daher auch gar nicht mehr in die Verbesserung der Produkte, sondern in die Verbesserung der Werbung, welche die Kunden dann absurderweise mit ihrem eigenen Geld bezahlen. Radikal formuliert bezahlen wir also dafür, dass man uns einredet, bestimmte Produkte zum Glücklichsein zu brauchen. Nehmen wir an, durch die Methoden der Hirnforschung könnte man Werbung derart modifizieren, dass sie in einer großen Anzahl an Personen gezielte Veränderungen hervorruft, die nicht unserer bewussten Kontrolle unterliegen. Das wäre eine Art Hypnose, in die wir gar nicht einwilligen. In einem wissenschaftlichen Experiment würde so etwas als unethisch gelten und wahrscheinlich keine Ethikkommission passieren – würden wir es akzeptieren, dass im Fall der Werbung der Zweck der Gewinn-Maximierung dieses Mittel heiligt?

In der folgenden Geschichte habe ich kurz angedacht, wie eine neurowissenschaftlich gestützte Kauf-Entscheidung in Zukunft aussehen könnte.

> Herr Schmidt parkte seinen in die Jahre gekommenen Wagen auf dem Parkplatz des Autohändlers. Seine Frau war im siebten Monat schwanger, und er wollte die alte Karre durch einen zuverlässigen Neuwagen ersetzen. Außerdem würden sie ja bald zu viert sein, und da bräuchten sie viel Platz. Der Autohändler hatte seine Filiale erst vor kurzem eröffnet, und Herrn Schmidt war in der Zeitung eine Anzeige aufgefallen, in der es hieß, man würde seinen Kunden „mithilfe neuester wissenschaftlicher

Methoden" zur optimalen Kauf-Entscheidung verhelfen. Ein Versuch koste ja nichts, hatte er sich gedacht, und dann auf den Weg gemacht.
Im Geschäft wurde er freundlich von einem seriös aussehenden Mann im Anzug begrüßt. Herr Schmidt erzählte von seiner schwangeren Frau und erklärte mit einem abfälligen Blick auf seinen alten Wagen, den man durch die Schaufensterscheibe hindurch auf dem Parkplatz sehen konnte, warum er ein neues Auto brauche. Nur sei er noch nicht ganz sicher, für welches Modell er sich entscheiden solle. Er habe kürzlich eine Gehaltserhöhung erhalten, und so könne es durchaus „etwas mehr" sein, als er sich damals für den alten gegönnt habe. Er würde sich aber freuen, wenn man ihn mit der beworbenen Technologie bei der Kauf-Entscheidung unterstützen könne.
Der Verkäufer erklärte ihm, dass man hier ein neues wissenschaftliches Verfahren verwende, das mithilfe magnetischer Felder – für den Kunden selbstverständlich völlig ungefährlich und auf Sicherheit geprüft – Hirnaktivierungen aufzeichne und nach einer Computeranalyse seine Vorlieben herausfinde. Er müsse nur fünf Minuten im Gerät Platz nehmen, und nachdem man ihm ein paar Filme von Autos gezeigt habe, wisse man sofort, welches Auto das beste für ihn sei.
Herrn Schmidt war zunächst etwas unwohl zumute, als er auf dem sterilen Stuhl, der ihn an eine Zahnarztpraxis erinnerte, Platz nahm. Seinen Kopf sollte er bequem in eine halboffene Kugel legen und einfach auf den Monitor vor ihm schauen, ohne sich zu bewegen. Der Verkäufer drückte an einer Konsole auf ein paar Knöpfe, woraufhin sich der Stuhl Herrn Schmidts Größe anpasste und es im Raum dunkel wurde. Als das Gerät lief und vor ihm verschiedene Filmsequenzen von Autos des Händlers und einiger Konkurrenzmodelle erschienen, merkte Herr Schmidt nur ein leichtes Brummen und entspannte sich.
Nach ein paar Minuten, die sehr schnell vorbeigingen, hörte das Brummen wieder auf, und nachdem der Verkäufer ihn aus dem Gerät geholfen hatte, erzählte er ihm enthusiastisch, dass er gleich gewusst habe, Herr Schmidt sei ein richtiger Sportwagen-Fan. Man habe herausgefunden, dass das neueste Sportwagen-Modell des Händlers ihn am glücklichsten mache. Die Videos dieses Autos habe die Neurone in seinem Nucleus accumbens am stärksten feuern lassen, welche die Erzeugung des „Glückshormons" Dopamin im Gehirn anregten. Um seine Aussage zu unterstützen, wedelte der Verkäufer mit einem farbigen Ausdruck herum, auf dem manche Bereiche in dem, was eine Aufnahme seines Gehirns sein musste, farbig hervorgehoben waren. Die farbigen Stellen verrieten ihm als Laien jedoch nichts.
Herr Schmidt war zuerst skeptisch, da das Auto nicht viel mehr Platz bieten würde als sein alter Wagen. Wie sollten sie darin zwei Kindersitze und womöglich noch einen Kinderwagen und etwas Gepäck unterbringen können? Andererseits fand er aber auch das Argument überzeugend, sich für dasjenige Auto zu entscheiden, das ihn offenbar am glücklichsten mache. Diesen Punkt müsse schließlich auch seine Frau einsehen. Der Verkäufer bot ihm an, den Vertrag gleich auf der Stelle zu unterschreiben, um schon nächste Woche den Sportwagen abholen zu können. Herr Schmidt erkundigte sich noch, ob seine Frau ebenfalls an dieser wissenschaftlichen Untersuchung teilnehmen könne. Prinzipiell sei das schon möglich, bekam er nach

einem kurzen Zögern vom Verkäufer erklärt, doch sei das Gerät leider nicht für Schwangere freigegeben. Schließlich verabschiedete Herr Schmidt sich mit der Bitte um etwas Bedenkzeit, da er solche Kauf-Entscheidungen stets mit seiner Frau abspreche. Der Verkäufer gab ihm noch den farbigen Ausdruck von der Untersuchung sowie einen Prospekt des Sportwagens mit auf den Weg.

Zum Verständnis dieser Geschichte ist es mir wichtig, auf einen wesentlichen Punkt hinzuweisen: Herr Schmidt kommt mit einem rationalen und nachvollziehbaren Wunsch in das Autohaus, nämlich einen Neuwagen zu erwerben, welcher der zukünftigen Familiensituation angemessen ist. Indem der Verkäufer aber nach Aktivierungen in Belohnungsarealen sucht, missversteht er das Anliegen seines Kunden. Dieser wollte ja gerade kein Auto erwerben, das seinen ästhetischen Ansprüchen maximal genügt, für seine familiären Bedürfnisse aber völlig ungeeignet ist. Auch wenn die Verfahren der Hirnforschung in diesem fiktiven Beispiel eine interessante Antwort liefern, nämlich welches Auto bei Herrn Schmidt das Belohnungszentrum am stärksten aktiviert, so ist dies doch nicht die gewünschte Antwort. Diese dreht sich nämlich darum, welcher Neuwagen für die Anforderungen einer größeren Familie zweckdienlich ist. Bevor wir die Hirnforschung mit der Suche nach Antworten beauftragen, sollten wir uns also Gedanken darüber machen, um welche Fragen es uns eigentlich geht.

Das Beispiel unwiderstehlicher Werbung mag noch in der Zukunft liegen. In der Gegenwart spielt sich hingegen schon ein unternehmerischer Wettlauf darum ab, das beste Hirnscanner-System zur Lügendetektion zu entwickeln. Inspiriert und unterstützt durch die Forschung von Andrew Kozel von der University of South Carolina sowie Daniel Langleben von der University of Pennsylvania wurden beispielsweise die Firmen „Cephos“ und „No Lie MRI“ gegründet. Diese sollen die Lügendetektion marktreif machen und bewerben dies zum Teil schon mit vollmundigen Versprechungen. Kozel und Langleben haben in Experimenten ihre Versuchspersonen nach gestellten Diebstählen oder mit Kartenspielen zum Lügen veranlasst und dabei ihre Hirnaktivierung gemessen. Beide Forscher kommen in ihren Experimenten auf eine 80- bis 90%ige Trefferquote. Das ist durchaus beachtlich, wenn man das mit den Ergebnissen des Polygraphen vergleicht, mit dem sich Psychologen anhand von Blutdruck, Hautleitfähigkeit und anderen körperlichen Maßen schon seit Jahrzehnten in der Lügenerkennung versuchen.

Ein Grund zur Jubelstimmung für die Befürworter dieser Technik ist das jedoch noch nicht – schließlich hat man ja keine Versuchspersonen untersucht, die wirklich lügen mussten, für die etwas auf dem Spiel stand. Ob sich diese Experimente auf mutmaßliche Täter übertragen lassen, die ihre Tat womöglich vor sich selbst verbergen – gerade bei Sexualverbrechen keine Seltenheit –, die Tat unter Drogen- oder Medikamenteneinfluss begangen haben oder Gegenmaßnahmen ergreifen, um ihre Hirnaktivierung zu manipulieren, darüber lässt sich bisher nur spekulieren. Sowohl in der klassischen Literatur zum Polygraphen als auch durch neuere Forschung mit der Aufzeichnung von Gehirnströmen ist gezeigt worden, dass bestimm-

te Gegenmaßnahmen ein Erkennen der Lüge verhindern und diese Verschleierungsversuche selbst auch einer Entdeckung entgehen können. Gleichzeitig haben Forscher mit den bildgebenden Verfahren gezeigt, dass Versuchspersonen, die beispielsweise an chronischen Schmerzen leiden, lernen konnten, ihre Hirnaktivierung so zu steuern, dass auch die Schmerzen abnahmen.
Das hindert „No Lie MRI“ allerdings nicht, auf ihrer Internetseite eine ganze Reihe an Anwendungen in Aussicht zu stellen. Dort heißt es zum Beispiel, dass die MRT stets ein vielversprechendes Verfahren sei, wenn es darum gehe, den richtigen Lebenspartner und überhaupt Vertrauen in zwischenmenschlichen Beziehungen zu finden. Sie sei auch geeignet, um die Ehrlichkeit von Angestellten in einer Firma oder die gegenüber einem Versicherungsunternehmen zu sichern – und auch, um die staatliche Bekämpfung von Korruption zu gewährleisten. Die gegenwärtige Zuverlässigkeit betrage bereits über 90 %, und es werde erwartet, dass man diese auf 99 % steigern könne. Details über das Verfahren verrät die Firma leider nicht – Geschäftsgeheimnis –, und es steht zu befürchten, dass man dort nie über Langlebens Kartenspiele hinausgekommen ist.
Dieses schlechte Beispiel erinnert leider an die Geschichte des Polygraphen, der auf die Entwicklungen des US-amerikanischen Psychologen William Marston zurückgeht. Seit dem ersten Jahrzehnt des 20. Jahrhunderts hat er versucht, die Messung des Blutdrucks seiner Versuchspersonen als Indikator für Wahrhaftigkeit zu etablieren. In beiden Weltkriegen hat er dann seine Dienste der US-Regierung angeboten und die Einrichtung eines eigenen „Wahrheitsinstituts“ vorgeschlagen. Seine Ideen haben die dortige Bundespolizei, das FBI, dazu veranlasst, ihm und seiner Arbeit genauer auf den Grund zu gehen. Im Zusammenhang mit einer Werbekampagne, die er für den Hersteller von Rasierapparaten Gillette im Jahr 1938 unterstützt hatte, fand ein Special Agent allerdings etwas heraus, das Marstons Glaubwürdigkeit unterminierte. Anders als es die Werbeanzeige nahe legt, hatte man die Männer nicht während der Rasur, sondern in einem anschließenden Gespräch mit dem „Lügendetektor“ untersucht. Angeblich habe man bei den Männern, die keine Klinge von Gillette verwendet hatten, eine Reaktion im Blutdruck gefunden, die auf Stress und Unwohlsein schließen lasse. Marston hat dieses Experiment wohl von einem Kollegen mit einer größeren Anzahl an Versuchspersonen durchführen lassen, der jedoch zu dem Ergebnis kam, dass bei der Hälfte der Männer die Gillette-Klinge besser abschnitt, bei der anderen Hälfte die Konkurrenzklinge – also gerade Zufallsniveau. In der FBI-Akte heißt es nun, Marston habe dem Kollegen viel Geld angeboten, wenn dieser die Ergebnisse in Marstons Sinn berichte. Es ist bedauerlich, wenn die wissenschaftliche Suche nach der Wahrheit derart von Unwahrheiten getragen wird. Marston selbst ist dann auch der Durchbruch mit seinem „Lügendetektor“ verwährt geblieben. Dafür hatte er als Comic-Zeichner und Erfinder der „Wonder Woman“ Erfolg. „Wonder Woman“ hat übrigens ein Lasso, das jeden, den sie damit fängt, zum Sprechen der Wahrheit zwingt ...
Angesichts der Ergebnisse, die wir bisher kennen gelernt haben – und auch mit Blick auf die Geschichte –, ist also Vorsicht geboten, wenn andere uns Anwen-

dungen der Hirnforschung voreilig anpreisen. Gerade im Bereich der Lügendetektion ist der psychologische Polygraph von Richtern des Deutschen Bundesgerichtshofs in den 90er Jahren des vergangenen Jahrhunderts als unzuverlässig zerrissen und damit als für die Beweiserhebung im Strafprozess unzulässig eingestuft worden. Die Idee, dass die Methoden der bildgebenden Hirnforschung besser abschneiden könnten als der Polygraph, wird diese Diskussion neu entfachen – allerdings rechtfertigt das noch keinen Optimismus. Es könnte nämlich auch sein, dass ein Verfahren, das so gut ist, dass es die Gedanken eines Beschuldigten oder Zeugen liest, schlicht verfassungswidrig wäre. In einem Urteil aus den 50er Jahren sahen das die Richter des Bundesgerichtshofs jedenfalls so, wenn ein Verfahren am Bewusstsein vorbei das Unbewusste messe (Abb. 2).
Man sollte außerdem bedenken, dass Lügendetektion ein zweischneidiges Schwert ist, das in der Gesellschaft für große Probleme sorgen könnte. Man denke an den Film „Sag die Wahrheit", der zweimal in Deutschland gedreht wurde, zuerst mit Heinz Rühmann, dann mit Gustav Fröhlich in der Hauptrolle. Dort nimmt sich ein Mann vor, einen ganzen Tag lang die Wahrheit zu sprechen – und sorgt damit für einigen Wirbel. Schließlich landet er sogar in einer psychiatrischen Klinik, damals „Irrenhaus" genannt. Unsere Gesellschaft scheint also einen Rest an Unsicherheit und damit auch einen Freiraum für Flunkereien vorauszusetzen. Wer die ganze Wahrheit möchte, der sollte sie auch verkraften können.
Allerdings dürfen darum nicht die klinischen Anwendungen vergessen werden, welche die neurowissenschaftliche Forschung verspricht. Man denke nur an das Bei-

Abb. 2 Hirnscanner in die Gerichtssäle? Wenn es nach manchen Hirnforschern ginge, würden schon bald bildgebende Verfahren standardmäßig zur Beweiserhebung vor Gericht eingesetzt. Diese Vorstellung könnte sich jedoch als voreilig erweisen. (Mit freundlicher Genehmigung der c't-Redaktion)

spiel der Brain-Machine-Interfaces, die Menschen, die sich auf keine andere Art mehr äußern können, die Kommunikation mit der Außenwelt ermöglichen. Das kommt etwa in Fällen vor, in denen Patienten mit einem Locked-in-Syndrom in ihrem Körper eingeschlossen sind und womöglich nur noch ihre Augenlider bewegen können. Ein anderes Beispiel sind intelligente Prothesen, die Gliedmaßen so ersetzen sollen, als wären sie echt. Allerdings zielen diese Anwendungen meist nicht auf das Gehirn, sondern die näher am Einsatzort liegenden Nervenfasern. So lernen wir am Beispiel des Gedankenlesens, dass die ethische Bewertung der Forschung nie einseitig erfolgen kann, sondern immer gute Anwendungen gegenüber schlechten abgewogen werden müssen. Letztlich kommt es also darauf an, was eine Gesellschaft aus der Forschung macht. Während die einen die Lügendetektion zum Schutz der Unschuldigen anpreisen, könnten andere sie zur Verfolgung Andersdenkender verwenden. Ich hoffe, es ist damit deutlich geworden, warum das Projekt des Gedankenlesens sowohl wissenschaftlich als auch im gesellschaftlichen Kontext eine spannende Herausforderung für Laien und Experten darstellt.

Literatur

Erk S, Spitzer M, Wunderlich AP, Galley L, Walter H (2002). Cultural objects modulate reward circuitry. Neuroreport; 13(18): 2499–503.

Haynes JD, Rees G (2006). Decoding mental states from brain activity in humans. Nat Rev Neuroscience; 7: 523–34.

Schleim S (2008). Gedankenlesen – Pionierarbeit der Hirnforschung. Mit Vorworten von Thomas Metzinger und John-Dylan Haynes. Hannover: Heise Verlag.

Schleim S, Walter H (2007). Gedankenlesen mit dem Hirnscanner? Nervenheilkunde; 26: 505–10.

13 Das Hirn in Psychotherapie

Psychische und neuronale Selbstorganisation im therapeutischen Prozess

Günter Schiepek

Nichtlinearität: Das Gehirn liebt Veränderung

Das Gehirn ist ein seltsames Ding. Es funktioniert nicht linear. Das bedeutet, dass hinten nicht das rauskommt, was man vorne reinsteckt. Input und Output verhalten sich in nichtlinearen Systemen nicht proportional zueinander. Nach einem Gläschen Wein auf einem Fest merkt man subjektiv keine Wirkung, nach zwei oder drei wird man lustig und (je nach Gewöhnungsgrad) nach mehr dann müde oder/und ataxisch, d. h., die Bewegungskoordination wird beeinträchtigt. Ähnlich verhält es sich mit der Wirkung von Medikamenten: Sie ist dosisabhängig, und je nach Dosis kann sich ein bestimmter erwünschter Effekt gerade ins Gegenteil umkehren. „Viel hilft viel" trifft nicht zu. (In hohen Dosen wird übrigens jede Substanz toxisch, versichert uns Paracelsus.) Aber auch der Umkehrschluss trifft nicht zu: Wenig hilft auch nicht immer viel. Denn ob das Medikament wirkt, hängt vom momentanen Zustand des Organismus oder der psychischen Befindlichkeit ab, nicht zuletzt vom Glauben und der Erwartungshaltung an eine „minimale Intervention" (z. B. eine therapeutische Suggestion oder ein homöopathisches Präparat).
Ähnliches kennen wir auch außerhalb von Medikamentenwirkungen oder Therapien: Ein wenig Kunst (ein kurzer Museumsbesuch oder ein zeitlich überschaubarer Konzertabend) und eine Prise geistiger Anregung (z. B. ein Vortrag) erfreuen uns, mehr führt zu Müdigkeit. Und nach vier Stunden „Operngenuss" hegen wir bereits heftige Rachegelüste gegen denjenigen, der uns das „Geschenk" der Opernkarten „reingewürgt" hat.[1] Doch brauchen wir keineswegs derartig brutale Beispiele heranzuziehen, um das Gemeinte zu verdeutlichen. Bereits bei einfachen Bewegungsabläufen führt die bloße Geschwindigkeit der Bewegung zu qualitativen Veränderungen motorischer Muster. Versuchen wir immer schneller zu gehen, verfallen wir ganz von selbst in den Laufschritt, und wenn wir die beiden Zeigefinger in immer schnellerer Frequenz parallel zueinander bewegen, kippt die Bewegung nach

1 Wohlmeinende Kommentatoren haben mich darauf hingewiesen, dass man dies doch etwas differenzierter betrachten müsse: Lust und Unlust in solchen Dingen hingen auch vom Komponisten und von der Qualität der Inszenierung ab, meinten sie.

Abb. 1 Schritt, Trab und Galopp – drei Ordner der Bewegungskoordination in Abhängigkeit von der Bewegungsgeschwindigkeit als Kontrollparameter (Abb. aus Haken 1996).

kurzer chaotischer Turbulenz in eine spiegelbildliche (achsensymmetrische) Bewegung (einfach ausprobieren). Am elegantesten sind solche Übergänge an Pferden beobachtbar. Treibt man sie an, springt ihre Bewegungsabfolge vom Schritt zum Trab und vom Trab zum Galopp (Abb. 1).

In unserem mentalen Geschehen kennen wir das Phänomen der Habituation an sensorische Reize: Was eben noch neu oder gar irritierend war, wird schnell zur Gewohnheit oder langweilig. Sogar für Druck- oder Schmerzreize gilt dieses Habituationsphänomen – zumindest in bestimmten Grenzen und bei Fokussierung auf alternative Inhalte (wenn wir uns also irgendwie ablenken können). Am konzentriertesten sind wir, wenn sich etwas ändert und unser Gehirn Unterschiede oder Wechsel zu verarbeiten hat. Darauf sind viele primäre sensorische Neurone spezialisiert, und auch in der Weiterverarbeitung (sekundäre und tertiäre Wahrnehmungsareale, Assoziationskortizes) werden solche Änderungen intensiver fokussiert als Kontinuität. Sie werden mit Relevanzzuschreibungen und Bedeutungsgehalt, vor allem mit emotionalen Qualitäten versehen. Die Einbindung der Amygdalae in die entsprechenden neuronalen Schleifen spielt dabei eine wichtige Rolle (LeDoux 2001).

Unabhängig von externer oder interner Stimulation (z.B. propriozeptiv aus dem Inneren des Körpers) vollzieht unser Gehirn spontane Sprünge, wie wir sie subjektiv als Gedankensprünge oder Gedankenwandern kennen. Wollen wir an „nichts" denken, so dürfte uns das kaum gelingen. Denken wir an nichts Bestimmtes, denken wir meist an alles Mögliche, an Dinge, die irgendeinen Bezug zu uns selbst haben, aber nicht sehr logisch aufeinander folgen, d.h. eher sprunghaft und assoziativ sind. Diese losgelassene, unkontrollierte Eigenaktivität unserer Gedanken macht sich die Psychoanalyse als „freies Assoziieren" zunutze – in der Hoffnung, dabei dem Unbewussten auf die Spur zu kommen. In der Hirnforschung wird dieser Zustand als „default mode" bezeichnet (Raichle et al. 2001), also als basales Prozessieren oder Eigenaktivität des Gehirns, ohne spezifische externe Stimulation oder Aufgabenstellung, wobei insbesondere kortikale Mittellinienstrukturen daran beteiligt sind (vgl. Northoff u. Bermpohl 2004), z.B.

- der mediale orbitofrontale Kortex (MOFC),
- der ventromediale präfrontale Kortex (VMPFC),
- der prägenuale anteriore zinguläre Kortex (PACC),
- der supragenuale anteriore zinguläre Kortex (SACC),
- der posteriore zinguläre Kortex (PCC),
- der mediale parietale Kortex (MPC).

Über die Aktivität dieser kortikalen Mittellinienstrukturen hinaus, welche insbesondere mit dem Prozessieren selbstbezogener Themen und Inhalte in Zusammenhang gebracht werden, ist das Gehirn auch in anderen Regionen darauf spezialisiert, mentale Übergänge rasch und flexibel zu bewerkstelligen. Wir sind bei allen kognitiven, emotionalen und physiologischen Prozessen auf Flexibilität und Adaptivität angewiesen, ohne aber das Gefühl für die Mitte, für Identität und Kontinuität zu verlieren. Walter Freeman (1995) spricht davon, dass das Gehirn grundsätzlich „am Rande der Instabilität" operiert, d. h. durch sehr kleine Anregungen von innen und außen in neue dynamische Funktionsmuster der beteiligten Neuronenpopulationen bzw. -netze übergehen kann. Es ist darauf eingerichtet, dynamische Ordnungsübergänge zu generieren oder neue Ordnungszustände zu erzeugen.
Das ist der Sport, der das Gehirn gesund hält. Es ist die Grundlage für Wahrnehmen, Denken, Lernen, Erinnern und situationsangepasstes Verhalten (Haken u. Schiepek 2006), aber auch für psychovegetative Anpassungsreaktionen aller Art (Perlitz et al. 2004). Gelingt dies nicht, befinden wir uns nicht selten im Bereich von Krankheiten oder Problemen: Lang andauerndes Grübeln in depressiven Zuständen oder belastende Zwangsgedanken können als neuronale Schleifen oder Attraktoren interpretiert werden, die sich „festfressen", denen der Übergang in neue Attraktoren (oder Ordner) nicht gelingt. Bei diesen und anderen Störungsbildern kommt es offenbar nicht nur darauf an, welche Hirnregionen beteiligt sind, wo also die entsprechenden Netzwerke lokalisiert sind, sondern auch darauf, was an ihrer Verbindung (Konnektivität) außer Balance geraten ist (Eickhoff u. Grefkes, im Druck). Das filigrane Zusammenspiel von positiven (aktivierenden) und negativen (inhibierenden) Feedback-Schleifen scheint beeinträchtigt – jenes Zusammenspiel, das üblicherweise eine Veränderung der Dynamik, d. h. den Übergang bestimmter Synchronisationsmuster in andere Synchronisationsmuster möglich macht. Bestimmte Muster perpetuieren. So wichtig für fast jede neuronale Aktivität die Herstellung von Synchronisationsmustern zwischen (auch räumlich weit verteilten) Hirnarealen ist (Singer u. Gray 1995), so wichtig ist es zugleich, diese auch wieder stoppen und zugunsten neuer Muster unterbrechen zu können. Zahlreiche neurologische Erkrankungen können als Prozess der Übersynchronisation von Hirnarealen interpretiert werden, welche im Bereich gesunden und physiologischen Funktionierens unabhängig voneinander operieren würden. Neuronenpopulationen koppeln sich aneinander und verlieren ihre eigenen Freiheitsgrade, d. h., sie werden von einem übergeordneten Ordner „versklavt" (Popovych et al. 2006). Die Einzugsbereiche (Bassins) entsprechender Attraktoren sind zu breit und ihre Potenzialtäler zu tief, die Attraktoren somit zu stabil. Epileptische Zustände oder der Parkinson-Tremor sind Beispiele hierfür, aber auch die schon angesprochenen depressiven Zustände, bei denen sich meist Antriebsverlust und dysphorische Emotionen mit negativen Kognitionen in Bezug auf das Individuum selbst und seine Umgebung verbinden (Northoff 2007). Auch zwanghaftes Verhalten und Denken sind Beispiele. Hier gelingt es den Betroffenen kaum mehr, aus wiederholten und ritualisierten Handlungen oder Gedanken auszubrechen (Schiepek et al. 2007).

Therapeutisch gesehen stellt sich die Frage, wie man solche „Monsterattraktoren" wieder aufgelöst bekommt, so dass die beteiligten Neuronenpopulationen und Teilsysteme adaptiv und flexibel funktionieren können und ihre neuronale Plastizität entfalten. In besonderen und durchaus spektakulären Fällen gelingt dies mit neuen Methoden der Tiefenhirnstimulation via neurochirurgisch implantierter Elektroden. Diese exakt in bestimmte Zielregionen des Gehirns eingesetzten Mess- und Stimulationssonden werden nur bei Bedarf aktiv und desynchronisieren überdominante neuronale Oszillatoren nachhaltig und mit minimal dosierter Stimulation (Tass 2003; Popovych et al. 2006). Aktuellen Modellen zufolge gelingt durch die Stimulation einer veränderten neuronalen Systemdynamik auch eine Strukturveränderung („Neuverdrahtung") über eine funktionsabhängige Veränderung der synaptischen Gewichte in der neuronalen Zielregion (Tass u. Hauptmann 2007). Die Etablierung gesunder Attraktoren führt dabei nicht von einem starren Zustand zum anderen, sondern erlaubt eine neue funktions- und lernabhängige neuronale Plastizität. In der Regel allerdings gehen Menschen mit psychischen Problemen nicht zum Neurochirurgen, sondern zum Psychotherapeuten. Und es stimmt ja auch: Psychotherapie kann sehr viel beitragen zur Auflösung von „Monsterattraktoren". Wir kommen darauf zurück.

Potenziale, Potenziallandschaften und ihr Wandel

Neben der eingeführten Vorstellung, in nichtlinearen Systemen verhalte sich der Output nicht proportional zum Input, gibt es noch eine andere Vorstellung. Diese geht davon aus, dass die Wechselwirkung zwischen den Teilen eines Systems nicht durch lineare Gleichungen beschreibbar ist. Lineare Gleichungen beschreiben Geraden, wie wir das aus der Schule kennen: $y = b + ax$, und damit lineare Zusammenhänge zwischen x und y. Nichtlineare Zusammenhänge dagegen beinhalten exponentielle oder multiplikative oder andere nichtlineare Terme. Beschreiben solche nichtlinearen Gleichungen die zeitlichen Veränderungen dx/dt der beteiligten Teilsysteme oder Systemkomponenten (x sei der Vektor dieser Komponenten), d. h. eine Dynamik, und beinhalten sie zudem gemischtes Feedback, d. h. aufschaukelnde und dämpfende Rückkopplungen (Aufbau- *und* Abbauprozesse, Aktivierungen *und* Inhibierungen), dann können sich solche Systeme nichtlinear verhalten, also z. B. chaotisch und unvorhersehbar. Trotzdem fügt sich ihre Dynamik in eine Art übergeordnete Ordnung ein, d. h. ihr Verhalten, ihre Trajektorie befindet sich innerhalb der Gestalt eines globalen dynamischen Musters (Attraktors). Solche Attraktoren können über längere oder kürzere Zeiten stabil bleiben. Ihre Veränderung hängt von den Parametern ab, welche die Systemdynamik prägen (Kontrollparameter). Befinden sich Attraktoren am Rande der Instabilität, können sehr kleine Veränderungen der relevanten Parameter das dynamische Muster des Systems zum

Kippen bringen, und sie verhalten sich auch sehr sensitiv gegenüber Anregungen und Stimulationen aus ihrer Umwelt. Im Bereich hoher Stabilität dagegen verändern zumindest kleinere Verschiebungen der relevanten Kontrollparameter nichts Wesentliches, und die Systeme ignorieren alle Anregungen aus der Umwelt. Auslenkungen aus ihren Verhaltensmustern werden schnell wieder zurückreguliert und vom Attraktor „geschluckt".

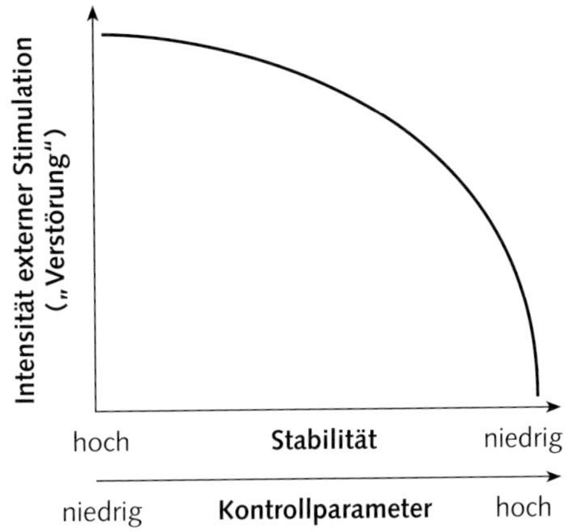

Abb. 2 Zusammenhang zwischen der Ausprägung von Kontrollparametern, Systemstabilität und der notwendigen Intensität externer oder interner Stimulation, um einen Ordnungsübergang (Attraktorwechsel) zu triggern.

Abbildung 2 macht die Zusammenhänge zwischen Systemstabilität, der Ausprägung der Kontrollparameter und der notwendigen Intensität externer Stimulation deutlich, die ein System zum Übergang in einen neuen Attraktor veranlassen kann: Im Bereich der Instabilität reichen minimale Interventionen oder sogar systemintern erzeugte Spontanfluktuationen aus, um Übergänge zu neuen Attraktoren (Ordnern) zu erzeugen. Im Bereich der Stabilität gelingt das nicht, aber das System ist im günstigen (gesunden) Fall trotzdem noch innerhalb der dynamischen Grenzen und Möglichkeiten eines bestehenden Attraktors adaptiv und flexibel.

Modelle dieser Art sind auf Neurone und neuronale Netze gut anwendbar. Dies bedeutet, dass sich neuronale Systeme mindestens in zweierlei Hinsicht adaptiv und flexibel verhalten können:

- Zum einen sind sie sensitiv für kleine Anregungen (sensitive Abhängigkeit der chaotischen Dynamik vom Input), womit sie nach der Stimulation ihr weiteres Verhalten ändern können, ohne grundsätzlich ihren Attraktor aufzugeben.
- Zum anderen können sie am Rande der Instabilität eines Attraktors durch Änderungen sowohl der Kontrollparameter als auch des Inputs in einen anderen Attraktor wechseln und damit eine qualitativ neue Dynamik entfalten. Das Systemverhalten wechselt dabei in ein anderes Potenzialtal, oder die Potenziallandschaft selbst verformt sich.

Lernen beinhaltet immer eine Veränderung der Form und Stabilität dynamischer Muster von neuronalen Netzen durch Änderung der interneuronalen Konnektivität und der Aktivitätsbereitschaften der Neurone selbst, also eine Verformung der neuronalen Potenziallandschaft. In Abbildung 3 ist eine solche Deformierung einer Potenziallandschaft anschaulich dargestellt. Unsere mentalen Dispositionen, also unsere Wahrnehmungs- und Denkgewohnheiten, aber auch unsere Persönlichkeit,

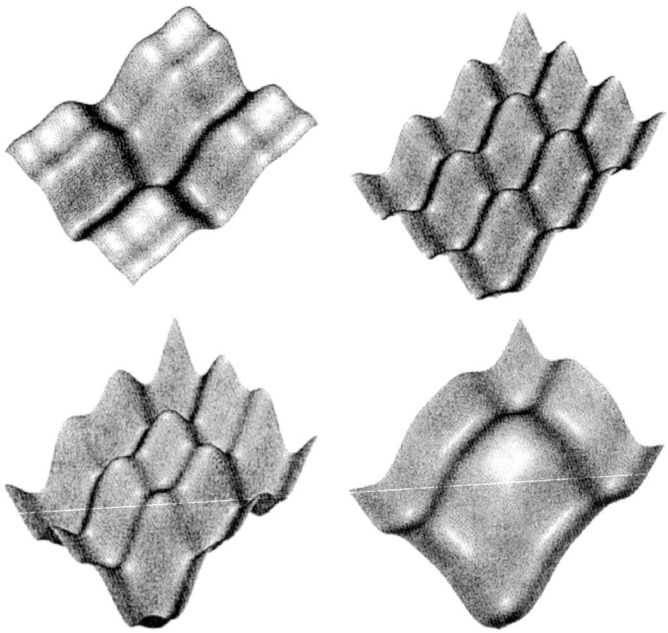

Abb. 3 Verformung einer Potenziallandschaft.

also unsere Bereitschaft, in bestimmter Weise emotional zu reagieren und zu handeln, beruhen auf der Geschwindigkeit, mit der bestimmte neuronale Attraktoren „anspringen", sich stabil halten und sich untereinander synchronisieren bzw. in Resonanz treten (Tominschek u. Schiepek 2007; zur Mathematik der Synchronisation nichtlinearer Netzwerke: s. Osipov et al. 2007).
Nichtlineare Dynamiken können sich also, solange sie ihren Attraktor nicht verlassen, über weite Strecken stabil verhalten und dabei trotzdem innerhalb gewisser Grenzen flexibel und adaptiv sein. Diese Grenzen werden von der Gestalt des Attraktors und seines Bassins vorgegeben, innerhalb dessen sie sich bewegen. Sie können aber auch den Attraktor komplett wechseln oder neue Attraktoren generieren. Dies würde man in der Theorie der Selbstorganisation als „Phasenübergang" (qualitative Veränderung des dynamischen Musters durch Verschiebung der Kontrollparameter) oder als „Ordnungsübergang" bezeichnen (dynamische Veränderung eines Systems, auch wenn wir die Kontrollparameter entweder nicht manipulieren können oder sie gar nicht kennen, was in vielen Humansystemen der Fall ist). Im Verhalten von Zeitreihen, d. h. in den Signalen, die wir aus der Systemdynamik generieren (z. B. EEG aus neuronaler Aktivität), würde dies als „Nichtstationarität" in Erscheinung treten, d. h. als eine schon mit dem bloßen Auge oder erst nach der Anwendung entsprechender Analyseverfahren erkennbare Veränderung der dynamischen Gestalt.

Zeitreihenanalytische Verfahren, die für den Gestaltwandel nichtlinearer Dynamiken sensitiv sind, gibt es erst seit einiger Zeit, und sowohl die Hirnforschung als auch die Verhaltenswissenschaften müssen sich an dieser Stelle einen Import aus der Physik leisten: Bei aller Heftigkeit, mit der sich Psychologen und Ärzte von einem wie auch immer gearteten „Physikalismus“ abgrenzen – es sieht so aus, als ob wir uns die Methoden, die wir zur Analyse und zum Verständnis unserer ureigensten Systeme neuronaler, psychischer und sozialer Art brauchen, aus der Physik holen müssten (Kowalik 1998; Vandenhouten 1998; Bandt u. Pompe 2002; Haken u. Schiepek 2006; Strunk u. Schiepek 2006).

Beispiele für Methoden zur Analyse von Nichtstationaritäten in nichtlinearen Systemen sind:

- lokale größte Lyapunov-Exponenten (sie messen die Veränderung der Chaotizität, d. h. des Grades der Nichtvorhersehbarkeit eines Systems)
- die Pointwise D2 (D2 steht für Korrelationsdimensionalität, welche ein Maß für die Anzahl von unabhängigen, aber nichtlinear zusammenwirkenden Generatoren in einem größeren System ist [z. B. neuronale Teilsysteme oder Neuronenpopulationen])
- Recurrence Plots, Permutationsentropie oder dynamische Komplexität, welche Veränderungen der Komplexität dynamischer Muster abbilden
- die gesamte Mathematik zur Darstellung und Analyse von zeitlich passageren Kopplungen und Synchronisationen (Lambertz et al. 2003; Osipov et al. 2007)

„Braintertainment“ (Spitzer u. Bertram 2007) ist das nicht – es sei denn, man hat Freude an der Mathematik, was es ja auch geben soll. Es könnte allerdings sein, dass uns das „Braintertainment“, also der Spaß an der Neuroforschung ganz grundsätzlich vergehen wird, wenn wir nichts mehr verstehen. Und wenn es zutrifft, dass das Gehirn ein hochkomplexes, selbstorganisierendes System ist – also kein serieller Computer mit vorhersehbaren Input-Output-Funktionen –, dann brauchen wir in Zukunft wohl mathematische Instrumentarien, um zu verstehen, d. h. um zu modellieren und um die Daten, die das Gehirn sendet, entschlüsseln zu können. Wolf Singer, Direktor des Max-Planck-Instituts für Hirnforschung, schreibt in der „Zeit“:

„Es gibt im Gehirn weder einen singulären Ort, zu dem alle sensorischen Systeme ihre Ergebnisse senden könnten, noch gibt es eine zentrale Lenkungs- und Entscheidungsinstanz. Offensichtlich hat die Evolution das Gehirn mit Mechanismen zur Selbstorganisation ausgestattet, die in der Lage sind, auch ohne eine zentrale Instanz globale Ordnungszustände herzustellen. (…) Wir werden zur Analyse und Beschreibung dieser Systemzustände mathematisches Rüstzeug und den Einsatz sehr leistungsfähiger Rechner benötigen. Und wir werden das gleiche Problem haben, mit dem die moderne Physik konfrontiert ist. Die Modelle werden unanschaulich sein und vermutlich auch unserer Intuition von der Verfasstheit unserer Gehirne widersprechen.“ (Singer 2007)

Na, dann fröhliches „Braintertainment“ in Zeiten der „computational neuroscience“ …

Nichtlineare Kopplungen gibt es nicht nur innerhalb eines Gehirns zwischen den dort arbeitenden nichtlinearen Oszillatoren, sondern auch *zwischen* Gehirnen, also im interpersonellen Bereich. Diese interpersonellen Resonanzen sind für die Conditio humana lebenswichtig, denn der Mensch ist ein soziales Wesen, ohne soziale Einbindungen nicht entwicklungs- und lebensfähig, und unsere Gehirne sind folglich auch soziale und kulturelle Organe (Fuchs 2008). Aber ebenso wie es innerhalb von Gehirnen zu „Monsterattraktoren" kommen kann, können auch im Bereich des phänomenalen Bewusstseins, also in unseren kognitiven und emotionalen Prozessen, sowie im Bereich des sozialen Zusammenlebens solche „Monster" entstehen, die dann als psychische Störungen imponieren und mit psychiatrischen Diagnosen belegt werden. Es handelt sich in der Regel um die Ausbildung von Kognitions-Emotions-Verhaltensmustern, die zu Einschränkungen, ja sogar zu Behinderungen im Leben führen und die betroffenen Menschen beeinträchtigen und Leid verursachen. Ressourcen und Potenziale sind in diesen Fällen eingeschränkt. Um zu einer Lösung und zu einer neuen Entfaltung von individuellen und interpersonellen Potenzialen zu kommen, müssen – wie in Abbildung 3 illustriert – Potenziallandschaften verändert und Ordnungsübergänge ermöglicht werden.

Nehmen wir nun ernst, was wir über die Funktionsweise des Gehirns wissen, dass eben hinten nicht das rauskommt, was man vorne reinsteckt, so ist kaum zu erwarten, dass es sich ausgerechnet im Bereich der Psychotherapie anders verhalten sollte. Irritierenderweise wurde lange Zeit und wird bis heute aber just in dieser Profession, in der die Experten und Expertinnen ja nahe und unmittelbar am „ganzen" Menschen dran sind und ihm verstehend begegnen wollen, sehr linear gedacht: Die Behandlung macht den Behandlungserfolg, das Treatment den Effekt, der Input den Output. Folglich sollen sich diejenigen Behandlungsverfahren durchsetzen, die am besten sind, und „am besten" heißt: die im experimentellen, kontrollierten Vergleich am besten abschneiden. Das klingt – Nichtlinearität des Gehirns hin oder her – so plausibel, dass von unserem gesunden Menschenverstand kaum Einwände zu erwarten sind. Dieser hat sich im Laufe der Jahrtausende paradoxerweise vollständig daran gewöhnt, unser Gehirn (also auch sich selbst!) und den Menschen insgesamt als linearen und vorhersehbar arbeitenden Automaten zu behandeln – auch psychotherapeutisch. Heinz von Foerster (1985) nennt dies „Trivialisierung": der praktische Als-ob-Umgang mit nichttrivialen Systemen, als wären sie triviale Maschinen.

Die Einwände kommen also nicht vom gesunden Menschenverstand, erst recht nicht von Krankenkassen oder aus dem Gesundheitssystem, sondern aus der Psychotherapieforschung selbst (z. B. Schiepek 2008, dort auch ausführliche Literaturbelege).

So konnte gezeigt werden, dass Behandlungstechniken und technikspezifische Wirkfaktoren für das Therapieergebnis (in den Worten der Statistiker: für die Erklärung der Outcome-Varianz) eine wesentlich geringere Rolle spielen als nach dem

Input-Output-Modell zu erwarten wäre. Wenn die Intervention, vor allem dann, wenn sie zur Diagnose passt, das Ergebnis bestimmte, sollte dies nicht sein.
Es sollte auch nicht sein, dass praktisch alle ernsthaft angewandten Therapieverfahren, die in direkten experimentellen Vergleichen gegeneinander getestet wurden, zu annähernd gleichen Effekten führen (Dodo-Bird-Effekt; vgl. Wampold 2001).
Spezifische Therapieeffekte wurden beobachtet, bevor in einem Behandlungsprogramm die spezifischen Komponenten überhaupt eingeführt wurden und zur Wirkung kommen konnten. So wurden kognitive Umstrukturierungen vor Beginn der Bearbeitung irrationaler Glaubenssätze in der kognitiven Therapie ebenso beobachtet wie die Abnahme von Zwangshandlungen vor Beginn einer Konfrontationstherapie. Solche „early rapid responses" sind in einem linearen Modell ungefähr so plausibel wie ein Stein, der nach oben fliegt, wenn man ihn fallen lässt.
Das ist noch nicht alles: Laien, d.h. Personen ohne spezifisches Fachwissen und ohne Psychotherapieausbildung, sind erstaunlich erfolgreich. Meta-Analysen bescheinigen ihnen die gleiche Wirksamkeit wie professionellen Therapeuten (z.B. Gunzelmann et al. 1987; Hattie et al. 1984). In eine ähnliche Kerbe schlagen Befunde, die nur geringe Zusammenhänge zwischen dem Umfang der Ausbildung von Psychotherapeuten und dem Behandlungsergebnis finden. Ob man dies nun als Argument für die Bedeutung natürlicher sozialer Kompetenzen oder anderer Bedingungen interpretieren mag – sicher ist, dass Laien nicht über spezifische Behandlungstechniken verfügen.
Nach der Vorgabe von Manualen durchgeführte und hochgradig strukturierte Therapien sind nicht effektiver als die von Therapeuten in naturalistischen Settings „selbst gestrickten". Die in Manualen beschriebenen und vorgegebenen Fertigkeiten lassen sich zwar erlernen, machen Therapeuten aber nicht unbedingt effektiver.
In zahlreichen Studien wurde auf die Bedeutung von Aspekten aufmerksam gemacht, die außerhalb der Interventionen liegen (unspezifische Wirkfaktoren), z.B. die Qualität der Therapiebeziehung, Erwartungshaltungen und Einstellungen zur Therapie aufseiten des Patienten, die Passung der Krankheits- und Behandlungsmodelle zwischen Patient und Therapeut, die Glaubwürdigkeit und Authentizität des Therapeuten, Bedingungen im sozialen Umfeld (Partnerschaft, Familie, Beruf) des Patienten.
Eine besondere Rolle spielen die Patientenvariablen für den Therapieerfolg. Mehr als auf die Diagnose und auf die Schwere der Problematik kommt es dabei auf die psychosoziale Anpassung vor der Erkrankung an, auf persönliche und interpersonelle Kompetenzen sowie auf Ressourcen und vor allem auf die Veränderungsmotivation und die Aufnahmebereitschaft des Patienten für das, was ihm der Therapeut zu bieten hat. Aus der „Sicht des Gehirns" macht das Sinn, denn wichtiger als die Interventionen, welche ja nur Ereignisse in der Umwelt der betroffenen Personen sind, ist das neuronale System, das diese Inputs wahrnimmt und verarbeitet.
Fazit: Der traditionellen Sichtweise, der zufolge Psychotherapie in der Durchführung von Interventionen im Sinne von Umweltereignissen besteht, durch die ein Patient zu einer ganz bestimmten Reaktion veranlasst werden soll, bröckelt die

empirische Basis weg. Stattdessen gewinnt ein Alternativmodell Gestalt, welches Psychotherapie als ein „Schaffen von Bedingungen für die Möglichkeit von Selbstorganisation“, d. h. von Ordnungsübergängen in der Dynamik des bio-psycho-sozialen Systems Mensch versteht (bewusst wird hier nicht nur von Ordnungsübergängen im Gehirn gesprochen, denn zum Menschen gehört ja hoffentlich noch mehr als die geschätzten 10^{11} Neuronen des ZNS)[2]. Die Ordner, von denen hier die Rede ist, können als Kognitions-Emotions-Verhaltensmuster interpretiert werden. Die angesprochenen Bedingungen (generische Prinzipien) für die Möglichkeit von Selbstorganisationsprozessen in komplexen Systemen lassen sich theoretisch und empirisch begründet spezifizieren und werden in Tabelle 1 aufgelistet (ausführlich dazu: Haken u. Schiepek 2006). Sie umfassen viele der bisher als unspezifische Wirkfaktoren bezeichneten Bedingungen für den Erfolg von Psychotherapien.

Je mehr wir über die Dynamik von therapeutischen Veränderungsprozessen wissen, umso deutlicher treten Muster von Metamorphosen hervor, wie wir sie im Sinne der Synergetik von komplexen selbstorganisierenden Systemen erwarten. Wir erhalten empirische Hinweise aus Zeitreihendaten, dass in Psychotherapien Ordnungsübergänge, Veränderungen dynamischer Muster und Synchronisationsmuster der erfassten Variablen sowie kritische Instabilitäten im zeitlichen Umfeld von Ordnungsübergängen tatsächlich auftreten. Bereits die klassische Therapieforschung wies darauf hin, dass sich Patienten- und Therapeutenvariablen in einem „dynamic and ever changing context“, also interaktionell entfalten und erst dadurch zur Wirkung kommen (Clarkin u. Levy 2004). Erst recht die einschlägige Prozess-Outcome-Forschung: Es gibt inzwischen zahlreiche Studien, in denen die nichtlineare und nichtstationäre Dynamik des komplexen Systems „Therapie“ auf individueller Ebene, auf Ebene der Mikroabstimmung zwischen Therapeut und Patient oder auf der Ebene der interpersonellen Prozesse zwischen den Patienten auf einer Behandlungsstation explizit untersucht wurde. Vieles spricht dafür, dass sich Therapie auf unterschiedlichen Zeitskalen in Kaskaden von diskontinuierlichen Übergängen zwischen bio-psycho-sozialen Mustern vollzieht.

Ob und wie dies abläuft, können wir nicht nur auf der Ebene des Verhaltens und Erlebens beobachten, sondern auch auf der des Gehirns. In einem entsprechenden Forschungsprojekt ging es uns darum, beide Seiten – die neurophysiologische wie die psychologische – parallel zu erfassen, um Einsichten in die biopsychische Systemdynamik von Psychotherapien zu erhalten. Auf der psychologischen Seite wurde das Erleben von Patienten mithilfe einer internetbasierten Methodik kontinuierlich, engmaschig (täglich) und ohne Zeitverzögerung erfasst und die resultierenden Zeitreihen mit nichtlinearen Methoden analysiert. Das Synergetic Navigation System (Synergetisches Navigationssystem, SNS) macht ein solches Real-Time-Monitoring möglich und ist damit sowohl ein Anwendungssystem bisheriger Kenntnisse

2 Natürlich, sagt ein weiterer wohlwollender Kommentator, gehören auch die Gliazellen dazu. Wer wissen möchte, was sonst noch dazu gehört, lese Fuchs (2008).

Tab. 1 Generische Prinzipien enthalten die Bedingungen für psychotherapeutische Selbstorganisationsprozesse

Stabilitätsbedingungen	Erlebt der Patient strukturelle und emotionale Sicherheit? Gibt es eine Vertrauensbasis? Wird sein Selbstwertgefühl unterstützt?
Identifikation von Mustern im System	Welches ist das „System", auf das bezogen Veränderungen beabsichtigt sind? Beispiele: individuelles Verhalten, Gedanken oder Gefühle, Interaktionsmuster in Partnerschaften, Familien oder Gruppen. Erforderlich ist eine Beschreibung und Analyse dieser Muster oder Systemprozesse, um zu erkennen, was sich verändert und worauf die Interventionen zielen sollen.
Sinnbezug	Klären und Fördern der sinnhaften Einordnung und Bewertung des Veränderungsprozesses durch den Patienten; Bezug zu Lebensstil und persönlichen Entwicklungsaufgaben. Vor welchen Herausforderungen sehen sich Patienten im Moment? Was ist ihre Lebenssituation? Wertschätzung gegenüber den Lebensentwürfen von Patienten.
Kontrollparameter/ Energetisierungen	Aktivierung von intrinsischer Motivation für die Veränderung; Ressourcenaktivierung; Bezug zu Annäherungszielen und Anliegen des Patienten.
Destabilisierung/ Fluktuationsverstärkungen	Verhaltensexperimente; Musterunterbrechungen; Unterscheidungen und Differenzierungen einführen; Ausnahmen; ungewöhnliches, neues Verhalten erproben etc.
„Kairos" beachten/ Resonanz und Synchronisation ermöglichen	Zeitliche Passung und Koordination therapeutischer Vorgehensweisen und Kommunikationsstile mit psychischen und sozialen Prozessen/Rhythmen des Patienten.
Gezielte Symmetriebrechung	Zielorientierung, Antizipation und geplante Realisation von Strukturelementen des neuen Ordnungszustandes.
Re-Stabilisierung	Maßnahmen zur Stabilisierung und Integration neuer Kognitions-Emotions-Verhaltensmuster.

über selbstorganisierende Prozesse in der Psychotherapie als auch eine Voraussetzung für deren weitere Erforschung.

Die nichtlinearen dynamischen Eigenschaften von Therapieverläufen lassen sich – nach entsprechenden mathematischen Analysen – in graphischer Form darstellen (Komplexitäts-Resonanzdiagramme, Recurrence Plot, Verläufe der dynamischen Komplexität, Synchronisationsmuster der erfassten Items; ein Beispiel finden Sie auf www.pmu.ac.at, unter Institute beim Institut für Synergetik und Psychotherapieforschung). Damit können – wie in unserem Projekt – wiederholte fMRT-Messungen im therapeutischen Prozess gezielt platziert und mit dynamischen Eigenschaften des Verlaufs im Zusammenhang gebracht werden.

Aufgrund der täglich aktualisierten Ergebnisse des internetbasierten Prozess-Monitorings wurden spezifische Zeitpunkte für die Durchführung von funktionellen

MRT-Messungen bestimmt, die an kritischen Instabilitäten oder aber an besonders stabilen Phasen des Therapieverlaufs festgemacht wurden. Das Interesse richtete sich auf die neuronalen Aktivierungsmuster, die mit Ordnungszuständen und Ordnungsübergängen der therapeutischen Selbstorganisation einhergehen. Einbezogen wurden 9 medikamentenfreie Patienten mit Waschzwang sowie entsprechend parallelisierte Kontrollpersonen (Karch et al., im Druck). Die stationäre Behandlung dauerte zwei bis drei Monate, was bei täglicher SNS-basierter Dateneingabe etwa 60 bis 90 Messzeitpunkten entspricht. Die Zeitreihenanalysen bestätigten einmal mehr, dass Therapien in Kaskaden von Ordnungsübergängen ablaufen, welche durch kritische Instabilitäten charakterisiert sind.
Auf der Webseite des Instituts für Synergetik und Psychotherapieforschung (www.pmu.ac.at) finden Sie auch ein Beispiel für die Veränderung neuronaler Aktivierungen einer Patientin mit Waschzwängen im Laufe einer etwa zweimonatigen stationären Psychotherapie (s. auch Schiepek et al. 2008). Die drei funktionellen MRT-Scans fanden am 9., 30. und 57. Behandlungstag statt. Die Stimulation wurde mit individuell zwangsauslösenden Bildern (fotografiert mit einer Digitalkamera im häuslichen Umfeld der Patienten), mit ekelauslösenden Bildern aus dem International Affective Picture System (IAPS) und mit neutralen Bildern aus dem IAPS durchgeführt – für Patienten und gesunde Kontrollpersonen in gleicher Weise mit identischen Abständen zwischen den Messzeitpunkten. In der Farbabbildung werden die neuronalen Effekte der Kontraste zwischen zwangsauslösenden Bildern und ekelauslösenden Bildern bei der Patientin (Zwang > Ekel) gezeigt. Die Unterschiede der Hirnaktivierungen zwischen Messung 1 und Messung 2 sind deutlich zu erkennen. Zwischen diesen beiden fMRT-Scans lagen eine Phase starker kritischer Instabilität (Maximum der dynamischen Komplexität der Zeitreihen, die mit dem SNS-basierten Therapie-Prozessbogen bei täglicher Eingabe erfasst wurden) sowie eine gravierende persönliche Entscheidung (Trennung vom Partner), der korrespondierend zur kritischen Instabilität der Zeitreihen eine Periode subjektiv erlebter starker Ambivalenz voranging. Man kann hier sehr klar von einem Ordnungsübergang sprechen, der sich in der Zeitreihendynamik, in den neuronalen Mustern, aber auch im klinischen Eindruck und im subjektiven Erleben der Patientin manifestierte (Schiepek et al. 2008).
Mit diesem Kooperationsprojekt der Universitätskliniken für Psychiatrie München (LMU) und Wien (AKH), der Psychosomatischen Klinik Windach und des Exzellenzzentrums für Hochfeld-MR der Medizinuniversität Wien wollen wir zeigen, dass ein psychologisches Assessment der nichtlinearen Dynamik von Therapieverläufen und die funktionelle Bildgebung von neuronalen Aktivierungen ein komplementäres Bild von biopsychischen Ordnungsübergängen liefern und damit einen vertieften Einblick in die „Black box" psychotherapeutischer Prozesse ermöglichen.
Inwieweit aus der sich schnell entwickelnden und interessanten neurobiologischen Grundlagenforschung bereits konkrete praktische Konsequenzen gezogen werden können, mag derzeit noch kontrovers beurteilt werden. Betrachtet man z. B. die

Leitlinien zur Therapiegestaltung, die Grawe (2004) nach umfassenden Darstellungen neurobiologischer und neuropsychologischer Befunde vorstellt, so wird deutlich, dass viele seiner klinisch-praktisch sicher wertvollen Anregungen vor allem aus klinisch-psychologischer Forschung und Konzeptentwicklung wie auch aus der therapeutischen Praxis stammen, also auch ohne Neurobiologie Sinn machen, z. B.:

- Orientierung an den Behandlungsanliegen und an den Ressourcen des Klienten
- Fokussierung auf Ziele, zu deren Erreichung der Klient intrinsisch motiviert sein soll
- Formulierung von Annäherungszielen, die durch eigenes Tun des Klienten erreichbar sein sollten (Förderung von Eigenaktivität und Selbstwirksamkeit)
- Berücksichtigung der konkreten Erfahrungen, die der Klient in der therapeutischen Beziehung machen kann

Hinzu kommen die auch von Grawe favorisierte Störungsbild-Orientierung und die Nutzung von Behandlungsmanualen. All das kommt uns bekannt vor – sei es aus der systemischen, sei es aus der verhaltenstherapeutischen Praxis.

Die praktischen Anregungen, die wir derzeit für die Psychotherapie gewinnen, kommen nicht aus der Neurowissenschaft allein, sondern aus der Betrachtung des Gehirns als selbstorganisierendes System. Hierbei spielen die inzwischen mögliche Erfassung und Analyse von psychotherapeutischen Prozessen mit Methoden des Real-Time-Monitorings und die Nutzung von geeigneten Entscheidungsregeln für die Gestaltung des Prozesses im Einzelfall bedeutende Rollen.

Kein versöhnlicher Schluss, sondern ein Hinweis wohlmeinender Kommentatoren: Den an Hirnforschung interessierten, also neu(ro)gierigen Lesern sei empfohlen, ein wenig Mathe-Nachhilfe zu nehmen, denn der nächste Nachfolger von „Braintertainment“ (Spitzer u. Bertram 2007) wird nicht mehr ganz ohne Formeln auskommen.

Literatur

Bandt C, Pompe B (2002). Permutation Entropy: A natural complexity measure for time series. Phys Rev Lett; 88: 174102.

Clarkin JF, Levy KN (2004). The influence of client variables on psychotherapy. In: Lambert MJ (ed). Bergin and Garfield's Handbook of Psychotherapy and Behavior Change. New York: Wiley; 194–226.

Eickhoff SB, Grefkes C (im Druck). Systemtheorie und Dynamic Causal Modelling. In: Schiepek G (Hrsg). Neurobiologie der Psychotherapie. 2. Aufl. Stuttgart, New York: Schattauer.

Freeman WJ (1995). Societies of Brains. Hillsdale, NJ: Erlbaum.

Foerster H v (1985). Sicht und Einsicht. Braunschweig: Vieweg.

Fuchs T (2008). Das Gehirn – ein Beziehungsorgan. Eine phänomenologisch-ökologische Perspektive. Stuttgart: Kohlhammer.

Grawe K (2004). Neuropsychotherapie. Göttingen: Hogrefe.

Gunzelmann T, Schiepek G, Reinecker H (1987). Laienhelfer in der psychosozialen Versorgung: Meta-Analysen zur differentiellen Effektivität von Laien und professionellen Helfern. Gruppendynamik; 18: 361–84.

Haken H (1996). Principles of Brain Functioning. Berlin: Springer.

Haken H, Schiepek G (2006). Synergetik in der Psychologie. Selbstorganisation verstehen und gestalten. Göttingen: Hogrefe.

Hattie JA, Sharpley CF, Rogers HF (1984). Comparative effectiveness of professional and paraprofessional helpers. Psychol Bull; 95: 534–41.

Karch S, Schiepek G, Aigner M, Tominschek I, Dold M, Windischberger C, Moser E, Lutz J, Mulert C, Meindl T, Pogarell O, Zaudig M (in prep.). Psychotherapy of obsessive-compulsive disorder – neural and mental effects. A controlled fMRI-study.

Kowalik ZJ (1998). Biomedizinische Zeitreihen und nichtlineare Dynamik. Münster: LIT-Verlag.

Lambertz M, Vandenhouten R, Langhorst P (2003). Transiente Kopplungen von Hirnstammneuronen mit Atmung, Herzkreislaufsystem und EEG: Ihre Bedeutung für Ordnungsübergänge in der Psychotherapie. In: Schiepek G (Hrsg). Neurobiologie der Psychotherapie. Stuttgart, New York: Schattauer; 302–24.

LeDoux J (2001). Das Netz der Gefühle. Wie Emotionen entstehen. München: dtv.

Northoff G (2007). Psychopathology and the pathophysiology of the self in depression – neuropsychiatric hypothesis. J Affect Dis; 104: 1–14.

Northoff G, Bermpohl F (2004). Cortical midline structures and the self. Trends Cogn Sci; 8: 102–7.

Osipov GV, Kurths J, Zhou C (2007). Synchronization in Oscillatory Networks. Berlin, Heidelberg: Springer.

Perlitz V, Cotuk B, Lambertz M, Grebe R, Schiepek G, Petzold ER, Schmid-Schönbein H, Flatten G (2004). Coordination dynamics of circulatory and respiratory rhythms during psychomotor relaxation. Autonom Neurosci; 115: 82–93.

Popovych OV, Hauptmann C, Tass PA (2006). Control of neural synchrony by nonlinear delayed feedback. Biol Cybern; 95: 69–85.

Raichle ME, MacLeod AM, Snyder AZ, Powers WJ, Gusnard DA, Shulman GL (2001). A default mode of brain function. PNAS USA; 98: 676–82.

Schiepek G (Hrsg) (2003). Neurobiologie der Psychotherapie. Stuttgart, New York: Schattauer.

Schiepek G (2008). Psychotherapie als evidenzbasiertes Prozessmanagement. Ein Beitrag zur Professionalisierung jenseits des Standardmodells. Nervenheilkunde; 27(12): 1138–46.

Schiepek G, Tominschek I, Karch S, Mulert C, Pogarell O (2007). Neurobiologische Korrelate der Zwangsstörungen – aktuelle Befunde zur funktionellen Bildgebung. Psychother Psychosom Med Psychol; 57: 379–94.

Schiepek G, Tominschek I, Karch S, Lutz J, Mulert C, Meindl T, Pogarell O (2008). A controlled single case study with repeated fMRI measures during the treatment of a patient with obsessive-compulsive disorder: Testing the nonlinear dynamics approach to psychotherapy. World J Biol Psychiatry, journal in print. DOI 10.1080/15622970802311829

Singer W (2007). Auf der Suche nach dem Kern des Ich. Die Zeit, 13. September.

Singer W, Gray CM (1995). Visual feature integration and the temporal correlation hypothesis. Ann Rev Neurosci; 18: 555–86.

Spitzer M, Bertram W (Hrsg) (2007). Braintertainment. Expeditionen in die Welt von Geist und Gehirn. Stuttgart, New York: Schattauer.

Strunk G, Schiepek G (2006). Systemische Psychologie. Einführung in die komplexen Grundlagen menschlichen Verhaltens. Heidelberg: Spektrum Akademischer Verlag.

Tass PA (2003). A model of desynchronizing deep brain stimulation with a demand-controlled coordinated reset of neural subpopulations. Biol Cybern; 89: 81–8.

Tass PA, Hauptmann C (2007). Therapeutic modulation of synaptic connectivity with desynchronizing brain stimulation. Int J Psychophysiol; 64: 53–61.

Tominschek I, Schiepek G (2007). Synergetisches Prozessmanagement in der Therapie von Persönlichkeits- und Zwangsstörungen. Persönlichkeitsstörungen; 11: 123–30.

Vandenhouten R (1998). Analyse instationärer Zeitreihen komplexer Systeme und Anwendungen in der Physiologie. Aachen: Shaker Verlag.

Wampold BE (2001). The Great Psychotherapy Debate. Models, Methods, and Findings. Mahwah, NJ: Lawrence Erlbaum Associates.

14 Was wir von Plazebo lernen können

Wie therapiert das Gehirn seine Störungen?

Josef Aldenhoff

„Sprach Pilatus: was ist Wahrheit?“
(Johannes 18,38)

Folgende Fragen werden uns im Folgenden beschäftigen:
- Ist ein Antidepressivum sein Geld nicht wert, wenn es gleich gut wie Plazebo ist?
- Ist ein Antidepressivum wirksam, Plazebo nicht?
- Ist Wirksam-Sein wichtiger als Heilen?

Interessierte Laien und die psychiatrisch-psychotherapeutische Fachwelt erleben seit Jahren einen vehementen Streit über Wert und Unwert von Psychopharmaka, besonders von antidepressiven Medikamenten. Losgetreten wurde die Geschichte 1999 durch einen Leitartikel im amerikanischen Wissenschaftsmagazin „Science“ (Enserink 1999), der postulierte, dass viele der modernen Antidepressiva dem gegen sie getesteten Plazebo nur geringfügig überlegen seien und dass auch in der Verumwirkung ein hoher Plazeboanteil enthalten sei. Diese Aussage wurde 2008 auf der Grundlage neuerer Daten noch einmal wiederholt (Kirsch 2008).
Die wissenschaftlichen Feuilletons verkürzten die Aussage darauf, dass diese Medikamente das für sie zu bezahlende teure Geld nicht wert seien – zu Unrecht. Die psychiatrischen Fachgesellschaften reagierten ob dieser laienhaften Demontage ihrer Kompetenz empört und behaupteten, dass die Diskussion für die Praxis nicht relevant sei – ebenfalls zu Unrecht.
Außerdem wurde vermutet, dass die Anzahl der Suizide nun zunehmen werde, weil Kranke die dringend notwendige Medikation absetzen würden. Letztere Vermutung ist wahrscheinlich zutreffend und natürlich zutiefst beklagenswert; sie hat aber mehr mit dem Stil als mit dem Inhalt der Diskussion zu tun.
Ein ganz anderer Diskurs wiederum behauptet unter Bezug auf die Deklaration von Helsinki, der heute verbindlichen ethischen Rahmenbedingung für wissenschaftliche Untersuchungen am Menschen, dass die Gabe von Plazebo überhaupt unethisch sei, zumindest bei schwer Kranken. Bei ihnen müsse man ein neues Medikament gegen eine klinisch etablierte Vergleichssubstanz testen, und nicht gegen das unwirksame Plazebo. Wenn Plazebo nun aber gar nicht unwirksam wäre?

Irgendwie scheinen diese Zuckertabletten mit ihrer chaotischen Publicity immerhin den Effekt zu haben, dass sie vehemente Diskussionen in der wissenschaftlichen Community und ihren Randbezirken hervorrufen. Statt sich über Dinge aufzuregen, die vor allem für andere sehr komplex und schwer zu verstehen und gerade deshalb sehr spannend sind, könnte man versuchen, aus der wissenschaftlichen Auseinandersetzung mit der wundersamen Substanz Plazebo etwas zu lernen – über wissenschaftliche Wahrheit, über das Problem, damit Geschäfte zu machen, und über das Rätsel, wie Heilung eigentlich passiert.

Wissenschaftliche Wahrheit?

Dass Wissenschaftler forschen, liegt daran, dass sie neugierig sind. Wahrscheinlich ist Neugierde der wichtigste Bedingungsfaktor für das Wissenschaftler-Sein. Wenn man dann etwas Interessantes entdeckt hat, versucht man es zu veröffentlichen, quasi als Tätigkeitsnachweis. Wissenschaftliche Daseinsberechtigung folgt weitgehend der Prämisse „Forsche Gutes und schreibe darüber". Das wird gelegentlich so wörtlich genommen, dass man nichts schreibt, wenn nichts Positives herauskommt. Ein Negativbefund scheint eine Publikation nicht wert zu sein. Was nicht in erster Linie an den Wissenschaftlern, sondern an den Herausgebern wissenschaftlicher Zeitschriften liegt, getreu der journalistischen Regel, dass sich „Nichts" nicht verkauft: Die Aussage „In Kalifornien brennt der Wald in diesem Jahr nicht" lässt sich in der Tat nicht ansatzweise so gut verkaufen, wie ein Bericht über die Betroffenheit Arnold Schwarzeneggers darüber, dass da wieder ein Stück seines wunderbaren Landes abgefackelt wird.
Für die Pharmaindustrie liegt die Sache ein wenig anders: Wenn ein u.U. mit viel Aufwand entwickeltes Medikament in einer bestimmten Studie nicht wirkt, so ist das tatsächlich ein „negativer" Befund. Der Verkauf der Substanz wird nicht nur nicht befördert, sondern verhindert, und ihr geschätzter Marktwert, der die Investitionen zu ihrer Entwicklung rechtfertigte, sinkt auf null. Auch dem wohlmeinendsten Leser wird klar, dass damit höchst gewichtige wirtschaftliche Gründe gegen die Publikation sprechen. In der Tat verschwanden solche Negativ-Studien in der Vergangenheit sang-, klang- und vor allem publikationslos in den Kellern der Pharmafirmen. Obwohl eigentlich jedem klar sein musste, dass die Interessen der Industrie nicht mit den Interessen der Anwender – Patienten und Ärzte – identisch sein sollten, dachte man sich nur wenig Böses bei dieser Mogelei, zumal die Ärzteschaft, forschende und vermarktende Pharmaindustrie ohnehin in einem intensiven und vertrauensvollen Austausch nicht nur wissenschaftlicher Güter standen.
Die Geschichte ging so lange gut, bis man sich bei der Beurteilung der Wirksamkeit von klinischen Maßnahmen nicht mehr allein auf Zulassungsstudien verlassen

wollte, sondern Evidenz[1] forderte. Im Gegensatz zu den Zulassungsstudien, die Wirksamkeit an einem zwar möglichst großen, aber hinsichtlich Schwere der Krankheit, Alter, Komplikationen etc. meist sehr reduzierten Kollektiv untersuchen, beruht Evidenz auf der gesamten verfügbaren Informationslage. In die Bewertung gehen Fallbeobachtungen, offene, blinde und doppelblinde Studien mit steigender Wertigkeit ein. Die Cochrane Foundation hat sich um die Durchsetzung dieses Begriffs besonders verdient gemacht. Evidenzbetrachtungen sind überwiegend ernüchternd, denn vieles, was in der Medizin gang und gäbe ist, beruht weitaus mehr auf gutem Glauben als auf guter Evidenz. Überprüfen Sie ruhig mal im Internet unter www.cochrane.org, wie es denn mit der Evidenz der von Ihnen geliebten Grippemittel oder Ihrer hochgeschätzten Psychotherapie steht. Sie werden feststellen, dass vieles klinisch Übliche und Etablierte nach Evidenzkriterien eher wachsweich ist.
Vor dem Hintergrund von Evidenzbetrachtungen wird es nun aber tatsächlich gravierend, wenn man Negativbefunde unterschlägt, weil man so die Erkenntnislage über eine Substanz in Richtung einer positiveren Evidenz verschiebt. Als Reaktion auf diese Überlegungen hat der Gesetzgeber der Pharmaindustrie auferlegt, zukünftig alle Befunde, nicht nur die positiven, offenzulegen. Die „alten", d.h. vorher zugelassenen Substanzen, die die große Mehrheit der verordneten Medikamente ausmachen – und zwar besonders die billigen, weil sie aus dem Patentschutz stammen –, bleiben in einer Grauzone, da sich ihre tatsächliche Evidenz mangels zugänglicher Studien oft nicht mehr erschließen lässt.

Guter Glauben

Wie kommt man überhaupt zu einer fundierten klinischen Meinung darüber, ob eine „vielversprechende" Substanz – was verspricht sie eigentlich: Heilung, Aktiengewinn? – aus der Pipeline der Industrie tatsächlich antidepressiv[2] wirksam ist? Man vergleicht ein neues Behandlungsverfahren, das man wissenschaftlich als therapeutisch anerkennen will, mit den so genannten unspezifischen Wirkfaktoren: Nur wenn es diesen unspezifischen Faktoren statistisch überlegen ist, kann es zuge-

1 Evidenzbasierte Medizin (EbM, von engl. „evidence-based medicine" [„auf Beweismaterial gestützte Heilkunde"]) ist laut Wikipedia „jede Form von medizinischer Behandlung, bei der patientenorientierte Entscheidungen ausdrücklich auf der Grundlage von nachgewiesener Wirksamkeit getroffen werden. Der Wirksamkeitsnachweis erfolgt dabei durch statistische Verfahren. Die evidenzbasierte Medizin steht damit im Gegensatz zu Behandlungsformen, bei denen kein solcher Wirksamkeitsnachweis vorliegt."

2 Das im Folgenden beschriebene Verfahren gilt natürlich nicht nur für Antidepressiva, sondern für alle Medikamente, die heute neu zugelassen werden.

lassen werden. In dieser Gleichung steht auf der einen Seite die pharmakologische begründbar wirksame Substanz, „Verum“ genannt, auf der anderen eine dem Verum äußerlich gleiche Zuckerpille, das pharmakologisch unwirksame „Plazebo“.
Um was es bei diesem Vergleich geht, wird durch die Tatsache deutlich, dass man ihn meist „doppelblind“ durchführt: Weder Patient noch Arzt wissen, was im konkreten Fall tatsächlich gegeben wird. Denn wüsste es der Arzt, so bestünde die Gefahr, dass er durch sein Verhalten dem Patienten averbal signalisiert, ob eine Wirkung zu erwarten ist, und so die Therapieerwartung des Patienten beeinflusst. Menschen sind suggestibel, und der Genesungsprozess ist nicht blind für Signale von Kapazitäten. Das ist ja nichts Schlechtes, und man profitiert gewöhnlich davon, wenn man zu charismatischen Ärzten und Therapeuten geht. Auch das wissenschaftlich begründbare Verfahren des doppelblinden Verum-Plazebo-Vergleichs unterstellt, dass ein beachtlicher Teil der Besserung oder gar Heilung durch Suggestion beeinflusst wird, und der Patient akzeptiert sie damit.
Was bedeutet es eigentlich, wenn ein Verumpräparat im Plazebovergleich unterliegt? Ist die Zuckertablette wirksamer als die Pharmakologie? Wohl kaum, auch wenn die Diskussionen im Feuilleton dies gelegentlich suggerieren. Ein unterlegenes Verum ist nicht grundsätzlich unwirksam, sondern unter den Bedingungen dieser speziellen Studie weniger wirksam als die Summe der unspezifischen Faktoren, die unter der Überschrift „Plazebo“ zusammengefasst werden. Das kann am pharmakologischen Wirkprofil des Verums liegen, weil die Tests an Labortieren und später gesunden Versuchspersonen, die dem entscheidenden Test gegen Plazebo vorausgehen, die Bedingungen einer Population Depressiver eben nur unzureichend abbilden – oder an den unspezifischen Faktoren, die in diesem Fall besonders effektiv sind. Beispielsweise werden Studien-Patienten ja schon lange kaum noch aus hiesigen psychiatrischen Praxen oder Kliniken rekrutiert, sondern aus Ländern, in denen der individuelle Lebensstandard ein wenig anders ist. Da mag die Teilnahme an einer Studie mit so vielen Vorteilen verbunden sein, dass sie sich auch auf das Befinden auswirken.
Eigentlich wäre eine hohe Plazebowirkung auch nicht weiter tragisch. Man könnte es toll finden, dass überhaupt irgendetwas wirkt, was in der Medizin ja nicht so selbstverständlich ist. Doch an dieser Stelle kommt eine Frau ins Spiel: Eva, die mit dem Apfel der Erkenntnis. Denn was die Zulassung von Medikamenten angeht, ist es uns anscheinend wichtiger, dass wir mit einer Methode behandelt werden, die wissenschaftlich anerkannt ist, als dass wir geheilt werden. Adam hätte männertypisch unkritisch das eingenommen, was hilft, ganz ohne wissenschaftliche Erkenntnis; aber in unserer frauenbewegt-rationalen Zeit ist das anders. Tatsächlich spielt es in unserer offiziellen Gesundheitskultur eine größere Rolle, dass akzeptierte Methoden angewandt werden, als dass tatsächlich Heilung erreicht wird. Besonders die Krankenkassen kaprizieren sich auf die Anwendung korrekter, legalisierter, staatlich anerkannter Methoden, bevor sie bezahlen. Wobei auf einem ganz anderen Blatt steht, was Krankenkassen überhaupt bezahlen – oder gerade mal wieder mit ziemlich beliebigen Argumenten nicht mehr bezahlen wollen.

Bekanntlich führt in unserer Gesellschaft fehlende Wirksamkeit einer ärztlichen Maßnahme nicht zur Rückforderung der Honorare. Aus der nicht geringen Zahl fehlender Wirksamkeiten speist sich allerdings eine therapeutische Subkultur, unterhalten vom oft verzweifelten Suchen der Patienten nach tatsächlicher Heilung. Da spielt es dann plötzlich keine Rolle, ob diese Heilung nach Methodenkriterien korrekt erfolgt oder ob die Evidenzlage gut ist. Von dieser Situation können alternative Mediziner und Homöopathen offenbar hinreichend gut leben und sollen das ruhig auch.
In der alltäglichen therapeutischen Praxis handeln wir in gewisser Weise inkonsequent: Einerseits sollen wir leitliniengerecht und evidenzbasiert arbeiten, andererseits setzen wir stillschweigend alles ein, was auch immer helfen könnte: therapeutische Gespräche, ein schützendes Stationsklima, Entlastung von Stress und Leistungsdruck, Ergo- und Physiotherapie, Akupunktur und eben auch Medikamente. Und wir scheren uns nicht um Verum-Plazebo-Vergleiche oder Evidenz. Nur in der Zulassungssituation muss das Medikament gegen all die anderen Faktoren antreten und überlegen sein.

Wieso wirkt Plazebo überhaupt?

Da bei der Zulassung jedes neuen Medikaments die neue, potenziell wirksame Substanz an Hunderten von Patienten gegen die pharmakologisch unwirksame Zuckertablette getestet wird, liegen für jedes zugelassene Medikament mittlerweile große Datenmengen vor. In Meta-Analysen entdeckte man Nebeneffekte, die so interessant sind, dass sie unsere Alltagsüberzeugungen über die Wirkung von Medikamenten auf den Kopf stellen.
Die Arbeitsgruppe des Züricher Psychiaters und Epidemiologen Jules Angst hat solche Zulassungsstudien Schweizer Pharmaunternehmen re-analysiert und dabei entdeckt, dass sich der Zeitverlauf der durch zugelassene Antidepressiva hervorgerufenen Besserung vom Zeitverlauf der unter Plazebogabe auftretenden Besserung nicht unterschied (Stassen et al. 1993)! Unter Verum besserten sich natürlich mehr Patienten als unter Plazebo, sonst wäre die Substanz ja gar nicht zugelassen worden; aber wenn man nur die gebesserten Verläufe betrachtete, so verliefen sie gleich schnell! Das ist deswegen sensationell, weil ein gleicher Zeitverlauf Rückschlüsse auf möglicherweise gleiche neurobiologische Prozesse erlaubt, die der Besserung zugrunde liegen könnten. Die pharmakologische Literatur hat viele solcher Mechanismen postuliert – die Wiederaufnahmehemmung oder das Bindungsverhalten von Neurotransmittern, die Steigerung der Neuroplastizität usw. Aber welchen Mechanismus man auch immer für richtig hält – in keinem Fall kann man vernünftigerweise davon ausgehen, dass er durch eine Zuckertablette beeinflusst wird. Wenn beide Wirkprinzipien den gleichen Zeitgang zeigen, so lässt das eigentlich nur eine

Interpretation zu: dass Medikamente und Plazebo (= unspezifische Faktoren) gleichermaßen in der Lage sind, in irgendeiner Weise so etwas wie einen Heilungsprozess zu induzieren! Versucht man diesen Prozess zu charakterisieren, so müsste er durch ganz verschiedene, kausal völlig heterogene Mechanismen anzustoßen sein und, einmal in Gang gekommen, nach festgelegtem Muster ablaufen, denn sonst wären die Zeitgänge ja nicht gleich. Die postulierten pharmakologischen Mechanismen spielen dabei vielleicht eine Rolle, sind aber nicht allein ausschlaggebend.
Besserung als Leistung des Gehirns, durch ganz unterschiedliche Schlüsselreize lediglich angestoßen? Klingt revolutionär und entspricht der alltäglichen psychiatrischen Praxis vielleicht viel mehr, als wissenschaftlicher Reduktionismus das wahrhaben will, denn höchst unterschiedliche Interventionen wirken antidepressiv: Schlafentzug, helles Licht, epileptische Anfälle, bestimmte Psychotherapien und pharmakologisch völlig heterogene Medikamente. Und, was die am Pharma-Marketing geschulte Pseudoeffizienz der Krankenkassen nicht wahrnehmen will: Besserung kann auch spontan eintreten, wenn die Bedingungen stimmen, und das gar nicht mal so selten. Viele depressive Patienten berichten auf Nachfrage, dass sie ähnliche Zustände wie die jetzige Depression schon vorher durchgemacht hätten und dass sie nach zwei bis drei Monaten von selbst wieder abgeklungen wären. Gibt es ein Regenerationspotenzial in uns, und bedeutet Heilen vielleicht „nur" dieses Potenzial zu aktivieren?
Wir sollten jetzt nicht in esoterische Gefilde abgleiten. Die Struktur, die solche „wilden" Theorien möglich macht, ist schlicht und ergreifend unser Gehirn. An dem ist aber nun gar nichts „schlicht", und trotz der „decade of the brain" werden wir uns auch weiter sehr schwertun, dieses Organ zu begreifen. Was seine Beeinflussbarkeit angeht, haben besonders die Psychiater lange Zeit nur den pharmakologischen Weg favorisiert. Obwohl Nervenzellen natürlich über neurobiologische Mechanismen kommunizieren, ist die pharmakologische Manipulation dieser Mechanismen wahrscheinlich der am wenigsten relevante Weg ihrer Beeinflussung. Der breiteste Weg, über den die Kommunikation zwischen Nervenzellen beeinflusst wird, sind die Erfahrungen, die wir machen. Und da Menschen in hohem Maß soziale Wesen sind, lassen wir uns besonders gut über zwischenmenschliche Erfahrungen, über freundliche Kontakte, Zuwendung und natürlich auch über sprachliche Kommunikation beeinflussen. Im therapeutischen Prozess werden wir durch „Erleben" wohl stärker und nachhaltiger beeinflusst als durch pharmakologische Manipulationen. Leider wissen wir bisher nur, dass es so ist, sind aber noch weit davon entfernt, die genauen Mechanismen zu kennen. Das Gehirn ist jedenfalls ein Organ, dass sich der Vereinnahmung durch irgendwelche linear-mechanistischen Theorien, seien sie pharmakologisch, psychotherapeutisch oder esoterisch, immer wieder souverän entzieht. Staunen ist mit Sicherheit eher angebracht als reduzieren!
Kehren wir zu den seelischen Störungen zurück. Man könnte postulieren, dass unspezifische therapeutische Maßnahmen – das müssen nicht gleich Schamane oder Globuli sein, sondern vielleicht die berufliche Entlastung, die aufregende neue Umgebung – umso eher therapeutisch wirken, je weniger schwer und fixiert der Krank-

heitsprozess ist. Das passt sehr gut zu dem Befund, dass Plazebo bei leichteren Störungen besonders effektiv ist, was sich in Zulassungsstudien dann verhängnisvoll für die neuen pharmakologischen Substanzen auswirkt, wenn man in diese Studien aus Gründen der einfachen Durchführbarkeit zu viele leicht und mittelschwer Erkrankte eingeschlossen hatte. Antidepressiva sind erst bei schweren Depressionen dem Plazebo eindeutig überlegen (Mayberg et al. 2002). Das heißt aber nicht, dass sie bei leichten und mittleren Depressionen nicht wirken, sondern lediglich, dass sie dann den unspezifischen Wirkmechanismen statistisch nicht überlegen sind.

Interessant ist auch, dass nur 20 % der mit Plazebo behandelten Patienten einen Rückfall erlitten. Der Plazeboeffekt kann also nicht nur ein vorübergehendes Strohfeuer sein.

Was bleibt für die Praxis?

Ab und zu taucht schon mal als besonderer Geistesblitz auf, dass man bei leichten Depressionen doch einfach nur Plazebo geben solle, nur bei schweren die teuren Antidepressiva. Aber aus dem bisher Gesagten sollte deutlich geworden sein, warum das in der Praxis überhaupt nicht funktioniert, denn Plazebo kann nur unter der Voraussetzung wirken, dass Patienten und Ärzte von seiner Wirkung überzeugt sind und seine Wirkung erwarten. Dabei spielt die Größe der Erwartung eine ganz entscheidende Rolle, wie Untersuchungen aus dem neuen und aufregenden Gebiet der Neuroökonomie zeigen: Wenn Versuchspersonen mit Schmerzreizen getestet wurden und dagegen unterschiedlich teure Plazebos bekamen, attribuierten sie die beste Wirkung den teuersten Plazebos (Ariely 2009)! Das heißt auch, dass der Preiskampf zwischen den Firmen die Wirksamkeit der billigsten Medikamente schmälert!

Die therapiegeleitete Plazebogabe, die sich als Verumgabe tarnt, kann es aber infolge unserer ethischen Regularien im alltäglichen Arzt-Patienten-Kontakt nicht geben, in dem eine vollständige und korrekte Aufklärung der Verschreibung vorausgehen muss. An dieser Stelle sieht man schön, dass das praktische Heilen eben doch in einem weiten Spektrum zwischen Medizinmann und Evidenzen angesiedelt ist.

Und Psychotherapie? In vielen Artikeln der letzten Jahre, die sich mit den verschiedenen Negativaspekten der Medikamente beschäftigten, konnte man immer wieder lesen, dass der eigentliche Königsweg doch in der Psychotherapie liege – ein Begriff, der schon seit grauer Vorzeit stillschweigend mit psychoanalytischer Psychotherapie gleichgesetzt wird. Doch leider ist dieser Weg in der Realität so gar nicht königlich, sondern führt gerade bei der Plazebodiskussion auf ziemlich verminte Terrain. Denn die bei intellektuell anspruchsvollen Menschen so beliebte Denkrichtung der Psychoanalyse, die sich zu fast allen Themen der modernen Gesellschaft mit viel

Tiefgang zu äußern vermag, ist auf dem Feld der Therapie der schweren seelischen Erkrankungen seltsam dürftig. Die Evidenzlage zur Behandlung der Depression oder anderer schwerer Erkrankungen ist schwach bis nicht vorhanden. Mit vielleicht etwas übersteigerter kritischer Distanz könnte man sagen, dass die Psychotherapie psychoanalytischer Prägung viel mit Plazebo gemeinsam hat: Sie wirkt vorwiegend bei leichten Störungen, nicht zuletzt, weil sie ein hochsuggestives Verfahren ist, bei dem der Patient viel zu denken bekommt, und sie braucht Zeiträume, in denen Spontanheilungen durchaus reale Chancen haben. Warum ist dieser Ansatz dann bei den geistig regen Menschen so beliebt? Vielleicht weil er den intellektuellen Anspruch und die Lust auf komplexe Denkprozesse befriedigt, die für uns Menschen mit unserem großen Gehirn so typisch ist, aber mit therapeutischer Effizienz gar nichts zu tun hat. So kränkend das für das intellektuelle Ego auch sein mag.

Neben der Psychotherapie für die vermeintlich besseren Menschen gibt es noch eine andere, nüchterne Therapie, die den Weg in die Feuilletons bisher kaum gefunden hat. Das sind die so genannten störungsspezifischen Therapieverfahren, für die es nun tatsächlich Evidenzen gibt. Diese Evidenzlage ist so, dass die Interpersonale Therapie nach Klerman und Weissman und die Kognitive Verhaltenstherapie nach Beck bei mittleren und schweren Depressionen genau so gut wirken wie Antidepressiva (Thase 1997), bei leichten Depressionen möglicherweise sogar besser. Diese spezifischen Psychotherapien stellen also tatsächlich eine Alternative zu den Medikamenten dar.

Na also, hier ist sie doch, die pharmafreie Behandlungsalternative! Ja, aber ... Machen Sie mal den Versuch, einen Arzt zu finden, der zwischen medikamentöser oder psychotherapeutischer Behandlung nach wissenschaftlichen Kriterien entscheiden kann, der in einem störungsspezifischen Verfahren ausgebildet ist, diese Art von Psychotherapie tatsächlich praktiziert, von seiner Praxis leben kann und Ihnen einen Termin gibt, dessen Latenz in einem vernünftigen Verhältnis zu Ihrer depressionsbedingten Hilflosigkeit steht! Sie werden lange, lange suchen müssen. Konkret wäre das nämlich der gute alte Nervenarzt, ersatzweise auch Psychiater und Psychotherapeut, den unser sich ständig revolutionierendes Gesundheitssystem gerade aussterben lässt, indem es ihm die wirtschaftliche Grundlage entzieht. Man muss nur die Zeitung lesen. Es ist eine der Inkonsequenzen, die wir uns leisten, dass wir die evidenzbasierte Kompetenz des Medizinbetriebs zwar fordern und in der ZEIT, der F.A.Z. und der SZ lauthals bejammern, wenn diese Forderung nicht erfüllt wird, aber die ärztlich-therapeutische Realität, auf der solche Ansprüche gedeihen könnten, wie schlechte Eltern vernachlässigen. Aber das passt zu unserem zu großen Hirn: In diesem sind die Kapazitäten zum Denken viel ausgeprägter als zum Handeln.

Literatur

Ariely D (2009). Der Preis der Wertschätzung. Interview mit Sebastian Herrmann. Süddeutsche Zeitung; 24: 16.

Enserink M (1999). Can the placebo be the cure? Science; 284: 238–40.

Kirsch I (2008). Challenging received wisdom: antidepressants and the placebo effect. Mcgill J Med; 11(2): 219–22.

Mayberg HS, Silva JA, Brannan SK et al. (2002). The functional neuroanatomy of the placebo effect. Am J Psychiatry; 159: 728–37.

Stassen HH, Delini-Stula A, Angst J (1993). Time course of improvement under antidepressant treatment: a survival-analytical approach. Eur Neuropsychopharmacol; 3(2): 127–35.

Thase ME (1997). Integrating psychotherapy and pharmacotherapy for treatment of major depressive disorder. Current status and future considerations. J Psychother Pract Res; 6(4): 300–6.

15 Voodoo-Korrelationen auf Schurkenpostern

Prolog des Übersetzers zu Kapitel 16 und 17

Manfred Spitzer

Im November 2007 treffen sich in San Diego über 30000 Neurowissenschaftler zum alljährlichen Treffen der Society of Neuroscience, dem größten wissenschaftlichen Kongress, den es weltweit überhaupt gibt. Über 12000 Poster werden auf- und ein paar Stunden später wieder abgehängt. So können in einer riesigen Halle in ca. 60 Reihen ca. 20 Poster pro Reihe, etwa 1200 Poster pro Halbtag gezeigt und diskutiert werden. Das Ganze muss sehr diszipliniert vonstatten gehen, damit es überhaupt funktioniert, aber die Neurowissenschaftler sind offensichtlich ein sehr diszipliniertes Völkchen, so dass dieser Kraftakt an Disziplin und Logistik tatsächlich gelingt. Und so findet der Fachmann bei vorheriger computergestützter Suche genau die drei Poster, die ihn wirklich interessieren, oder der Laie schlendert entlang der Reihen und lässt sich, versetzt in eine Art Poster-Trance, durch dies und das inspirieren.

Oder aber man hat das Glück, dass man zufällig ein paar Stationen von einem interessanten Poster entfernt selber sein Poster aufgehängt hat. So erging es mir. Ich stolperte also gewissermaßen über das Poster der Autoren Gage, Parikh und Marzullo (Abb. 1), drei – wie sich herausstellte – pfiffigen Graduate-Studenten der University of Michigan aus dem Bereich der Neurowissenschaften und des biomedizinischen Ingenieurwesens.

Sie hatten sich etwas Besonderes ausgedacht: ein Poster, das von den Besuchern des Posters selbst gestaltet wurde, d.h. mit jedem kenntnisreichen Besucher an Differenziertheit und Aussagekraft gewinnt. Ihre Idee war ebenso einfach wie bestechend: Sie hatten durch eine statistische Analyse der Daten zur Anzahl der Publikationen zum visuellen, auditiven und motorischen Kortex sowie zum Gyrus cinguli den Nachweis erbracht, dass die letztgenannte neuronale Struktur vergleichsweise immer mehr Aufmerksamkeit auf sich zieht und in absehbarer Zukunft die Aufmerksamkeit praktisch aller Neurowissenschaftler auf sich gezogen haben wird. Ihr Poster war klangvoll mit „The cingular theory of unification: The cingulate cortex does everything“ betitelt.

Warum wird diese Arbeit hier publiziert? Zum einen ist sie als Antidot für alle diejenigen, die Neurobiologen für allzu diszipliniert und zwänglich halten, gedacht: Es wirkt auf der Stelle, wovon sich jeder im Selbstversuch überzeugen kann. Und zum zweiten wirft es ein Licht auf eine tatsächliche Schwachstelle korrelativer Forschung, denn Korrelationen für sich allein sagen tatsächlich gar nichts. Als wir über

Abb. 1 Die Autoren des Posters, von links nach rechts: Timothy Marzullo, Hirak Parikh (kniend) und Gregory Gage, vor ihrem Poster. Das interaktive Poster bietet um den Kreis herum Platz für Vorschläge aus den Reihen seiner Besucher.

diese Dinge lachten, hätte keiner geglaubt, dass zwei Jahre später in der Neurobiologie ein ganz ernsthafter Streit darüber entbrennen sollte, wie hoch Korrelationen zwischen funktioneller MRT und Verhaltensdaten überhaupt sein dürfen, um noch glaubhaft zu sein (ungefähr 0,7; alles darüber, also besser, ist „zu gut, um wahr zu sein"). Dieser Streit begann zu allem Unglück auch noch mit einer Arbeit, die ursprünglich mit „Voodoo Korrelationen ..." betitelt war (vgl. Vul et al. 2009). Der Titel wurde zur Dämpfung der Hitze der Diskussion (vgl. Perspectives in Psychological Science 4, Heft 3, 2009) nach vorheriger Online-Publikation umbenannt in „Puzzlingly high correlations ..." (s. Kap. 11, S. 203).
Neben dieser neuen Form der Interaktivität wies das Poster auch eine neue innovative Form der Kommunikation auf: Es wurde nach einem Tag umgehängt und damit in ein rogue poster verwandelt. (Der Name ist dem politischen Ausdruck rogue state – Schurkenstaat – entlehnt, mit dem vor allem US-amerikanische Politiker gerne ihre Feinde wie den Irak unter Saddam Hussein oder Nordkorea bezeichnen.) Der Grundgedanke eines solchen Schurkenposters ist folgender: Poster werden in der Regel thematisch gruppiert an den Posterwänden aufgehängt, so dass die Wissenschaftler nicht so weit laufen müssen, um das, was sie interessiert, anzusehen. Dies führt jedoch dazu, dass Poster aus eher randständigen Bereichen der Gehirnforschung (wie beispielsweise unsere Poster zu Neuroscience and Education) von den wirklich wichtigen Leuten, Nobelpreisträgern, Institutschefs für Molekulare Neurobiologie etc. gar nicht gesehen werden. Gerade mit diesen Menschen sollte

man aber neue, wirklich innovative Ideen diskutieren. Um dies zu erreichen, suchten die Autoren, nachdem die Poster eines halben Tages jeweils aufgehängt waren, irgendwo einen freien Platz in der Reihe mit den Postern etwa „zur molekularen Struktur des NMDA-Rezeptors im vorderen Hippocampus unter Berücksichtigung der Genetik und medikamentösen Therapie der Alzheimerkrankheit" (oder was sonst noch alle älteren, wichtigen und/oder reichen Kongressbesucher interessiert) und hängten das Poster dort auf. Dann stolpern alle vorbei, die es mit dem Hippocampus, Molekülen, der Alzheimerkrankheit oder der Pharmaindustrie haben.
Die Autoren hatten bei einem früheren Treffen der Society of Neuroscience in Atlanta mit diesem Vorgehen tatsächlich sehr gute Erfahrungen gemacht (Gage, persönliche Mitteilung): So mancher bedeutsame hartgesottene Neurobiologe hatte beim Vorbeigehen über ihr Poster zur Vorhersage der Börsenkursen durch Motoneuronen von Ratten gestutzt, war stehen geblieben und hatte begonnen, die ungewöhnliche Idee der Studenten zu diskutieren, was offensichtlich als wohltuende Abwechslung zwischen Genen, Rezeptoren und Ionenkanälen erlebt wurde.

Abb. 2 Titel der Zeitschrift „Annals of Improbable Research", die 2006 im 12. Jahrgang erschien und sich in diesem Heft u. a. mit Börsenkursen und Neurowissenschaft befasste. Der Abdruck der deutschen Übersetzung im vorliegenden Sammelband erfolgt mit ausdrücklicher Genehmigung des Herausgebers dieser Zeitschrift.

Nicht zuletzt deswegen wird auch diese Arbeit im Folgenden erstmals in deutscher Sprache publiziert (Marzullo et al. 2006; ein Referat beider Arbeiten erschien bislang nur für ein kleines Publikum von Lesern der Zeitschrift für Nervenheilkunde, als deren Herausgeber, psychiatrischer Teil, ich in meiner Freizeit zufällig fungiere; vgl. Spitzer 2008). Die Arbeit brachte es sogar auf die Titelseite des entsprechenden Periodikums, das insgesamt als Antidot für jedwede Form von pathologischer Langeweile bis Hybris zu empfehlen ist (Abb. 2).
Gewiss ist die Strategie „Schurkenposter" (nicht anders als die politische Strategie von Schurkenstaaten im Hinblick auf die Weltpolitik insgesamt) nicht ohne schwerwiegende Folgen für die geordnete neurowissenschaftliche Kommunikation verallgemeinerbar. Aber etwas Salz in der Suppe ist – zumindest in der Wissenschaft mit vergleichsweise harmlosen Schurken – auch von Vorteil, ohne dass hieraus folgte, dass Suppe am besten grundsätzlich nur aus Salz bestehen sollte. Und so war denn auch das Poster einen Tag nach dem historischen Foto (Abb. 1) an diesem Ort verschwunden, an dem nur noch ein kleiner Zettel hing, um auf dessen neue Position (die halbtäglich wechselte) aufmerksam zu machen.

Literatur

Marzullo TC, Rantze EG, Gage GJ (2006). Stock market behavior predicted by rat neurons. Annals of Improbable Research; 12: 22–5.

Parikh H, Gage GJ, Scott DS, Marzullo TC (2007). The cingular theory of unification: The cingulate cortex does everything. Poster presented at the 37th annual meeting of the Society of Neuroscience, San Diego, November 3rd, 2007.

Spitzer M (2008). Schurkenposter, Neurofinance und die Zukunft der Neurowissenschaft. Nervenheilkunde; 27: 121–5.

Vul E, Harris C, Winkielman P, Pashler H (2009). Puzzlingly high Correlations in fMRI Studies of Emotion, Personality, and Social Cognition (article formerly known as "Voodoo Correlations in Social Neuroscience."). Perspectives on Psychological Science; 4: 274–90.

16 Die zinguläre Theorie der Vereinigung

Der Gyrus cinguli macht alles

Gregory J. Gage, Hirak Parikh, Timothy C. Marzullo

Zusammenfassung

Wir sind Zeitzeugen eines wachsenden Phänomens, welches Ausmaße annimmt, die man seit der Dämmerung der industriellen Revolution nicht mehr gesehen hat. Mit der Entdeckung eines kleinen Areals im Gehirn, des Gyrus cinguli, im frühen 19. Jahrhundert schritt die Forschung von zunächst einem kleinen Rinnsal von Studien zu einer wahren Flut von Arbeiten voran, die das gesamte Feld der Neurowissenschaft komplett zu überschwemmen droht. In den letzten Jahren erkannte man, dass der Gyrus cinguli eine wesentliche Rolle bei praktisch allen menschlichen seelischen Regungen und Verhaltensweisen spielt – von der Fehlervorhersage zur Schmerzwahrnehmung und von der politischen Einstellung bis hin zu optimistischen Gefühlen. In Anbetracht der vielen Funktionen des Gyrus cinguli wurde die Beantwortung der einfachen Frage „Was macht der Gyrus cinguli eigentlich wirklich?" immer schwieriger. Daher berichten wir in der vorliegenden Arbeit, nach unserer Kenntnis erstmals, von der Zingulären Theorie der Vereinigung. Dieser Theorie zufolge stellt der zinguläre Kortex das Alpha und das Omega dar und ist für sämtliche Funktionen des menschlichen Geistes verantwortlich. Wir glauben, dass diese Theorie nicht nur die vorhandenen Daten erklärt, sondern auch das exponentielle Wachstum der Forschung über den Gyrus cinguli voraussagt, welche schließlich die gesamte neurowissenschaftliche Forschung dominieren wird. Zum Abschluss der Diskussion werden bescheidene Ratschläge dahingehend erörtert, wie man eine solche apokalyptische Zukunft vermeiden könnte.

Einleitung

Beim Gyrus cinguli handelt es sich um ein ringförmiges Stück Gehirngewebe in der Zentralfurche des Neokortex um die lateralen Ventrikel herum. Möglicherweise inspirierte die Form dieser Gehirnregion die deutschen Physiologen, die sie im frühen 19. Jahrhundert entdeckten, dazu, sie „Gyrus cinguli" zu nennen, ein Name der vom lateinischen „Cingulum" abgeleitet ist, womit der von römischen Soldaten

über der Leistenregion getragene Gürtel bezeichnet wurde.[1] Wie bei vielen großen Entdeckungen brauchte es auch für den Gyrus cinguli einige Zeit, um die wissenschaftliche Gemeinschaft in seinen Bann zu schlagen. Seit den Anfängen des 20. Jahrhunderts erschienen immer wieder sporadische Berichte zu seiner Neuroanatomie. Verglichen mit der damaligen Flut der Arbeiten zur Motorik, zum visuellen System oder zum Gehör waren diese Studien zum Gyrus cinguli jedoch eher ein schmales Rinnsal. Dies lag keineswegs am wissenschaftlichen Interesse der Forscher, sondern vielmehr an den Werkzeugen, die zu ihrer Verfügung standen.
Methodische Gründe sorgten letztlich dafür, dass der römische Soldatengürtel so lange darauf warten musste, intensiv erforscht zu werden. Die Erfindung der funktionellen Magnetresonanztomographie (fMRT) erwies sich letztlich als der Retter des Gyrus cinguli, der dieser Struktur auf den Thron der Neurowissenschaft verhalf. Innerhalb weniger Jahre änderte sich die fundamentale Rolle dieses Gehirnbereichs mit einer Wucht, die einem Erdbeben unter den Füßen der Neurowissenschaftler gleichkam.
Zu Beginn des 21. Jahrhunderts hatte man herausgefunden, dass der Gyrus cinguli eine wesentliche Rolle bei den folgenden höheren geistigen Empfindungen, Leistungen und Prozessen spielt: Einsamkeit (Eisenberger et al. 2004), religiöse Erfahrungen (Beauregard u. Paquette 2006), politische Überzeugungen (Amodio et al. 2007), Stimulus-assoziierte Belohnung (Takenouchi et al. 1999; Cardinal et al. 2003), motorische Planung (Shima u. Tanji 1998), Wahrnehmung und Verarbeitung von Fehlern (Devinsky et al. 1995), Schmerzwahrnehmung (Harris et al. 2007), soziales Ausgeschlossensein (Eisenberger at al. 2004), Belohnungserwartung (Shidara u. Richmond 2002), Schlaf (Rolls et al. 2003), Plazeboeffekt (Wagner et al. 2004), Optimismus (Sharot et al. 2007) und politischer Liberalismus (Amodio et al. 2007). Auch in Arbeiten unserer Gruppe zu Modellen der Neuroprothetik spielte der Gyrus cinguli eine wesentliche Rolle (Marzullo et al. 2006a).
Wir sind keineswegs der Meinung, dass es sich hierbei um eine vollständige Auflistung handelt. Ganz im Gegenteil: Wir stellen die Hypothese auf, dass der Grund, warum so viele Aspekte des menschlichen Verhaltens ein neuronales Korrelat im Gyrus cinguli aufweisen, durch eine einziges simples Faktum verursacht wird:
Der Gyrus cinguli ist für alles verantwortlich.
Wir nennen dies die „Zinguläre Theorie der Vereinigung". Sie erlaubt es, sämtliche vorhandenen Beobachtungen in ein einfaches theoretisches Gerüst zu integrieren. Eine Implikation dieser Hypothese besteht darin, dass eine wachsende Zahl von Wissenschaftlern diese Gehirnregion als attraktiv erachten werden und daher die Anzahl der Publikationen über diese Gehirnstruktur ungebremst wachsen sollte.

---

1 Karl Friedrich Burdach (Vom Bau und Leben des Gehirns und Rückenmarks. Leipzig. In der Dückeschen Buchhandlung, 3 Bände, 1819–1826) oder Adolf Pansch (Die Furchen und Wülste am Großhirn des Menschen. Zugleich eine Erläuterung zu dem Hirnmodell. Berlin 1879).

Methodik

Um unsere Theorie empirisch zu überprüfen, bestimmten wir die Anzahl der Abstracts, die das Wort „Gyrus cinguli" (bzw. „cingulate cortex") enthielten, in der bekannten wissenschaftlichen Datenbank Pubmed (http://www.pubmed.org) und erstellten auf diese Weise ein Histogramm der sich auf den Gyrus cinguli beziehenden wissenschaftlichen Arbeiten pro Jahr. Danach wurden diese Daten mittels des Verfahrens der Kurvenanpassung (statistical curve fitting) im Hinblick darauf geprüft, welche der möglichen traditionellen Wachstumsfunktionen am geeignetsten waren, die vorliegenden empirischen Daten zu approximieren. Zur Kontrolle wurde das Experiment mit zwei historischen Schwergewichten der Gehirnforschung, dem Motorkortex und dem auditiven Kortex, wiederholt.
Die Ergebnisse unserer Analyse sind in Abb. 1 dargestellt. Man sieht deutlich den initialen Anstieg in den 1950er Jahren für die Anzahl der Publikationen sowohl zum auditiven als auch zum motorischen Kortex, der wahrscheinlich durch das Aufkommen und die Fortschritte in der Methodik der extrazellulären neuronalen Ableitung und der neuronalen Stimulation bedingt war. Im Vergleich zu diesen kor-

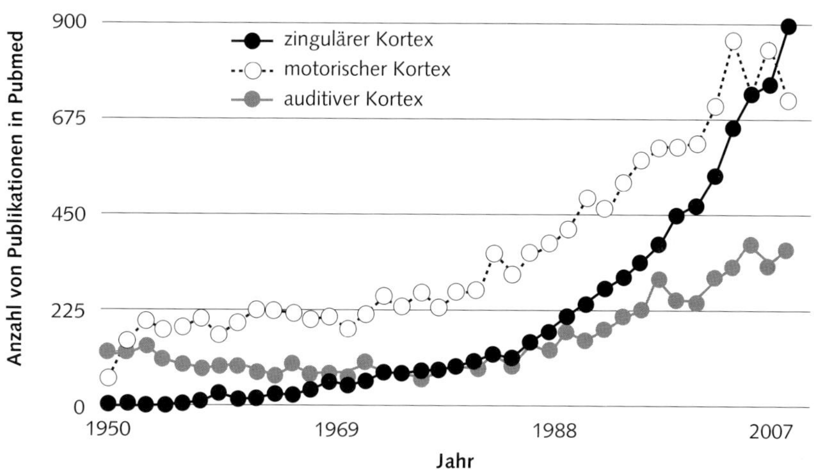

Abb. 1 Anzahl der Abstracts für drei kortikale Areale (1950–2007): Die Gesamtzahl der Abstracts von 1950 bis 2007, in denen jeweils eines der drei kortikalen Areale genannt wird, ist Jahr für Jahr aufgetragen. Man beachte, dass im Jahr 2007 die Anzahl der Abstracts zum „Gyrus cinguli" letztlich die Anzahl der Arbeiten zum mächtigen Motorkortex überholte. Die Daten ließen sich durch eine Exponentialfunktion sehr gut approximieren, was sich in Werten für R^2 von 0,90, 0,97 und 0,54 für die Regression auf die Anzahl der Arbeiten zum Motorkortex, zum Gyrus cinguli und zum auditiven Kortex ausdrückt.

tikalen Arealen ist der Gyrus cinguli eine Art Spätberufener, der sich erst während der frühen 90er Jahre des letzten Jahrhunderts immer deutlicherer Beliebtheit erfreute.
Dieses späte Aufblühen jedoch ist dramatisch. Der Gyrus cinguli überholte den auditiven Kortex in den späten 1980er Jahren und im Jahr 2007 sogar den mächtigen Motorkortex.
Diese Trends konnten am besten mit einem exponentiellen Modell approximiert werden, wobei man sich der Methode der kleinsten Quadrate bediente. Von den drei Gehirnarealen hatte der zinguläre Kortex (mit einem R^2 von 0,97) die beste Anpassung und zugleich das stärkste Wachstum. Es sei hervorgehoben, dass ein derart hohes R^2 in der wissenschaftlichen Landschaft nahezu unbekannt ist.

Diskussion

In der vorliegenden Arbeit wird, ausgehend von der zingulären Theorie der Vereinigung, die Hypothese empirisch überprüft, dass die Publikationen zu dieser Gehirnstruktur ein starkes Wachstum aufweisen und die Zukunft der Neurowissenschaft ganz wesentlich bestimmen werden.
Aufgrund des extrem hohen Grads der Übereinstimmung der erhobenen Daten zum zeitlichen Verlauf der Anzahl der Publikationen über den Gyrus cinguli im Verlauf der vergangenen Jahrzehnte mit einem exponentiellen Wachstumsmodell sei es uns drei relativen Neulingen im Bereich der Neurowissenschaft dennoch erlaubt, ein datengetriebenes Modell der Zukunft der Neurowissenschaft zu präsentieren.
Zunächst verwendeten wir unser Modell, um eine konservative Vorhersage des Forschungsoutputs zu den drei genannten kortikalen Arealen während der nächsten 20 Jahre zu schätzen. In Abbildung 2 ist unsere Schätzung von der Gegenwart bis zum Jahr 2027 abgebildet. Man sieht deutlich den Beginn eines alarmierenden Trends – die Publikationen zum zingulären Kortex nehmen um den Faktor 15 zu, wohingegen die Forschung zur Motorik und zum akustischen System lediglich um den Faktor 1,5 bis 3 zunimmt.
Wir wiederholten diese Analyse mit dem visuellen Kortex. Im Jahr 2007 befand sich der visuelle Kortex mit insgesamt 911 Publikationen nach wie vor auf Platz 1 und der Gyrus cinguli belegte mit 893 Publikationen den zweiten Platz. Dieser dürfte den Gyrus cinguli jedoch nicht aufhalten. Im Jahr 1970 wurden beispielsweise 343 Publikationen zum visuellen Kortex veröffentlicht, zum Gyrus cinguli hingegen nur 6. Wir sagen voraus, dass das Jahr 2008 als dasjenige Jahr in die Geschichte eingehen wird, in dem der Mächtigste der Mächtigen, der visuelle Kortex, vom Gyrus cinguli als Spitzenreiter auf der Liste der Forschungsgegenstände neuro-

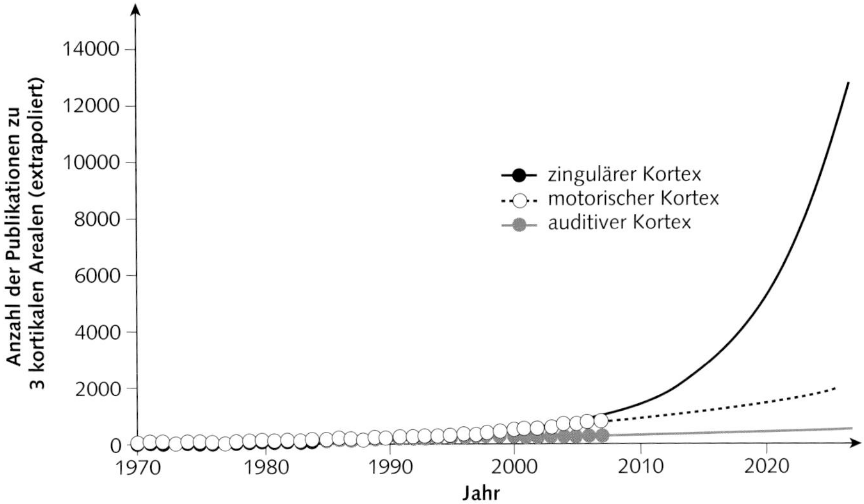

Abb. 2 Anzahl der Publikationen für drei kortikale Areale (1970–2027): Mit Hilfe unseres exponentiellen Modells sagen wir die Anzahl der Zitationen des zingulären Kortex für das Jahr 2027 in der Größenordnung von 13 500 voraus. Dies entspricht etwa dem 15-Fachen der Anzahl der Publikationen im Jahr 2007 (etwa 900), wohingegen der Motorkortex und der akustische Kortex eine bescheidenere und zugleich nachhaltige Anzahl von Publikationen aufweisen.

wissenschaftlicher Bemühungen entthront wird.[2] Im Jahr 2027 wird die Forschung zum visuellen Kortex um den Faktor 3 angestiegen sein, die zum Gyrus cinguli um den Faktor 15.

Wenn wir unser Modell erweitern und die Verhältnisse gegen Ende 21. Jahrhunderts vorhersagen, zeigt sich, dass der Gyrus cinguli mehr als 99 % der gesamten neurowissenschaftlichen Forschung dominieren wird. Weiterhin sagen wir voraus, dass zwischen dem Jahr 2050 und 2100 mehr Arbeiten zum Gyrus cinguli erscheinen, als sich Neuronen im zingulären Kortex selbst befinden. An diesem Punkt befürchten wir, dass eine Zingularität erreicht wird und der Gyrus cinguli Selbstbewusstsein erlangen dürfte.

Dieser Trend ist nicht unausweichlich. Als intelligente, fühlende Wesen haben wir die Macht, unsere eigenen zingulären Kortizes zu zügeln und sie davon abzuhalten, zunächst Amerika und dann die ganze Welt zu erobern. Sofern nämlich der Gyrus cinguli sich dafür entscheidet, seine Macht in den Dienst des Bösen zu stellen, steht

2 Wie einschlägige Recherchen der Redaktion ergaben, lag die Anzahl der Publikationen zum „cingulate cortex" im Jahr 2008 bei 978, womit die Voraussagen der Autoren in eindrucksvoller Weise bestätigt wurden (Anmerkung der Redaktion).

die Zukunft der gesamten Menschheit auf dem Spiel.[3] Wir geben daher zu bedenken, dass wir all unsere wissenschaftliche Energie und Kompetenz nicht mehr darauf verwenden sollten, was der Gyrus cinguli tut, sondern darauf wie er all dies tut und was seine wahren Intentionen hinter all dem sind.
Zum Schluss sei noch Folgendes bemerkt: Obgleich den ursprünglichen Entdeckern nicht bewusst war, dass der Gyrus cinguli an der Spitze eines hierarchischen funktionalen Modells des Gehirn steht, hätten sie keinen besseren Namen wählen können. Die Struktur trägt den Namen des römischen Gürtels Cingulum zu Recht, bindet sie doch sämtliche menschlichen Bedürfnisse, Hoffnung, Lieben und Befürchtungen zusammen.

Danksagungen

Die Autoren danken Dr. Régis Olry und Dr. Stanley Finger für ihre Hilfe beim Auffinden historischer Bezüge im Hinblick auf die Entdeckung des zingulären Kortex. Zusätzlicher Dank gilt Herrn Dr. Manfred Spitzer für seine Ermunterung zur Publikation und die Übersetzung des englischen Quelltextes ins Deutsche. Die Ergebnisse dieser Untersuchung wurden auf dem jährlichen Treffen der Society for Neuroscience in San Diego, Kalifornien, USA, im Jahr 2007 vorgestellt.

Anhang

Wir möchten andere Wissenschaftler nachdrücklich dazu ermuntern, den hier berichteten Trend gegenüber ihrem eigenen kortikalen Lieblingsareal zu testen. Gehen Sie einfach auf pubmed.org, suchen Sie ein bestimmtes kortikales Areal (beispielsweise „Motorkortex"), sichern Sie den Output als Textdatei und verwenden Sie das folgende Programm in Matlab, das dann ein Histogramm (vgl. S. 253) für Sie erstellt.

3 Solche schrecklichen Vorhersagen befinden sich in voller Übereinstimmung mit früheren Arbeiten aus unserer Gruppe, die die Fähigkeit von Rattengehirnen zur Kontrolle der Finanzmärkte zum Gegenstand hatten (Marzullo et al 2006; vgl. auch Kapitel 17 in diesem Buch).

```
function [ n ] = fff( input_args )
%FFF Summary of this function goes here
% Detailed explanation goes here
file = textread( input_args ,'%s','delimiter','\n','whitespace','');
iYear = 1;
for i=1:length(file)
i19 = findstr( file{i}, '19' );
i20 = findstr( file{i}, '20' );
if length(i19) > 0
try
year{ iYear } = file{i}(i19:i19+3);
iYear = iYear + 1;
end
end
if length(i20) > 0
try
year{ iYear } = file{i}(i20:i20+3);
iYear = iYear + 1;
end
end
end
iYear = 1;
for i = 1:length( year )
tm = str2num(year{i} );
if size(tm,1) > 0
try
y( iYear ) = tm;
iYear = iYear + 1;
catch
disp('error'); disp(i);
end
end
end
cingulate = y(y<2008 & y>1949);
edges = [1950:2007];
n = histc( cingulate, edges );
figure;
bar( edges, n );
size( year );
```

Literatur

Amodio DM, Jost JT, Master SL, Yee CM (2007). Neurocognitive correlates of liberalism and conservatism. Nature Neuroscience; 10: 1246–7.

Beauregard M, Paquette V (2006). Neural correlates of a mystical experience in Carmelite nuns. Neurosci Lett; 405: 186–90.

Cardinal RN, Parkinson JA, Marbini HD, Toner AJ, Bussey TJ, Robbins TW, Everitt BJ (2003). Role of the anterior cingulate cortex in the control over behavior by Pavlovian conditioned stimuli in rats. Behav Neurosci; 3: 566–87.

Devinsky O, Morrell M, Vogt B (1995). Contributions of anterior cingulate Cortex to behaviour. Brain; 118: 279–306.

Eisenberger N, Lieberman M, Williams K (2004). Does rejection hurt? An fMRI study of social exclusion. Science; 302: 290–2.

Harris R, Clauw D, Scott D, McLean S, Gracely R, Zubieta J (2007). Decreased central μ-opioid receptor availability in fibromyalgia. J Neurosci; 37: 10000–6.

Marzullo TC, Miller CR, Kipke DR (2006a). Suitability of the cingulate cortex for neural control. IEEE Trans Neural Syst Rehabil Eng; 14: 401–9.

Marzullo TC, RantzeE, Gage GJ (2006b). Stock Market Behavior predicted by rat neurons. Annals of Improbable Research; 12: 22–5.

Rolls ET, Inoue K, Browning A (2003). Activity of primate subgenual cingulate cortex neurons is related to sleep. J Neurophysiol; 90(1): 134–42.

Sharot T, Riccardi A, Raio C, Phelps E (2007). Neural mechanisms mediating optimism bias. Nature; 450: 102–5.

Shidara M, Richmond, BJ (2002). Anterior Cingulate: Single neuronal signals related to degree of reward expectancy. Science; 296 (5573): 1709–11.

Shima K, Tanji J (1998). Role for Cingulate Motor Area Cells in Voluntary Movement Selection Based on Reward. Science; 282 (5392): 1335–8.

Takenouchi K, Nishijo H, Uwano T, Tamura R, Takigawa M, Ono T (1999). Emotional and behavioral correlates of the anterior cingulate cortex during associative learning in rats. Neurosci; 93: 1271–87.

Wager TD, Rilling JK, Smith EE, Sokolik A, Casey KL, Davidson RJ, Kosslyn SM, Rose RM, Cohen JD (2004). Placebo-Induced Changes in fMRI in the Anticipation and Experience of Pain. Science; 303 (5661): 1162–7.

17 Rattenneuronen sagen Börsenkurse voraus

Timothy C. Marzullo, Edward G. Rantze, Gregory J. Gage

Zusammenfassung

In der vorliegenden Arbeit berichten wir, nach unserem Wissen erstmals, über die Vorhersage der US-amerikanischen Börse durch Neuronen im Motorkortex von Ratten. Silikonelektroden wurden im Motorkortex von Ratten implantiert. Mittels des Verfahrens der Korrelationsanalyse wurde die Aktivität der Rattenneuronen und simultan die Aktivität von Aktienpapieren an der amerikanischen Börse aufgezeichnet.

Einleitung: Neurobiologie und Hedgefonds

Zu Beginn der 90er Jahre des letzten Jahrhunderts kamen die so genannten Hedgefonds auf, bei denen es sich im Vergleich zu den üblichen Aktienpapieren um spekulative risikoreiche Anlagestrategien handelt. Diese Hedgefonds versuchen letztlich, Kapital aus der Vorhersage der Kurse anderer Aktien zu schlagen und sie bedienen sich dabei oft alternativer Methoden der Vorhersage, wie beispielsweise psychosozialer menschlicher Faktoren. In der vorliegenden Arbeit schlagen wir hierzu eine neurowissenschaftlich basierte alternative Methode vor.

Methodik: Korrelationsanalyse zur Börsenvorhersage

Über einen Zeitraum von neun Tagen wurde die neuronale Aktivität mittels der Feuerrate (die Anzahl der Aktionspotentiale pro Sekunde) an 94 implantierten Elektroden bei drei Ratten gemessen. Daraus wurde durch Mittelwertbildung die mittlere tägliche Feuerrate bestimmt und durch spezielle Software (MATLAB, Mathworks Inc., Natick, MA) gespeichert. Zusätzlich wurden täglich die Börsenkurse aller im Börsenindex NASDAQ sowie an der New Yorker Börse und im

American Stock Exchange notierten Unternehmen (n = 4 195) zum jeweiligen Börsenschluss registriert und gespeichert. Mittels der corrcoef Funktion in MATLAB wurden dann die Korrelationskoeffizienten zwischen Börsenkursen und neuronaler Aktivität bestimmt. Nur solche Aktien, die einen signifikanten ($p < 0{,}05$; t-Test) Koeffizienten aufwiesen, wurden als „respondierend“ bezeichnet und weitergehend analysiert. Für eine Darstellung des apparativen Verhaltens-Settings, vgl. Abb. 1.

Abb. 1 Apparatur zur Verhaltensmessung. Die Ratten wurden auf einem Gehirn-Maschine-Interface trainiert, während zugleich die Börsenkurse aufgezeichnet wurden.

Jedes wissenschaftliche Modell ist nur so gut wie seine Generalisierbarkeit. Da diese vor allem die Möglichkeit der Vorhersage weiterer Daten impliziert, entschlossen wir uns, die Korrelationen zu testen und zur Vorhersage der künftigen Entwicklung von Börsenkursen zu verwenden. Wir generierten hierzu einen neuen Datensatz von neuronaler Aktivität während 20 konsekutiver Börsenhandelstagen unter Hinzuziehung eines konträren Prädiktionsmodells nach Conrad et al. (1997). Die neuronalen Feuerraten vom Tag d (f_d) wurden verwendet, um den Aktienkurs bei Börsenschluss am Tag $d + 1$ unter Verwendung der folgenden Regeln vorherzusagen:

$$f_d > f_{d-1} \rightarrow a \text{ verkaufen} \quad (1)$$
$$f_d < f_{d-1} \rightarrow a \text{ kaufen} \quad (2)$$
$$f_d \approx f_{d-1} \rightarrow a \text{ halten} \quad (3)$$

wobei f_{d-1} die Aktivität (Feuerrate) am Tag $d - 1$ und a die Aktion an der Börse, mit $a = \{kaufen; verkaufen, halten\}$, repräsentiert. Um es einfach auszudrücken: Wenn die neuronale Aktivität anstieg, wurde der Verkauf des Wertpapiers simuliert, wenn die Aktivität fiel, wurde „kaufen“ simuliert, und wenn praktisch keine Änderung zu verzeichnen war (± 1 Aktionspotential/s), wurde die Aktie nicht gehandelt, also gehalten. Um den Erfolg unseres Vorhersagemodells zu beurteilen, wurde der tatsächliche Wert der Aktie am Tag $d + 1$ festgestellt und zur Berechnung von Gewinn und Verlust herangezogen.

Ergebnisse

Insgesamt erwiesen sich 74 Wertpapiere als mit der neuronalen Aktivität kortikaler Rattenneuronen korreliert. In Abbildung 2 ist beispielhaft die Entwicklung eines Aktienkurses (COKE, Coca-Cola Bottling Company Consolidated) dargestellt, für den sich eine positive Korrelation mit den Rattenneuronen fand. In Tabelle 1 sind die Daten zu den respondierenden Aktienkursen gruppiert nach Branchensektoren gelistet. Obgleich sich hierbei interessante Aktivitäts-Cluster bei Finanztiteln und im Technologie-Bereich zeigten, befinden die sich hieraus ergebenden weiteren theoretischen Überlegungen jenseits der Reichweite der vorliegenden Arbeit.
Unsere Experimente zur Vorhersage der Börsenkurse ergaben eine ähnliche Anzahl von Aktienkursen, die mit einer Verzögerung von einem Tag respondierten (n = 68).

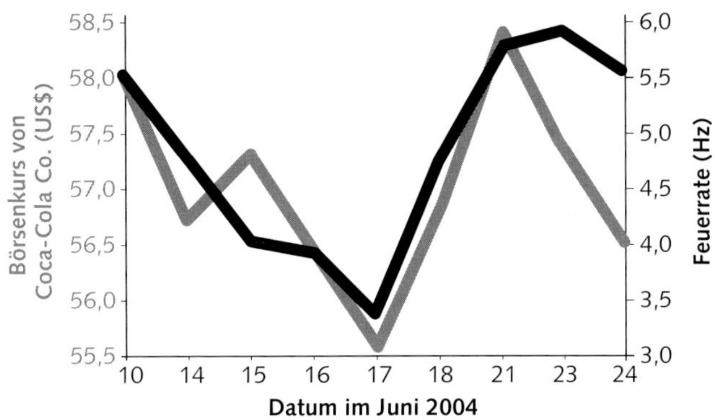

Abb. 2 Börsenkurs der Firma Coca-Cola (grau) im Beobachtungszeitraum einiger Tage des Jahres 2004 und mittlere Feuerrate von Neuronen (schwarz) des Motorkortex der Ratten im gleichen Zeitraum (r = 0,704).

Tab. 1 Marktsektoren und mittlere Pearson-Korrelationskoeffizienten respondierender Wertpapiere.

Marktsektor	r (Mittelwert)	n	% des Gesamt-n
basic materials	0,03	2	3 %
Konsumgüter	0,23	3	4 %
Finanztitel	0,31	24	32 %
Gesundheitssektor	–0,59	10	14 %
Industrie	–0,19	3	4 %
International	0,83	2	3 %
Dienstleistungen	–0,41	9	12 %
Technologie	–0,18	16	22 %
Energieversorger	0,72	1	1 %
keine Angaben	0,37	4	5 %

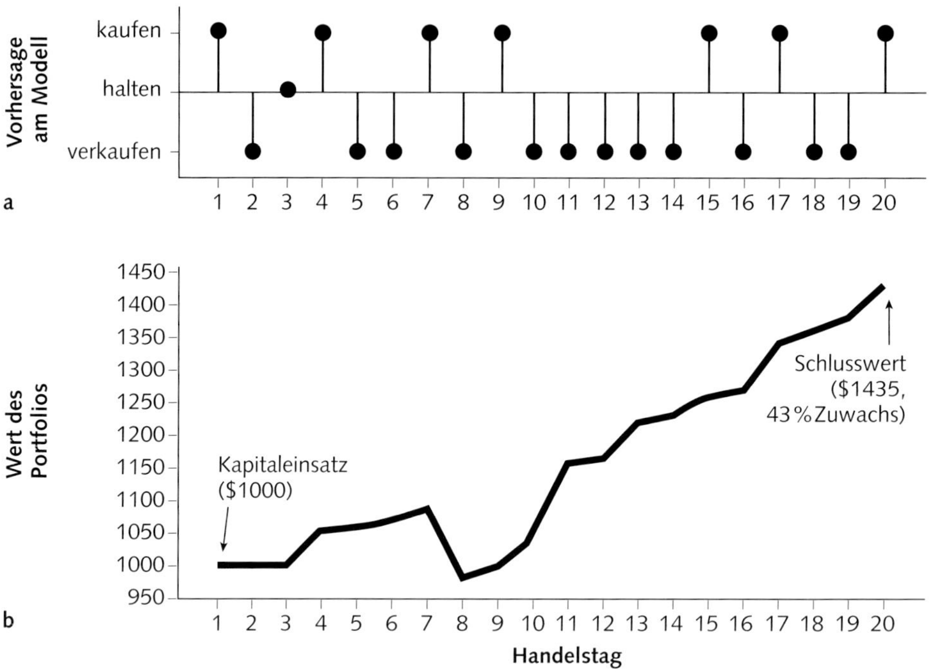

Abb. 3 Ergebnisse der Voraussage des Börsenkurses von ASFI am Tag *d* + 1 mit Hilfe der gemittelten Feuerrate von Neuronen am Tag *d*. a: Output des konträren Vorhersagemodells. b: Simulation eines Investments von 1000 US$ unter Verwendung der Entscheidungen des Models.

In Abbildung 3 ist der Output der Börsenhandelssimulation für ein einzelnes Wertpapier (ASFI, Asta Funding, Inc.) beispielhaft wiedergegeben, wobei Abbildung 3a die simulierten Aktionen an der Börse graphisch repräsentiert und in Abbildung 3b unser Gewinn (return of investment) bei Anwendung des konträren Vorhersagemodells dargestellt ist.

Diskussion

Für unsere Analyse verwendeten wir in der Neurophysiologie übliche Standardverfahren der Ableitung und der Korrelation neuronaler Aktivität. In der Forschung wird mittlerweile nahezu routinemäßig von, sagen wir, 500 Neuronen abgeleitet, wobei man dann beispielsweise findet, dass 50 davon auf einen bestimmten Stimulus respondieren. Die Forscher entschließen sich daraufhin nicht selten dazu, ihre

Arbeit auf diese 50 Neuronen zu konzentrieren und deren Aktivität weiteren Analysen zuzuführen. Wir schließen aus dieser Vergleichbarkeit der hier angewandten Methodik mit den Standardverfahren der Neurobiologie, dass unsere Methodik stichhaltig ist.

Wir fanden, dass Wertpapiere mit den Feuerraten von Neuronen des motorischen Kortex der Ratte korrelieren. Darüber hinaus generalisierten wir unser Modell dahingehend, dass wir es zur Vorhersage der Börsenkurse heranzogen. Bei entsprechenden Simulationen zum Kauf, Verkauf oder zum Halten der Papiere von Asta Funding, Inc. erzielten wir in einem Zeitraum von 20 Tagen bei einer Anfangsinvestition von 1000 US$ einen Gewinn von 435 US$.

Der Ökonomie-Nobelpreisträger Paul Samuelson sagte im Jahr 1967 in einer Erklärung an den US-Senat, dass der Kauf von Investmentfonds unsicherer sei als das Schleudern von Wurfpfeilen auf eine Zielscheibe. Als Konsequenz hieraus sind nun Hedgefonds sehr populär. Wir würden aus unseren Daten folgern, dass Sie, sofern Sie keinen Rattenmotorkortex zur Vorhersage der Börsenkurse zur Verfügung haben, natürlich auch gleich einen Investmentfonds verwenden können.

Schließlich geben wir noch ganz allgemein Folgendes zu bedenken: Wir sind Zeitzeugen eines Paradigmenwechsels, den wir als die Gage-Rantze-Marzullo (GRM bzw. Generalized Revenue Model)-Motorkortex Rattus norvegicus-Theorie sozialer Spannungen bezeichnen möchten. Die hier präsentierten Daten sind mit dieser Theorie konsistent. Die Neuronen unserer Ratten stehen in einem bislang ungeklärten Zusammenhang mit menschlichen Kaufgewohnheiten, die sich letztlich im amerikanischen Börsenmarkt manifestieren.

Die von James Lovelock (1979) vorgeschlagene Gaia-Hypothese besagt, dass der gesamte Planet Erde als lebendiger Organismus aufgefasst werden kann. Die hier präsentierten Daten sind mit dieser Hypothese kompatibel. Wir sind alle Teil eines großen Kreises des Lebens (Disney 1994), durch den unsere Hoffnungen, Träume, Wünsche, Erfolge, Misserfolge und Vorlieben mit anderen Kreaturen vernetzt sind. Studien aus dem Jahr 1934 belegten, dass die Zyklen der solaren Aktivität mit den Börsenkursen jeweils zum Börsenschluss der Londoner und New Yorker Börse des gleichen Jahres in Zusammenhang standen (Garcia-Mata u. Schaffner 1934). Obgleich 1929 das Jahr der Publikationen erster EEG-Ableitungen von Hans Berger vom menschlichen Gehirn darstellt (mit denen er telepathische Erfahrungen von sich und seiner Schwester untersuchen wollte), es also durchaus entsprechende Daten bei Ratten gegeben haben könnte, haben wir keinen Zugang zu Daten, die Aktivierungsmuster des Rattenmotorkortex aus dem Jahr 1929 zeigen. Künftige Experimente zur Berechnung von Dreifachkorrelationen von Sonnenaktivität (insbesondere während künftiger Sonnenfinsternisse), Rattenmotorkortex und der amerikanischen sowie britischen Börse sollten hier weitere Klarheit bringen und stellen daher ein dringendes Desiderat wissenschaftlicher Forschungsaktivität dar.

Wir haben unsere Datenerhebung auf den Motorkortex der Ratte fokussiert, wären jedoch nicht überrascht, wenn sich ein korrelativer Zusammenhang zwischen dem amerikanischen Börsenmarkt und dem Verhalten amerikanischer Eichhörnchen im Weißen Haus, jamaikanischer Fruchtfledermäuse, Tasmanischer Teufel oder neuenglischem Kabeljau fände. Schließlich sei die Frage erlaubt, was mit dem Börsenmarkt geschähe, falls die genannten Spezies aussterben sollten. Geht man vom gegenwärtigen Artensterben und der krisenhaften Abnahme der Biodiversität aus, ist der wirtschaftliche Erfolg der Menschheit für die Zukunft weder anzunehmen noch gewährleistet.

Anmerkung

Die Ergebnisse dieser Studie wurden beim jährlichen Treffen der Society for Neuroscience in Washington DC im Jahr 2005 präsentiert. Erstmals publiziert wurden sie in den Annals of Improbable Research im Jahr 2006 (Marzullo et al.).

Literatur

Carlos Garcia-Mata C, Felix Schaffner F (1934). Solar and Economic Relationships. Quarterly Journal of Economics; vol. 49: 1–51.

Conrad J, Gultekin MN, Kaul G (1997). Profitability of Short-term Contrarian Strategies: Implications for Market Efficiency. Journal of Business Economic Statistics; 15: 379–86.

Disney W (1994). The Lion King. Walt Disney Pictures, Buena Vista Home Entertainment.

Gage GJ, Ludwig KA, Otto KJ, Ionides EI, Kipke DR (2005). Naive Coadaptive Cortical Control. Journal of Neural Engineering; 2: 52–63.

Lovelock J (1979). Gaia: A New Look at Life on Earth. Oxford UK: Oxford University Press.

Marzullo TC, Rantze EG, Gage GJ (2006). Stock market behavior predicted by rat neurons. Annals of Improbable Research; 12: 22–5.

Woodruff DS (2001). Declines of Biomes and Biotas and the Future of Evolution. Proceedings of the National Academy of Sciences of the United States of America; 98: 5471–6.

18 Glaubst du noch oder denkst du schon?

Moderne Hirnforschung und religiöse Gefühle

Vince Ebert

Im Zeitalter der Aufklärung war man sicher, dass durch Logik und Vernunft Dinge wie Aberglauben, Mythen und Magie schnell der Vergangenheit angehören würden. So kann man sich täuschen. 250 Jahre danach lassen sich sinnsuchende Akademiker von Kinesiologen Fruchtzucker-Intoleranzen auspendeln oder lernen in Rebirthing-Workshops, wie unglaublich wichtig die eigene Geburt für das spätere Leben ist.
Einer Allensbach-Umfrage zufolge glaubt über die Hälfte aller Deutschen an die Existenz von Engeln. Die Esoterikbranche erwirtschaftet pro Jahr einen Umsatz von 400 Millionen Euro. Und über 11 % der Bevölkerung sind sogar davon überzeugt, dass Politiker im Großen und Ganzen glaubwürdig sind. Ist das nicht verrückt?
Die Bereitschaft, offensichtlichen Unsinn zu glauben, ist – so scheint es – grenzenlos. Neulich erst erzählte mir eine gute Bekannte: „Du, ich hatte wirklich mal einen Freund, der konnte in die Zukunft blicken. Aber er hat mich leider verlassen, zwei Wochen, bevor wir uns kennen gelernt haben ..."

- Wie kommt es also, dass sich intelligente, gebildete Menschen im Zweifel gegen den Zweifel entscheiden?
- Warum ist Leichtgläubigkeit faszinierender als Logik?
- Wieso glaubt der Mensch, wenn er stattdessen denken könnte?

Da dies ein Buch über Hirnforschung ist, liegt die Vermutung nahe, dass die Antwort darauf etwas mit der Arbeitsweise des Gehirns zu tun haben könnte. In der Tat. Unser Gehirn ist nämlich darauf spezialisiert, Strukturen und Ordnungen zu erkennen. Ein kleines Beispiel. Was sehen Sie in der folgenden Abbildung? (Abb. 1)
Einen Würfel? Ich muss Sie leider enttäuschen. In Wirklichkeit sehen Sie zwölf schwarze Linien auf einem weißen Blatt Papier. Der Würfel ist nichts anderes als eine Interpretation Ihres Gehirns. Die nächste Abbildung enthält exakt die gleiche Information (Abb. 2).
Falls Sie übrigens auch da einen Würfel erkennen können, sollten Sie einen guten Neurologen aufsuchen.

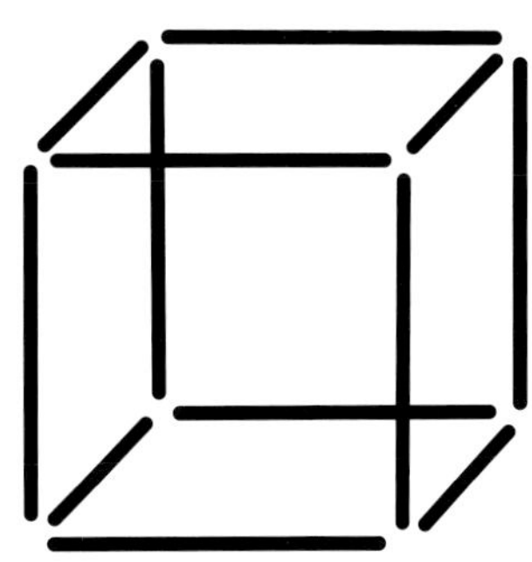

Abb. 1

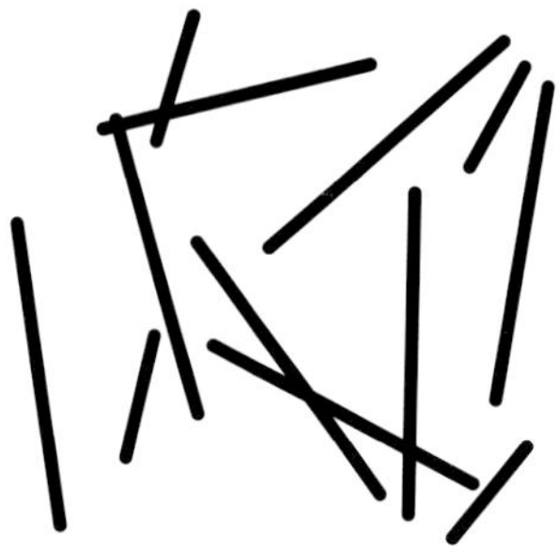

Abb. 2

Ein wesentlicher Grund für optische Täuschungen liegt in der Verarbeitung von äußeren Signalen. Die menschliche Netzhaut hat ca. 130 Millionen Rezeptoren, doch der Sehnerv kann gerade mal 1 Million Informationen weiterleiten. Das heißt: Über 99 % der gesamten optischen Realität schustert sich unser Gehirn selbst zusammen. Insofern ist es eigentlich ein Wunder, dass wir jeden Morgen unseren Partner wieder neu erkennen können (obwohl es manchmal ziemlich schwer sein kann). Das ist natürlich eine unglaubliche Leistung, gleichzeitig aber auch ein großer Nachteil. Denn dadurch erkennt unser Gehirn auch dann Strukturen und Ordnungen, wenn es überhaupt keine gibt. „Wärme dehnt die Dinge aus – deswegen sind die Tage im Sommer länger!“ Klingt logisch, ist aber falsch.

Oder ist Ihnen schon mal aufgefallen, dass der Mond viel größer ist, wenn er knapp über dem Horizont steht und durch die Bäume scheint? Auch da spielt uns unser Gehirn einen Streich. Objekte erscheinen nämlich immer dann als sehr viel größer, wenn in ihrem Umfeld optische Störgrößen vorhanden sind. Deswegen lassen wahrscheinlich viele Männer beim Sex auch die Socken an.

Diese Mond-Illusion kann man übrigens ganz einfach abschalten, indem man den Mond kopfüber anschaut. Probieren Sie's aus! Wenn das nächste Mal der Mond knapp über dem Horizont steht, dann schauen Sie ihn einfach durch die Beine an, und zack – er schrumpft auf die normale Größe. In dem Zusammenhang noch ein kleiner Tipp an die Leserinnen: Wenn Ihre neue Eroberung zum ersten Mal die Hosen runter lässt – einfach mal die Perspektive wechseln.

Sie sehen: Dieser glibberige Klumpen da oben gaukelt uns ziemlich viel vor, was wir als „Realität“ bezeichnen. Seien Sie deshalb kritisch und glauben Sie nicht alles. Wenn die Ampel rot ist, fahren Sie einfach drüber. Es könnte eine optische Täuschung sein. Selbst Zeit und Raum werden im Gehirn stärker verzerrt, als Albert Einstein es sich hätte träumen lassen. Die letzte Spielminute dauert ewig. Das Tor des Gegners ist kleiner, der Torwart größer. Unser gesamtes Bild von der Umwelt gleicht nicht einem Foto, sondern eher einem mittelalterlichen Gemälde, in dem bedeutende Personen größer dargestellt sind. Ärmere Kinder überschätzen die Größe von Geldmünzen. Wenn wir Fieber haben, arbeitet die Zeitwahrnehmung schneller. Adrenalin bewirkt das Gleiche. Deshalb haben ängstliche Menschen wahrscheinlich immer das Gefühl, alles könne zu spät sein.

Und weil das Gehirn die Realität eben nicht identisch abbildet, sondern mehr oder weniger willkürlich *konstruiert*, können wir gar nicht anders, als uns etwas vorzumachen. 80 % aller weiblichen Autofahrer halten sich für überdurchschnittlich gute Verkehrsteilnehmer. Bei den Männern liegt der Anteil sogar bei 104 %. Auch wer nicht viel von Statistik versteht, kommt hier ins Stutzen.

Doch es gibt Hoffnung. Das Gehirn ist nämlich nicht nur in der Lage, sich glaubhaft eine Wirklichkeit vorzugaukeln, sondern es ist glücklicherweise auch fähig, sich dieser Täuschungen bewusst zu werden. Genau aus diesem Grund kam es zu der Erfindung von Wissenschaften. Schon immer wollte man wissen, nach welchen Regeln und Gesetzen die Welt funktioniert. Dabei erkannte man jedoch, dass einem der erste Eindruck, die Intuition, ziemlich oft einen Streich spielt. Die meisten Denkirrtümer basieren nämlich nicht auf Fehlern unserer Logik, sondern auf einseitigen Wahrnehmungen. Wir nehmen wahr, was wir erwarten. Ludwig Wittgenstein fragte einmal einen Bekannten: „Warum hielten es die Menschen so lange für ganz natürlich, dass die Sonne um die Erde kreist und sich die Erde nicht dreht?" Darauf bekam er die Antwort: „Es hat eben den Anschein, dass sich die Sonne um die Erde dreht." Worauf Wittgenstein erwiderte: „Wie hätte es denn ausgesehen, wenn es den Anschein gehabt hätte, dass sich die Sonne um die Erde dreht?"

Das bedeutet natürlich keinesfalls, dass wir unser Bauchgefühl ignorieren sollten. Im Gegenteil. Unsere Intuition gibt uns zunächst einmal einen ersten Anhaltspunkt, wie die Welt funktionieren *könnte*. Nicht mehr und nicht weniger. Um aber zu erkennen, ob diese Vorstellung auch der Realität entspricht oder ob man eventuell einem Irrtum aufsitzt, muss sie mit der Realität abgeglichen werden. Genau das ist der Grundgedanke von Wissenschaft. Wissenschaftliches Denken ist, banal gesagt, eine Methode zur Überprüfung von Vermutungen. Wenn ich beispielsweise vermute, dass im Kühlschrank noch Bier sein könnte und auch nachschaue, ob dies denn stimmt, betreibe ich im Prinzip schon eine Vorform von Wissenschaft. Das ist im Übrigen der große Unterschied zur Theologie. In der Theologie werden Vermutungen in der Regel nicht überprüft. Wenn ich also nur behaupte, dass im Kühlschrank Bier ist, bin ich Theologe. Wenn ich nachsehe, bin ich Wissenschaftler. Wenn ich nachsehe und nichts finde, aber trotzdem behaupte, dass Bier drin ist, dann bin ich Esoteriker.

Was aber mache ich, wenn der Kühlschrank abgeschlossen ist? Dann muss ich versuchen, die Wahrheit anderweitig herauszufinden. Ich kann z. B. daran rütteln, ich kann ihn wiegen oder mit Röntgenstrahlen durchleuchten. Ich kann das Ding sogar abfackeln und danach die Verbrennungsprodukte auf Bier untersuchen. Das alles ist natürlich extrem aufwändig und langwierig. Deshalb kann ein Esoteriker in fünf Minuten auch mehr Unsinn behaupten, als ein Wissenschaftler in seinem ganzen Leben widerlegen kann. Aber selbst wenn ich alle möglichen Experimente durchgeführt habe, habe ich trotzdem nie die volle Gewissheit, ob sich in diesem blöden Kühlschrank tatsächlich Bier befindet. Ein Restzweifel bleibt immer. Weil ich mit jedem Experiment immer nur einen kleinen Teil der Wirklichkeit abbilden kann. Das ist der Grund, weshalb es in der Wissenschaft kein absolut gesichertes Wissen gibt. Ein Dilemma, das einige sicherlich aus dem privaten Bereich kennen. Oder wie meine Oma zu sagen pflegte: „Bub, Beziehung ist der Zeitraum im Leben, bis was Besseres auftaucht ..."

Etwas seriöser formulierte es vor 2500 Jahren der Philosoph Sokrates: „Ich weiß, dass ich nichts weiß." Und daran hat sich bis zum heutigen Tage eigentlich gar nicht so viel geändert.

- Wie kam das Leben auf die Erde?
- Was war vor dem Urknall?
- Warum und womit schnurren Katzen?
- Und warum kotzen die immer nur auf den Teppich und nie aufs Parkett?

Das sind trotz intensiver Untersuchungen und Studien nach wie vor ungeklärte Fragen. Der am besten gesicherte Teil unseres Wissens besteht immer noch darin, was wir *nicht* wissen. Und es war schon immer eine große Versuchung, diese Wissenslücken mit den unterschiedlichsten Glaubensvorstellungen aufzufüllen. Sonnenaufgang und -untergang wurden einst Helios und seinem flammenden Streitwagen zugeschrieben. Erdbeben und Flutwellen waren die Rache Poseidons. Und genau wie heute waren Skeptiker und Zweifler eher in der Minderheit. Schon Hippokrates war der Auffassung:
„*Die Menschen halten die Epilepsie für göttlich, nur weil sie sie nicht verstehen. Aber wenn sie alles göttlich nennen würden, was sie nicht verstehen, dann wäre des Göttlichen kein Ende.*“
Ist also folglich der Glaube widersinnig? Oft scheint es tatsächlich so zu sein. Warum etwa beten Katholiken für ein langes Leben, wenn der Tod doch die Erlösung bedeutet? Das habe ich nie verstanden. Vielleicht, weil die göttliche Macht auf Erden ja direkt vom Papst ausgeht. Und der ist ja bekanntlich der einzige Katholik, der sich durch seinen Tod karrieremäßig verschlechtert.
Natürlich muss man auch fairerweise zugeben, dass uns zunächst einmal gar nichts anderes übrig bleibt als zu glauben. Ob Physiker oder Schamane – wir alle sind gezwungen, uns ein Weltbild zu machen, das über unser eigenes Wissen hinausgeht. Ich habe z. B. jahrelang geglaubt, wenn ich mit nassen Haaren aus dem Haus gehe, tut es einen Schlag und ich bin tot! Das hat meine Oma immer zu mir gesagt. „Bub, zieh ’ne Mütze auf! Und mach nicht so’n Gesicht. *Sonst bleibt’s so.*“ Und, was ist passiert? Es ist so geblieben.
Die meisten Dinge, die wir wissen, glauben wir nur zu wissen. Natürlich weiß ich nicht wirklich, ob es tatsächlich schwarze Löcher gibt. Oder Bielefeld. Ich glaube, dass das Universum mit dem Urknall entstanden ist. Doch im Gegensatz zu Glaubenssystemen wie Religion, Mystik oder Esoterik kann sich der Wissenschaftler profundes Wissen aneignen, um es herauszufinden.
Wissenschaft ist der Versuch, bei der Erklärung der Natur ohne die Inanspruchnahme von Wundern auszukommen. Das geht freilich nur mit einem gnadenlosen Testverfahren. Die harte, aber gerechte Regel heißt: Wenn eine Idee nicht funktioniert, muss sie über Bord geworfen werden. Noch vor 150 Jahren waren praktisch alle Ärzte davon überzeugt, dass Bahnfahren automatisch zu psychischen Erkrankungen führt. Und seit dem Lokführerstreik konnte man es auch tatsächlich nachweisen.
Selbst die Relativitätstheorie ist nur deswegen richtig, weil es bisher noch keinem gelungen ist, sie zu widerlegen. Wenn Sie nur ein einziges Experiment finden, dass eindeutig nachweist, dass sich Einstein irrte, dann hätte Einstein ein großes Pro-

blem. In der Religion ist es oft genau umgekehrt. Galilei wies eindeutig nach, dass sich die Kirche irrte – und somit hatte Galilei ein großes Problem.
Wissenschaftliche Systeme basieren also auf der Suche nach dem Zweifel, Glaubenssysteme dagegen basieren auf dem Zweifelsverzicht. Denn die Aussage „Es gibt einen Gott" ist weder beweisbar noch widerlegbar. Das bedeutet freilich nicht, dass sie zwangsläufig falsch ist. Aber wenn ich eine Aussage nicht überprüfen kann, habe ich auch keine Chance, herauszufinden, ob ich einer Täuschung oder einer Lüge aufsitze. Der Philosoph Bertrand Russell wurde einmal gefragt, was er tun würde, wenn er nach seinem Tod Gott gegenüberstünde und erklären müsste, warum er nicht an ihn geglaubt habe. Russell dachte kurz nach und sagte dann den legendären Satz: „Ich würde antworten: keine ausreichenden Anhaltspunkte, Gott. Keine ausreichenden Anhaltspunkte ..."
Dieses Dilemma ist natürlich auch den Kirchen bewusst. Daher gab es im Laufe der Religionsgeschichte immer wieder große Bestrebungen, intelligente und schlüssige Testverfahren zu entwickeln. Denken Sie nur an die Beweisführung von Hexenprozessen! Die verdächtige Person wurde an Armen und Beinen zusammengebunden und in einen Fluss geworfen. Blieb sie an der Oberfläche, war sie eine Hexe und wurde danach verbrannt. Ging sie unter, war sie unschuldig und ist ertrunken. Aus der Sicht der Kirche eine klassische Win-Win-Strategie, die noch vor 300 Jahren in Europa zehntausendfach mit großem Erfolg durchgeführt wurde. Das ist im Übrigen auch der Grund, weshalb es in der heutigen Zeit praktisch keine Hexen mehr gibt. Weil uns die heilige Inquisition die Welt sozusagen besenrein übergeben hat.
In dem Zusammenhang soll natürlich nicht verschwiegen werden, dass es durchaus eine Menge von Phänomenen gibt, bei denen selbst die Wissenschaftler an Erkenntnisgrenzen stoßen. So gibt es in Offenbach einen Reiki-Lehrer, der fliegen kann. Gut, zwar nur in eine Richtung, aber immerhin. Oder wenn man einen Menschen auffordert, an etwas Positives zu denken und gleichzeitig seine Körpertemperatur misst, dann steigt sie leicht an oder bleibt gleich oder sinkt minimal. Und jetzt kommt das Erstaunliche: Bei etwas Negativem ist es genau umgekehrt!
Wenn Glaubenssysteme anscheinend etwas so offenkundig Unlogisches und Irrationales sind, wieso aber gibt es sie dann? Nach den Kriterien der evolutionären Selektion sollten sich ja eigentlich nur Eigenschaften durchsetzen, die in irgendeiner Form von Nutzen sind. Was aber nützt dem Homo sapiens der Glaube an das Unbeweisbare? Dazu im Folgenden vier Erklärungsmodelle.

Große Gehirne stellen unangenehme Fragen

Auch wenn es oft nicht danach aussieht, aber der Mensch kann nichts besser als Denken. Über 20 % der gesamten Energiezufuhr gehen direkt in die Birne. Ob Sie wollen oder nicht. Und für die wirklich wichtigen Tätigkeiten wie Schlafen, Essen,

Verdauung und Fortpflanzung reicht im Prinzip das Rückenmark. Warum also leistet sich die Evolution so eine unglaubliche Verschwendung? Weil wir sonst nichts anderes gut können. Praktisch jedes Lebewesen ist uns in irgendeiner Eigenschaft haushoch überlegen. Eine Languste z. B. kann das Magnetfeld der Erde so empfindlich wahrnehmen, dass sie von jedem beliebigen Ort im Meer wieder zurück nach Hause findet. Ich bin in einem normalen Parkhaus schon überfordert. Oder es gibt eine Tintenfischart, bei der das Männchen einen Begattungsarm besitzt, der sich vom eigentlichen Körper abtrennen kann. Wirklich. Der schwimmt dann mit dem Samen alleine weg und befruchtet selbstständig die Weibchen. Im Endeffekt eine super Sache. Wenn beispielsweise die Paarungszeit genau mit dem Bundesligastart zusammenfällt.

Und was können wir? Wir können nicht besonders gut hören oder riechen, sind kümmerlich behaart (zumindest die meisten) und haben keine Krallen oder Reißzähne. Als wir vor zwei Millionen Jahren auf der Bildfläche erschienen, hätte jede Marketing-Abteilung schon vor der Serienproduktion gesagt: „Aufrechter Gang? Braucht kein Mensch!“

Trotzdem haben wir uns vermehrt wie die Karnickel. Wir haben Herden gebildet. Und haben das Rad, die Pockenschutzimpfung und schließlich sogar den elektrischen Fensterheber erfunden. Weil wir nichts besonders gut können – außer Denken. Das ist unsere evolutionäre Nische. So gesehen ist Intelligenz eigentlich nicht die Krone der Schöpfung, sondern eher der Notnagel. Trotzdem haben wir es damit in erstaunlich kurzer Zeit an die Spitze der Nahrungskette geschafft.

Doch wie jedes Wunderwerk – Sie ahnen es vielleicht schon – hat auch das menschliche Gehirn ein paar kleine Konstruktionsfehler. Bei genauerem Hinsehen erweist sich nämlich die herausragende Fähigkeit unseres Hirns, Zusammenhänge zu konstruieren und nach Ursachen und Wirkungen zu suchen, ab und an als intellektueller Bumerang.

So ist es eine große Versuchung, zwei Ereignisse miteinander in Verbindung zu bringen und zu behaupten, das eine sei die Ursache des anderen. Die Mutter von Johannes Kepler wurde wegen Hexerei verhaftet, weil ihr Besuch bei einer Nachbarin unglücklicherweise mit einer schweren Krankheit der Nachbarin zusammenfiel. Wer so denkt, verwechselt Korrelationen mit Kausalitäten. Anders gesagt: Verursachen Zahnspangen Pubertät? Nun, Zahnspangen und Pubertät sind miteinander korreliert. Was nichts anderes bedeutet, als dass beide Ereignisse gleichzeitig auftreten. Dieser Denkfehler, der Kausalität mit Korrelation verwechselt, ist ziemlich tückisch. Denn nur weil zwei Ereignisse gleichzeitig auftreten, heißt das noch lange nicht, dass das eine die Ursache vom anderen ist. Vor ein paar hundert Jahren hat ein russischer Zar herausgefunden, dass in der Provinz mit den meisten Ärzten auch die meisten Leute krank waren. Und was hat er getan? Er hat befohlen, die Ärzte zu erschießen. Darauf kommt noch nicht mal unser Gesundheitsministerium.

Der zweite Schwachpunkt unseres Gehirns ist, dass es paradoxerweise in der Lage ist, sich Fragen zu stellen, die es von vornherein nicht beantworten kann. Was macht die Zeit, wenn sie vergangen ist? Hat das Universum einen Sinn? Und wieso

sind Gebrauchsanleitungen von elektrischen Saftpressen so dick wie ein russisches Revolutionsepos?
Genau an diesem Punkt kommt der Glaube ins Spiel. Unser tief sitzendes Bedürfnis, hinter jedem Ereignis irgendwelche Gründe anzunehmen, führte automatisch zu der Erfindung von Ritualen, zu Aberglauben und Gottheiten.
Dies kann man selbst bei Laborratten beobachten. Stellen Sie sich einen drei Meter langen Käfig vor, an dessen Ende ein Fressnapf steht. In diesen Käfig lässt man nur eine Laborratte. Die Versuchsanordnung ist so konstruiert, dass nach zehn Sekunden Futter in den Napf fällt, vorausgesetzt, dass die Ratte erst zehn Sekunden nach dem Öffnen an den Napf kommt. Kommt sie in weniger als zehn Sekunden an, bleibt der Napf leer. Nach einigem Ausprobieren erfasst die Ratte die offensichtliche Beziehung zwischen dem Erscheinen von Futter und der verstrichenen Zeit. Da sie aber normalerweise für den Weg zum Napf nur etwa zwei Sekunden braucht, muss sie die restlichen acht Sekunden irgendwie „verbummeln". Indem sie beispielsweise drei Pirouetten ausführt. Die Ratte jedoch nimmt irrtümlich an, dass die Ausführung der Pirouetten der Auslöser für das Futter sind. Mit der Folge, dass sie bei jedem weiteren Gang zum Fressnapf akribisch immer wieder das gleiche Ritual ausführt. Die Ratte wurde also abergläubisch. Kommt Ihnen das nicht bekannt vor?
Offenbar ist also aus dem im Gehirn angelegten Deutungsbedürfnis nach Sinn und Zweck auch der Glaube entstanden. Denn das menschliche Hirn hasst nichts so sehr wie Ambivalenz. Unangenehmerweise wimmelt unsere Welt aber von unklaren Phänomenen. Die meisten Dinge sind verdammt komplex. Frauen z. B. oder Männer. Erst recht Frauen *und* Männer. Das Wetter, unser Girokonto, das Tarifsystem der Deutschen Bahn. Wie soll man das alles nur erklären? Dahinter *muss* doch etwas Größeres, Magisches stecken.
Anscheinend können wir uns nur sehr schwer damit abfinden, dass es möglicherweise zu den meisten Fragen überhaupt keine Antworten gibt. Oder dass vieles im Leben einfach so passiert. Ohne irgendeinen höheren, göttlichen Plan. Wenn uns z. B. irgendetwas Schlimmes widerfährt, fragen viele Menschen automatisch nach dem Sinn. Erstaunlicherweise fragen sehr wenige nach dem Sinn, wenn es ihnen gut geht oder wenn nichts Schlimmes passiert. Der Mensch ist von Natur aus egozentrisch. Und daher hat jede Form von Glauben quasi einen Heimvorteil. Denn kaum einen anderen Gedanken können wir so schlecht akzeptieren wie die Idee, dass wir vielleicht doch nicht der Höhepunkt von irgendetwas sind.
Das ist der Hauptgrund, weshalb die Evolutionstheorie von fundamentalistischen Gläubigen bekämpft wird.

- Kann so etwas Komplexes wie das menschliche Gehirn nur durch Zufall entstanden sein?
- Muss da nicht ein göttlicher Plan dahinterstecken?
- Wenn uns aber wirklich ein intelligenter Designer erschaffen hat, warum hat er dann so etwas Unnötiges wie den Blinddarm entwickelt?

Gut, vielleicht war er Chirurg ...
Schaut man sich etwas intensiver im menschlichen Körper um, dann muss man an einem intelligenten Designer zweifeln. Alleine, was wir für einen genetischen Krempel mit uns herumschleppen. 90 % des gesamten Erbmaterials hat nach heutigem Kenntnisstand keine eindeutige Funktion. Das linke Ohr ist mit der rechten Hirnhälfte verbunden, Luft- und Speiseröhre sind gekreuzt, die Abwasserleitung läuft direkt durch das Vergnügungsviertel. Kein Bauleiter würde so eine Butze abnehmen. Intelligenter Schöpfer hin oder her – aber Innenarchitektur ist mit Sicherheit nicht seine Stärke.
Was immer die Evolution hervorbrachte – es entstand ohne Ziel und Absicht. Und vor allem ohne den Ehrgeiz, eine optimale Lösung zu finden. Wenn etwas funktioniert, wird es beibehalten – wenn nicht, stirbt es aus. Deshalb hat sich beispielsweise auch die Büffelhaut entwickelt. Weil die Büffel ohne Haut immer wieder auseinandergefallen sind.
Die Naturgeschichte verliefe vollkommen anders, würde sie sich noch einmal abspielen. Das ist der Grund, weshalb Charles Darwin bei Religionsführern so unbeliebt ist. Weil er nachwies, dass es ein purer Zufall war, der zu unserer Existenz führte.

Wir haben kein Sinnesorgan für „Zufall"

Der vielleicht größte Impuls für die Entstehung von Glauben ist die menschliche Unfähigkeit, einen pragmatischen Umgang mit dem Zufall zu pflegen. Unser Gehirn ist schlicht und einfach nicht dafür ausgerüstet. Das ist der Grund dafür, weshalb Menschen am Roulettetisch Geld verlieren. Man schaut sich die zurückliegenden Würfe an und sagt intuitiv: „Nach fünfmal Rot muss doch jetzt einfach Schwarz kommen!" Warum ist das Quatsch? Weil eine Kugel eben kein Gedächtnis hat.
Der Mensch neigt dazu, zufälligen Ereignissen eine unangemessene Bedeutung zu geben. Daher meinen auch viele, sie müssten übersinnliche Kräfte bemühen, wenn eigentlich nur Wahrscheinlichkeiten ihre Arbeit tun. Was schätzen Sie: Wie viele Personen müssen in einem Zimmer sein, damit es mehr als wahrscheinlich wird, dass zwei am selben Tag Geburtstag haben? Dazu benötigt man nur 23 (!) Personen. Bei Zwillingen sogar noch deutlich weniger.
Oder stellen Sie sich einen Würfel vor mit einer Kantenlänge von einem Kilometer. Dieser Würfel ist randvoll mit Wasser gefüllt. Im Boden ist ein Loch, aus dem pro Sekunde 100 Liter auslaufen. Wie lange dauert es, bis der Würfel leer ist? Nur schätzen, nicht rechnen. Ein paar Minuten? Einen Tag? Eine Woche? Die korrekte Antwort: 317 Jahre. Das zeigt, dass unser Geist im Umgang mit Zahlen und Wahrscheinlichkeiten ziemlich schnell an die Grenzen der Vorstellungskraft stößt.

Noch viel schwerer tun wir uns bei der Bewertung von Risiken. Mein Nachbar raucht jeden Tag zwei Päckchen Reval ohne Filter, aber bei jedem Hustenanfall röchelt er: „Oh, der blöde Feinstaub ..." Die Psychologie bezeichnet ein solches Verhalten als „kognitive Dissonanz". Je näher die Gefahr an einem dran ist, desto mehr ignoriert man sie. Ein Bekannter von mir ist ein totaler Sicherheitsfreak. Firewalls, Antivirusprogramme, Alarmanlage, versichert bis unter die Hutschnur; und letztes Jahr war seine Wohnung ausgeräumt und die Konten geplündert – von seiner eigenen Frau!

Und so ticken wir irgendwie alle, oder? Beim Lottospielen sagen wir: „Die Chance auf den Hauptgewinn steht 1 zu 140 Millionen – es könnte mich treffen!" Beim Rauchen sagen wir: „Die Chance für Lungenkrebs steht 1 zu 1000 – warum sollte es ausgerechnet mich treffen?"

Der Grund für dieses sehr unlogische, paradoxe Verhalten liegt in der Evolution. Seit Jahrmillionen ist unser Wahrnehmungsapparat auf Gefahren eingestellt, die exotisch, unberechenbar und hochdramatisch sind. Das war früher immens wichtig. In der Steinzeit war ein übersehener Säbelzahntiger für die Lebensqualität wesentlich relevanter als ein erhöhter Blutdruck. Und weil wir heute außer Versicherungsvertretern und Gebrauchtwagenhändlern keine natürlichen Feinde mehr haben, fürchten wir uns eben vor sehr abstrakten Dingen: Globalisierung, Gentechnik oder Elektrosmog. So eine Stimmung vor 500 000 Jahren, und die Sache mit dem Feuer wäre nie genehmigt worden.

Das menschliche Gehirn, wie es sich im Verlauf der Evolution bis zum Auftreten des Homo sapiens entwickelt hat, ist anscheinend mit seinen kognitiven Fähigkeiten nicht darauf angelegt, die Welt zu verstehen. Daher sind wir oft so hilflos. Unser Geist hat sich in erster Linie entwickelt, um in der Natur zu überleben, und nicht, um Computer zu konfigurieren, Klingeltöne herunterzuladen oder über den Sinn des Lebens nachzudenken. Oder wie es Ronald Wright treffend formulierte: „Wir benutzen die Software des 21. Jahrhunderts auf einer Hardware, die zum letzten Mal vor 50 000 Jahren aufgerüstet wurde."

Glauben ist bequem

1998 wurde in der Fachzeitschrift „Nature" das religiöse Verhalten der US-Amerikaner untersucht. Man fand heraus, dass 90 % der Gesamtbevölkerung an irgendein übernatürliches Wesen glauben. Unter Naturwissenschaftlern lag der Anteil der Gläubigen bei etwa 40 %. Bei den amerikanischen Spitzenwissenschaftlern jedoch sank die Rate dramatisch auf 7 %. Die durchaus interessante Frage, wie es mit dem religiösen Verhalten von Gott selbst aussieht, wurde leider nicht untersucht. Der Antwortbogen kam nicht zurück.

Der Grund, wieso Naturwissenschafter oft nicht an Gott glauben, ist nicht, weil sie Erkenntnisse ignorieren, sondern weil sie sehr viel fundiertes Wissen angesammelt haben. Wenn man in etwa weiß, wie das Universum aufgebaut ist oder wie Atome funktionieren, dann ist es praktisch unmöglich, an traditionelle Gottesbilder zu glauben. Der Nobelpreisträger Steven Weinberg sagte dazu: „Das Verdienst der Naturwissenschaften besteht nicht darin, dass sie es den Menschen unmöglich macht, gläubig zu sein, sondern, dass sie es ihnen möglich macht, ungläubig zu sein."
Diese Denkweise hat jedoch einen entscheidenden Nachteil. Es ist bedeutend mühsamer, an nichts zu glauben als an irgendetwas zu glauben. Denn das Gefühl von Unwissenheit ist extrem unangenehm. Und von diesem Gefühl hat die Naturwissenschaft reichlich. Sie bietet keine Hoffnungen für ein Leben nach dem Tod an, toleriert keine Magie, und sie verrät uns erst recht nicht, wie wir leben sollen. Religionen dagegen bieten ein Mindestmaß an Gewissheit in Bereichen, in denen keine letzte Gewissheit zu haben ist.
Bei der großen Frage nach der Existenz Gottes hilft einem dieser Sachverhalt natürlich auch nicht viel weiter. Die Tatsache, dass ein gläubiger Mensch eventuell glücklicher ist als ein Skeptiker, trägt zur Sache nicht mehr bei als die Tatsache, dass ein betrunkener Mensch glücklicher ist als ein nüchterner. Trotzdem scheint es von der psychologischen Warte her möglich, dass es den Menschen besser geht, wenn sie an etwas glauben. So unwahr dieses Etwas auch sein mag. Schon alleine deshalb musste es zwangsläufig zu der Entstehung von Religionen kommen.
Eine ganze Fülle von Studien hat gezeigt, dass fromme Menschen länger leben. Außer vielleicht sie sind Christ in Afghanistan. Gläubige Menschen erleiden weniger häufig Schlaganfälle und Herzinfarkte, haben ein besseres Immunsystem und einen niedrigeren Blutdruck als die Durchschnittsbevölkerung. Das bedeutet, dass Atheismus praktisch genauso gesundheitsschädlich wie Rauchen und Saufen ist.
Der Rostocker Altersforscher Marc Luy fand sogar heraus, dass katholische Mönche fast fünf Jahren älter werden als ihre Geschlechtsgenossen außerhalb der Klostermauern und somit fast die Lebenserwartung von Frauen erreichen. Was natürlich auch an ihrem grundsätzlich gesünderen Lebenswandel liegen könnte. Mönche verschwenden keine übermäßige Energie bei der Partnerwerbung, haben weniger Stress auf der Arbeit und leiden relativ selten an Geschlechtskrankheiten.
Zunehmend weisen Neurologen, Mediziner und Psychologen nach, wie stark Glaubensvorstellungen den Heilungsprozess von Krankheiten beeinflussen. Pure Überzeugung kann Schmerzen lindern, Asthma bessern oder Allergien mindern. Mit Scheintherapien lassen sich erstaunliche Erfolge erzielen. Im Zweiten Weltkrieg spritzten Mediziner ohne das Wissen der Patienten statt Morphium Kochsalz, weil ihnen die Schmerzmittel ausgingen. Trotzdem berichteten viele von einer Besserung. Selbst Jesus hat sich auf den Plazeboeffekt berufen. Laut unbestätigten Aussagen sagte er jedesmal, wenn er einen Menschen geheilt hatte: „Dein Glaube (nicht etwa Gott) hat dir geholfen." Ist also Religion ein Plazebo? Hat der Gottesdienst die gleiche biologische Wirkung wie ein Zuckerpillchen? Es sieht fast so aus (vgl. Kap. 14).

Andererseits lösen Religionen bei vielen Gläubigen ja auch ganz bewusst große Ängste aus. Oder wie die Komikerin Cathy Ladman feststellte: „Religion, das sind Schuldgefühle mit unterschiedlichen Feiertagen." Trotzdem könnte es möglich sein, dass gerade der gezielte Aufbau von gemeinsamen Ängsten einer Gruppe von Individuen einen Überlebensvorteil bringt. Denn Angst und Schuld können auch zusammenschweißen. Deshalb lautet das Motto des Christentums ja auch: Du darfst tun, was du willst, solange es dir keinen Spaß macht.

Der Mensch ist ein extrem soziales Wesen (Ausnahmen bestätigen die Regel). Evolutionsbiologisch war es stets überlebenswichtig, in der Gruppe angesehen zu werden. Die Förderung des sozialen Zusammenhalts ist deshalb ebenfalls ein entscheidender Grund, weshalb sich Rituale und Religionen durchgesetzt haben. Heute können wir es uns freilich leisten, individuell zu leben. Aber in der Steinzeit war jeder Atheist ein gefundenes Fressen für den Säbelzahntiger. Lange Zeit war es für die pure Existenz immens wichtig, die Sippe zusammenzuhalten. Andererseits musste man sich von konkurrierenden Stämmen bewusst abgrenzen, um zu überleben. Ursprüngliche Rituale wie Tier- oder gar Menschenopfer dienten auch diesem Zweck.

Keine kulturelle Erfindung ist so effektiv bei der Ausgrenzung von Andersdenkenden wie religiöse Systeme. Ein zentraler Gedanke des christlichen Glaubens ist z. B. der der Erbsünde. Für gläubige Christen kommen die Menschen keinesfalls als unbeschriebenes Blatt auf die Welt, sondern sind quasi von Geburt an stigmatisiert. Ein perfektes Instrument, um andere Gruppen per se zu diskriminieren und gleichzeitig die Moral der eigenen zu stärken. Die meisten erfolgreichen Glaubenssysteme haben eine verbindende, aber eben auch eine spaltende, abgrenzende Komponente. Zwei Elemente also, die eindeutig soziale Bindungen festigen und – nicht zu vergessen – natürlich auch Machtstrukturen untermauern. Die üblichen religiösen Begründungen für eine strenge Sexualmoral haben weniger etwas mit echten humanitären Werten, sondern viel mehr mit Machtfragen zu tun. Hirnforscher haben sogar festgestellt, dass Moralprediger wie alle Menschen, die bestrafen dürfen, dabei Glücksgefühle entwickeln. Wer andere zurechtweist oder sie für unpassendes Verhalten bestraft, fühlt sich dabei besonders gut.

Deshalb geht es – wenn man einigen Islamforschern Glauben schenken darf – den meisten arabischen Extremisten auch gar nicht primär um religiöse Motive. Der eigentliche Grund ist angeblich viel profaner. Die Jungs sind tierisch frustriert, weil sie nicht an Frauen rankommen. In diesen streng arabischen Staaten herrscht ja bekanntlich eine Sexualmoral, gegen die die katholische Kirche ein Swingerclub ist. Daher kommen übrigens auch die weltweit höchsten Zugriffsraten auf Pornoseiten aus den arabischen Staaten. Die haben einen tierischen Druck. Die wollen nicht Allah näher kommen, sondern Dolly Buster.

Wobei sich an der Stelle die Frage stellt: Was bekommen eigentlich Selbstmord-Attentäterinnen im Paradies? Männer bekommen angeblich 72 Jungfrauen. Aber Frauen? Vielleicht irgendetwas mit Schuhen? Einen Gutschein von Görtz? Möglich ist alles.

Wir glauben, weil wir nicht vernünftig sind

Jeder Religionskrieg basiert im Wesentlichen auf der Idee, Menschen zu töten, um herauszufinden, wer den besten unsichtbaren Freund hat. Dabei ist jedoch anzumerken, dass religiöse Gräueltaten nicht deswegen begangen werden, weil der Mensch grundsätzlich böse ist, sondern vielmehr, weil er von Natur aus nur teilweise rational ist. Oder wie es der Schriftsteller Christopher Hitchens ausdrückte: „Die Evolution bringt es mit sich, dass der präfrontale Kortex bei uns zu klein, die Adrenalindrüsen zu groß und die Sexualorgane schlampig konstruiert sind."

Wir sehen uns gerne als rationale und logisch denkende Wesen. Doch entspricht dieses Bild tatsächlich der Realität? Naja. Wenn man ehrlich ist, haben die meisten Dinge, die wir tun, mit rationalem Verhalten herzlich wenig zu tun. Wir verschieben das Kinderkriegen, um Karriere zu machen, setzen für Drogen unsere Gesundheit aufs Spiel oder schaufeln uns mit schlechter Ernährung selbst das Grab.

Doch ist es wirklich möglich, vollkommen frei zu entscheiden? Hirnforscher glauben: Nein. Wenn Sie zum Beispiel einen Neurobiologen fragen, ob er Tee oder Kaffee möchte, dann sagt er in der Regel: „Ich glaube nicht an den freien Willen, deswegen warte ich einfach ab und gucke, was ich bestelle."

Dazu gibt es ein sehr interessantes Experiment. Man legte Versuchspersonen Elektroden an den motorischen Bereich im Großhirn, mit denen man dann durch eine einfache Reizung ihren Arm heben konnte. Als man aber danach die Personen nach dem Grund für die Bewegung fragte, behaupteten sie steif und fest: „Weil ich es so gewollt habe!" In letzter Konsequenz bedeutet dies: Das, was wir als freien Willen bezeichnen, ist im Endeffekt einfach nur ein cleverer PR-Gag von unserem Gehirn, um uns vorzugaukeln, wir hätten auch irgendetwas zu melden.

Wir wissen heute, dass das limbische System, also jene „Funktionseinheit" im Gehirn, die die menschliche Gefühlswelt steuert, die erste und letzte Entscheidung trifft, und nicht etwa die Großhirnrinde, der Sitz des Verstands. Die hat nur beratende Funktion. Das weiß jede Frau, die schon mal in einen Idioten verliebt war. Ihre Großhirnrinde flüstert: „Schick ihn zum Teufel!" Ihr limbisches System dagegen schreit: „Aber er ist doch sooo süß!"

Der Mensch entscheidet vollkommen anders als er denkt. Wir benutzen verschwommene Erinnerungen, um vorschnell Schlüsse zu ziehen, glauben in letzter Konsequenz lieber, was unsere Emotionen sagen, und denken meistens das, was unsere Mitmenschen für richtig halten. Ein Wunder, dass überhaupt irgendetwas Produktives vorangeht.

Auch beim Glauben spielt das limbische System eine entscheidende Rolle. Elektrische Stimulation der limbischen Strukturen verursacht bei Versuchen am Menschen traumhafte Halluzinationen, Gefühle der Körperlosigkeit, Déjà-vu-Erlebnisse und Sinnestäuschungen, wie sie auch während spiritueller Zustände beobachtet wurden.

Epileptiker, bei denen die Anfälle sich im so genannten Temporal- oder Schläfenlappen des Gehirns abspielen, berichten ebenfalls oft von spirituellen Visionen. Einige Forscher gehen sogar so weit, bei den größten Mystikern der Geschichte posthum epileptische Anfälle zu diagnostizieren. So wird beispielsweise behauptet, der Prophet Mohammed, der Stimmen hörte, Visionen sah und bei seinen mystischen Episoden reichlich schwitzte, habe möglicherweise unter komplexer fokaler Epilepsie gelitten. Auch die Bekehrung des eifrigen Christenverfolgers Saulus zu einem Apostel, der sich fortan Paulus nannte, könnte mit einem epileptischen Anfall verbunden gewesen sein.
Sind also die Weltreligionen nur aufgrund eines Krampfleidens entstanden? Vielleicht hätten sich der Islam und das Christentum überhaupt nicht durchgesetzt, hätte es damals schon Medikamente wie Valproat oder Carbamazepin gegeben. Wer weiß.
In jedem Fall hat die Bedeutung, die ein Mensch seinem Glauben beimisst, in hohem Maße mit seiner Hirnaktivität zu tun. Bei tibetanischen Mönchen, die zum Meditieren in einen Computertomographen geschickt wurden, fand man heraus, dass sich während der Meditation die neuronale Aktivität in einem Hirnareal verringert, das normalerweise für das räumliche Orientierungsvermögen zuständig ist. Der meditierende Mensch verliert also den Kontakt zu seinem eigenen Körper und fühlt sich von Raum und Zeit lösgelöst. Auch der Glaube an paranormale Phänomene wie Telepathie oder Telekinese hängt u. a. mit einer relativen Überaktivierung der rechten Hirnhälfte zusammen. Dadurch werden selbst die banalsten Zufälle als Ereignisse mit einem tieferen Sinn angesehen. Ich weiß, wir Naturwissenschaftler können manchmal ganz schöne Spielverderber sein. Aber das ist schließlich unser Job.

Wer antwortet?

Existiert also Gott nur in unseren Köpfen? Diese Frage ist bedauerlicherweise nicht beantwortbar. Möglicherweise nie. Doch unabhängig von der Antwort, eines ist jetzt schon sicher: Der Glaube selbst findet in jedem Fall in unserem Geist statt.
Es gibt vieles, was die Wissenschaft nicht versteht. Die größten Geheimnisse der Natur sind alles andere als gelöst. In einem Universum, dass 14 Milliarden Jahre alt ist und 10 Milliarden Lichtjahre groß, wird das vielleicht für immer so sein. Und auf die großen Fragen nach Sinn und Zweck liefert die Wissenschaft erst recht keine Antworten. Aber tun das die Glaubenssysteme? Als Hiob seinen eigenen Sohn töten sollte, fragte er Gott: „Warum?“, und er erhielt keine Antwort. Und als Jesus am Kreuz fragte: „Vater, warum hast Du mich verlassen?“, herrschte ebenfalls Funkstille. Vielleicht müssen wir uns damit abfinden, weder mithilfe unseres Glaubens noch mit unserem Verstand die entscheidenden Fragen beantworten zu kön-

nen. Das Einzige, was wir tun können, ist, nicht allzu leicht zu glauben. Denn wer zu leicht glaubt, kann auch zu leicht für dumm verkauft werden.

Wissenschaftler mögen vielleicht mystische Offenbarungen ablehnen, für die es nur unbewiesene Aussagen von unsicheren Zeugen gibt. Aber sie halten ihr Wissen über die Natur kaum für vollständig. Die Wissenschaft ist weit davon entfernt, ein vollkommenes Instrument des Wissens zu sein. Sie ist einfach nur das Beste, was wir haben. Der große Francis Bacon sagte: „Wenn jemand mit Gewissheit beginnen will, wird er in Zweifeln enden. Wenn er sich aber bescheidet, mit Zweifeln anzufangen, wird er vielleicht zu Gewissheit gelangen."

Literatur

Dawkins R (2006). Der Gotteswahn. Berlin: Ullstein.
Hitchens C (2007). Der Herr ist kein Hirte. München: Blessing.
Newberg A, d'Aquili E, Rause V (2005). Der gedachte Gott. München: Piper.
Sagan C (2000). Der Drache in meiner Garage. München: Droemer Knaur.
Urbach M (2007). Warum der Mensch glaubt. Frankfurt a. M.: Eichborn.
Watzlawick P (1978). Wie wirklich ist die Wirklichkeit? München: Piper.

19 „Mein Ich liebt dein Du"

Mythen und Schauermärchen in Hirnforschung und Philosophie

Michael Pauen

Brauchen die Neurowissenschaften überhaupt die Philosophie? Wird man nicht in einigen Jahren all die Fragen, mit denen sich Philosophen und andere Geisteswissenschaftler jahrhundertelang vergeblich abgemüht haben, durch zuverlässige wissenschaftliche Resultate beantworten können? Immerhin untersuchen die Neurowissenschaften mithilfe strenger naturwissenschaftlicher Methoden doch genau das Organ, über das die Philosophen allenfalls spekulieren können. Derartige Spekulationen sind schon in vielen anderen Bereichen unseres Lebens durch seriöse Wissenschaft ersetzt worden – warum sollte dies früher oder später nicht auch hier geschehen? Die Erwartung einer dauerhaften produktiven Zusammenarbeit von Neurowissenschaften und Philosophie mag eine Wunschvorstellung von Philosophen sein, die um ihre Existenzberechtigung bangen; von der Sache her, so scheint es, ist diese Erwartung völlig verfehlt.

Solche Zweifel an der Existenzberechtigung der Philosophie sind nicht nur von Naturwissenschaftlern vorgebracht worden. Auch der Gießener Philosoph Odo Marquard sieht die Philosophie in einem seit Jahrhunderten andauernden Prozess des Kompetenzverlusts – vor allem gegenüber den Naturwissenschaften. Am Ende bleibe der Philosophie allenfalls die Fähigkeit, den Verlust zu kompensieren, eine Fähigkeit, die Marquard mit dem bemerkenswerten Ausdruck „Inkompetenzkompensationskompetenz" bezeichnet:

„Erst war die Philosophie kompetent für alles; dann war die Philosophie kompetent für einiges; schließlich ist die Philosophie kompetent nur noch für eines: nämlich für das Eingeständnis der eigenen Inkompetenz sowie ihre Inkompetenzkompensationskompetenz." (Marquard 1981, S. 24)

Es sähe in der Tat schlecht aus um die Philosophie, wäre ihr nur noch diese rätselhafte Fähigkeit geblieben – zumal dann, wenn diese sich in solch fragwürdigen Wortschöpfungen offenbart. Zwar ist schwer zu bestreiten, dass die Philosophie eine Reihe von Gegenstandsbereichen, wie z.B. die Naturphilosophie, an die Naturwissenschaften verloren hat. Doch heißt das schon, dass damit *sämtliche* ursprünglich philosophischen Fragestellungen an die Wissenschaften übergehen werden? Dies ist ganz sicher nicht der Fall! Die empirischen Wissenschaften erheben Fakten; sie kümmern sich um das, was *ist*. In der Philosophie geht es häufig um Normen – das können moralische, methodische oder begriffliche Normen sein. Hier geht es um das, was sein *soll*. Um das herauszufinden, helfen Experimente

wenig weiter: Hier muss man sich auf rationale Argumente und begriffliche Analysen stützen, und die sind Sache der Philosophie.
Natürlich bedürfen längst nicht alle Normen und Begriffe einer philosophischen Klärung. Und so kommen denn viele Bereiche der Wissenschaften ganz gut ohne philosophischen Beistand aus. In den Neurowissenschaften ist das einfach deshalb etwas anders, weil diese Wissenschaften eine Reihe von grundlegenden Fragen aufwerfen:

- Müssen wir unser Bild von uns selbst verändern?
- Kann es sein, dass wir uns einfach täuschen, wenn wir uns als bewusste, selbstbewusste und verantwortliche Wesen betrachten?
- Und was würde es überhaupt bedeuten, wenn wir erfahren würden, dass geistige Prozesse physische Prozesse sind? Wäre damit nicht der besondere Status des Menschen gegenüber anderen rein physischen Systemen aufgegeben?
- Welche Konsequenzen ergeben sich also aus den Befunden der Neurowissenschaften?

Es sind diese Fragen, die die Erkenntnisse der Neurowissenschaften über das reine Fachpublikum hinaus für eine breitere Öffentlichkeit interessant gemacht haben. Sie lassen sich aber nicht mehr einfach mithilfe neuer Experimente beantworten. Es geht hier nämlich nicht um die Fakten selbst – die werden in vielen Fällen ja bereits als bekannt vorausgesetzt. Vielmehr geht es darum, wie man diese Fakten interpretiert, welche Konsequenzen man aus ihnen ableiten kann. Und genau hier kommt die philosophische Klärung von Normen und Begriffen ins Spiel.
Um beispielsweise abschätzen zu können, was bestimmte Befunde für unser Selbstverständnis bedeuten, müssen wir natürlich erst einmal klären, was genau dieses Selbstverständnis beinhaltet. Welche Fähigkeiten müssen Menschen haben, damit sie diesem Selbstverständnis gerecht werden? Ähnliches gilt für die Frage nach Willensfreiheit und Verantwortlichkeit, die die öffentliche Diskussion in den letzten Jahren mit besonderer Intensität beschäftigt hat: Ob ein Experiment die Fähigkeit zu freiem Handeln widerlegt oder nicht, kann man erst beurteilen, wenn man genau weiß, was denn als eine freie Handlung zählt.
Mit dem schlichten Verweis auf experimentell erhobene Fakten ist schließlich auch die Frage nach dem Verhältnis von physischen und psychischen Prozessen nicht zu beantworten. Um abschätzen zu können, ob bestimmte empirische Befunde für oder gegen die Einheit von geistigen und physischen Prozessen sprechen, muss man sich zunächst einmal genau darüber verständigen, was denn unter einer solchen Einheit überhaupt zu verstehen ist: Handelt es sich überhaupt um eine sinnvolle Behauptung und, wenn ja, lässt sie sich gegebenenfalls durch empirische Erkenntnisse stützen? Und schließlich: Welche Alternativen gibt es? Gibt es vielleicht weniger weitreichende Behauptungen über das Verhältnis von Geist und Gehirn, die uns einige der Schwierigkeiten ersparen könnten, die die Annahme einer Einheit von zwei so verschiedenen Vorgängen aufwirft?

Es versteht sich von selbst, dass eine philosophische Diskussion dieser Fragen nur in enger Abstimmung mit den empirischen Wissenschaften geführt werden kann. Doch genauso klar sollte sein, dass es sich um eigenständige Fragen handelt, die nicht einfach durch experimentelle Ergebnisse zu beantworten sind. Abgesehen davon werfen die Neuro- und Kognitionswissenschaften aus zwei Gründen eine ganze Reihe von grundsätzlichen wissenschaftstheoretischen Fragen auf: zum einen wegen der Komplexität des Gehirns, zum anderen, weil sie an vielen Stellen in wissenschaftliches Neuland vordringen.

Probleme der Zusammenarbeit

Es gibt somit gute Gründe für eine fruchtbare Zusammenarbeit von Neurowissenschaften und Philosophie – die konkreten Bedingungen für eine solche Kooperation allerdings waren bis vor wenigen Jahren noch denkbar miserabel. Keine der beiden Seiten nahm die Arbeit der anderen wirklich ernst, außerdem wurden häufig Fragestellungen ignoriert, die für eine solche Zusammenarbeit hätten fruchtbar werden können. Dies betraf in den Neuro- und Kognitionswissenschaften insbesondere das Problem des Bewusstseins. Noch in den späten 80er Jahren konnte man in einem psychologischen Lexikon lesen, dass Bewusstsein zwar ein faszinierendes, für die ernsthafte Wissenschaft jedoch denkbar ungeeignetes Phänomen sei:
„Es ist unmöglich anzugeben, was es ist, was es tut oder warum es sich entwickelt hat. Nichts Lesenswertes ist hierüber geschrieben worden.“ (Sutherland 1989)
Glücklicherweise stellt diese Auffassung schon seit längerem nur noch eine Minderheitenmeinung dar. Bedingt durch die Abwendung vom Behaviorismus und die „kognitive Wende“ in der Psychologie sind in den 80er Jahren, verstärkt dann in den 90ern Probleme des Bewusstseins auch in den empirischen Wissenschaften wieder hoffähig geworden. Hierzu trug auch die Entwicklung der bildgebenden Untersuchungsverfahren in der Hirnforschung bei, die es erlaubten, die neuronalen Korrelate bewusster Prozesse in einer sehr suggestiven Form zu visualisieren.
Etwa zur gleichen Zeit wuchs auch das Interesse der Philosophie an Problemen des Bewusstseins wieder an – zunächst in den angelsächsischen Ländern, seit den frühen 90er Jahren aber auch im deutschsprachigen Raum. Damit waren die Voraussetzungen für eine intensive Zusammenarbeit zwischen Neurowissenschaften und Philosophie geschaffen – genutzt wurden sie vorerst allerdings kaum. Es fehlte zunächst an vielen Enden: Philosophen und Neurowissenschaftler sprachen nicht nur unterschiedliche Sprachen, ihnen fehlte vielfach das Wissen um die Methoden und Ergebnisse der jeweils anderen Disziplin. Gerade in diesen Bereichen hat es in der Zwischenzeit erhebliche Fortschritte gegeben. Maßgeblich verantwortlich hierfür sind eine Vielzahl von interdisziplinären Organisationen, Forschungsförderungsprogrammen und seit einiger Zeit auch interdisziplinären Studiengängen, die sich

jeweils auf ihre Weise darum bemühen, Brücken zwischen den Neuro- und Kognitionswissenschaften einerseits und der Philosophie andererseits zu bauen.
Keineswegs kann es dabei darum gehen, die beiden Disziplinen einander anzugleichen. Die Ausdifferenzierung der Disziplinen ist ein Produkt der wissenschaftlichen Arbeitsteilung, die ihrerseits angesichts des Wissenszuwachses, aber auch wegen der Notwendigkeit zur Ausbildung immer stärker spezialisierter Theorien unvermeidlich war – ein Verzicht auf diese Ausdifferenzierung würde zu einem gravierenden Verlust an wissenschaftlicher Qualität führen. Die industrielle Arbeitsteilung liefert hier einen guten Vergleich. Auch die Konstruktion und Produktion eines Autos verlangt zwingend die Zusammenarbeit von Experten auf ganz unterschiedlichen Gebieten. Es wäre widersinnig, wollte man die erforderliche Zusammenarbeit dadurch erleichtern, dass man die Spezialisierung aufgibt und den Motorkonstrukteuren, Karosseriebauern und Fahrwerkspezialisten einfach die gleichen Verfahren vorschreibt – der Verlust an Wissen und Expertise in den einzelnen Arbeitsfeldern wäre viel zu groß. Stattdessen versucht man das Verständnis der unterschiedlichen Disziplinen füreinander zu verstärken – ein Karosseriebauer, der die Probleme bei der Konstruktion eines Motors kennt, wird wesentlich leichter mit einem Motorkonstrukteur zusammenarbeiten können als jemand, der sich nicht in die Perspektive seines Kollegen hineinversetzen kann. Gleichzeitig ist es aber unerlässlich, die Grenzen der jeweiligen Kompetenzen möglichst genau zu bestimmen – anderenfalls besteht die Gefahr, dass Teile eines Motors von Karosseriebauern und Teile der Karosserie von Reifenspezialisten konstruiert werden, denen das erforderliche Spezialwissen fehlt.
Ganz ähnlich sollte auch die Zusammenarbeit in den Wissenschaften aussehen, die hier noch einiges von der Organisation interdisziplinärer Zusammenarbeit in der Industrie lernen können. Eine sinnvolle Kooperation von Neurowissenschaften und Philosophie kann also nicht dadurch erkauft werden, dass die Unterschiede zwischen beiden Disziplinen nivelliert werden. Die immer wieder aufgebrachte Idee, man könne philosophische Fragestellungen mithilfe experimenteller Methoden bearbeiten, ist nicht weniger abwegig als die Vorstellung, neurowissenschaftliche Fragestellungen mit philosophischen Methoden zu beantworten.

Philosophische und empirische Fragen

Eine der zentralen Fragen, die wohl jeder gerne beantworten würde, der sich mit Hirnforschung und Philosophie befasst, betrifft das Verhältnis von neuronalen und psychischen Prozessen: Sind geistige Prozesse physische Prozesse, also letztlich neuronale Aktivitäten im Gehirn? Oder handelt es sich um Vorgänge, die *zusätzlich* zu den neuronalen Aktivitäten entstehen, so dass sie theoretisch auch unabhängig von diesen auftreten könnten? Natürlich ist das im Wesentlichen eine Frage, die die

Wissenschaften beantworten müssen. Damit werden die Philosophen jedoch keineswegs arbeitslos.

Bevor man nach Antworten sucht, muss man nämlich die Fragen klar formulieren. In welchem Verhältnis also *könnten* Geist und Gehirn zueinander stehen? Welche Alternativen sind hier also überhaupt *denkbar*? Welche sind *sinnvoll*, welche dagegen von vornherein abwegig? Offenbar sind auch das wieder einmal Fragen, auf die Experimente keine Antworten geben können: Bevor man zu suchen beginnt, sollte man eine Vorstellung davon haben, wo es sich zu suchen lohnt. Und genau hier setzt wieder die Arbeit der Philosophie ein: Sie versucht, die einzelnen Alternativen möglichst klar zu formulieren; sie versucht, sinnvolle von weniger sinnvollen Ansätzen zu unterscheiden; und sie versucht, zu bestimmen, welche empirischen Daten für die eine und welche für die andere Alternative sprechen würden.

Traditionelle Mythen und Religionen sprechen meist nicht vom Bewusstsein, sondern von einer Seele. Diese Seele stellt man sich in der Regel als eine spezifische Substanz vor, die sich grundsätzlich von der uns bekannten Materie unterscheidet. Während neuere Theorien die Seele als immateriell begreifen, betonen ältere Ansätze eher, dass es sich um eine besonders edle und feine Substanz handle, die oft als Hauch oder Atem beschrieben wird, manchmal auch als Vogel. Verbunden ist damit die Idee, dass sich diese Substanz im Tod, aber auch im Traum und im Rausch, vom Körper lösen und unabhängig von diesem existieren kann. Auf diese Weise verbürgt die Seele die Unsterblichkeit; gleichzeitig ist sie aber nicht nur die Grundlage unseres Bewusstseins, sondern auch die Basis von Selbstbewusstsein und Wille und erklärt schließlich auch die vitalen Funktionen des Körpers.

Wenn wir heute Abstand von dieser Vorstellung gewonnen haben, dann nicht, weil sie durch empirische Forschung widerlegt worden wäre: Naturwissenschaftliche Methoden eignen sich nun einmal schlecht für Aussagen über die Existenz oder Nichtexistenz immaterieller Substanzen. Entscheidend ist vielmehr, dass die Annahme einer immateriellen Seele ganz unabhängig von empirischen Befunden schlicht nicht sinnvoll ist. Das gilt z. B. deshalb, weil man sich mit dieser Annahme von vornherein auf einen Gegensatz von geistiger und materieller Substanz festlegte. Für wissenschaftliche Erkenntnisse, die das Gegenteil zeigen könnten, ist daher überhaupt kein Platz mehr.

Merkwürdig ist auch die Annahme, eine solche Substanz sei in allen wesentlichen Hinsichten einem physischen Objekt vergleichbar, nur sei sie eben kein physisches Objekt. Die Vorstellung einer immateriellen Seelensubstanz spielt daher seit dem Ende 19. Jahrhunderts in der wissenschaftlichen Diskussion praktisch keine Rolle mehr. Wer heute dualistische Vorstellungen vertritt, der spricht in der Regel von geistigen Eigenschaften oder Prozessen und unterscheidet diese dann von den physischen Eigenschaften oder Prozessen des Gehirns.

Unter diesen Voraussetzungen scheinen dualistische Ansätze nach wie vor intuitiv plausibel. Dies gilt u. a. deshalb, weil sie offenbar besonders gute Voraussetzungen für die Erklärung des Unterschieds zwischen Geist und Körper zu liefern scheinen. Außerdem lassen sie Raum für die Wirksamkeit geistiger Prozesse, sie scheinen einen guten Ansatzpunkt für ein Verständnis der Einheitlichkeit des Bewusstseins zu bieten, die nur schwer auf die unübersehbare Vielzahl neuronaler Aktivitäten zurückzuführen ist. Und schließlich sieht es so aus, als würden sie wesentlich bessere Voraussetzungen für die Willensfreiheit liefern als eine naturalistische Herangehensweise: Wenn geistige Prozesse keine physischen Prozesse sind, dann unterliegen sie eben auch nicht den Gesetzmäßigkeiten, die für physische Prozesse gelten.

Doch so plausibel diese Vorstellungen erscheinen mögen – die philosophische Kritik kann sehr schnell zeigen, dass sie sehr schlecht begründet sind. Die dualistische Unterscheidung von Geist und Körper liefert natürlich keine Erklärung für die Differenz, die wir erfahren, sondern konstatiert sie nur. Ebenso lässt sich die Wirksamkeit geistiger Prozesse von naturalistischen Ansätzen wesentlich einfacher, nämlich ohne die rätselhafte Wechselwirkung von psychischen und physischen Prozessen, verständlich machen. Auch bei der Einheitlichkeit unserer Erfahrung sieht es für den Dualismus nicht viel besser aus. Natürlich kann man sich vorstellen, dass ein immaterieller bewusster Geist aus der Vielzahl der neuronalen Aktivitäten irgendwie ein einheitliches Bild formt, das dann unsere bewusste Erfahrung ergibt. Doch: Wie macht er das? Welche Erkenntnisse über die Wirkungsweise immaterieller Geister besitzen wir, die uns verständlich machen können, wie dieser Integrationsprozess abläuft?

Und schließlich der freie Wille. Man mag zu diesem sehr umstrittenen Problem ganz unterschiedliche Auffassungen haben – ich werde auf diese Frage am Ende noch einmal zurückkommen. Schwer zu bestreiten ist jedoch, dass der Dualismus das Problem nur verlagert. Natürlich stehen immaterielle Prozesse nicht unter dem „Diktat" von Naturgesetzen. Aber was heißt das schon? Auch die Willensakte eines immateriellen Geistes sind entweder mehr oder minder determiniert – oder eben zufällig. Der Unterschied zwischen Dualisten und Physikalisten betrifft lediglich die Faktoren, von denen die mögliche Determination ausgeht – an die Stelle von Genen und Gesellschaft kann für den Dualisten beispielsweise ein göttlicher Schöpfungsakt treten. Doch offenbar entziehen sich göttliche Schöpfungsakte dem menschlichen Einfluss genauso wie Naturgesetze oder andere Ereignisse vor der eigenen Geburt. Natürlich müssen die Handlungen eines immateriellen Geistes überhaupt nicht determiniert sein. Doch einmal abgesehen davon, dass dasselbe auch für einen materiellen Geist gelten könnte, so wäre die Konsequenz doch nur, dass man diesen Geist für die von ihm nicht determinierten Handlungen auch nicht verantwortlich machen kann. Wenn die Handlung nicht determiniert ist, kann sie auch nicht durch den Geist selbst determiniert sein.

All diese Überlegungen führen natürlich nicht zur Widerlegung des Dualismus – dazu bedarf es empirischer Untersuchungen. Die philosophischen Überlegungen zeigen jedoch, dass der Dualismus, so plausibel er auf den ersten Blick auch scheinen mag, sehr viele Schwierigkeiten hervorruft. Man kann daher mit Fug und Recht bezweifeln, ob es wirklich sinnvoll ist, an dieser Annahme festzuhalten. Letztlich ist dies jedoch eine Frage, die auf der Basis empirischer Befunde entschieden werden muss. Doch da es bislang keine Indizien dafür gibt, dass ein immaterieller Geist auf

das Gehirn einwirkt, so wie es die Dualisten behaupten, ist auch von dieser Seite keine Hilfe für den Dualismus zu erwarten.
Schauen wir uns daher an, wie es mit der wichtigsten Alternative zum Dualismus, dem Physikalismus, aussieht. Physikalisten behaupten, dass geistige Prozesse identisch mit physischen Prozessen sind. Ein nahe liegender Einwand besagt, dass diese Behauptung niemals zu belegen ist. Was wir in naturwissenschaftlichen Experimenten finden können, sind ja immer nur Korrelationen. Doch Korrelationen sind eben keine Identitätsbeziehungen, sie können auch zwischen unterschiedlichen Dingen bestehen. So korreliert bei Männern beispielsweise die Häufigkeit von Herzinfarkten mit der Größe ihrer Autos – offenbar handelt es sich hier jedoch um zwei ganz verschiedene Dinge.
Doch auch wenn man dies zugibt, kann man sich leicht Fälle denken, in denen Korrelationen auf ein und dasselbe Ding verweisen. Nehmen wir an, es würde sich herausstellen, dass Mark Twain und Samuel Clemens nicht nur immer zur gleichen Zeit am gleichen Ort waren, sondern dass auch sonst alles, was man über Mark Twain weiß, auf Samuel Clemens zutrifft. Würde man dann nicht irgendwann zu dem Schluss kommen, dass man es hier in Wirklichkeit mit ein und derselben Person zu tun hat, für die einfach nur unterschiedliche Namen im Umlauf waren?
Ganz ähnlich lägen die Dinge, wenn alle Erklärungen und Theorien, die wir in Bezug auf bestimmte geistige Prozesse geben können, auch für bestimmte neuronale Prozesse im Gehirn gälten. Die beste Erklärung für diesen Befund würde dann lauten, dass geistige Prozesse eben neuronale Prozesse *sind*. Wie bei allen empirischen Behauptungen gibt es hier niemals den letzten, unwidersprechlichen Beweis, doch die Belege für die Identität können so erdrückend sein, dass die Gegenthese schlicht abwegig erscheint.
Ein weiterer Einwand ergibt sich aus den offensichtlichen Differenzen zwischen der subjektiven Erfahrung der spezifischen Qualität geistiger Prozesse und den neuronalen Aktivitäten: Wie können derart unterschiedliche Dinge miteinander identisch sein? Hier kann man sich jedoch darauf berufen, dass wir zwei unterschiedliche Perspektiven gegenüber einem Prozess einnehmen: Die Perspektive der ersten Person, aus der wir diese Zustände ganz unmittelbar subjektiv erfahren, und die Perspektive der dritten Person, in der wir sie, gestützt auf technische Hilfsmittel wie etwa die bildgebenden Verfahren, objektiv beschreiben. Beide Zugänge beziehen sich auf ein und denselben Prozess, doch die Unterschiede in den Zugängen haben zur Folge, dass uns auch der Prozess selbst unterschiedlich scheint. Wir gleichen dabei einer Person, die eine Cellistin gleichzeitig hört und sieht. Ihre akustische und ihre visuelle Wahrnehmung beziehen sich auf ein und denselben Vorgang, nämlich auf das Cellospiel. Ganz offensichtlich erklären die unterschiedlichen Zugänge, dass wir diese Darbietung je nach Perspektive ganz unterschiedlich wahrnehmen.
Erklären kann man auf diese Weise auch, warum qualitative Unterschiede – z.B. zwischen einer Schmerzempfindung und einer Farbwahrnehmung, wie sie unsere unmittelbare Erfahrung bewusster Zustände aus der Perspektive der ersten Person prägen – bei wissenschaftlichen Untersuchungen am Gehirn nicht zu erkennen sind.

Nach allem, was wir heute wissen, sind diese Unterschiede in der neuronalen Aktivität verschlüsselt – und zwar so, dass sie durch nachgeschaltete neuronale Prozesse entschlüsselt werden können – nicht jedoch durch unsere visuelle Wahrnehmung oder durch die bildgebenden Verfahren der Neurowissenschaften. Wer sich darüber wundert, dass er die Unterschiede zwischen Schmerzempfindung und Farbwahrnehmung beim Blick aufs Gehirn nicht erkennen kann, der gleicht einem Computerbenutzer, der seine Festplatte in der Erwartung aufschraubt, dort die gespeicherten Texte, Bilder und Musikstücke zu finden, und enttäuscht ist, wenn er nur ein paar Magnetplatten entdeckt. Der Schluss, die unterschiedlichen Dokumente seien verloren gegangen, wäre offenbar völlig verfehlt. Natürlich befinden sich die Texte, Bilder und Musikstücke auf der Festplatte, allerdings sind sie dort in einem Format abgelegt, das unserer visuellen Wahrnehmung völlig unzugänglich ist – genauso dürfte es sich mit den unterschiedlichen Qualitäten bewusster Erfahrung im Gehirn verhalten.

Konsequenzen einer „vollständigen" Erklärung

Zweifellos gibt es noch eine ganze Reihe anderer möglicher Einwände gegen die Behauptung, dass geistige Prozesse physische Prozesse sind – ganz abgesehen davon, dass auch die erforderlichen empirischen Daten noch ausstehen. Die obigen Ausführungen sollten zumindest beispielhaft zeigen, dass eine philosophische Auseinandersetzung mit derartigen Vorbehalten notwendig ist, und wie sie aussehen kann.
Die Philosophie sollte sich jedoch nicht auf die Möglichkeit eines Scheiterns naturwissenschaftlicher Erklärungen von Bewusstsein beschränken. Nicht weniger wichtig ist die Frage, welche Konsequenzen sich denn aus dem Gelingen einer solchen Erklärung ergeben würden. Nehmen wir daher einmal an, die Neurobiologie würde tatsächlich den Nachweis erbringen, dass geistige Prozesse faktisch physische Prozesse sind, und dabei auch nachvollziehbare Erklärungen für den Zusammenhang zwischen der geistigen und der physischen Ebene liefern. Würde dies nicht die Eigenständigkeit geistiger Prozesse und damit letztlich auch die besondere Rolle des Menschen als eines bewussten Lebewesens infrage stellen? Immerhin würden wir dann doch aus nichts als materiellen Prozessen bestehen – ebenso wie Computer, Kühlschränke und Holzklötze. Mit welchem Recht sollten wir unter diesen Bedingungen noch eine besondere menschliche Würde beanspruchen?
Die Antwort fällt nicht schwer. Unsere besondere Würde leitet sich natürlich nicht ab aus dem besonderen Status der Substanzen, aus denen wir bestehen. Sie leitet sich auch nicht ab aus unserer Herkunft, z. B. aus einem göttlichen Schöpfungsakt. Wenn wir berechtigterweise eine besondere Rolle in Anspruch nehmen wollen, dann können wir diesen Anspruch nur auf die besonderen Fähigkeiten stützen, über die wir verfügen. Und an diesen Fähigkeiten würde eine neurobiologische Er-

klärung keinerlei Zweifel aufwerfen – im Gegenteil: Eine solche Erklärung würde uns ja allererst verständlich machen, wie diese Fähigkeiten zustande kommen. Das würde auch bedeuten, dass wir den Unterschied zwischen uns und einfacheren Lebewesen, die diese Fähigkeiten nicht oder nur in geringerem Maße besitzen, besser erklären könnten. Es ist mehr als unwahrscheinlich, dass wir es jemals zu einer solchen „vollständigen" Erklärung bringen werden – wie auch immer sie im Einzelnen aussehen mag. Klar ist jedoch, dass durch eine solche Erklärung weder die menschliche Würde noch unsere besondere Rolle gegenüber anderen Lebewesen infrage gestellt werden würde – es sei denn, wir hätten nur Respekt vor den Dingen, die wir nicht verstehen. Doch das Umgekehrte ist richtig: Gerade die schon seit langem bekannte ungeheure Komplexität und Leistungsfähigkeit unseres kognitiven Apparats lässt erwarten, dass ein besseres Verständnis eher zu einer Erhöhung dieses Respekts führen wird. Dies gilt nicht zuletzt deshalb, weil ja auch die Erlangung dieses Verständnisses selbst wieder unsere eigene Leistung wäre.

Selbstbewusstsein und Willensfreiheit

Ganz unabhängig von dieser Frage wird jedoch vielfach unterstellt, wir müssten unter den skizzierten Voraussetzungen die Überzeugung aufgeben, dass wir selbstbewusste und verantwortliche Lebewesen sind.

Beginnen wir zunächst mit dem Ich oder dem Selbstbewusstsein. Sollte es sich tatsächlich herausstellen, dass unsere gesamten Gedanken, Vorstellungen und Überzeugungen auf neuronalen Prozessen basieren, dass jedoch nirgendwo im Gehirn ein „Ich" zu finden ist, ja noch nicht einmal ein zentrales Areal, in dem alle Informationen zusammenlaufen und von dem alle Aktivitäten ausgehen – müssten wir dann nicht zugeben, dass die Vorstellung von einem solchen Ich eine große Illusion ist? Würde dies nicht bedeuten, dass wir gar kein Ich besitzen, sondern eben nur ein Gehirn?

Einen gewissen Verdacht weckt hier bereits die Formulierung: Was soll es heißen, wenn jemand sagt, sein Ich existiere nicht? Will man sich nicht auf die abwegige Behauptung versteifen, dass das eigene Ich zusätzlich zu einem selbst existiere, dann kann eben nur man selbst mit dem Ich gemeint sein. Doch offensichtlich ist es sinnlos, die eigene Existenz anzuzweifeln. Man beweist diese Existenz doch schon dadurch, dass man Behauptungen wie die obige macht.

Tatsächlich liegt solchen subjektskeptischen Positionen meist eine sehr merkwürdige Vorstellung von unserem Ich zugrunde. Wie oben bereits skizziert, wird dabei angenommen, dass das Ich als eine Art von Zentrum im Gehirn verstanden werden müsse, in dem alle Informationen aus den Sinnesorganen zusammenlaufen und von dem alle Befehle ausgehen. Wenn es eine solche merkwürdige Zentrale nicht gibt, dann, so folgern sie, gibt es eben auch kein Ich.

Doch warum sollten wir uns auf eine solche Zentrale festlegen? Zum einen würde sie nichts erklären – für unsere Fähigkeiten spielt es einfach überhaupt keine Rolle, wo sie im Gehirn realisiert sind. Und auch für die Einheitlichkeit unserer bewussten Erfahrung ist es völlig gleichgültig, ob die Neurone, deren Aktivität dieser Erfahrung zugrunde liegt, mehr oder weniger nah beieinander liegen. Abgesehen davon spielt eine solche Idee sicherlich keine Rolle für unsere Alltagsvorstellung vom Ich. Mehr noch: Wir sprechen im Alltag im Allgemeinen überhaupt nicht von „dem Ich". Wir sagen nicht „Mein Ich möchte dich morgen sehen", sondern „Ich möchte dich morgen sehen", nicht „Mein Ich ist krank", sondern „Ich bin krank". „Das Ich" ist ein fragwürdiger Kunstbegriff, der uns einige völlig unnötige Rätsel aufbürdet. Im Alltag benutzen wir „Ich" als ein Personalpronomen, das an die Stelle des Namens tritt und, wie dieser, die physisch-psychische Person bezeichnet. Üblicherweise gehen wir dabei davon aus, dass eine solche Person bestimmte Fähigkeiten besitzt, insbesondere ein Bewusstsein ihrer selbst. Ein solches Verständnis zeigt noch einmal, warum Zweifel an der Existenz „meines Ich" abwegig sind, schließlich beweise ich durch den Zweifel nicht nur meine Existenz, sondern auch ein Bewusstsein meiner selbst, also mein Selbstbewusstsein.

Tatsächlich gehört dieses Selbstbewusstsein zu den für unsere Vorstellung von Personen zentralen Fähigkeiten – doch warum sollte deren Existenz durch eine naturalistische Erklärung infrage gestellt werden? Selbstbewusstsein wird üblicherweise verstanden als ein Bewusstsein, das eine Person von sich selbst hat, und zwar in Kenntnis der Tatsache, dass sie selbst der Gegenstand dieses Bewusstseins ist. Selbstbewusstsein bezüglich meiner Wahrnehmungen habe ich also noch nicht dann, wenn ich mir meiner eigenen Wahrnehmungen bewusst bin, sondern erst dann, wenn ich ein Bewusstsein habe, dass es *meine* Wahrnehmungen sind – und nicht die einer anderen Person. Dieses Bewusstsein fehlt bei kleinen Kindern, die sich beispielsweise die eigenen Augen zuhalten, um sich zu verstecken. Diese Kinder übersehen den Unterschied zwischen ihrer eigenen Wahrnehmung und dem, was andere sehen können. Sie ignorieren also, dass andere sie auch dann noch sehen können, wenn ihre eigenen Augen verdeckt sind. Kinder gewinnen also Selbstbewusstsein bezüglich ihrer Wahrnehmung, wenn sie deren Differenz gegenüber der Wahrnehmung anderer erkennen. Ähnliches gilt für Emotionen und Überzeugungen: Ich erkenne meine Emotionen als *meine* Emotionen, indem ich ihren Unterschied gegenüber den Emotionen anderer erkenne.

Während das Bewusstsein für die Emotionen anderer schon im ersten Lebensjahr ausgebildet wird, benötigen Kinder bis zum dritten oder vierten Lebensjahr, um den Unterschied zwischen den eigenen Überzeugungen und den Überzeugungen anderer zu erkennen. Vorher gehen sie davon aus, dass andere genau das wissen und glauben, was sie selbst wissen und glauben – auch wenn eine andere Person die entsprechenden Inhalte faktisch gar nicht wissen *kann*. Natürlich gehört noch einiges mehr zu einem voll ausgebildeten Selbstbewusstsein – u.a. ein autobiografisches Gedächtnis wesentlicher Ereignisse der eigenen Lebensgeschichte, aber sicher auch eine halbwegs stabile Vorstellung von den Charaktermerkmalen, durch die man sich selbst von anderen Personen unterscheidet, also ein Selbst-Konzept. Es ist nicht zu sehen, warum menschliche Personen diese Fähigkeiten nicht haben sollten und warum wir nicht zumindest prinzipiell imstande sein sollten, das Auftreten dieser Eigenschaften zu erklären.

In keinem Fall müssen wir befürchten, dass eine naturalistische Erklärung zu grundlegenden Zweifeln an der Existenz bestimmter Fähigkeiten führen kann. Entweder eine Theorie macht eine Fähigkeit wirklich verständlich – dann würden wir sie als Erklärung akzeptieren, erhielten damit aber gerade eine Bestätigung für die Existenz der fraglichen Fähigkeit. Oder aber einer Theorie gelingt es nicht, das Auftreten der fraglichen Fähigkeiten verständlich zu machen – doch dann hätten wir gute Gründe, die Theorie als unzulänglich zurückzuweisen.

Eine philosophische Klärung kann also auch hier helfen, eine Reihe von vordergründigen Missverständnissen über die Konsequenzen der neurowissenschaftlichen Forschungen zu vermeiden.

Ähnliches gilt für ein Thema, das in den letzten Jahren eine beherrschende Rolle in der Diskussion über das Verhältnis von Neurowissenschaften und Philosophie gespielt hat, nämlich die Willensfreiheit. Ursprünglich konnte auch in diesem Fall der Eindruck entstehen, die Neurowissenschaften würden eine endgültige Antwort auf ein Problem liefern, über das die Philosophen jahrtausendelang ergebnislos debattiert hatten. Die Antwort, darin waren sich viele Wissenschaftler ebenfalls einig, fiel allerdings ernüchternd aus: Angesichts der vorliegenden wissenschaftlichen Befunde könne von Freiheit keine Rede sein. Neuronale Prozesse, so zeige die Hirnforschung, seien determiniert; die von den Philosophen postulierten Freiheitsspielräume im Gehirn schlechterdings nicht vorhanden. Abgesehen davon zeigten experimentelle Untersuchungen, dass menschliches Handeln nicht durch bewusste Willensakte, sondern durch unbewusste Hirnprozesse gesteuert werde.

Mittlerweile hat sich die Diskussionslage allerdings etwas verändert. Dies liegt nicht etwa daran, dass die Philosophie in einer kühnen Attacke die Alleinherrschaft über das Thema „Willensfreiheit" zurückgewonnen hätte. Vielmehr hat sich herausgestellt, dass jede Auseinandersetzung über das Problem der Freiheit zunächst einmal die Maßstäbe bestimmen muss, die man sinnvollerweise an eine freie Handlung anlegen kann. Wer dies nicht tut, der umgeht nicht etwa die philosophische Spekulation zugunsten seriöser Empirie, vielmehr betreibt er einfach schlechte Philosophie und auch schlechte Wissenschaft, weil er von Voraussetzungen ausgeht, die er nicht offen legt und nicht begründet.

Tatsächlich stützen sich die pessimistischen Behauptungen vom illusionären Charakter der Willensfreiheit üblicherweise auf die Annahme, dass eine Handlung nur dann frei sein könne, wenn sie nicht determiniert ist. Da die Hirnforschung nun aber gezeigt habe, dass unser Gehirn im Großen und Ganzen deterministisch funktioniert, habe sie auch gezeigt, dass unsere Entscheidungen nicht frei sein können.

Es ist jedoch alles andere als klar, ob ein sinnvoller Begriff von Freiheit die Existenz nichtdeterminierter Entscheidungen oder Handlungen voraussetzen muss oder ob es nicht ganz andere und viel sinnvollere Kriterien für die Unterscheidung zwischen freien und unfreien Handlungen gibt. Die Zweifel stützen sich vor allem auf die Überlegung, dass nichtdeterminierte Handlungen oder Entscheidungen auch nicht durch die handelnde Person determiniert sein können. Wenn sie wirklich überhaupt nicht determiniert sind, dann sind sie zufällig. Doch wie will man eine Person für einen Zufall verantwortlich machen? Zufälle zeichnen sich dadurch aus, dass sie sich unserem Einfluss entziehen, doch damit ist auch eine zentrale Voraussetzung für die Existenz von Verantwortung verletzt. Nun mag es gewisse Übergänge zwischen vollständiger Determination und reinem Zufall geben – doch auch die wären wenig hilfreich. Offenbar würde man damit nur die Abhängigkeit der Handlung von der Person und ihren Überzeugungen verringern, und somit die Kontrolle reduzieren, die eine Person über ihr Handeln hat.

Wenn, wie sich in diesen Überlegungen bereits andeutet, die Abhängigkeit einer Handlung von der handelnden Person und ihren Wünschen und Überzeugungen von entscheidender Bedeutung ist, dann gibt es noch ein ganz anderes Verständnis von Freiheit. Freiheit kann man nämlich als Selbstbestimmung verstehen. Dies ist keine Erfindung von Philosophen, die damit die Konsequenzen der neurobiologischen Forschung zu umgehen suchen. Vielmehr sprechen wir auch im Alltag häufig davon, dass Personen oder Gruppen frei sind, wenn sie ihr Handeln selbst zu bestimmen vermögen. Offenkundig ist zudem, dass Selbstbestimmung Verantwortung begründet: Wenn sich eine Person selbstbestimmt entschieden hat, eine moralische Norm zu verletzen, dann wird man sie für diese Normverletzung auch verantwortlich machen können. Unter diesen Voraussetzungen wird überdies besser verständlich, warum die Aufhebung von Determination nicht zu einem Gewinn an Freiheit beitragen kann: Sie würde ja den Einfluss des Handelnden auf sein Handeln verringern und damit auch das Maß an Selbstbestimmung reduzieren.

Selbstverständlich können diese kurzen Bemerkungen das seit Jahrhunderten umstrittene Problem der Freiheit nicht lösen, doch sie sollten ein letztes Mal deutlich machen, dass es bei der Auseinandersetzung mit der Hirnforschung und ihren Konsequenzen nicht nur um Fakten, sondern auch um die Begriffe und Maßstäbe geht, an denen wir diese Fakten messen. Stimmen die eben skizzierten Überlegungen, dann ist es alles andere als selbstverständlich, dass zu den Maßstäben von Freiheit das Nichtbestehen von Determination zählt.

Auf der anderen Seite bleibt auch nach Klärung dieser Maßstäbe immer noch offen, ob und gegebenenfalls unter welchen Umständen Menschen diese Maßstäbe erfüllen. Das aber ist offenbar eine Frage, die sich nur in psychologischen oder neurowissenschaftlichen Experimenten beantworten lässt. Und genau diese Experimente, so behaupten viele Wissenschaftler, haben ein negatives Ergebnis erbracht. Eine besondere Rolle spielen dabei die Untersuchungen, die Benjamin Libet zu Beginn der 80er Jahre des vergangenen Jahrhunderts durchgeführt hat (Libet et al. 1983; Libet 1985). Aus diesen Experimenten scheint sich zu ergeben, dass die Festlegung auf eine bestimmte Handlung auf der neuronalen Ebene schon vergleichsweise lange vor der bewussten Willensentscheidung erfolgt. Der Willensakt wäre dann nur noch ein wirkungsloses Nachspiel zu einem Entscheidungsprozess, der auf der neu-

ronalen Ebene und ohne Beteiligung des Bewusstseins des Handelnden erfolgt. Auch dies würde zeigen, dass wir uns einer Illusion hingeben, wenn wir meinen, frei handeln zu können.
Die Diskussion der letzten Jahre hat deutlich gemacht, dass diese Experimente und ihre Ergebnisse in hohem Maße interpretationsbedürftig sind. Abgesehen von einer Reihe schwerwiegender methodischer Probleme stellt sich die Frage, ob Libet überhaupt eine Entscheidung untersucht hat. Die Versuchspersonen hatten nämlich die Aufgabe, eine von vornherein festgelegte Handbewegung 40-mal zu wiederholen. Es gab also keine echten Alternativen – wie kann man dann noch von einer Entscheidung sprechen? Abgesehen davon bleibt unter diesen Voraussetzungen unklar, ob die fraglichen neuronalen Prozesse z. B. die Bewegung der jeweils anderen Hand ausschließen – dies wurde ja gar nicht untersucht. Nachfolgeuntersuchungen haben mittlerweile ergeben, dass andere Bewegungen auch nach dem Auftreten der fraglichen Hirnaktivität möglich sind – auch das spricht dagegen, aus den Experimenten von Libet weitreichende Folgerungen für die menschliche Fähigkeit, frei und verantwortlich zu handeln, abzuleiten.

Fazit

Fassen wir zusammen. Im Gegensatz zu einer noch immer weitverbreiteten Auffassung hat sich gezeigt, dass die Hirnforschung philosophische Ansätze und Fragen nicht ersetzt, sondern selbst eine Vielzahl von Fragen aufwirft, die ihrerseits philosophische Antworten verlangen. Dies betrifft insbesondere Fragen wie das Verhältnis von Geist und Gehirn, das Problem des Selbstbewusstseins und das Problem der Willensfreiheit. Angemessene Antworten auf diese Probleme sind nicht zuletzt deshalb von Bedeutung, weil eben diese Probleme es sind, die die große öffentliche Anteilnahme an den Erkenntnissen der Hirnforschung begründen. Außerdem haben sie eine erhebliche praktische Bedeutung: Sollte es sich herausstellen, dass wir z. B. nicht in der Lage sind, frei und verantwortlich zu handeln, hätte dies gravierende Konsequenzen für unser alltägliches Handeln, aber auch für unsere Rechtspraxis.
Die obigen Überlegungen sollten auch gezeigt haben, dass die Konsequenzen der Neurowissenschaften in vielen Fällen weniger spektakulär ausfallen, als es in den letzten Jahren behauptet wurde. Das ist nicht so verwunderlich, wie es auf den ersten Blick scheinen mag: Den Menschen, den die Neurowissenschaften untersuchen, kennen wir schon eine ganze Weile, und die Erfahrungen, die wir mit ihm gemacht haben, sind gut dokumentiert. Natürlich sind wir nicht davor gefeit, uns über uns selbst zu täuschen. Doch solche Täuschungen fallen im Allgemeinen nicht erst in neurowissenschaftlichen Experimenten auf – unser alltägliches Handeln reicht dazu schon. So rächt es sich im Allgemeinen sehr schnell, wenn wir unrealis-

tische Annahmen über uns und unseresgleichen machen und z. B. einer Person Verantwortung übertragen, der sie faktisch nicht gerecht werden kann. Das bedeutet umgekehrt, dass die an der Praxis geprüfte Überzeugung, derzufolge gesunde Erwachsene im Unterschied zu kleinen Kindern oder Kranken im Allgemeinen selbstbestimmt und verantwortlich handeln können, so falsch nicht sein kann. Wenn diese Personen die Fähigkeit zu freiem Handeln im Alltag immer wieder beweisen – warum sollten sie sie verlieren, wenn sie an einem wissenschaftlichen Experiment teilnehmen?

Natürlich heißt all dies nicht, dass die Neurowissenschaften unser Selbstverständnis unangetastet lassen werden. Dieses Selbstverständnis hat sich unter dem Einfluss wissenschaftlicher Entwicklungen immer wieder verändert, und dies wird auch in Zukunft geschehen. Nicht zu erwarten sind allerdings die oftmals prognostizierten fundamentalen Umbrüche, die uns dazu zwingen sollen, konstitutive Bestandteile unseres Selbstverständnisses aufzugeben, etwa das Selbstbewusstsein oder die Fähigkeit zu verantwortlichem Handeln.

Wie auch immer die zukünftige Entwicklung verlaufen wird: Für einen angemessenen Umgang mit den zu erwartenden Erkenntnissen sind neurowissenschaftliche, psychologische und philosophische Ansätze gleichermaßen erforderlich. Dazu bedarf es einer intensiven Kooperation zwischen diesen Disziplinen. Doch auch in dieser Hinsicht berechtigt die Entwicklung der letzten Jahre zu einem verhaltenen Optimismus. Insofern kann man mit einer gewissen Berechtigung darauf hoffen, dass wir die Mythen und Schauermärchen über den Menschen und seine Illusionen durch einigermaßen gesicherte Erkenntnisse ersetzen können – ohne dabei feststellen zu müssen, dass wir eigentlich gar nicht die sind, für die wir uns gehalten haben.

Literatur

Libet B (1985). Unconscious cerebral initiative and the role of conscious will in voluntary action. The Behavioral and Brain Sciences; VIII: 529–39.

Libet B, Curtis A, Gleason CA, Elwood W, Wright EW, Pearl DK (1983). Time of conscious intention to act in relation to onset of cerebral activities (readiness-potential): the unconscious initiation of a freely voluntary act. Brain; 106: 623–42.

Marquard O (1981). Inkompetenzkompensationskompetenz? Über Kompetenz und Inkompetenz in der Philosophie. In: Abschied vom Prinzipiellen. Philosophische Studien. Stuttgart: Reclam; 23–38.

Sutherland S (1989). The International Dictionary of Psychology. New York: Crossroad.

20 Fördern Blindstudien das Sehen?

Der animalische Magnetismus Mesmers und die evidenzbasierte Medizin

Joram Ronel

Über die Eiderdaune und das Buch Daniel

„Die Kommissionäre begaben sich ins Haus von Monsieur Jumelin. Sie begannen mit einem Experiment an seinem Diener. Eine Binde, welche für diesen Zweck vorbereitet und auch für alle nachfolgenden Experimente verwendet wurde, wurde über seinen Augen fixiert. Die Binde wurde aus zwei Kalotten elastischen Gummis gefertigt, deren Höhlungen zuvor mit Eiderdaunen gefüllt, gänzlich verschlossen und mit Stoff zu zwei kreisförmigen Formen vernäht wurden. Die beiden Stoffteile wurden miteinander sowie durch zwei verknotete Bindfäden am hinteren Teil des Kopfes angebunden. Über den Augen angebracht, beließen sie in ihrem Zwischenraum einen Platz für die Nase sowie die gänzliche Freiheit der Atmung, ohne aber der verblendeten Person zu erlauben, auch nur die kleinsten Lichtpartikel aufzunehmen, weder durch die Binde hindurch noch oberhalb oder unterhalb von ihr. Diese Vorkehrungen wurden unter gleich großer Beachtung der Bequemlichkeit des Subjektes wie auch der Sicherheit des Erfolgs arrangiert, und der Diener des Monsieurs Jumelin wurde davon überzeugt, dass das Verfahren an ihm angewendet werden würde.“ (Franklin et al. 1784; zit. nach Best et al. 2003, S. 30)[1]

Diese auf den ersten Blick umständliche Beschreibung aus dem Jahr 1784 entspricht gewiss nicht der allerersten, dennoch einer sehr frühen und wohl kontextuell faszinierendsten Darstellung des Versuchs einer Evidenzbasierung in der Wissenschaft. Verglichen mit vielen der heutzutage veröffentlichten methodischen Kapiteln aus akademischen Journalen, weckt die hier sorgfältig illustrierte Technik Neugierde, der wir erst später Genüge tun wollen. Die in Cleveland/Ohio an der Case Western Reserve University tätigen Wissenschaftler Mark A. Best, Duncan Neuhauser und Lee Slavin haben vor einigen Jahren den Originalbericht der von König Louis XVI. eingesetzten Kommission zur Untersuchung des animalischen Magnetismus von 1784 übersetzt und kommentiert und somit einen historischen Text zugänglich ge-

1 Die Übersetzung stammt hier und in allen folgenden zitierten Passagen von Joram Ronel.

macht, der paradigmatisch für den Beginn der Moderne und die Epoche der Aufklärung steht.
Kontrollierte Untersuchungsdesigns sind bereits aus dem alten Orient bekannt. Im alttestamentarischen Buch Daniel, das historisch ins 6. Jahrhundert v. Chr. datiert wird, wird die Geschichte der „Verweigerung der Speise" erzählt (Dan 1). Daniel und seine Freunde sind Verbannte am babylonischen Königshof und sollen zu königlichen Pagen ausgebildet werden. Der Eunuch des Königs Nebukadnezar II. soll ihnen vom König ausgesuchte, aber unkoschere Speisen und Wein vorsetzen, wogegen sich Daniel wehrt. Er bittet den Eunuchen, statt der unreinen Speisen nur Gemüse und Wasser zu bekommen. Der Eunuch befürchtet, dadurch in Lebensgefahr gebracht zu werden, wenn der König sehen sollte, dass es den Freunden bei der falschen Ernährung schlechter als anderen geht. Daniel kann ihn allerdings davon überzeugen, dass er und seine Freunde für zehn Tage nur Gemüse und Wasser (was in der damaligen Zeit als minderwertige, da kontaminierte Ernährung galt) erhalten sollen, um dann zu sehen, ob es ihnen wirklich schlechter geht. Das Vertrauen der Hebräer in Gott zahlte sich aus, und nach zehn Tagen sahen Daniel und seine Freunde kräftiger als alle anderen jungen Leute aus. Diese biblische Legende ist deswegen so interessant, weil ein logisches Experiment ein völlig unerwartetes Ergebnis lieferte: Das nahrhafte Essen des Königs unterlag den Gewohnheiten der Hebräer – was aus ernährungswissenschaftlicher Sicht erklärbar ist. Das wahre Wunder bestand allerdings in der Tatsache, dass Daniel und seine Freunde das babylonische Wasser vertrugen, das als Getränk in jener Zeit sicher wesentlich gefährlicher als Wein war.[2]
Doch zurück ins 18. Jahrhundert. In diesem Aufsatz soll als kritischer Beitrag zur Geschichte evidenzbasierter Forschung die umwälzende Zeit Franz Anton Mesmers und das wissenschaftliche Vorgehen der illustren königlichen Untersuchungskommission von 1784 dargestellt werden, welche ungeachtet aller methodischen Logik die therapeutische Tragweite der Arbeiten Mesmers und seiner Schüler verkannte und in ihrem Bericht zu dem Schluss kam, vor dem animalischen Magnetismus warnen zu müssen. Die englische Sprache kennt den auf Mesmer zurückgehenden Begriff „mesmerising", das mit „hypnotisierend" oder „faszinierend" übersetzt werden kann. „Mesmerising" ist nicht nur das – am Ende seines Lebens einsame – Wirken Mesmers, sondern auch die Zeitspanne zwischen Mystizismus und Wissenschaft, zwischen Licht und Irrlicht.
Aus der heutigen Perspektive, dem Zeitalter der Neurobiologie, in dem die „Vermessung der Seele" auf der Tagesordnung steht (Henningsen, im Druck) und jedes statistisch signifikante Aufleuchten einer noch so unklaren zerebralen Struktur schnell mit dem Prädikat der Evidenz versehen wird, in dem weltweit Millionen-

2 Eine Übersicht über die Geschichte kontrollierter und später auch verblindeter Studien werden in der Oxforder James Lind Library gesammelt und veröffentlicht (http://www.jameslindlibrary.org/trial_records/published.html).

beträge zur Förderung der Abbildung neuronaler Funktionen an mehr oder weniger exzellente Zentren vergeben werden, in dem die funktionelle Kernspintomographie bzw. Magnetresonanztomographie (fMRT) gleich einem Hohepriesteramt der Wissenschaft gefeiert wird – aus dieser Perspektive werden von Wissenschaftskritikern wie Wissenschaftlern zunehmend Fragen laut, die es im Kontext historischer Betrachtungen Wert sind, ernst genommen zu werden. Im Jahr 1992 wurden weltweit insgesamt vier Artikel zum Thema fMRT publiziert. 2007 waren es bereits acht Publikationen pro Tag (Logothetis 2008). Diese Inflation der publizierten Untersuchungen über fMRT-Ergebnisse kann nicht über die methodischen Limitationen des Verfahrens hinwegtäuschen, das allzu gern dazu verleitet, Interpretationen und Schlussfolgerungen zu Funktionsweisen des menschlichen Denkens und gar des Geistes zu generieren (vgl. dazu Kap. 11). Im Kern geht es immer wieder um Fragen der klinischen Relevanz, die als Rationale evidenzbasierter Forschung, auch der Grundlagenforschung, stets aufs Neue überprüft werden sollten. Im 18. Jahrhundert haben die Ärzte und Wissenschaftler der mesmerischen Untersuchungskommission trotz methodisch ausgefeilter, „objektiver" Blindversuche die Effektivität des animalischen Magnetismus nicht erkennen können. So stellt sich die Frage, inwieweit die evidenzbasierte Forschung, wie sie meist verstanden und ausgeführt wird, sich selbst einiger Erkenntnismöglichkeiten beraubt und sich dem Sehen trotz moderner Blindversuche nicht immer nähert.

Absonderungen der Heilmeister

Stefan Zweig schrieb 1931, kurz bevor es in Europa erneut dunkel wurde, in seinem Albert Einstein „verehrungsvoll" gewidmeten und gewissenhaft recherchierten Buch „Die Heilung durch den Geist" über jene meist verachteten einsamen Kämpfer umwälzender Zeiten:
„Diese eigenwilligen Absonderungen einzelner Heilmeister von der akademischen Medizin gehören (...) zu den interessantesten Episoden der Kulturgeschichte. Denn nichts innerhalb der Geschichte (...) läßt sich an dramatischer Kraft der seelischen Leistung vergleichen, wenn ein einzelner, schwacher, isolierter Mensch sich allein gegen eine riesige, die ganze Welt umspannende Organisation auflehnt. Ob Spartakus, der geprügelte Sklave, gegen die Legionen und Kohorten des Römerreichs oder Pugatschew, der arme Kosak, gegen das gigantische Rußland oder Luther, der breitstirnige Augustinermönch, gegen die allmächtige fides catholica – immer wenn ein Mensch nichts als seine eigene innere Glaubenskraft gegen alle verbündeten Mächte der Welt einzusetzen hat und sich in einen Kampf wirft, der unsinnig scheint in seiner völligen Aussichtslosigkeit, gerade dann teilt sich seine Seelenspannung schöpferisch den Menschen mit und schafft aus dem Nichts unermeßliche Kräfte. Jeder unserer großen Fanatiker für die ‚Heilung durch den Geist' hat Hunderttau-

sende um sich geschart, jeder mit seinen Taten und Heilungen das Bewußtsein der Zeit erregt und erschüttert, von jedem sind mächtige Strömungen in die Wissenschaft übergegangen." (Zweig 1952, S. 17)

Franz Anton Mesmer (1734–1815)

Mesmer (Abb. 1) graduierte am 27. Mai 1766 an der medizinischen Fakultät in Wien, jener Fakultät also, die später auch andere umstrittene Persönlichkeiten wie Sigmund Freud oder Wilhelm Reich hervorbrachte, welche von Einigen bewundert und verehrt, von anderen gehasst und erbittert bekämpft wurden. C.-G. Jung schrieb 1907 an Freud:
„*Von Wien aus gingen drei anthropologisch-medizinische Reformatoren aus: Mesmer, Gall, Freud. Mesmer und Gall wurden von Wien inhibiert, Freud der Zeit entsprechend nicht anerkannt. Mesmers Anschauungen blieben auf Paris beschränkt, bis Lavater sie zurück nach Deutschland importierte.*" (Brief „35 J" vom 6. Juli 1907; zit. nach McGuire u. Sauerländer 1974)
Mesmer schloss, obwohl schon zweifacher Doktor, 32-jährig mit einer Dissertationsschrift über den Einfluss der Planeten und anderer Himmelskörper auf die menschliche Gesundheit („De planetarum influxu in corpus humanum") sein Medizin-Studium ab, was ein Hinweis auf die Vielseitigkeit dieses Mannes war, der schon als junger Mensch ein ausgesprochener Freund des musischen Wiener Lebens war. Befreundet mit Gluck, Haydn, Mozart und später Beethoven, war Mesmer ein sensitiver und auch selbst künstlerischer Musikliebhaber (Steptoe 1986). Stefan Zweig (1952, S. 30f):
„*1773 berichtet Vater Leopold Mozart seiner Frau nach Salzburg: ‚Letzten Posttag habe ich nicht geschrieben, weil wir eine große Musik bei unserem Freunde Mesmer (...) hatten. Mesmer spielte sehr gut die Harmonika der Miß Dewis, er ist der einzige in Wien, der es gelernt hat, und besitzt eine viel schönere gläserne Maschine, als Miß Dewis selbst hatte. Wolfgang hat auch schon darauf gespielt.‘ Man sieht, sie sind gute Freunde, der Wiener Arzt, der Salzburger Musiker und dessen be-*

Abb. 1 Franz Anton Mesmer

rühmter Sohn. Schon einige Jahre vordem (...) springt, kühner als Kaiser und Hof, der musikalische Mäzen Franz Anton Mesmer ein und stellt sein kleines Gartentheater für das deutsche Singspiel ‚Bastien und Bastienne' zur Verfügung (...), das erste Opernwerk Wolfgang Amadeus Mozarts (…). Diese Freudenstat vergißt der kleine Wolfgang nicht: in allen Briefen erzählt er von Mesmer, immer ist er am liebsten bei seinem ‚lieben Mesmer' zu Gast. (...) Und in ‚Cosi fan tutte' hat er dem gelehrten Freund später das bekannte humoristische Denkmal gesetzt:
Hier der Magnetstein / Solls Euch beweisen. / Ihn brauchte Mesmer einst, / Der seinen Ursprung nahm / Aus Deutschlands Gauen / Und so berühmt ward / In Francia."
Aber der kunstfreudige, menschenfreundliche und durch seine Heirat wohlhabende Mesmer hat keine Eile, mit der Heilkunst sein Geld zu verdienen. Er beschäftigt sich als Gelehrter mit den neuen Entdeckungen der Geologie, Physik, Chemie, Mathematik, der abstrakten Philosophie und vor allem der Musik. Er spielt selbst Klavier und Violoncello, führt die von ausgerechnet Benjamin Franklin (über den später Einiges mehr zu berichtet sein wird) entwickelte Glasharmonika (Gallo u. Finger 2000) ein und etabliert sich als Kenner der Musik und Wissenschaft. Wenig ehrgeizig, fällt Mesmer eher als neugieriger Beobachter seiner Zeit auf. Anfang der 1770er Jahre begegnet er Maximilian Hell, einem Jesuitenpater, Astronom und Heiler. Hell berichtet ihm, dass er Patienten mit Magenkrämpfen durch Auflegen eines Magneten auf den Körper erfolgreich behandeln könne. Der wissbegierige Naturphilosoph Mesmer ist von der Wirkung dieses mineralischen Metalls fasziniert und entwickelt einigen Versuchsgeist.
Sein erster Fallbericht über Fräulein Österlein wird, wie ein gutes Jahrhundert später der Fall Anna O. bei zwei anderen Wiener Ärzten, in die Medizingeschichte eingehen (Mesmer 1779). Die Behandlung der 29-jährigen Patientin Österlein verläuft so dramatisch, dass sie das Leben des Doktor Mesmers tiefgreifend verändert. Die Patientin, so berichtet Mesmer, leide seit vielen Jahren unter Krämpfen. Als er den Magneten über den Magen und über beiden Füßen der Patientin auflegt, erlebt diese „außerordentliche Sensationen" und „spasmoide Schmerzen". Diese jagen aufgrund eines „subtilen Fluidums in verschiedene Richtungen ihres Körpers und verlassen ihn dann durch die unteren Extremitäten". Die Wirkung hält sechs Stunden an, und die Patientin bleibt symptomfrei. Am nächsten Tag wiederholt Mesmer sein Experiment an Frl. Österlein mit dem gleichen Erfolg und ist von der Effektivität der Behandlung überwältigt. Dem Magneten schreibt Mesmer jedoch schon bald nach dieser Entdeckung nur eine Funktion als weitergebende und sammelnde Station der unbekannten heilenden Energie zu, vergleichbar mit der Elektrizität, die ebenfalls aus der Entfernung wirken kann (Bromberg 1975).
Auch durch die früheren philosophischen Vorarbeiten seiner Dissertation beeinflusst, entwickelt Mesmer nur zögerlich eine universale Theorie, die den astrologischen Einfluss der Gestirne auf den Menschen einbezieht, und meint, für die „gravitas universalis" den richtigen Namen gefunden zu haben: den animalischen Magnetismus, der als schöpferische Kraft nicht nur den Äther des Weltalls, sondern

auch die Zellen jedes lebendigen Organismus durchströmt. Während Giordano Bruno (1548–1600) diese universelle Energie noch als „Weltseele" auffasste und Robert Boyle (1627–1691), der Begründer der Londoner Akademie, an die Existenz eines universalen Fluidums glaubte, meinte Mesmer, der Mensch wäre in den Ozean eines Fluidums eingetaucht, das zu leugnen ebenso lächerlich wäre wie den Ozean von Wasser. Schopenhauer (1788–1860) bezeichnete den Mesmerismus als „die vom philosophischen Standpunkt aus inhaltsschwerste aller gemachten Entdeckungen, auch wenn sie einstweilen mehr Rätsel aufgibt als sie löst" (vgl. Hoppe 1984).

Noch einmal Stefan Zweig (1952, S. 41ff):

„So konstruiert er (...) das vielverspottete ‚Baquet', (...) von dem der Patient einzelne bewegliche Überleitungsspitzen an seinem Schmerzpunkt hinführen kann. Um diese magnetische Batterie reihen sich die Kranken, Fingerspitze an Fingerspitze ehrfürchtig haltend, zur Kette, weil Mesmer erprobt haben will, dass die Durchleitung durch mehrere menschliche Organismen den Strom abermals verstärke (...). Man messe, um nicht in Ungerechtigkeit zu verfallen, doch einmal redlich die physikalische Situation dieser Zeit. (...) Ein Jahrzehnt noch, und zum ersten Male wird das Luftschiff einen Menschen über die Erde erheben, ein Vierteljahrhundert noch, und zum ersten Male das Dampfschiff, das andere Element, das Wasser besiegen. Damals aber ist diese ungeheure Macht der gepressten oder entleerten Luft einzig in Laboratoriumsexperimenten wahrnehmbar, und ebenso winzig und schüchtern offenbart sich die Elektrizität. (...) Erstaunlich sind also nicht Mesmers erste Methoden, sein Spiegelbestreichen, sein magnetisches Bassin – erstaunlich ist für uns bei seinem Verfahren nur die unvorstellbare therapeutische Wirkung, die ein einzelner Mann mit diesem nichtigen Magneteisen hervorbringt. (...) Welthistorisch war noch nie eine Methode so widersinnig, dass nicht doch durch den Glauben an sie den Kranken eine Zeitlang geholfen worden wäre. Unsere Großväter und Ahnen sind durch Mittel geheilt worden, über die unsere Medizin von heute mitleidig lächelt, ebendieselbe Medizin, deren Behandlungsunarten wiederum die Wissenschaft der nächsten fünfzig Jahre mit dem gleichen Lächeln als unwirksam und vielleicht sogar gefährlich abtun wird. Denn wo immer überraschende Heilung sich vollzieht, hat die Suggestion ungeahnt mächtigen Anteil."

Mesmer wird durch seine Behandlungen in Wien erfolgreich und berühmt (Abb. 2). Keine Krankheit, die Mesmer nicht heilen kann: Tinnitus, Gicht, Tremor, Lähmungen, Krämpfe, Schlaf- und Menstruationsstörungen werden oft nach vielen hilf- und fruchtlosen Versuchen anderer Ärzte wie durch ein Wunder beseitigt. Nach nur einem Jahr seiner Arbeit mit den Methoden des animalischen Magnetismus geht der Ruhm dieses bisher unbekannten Arztes weit über Österreich hinaus, das musische und ehemals ruhige Haus an der Landstraße 261 wird zu einer Pilgerstätte der neuen Behandlungskunst. Mesmer beginnt Schüler auszubilden und verblüfft Patienten wie Ärzte in ganz Europa, die seine Erfolge bestätigen. In München wird Mesmer am 28. November 1775 aufgrund seiner Heilung des Akademierates Osterwald von „völliger Lähmung und Augenschwäche" in die Bayerische Akade-

Abb. 2 „Das Magnetische Bad“. Zeitgenössischer Kupferstich.

mie der Wissenschaften aufgenommen (Hammermayer 1983) – wahrscheinlich das erste und zugleich letzte Mal, dass die unwidersprechlichen Erfolge Mesmers anerkannt werden.
Selbst von seinen Entdeckungen erstaunt, wendet sich Mesmer mitteilungsbedürftig an die medizinische Fakultät in Wien. Der Präsident der Fakultät und Leibarzt der österreichischen Kaiserin Maria Theresia, Freiherr Anton von Störck (1731–1803), lehnt es zur Enttäuschung Mesmers ab, an den Versuchen teilzunehmen – er wolle mit der Sache nichts zu tun haben. Allerdings kann Mesmer den niederländischen Arzt und Botaniker Jan Ingenhousz (1730–1799), Mitglied der Londoner Akademie, der sich gerade in Wien aufhält, für eine Überprüfung seiner Experimente gewinnen. Dieser, so scheint es zunächst, überzeugt sich von der Wirksamkeit des animalischen Magnetismus, bittet Mesmer aber um Stillschweigen gegenüber der Öffentlichkeit. Nur zwei Tage später sagt Ingenhousz vor der Presse das genaue Gegenteil und bezeichnet Mesmer als Betrüger. Einige Zeit später beruft die Wiener medizinische Fakultät eine Untersuchungskommission ein, in der auch Ingenhousz Mitglied ist. Nach verschiedenen Versuchen fällt die Akademie das vernichtende Urteil und bezichtigt den einst in der Wiener Gesellschaft so beliebten Wissenschaftler als Hochstapler, da seine Versuche „nur“ auf dem Prinzip der Imagination beruhten (Bromberg 1975; Hoppe 1984).
Mesmer muss Wien verlassen, da er sich dem Ansturm der ihm feindlichen wissenschaftlichen Welt nicht mehr gewachsen fühlt. Von der Wiener medizinischen Fakultät wird er aufgefordert, seine „betrügerische Praxis“ aufzugeben, und seine Patienten werden heimlich befragt, ob sie von ihm unsittlich berührt wurden. Das österreichische „Komitee zur Aufrechterhaltung der Moral“ zeigt ihn beim Polizeichef an. Mesmer geht von Wien über die Schweiz nach Paris, wo er 1778 einen

überaus wohlwollenden Empfang erlebt, der ihm einen Neuanfang ermöglicht. Die Französische Akademie der Wissenschaften gestattet ihm, die Krankenbehandlung wieder aufzunehmen – allerdings nur unter der Aufsicht französischer Ärzte (Hoppe 1984).

Schnell kann sich Mesmer mit der Hilfe seiner aristokratischen österreichischen Patienten und der Hilfe seiner wichtigsten Förderin, Marie Antoinette, im neuerungssüchtigen Paris etablieren. Am Place Vendôme und später in seinem größeren und eleganten Anwesen am Place de la Bourse wachsen erneut Mesmers Popularität und die Berichte über seine Erfolge. Zu seinen Patienten zählen neben den höchsten Repräsentanten des Adels und des Bürgertums auch solche aus den einfachsten Ständen. Eine heute unvorstellbare Begeisterung für diesen Mann und seine Methoden entflammt. Mesmer, der angetreten war, Erregungszustände zu behandeln, bringt eine andere Art der Erregungserkrankung nach Paris: Eine Mesmeromanie wird die „grande mode, le dernier cri“, ein Fluidum der Hysterie.

„Jeder neugierige Pariser – und welcher Pariser der guten Gesellschaft wäre es nicht? – muss unbedingt einmal das mirakulöse Fluidum an sich selbst erprobt haben, und man rühmt sich dann in den eleganten Salons dieser nervenprickelnden Sensation etwa mit derselben dilettantischen Oberflächlichkeit, wie man heute beim Five o'clock tea von der Relativitätstheorie oder der Psychoanalyse spricht. Mesmer ist Mode, und seine von ihm sehr ernst gemeinte Wissenschaft wirkt darum auf die Gesellschaft nicht als Wissenschaft, sondern als Theater.“ (Zweig 1952, S. 70)

Doch Mesmer ruht sich nicht auf seinem gesellschaftlichen und finanziellen Erfolg aus, er dürstet erneut nach akademischer Anerkennung seiner Kollegen, die ihm noch immer verwehrt bleibt. Keine Fakultät Europas, die er nicht beschworen hat seinen Experimenten beizuwohnen und seine Theorien zu untersuchen. Und endlich: Aus dem Stadtgespräch wird eine Staatsangelegenheit.

„Er liebt (...) keine Unruhe und keine Aufgeregtheiten, der gute, feiste König Ludwig der Sechzehnte, aus ahnungsvollem Instinkt verabscheut er Revolution und Neuerungen (...). Als sachlicher und gründlicher Ordnungsmensch wünscht er darum, dass endlich einmal Klarheit in diesem endlosen Gezänke um den Magnetismus geschaffen werde; und im März 1784 unterschreibt er einen Kabinettsbefehl an die Gesellschaft der Ärzte und die Akademie, sofort den Magnetismus in seinen nützlichen wie schädlichen Folgeerscheinungen amtlich zu untersuchen.“ (ebd., S. 75)

Der Rest ist Geschichte, die sich beispielsweise in einer sehr lesenswerten Biographie Mesmers von Thuillier (1990) erfahren lässt. Mesmers weiterer Lebensweg wird, nachdem die Untersuchungskommission ein ablehnendes Urteil fällt, nie wieder die Höhen erreichen, die sie im vorrevolutionären Paris erklommen hatte. Er verstirbt einsam und verbittert in Deutschland. Trotzdem wird er 1882, 67 Jahre nach seinem Tod, von der Französischen Akademie rehabilitiert. Seine klinischen Erfolge werden nicht zuletzt durch die Einführung der klinischen Hypnose bei hysterischen Syndromen durch den berühmten Pariser Arzt und Universitätslehrer Jean-Martin Charcot (1825–1893) gewürdigt; immerhin der Begründer der modernen Neurologie und Lehrer vieler bedeutender Ärzte, wie Sigmund Freud, Joseph Breuer, Gilles de la Tourette, Joseph Babinski und Pierre Janet (Ronel et al. 2008).

Die königliche Untersuchungskommission

Benjamin Franklin (1706–1790), dessen Porträt noch heute die 100-Dollar-Note ziert, wurde autodidaktisch einer der bedeutendsten Gelehrten der Neuzeit. 1772 erfand er den Blitzableiter, eine Erfindung, die von der Pariser Akademie der Wissenschaften – die gleiche, die später auch Mesmer ablehnte – anfangs nicht ernst genommen und abgewiesen wurde. Von der Londoner Royal Society, deren Mitglied er bereits 1756 wurde, wurden seine wissenschaftlichen Schlussfolgerungen zunächst ebenfalls ausgelacht (Hoppe 1984). Dass Franklin zur Nemesis Mesmers wurde, ist somit umso erstaunlicher. Franklin wurde zum Vorsitzenden der königlichen Untersuchungskommission benannt. In einigen Abschnitten des Berichts wird auf die Gicht-Erkrankung des 1784 bereits 78-jährigen Mannes hingewiesen, die dazu führte, dass er nur eingeschränkt an den Untersuchungen teilnehmen konnte. Franklin galt als Förderer des öffentlichen Gemeinwohls, führte in seiner Heimatstadt Philadelphia öffentliche Krankenhäuser, Leihbibliotheken und die freiwillige Feuerwehr ein und kümmerte sich um Straßenreinigung und -beleuchtung. Neben dem Blitzableiter erfand er auch die Glasharmonika, ein heute weitgehend vergessenes Musikinstrument, auf dem – eine Zufälligkeit der Geschichte – Mesmer offenbar ein ausgesprochener Virtuose war. Nach Aufenthalten in England wird er als Gesandter der Südstaaten 1776 nach Frankreich geschickt, wo er auch Voltaire begegnet. 1786 kehrt Franklin in seine Heimat zurück und wird in Pennsylvania Präsident des Verfassungskonvents. Als einer der Väter der amerikanischen Unabhängigkeitserklärung unterzeichnet er 1787 die Verfassung der Vereinigten Staaten (Morgan 2005).
Joseph Ignace Guillotin (1738–1814), ein weiteres Mitglied der königlichen Untersuchungskommission über den animalischen Magnetismus, war der Leibarzt des Grafen von Provence, dem späteren König Louis XIII. Guillotin wurde nach der Französischen Revolution – ähnlich wie einige Jahre vor ihm Benjamin Franklin in den neu gegründeten Vereinigten Staaten – Mitglied der „Assemblée nationale constituante", der verfassungsgebenden Nationalversammlung von 1789. Ein Anliegen des Anatomen, Pathologen und Physiologen war es, die in dieser Zeit nicht seltenen Hinrichtungen zu „humanisieren" und das Leiden der Hinzurichtenden zu verkürzen. Guillotin trat anders als andere Zeitgenossen allerdings nicht für die Abschaffung der Todesstrafe ein. Die bis dahin üblichen Methoden waren hauptsächlich vom gesellschaftlichen Stand des Delinquenten abhängig (je nachdem: Enthauptungen mit dem Schwert, Verbrennen auf dem Scheiterhaufen, Vierteilung, Hängen oder bei lebendigem Leib in einem Kessel gekocht werden) und entsprachen – so Guillotin – nicht den Grundsätzen der Gleichbehandlung, „der Égalité" aller Bürger. Auf Drängen des Henkers von Paris und in Zusammenarbeit mit dem

früheren Leibarzt des Königs, wurde eine Maschine in Auftrag gegeben, an deren Entwicklung Guillotin selbst nicht beteiligt war. Als Namensgeber schwärmte er allerdings: „Die Guillotine ist eine Maschine, die den Kopf im Handumdrehen entfernt und das Opfer nichts anderes spüren lässt als ein Gefühl erfrischender Kühle." Eine der prominentesten Nutznießerinnen dieser „erfrischenden Kühle" war Marie Antoinette, die Königin, die sich einst für Mesmers Ideen begeisterte. Auch konnten sich zwei seiner Kommissionskollegen, Lavoisier und Bailly, mit ihrem eigenen Hals von den Vorzügen der humanen Hinrichtung persönlich überzeugen (Morgan 2005).

Antoine-Laurent de Jussieu (1748–1836), Angehöriger einer alten Botanikerfamilie, studierte zunächst Medizin, wechselte später jedoch in die Botanik, wo er als „Demonstrator" des Jardin du Roi zum Professor der medizinischen Fakultät ernannt wurde. Er entwickelte zusammen mit seinem Onkel eine bis heute gültige Systematik der Pflanzenwelt und wurde über seine Arbeiten zur Klassifikation der *Ranunculaceae* bekannt. 1733 war er in die Akademie der Wissenschaften aufgenommen und in dieser Funktion ebenfalls in die königliche Untersuchungskommission über Mesmer berufen worden. Als einziges Mitglied der Kommission widersprach Jussieu den Ergebnissen und unterzeichnete den Bericht nicht. In einem Minderheitenvotum empfahl er einen genaueren Blick auf die Wirkweisen des animalischen Magnetismus. Im revolutionären Paris, einer Zeit größter Unruhen, reorganisierte er 1789 das naturhistorische Museum und wurde im Jahre 1808 von Napoleon zum Kanzler der Pariser Universität ernannt (Best et al. 2003). Heute erinnert eine Haltestelle der Pariser Métro (Linien 9 und 11) im östlichen Quartier Latin an den Botaniker.

Jean-Sylvain Bailly (1736–1793), ein weiteres Mitglied der Kommission, war ein Astronom, der durch die Berechnung der Umlaufbahn des Halleyschen Kometen im Jahre 1759 bekannt wurde. Im Zuge der Revolution fiel Bailly, seit 1763 Mitglied der Akademie der Wissenschaften, als politisch denkender Aktivist auf, der 1789 schließlich zum ersten Bürgermeister von Paris ernannt wurde. Bailly verlor jedoch rapide an Popularität, als er der Nationalgarde kurze Zeit später befahl, eine Demonstration aufzulösen, wobei 50 Bürger niedergemetzelt wurden („Champ-de-Mars"-Massaker). Bailly trat 1791 zurück und wurde 1793 von einem revolutionären Gericht des Terrorregimes Robespierres aufgrund politischer Verbrechen zum Tode verurteilt. Er starb durch die Guillotine.

Antoine Laurent Lavoisier (1743–1794) war ein bedeutender Chemiker, aber auch Städteplaner und Förderer des Gemeinwohls, der sich – ähnlich wie Benjamin Franklin in Pennsylvania – über Steuerreformen, Vergleichbarkeit von Maßeinheiten und Straßenbeleuchtung Gedanken machte, wofür er 1766 die Goldmedaille der Akademie der Wissenschaften erhielt. Lavoisier ging als Begründer der modernen Chemie als wissenschaftliche Disziplin in die Geschichte ein. Er führte quantitative organische Analysen ein und veröffentlichte ein Gesamtkonzept der chemischen Elemente. Auch der Begriff „Sauerstoff" (Oxygène) geht auf Lavoisier zurück. Als Amtsinhaber vorrevolutionärer königlicher Posten wird Lavoisier wie viele andere am 2. Mai 1794 vor einem der in jenen Tagen viel zu häufigen Tribunale, die sich wie zum Hohn „Égalité, Fraternité, Liberté“ auf ihre Fahne geschrieben haben, zum Tode verurteilt. Lavoisier bat um einen 14-tägigen Aufschub der Urteilsvollstreckung, da er wichtige begonnene Experimente beenden wollte. Der Richter aber erklärte: „Die Revolution braucht keine Wissenschaft.“ Drei Tage später wird auch dieses frühere Mitglied der Untersuchungskommission am Place de la Révolution durch die Guillotine hingerichtet (Hoppe 1984).

Die Untersuchungen der königlichen Kommission

Die schicksalhaften Biographien dieser Männer vereinigen sich in der königlichen Untersuchungskommission, die es zur Aufgabe hatte, den animalischen Magnetismus zu untersuchen. Ihr Gegenüber war indessen nicht Mesmer selbst, der dagegen heftig protestierte, sondern Charles Deslon (1750–1786), sein wichtigster Schüler. Deslon, ein Pariser Arzt und prominentes Mitglied der medizinischen Fakultät, hatte zunächst als Mesmers Assistent gearbeitet und behandelte später selbstständig nach der Methode des animalischen Magnetismus. Er eröffnete seine eigene Klinik und ermöglichte der Untersuchungskommission den Zugang zu den Patienten, die an den Experimenten der Kommission teilnahmen. Anfänglich stand Deslon der Kommission enthusiastisch zur Verfügung und kooperierte so gut es ging. Nach der Veröffentlichung des niederschmetternden königlichen Berichts setzte er sich jedoch mit allen Mitteln zur Wehr und publizierte eine Gegendarstellung zum Bericht der königlichen Untersuchungskommission (Deslon 1784), was letzten Endes zu seinem Rauswurf aus der medizinischen Fakultät und einem Entzug seiner ärztlichen Approbation führte.
Einleitung, Methode, Ergebnisse, Diskussion. Bis heute hat sich daran nichts geändert. Auch die königliche Untersuchungskommission leitete ein, methodisierte, zeigte Ergebnisse auf, diskutierte und kam zu Schlüssen. Die Blindstudie als krönendes Experiment der Untersuchung schien über jeden Zweifel erhaben. Man hat gefragt, geschildert, geprüft, verstanden. Dennoch: Aus anfänglich interessierter Offenheit entstand zunehmende Ablehnung. Im Folgenden einige Auszüge aus einem Protokoll des Scheiterns, das für Mesmers Ideen und ihn selbst das gesellschaftliche und wissenschaftliche Ende bedeutete.

Einleitung

„Nachdem sie sich mit der Theorie und Praxis des animalischen Magnetismus vertraut gemacht hatten, wurde es notwendig, deren Effekte zu beobachten. (...) Sie sahen im Zentrum eines großen Appartements einen runden Behälter, der aus Ei-

chenholz gefertigt war, etwa einen Fuß oder anderthalb Fuß tief, welcher ‚Baquet' genannt wurde; der Deckel dieses Behälters war mit mehreren Löchern versehen, in die Eisenstangen, die wie in einem Gelenk beweglich waren, eingelassen wurden. Die Patienten waren kreisförmig um sein Baquet aufgereiht, und jeder hatte eine Eisenstange, die durch das Gelenk unmittelbar auf dem kranken Körperteil anwendbar ist, während ein Seil, das um ihre Körper gebunden war, einen mit dem anderen verband. Manchmal wurde ein zweites Mittel der Verstärkung eingeführt, indem die Daumen der Patienten zwischen Daumen und Zeigefinger der nächsten Patienten platziert werden. Der so platzierte Daumen wird von der Person gedrückt, dem der Daumen gehört; der Druck, der durch die linke Hand des Patienten empfangen wird, wird an die rechte Hand und somit an den gesamten Kreis weitergegeben.
Einige (der Patienten) waren gelassen, ruhig und jeglicher Empfindung unbewusst; andere husten, spucken, sind von einem leichten Schmerz, einem partiellen oder universellen Brennen oder Perspirationen erfasst; eine dritte Gruppe ist agitiert und von Krämpfen gepeinigt (...). Sobald eine Person krampft, werden andere in ihrer Nähe ebenfalls befallen. Die Kommissionäre beobachteten auch Exzesse dieses Musters, die über drei Stunden anhielten; diese waren von dicklich-viskösen wässrigen Expektorationen begleitet, die durch die gewaltigen Anstrengungen ausgelöst waren. (...) Die Krämpfe waren durch unvorhersehbare und unfreiwillige Bewegungen aller Gliedmaßen oder des gesamten Körpers, durch eine Verkrampfung des Halses, durch eine plötzliche Beteiligung der Hypochondrien und des Epigastriums, durch eine Ablenkung und Wildheit der Augen, durch Kreischen, Tränen, Schluckauf oder unmäßigem Lachen charakterisiert." (Best et al. 2003, S. 22)

Das Experiment

„*Der mit einer Bandage verblindete Junge wurde dann in den Obstgarten geleitet und nacheinander an vier Bäume geführt, an denen das Verfahren nicht ausgeführt wurde. Er wurde dazu gebracht, jeden dieser Bäume für zwei Minuten zu umarmen, was der Art und Weise der Übertragung entspricht, die Monsieur Deslon beschrieben hatte.*
Monsieur Deslon (...) richtete seinen Stab auf den Baum, der zuvor Gegenstand seines Verfahrens war.
Am ersten Baum wurde der Junge nach einer Minute befragt. Er berichtete, dass er in großen Tropfen geschwitzt habe; er habe gehustet, gespuckt und an einem leichten Kopfschmerz gelitten. Die Distanz vom magnetisierten Baum betrug etwa 27 Fuß.
Am zweiten Baum nahm er eine Betäubung sowie Kopfschmerzen wahr. Die Entfernung betrug 36 Fuß.
Am dritten Baum nahmen die Betäubung und die Kopfschmerzen deutlich zu. Er sagte, dass er glaube, dem magnetisierten Baum näher zu kommen. Die Entfernung betrug hier 38 Fuß.

Kurz gesagt: Am vierten Baum, welcher ebenfalls nicht dem Verfahren unterzogen wurde und der etwa 24 Fuß vom magnetisierten Baum entfernt war, fiel der Junge in eine Krise; er wurde ohnmächtig, seine Glieder versteiften, und er wurde zu einer nahe gelegenen Grasfläche getragen, wohin Monsieur Deslon eilte, um ihm zu assistieren, und wo er sich erholte." (ebd., S. 32)

Diskussion

„*Das Ergebnis dieses Experiments stand gänzlich im Gegensatz zu den Theorien des animalischen Magnetismus. Monsieur Deslon führte dies darauf zurück, dass alle Bäume durch ihre eigene Natur am Magnetismus teilhaben und dass ihre magnetische Kraft durch seine Anwesenheit an Stärke zunehmen würde. In so einem Fall könne es eine Person, die gegenüber dem Magnetismus empfänglich ist, nicht ohne das Risiko von Konvulsionen wagen, in einem Garten umherzugehen; eine Behauptung, die durch die Erfahrungen des täglichen Lebens widerlegt ist. Die Anwesenheit von Monsieur Deslon hatte hier keinen größeren Einfluss als in der Kutsche, in dem der Junge zusammen mit ihm eingetroffen war, in der er ihm gegenüber saß und überhaupt nichts spürte. Falls er unter dem magnetisierten Baum keine Empfindungen verspürt hätte, hätte man wenigstens sagen können, dass er an diesem Tag nicht ausreichend empfänglich gewesen sei; der Junge aber fiel unter einem Baum in eine Krise, der nicht magnetisiert war. Die Krise kann aufgrund dessen nicht als Wirkung einer physikalischen oder externen Ursache verstanden werden, sondern einzig dem Einfluss einer Einbildung zugeschrieben werden. Das Experiment ist deshalb zur Gänze beweiskräftig: Der Junge wusste, dass er an einen Baum geführt wurde, an dem das magnetische Verfahren zuvor ausgeführt worden war, seine Einbildungskraft wurde angeregt und durch das schrittweise Vorgehen des Experimentes verstärkt, und am vierten Baum wurde sie so sehr gesteigert, dass die Krise produziert werden konnte.*" (ebd.)

Die Kommissionäre führten in jenem Sommer des Jahres 1784 noch eine ganze Reihe von Experimenten mit Hilfe von Dr. Deslon durch. Allesamt wurden sie akribisch dokumentiert, wobei die Bewertungen der königlichen Kommission zunehmend ablehnender und die Kommentare immer sarkastischer ausfielen. Letzten Endes stimmten mit Ausnahme von Jussieu alle in ihrem Urteil überein: „Verdichtung, Imagination und Imitation" seien die „wahren Ursachen des chimerischen neuen Stoffs", vor dem die vorrevolutionäre französische Öffentlichkeit gewarnt werden musste (ebd., S. 39).

Deslon selbst widersprach dem Einflussfaktor „Imagination" überhaupt nicht, im Gegenteil: Auch im königlichen Bericht wird er zitiert, wie er die Kommissionäre einlädt, den animalischen Magnetismus gerade hinsichtlich der besonderen imaginativen Wirkweisen zu erforschen. Die Kommissionäre jedoch verharren in ihrer Meinung, den animalischen Magnetismus als „nutzlos" zu brandmarken, „Hoffnung und Einbildung" als Effekte abzutun, die nur in „sehr seltenen Fällen" hoffnungs-

loser Kranker gerechtfertigt sein können (ebd., S. 40). Die Zeit der Aufklärung wird beschworen, in der für Unbegreifliches kein Platz zu sein scheint und die Bevölkerung gewarnt werden muss: vor der Unsittlichkeit der Nervenreizungen und der Geschlechtermischung, der Gefährlichkeit und der Intensität der Symptome, welcher der Magnetismus auszulösen in der Lage ist. Gewaltige Krisen, leidvolle Atemlosigkeit, Krämpfe, Schmerzen und Schwäche gehören nicht in eine aufgeklärte Medizin und sollten nicht untersucht, sondern unterlassen werden. Die Gefahren der „Habituation" des Einzelnen und der Übertragung auf Menschenmengen („Ansteckung") dieser Symptome müssen gebannt werden, ansonsten sei es „Folter" (ebd.).
„Ein Stoff, dessen Existenz nicht nachweisbar ist, ist unnütz" – so die abschließende Wertung der honorigen Kommission, die am 11. August 1784, unterzeichnet wurde.
„Aber die Pariser Akademie, eben dieselbe, die Franklins Blitzableiter und Jenners Pockenimpfung verworfen, die Fultons Dampfboot eine Utopie genannt [hat], beharrt in ihrem unsinnigen Hochmut, dreht den Kopf weg und behauptet, nichts zu sehen und nichts gesehen zu haben. Und so dauert es genau hundert Jahre, bis endlich der französische Gelehrte Charcot 1882 durchsetzt, dass die erlauchte Akademie von der Hypnose offiziell Kenntnis zu nehmen geruht. (...) Wieder einmal – zum wievielten Male? – ist die seelische Heilmethode von der akademischen Justiz niedergekämpft." (Zweig 1952, S. 81)

Doppelblind – doppelt blind?

1931, als Zweigs Buch „Die Heilung durch den Geist" ursprünglich erschien, war vieles, was heute möglich ist, noch nicht denkbar. Heutzutage wird versucht, mittels neurobiologischer Methoden Korrelate der Intersubjektivität und menschlichen Empathie darzustellen (trotz Jasperscher Skeptiker einer Neuromythologie), und Spiegelneurone sind die lang ersehnten neurobiologischen Relaisstationen klinischer Psychologie (Gallese 2003; s. auch Kap. 4). Der Umgang mit wissenschaftlicher Wahrheit – die bis heute durch die Technik der Doppelblindstudien repräsentiert wird – gemahnt zur Besonnenheit. Die Männer der königlichen Untersuchungskommission, im Spannungsfeld zwischen Mystik und Rationalität, konnten sich von ihren theoretischen Vorstellungen nicht befreien und trafen daher ins Leere. In „doppelter Blindheit" konnten sie weder das Gesehene verstehen noch es weiter erforschen: blind gegenüber den Wirkungen des Magnetismus und blind in der Gefangenheit ihrer Epoche. 1843 formulierte Emil Dubois-Raymond den berühmten Satz: „Brücke und ich haben uns verschworen, die Wahrheit geltend zu machen, dass im Organismus keine anderen Kräfte wirksam sind als die gemeinen, physikalisch chemischen."[3] (zit.

3 Ernst Wilhelm Ritter v. Brücke (1819–1892) war Physiologe in Königsberg und Wien.

nach Bertram 2003). Interessanterweise waren es gerade die streng naturwissenschaftlichen Physiker, die später das Beobachter-Problem aufwarfen: Mit einem Experiment kann ich immer nur Antworten auf die Fragen erwarten, die ich gestellt hatte. Fritjof Capra (2004, S. 91) fasst im Hinblick auf die naturwissenschaftliche Untersuchung – z. B. der Elektronen – und die Arbeiten von Heisenberg zusammen:
„Stelle ich ihm [dem Elektron] eine Teilchenfrage, wird es mir eine Teilchenantwort geben; stelle ich ihm eine Wellenfrage, wird es mir eine Wellenantwort geben."
Es war für die sich streng dualistisch orientierenden Mitglieder der mesmerischen Untersuchungskommission – und wohl auch für ihn selbst – nicht unverständlich, dass psychische Prozesse stets mit mehr oder weniger manifesten körperlichen Phänomenen verbunden sind. Sie versuchten, sie auf eine einzige, allgemeine, messbare, „naturwissenschaftliche" Kausalität zurückzuführen. Das hat sich bis heute noch nicht grundlegend geändert: Die Begeisterung für die Neurobiologie und die ihr oft allzu bereitwillig angediente Deutungshoheit über psychische Prozesse entspringen wahrscheinlich dem Wunsch, nun endlich die universellen Mechanismen von Geist und Seele „sichtbar" im Gehirn verorten zu können.
So wie jede Generation überheblich mit den Errungenschaften der vorherigen Generation umgeht, so sicher die Wissenschaft heute über Früheres erhaben scheint, so wohltuend ist die Bescheidenheit, die eigene Zeit nicht zu überschätzen. Ein letztes Mal Stefan Zweig (1952, S. 109f), dem hier das Schlusswort vorbehalten bleibt:
„Wir, denen ohne Draht und Membran ein gesprochenes Wort in eben derselben Sekunde aus Honolulu oder Kalkutta ins Ohr schwingt, wir, die wir den Äther von unsichtbaren Sendungen und Wellen durchschüttert wissen und gerne glauben, dass noch unzählige solcher Kraftstationen von uns unerkannt im Kosmischen wirken, wir haben wahrhaftig nicht mehr den Mut, von vornherein die Anschauung abzulehnen, dass von lebendiger Haut und erregtem Nerv beeinflussende Strömungen ausgehen, wie sie Mesmer unzulänglich ‚magnetische' nannte, dass in den Beziehungen von Mensch zu Mensch vielleicht nicht doch ein Prinzip, ähnlich dem ‚animalischen Magnetismus' wirksam sei. (...) Warum nicht wirklich zwischen Körpern und Seelen sich geheime Strömungen und Stauungen ereignen, Anziehungen und Abstoßungen, Sympathie und Antipathie zwischen Individuum und Individuum? Wer wagt in dieser Sphäre heute ein kühnes Ja oder ein freches Nein? Vielleicht wird eine mit immer verfeinerten metrischen Apparaten arbeitende Physik morgen schon nachweisen, dass [das], was wir heute als bloße seelische Kraftwelle annehmen, doch etwas Substanzhaftes, eine tatsächlich sichtbare Wärmewelle, eine elektrische oder chemische Auswirkung darstellt, wägbare und messbare Energie, dass wir also ernst nehmen müssen, was unsere Vorväter als Narrheit belächeln. [Die Geschichte preist nur] (...) den Beender, nicht den Beginner, einzig den Sieger hebt sie ins Licht, die Kämpfer wirft sie ins Dunkel: so Mesmer, den ersten der neuen Psychologen, der unbedankt das Schicksal des Zufrühgekommenen auf sich nahm. Denn immer wieder erfüllt sich der Menschheit ältestes und barbarisches Gesetz, einst im Blute und heute noch im Geiste, jenes unerbittliche Gebot, das zu allen Zeiten verlangte, die Erstlinge müssten geopfert werden."

Literatur

Bertram W (2003). Die gespaltene Kunst des Heilens. Zur Geschichte des Dualismus in der Medizin von René Descartes bis Karl Valentin. In: Hontschik B (Hrsg). Psychosomatisches Kompendium der Chirurgie. München: Marseille Verlag.

Best MA, Neuhauser D, Slavin L (2003). Benjamin Franklin: Verification and Validation of the Scientific Process in Healthcare as Demonstrated by the Report of the Royal Commission of Animal Magnetism and Mesmerism. Victoria: Trafford.

Bromberg W (1975). From Shaman to Psychotherapist. A history of the treatment of mental illness. Chicago: Henry Regnery Company; 138–60.

Capra F (2004). Wendezeit. München: Knaur.

Deslon C-N (1784). Observations sur les deux rapports de MM. les Commissaires nommés par sa Majesté pour l'examen du magnétisme animal. Paris: Clousier.

Franklin B, Majault Roy L et al. (1784). Rapport Des Comissaires Chargés Par Le Roi De L'Examen Du Magnétisme Animal. Paris: Marchands de Nouveautés.

Gallese V (2003). The roots of empathy: The shared manifold hypothesis and the neural basis of intersubjectivity. Psychopathology; 36: 171–80.

Gallo DA, Finger S (2000). The power of a musical instrument: Franklin, the Mozarts, Mesmer, and the glass armonica. Hist Psychol; 3: 326–43.

Gerould D (1992). Guillotine. Its legend and lore. New York: Blast Books.

Hammermayer L (1983). Geschichte der bayerischen Akademie der Wissenschaften, 1759–1807. München: C. H. Beck.

Henningsen P (im Druck). Vom Nutzen der Neurobiologie für die Erforschung der Seele. In: Angehrn E, Küchenhoff J (Hrsg). Die Vermessung der Seele. Konzepte des Selbst in Philosophie und Psychoanalyse. Weilerswist: Velbrück Wissenschaft.

Hoppe W (1984). Wilhelm Reich und andere große Männer der Wissenschaft im Kampf mit dem Irrationalismus. München: Kurt Nane Jürgensen Verlag.

Logothetis NK (2008). What we can do and what we cannot do with fMRI. Nature; 453: 869–78.

McGuire W, Sauerländer W (1974). Briefwechsel Freud/Jung. Frankfurt a. M.: Fischer.

Mesmer FA (1779). Mémoire sur la découverte du magnétisme animal. Genf, Paris: Didot.

Morgan ES (2005). Benjamin Franklin. Eine Biographie. München: C. H. Beck.

Ronel J, Noll-Hussong M, Lahmann C (2008). Von der Hysterie bis F45.0. Geschichte, Konzepte, Epidemiologie, Diagnostik. Psychotherapie im Dialog; 9: 207–16.

Steptoe A (1986). Mozart, Mesmer and "Cosi Fan Tutte". Music and Letters; 67: 248–55.

Thuillier J (1990). Die Entdeckung des Lebensfeuers. Franz Anton Mesmer, eine Biographie. Wien, Darmstadt: Zsolnay.

Zweig S (1952). Die Heilung durch den Geist. Mesmer, Mary Baker-Eddy, Freud. Frankfurt a. M.: Fischer.

21 Dichter als Kranionauten

Gehirne im Meer der Literatur

Daniel Schäfer

„Es gelang ihnen damit überraschend, das ganze innere Höhlenwerk im Kopfe völlig und hell und klar zu beleuchten, und ein unaussprechlich süßes und erhabenes Gefühl ergriff sie bei Anschauung der Wunderdinge, die sich ihnen darboten …"
Was Clemens Brentano und Joseph von Görres in ihrer „visionären" Satire von BOGS dem Uhrmacher (1807) den untersuchenden Ärzten zumuten, daran lassen sie auch ihre Leser teilnehmen: eine literarisch-enzephaloskopische Reise durch das Gehirn, die die rudimentären Erkenntnisse der zeitgenössischen Medizin und Phrenologie genauso reflektiert wie phantasievolle Projektionen der Außenwelt auf das Innerste des Menschen, frei nach dem Motto: „Eng ist die Welt, und das Gehirn ist weit." (Friedrich Schiller, Wallensteins Tod II 2)
Dieses Kapitel nimmt seine Leser ebenfalls mit auf eine Reise, die weit über das Meer der überwiegend deutschsprachigen Literatur in ihr eigenes Gehirn führt und dabei Seichtes und Seriöses aus Epik, Drama und Lyrik kaleidoskopartig quer über die letzten 500 Jahre hinweg zusammenstellt. Denn obwohl oder vielleicht gerade weil das Gehirn als „Black box" über lange Zeit jeden Hinweis auf sein Innenleben, sein eigenes Funktionieren verweigerte, widmeten Schriftsteller und Dichter ihm bemerkenswert viel Aufmerksamkeit.

Hirnquantitäten

Seit das Gehirn im abendländischen Bewusstsein mit dem Sitz des Denkens identifiziert wurde, erwähnen Dichter und Schriftsteller es an vielen Stellen beiläufig, freilich in höchst unterschiedlichem Ausmaß: Ein Blick in die elektronische Literaturdatenbank „Deutsche Literatur von Luther bis Tucholsky" mit über 2900 digitalisierten Werken von mehr als 500 Autoren gibt einen ersten Überblick zur Häufigkeit und Vielfalt von „Hirn-Begriffen". Davon gibt es in der Datenbank immerhin insgesamt rund 5000, einschließlich 600 verschiedener Beugungen, Komposita und Ableitungen. Eine Differenzierung offenbart, dass Begriffe aus dem Bereich der Anatomie insgesamt häufiger, solche aus der (Psycho-)Pathologie aber wesentlich vielfältiger und phantasievoller sind; wirkliche Fachbegriffe gingen dagegen selten in die Literatur ein. Neologismen kommen erwartungsgemäß in Barockzeitalter und Expressionismus verhältnismäßig häufig vor. „Hirnvokabular" wird trotzdem überraschend unterschiedlich eingesetzt: Im Verhältnis zur Anzahl ihrer publizierten Seiten stehen Schriftsteller um 1900 (wie Oskar Panizza, Robert Müller oder Peter Altenberg) an vorderster Stelle. Lichtenberg, Jean Paul und Herder folgen mit einigem Abstand, in Gesellschaft von Barockdichtern wie Brockes und Harsdörffer. Goethe und Schiller dagegen zitieren trotz ihrer naturwissenschaftlichen Bildung das Gehirn und seine sprachlichen Derivate in ihren Werken durchschnittlich 10-mal seltener als die Expressionisten (vgl. Tab. 1). Daraus lässt sich zum einen ein direkter Übergang der neurologischen Hausse um 1900 auf die zunehmend an Naturwissenschaft und Technik orientierte Literatur der Moderne konstatieren; zum anderen zeigt sich aber bei genauerer Betrachtung, dass in der Wortwahl neben epochen- auch autorenspezifische Vorlieben und Abneigungen zutage treten.

Kurze Hirnzitate

Die meisten Erwähnungen des Gehirns sind beiläufig; sie verweisen seltener auf ein natürliches, vulnerables Organ („Das Hirn klebte an der Wandt, weil jn der Teuffel von einer Wandt zur andern geschlagen hatte." [Historia von D. Johann Fausten, 1587]) als vielmehr metaphorisch auf Bewusstsein, Verstand oder Gedächtnis: „wo vieler Hirn vnnd Stirn nicht weiß zu helffen" (Abraham a Sancta Clara, Mercks Wienn, 1680).

Geradezu topisch ist der knappe Gegensatz zwischen Hirn und Herz, wobei in der Regel der Gegensatz von Verstand und Gefühl ausgedrückt wird. Schon etwas ausführlicher kommen Gehirne zur Sprache, wenn psychische oder kognitive Funktionen näher charakterisiert, erklärt oder gar in Bildern geradezu materialistisch umschrieben werden:

„*Ja, der Gedanke wühlt in meinem Hirn.*" (Karoline von Günderode, Nikator, 1806)

„*Wilde Gedanken zogen wie Nachtvögel durch sein Hirn.*" (Gustav Freytag, Die Ahnen/Aus einer kleinen Stadt, 1880)

„*Ein eisiger Schrecken kroch mir vom Rückenmark ins Gehirn.*" (Klabund, Der Marketenderwagen, 1916)

Gelegentlich werden sogar solche topographischen Bezüge metaphorisch zu eigenwilliger Gesellschaftskritik ausgenützt:

„*Auf dem Kopfe die Frisur / Ist sie wohl ganz Unnatur / Scheint mir doch passabel / Nicht so miserabel / Als jetzt im Gehirn der Zopf / Als jetzt die Frisur im Kopf / Puder und Pomade / Im Gehirn! – Gott Gnade*" (Justinus Kerner, Der Zopf im Kopfe, 1838?)

Der Wiener Hofprediger Abraham a Sancta Clara tituliert solche Persönlichkeiten etwas grobschlächtiger als „unverständige Stroh-Hirn'", vermag aber auch feinsinnig den Gender-Aspekt der Hirnhäute herauszuarbeiten:

Tab. 1 Relative Häufigkeit von Hirnterminologie bei deutschen Schriftstellern (ca. 1500–1900)

	Autor	Absolute Anzahl von „Hirnzitaten“	Seitenanzahl in Datenbank	Hirnzitate/ Seitenzahl
1.	Oskar Panizza	139	1359	0,10228109
2.	Robert Müller	41	591	0,069
3.	Peter Altenberg	119	1902	0,06256572
4.	Hedwig Dohm	116	2050	0,05658537
	⋮			
11.	Frank Wedekind	39	1366	0,02855051
12.	Georg Christoph Lichtenberg	25	894	0,02796421
13.	Jean Paul	198	7313	0,02707507
14.	Johann Gottfried Herder	149	5992	0,02486649
15.	Annette von Droste-Hülshoff	28	1153	0,02428448
	⋮			
18.	Barthold Heinrich Brockes	24	1040	0,02307692
	⋮			
21.	Georg Philipp Harsdörffer	64	3177	0,02014479
	⋮			
32.	Abraham a Sancta Clara	49	3665	0,01336971
33.	Kurt Tucholsky	40	3010	0,01328904
34.	Christoph Martin Wieland	77	5877	0,01310192
35.	Heinrich Heine	67	5444	0,01230713
36.	Theodor Storm	39	3184	0,01224874
37.	Rainer Maria Rilke	24	1987	0,01207851
	⋮			
41.	Friedrich Schiller	41	5039	0,00813654
	⋮			
44.	Friedrich Schlegel	15	2750	0,00748129
	⋮			
48.	Heinrich von Kleist	15	2358	0,00636132
49.	Ludwig Tieck	43	6838	0,00628839
50.	Gotthold Ephraim Lessing	27	5063	0,00533281
51.	Ludwig Achim von Arnim	46	9241	0,00481727
52.	Johann Wolfgang Goethe	57	13199	0,00431851

„Ihr Männer (...) müßt wissen, daß das Haupt eines jedweden Menschen über das Hirn zwei Häutlein hat, deren eines genennt wird von den Medicis die harte Mutter [Dura mater], das andere die sanfte Mutter [Pia mater]; das Häutlein Namens sanfte Mutter ist weiter von [richtig: näher an] *dem Hirn als das andere, und so man das Häutlein sanfte Mutter verletzet, muß der Mensch unfehlbar sterben: zeigt deßwegen die Natur selbsten, daß die harte Mutter soll weit von dem Menschen seyn, die Sanftmuth aber nahe, denn Sanftmuth macht alles gut. (...) Deßgleichen auch ihr Männer, wenn ihr schon einige Mängel und Fehler spüret in euren Weibern, müßt ihr auch zuweilen ein Aug' zuthun und nit gleich mit Schärfe verfahren!"* (Abraham a Sancta Clara, Judas der Erzschelm, Erster Band, 1685)
Auch die folgende Inszenierung des Gehirns als ein Wetzstein ungeschliffener Gedanken wirkt – zumindest auf den zweiten Blick – geradezu genial: Äußere Form des Organs und die ihm zugeschriebene Funktion gehen hier ineinander über, wenn der Dichter von sich behauptet, dass er „Auff scharpffem hirn hat schliffen / Der rauhen wort gar viel" (Friedrich Spee von Langenfeld, Trutz Nachtigall, 1649).

Literarische Hirnsektion

Diese letzten Zitate leiten zu einem ersten Schwerpunkt dieser literarischen Reise über, den vergleichsweise selteneren Passagen, die von der intensiveren Auseinandersetzung der Schriftsteller mit der Anatomie des Gehirns sowie seiner sukzessiven Erforschung Zeugnis geben.
Anatomisch-morphologische Hinweise auf das Haupt-Organ und die Schädelhöhle finden sich nicht nur in medizinischer Fachprosa und Lehrgedichten, sondern auch in literarischen Texten: beispielsweise in den während der Frühen Neuzeit weit verbreiteten Darstellungen der fünf Sinne, die nach vormoderner Auffassung über den Sensus communis (gemeiner Sinn) auf das Gehirn wirken. Im Blick auf das Riechen heißt es etwa von der an das Gehirn angrenzenden Siebplatte (Lamina cribrosa):
„Daß nicht in zu schneller Eile / Dampf und Luft das Hirn vernicht't; / Muß, was ins Gehirn will dringen, / Durch ein Sieb vorher sich zwingen, / Welches hier an diesem Ort / Mit viel Löchern durchgebohrt." (Barthold Heinrich Brockes, Irdisches Vergnügen in Gott, Die fünf Sinne, 1738)
Diese traditionsreiche Hypothese von einem unmittelbaren Ein-Druck der Außenwelt auf das Gehirn wurde erst im 19. Jahrhundert korrigiert, als klar wurde, dass nur Fasern der beiden Riechnerven vom Gehirn durch das Siebbein ziehen und keineswegs die Gerüche selbst. Ein ähnlicher Einfluss der zeitgenössischen Fachmeinung auf nichtmedizinische Texte zeigt sich beispielsweise auch bei Erörterungen des Gedächtnisses, insbesondere aber der Imagination (Ein-Bildung). Die Frühe Neuzeit war davon besonders fasziniert und führte sie auf Eigenschaften des Gehirns zurück:

„Also hat auch das wol beschaffene Hirn die stärckste und beste Bildung: ist es feucht / so würcket der gemeine Sinn am kräfftigsten / ist das Gehirn trucken / so drucket das Gedächtniß ihr Bildung gleichsam in ein Wachs / ist es hitzig / so kan sich das Bild leichtlich verfarmen [!] / und haasirliche Gedancken darauß werden. Wann aber das Gehirn kalt und trucken zugleich / verursachet solches reiffes Nachsinnen / wie bey den alten und melancholischen Leuten.“ (Georg Philipp Harsdörffer, Der Grosse Schauplatz Lust- und Lehrreicher Geschichte, Sechster Theil, cap. CXLV, 1651)

Diese überwiegend spekulative Interpretation der „Blackbox“ nach antikem Muster (Aristoteles) – angepasst an das Lehrgebäude der Temperamentenlehre – basierte auf einer unzureichenden Kenntnis der Hirnanatomie. Seit der zweiten Hälfte des 17. Jahrhunderts wurde diesem Mangel nach und nach durch exaktere morphologische Studien abgeholfen, freilich mit vielen simplifizierenden Irrwegen, die Schriftsteller keineswegs nur begierig aufgriffen, sondern gelegentlich auch satirisch zurückwiesen. Jonathan Swift etwa zieht über die krude mechanistische Vorstellung zeitgenössischer Anatomen her, die im Gehirn nur eine Ansammlung von Drüsen und ableitenden Röhren sahen. Dort werde Nervengeist („animal spirit“) produziert und über den Körper verteilt. Doch diesen „animal spirit“ deutet Swift in „spirited animals“ um, die das Gehirn bevölkern und nicht zuletzt auch „bissige“ Dichtung absondern:

„For it is the opinion (...), that the brain is only a Crowd of little Animals, but with Teeth and Claws extremely sharp (...). That all invention is formed by the morsure of two or more of these animals, upon certain capillary nerves, which proceed from thence, whereof three branches spread into the tongue, and two into the right hand (...). That if the morsure be hexagonal, it produces poetry, the circular gives eloquence; if the bite hath been conical, the person whose nerve is so affected, shall be disposed to write upon politics, and so of the rest.“ (Jonathan Swift, A Discourse concerning the Mechanical Operation of the Spirit, 1704)

Ähnlich humorvoll ging auch Jean Paul mit den kurz vor 1800 publizierten Ansichten Samuel Thomas Soemmerings „Ueber das Organ der Seele“ um, das der berühmte Anatom in der Flüssigkeit der Ventrikel nachzuweisen glaubte:

„Wenn Blumenbach bemerkte, daß die Vögel durch leere Höhlen im Kopfe und in den Flügelknochen eben zu ihrer Flughöhe steigen; und wenn Sömmering fand, daß große leere Höhlen in den Gehirnkammern außerordentliche Fähigkeiten verkündigen: so ist dies eben nur physisch, was sich geistig bei den größten Poetikern wiederholet, welche recht gut wissen, daß das, was man mit einem krassen Worte Ignoranz nennt, ihren dichterischen Kräften an und für sich gar nicht schade.“ (Jean Paul, Vorschule der Ästhetik III 2, 2, 1804)

Das Studium der vergleichenden Hirnanatomie spielte beispielsweise für den englischen Arzt Thomas Willis und den französischen Naturforscher Georges-Louis Leclerc de Buffon eine große Rolle; ihre Ergebnisse schlugen sich auch in den naturphilosophischen Studien Johann Gottfried Herders nieder, der aus den feinstrukturellen Unterschieden zwischen Tier- und Menschengehirn die notwendigen Voraussetzungen für Vernunft, Idee und Seelenbildung zu erkennen glaubte. Gegenüber der zeitgenössischen Tendenz, Hirn- und Seelenfunktionen zu lokalisieren, äußerte sich Herder aus philosophischer Sicht – Anklänge an Immanuel Kant sind offensichtlich – äußerst kritisch:

„Nun zeigen alle bisherigen Erfahrungen, (...) wie wenig sich das unteilbare Werk der Ideenbildung in einzelnen materiellen Teilen des Gehirns materiell und zerstreut aufsuchen lasse; ja mich dünkt, wenn alle diese Erfahrungen auch nicht vorhanden wären, hätte man aus der Beschaffenheit der Ideenbildung selbst darauf kommen müssen. Was ist's, daß wir die Kraft unsres Denkens nach ihren verschiednen Verhältnissen bald Einbildungskraft und Gedächtnis, bald Witz und Verstand nennen? daß wir die Triebe, zu begehren, vom reinen Willen absondern und endlich gar Empfindungs- und Bewegungskräfte teilen? Die mindeste genauere Überlegung zeigt, daß diese Fähigkeiten nicht örtlich sein können, als ob in dieser Gegend des Gehirns der Verstand, in jener das Gedächtnis und die Einbildungskraft, in einer andern die Leidenschaften und sinnlichen Kräfte wohnen; denn der Gedanke unsrer Seele ist ungeteilt, und jede dieser Wirkungen ist eine Frucht der Gedanken." (Johann Gottfried Herder, Ideen zur Philosophie der Geschichte der Menschheit, 1. Teil, 4. Buch, 1784)

Trotzdem war es für Herder bereits selbstverständlich, dass das Gehirn als Ganzes die „Tafel der Seele" sei („Journal meiner Reise im Jahr 1769"), dass also das auf Aristoteles, Thomas von Aquin und den englischen Empirismus (John Locke) zurückreichende Bild von der Seele als einer Tabula rasa nun materialistisch auf das Enzephalon zu übertragen sei.

Ein wichtiger Vertreter lokalistischer Hirntheorien war der Arzt Franz Joseph Gall, der seine Lehre von der morphologischen Ausprägung menschlicher Eigenschaften in der Schädelform (vgl. Abb. 1) u.a. auch 1805 in Halle präsentieren konnte. Der anwesende, an sich begeisterte Goethe bildete sich dazu freilich eine eigene Meinung:

„Sollte Gall, wie man vernahm, auch, durch seinen Scharfblick verleitet, zu sehr ins Spezifische gehen, so hing es ja nur von uns ab, ein scheinbar paradoxes Absondern in ein faßlicher Allgemeines hinüberzuheben. Man konnte den Mord-, Raub- und Diebsinn so gut als die Kinder-, Freundes-

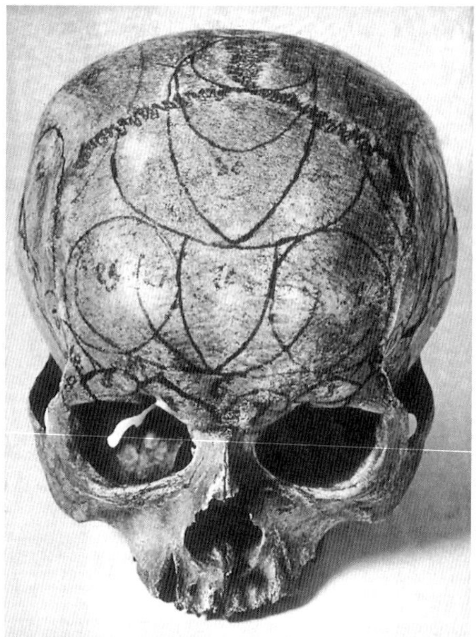

Abb. 1 Schädel mit Beschriftungen entsprechend der Lokalisationslehre Franz Josef Galls

und Menschenliebe unter allgemeinere Rubriken begreifen und also gar wohl gewisse Tendenzen mit dem Vorwalten gewisser Organe in Bezug setzen." (Johann Wolfgang Goethe, Tag- und Jahreshefte, 1830)
Und Gall wiederum konnte bei dieser Gelegenheit einen schmeichlerischen Fachbeitrag zur aufkommenden Klassiker-Verehrung leisten:
„Dr. Gall war in der Gesellschaft, die mich so freundlich aufgenommen hatte, gleichfalls mit eingeschlossen, und so sahen wir uns täglich, fast stündlich, und das Gespräch hielt sich immer in dem Kreise seiner bewundernswürdigen Beobachtung; er scherzte über uns alle und behauptete meinem Stirnbau zufolge: ich könne den Mund nicht auftun, ohne einen Tropus auszusprechen; worauf er mich denn freilich jeden Augenblick ertappen konnte. Mein ganzes Wesen betrachtet, versicherte er ganz ernstlich, daß ich eigentlich zum Volksredner geboren sei. Dergleichen gab nun zu allerlei scherzhaften Bezügen Gelegenheit, und ich mußte es gelten lassen, daß man mich mit Chrysostomus in eine Reihe zu setzen beliebte." (ebd.)
Dass die Ausformung von Schädeln Rückschlüsse auf den Geist des Menschen erlaubt, davon war der osteologisch interessierte Goethe auch noch am Ende seines Lebens überzeugt. Wahrscheinlich bei der Betrachtung des exhumierten Schädels seines Freundes Schiller schrieb er:
„Wie mich geheimnisvoll die Form entzückte! / Die gottgedachte Spur, die sich erhalten! / (...) Wie sie das Feste läßt zu Geist verrinnen, / Wie sie das Geisterzeugte fest bewahre." (Goethe, Im ernsten Beinhaus war's, wo ich beschaute, 1826)
Am spektakulärsten wird die Gallsche Schädellehre bei Brentano und Görres in Szene gesetzt und der Lächerlichkeit preisgegeben: Die eingangs schon erwähnte anatomische Inspektion des Uhrmachers BOGS offenbart nämlich seine Janusköpfigkeit, die alle Bemühungen um eine aussagekräftige kraniologische Analyse zunichte macht:
„Das ging denn auch auf die Schädelbildung über. Immer wurde eine Erhöhung am einen durch eine Vertiefung am andern [Schädelteil] wieder vernichtet; Hochsinn, Tiefsinn, Hoffart, Demut, Bedächtlichkeit, Flatterhaftigkeit, Mordsinn, Taubensinn, Diebssinn und Diebfängersinn annullierten sich immer wechselseitig durch einander, so daß niemand über die eigentliche Natur und Beschaffenheit des Subjects klug werden konnte." (Brentano/Görres, Geschichte von BOGS dem Uhrmacher, 1807)
Um Klarheit über BOGS erhalten, entschließen sich die Ärzte zu einer phantastischen Reise in die Kalotte: Zunächst führen sie einen Lichtleiter über den hohlen Riechnerv in den Schädel, stöbern dort Fledermäuse und Eulen auf und beobachten einen „Gehirndunst", der wohl mit melancholischen „Schwaden" gleichzusetzen ist. Neben vielen Uhren, die unter der Aufsicht einer personifizierten Pupille stehen (*pupilla* bezeichnete im medizinischen Kontext ursprünglich eine kleine Figur, die als Spiegelbild auf dem Auge des Gegenübers zu erkennen ist), hören sie auch Melodien vom „Psalterium unter dem Fornix" und aus „der vierten Höhle" (Ventrikel) ein Konzert, das den Hörnerven entspringt. Einige weitere Namen aus der Hirnanatomie („Sehhügel", „Zirbeldrüse", „Hinterhörner", „Pferdefüße i. e. Pedes

Hypocampi") regen zu phantastischen Schilderungen der Gehirnwelt an. Sie wird insgesamt als eine von dunklem Zauber beherrschte, romantische Gegenwelt inszeniert, mit der die „aufgeklärte" Medizin nichts anfangen kann. In einem zweiten Schritt begibt sich daher einer der Ärzte (ohne dass die Größenverhältnisse thematisiert werden) persönlich in die Gehirnhöhlen, doch der in somnambulen Schlaf versetzte Proband erwacht dabei und entflieht; erst nach längerer Zeit kann der kühne Forscher über die Nase ausgeschneuzt werden und berichtet von seiner intrazerebralen Verheiratung mit (ebenfalls personifizierten) neuen Ideen, deren Nachkommenschaft er mit sich führe – Hinweis auf den Ruf nach Reformen, der um die Entstehungszeit der Satire in Deutschland unüberhörbar wurde.
Zwar stimulierte die krude makroskopische Lokalisationstheorie, wie sie auch hier zutage tritt, in hohem Grade Hirnforschung *und* Literatur, mündete aber letztlich in eine Sackgasse. Demgegenüber war Galls histologische Beschreibung des Gehirns als (Nerven-)Faser-Organ, bei dem nun das Substrat und nicht mehr die Höhle über die Funktion entscheidet, zwar wissenschaftlich wegweisend, doch nur gelegentlich literarisch fruchtbar:
„*Wir müßten uns die Schädeldecken aufbrechen und die Gedanken einander aus den Hirnfasern zerren.*" (Georg Büchner, Dantons Tod, 1. Akt, 1835)

Benns Gehirne

Während die meisten Expressionisten das Gehirn nur als materialistische Metapher für geistige Zustände oder Prozesse einsetzten, kultivierte Gottfried Benn, zeitweilig selbst als Pathologe tätig, in verschiedenen Werken die Hirnsektion als literarisches Thema. Nicht zuletzt aus biographischen Gründen, nämlich infolge seiner Auseinandersetzung mit dem christlich-intellektuellen Elternhaus („Ein armer Hirnhund. Schwer mit Gott behangen. Ich bin der Stirn so satt." [Untergrundbahn, 1913]), war „Gehirn" angeblich der am häufigsten von ihm verwandte medizinische Begriff. Schon in den frühen Morgue-Gedichten (1912) gleitet eine Aster als Symbol des Lebens zufällig „in das nebenliegende Gehirn", und die erste der Rönne-Novellen trägt den programmatischen Titel „Gehirne" (1914). Den ehemaligen Pathologen Rönne lässt dort – trotz seiner derzeitigen Funktion als Tb-Arzt – eine charakteristische Handbewegung aus seinem früheren Beruf anlässlich der Inspektion entnommener Gehirne nicht los:
„*Einmal beobachtete eine Schwester, (...) wie er dann die leicht gebeugten Handflächen, nach oben offen, an den kleinen Fingern zusammenlegte, um sie dann einander zu und ab zu bewegen, als bräche er eine große, weiche Frucht auf oder als böge er etwas auseinander (...). Sehen Sie, in diesen meinen Händen hielt ich sie, hundert oder gar tausend Stück (...). Nun halte ich immer mein eigenes in den Händen und muß immer darnach forschen, was mit mir möglich sei.*"

Zusehends erlebt Rönne eine Depersonalisation, möglicherweise Ausdruck einer Hirnkrankheit, aber auch eines „metaphysischen Schockerlebnisses“ (Hillebrand 1996), das durch die abendländische Erkenntniskrise ausgelöst wird:
„Es schwächt mich etwas von oben. Ich habe keinen Halt mehr zwischen den Augen. (...) Zerfallen ist die Rinde, die mich trug.“
Diese Erfahrung degradiert den Arzt einerseits zum liegenden Patienten oder gar zur sektionsbereiten Leiche („Er lag immer in einer Stellung: steif auf dem Rücken.“), treibt ihn aber andererseits aber zur rauschhaften, halluzinierten Selbsterlösung in Schrift, Ausdruck und Ästhetik:
„Was ist es denn mit den Gehirnen? Ich wollte immer auffliegen wie ein Vogel aus der Schlucht; nun lebe ich außen im Kristall. (...) Zerstäubungen der Stirne – Entschweifungen der Schläfe.“ (Gottfried Benn, Gehirne, 1914)
Mit der Feststellung, Gehirne „lebten in Gesetzen, die nicht von uns seien“, konstatiert Rönne schließlich „die Unvereinbarkeit subjektiver Selbstwahrnehmung und objektiver Hirnforschung“ (Welsh 2005).
In „Fleisch“ (1917) verkündete der „arme Hirnhund“ Benn schließlich endgültig die Abdankung des Gehirns als Leitorgan des Menschlichen:
„Wer wüßte eine Zukunft? / Das Gehirn ist ein Irrweg. Stein fühlt auch das Tier. / Stein ist. Doch was ist außer Stein? Worte! Geplärr! / (langt sich sein Gehirn herunter) / Ich speie auf mein Denkzentrum (...) / Wer hat mir zum Beispiel / Das Gehirn in die Brusthöhle geworfen? / Soll ich damit atmen? / Soll da vielleicht der kleine Kreislauf durchgehen? / Alles was recht ist! Das geht zu weit! (...) / Das Hirn verwest genauso wie der Arsch!“

Poetische Pathologie des Gehirns

Krankheiten des Oberstübchens sind literarischer Alltag, allerdings in recht monotoner Form. Die Vielfalt psychiatrischer Erscheinungen soll hier freilich ausgeklammert bleiben, auch wenn sie mitunter auf die überlieferten somatischen Konzepte von Wahnsinn und Melancholie im Gehirn zurückgeführt werden. Davon abgesehen beschränkt sich das Spektrum bis ins 20. Jahrhundert hinein auf fieberhafte Erscheinungen, Epilepsie und gelegentlich Schlaganfälle. Gehirnfieber ist im „nervösen Zeitalter“ des 19. Jahrhunderts eine ähnliche Modekrankheit wie etwas später die Tuberkulose. Zahllose Beispiele von „brain fever“ finden sich deshalb im viktorianischen Roman – beispielsweise Catherine Linton in Fmily Brontës „Wuthering Heights“ (1846) – oder in der französischen und russischen Literatur, etwa die Hauptfiguren der Emma in Gustave Flauberts „Madame Bovary“ (1856 im Feuilleton, 1857 als Buch erschienen) oder des Iwan in Fjodor Michailowitsch Dostojewskis „Die Gebrüder Karamasow“ (1880). In der deutschen Literatur sticht der Protagonist Julien Boufflers in Conrad Ferdinand Meyers Novelle „Das Leiden eines Knaben" (1883) heraus, der in einer jesuitischen Erziehungsanstalt stellvertretend für seinen Vater Opfer von vormodernem Mobbing und Prügelstrafe wird: *„Jetzt begann das Kind, von einem verzweifelnden Ehrgeiz gestachelt, seine Wachen zu verlängern, sein Gehirn zu martern, seine Gesundheit zu untergraben (...). ‚Wird Julian leben?' ‚Nein. Sein Gehirn ist erschöpft. Der Knabe hat sich überarbeitet.'"*

Wie in Meyers Novelle deutet sich in fast allen Fällen als einzige Ursache oder zumindest als Hauptursache des Gehirnfiebers eine geistige oder emotionale Überforderung der späteren Kranken an. Diese „romantisch" anmutende Ätiologie korreliert jedoch eng mit dem medizinischen Wissen der Zeit und knüpft an lange tradierte Konzepte psycho-physischer Pathologie und Diätetik an: Leidenschaften (*passiones animae*) wie Zorn, Trauer und Neid, aber auch Freude wurde ein unmittelbarer Einfluss auf das „Temperament" zugeschrieben, der individuellen Mischung von Säften oder Qualitäten des Körpers. Anders als in der medizinischen Fachprosa beschrieben, versterben jedoch nur wenige literarische Gestalten an dem Leiden, und auch die ihnen zugedachte Therapie ist wesentlich milder als in der rauen Wirklichkeit des Purgierens und Aderlassens, die in der Belletristik fast völlig ausgeblendet wird.

Erst im 20. Jahrhundert verabschieden sich Medizin und Literatur vorläufig von der psycho-physischen Krankheitsätiologie. Das fünfjährige Kind Nepomuk Schneidewein (genannt Echo) stirbt in Thomas Manns letztem Roman „Dr. Faustus" nicht mehr an geistig-seelischer Dysbalance, sondern (zumindest vordergründig) an einer späten Komplikation seiner Masern, deren Verlauf mit medizinischer Präzision geschildert wird:

„Es war Cerebrospinal-Meningitis (...). Aus dem Schlaf der Erschöpfung, in den er nach der Punktion gefallen war, durch neues Erbrechen, Konvulsionen seines kleinen Körpers und schädelsprengende Schmerzen aufgestört, begann Nepomuk wieder sein herzzerreißendes Lamentieren und gellendes Aufschreien, – es war der typische ‚hydrocephale' Schrei, gegen den nur das Gemüt des Arztes, eben weil er ihn als typisch erfasst, leidlich gewappnet ist. (...) Ein Nebensymptom [war] vielleicht das Schrecklichste. Es war das zunehmende schielende Verschließen seiner Himmelsaugen, zu erklären aus einer mit der Nackenstarre einhergehenden Augenmuskellähmung. Es verfremdete jedoch das süße Gesicht aufs gräßlichste und erweckte besonders im Verein mit dem Zähneknirschen, in der das Heimgesuchte bald verfiel, einen Eindruck von Besessenheit." (Thomas Mann, Dr. Faustus, 1947, Kap. XLV)

Dieser abschließende subjektive „Eindruck" führt den Leser allerdings jenseits der exakten medizinischen Deskription einmal mehr zur metaphorischen Deutung von Hirnkrankheit als einem Teufelswerk: Insbesondere Echos Onkel Adrian Leverkühn meint, durch seinen Faustischen Pakt mit der Unterwelt den Neffen der Hölle ausgeliefert zu haben.

Auch die Epilepsie wurde lange Zeit als Ausdruck von Besessenheit angesehen und literarisch reflektiert; als einer der letzten Autoren spielt Dostojewski in verschiedenen Romanen (z. B. bei der Figur des Raskolnikow in „Schuld und Sühne", 1866) mit diesem Motiv, wobei ähnlich wie bei Thomas Mann medizinische und okkulte Deutung hart nebeneinander stehen. Darüber hinaus eignete sich die spektakuläre Darstellung des Grand Mal im Besonderen für die wirksame literarische Inszenierung von äußeren und inneren Krisen sowie Handlungsumschwüngen.

Die Literatur des 20. Jahrhunderts reflektiert darüber hinaus sporadisch ein breiteres Spektrum von Gehirnkrankheiten, etwa Multiple Sklerose in Tom Kempinskis Theaterstück „Duet for One“ (1980, verfilmt 1986) und neuerdings – meist in (auto-)biographischer Form – auch die Alzheimer-Krankheit (z. B. John Bayley, Elegy for Iris: A Memoir, 1998).

Dem Phänomen des Hirntods geht der gleichnamige medizinkritische Roman von Hans Meyer-Hörstgen nach. Dabei wird aus der Insider-Position des Arztes heraus nicht nur über die Intensivmedizin, sondern auch über im wörtlichen Sinne ausufernde neurochirurgische Operationen reflektiert:

„Der Knochendeckel ließ sich nicht mehr einpassen, wenn sich der Professor auch noch einige Zeit bemühte, das hervorquellende Gewebe mit der flachen, liebkosenden Hand vorsichtig herunterzudrücken. Immer wieder schlüpfte es hervor und stand von Mal zu Mal kecker im Raum … (Übrigens nannte der Oberarzt einen solchen Kopf ein Kabriolett, womit die entstandene Form zutreffend beschrieben war.)“ (Hans Meyer-Hörstgen, Hirntod, 1987)

Abgesehen von der medizinischen Realität dient Hirntod in Meyer-Hörstgens Roman auch als Metapher, und zwar für die mörderische Irrationalität eines hierarchisch strukturierten Krankenhausbetriebs und für den damit verknüpften Verlust menschlicher Identität, der in alkoholinduzierter Bewusstlosigkeit seinen besonderen Ausdruck findet: „Sie zwingen ihn also, seine letzten Hemmungen niederzukämpfen, niederzutrinken, sein Hirn restlos seinem Körper auszuliefern.“ (ebd.)

Hirntherapien

Der medizinische Wunsch, Gehirnleiden zu heilen, wird in literarischen Texten ebenfalls vor allem bei Geisteskrankheiten reflektiert. Ken Kesey etwa schildert in „One Flew Over The Cuckoo’s Nest“ („Einer flog über das Kuckucksnest“, 1962) Elektroschock und Lobotomie als (damals freilich bereits veraltete) radikale Formen psychiatrischer Therapie, die aus der Sicht anti-intellektueller Gesellschaftskritik lediglich Methoden zur Unterdrückung Andersartiger darstellen.

Eine ähnliche Stoßrichtung haben anti-utopische Romane des 20. Jahrhunderts (wobei schon in der vorausgehenden romantischen Literatur die Manipulation menschlichen Bewusstseins durch Rausch und Drogen eine bedeutende Rolle spielte). Der russische Revolutionär Jewgenij Samjatin schildert beispielsweise in „Wir“ (1920) die ultimative Unterdrückung von Widerstand gegen den totalitären Staat mithilfe einer Gehirnoperation, die das „Phantasiezentrum“ ausschaltet.

Ebenfalls unter dem Einfluss von Totalitarismus und Technisierung entwickelt Aldous Huxley in „Brave New World" (Schöne neue Welt, 1932) das Schreckbild einer Gesellschaft, in der systematisch durch vorgeburtliche Konditionierung, postnatale Suggestionstechniken („Hypnopädie") und Neuro-Pharmakotherapie („Soma") jede Form von Individualismus und Autonomie zugunsten gesellschaftlicher Stabilität verhindert wird. In George Orwells „Nineteen Eighty-Four" (1984, erschienen 1948) werden entsprechend regimekritische „Gedankenverbrechen" durch Gehirnwäsche sowie durch das Erlernen politisch korrekter Sprache („newspeak") und angepassten Denkens („doublethink") bekämpft.
Noch einen Schritt weiter geht der polnische Schriftsteller Stanislaw Lem, wenn er in seinem Science-Fiction-Roman „Kongres futurologiczny" („Der futurologische Kongreß", 1971) den Protagonisten Tichy unter dem Einfluss von Halluzinogenen eine zukünftige heile Welt imaginieren lässt. Für deren Bevölkerung wird jedoch Wohlstand und Luxus anstelle der Realität von Armut, Hunger und Überbevölkerung ebenfalls nur mithilfe von psychotropen Substanzen („Psychemikalien", „Maskone") imaginiert. In diese Kette der Täuschungen lässt sich übrigens auch das Lesepublikum einreihen, das ja selbst in der Lektüre temporär eine Phantasiewelt imaginiert und am Ende desillusioniert wird.
Nur kurz wird im „Futurologischen Kongreß" die Hirntransplantation als Möglichkeit des Überlebens in einem beliebigen anderen Körper inszeniert, was zu unheimlichen Begegnungen mit der anderen (und später auch der eigenen) Art führt: *„Mein Blick fiel auf den Spiegel an der Gegenwand. Bandagiert und im Pyjama saß dort im Rollstuhl eine junge hübsche Negerin mit verdutztem Gesichtsausdruck. Ich berührte die eigene Nase. Das Spiegelbild tat desgleichen. (...) [Professor Trottelreiner] wandte sich um. Ich erblickte ein seltsam vertrautes Gesicht. Ich blinzelte. Ja, das war meines, das war – ich! (...) Als ich den Spiegel zurückgab, bemerkte ich, dass der Professor Waden und Knie neuerlich der Sonne aussetzte, doch ich bezähmte mein Mundwerk. Der Sonnenbrand, den er sich zuziehen konnte, war seine eigene Angelegenheit. Die meinige jedenfalls nicht mehr.*" (Stanislaw Lem, Der futurologische Kongress, 1971)
Das Thema Hirntransplantation erscheint übrigens bereits in Michail Bulgakows Novelle „Hundeherz" (1925/1968), freilich noch nicht im therapeutischen Setting, sondern im zeithistorischen Kontext der experimentellen Physiologie bzw. Verjüngungschirurgie. Und auch Thomas Mann griff das Motiv in seiner wenig bekannten märchenhaften Erzählung „Die vertauschten Köpfe" (1940) auf. Einer der neuesten Romane zum Thema Hirnverpflanzung stammt aus der Feder des britischen Autors Hanif Kureishi. Hier kommt das Organ selbst zunächst kaum zur Sprache; vielmehr ist ein charakteristischer Perspektivwechsel eingetreten: Nicht das Denkwerkzeug, sondern der Körper, einschließlich des Schädels, wird im Gefolge von Anti-Aging und Enhancement nach Wunsch und Wahl der Kunden ausgetauscht und verschafft auf diese Weise der mit dem Hirn verbundenen Identität eine neue Hülle. Dass dies nicht unproblematisch ist, zeigt schon eine der ersten Begegnungen mit einem „Neukörper":

„Ich ertappte mich dabei, wie ich sein Gesicht eingehend betrachtete. Es ist schwer, die passenden Worte zu finden. Wenn der Körper ein Spiegel der Seele ist, dann war sein Körper wie die Landkarte eines Ortes, den es nicht gibt.“ (Hanif Kureishi, In fremder Haut [The Body], 2002)

Wenn Körper und „Seele“ (als Ausdruck des Selbst) nicht eins werden, hat das auch moralische Konsequenzen: „‚Untreue ist okay‘, sagte er. ‚Nicht du bist es, der es tut.‘“ Die materialistische Reduktion von „Seele“ auf transponierbares „Gehirn“ führt im Übrigen zu albtraumartigen Sequenzen:

„Der andere Traum war eher ein Bild: von einem Mann in einem weißen Kittel, der ein menschliches Gehirn in Händen hält und damit einen Raum durchquert, in dem zwei Körper liegen, beide mit offen stehender und mit Scharnieren versehener Schädeldecke. Das bereits verwesende Hirn tropft in seiner Hand. In hautähnliche Membranen gehüllt, fallen kleine Bröckchen aus Erinnerung, Wunsch, Hoffnung und Liebe auf den mit Sägemehl bestreuten Boden, wo sie von hungrigen Hunden und Katzen aufgeschleckt werden.“ (ebd.)

Transplantationen sind dagegen in William Gibsons Cyberpunk-Roman „Neuromancer“ (1984) nicht mehr notwendig: Völlig in den Bereich virtuellen bzw. digitalen Bewusstseins (hier erstmals Cyberspace genannt) verflüchtigen sich am Ende die vereinigten künstlichen Intelligenzen, die sich während des Romans noch menschlicher Gehirne als Marionetten bedienten. Der Up- und Download ersetzt Konzepte von Besessenheit aus früherer Zeit; Operationen sind dagegen nur noch bei technischen Defekten des Nervensystems erforderlich.

(Meta-)Physik des Gehirns: Moderne Schriftsteller zwischen Hirnforschung und Seelenbiologie

Wie oben dargestellt, gab es schon im 18. und frühen 19. Jahrhundert, als Reaktion auf die frühe Hirnforschung um Willis, Soemmering und Gall, satirische Reflexionen über Sitz und Beschaffenheit der Seele. Auch die zweite Welle neurobiologischer und psychiatrischer Hirnforschung, die an dem grenzenlosen medizinischen Forschungsoptimismus um 1900 Anteil hatte, löste unter Schriftstellern einen gewissen Boom somatisierender Seelendeutungen im Sinne einer „Seelenbiologie“ (Max Dessoir, 1911) aus:

„Ich habe mir vorgenommen, nicht mehr von Seele zu sprechen; wieder ein Wort, das man aus der Sprache streichen muß, also auch nicht mehr von Psychologie, sondern: graue Gehirnstoffsfunktionologie. Werd ich nicht realistisch?“ (Malwida von Meysenbug, Der Lebensabend einer Idealistin, 1898)

Meysenbugs ironische Befürchtungen bewahrheiteten sich zwar nicht: Zeitgleiche Entwicklungen in Psychologie und Psychoanalyse übten auf die Literatur einen noch größeren Einfluss aus als die Hirnbiologie und traten – etwa bei Traumschilderungen – die Nachfolge der romantischen Konzepte an. Wie schon zuvor wurden Seelenreisen vorwiegend als autonome psychologische Gegenwelten dargestellt und physische Bedingtheiten (etwa äußere Stimulation durch Rausch oder Hypnose) lediglich mit deren Initiierung in Verbindung gebracht. Doch einige Schriftsteller verbanden nun Phantasiereisen auch unmittelbar mit Zeitraffer-Projektionen des Gehirns, beispielsweise Melchior Vischer: Seine Erzählung „Sekunde durch Hirn. Ein unheimlich schnell rotierender Roman" (1920) schildert – vielleicht nach dem Vorbild von Leo Perutz (Zwischen Neun und Neun, 1918) – die über Jahrhunderte rasenden Gedanken eines Stukkateurs im Moment seines Absturzes vom Baugerüst.

„Plötzlich drehte sich irgendwo in meinem Gehirnkino eine Kurbel. Ich sah anders. Schuppen fielen: durch Jahrtausende sah ich frei."

Dabei entlädt sich der erotische Auslöser des Unglücks, ein Blick auf den „plastischen Busen" der Magd Hanne im benachbarten Hochhaus, in zahlreichen sexuellen Phantasien. Freie Assoziationen, etwa beim flüchtigen Blick auf ein Eier-Werbeplakat, bilden bis zuletzt die synthetisierende Funktion des Gehirns ab:

„O die Henne! gack, gack, Ei, Ei ..., das Hanne die Magd gerade jetzt verlor, nicht wissend, daß es Jörgs Gehirn. Ei getschte auf Asphalt, entbrach sich zur Dotter, mischte sich schleimig mit Dreck und verging."

Diese Zeit der frühen Neurologie beschäftigt 100 Jahre später, also in jüngster Vergangenheit, erneut die Schriftsteller – vielleicht eine Folge der Dekade des Gehirns 1990 bis 1999, die der Hirnforschung weltweit ein neues Profil gaben und deren ethisch-philosophische Ansprüche und Probleme im Roman historisiert werden. Tilman Spengler beschreibt in „Lenins Hirn" (1991) anhand der Biographie von Cécile und Oskar Vogt die Geschichte der Elitehirnforschung, die letztlich daran scheitert, Genialität morphologisch nachzuweisen. Aris Fioretos dagegen entwickelt mit der Figur des schwedischen Hirnforschers und dilettierenden Dichters H. H. Schaumberg ein Zerrbild des Seelenbiologen um 1900, der spekulative Systeme von Gehirnkonfigurationen mit Rassenlehre verknüpft und im „Club der Gehirne" vergeblich auf den Tod seiner Forscherkollegen wartet, deren testamentarisch vermachte Haupt-Organe er untersuchen will. Stattdessen versucht er mithilfe von Experimenten an einem sich als körperlos empfindenden Patienten (Anleihen bei Oliver Sacks sind unübersehbar), die Seele kartesianisch als eine subatomare „Punktsubstanz" zu lokalisieren – und prophezeit ihr nebenbei analog zum Roman „Neuromancer" und dem postmodernen Transhumanismus eine materielose Existenz. In einem Anflug von plumpem Lokalpatriotismus projiziert Schaumberg schließlich Seele und Gehirn auf die Geographie Stockholms:

„‚Mein ganzes Wirken ist ein einziger Protest gegen die Lehre von der geographischen Heimatlosigkeit des Gehirns (...). Man beachte beispielsweise die Furche am sulcus centralis: der neue Sveaväg.' Natürlich vertrat der Professor nicht die Ansicht, daß alle Seelen aus Stockholm stammten. Aber die Eigenart der Stadt schien auf eindeutige Weise mit der Topographie des menschlichen Gehirns übereinzustimmen. Es war nicht so, dass das Gehirn die Stadt nachahmte; im Gegenteil,

die Stadt hatte begonnen, sich dem Gehirn anzugleichen. Ob er wollte oder nicht, würde jeder Mensch doch in seinem tiefsten Inneren Stockholmer werden." (Aris Fioretos, Die Seelensucherin [Stockholm noir], 2000)

Besonders interessant ist, dass Fioretos parallel zu dieser Wissenschaftssatire die Seelen-Erfahrungen einer jungen Berlinerin bei der Suche nach ihrem verlorenen Vater (dem ehemaligen Patienten Schaumbergs) schildert. Vielfach stößt sie darauf, dass die Vergegenwärtigung von Vergangenheit ein Wesenszug des Selbst ist:

„*So als beinhalte das Gehirn eine Art Gleichzeitigkeit (...) die einzelnen Ereignisse, sie ‚reimen', oder sie ‚reimen' sich auch nicht. Und im Raum ist das nicht möglich. Das können sie nur in der Zeit, die in einem Schädel enthalten ist. Dort ist die Zukunft – ich meine die Vergangenheit ...*" (ebd.)

Marcel Prousts berühmte Madeleine-Episode (s. auch Engelhardt et al. 2007) steht vielleicht am Beginn dieser literarischen Ergründung des inneren Zeitgefühls, die als Dimension des „Seelischen" weit über ein eindimensionales Déjà-vu hinausreicht:

„*Gleich darauf führte ich, ohne mir etwas dabei zu denken, doch bedrückt über den trüben Tag und die Aussicht auf ein trauriges Morgen, einen Löffel Tee mit einem aufgeweichten kleinen Stück Madeleine darin an die Lippen. In der Sekunde nun, da dieser mit den Gebäckkrümeln gemischte Schluck Tee meinen Gaumen berührte, zuckte ich zusammen und war wie gebannt durch etwas Ungewöhnliches, das sich in mir vollzog. Ein unerhörtes Glücksgefühl, das ganz für sich allein bestand und dessen Grund mir unbekannt blieb, hatte mich durchströmt. (...) Und mit einem Mal war die Erinnerung da. Der Geschmack war der jenes kleinen Stücks einer Madeleine, das mir am Sonntagmorgen in Combray (weil ich an diesem Tag vor dem Hochamt nicht aus dem Hause ging), sobald ich ihr in ihrem Zimmer guten Morgen sagte, meine Tante Leonie anbot, nachdem sie es in ihrem schwarzen oder Lindenblütentee getaucht hatte. Der Anblick jener Madeleine hatte mir nichts gesagt, bevor ich davon gekostet hatte; vielleicht kam das daher, (...) daß von jenen so lange aus dem Gedächtnis entschwundenen Erinnerungen nichts mehr da war, alles sich in nichts aufgelöst hatte: die Formen (...) waren vergangen oder sie hatten, in tiefen Schlummer versenkt, jenen Auftrieb verloren, durch den sie ins Bewußtsein hätten emporsteigen können.*" (Marcel Proust, Unterwegs zu Swann, Combray, 1913)

Hirngespinste: Literatur als Seelenarchäologie

Während Fioretos' Roman also im Grunde bekannte Elemente der literarischen Reflexion von Hirnforschung und Psychologie aufgreift und gegeneinander führt, geht sein literaturtheoretischer Essay „Mein schwarzer Schädel" neue Wege: mithilfe des Schreibens (und auch Lesens) „dem eigenen Gehirn in die Karten zu gucken", also nicht mehr bloß das Gehirn als unbekannten „Zauberspiegel" (Baudelaire) oder „ein gewaltiges und natürliches Palimpsest" (De Quincey) aufzufassen, sondern sich bil-

dendes „Bewusstsein ‚in flagranti' zu ertappen, und folglich auch all das aufzuzeichnen, was man sieht, aber nicht begreift". Weiter schreibt Fioretos:
„Einen anderen Weg gibt es nicht. In der grauen Substanz mögen sich die Fenster nach außen öffnen (...), aber sämtliche Türen gehen nach innen auf. Ein Mensch existiert nur, solange er von seiner Umgebung getrennt ist. Bleibe in deinem Kranium oder gehe unter! Zwar ist in diesem Ossarium nicht sonderlich viel Platz, höchstens ein paar Kubikdezimeter, aber die Dunkelheit kennt dafür keine Grenzen." (Aris Fioretos, Mein schwarzer Schädel [Min swarta skalle], 2001)
Im Schreiben wird der Prosaist zum „Kranionauten", der durch geduldiges erzählendes Graben im Labyrinth des eigenen Gehirns einen Ton entstehen lässt, einen roten Faden, der die Brücke zum Leser schlägt: *„Das Geschenk des Textes an den Leser: Plötzlich vermittelt er ihm den Eindruck, einen Schädelraum zu besitzen, in dem ausgerechnet sein Ton sauber erklingt."* (ebd.)
Literatur bietet also auf mittelbarem Wege die Möglichkeit, durch Beobachtung geistiger Prozesse das Selbstverständnis und die Selbstwahrnehmung des Menschen zu reflektieren. Da geistige Funktionen mehr oder weniger Voraussetzungen für die Fähigkeiten des Schreibens und Lesens, also der Produktion und Rezeption von Texten, darstellen, liegt es darüber hinaus nahe, dass Literatur auch über die Entstehungsbedingungen ihrer selbst räsoniert und phantasiert. Neu und zugleich typisch für das Zeitalter des „Brain Age" ist es jedoch, dass dies über mehr oder weniger ausführliche Gehirn-Reflexionen geschieht: Gehirn inszeniert sich also auf der Meta-Ebene selbst und hinterfragt sich zugleich.
Dass Projektionen des Gehirns von sich selbst auch als literarisches Spiel aufgefasst werden können, zeigt eines der letzten Werke Friedrich Dürrenmatts: „Das Hirn". Alternativ zur modernen Kosmologie und Evolutionslehre stellt er sich ein völlig auf sich geworfenes Gehirn vor – Bezüge zum Absurden Theater, etwa Samuel Becketts „L'Innommable" (1953), sind nicht zu übersehen. Nach den Stadien des Fühlens (Angst, Langeweile, Neugier) und der Logik (Mathematik, Musik) „erdenkt" dieses universelle Gehirn über sich hinaus Materie und imaginiert schließlich das Leben mit allen denkbaren (auch historisch nicht verwirklichten) Alternativen,
„bis das Hirn auf mich kommt, Das Hirn schreibend. Damit freilich kommt es mit sich und ich mit mir in Konflikt. Ist Das Hirn meine Fiktion, die ich schreibe, oder bin ich die Fiktion des Hirns, die Das Hirn schreibt? Bin ich jedoch nur fiktiv, ist auch Das Hirn, das ich schreibe, fiktiv, aber auch wer Das Hirn liest und der Kritiker, der Das Hirn rezensiert, sind nur Fiktionen. Wer hat wen erfunden, gibt es mich überhaupt, gibt es nicht vielmehr nur ein Hirn, das eine Welt träumt als Abwehr gegen die Angst, eine erträumte Welt, in der einer aus dem gleichen Grunde schreibt, aus dem heraus ihn ein Hirn träumt?" (Friedrich Dürrenmatt, Das Hirn, 1990)
Einen der dichtesten, vielschichtigsten und deshalb faszinierendsten Texte zum Gehirn, der u. a. diese Gedanken Dürrenmatts vorwegnimmt, verfasste der israelische Dichter und Professor für mittelalterliche hebräische Literatur Dan Pagis. In diesem Poem zwischen Prosa und Lyrik tritt das Organ als Vertreter des existenziell auf sich geworfenen Selbst auf:

„In der Schädelnacht / entdeckt es plötzlich, / daß es geboren wurde. / Schwere Minute. / Seither ist es äußerst beschäftigt. Es denkt / daß es denkt daß / und es kreist und kreist: / Wo die Herkunft, der Ausgang?" (Dan Pagis, Das Hirn, 1975) Wie diese viel zu kurze Auswahl demonstriert, bot und bietet das Thema Gehirn für die Literatur verschiedenster Epochen und Kulturen einen großen Reiz, der in vielfältigster Form ausgekostet wurde. Medizinische Konnotationen und philosophische Implikationen finden sich zuhauf, teils im Zentrum der Texte, teils nur am Rande. Es dominiert freilich der metaphorische Gebrauch, die kreative Umdeutung für eigene Zwecke der Welt- und Selbstdeutung. Die Autonomie der Literatur triumphiert zuletzt immer noch über ihre eigene Grundlage: das Gehirn des Literaten.

Literatur (in Auswahl)[1]

Elsner N (2000). Die Suche nach dem Ort der Seele. In: Elsner N (Hrsg). Das Gehirn und sein Geist. Göttingen: Wallstein; 29–52.

Engelhardt D v (1991/2000). Medizin in der Literatur der Neuzeit. Bd. 1: Darstellung und Deutung; Bd. 2: Bibliographie der wissenschaftlichen Literatur 1800–1995. Hürtgenwald: Guido Pressler.

Engelhardt J v, Inta DJ, Monyer H (2007). Im Dschungel der Düfte. Geruchssinn und Gehirn. In: Spitzer M, Bertram W (Hrsg). Braintertainment. Expeditionen in die Welt von Geist und Gehirn. Stuttgart, New York: Schattauer; 144–55.

Hillebrand B (1996). Gottfried Benn: Gehirne. Stuttgart: Reclam.

Peterson AC (1976). Brain fever in Nineteenth-century literature: Fact and fiction. Victorian Studies; 19: 445–64.

Probyn CT (1974). Swift's anatomy of the brain: The hexagonal bite of poetry. Notes and Queries; 21: 250–1.

Schäfer D (2007). Milk of Paradise? Opium und Opiate in der Literatur des 19. und 20. Jahrhunderts. Der Schmerz; 21: 339–46.

Schiller F (1974). A case of brain fever. Clio medica; 9: 181–92.

Strack F (1983). Soemmerings Seelenorgan und die deutschen Dichter. In: „Frankfurt aber ist der Nabel dieser Erde". Das Schicksal einer Generation der Goethezeit. Stuttgart: Klett-Cotta: 185–205.

Welsh C (2005). Gehirn. In: Jagow B v, Steger F (Hrsg). Literatur und Medizin. Ein Lexikon. Göttingen: Vandenhoeck & Ruprecht: Sp. 263–8.

Welsh C (2008). Die „Dunkelheit hinter dem Stirnportal". Begegnungen von Literatur und Hirnforschung zwischen 1800 und 2000. In: Jagow B v, Steger F (Hrsg). Jahrbuch Literatur und Medizin 1. Heidelberg: Winter; 95–111.

1 Deutschsprachige Primärliteratur bis etwa 1900 wird zitiert nach der Datenbank „Deutsche Literatur von Luther bis Tucholsky". Großbibliothek. Digitale Bibliothek, DIRECT-MEDIA Publishing GmbH, 2005; neuere und fremdsprachige Literatur nach leicht zugänglichen modernen Ausgaben.

22 Ohne Hirn keine Kunst

(...auch wenn es gelegentlich versucht wird ...)

Was hat Neurowissenschaft mit Kunstverständnis zu tun?

Hans-Otto Thomashoff

Nachdem das Ende der Kunstgeschichte (Belting 1993) bereits ausgerufen wurde (keineswegs jedoch das der Kunst!), dem diverse Ansätze von der klassischen ikonographischen-ikonologischen Methode bis hin zu sozialistischer oder feministischer Kunstkritik vorausgegangen waren (man vergewärtige sich einmal die Interpretation einer mittelalterlichen Madonna aus einer Kombination der beiden letztgenannten Methoden heraus), möchte ich im Folgenden einige Gedanken entwickeln zu einer bislang (zum Teil gezielt) vernachlässigten, wenngleich bei näherer Betrachtung allzu offensichtlichen Verbindung: Ein Kunstwerk entsteht, entgegen anders lautender Gerüchte, im Gehirn – womit ich noch nichts über seine Qualität auszusagen beabsichtige.

Die in der Wissenschaft erst anlaufende Verschmelzung von Natur- und Geisteswissenschaft, der sich die letztere zum Teil verzweifelt zu widersetzen sucht, aus Angst, sie werde dadurch obsolet (eine Angst, die ich für unbegründet halte), hat sich in weiten Teilen der alltäglichen Informationsverarbeitung längst vollzogen: Das Infotainment proportioniert Wissenschaft in gut verdauliche Einheiten, so wie auch die Kunst längst die Museen verlassen hat und zum Alltagsgut wurde – Andy Warhol (1928–1987) hat ihr diese Suppe eingebrockt. Alles wird konsequent demokratisiert, potenziell für jeden verfügbar (wenn schon nicht als Suppenmultiple von Warhol, weil es die eigene Kassenlage nicht erlaubt, dann halt als echte Suppendose von Campbell).

Aus meiner eigenen beruflichen Janusexistenz als Kunsthistoriker und Psychiater in einer Person (durch den Psychoanalytiker in mir verbunden) Nutzen schlagend, möchte ich mich der Schnittstelle zwischen elektrischer Erregung und dem ewig Schönen anzunähern versuchen. Sowohl konstruktivistische Ansätze in den Kulturwissenschaften als auch die rasanten Fortschritte der Neurobiologie lassen hierbei Schlüsse zu, die über das hinausgehen, was bislang aus Psychoanalyse, aus Pathographien und aus der Psychopathologie des Ausdrucks (ein Begriff, der mir immer zu sperrig war) gedacht worden ist. Viele Fragen werden offen bleiben müssen, doch alleine sie zu stellen ist schon reizvoll (im doppelten Sinn):

- Wie kommt das Gehirn dazu, Kunst zu produzieren?
- Gibt es gar einen evolutionären Nutzen der in Kunst mündenden Hirnfunktionen?
- Gelten bei der Entstehung von Kunst und bei der Auseinandersetzung mit ihr unabhängig von den kulturell überlieferten auch biologisch determinierte Regeln?

Wie und wofür die grauen Zellen arbeiten

Das Gehirn konstruiert die Realität als zum Überleben (meist) ausreichende Annäherung. Jedes Lebewesen ist nur so lange lebendig, wie es ihm gelingt, ein ausreichendes Gleichgewicht seiner Stoffwechselfunktionen aufrechtzuerhalten. Während bei Pflanzen über die direkte Wechselbeziehung zwischen benachbarten Zellen die Grundanforderungen gesichert werden, etwa das benötigte Wasser auf dem Weg der Osmose von einer Zelle zur nächsten transportiert wird, kam es bei Tieren bereits ab den ersten echten Vielzellern zur Ausbildung eines Nervensystems als übergeordnetes Koordinationszentrum. Anfänglich primitiv, bestand ursprünglich seine einzige Aufgabe in der Sicherung der Überlebensgrundlagen des Organismus, allen voran Sauerstoff, Wasser und Nährstoffe. Mit zunehmender Evolution erweiterte sich der Funktionsradius. Geschlechtliche Fortpflanzung (zur Arterhaltung), stabile Körpertemperatur, Immunsystem, um nur einige Bereiche herauszugreifen, kamen hinzu und bedurften der zentralen Steuerung.
Bei uns Menschen mit dem bislang am weitesten ausdifferenzierten Nervensystem ist dessen Aufgabenspektrum mit dem Gehirn an der Spitze inzwischen so umfassend, dass wir ein Bewusstsein von uns selbst gewonnen haben und uns weitgehend über die Hirnfunktion als Mensch erleben. Das Erlöschen der Hirnaktivität haben wir demzufolge als entscheidendes Kriterium für den Tod des Individuums definiert.
Während das Gehirn die meisten seiner Aufgaben ganz automatisch und ohne dass sie uns ins Bewusstsein dringen erledigt, etwa Atmung und Temperaturregelung, verlangen andere Bereiche nach gezielter Aktivität und damit nach (zumindest partiell) bewusstseinsgesteuerten Handlungen. Flüssigkeits- und Nahrungsaufnahme und ebenso Sexualität ergeben sich in unserer Umwelt nicht von selbst. Gekoppelt an hormonelle Regelkreise registriert daher die innere Körperwahrnehmung etwaige Ungleichgewichte, die dann als Empfindung von Hunger, Durst oder sexueller Lust in unser Denken dringen, um uns zu den für die Wiederherstellung des Gleichgewichts erforderlichen Handlungen zu bewegen. Wir müssen aktiv trinken, um unseren Durst zu löschen, möglicherweise sogar erst einmal umfangreiche Aktivitäten entfalten, um überhaupt Wasser zu finden. (Besonders schönes Beispiel hierfür ist der Kalahari-Buschmann in Disneys Filmklassiker „Die Wüste lebt“: Er fängt einen Pavian, füttert ihn mit Salz und lässt ihn dann angebunden schmachten, um sich tags darauf von dem durstigen Tier zu einer geheimen Wasserstelle führen zu lassen.) Auch Hunger stillt sich nicht ohne unser gezieltes Zutun, von sexuellen Bedürfnissen ganz zu schweigen.
Der schon geschilderte Komplexitätsgrad des menschlichen Gehirns hat schließlich dazu geführt, dass seine Aufgabe nicht mehr auf die Sicherstellung der körperlichen Grundbedürfnisse beschränkt blieb. Mit der Phantasie als Abstraktionsebene begann das Denken im eigentlichen Sinn. Eine psychische Realität entstand, die, wenngleich Teil der körperlichen Existenz, eigenständig nach Aufrechterhaltung

eines Gleichgewichts verlangt. Ohne genügende Außenreize, ohne geistige „Nahrung“ können wir nicht existieren.
Stellen Sie sich vor, man bietet Ihnen an, eine Zeit lang nichts zu tun, rein gar nichts. Als Ausgleich dafür erhalten Sie eine großzügige Bezahlung. Das Angebot klingt doch verlockend, oder? Kanada, 1954: Die Interessenten für die Teilnahme an einem solchen psychologischen Experiment standen Schlange. Sie sollten in der Tat nichts weiter tun, als in einem Bett zu liegen, die Hände in losen Handschuhen und die Augen durch Brillen in einer starren Blickrichtung fixiert. Essen und Trinken wurde ihnen nach Belieben verabreicht. Jederzeit, so die Vorgabe, stand es ihnen frei, den Versuch abzubrechen.
Die meisten Probanden schliefen sich erst einmal in Ruhe aus. Als sie dann wieder wach waren, sangen oder pfiffen sie nach einer Weile. Oder sie begannen, mit sich selbst zu sprechen. Stunden später schließlich empfanden sie ihre Lage zunehmend als quälend. Obgleich es den Verzicht auf ihr Honorar bedeutete, stiegen die ersten aus. Diejenigen, die blieben, begannen ohne Ausnahme innerhalb von nur 24 Stunden wild zu halluzinieren. Die Versuchsleiter waren gezwungen, den Versuch vorzeitig zu beenden. Die Teilnehmer, die noch durchgehalten hatten, konnten es selbst nicht mehr. Sie litten an hochgradigen Verwirrtheitszuständen, waren schlichtweg durchgedreht (s. Hacker 1971; ebenso klassisch die Schilderung von Stefan Zweig in der „Schachnovelle“). Ohne Außenreize ist unser psychisches Gleichgewicht so gestört wie unser Körpergleichgewicht ohne Flüssigkeits- oder Nahrungszufuhr.
Ein ähnlich gelagertes historisches Beispiel: Friedrich II. suchte Anfang des 13. Jahrhunderts nach der Ursprache der Menschheit. Hierzu ließ er Neugeborene von stumm bleibenden Ammen aufziehen. Statt zu sprechen, verstarben alle Säuglinge innerhalb kurzer Zeit. Unser Gehirn braucht demnach mehr als nur unspezifische Reize von außen. Wir benötigen soziale Kontakte (s. Kap. 3), Beziehungen, und als Teil von diesen ein gewisses Maß an äußerer Anerkennung.
Alles in allem führt nicht nur eine massive Störung unserer Körperfunktionen zum Tod, sondern genauso eine Entgleisung unserer psychischen Stabilität. Selbstmord ist immerhin die achthäufigste Todesursache des Menschen überhaupt, in der Altersgruppe von 15 bis 24 Jahren sogar die zweithäufigste. Allein in den Vereinigten Staaten begehen jährlich etwa 30 000 Menschen Selbstmord, das ist alle 18 Minuten einer (Andreasen u. Black 2001). Welchen Überlebensvorteil aber bietet eine Hirnfunktion, die so abhängig macht und so voller Risiken steckt? Einen enormen!

Wie wir uns die Welt erschaffen, die uns erschuf

Die Anpassungsfähigkeit des Organismus und der Art wurde hierdurch um ein Vielfaches gesteigert und beschleunigt. Durch die Außenreizabhängigkeit wurde Lernen im weitesten Sinn auch außerhalb des klassischen biologischen Gesetzes von genetischer Mutation und Selektion möglich. Einem Quantensprung gleich wurde das Potenzial dafür, sich auf geänderte äußere Bedingungen einzustellen, unermesslich vervielfacht. Damit nicht genug: Mit der Sprachentwicklung als nächstem Schritt konnte Gelerntes ganz direkt von einer Generation zur nächsten weitergereicht werden, mit der Erfindung der Schrift auch über Generationen hinweg. Und seit Neustem wird Information mit der Einführung des Internets auch noch zeitlich und mengenmäßig unbegrenzt verfügbar (vgl. Thomashoff 2009).

Ist es da überraschend, dass als Nebenprodukt eines so produktiven Gehirns auch Kunst als quasi überschießende Konstruktionsarbeit entsteht? Ist da nicht das eigentlich Verwunderliche, dass es (den meisten) bei all der sprudelnden Kreativität gelingt, aus dem bunten Bildersalat ein größtenteils recht brauchbares Abbild der äußeren Welt herauszufiltern, trotz der Vielfalt des mehr oder weniger kunstvoll Konstruierten im Dschungel des Alltags (sei der im Wald oder in der Großstadt), so gut es eben geht, zurechtzukommen?

Doch Hirnaktivität allein macht noch keine Kunst – ich erspare mir die Suche nach Belegen für diese Aussage, sie dürften dem geneigten Leser geläufig sein. Das von Generationen erarbeitete Wissen muss auch erhalten bleiben, um weiterentwickelt werden zu können. Kaltblütern fehlt diese Gabe – Eidechsen leben kulturlos im weitesten Sinne –, nur bei Warmblütern findet man Hirnareale, die beispielsweise für Kortisol sensibel sind, so dass Stress unmittelbar in den für Emotionen und Lernen zuständigen Zellen auf die Hirnstruktur einwirken kann. Das kommt einem Quantensprung an Lernfähigkeit und Anpassungspotenzial an sich verändernde Umweltbedingungen gleich. Kaltblüter müssen mit ihren starr nach genetischen Vorgaben aufgebauten Nervensystemen darauf warten, dass es irgendwann einmal zufällig zu einer Mutation kommt, die einen Selektionsvorteil bereithält (was nur selten der Fall ist). Die Gehirne der Warmblüter sind davon unabhängig! Ihr Gehirn ändert sich durch Außeneinflüsse wie Stress gezielt, und sie können solche Änderungen an ihre Kinder weitergeben.

Wahrscheinlich erklärt dieser Unterschied sogar das Aussterben der Saurier im Karbon. Auf den damaligen abrupten und drastischen Klimawandel, der, so der aktuelle Stand der Forschung, durch einen großen Meteoriteneinschlag verursacht wurde, konnten die Riesenechsen mit ihren nicht nur kleinen, sondern vor allem starren Hirnen nicht schnell genug reagieren; anders Vögel und Säugetiere, die daraufhin sämtliche Landstriche des Globus eroberten. Offensichtlich waren und sind in der Evolution diejenigen Individuen (und Arten) am erfolgreichsten, die über ein genetisch möglichst vielfältiges Hirnvernetzungspotenzial verfügen und dieses gleichzeitig umweltvermittelt zu nutzen imstande sind (Hüther 2005).

Welche Blüten das tradierte Denken und seine Auswirkungen in der Kunst treiben, wird eindrucksvoll an der ganz von Religiosität durchdrungenen Kunst des christlichen Mittelalters deutlich (um dem Verlag Scherereien, Stichwort „Karikaturenstreit", zu ersparen, sehe ich von anderen Verweisen jüngeren Datums ab). Kunst im Mittelalter war nicht denkbar ohne Religion, sie war ihr komplett untergeordnet. Die Tradition forderte strenge Selbstbeschränkung. Doch unversehens sind auch heute, gestärkt durch christliche Fundamentalisten, die durchaus noch an den Schöpfungsakt mit Adam und Eva glauben (jene Geschichte mit dem Rippenknochen), Vertreter eines „intelligenten (wirklich? im mehrfachen Sinn!) Designs" auf dem Vormarsch. Sie versuchen (mehr oder weniger) wissenschaftlich zu belegen, dass hinter der Geschichte der Evolution eine planende Macht (und damit ein Gott) steht.

In seinem Buch „Der Gottes-Wahn" holt der Neodarwinist Richard Dawkins (2006) zum Gegenschlag aus. Er zerpflückt die Argumente der an die Allmacht Glaubenden. Vor allem entkräftet er den so geläufigen Schachzug, dass ja die Nichtexistenz eines Gottes ebenso wenig bewiesen sei. Schließlich fehle bislang auch der Beweis dafür, dass im Weltraum keine Teekessel herumfliegen, oder auch jener der Nichtexistenz eines Spaghetti-Monsters. Außerdem listet er die massenhaften Verbrechen auf, die im Namen des Glaubens begangen wurden, und untermauert damit seine Religionsablehnung. Die Quintessenz seiner Abhandlung besteht darin, dass wir uns, auch ohne einen fiktionalen Gott zu bemühen, die Welt erklären können und zu moralischem Handeln fähig sind. Stimmt! Nur geht Dawkins nicht weit genug. Seine atheistischen Argumente sind wiewohl nicht falsch, so doch oberflächlich und keineswegs neu. Seine Erklärung für das Phänomen der menschlichen Sehnsucht nach einem Gott (oder mehreren) als Nebenprodukt der Evolution, das sich wie ein Gedächtnisvirus ausgebreitet habe und sich wie Erkältungsviren hartnäckig halte, greift eindeutig zu kurz und liefert damit seinen Gegnern eine offene Flanke.

Ich selbst würde auch die Religion in psychoanalytischer Tradition strikt im Zusammenhang mit unserer psychischen Entwicklung verstanden wissen wollen. Sobald wir beginnen, selbstreflexiv zu werden, stellen sich uns existenzielle Fragen. Da wir (und die Menschheit in ihrer Entwicklung) unweigerlich an die Grenzen des Beantwortbaren stießen, erschufen wir uns eine Erklärung: das Phänomen Gott. Es fällt doch auf, dass es in ursprünglichen Kulturen immer mehrere Götter waren und sind, die anfänglich unerklärlichen Naturphänomenen zugeordnet wurden (Eichen, Blitzschlag ...) und dann zu einer Götterwelt mutierten, die bei Griechen und Römern den Familienzwisten von Dallas und Denver-Clan in nichts nachstehen, ganz entsprechend den frühen Beziehungserfahrungen eines Durchschnittsmenschen.

Parallel zu unserem eigenen psychischen Werdegang wurde auch die Vorstellung von Gott mit zunehmender Entwicklung integrierter. Mit einem konstanten Selbst-Konzept entstand auch ein konstantes Gott-Konzept. Der Monotheismus war geschaffen. Anfänglich war der neu geschaffene, eine (jüdische) Gott streng und böse, möglicher Ausdruck der verfolgten und bedrängten Lage seiner Schöpfer. Dawkins liefert hierzu eine schillernde (und nicht ganz aggressionsfreie) Karikatur:

„*Der Gott des Alten Testaments kann durchaus als die unangenehmste Erscheinung der gesamten Literatur durchgehen: ein eifersüchtiger und von sich selbst eingenommener, kleingeistiger, ungerechter und nachtragender Zwangscharakter; ein rachsüchtiger, blutrünstiger ethnischer Säuberer; ein frauenfeindlicher, homophober, rassistischer Kinds- und Völkermörder; ein ekelhafter, größenwahnsinniger, sadomasochistischer, launischer und böswilliger Tyrann.*" (Dawkins 2006, S. 31)

Später wurde er gütig (Neues Testament) und formte sich dann weiter, bis hin zur pantheistischen Einheitserfahrung mit dem Universum, wie sie in der Mystik, doch auch bei Einstein zu finden ist. Zugleich entstand die atheistische Möglichkeit, ihn ganz abzuschaffen. Wie sagt doch Woody Allen in seinem Film „Scoop“: „Ich wurde geboren im hebräischen Glauben, aber als ich älter wurde, bin ich konvertiert zum Narzissmus.“ Einher mit dieser Glaubensentwicklung verlief auch die Geschichte der Kunst, eingebunden in tradiertes Wissen der Menschheit und Ausdruck dessen. Aber gibt es neben den erlernten auch biologische Grundlagen von Kunst?

Gibt es Gene für das Schöne?

Wir sind wohl noch nicht so weit, diese Frage zu beantworten. Und außerdem ist das Vorhandensein von Genen noch kein Garant dafür, dass diese auch aktiviert werden (vgl. Thomashoff 2009). Erste Hinweise auf angeborene ästhetische Prioritäten vom Menschen als Gattung und nicht nur von ihm liegen jedoch vor.
Symmetrie ist schön. Manfred Spitzer erläutert, warum:
„Ein symmetrischer Körper ist ein gesunder Körper. Diese Grundregel gilt nicht nur für den Menschen, sondern auch im Tierreich. Der Grund hierfür ist einfach: Infektionen, Parasiten, Entwicklungsfehler und andere krankhafte Veränderungen des Körpers betreffen in aller Regel nicht beide Arme, Beine, Augen oder Ohren in genau gleicher Weise. Krankheit – was immer es sei – macht daher asymmetrisch.“ (Spitzer 2007, S. 111)
Die Kulturgeschichte, allen voran die Entwicklung der klassischen Architektur, liest sich wie ein Beleg für diese Beobachtung. Doch es zieht uns noch zu anderen als symmetrischen Schönheiten hin, und das meine ich nicht nur rein freudianisch auf Rundungen oder andere Formideale des anderen (oder eben nicht des anderen) Geschlechts bezogen. Glitzern, das Funkeln von edlen Metallen und ebensolchen Steinen, fasziniert uns – man denke nur an die Auslagen der Juweliere in den Flaniermeilen unserer Städte oder auch daran, was Indianer alles für Glasperlen herzugeben bereit waren. Ursache dieser Verführung dürfte wohl unsere Abhängigkeit vom Wasser sein, das wir in den Weiten der Savanne als Urmenschen erspähen mussten (und nicht, wie beispielsweise Katzen, erschnuppern). Ähnlich zieht es uns zu Licht, zu wärmendem Feuer (oder zu den Artgenossen, die das Feuer entfachten?), sofern dessen Ausmaße nicht überdimensioniert sind (Brandkatastrophe).
Doch als soziale Wesen, die wir nun einmal sind (Ausnahmen – wie schizoide Zeitgenossen – bestätigen hier die Regel), zieht es unseren Blick vor allen anderen Eindrücken hin zum Belebten, zum Artgenossen Mensch oder ersatzweise Vermenschlichtem. In Suchbildern wandert der Blick zu Augenpaaren, findet intuitiv das belebte andere. Mehr noch gilt dies für das Kindchenschema und wird bei der Gestaltung von Produkten gezielt eingesetzt, etwa bei Autos (sic!), wenn die Form

eines fahrbaren Untersatzes sich am Äußeren von Kleinkindern mit Rundungen und Kulleraugen orientiert, um Kunden anzulocken (s. Schuster 1997). Sollte es uns zu denken geben, dass das gelingt?
Schlüsselreize, denen wir so wie Grasmücken und Rohrsänger bei Kuckuckjungen (deren Schnäbel roter leuchten als die der eigenen Jungen, so dass diese über die Klippe des Nestrandes springen) unwillkürlich erliegen, sind meist an unseren Grundbedürfnissen orientiert, an Nahrungsaufnahme und Sexualität. Eine Aufstellung dieser bislang psychologisch (und noch nicht genetisch) identifizierten Wahrnehmungsfallen liefert die Kunstpsychologie (ebd.). Geradezu elektrisiert gieren wir nach der Merkmalsübersteigerung bei Brustgrößen, Beinlängen, Schulterbreiten, Augenaufschlägen etc.
All das mag nun auch in die Kunst einfließen, wobei das Charakteristikum der künstlerischen Stilentwicklung darin besteht, dass ein Kunstwerk dann den Betrachter anspricht, wenn es zumindest in Grundzügen Wiedererkennungswert besitzt, zugleich aber neue Reize offeriert. (Wie war das noch mit Christo und dem bis dahin altvertrauten Reichstagsgebäude?) Auch diese Regel gilt schon bei Tieren:
„*Einer Meerkatze und einem Schimpansen wurden einfarbige Würfel und Würfel mit farbigen Mustern vorgelegt. Die Affen konnten sich einige Würfel als Spielzeug nehmen. Von den Affen wurden regelmäßige (axiale oder radiale Symmetrie) vor unregelmäßigen Mustern bevorzugt. Auch bei der Farbwahl der Tiere spielten ästhetische Faktoren eine gewisse Rolle. Die Affen wechselten nach einigen Durchgängen die bevorzugte Farbe, wie es auch Menschen in den Zyklen der Mode tun.*“ (Schuster 1997, S. 81)
Verwundert es da noch, dass immer wieder Künstler erst posthum zu Ruhm gelangen? Van Goghs Stilneuerungen gewannen erst im Laufe der Weiterentwicklung des Impressionismus eine ausreichend überschaubare Komplexität, um zum Schönheitsideal zu avancieren.
Doch des Menschen Kunst ist nicht von Geburt an gegeben. Auf der Basis der biologischen Grundlagen werden kulturelle Traditionen erlernt und fließen in die Kunstgestaltung mit ein. Aber selbst hier, auf diesem Weg des schrittweisen Heranarbeitens an das kulturelle Wesen, das wir ungefragt einmal zu werden beabsichtigen – ich sehe von einem Kommentar zu den Quellen unserer Bewusstseins(ver)formungen in der vielfältigen Medienlandschaft ab –, gibt es Basisstilmittel, die unabhängig von der gesellschaftlich tradierten Kunst zu existieren scheinen.
Malt mein jetzt dreijähriges Töchterlein einen Menschen, so ist dessen Anatomie ganz *lege artis* für ihr Alter aus Kopf und Beinen zusammengesetzt, der Rumpf hingegen fehlt. Dieser knapp gehaltene Mensch ist als Kopffüßler bekannt und findet sich nicht nur unwillkürlich in Kinderzeichnungen zwischen zweieinhalb und vier Jahren, sondern auch in den Menschendarstellungen von Stammeskunst und in den Bildern schwer psychiatrisch Kranker, insbesondere bei chronisch Schizophrenen und bei Demenz-Patienten (zu Kopffüßlern: s. Kraft 1997). Liegt es da fern, zu folgern, dass es sich bei diesem Stilmittel um ein biologisch vorgegebenes Durchgangsstadium in der Hirnentwicklung und parallel dazu in der psychischen

Kunstentwicklung handelt, dass psychische Kindheitsentwicklung und Kultur parallele Stufen durchlaufen (haben) und dass hier ein sichtbares Phänomen für das regressive Potenzial psychischer Krankheiten gegeben ist?

Keine Kunst ohne Künstler

Das biologische Organ Gehirn erschafft also Kunst auf der Basis der ihm eigenen Regeln, die bei näherer Betrachtung an vielen Stellen erkennbare Spuren hinterlassen. Erst auf dieser Grundlage wird das kulturell tradierte Wissen verarbeitet. Doch wieder betreten wir eine Ebene des Psychischen. Das im Lebensverlauf Gelernte spiegelt sich auch als Einwirkung der verinnerlichten Psychodynamik des Künstlers auf seine Arbeit wider, wie ich exemplarisch am Werk des deutschen Expressionisten Ernst Ludwig Kirchner in einem kurzen Überblick aufzuzeigen versuchen werde.[1]
Von Beginn an liegt ein thematischer Schwerpunkt in Kirchners Kunst auf der eigenen Person. Zahlreiche Selbstbildnisse reflektieren hierbei seine drastischen Schwankungen in der Selbstwahrnehmung, parallel zu der zentralen Psychodynamik narzisstischer Persönlichkeiten, und um eine solche handelt es sich bei ihm, die Sicht der Welt zu spalten in den einen nur guten und in den anderen nur schlechten Teil.
Jedoch auch unabhängig von seinen Selbstporträts durchziehen sein Œuvre thematische Spaltungen, allen voran in den beiden großen Antipoden seiner Bilderwelt, den nackten Menschen in der Natur auf der einen (Abb. 1) und dem pulsierenden Großstadtleben auf der anderen Seite (Abb. 2).

Abb. 1 Nackte beim Sonnenbad, Moritzburg (1910)

Abb. 2 Leipziger Straße in Berlin (1914)

1 Der hier gegebene Auszug war ein Vortrag bei der Tagung der DGPA in Wien im November 2007. Im Detail hierzu: Thomashoff 1997.

Abb. 3 Marcella (1910)

Abb. 4 Urinfreier (1915)

Sind die Frauen der Paradieswelt jung und unschuldig (Abb. 3) oder in freier Natürlichkeit, nackt in Liebesszenen dargestellt, so sind sie im Großstadtmilieu Prostituierte, kalt und distanziert oder den perversen Wünschen ihrer Freier folgend (Abb. 4). Jedoch nicht nur in der Thematik, sondern auch im Stil von Kirchners Kunst finden sich Spaltungen: Werden die paradiesischen Bilder aus der Natur von gerundeten Formen und einer harmonischen Farbwahl dominiert (etwa sind die Figuren in den Fehmarnbildern im gleichen orange-braunen Farbton gehalten wie ihre Umgebung; Abb. 5), so werden demgegenüber die Werke aus Berlin beherrscht von fragilen und nervösen V-, Z- und M-Formen sowie von drastischen Farbkontrasten (Abb. 6).

Kirchners Versuch, nach der Trennung der Künstlergemeinschaft „Die Brücke" im Jahre 1913 allein in Berlin Erfolg zu haben, scheitert. Er arbeitet wie besessen dagegen an und geht bis an die Grenzen seiner Kräfte. Der Ausbruch des Ersten Weltkriegs durchkreuzt seinen rastlosen Eifer endgültig.

Abb. 5 Ins Meer steigende (1912)

Abb. 6 Rote Prostituierte (1914)

Abb. 7 Selbstbildnis zeichnend (1916)

Abb. 8 Selbstbildnis im Morphiumrausch (1917)

Er soll einberufen werden. In einer sich daraufhin zuspitzenden Krise wird er suizidal und landet schließlich mit einem Nervenzusammenbruch in der Psychiatrie. Sein Zeichenstil ist jetzt von einer den Inhalt bis zur Unkenntlichkeit verzerrenden Strichführung geprägt (Abb. 7), die die psychische Anspannung reflektiert, noch gesteigert, als er sich mit Morphium zu beruhigen sucht (Abb. 8).
Während der psychiatrischen Klinikaufenthalte wandelt sich sein Stil wieder hin zu stabilen Formen, die partiell an Stabilisierungstendenzen in der Kunst Schizophrener beim Abklingen einer akuten Psychose erinnern, etwa in einer bei diesen beschriebenen Perspektiveverschiebung hin zur Aufsicht und in einer Tendenz zum Horror Vacui (Abb. 9).

Abb. 9 Taunuslandschaft (1916)

Nach mehreren Monaten stationärer Behandlung wird Kirchner entlassen, und er zieht nach Davos. Hier – in der Abgeschiedenheit der Schweizer Berge – findet er wieder eine paradiesische Idylle wie in der Zeit vor Berlin. Seine Bildformen wirken ruhiger, und die Farben seiner Gemälde werden intensiv und harmonisch (Abb. 10). Das einfache Leben der Landbevölkerung kontrastiert die Bildthemen seiner Berliner Jahre.

Abb. 10 Wintermondlandschaft (1919)

Kirchner bleibt bis zu seinem Lebensende in Davos. Oft abgeschottet von der Außenwelt, vergehen Jahre, bis er sich erstmals wieder zu einer Reise aufrafft. Seine künstlerische Produktivität nimmt ab. Immer mehr Energie verwendet er darauf, sich als führenden Meister der zeitgenössischen deutschen Kunst zu deklamieren, als einzigen wahren Genius seit Dürer. Seine narzisstische Bedürftigkeit wird unermesslich, wie auch seine Wut auf jeden, der ihn darin nicht bedingungslos unterstützt.

Er erfindet einen fiktiven Hauskritiker, Louis de Marsalle, der als französischer Fachmann für die Moderne die Arbeiten Kirchners in Artikeln

Abb. 11 Selbstportrait (1933)

lobpreist. Auch datiert er zahlreiche seiner Werke vor, um sich so als Erfinder neuer stilistischer Mittel ausgeben zu können. Zugleich versucht er sich künstlerisch an dem zu orientieren, was als modern anerkannt wird. Ohne subjektiv getönte Themen büßt seine Kunst ihre kathartische Funktion ein (Abb. 11).

Trotz all seiner Bemühungen gelingt es Kirchner nicht, die ersehnte Anerkennung als führender deutscher Künstler zu erlangen. Schließlich gibt er den Versuch auf, seinen Stil an den zeitgenössischen Kunstgeschmack anzupassen, und wendet sich wieder dem vom Rest der Welt isolierten Ideal der Schönheit der Natur zu. Nur in ihr fühlt er sich verstanden, ja sie unterliegt in seinen Bildern symbolhaft den gleichen Gesetzen wie er selbst: Der Berg Tinzen variiert drastisch in seiner Größe, ganz im Einklang mit der schwankenden Selbstwahrnehmung des Künstlers (Abb. 12 und 13).

Isolation und ausbleibender Erfolg nähren die narzisstische Krise. Wieder nimmt Kirchner Morphium. Ganz im Gegensatz zu seiner ersten suizidalen Krise werden jetzt psychischer Druck und paranoide Projektionen jedoch nicht in seiner Kunst

Abb. 12 Tinzenhorn (1919–20)

Abb. 13 Landschaft mit Wintermond (1919)

Abb. 14 Selbstbildnis (1935)

Abb. 15 Selbstbildnis (1937–38)

gebannt. Statt nach emotionaler Expressivität strebt er einzig nach bildnerischer Schönheit. Besonders deutlich manifestiert sich der Wandel in seinen Selbstbildnissen. Im Gegensatz zu der wilden Agitiertheit in seinen frühen Porträts (s. Abb. 7, S. 331), wählt er jetzt eine von Hoffnungslosigkeit geprägte, starre, wie eingefroren wirkende Selbstdarstellung (Abb. 14 und 15).

Als Hitler in Deutschland zum Reichskanzler gewählt und Kirchners Kunst als „entartet" stigmatisiert wird, scheinen sich sämtliche seiner Ängste zu bestätigen. Seine Aggressionen lassen sich nicht länger in seiner Kunst bändigen, und er reagiert sie an dieser ab, zerstört zahlreiche seiner Holzstatuen. Isolation, Aggression (die er zuletzt gegen sich richtet) und Suizidphantasien münden in ein präsuizidales Syndrom.

Abb. 16 Schafherde (1938)

1938, nach der Annexion Österreichs durch Deutschland, glaubt Kirchner, dass deutsche Soldaten in Kürze auch in die Schweiz einfallen werden. Nach einer schlaflosen Nacht versucht er am 14. Juni, seine Lebensgefährtin Erna zu einem Doppelselbstmord zu überreden. Sie ruft einen Arzt, doch noch während sie telefoniert, erschießt sich Kirchner vor dem Haus. Sein letztes Gemälde bleibt unvollendet (Abb. 16).

Wie wir das Werk zum Kunstwerk machen

Nach so vielen Einflussfaktoren auf die Entstehung eines Kunstwerks bleibt noch die Frage, wann denn nun das aus Tradition und Psychodynamik entlang der biologischen Basisregeln geschaffene Werk zum Kunstwerk im eigentlichen Sinne wird, wann es seine Einordnung in den Tempel des kunsthistorischen Œuvre-Katalogs erfährt? Hierbei stoßen wir auf das Phänomen, dass das, was für die Kunst gilt (sie wird im Gehirn geschaffen und unterliegt einer ganzen Reihe von Einflussfaktoren), genauso für deren Interpretation gilt.

Andy Warhol soll einmal von einem aufstrebenden Künstler der New Yorker Szene gefragt worden sein, was er machen müsse, um auf das Titelbild seiner tonangebenden Zeitschrift und damit in den Genuss einer erfolgreichen Künstlerkarriere zu kommen. „Mit mir ins Bett gehen“, soll die knappe Antwort gelautet haben, die wohl mehr über das äußere Erscheinungsbild des Fragenden als über die Tiefe seiner Kunst offenbart haben dürfte. Ganz so einfach läuft es meist nicht.

Vielmehr dürfte sich die Tür zum Tempel der hohen Kunst öffnen, wenn sich eine individuelle Psychodynamik mit den aktuell gültigen Techniken verbindet und diese weiterentwickelnd ein Werk erschafft, dem über die subjektive eine interindividuelle und damit gesellschaftliche Relevanz zukommt. Dass hierbei auch die Geschichte rückwirkend das Werk eines Künstlers als Vorahnung adeln kann, zeigt sich an den 1912 geschaffenen Katastrophenbildern des deutschen Expressionisten Ludwig Meidner (1884–1966), der in (hier aufgrund mangelnder Hintergrundinformation nicht diagnostisch gemeinten) paranoid anmutenden Untergangsszenarien brennender Städte voll panischer Menschenmassen, also in seinen „apokalyptischen Landschaften“ Ansichten des Horrors entwarf, die sich wenig später im Ersten Weltkrieg bestätigen sollten, womit seiner Kunst nachträglich ein visionärer Charakter zugeschrieben werden konnte.

Noch deutlicher zeigt sich diese Tendenz bei der Art brut, deren frühe Werke aus den Anfängen der Sammlung Prinzhorn oder noch aus der Zeit davor, obwohl sie sich dem traditionellen Formenkanon verweigerten, reziprok zu Kunst erhoben wurden, als die Auflösung des traditionellen Formenkanons, wie er der Art brut von Natur aus zu eigen ist, zum formalen Schwerpunkt der zeitgenössischen Kunst avancierte.

Dass die interpretatorische Ausgangsbasis innerhalb einer Gesellschaft (und schon gar nicht zwischen verschiedenen Gesellschaften) nicht immer gleichförmig zu Fragen der Kunst verläuft, mag abschließend eine einst sehr bekannte, aber mittlerweile vielleicht schon wieder vergessene Anekdote beispielhaft beleuchten: Eine mit

Fett und anderem gefüllte Badewanne von Joseph Beuys (1921–1986) soll einmal mühselig von einer Putzfrau gesäubert worden sein, die sich daraufhin einer hohen Schadensersatzklage ausgesetzt sah.

Literatur

Andreasen NC, Black DW (2001). Introductory Textbook of Psychiatry. 3rd ed. Washington, DC: American Psychiatric Publishing.

Belting H (1993). Das Ende der Kunstgeschichte. München: Beck.

Dawkins R (2006). The God Delusion. Boston, New York: Houghton Mifflin.

Hacker F (1971). Aggression – Die Brutalisierung der modernen Welt. Wien: Molden.

Hüther G (2005). Biologie der Angst. 7. Aufl. Göttingen: Vandenhoeck & Ruprecht.

Kraft H (1997). Die Kopffüßler. In: Bruger I, Gorsen P, Schröder KA (Hrsg). Kunst und Wahn. Katalog zur Ausstellung im Kunstforum Wien. Köln: Dumont; 271–80.

Schuster M (1997). Wodurch Bilder wirken. 3. Aufl. Köln: Dumont.

Spitzer M (2007). Vom Sinn des Lebens. Stuttgart, New York: Schattauer.

Thomashoff HO (1997). Die Suizidalität in Leben und Werk Ernst Ludwig Kirchners. Dissertation. Hamburg.

Thomashoff HO (2009). Versuchung des Bösen – So entkommen wir der Aggressionsspirale. München: Kösel.

23 Vom Gehirn im Tank zum Geist aus der Maschine

Zur Repräsentation des Gehirns im fiktionalen Film

Giovanni Maio

Für Aristoteles stand fest, dass das Herz das Zentralorgan des Menschen sei. Er bezeichnete das Herz als die „Akropolis des Körpers", weil sich für ihn allein im Herzen „das Prinzip des Lebens und der Bewegung sowie der Empfindung" befindet. Heute meint man, dass das Gehirn das Zentralorgan des Menschen, ja gar das Zentrum des Menschen schlechthin sei. Wenn die Neurowissenschaften heute „in" sind, so liegt dies vor allem an dieser Vorstellung, nach der im Gehirn das Wesen des Menschen verankert sei. Auf dieser Grundannahme ruht letztlich das Versprechen der Neurowissenschaften, etwas über das Charakteristischste des Menschen auszusagen. Wir wollen das Nachdenken darüber, was wohl die Wissenschaftler aus dem Jahre 2150 über unsere heutige Vorstellung vom Zentralorgan meinen könnten, außen vor lassen, stattdessen diese moderne und trotz alledem geradezu „mythische" Vorstellung des Gehirns als Zentrum des Menschen für bare Münze nehmen und gerade deswegen einen Blick auf das Massenmedium Kino werfen. Das Kino könnte uns nämlich gegebenenfalls mehr über uns erzählen als jede Wissenschaft. Folgende Frage soll uns also beschäftigen: Wie wird das Gehirn im fiktionalen Film repräsentiert?

Die gesamte Filmgeschichte ist gespickt von Gehirnfilmen. Allein schon die Filmtitel zeigen dies. Ein ganz früher Titel aus dem Jahre 1911 zu einem deutschen Spielfilm lautete „Gehirnreflexe" (Regie: Max Mack), kurze Zeit später (1917) entstand „Der Fall Hirn" (Regie: Max Mack), und im Jahre 1920 folgte der Film „Gehirne. Doktor Hallin" (Regie: Alfred Lampel), der leider als verschollen gilt. Doch nicht nur für die Stummfilmzeit, sondern auch für die folgenden Jahrzehnte lässt sich eine Vielzahl an Filmen ausmachen, die schon im Filmtitel auf das vermeintliche Zentralorgan verweisen. Beispiele sind: „Donovan's Brain" (1953), „The Brain Machine" (1955), „The Brain from Planet Arous" (1957), „The Brain Eaters" (1958), „The Brain that Wouldn't Die" (1962), „The Atomic Brain" (1964), „Evil Brain from Outer Space" (1964), „The Man with the Synthetic Brain" (1969), „L'homme au cerveau greffé" (1971), „The Man with Two Brains" (1982), „Mente Asesina" (1987), „Brain Damage" (1988), „Tattoo Your Brain" (2003), um nur einige zu nennen. Bereits diese Titel verdeutlichen, dass das Gehirn in vielfältiger Form filmisch repräsentiert worden ist. Auffällig ist hierbei die Dominanz von Science-Fiction- und Horror-Filmen, was daran liegt, dass das Gehirn – als isoliertes Organ – meist im Kontext von Delinquenz oder wissenschaftlicher Hybris auftaucht. Doch nun zu den Gehirn-Motiven im Einzelnen.[1]

Das Gehirn im Glas

Was schon in Platons Höhlengleichnis anklingt und bei Descartes ausbuchstabiert wird, ist das Gedankenspiel, ob nicht die gesamte wahrgenommene Realität lediglich Resultat eines *genius malignus*, also eines bösen Geistes, sein könnte, der uns nur dazu bringt, zu glauben, wir hätten Sinnesorgane. Im 20. Jahrhundert fand diese Idee eine Wiederbelebung durch das Gedankenexperiment, unsere gesamte Vorstellung könnte das Resultat eines „Gehirns im Tank" sein, eines Gehirns also, das sich losgelöst in einem Behälter mit Nährflüssigkeit befindet und mit einem Computer verbunden ist, der dem Gehirn entsprechende Impulse gibt. Dieses in der Philosophie – spätestens seit Hilary Putnams wegweisender Widerlegung des Gedankenexperiments im Jahre 1981 (Putnam 1981) – gerne gebrauchte Gedankenexperiment stellt ein Motiv dar, das in der Filmgeschichte in den vielfältigsten Variationen immer wieder neu entworfen worden ist.

Der berühmteste der Filme mit diesem Motiv ist der US-amerikanische Spielfilm „Donovan's Brain" (Regie: Felix E. Feist) aus dem Jahre 1953, der sowohl einen Vorläufer („The Lady and the Monster", 1944, Regie: George Sherman) als auch einen Nachfolger („The Brain", 1962, Regie: Freddie Francis) hatte. In allen drei Filmen, die auf dem Roman „Der Zauberlehrling" von Curt Siodmak beruhen, geht es um ein isoliertes Gehirn in Nährflüssigkeit, das die Kontrolle über den Forscher erhält und diesem seinen Willen aufzwingt. Am Anfang von „Donovan's Brain" steht ein Flugzeugunglück, durch den der Multimillionär Donovan ums Leben kommt. Man bringt ihn in das Labor des dubiosen Wissenschaftlers Dr. Patrick Corey, der bislang mit Affengehirnen experimentiert hatte. Nachdem Corey feststellt, dass Donovans Gehirn im leblosen Körper noch weiterlebt, entschließt er sich, es heimlich herauszuoperieren und es in Nährflüssigkeit weiter am Leben zu erhalten. Dieser Entschluss hat weitreichende Folgen, weil das Gehirn dem Wissenschaftler immer mehr seinen Willen aufnötigt. Hinter dieser zunehmenden Kontrolle steckt die Absicht des Gehirns, Informationen zu gewinnen, die für die Überfüh-

1 Wenn im Folgenden auf einige Filmmotive hingewiesen und einzelne Filme meist sehr schlaglichtartig dargestellt werden, so erhebt dieser eher kursorische und skelettartige Zugang keinerlei Anspruch auf irgendeine Vollständigkeit. Es kann nicht einmal behauptet werden, dass die „wesentlichen" Filme erwähnt werden. Nach welchen Kriterien müssten sie wesentlich sein? Das Einzige, was hier geleistet werden kann, ist das Anreißen eines Themas, das viel mehr Facetten hat und viel mehr Filme berücksichtigen müsste, als hier in diesem ersten und zugleich bescheidenen Zugang überhaupt geleistet werden kann.

rung des Mörders notwendig sind. Ausgangspunkt des Films ist somit eine heimliche Operation im finsteren Labor, die das Weiterleben des isolierten Gehirns ermöglicht. Das Gehirn wird nicht als ein lebloses Organ dargestellt, sondern als eine Entität, die auch ohne Körper kommunizieren kann. Man kann von einer Anthropomorphisierung des Gehirns sprechen, das hier den Status eines eigenen Lebewesens erhält. Bemerkenswert ist die Tatsache, dass sich in dem losgelösten Gehirn nach wie vor die Persönlichkeit des Verstorbenen manifestiert. Die Manifestation dieser Persönlichkeit im Gehirn wird vor allem dadurch unterstrichen, dass der Forscher über den Einfluss des „Gehirns im Glas" zunehmend Charakterzüge des einstigen Gehirnträgers annimmt. Thema ist hier also die Persistenz der Persönlichkeit im abgetrennten Gehirn. Gleichzeitig wird der heimliche „Schöpfungsakt" des Gehirns dadurch gesühnt, dass der „Mad Scientist" zum Opfer seiner Kreatur wird. Unverkennbar sind in diesem Film zwei bekannte Motive des Horror-Films bzw. des Mad-Scientist-Films vereint: das Frankenstein-Motiv auf der einen Seite und das Motiv „Dr. Jekyll & Mr. Hyde" auf der anderen Seite (Abb.1).
Im Jahre 1962 kam der amerikanische Spielfilm „The Brain that Wouldn't Die" (Regie: Joseph Green) in die Kinos. Auch hier geht es um ein isoliertes Gehirn, das im Labor aufbewahrt wird. Es stammt von einer jungen Frau, die durch einen Unfall enthauptet worden war und vom Verlobten der Verstorbenen – der zugleich Chirurg ist – wiederbelebt und „gerettet" werden konnte. Der Chirurg macht sich auf die Suche nach einem geeigneten (und schönen) Spenderkörper für das Gehirn, um damit seine Verlobte wieder zum Leben zu erwecken. Auch hier wird das Gehirn als Trägersubstanz der Person dargestellt, auch hier rekurriert man auf eine absolute Trennung von Körper und Seele, und auch hier kommt dem Gehirn eine lebenserweckende Funktion zu.

Abb. 1 Aus „Frankenstein muß sterben!", Warner Brothers 1969

Dieses Motiv des Gehirns im Glas taucht noch in vielen fiktionalen Filmen auf; man denke nur an die Komödie „The Man with Two Brains" (Regie: Carl Reiner) von 1983, in der sich ein Neurochirurg in ein Gehirn im Glas verliebt; man denke an den deutschen Spielfilm „Sexy Sadie" (Regie: Matthias Glasner) von 1995, in dem die Gefängnisärztin Lucy das Gehirn ihrer Schwester Sady in einem Einmachglas aufbewahrt. Andere Filmbeispiele mit diesem Motiv, sei es das Gehirn im Glas oder das Gehirn als losgelöstes eigenes Lebewesen sind z. B. „The Brain from Planet Arous" (1957) „The Head" (1959), „Journey to the Seventh Planet" (1962), „Evil Brain from Outer Space" (1964), „Brain Damage" (1988), „Bride of Re-Animator" (1990).

Gehirntransplantation unter Menschen

Neben dem freischwebenden Gehirn ist vor allem der Topos der Gehirnverpflanzung häufig filmisch verarbeitet worden. Das mag daran liegen, dass die Organtransplantation per se filmaffin ist, kann man doch über die Transplantation den Aspekt der Verwandlung anschaulich inszenieren (s. näher Schmidt et al. 2008). Die Filmfaszination von Dracula, Werwolf oder Zombie ist möglicherweise gerade auf die szenische Verwandlung zurückzuführen. Ein beliebtes Filmmotiv ist die Verwandlung deswegen, weil sich die Metamorphose am Körper manifestiert. Auf diese Weise kann der Film mit seinem Bild spielen: Was ist nun echt? Das Bild oder das Bild vom Bild? Genau mit diesen Bildern spielen viele der Filme, die die Transplantation des Gehirns zum Inhalt – wenn auch selten zum Thema – haben. Häufig verwendet wird das Motiv der Transplantation des Gehirns von einem Menschen zum anderen. Hier ergeben sich die verschiedensten Möglichkeiten, Konstellationen und Ziele. Ein häufig bei der Gehirnverpflanzung verwendetes Ziel ist die Erweckung eines toten Menschen zu neuem Leben.

Schöpfung von Leben

Dieses Motiv ist letztlich angelehnt an Mary Shelleys Roman „Frankenstein oder Der moderne Prometheus" und findet sich in allen Frankenstein-Verfilmungen, die schon sehr früh Einzug in die Filmgeschichte gehalten haben. Der erste Frankenstein-Film entstand schon 1910, ein amerikanischer Kurzfilm von 16 Minuten des Regisseurs J. Searle Dawley. Mehr oder weniger vom Frankenstein-Motiv abgewandelt taucht die Gehirntransplantation zum Zwecke der Wiedererweckung von menschlichem Leben in zahlreichen Filmen wieder auf. Beispielsweise sei auf den US-amerikanischen Spielfilm „Abbott and Costello Meet Frankenstein" (Regie: Charles Barton) von 1948 verwiesen; hier geht es darum, dass Frankensteins Geschöpf mithilfe eines Gehirns wiedererweckt werden soll. Ein anderes Beispiel ist der 1935 gedrehte US-amerikanische Film „Bride of Frankenstein“ (Regie: James Whale) mit Boris Karloff, in dem es abermals um die Wiederbelebung von Frankensteins Geschöpf mittels Gehirnverpflanzung geht. Eine Parodie darauf ist der Film „Bride of Re-Animator“ von 1990.

Überlistung der Lebensspanne

Ein anderes Motiv ist die Verwendung der Gehirntransplantation zur Verjüngung des Menschen bzw. zur Verlängerung oder Bewahrung des Lebens alternder Menschen, was nichts anderes ist als der Versuch, mittels einer Gehirntransplantation dem Tod zu entrinnen. Bemerkenswert ist hier der britische Film „Der Mann, der sein Gehirn austauschte“ (Regie: Robert Stevenson) von 1936. In diesem klassischen Gruselfilm geht es um die Geschichte eines Wissenschaftlers, der das Ziel verfolgt, mentale Erinnerungsspeicher und dessen Bewusstsein beim Menschen auszutauschen, damit die schöpferische Intelligenz in den alternden Gehirnen länger leben kann. Thema ist hier somit die Verpflanzung von im Gehirn gespeichertem Bewusstsein und Gedächtnis im Kontext eines Jungbrunnen-Topos. Noch viel deutlicher um diesen Topos kreist der Film „The Atomic Brain“ (Regie: Joseph V. Mascelli) von 1964, in dem eine alte Frau ihr Gehirn in den Körper einer jungen Frau einpflanzen lässt. In dem Horror-Film „Brain of Blood“ (Regie: Al Adamson) von 1972 geht es um einen krebskranken alten König, dessen Gehirn in den Körper eines Gesunden transplantiert werden soll, um dem Tod zu entrinnen und weiter als guter König regieren zu können. Bemerkenswert ist der französische Film „L’homme au cerveau greffé“ (Regie: Jacques Doniol-Valcroze) von 1971, in dem es darum geht, dass ein herzkranker Neurologe sein Gehirn in den Körper eines jungen verunglückten Rennfahrers einpflanzen lässt. Mit dieser Gehirntransplantation bleibt der Explantierte vom Bewusstsein her der einstige Neurologe, wechselt aber äußerlich in das Leben des Rennfahrers. Zentrales Motiv dieses Films ist neben der Verjüngungsthematik somit das Spiel zwischen den Identitäten des Gehirnspenders und des Gehirnempfängers.

Die doppelte Identität

Die interpersonelle Gehirnverpflanzung ist in der Filmgeschichte noch in vielen anderen Konstellationen aufgetaucht. Sei es nun die Verpflanzung eines Männergehirns in einen Frauenkörper („Odio a mi cuerpo“, 1974), sei es die Verpflanzung zwischen dem Körper eines Weißen und dem eines Schwarzen („Change of Mind“, 1969), sei es die Transplantation von einer körperlich entstellten Frau in einen unverletzten Körper („Who is Julia?“, 1986). Häufig taucht das Motiv der interpersonellen Gehirnverpflanzung im Kontext der Delinquenz auf. Im amerikanischen Film

„Schwarzer Freitag“ von 1949 rettet der Neurochirurg Dr. Sovac, der von Boris Karloff gespielt wird, seinem Freund Prof. Kingsley dadurch das Leben, dass er ihm in illegaler Weise das Gehirn des verletzten Verbrechers Red Cannon implantiert. Entsprechend dem Motiv „Mr. Jekyll & Dr. Hyde“ kommt dabei eine doppelgesichtige Persönlichkeit mit fatalen Folgen heraus. Ein ähnliches Motiv taucht in dem Film „La machine“ (Regie: François Dupeyron) von 1994 auf; hier tauscht ein Wissenschaftler sein Gehirn mit dem eines Frauenmörders ein. Im gleichen Jahr kommt der Film „Memory Run“ (Regie: Allan A. Goldstein) heraus, in dem es ebenfalls um ein solches Motiv geht; hier wird das Gehirn eines Gangsters in den toten Körper seiner erschossenen Geliebten transplantiert. Und schließlich: In dem deutschen Spielfilm „Das andere Ich“ (1983) von Ulli Lommel durchlebt ein Mensch nach einer Gehirntransplantation Szenen einer Ermordung, weil diese Szenen in dem Gehirn der Spenderin, die eines gewaltsamen Todes starb, gespeichert waren.

Gehirnverpflanzung zwischen Mensch und Tier

Nicht nur die Gehirntransplantation unter Menschen, sondern auch und gerade die Mensch-Tier-Transplantation findet häufig Eingang in die Filmgeschichte. So taucht das Motiv des menschlichen Gehirns im Schädel eines Menschenaffen bereits sehr früh auf. Verwiesen sei hier auf den amerikanischen Stummfilm „Go and Get It“ der Regisseure Marshall Neilan und Henry Roberts Symonds aus dem Jahre 1920. Der Film handelt von der Aufklärung einer Mordserie, die – wie sich zeigt – auf das Konto eines Gorillas geht, der ein menschliches Gehirn implantiert bekommen hatte. Urheber dieser Gehirntransplantation war der Chirurg Dr. Ord, und das Gehirn stammte ursprünglich von einem Mörder. Thema dieses Films ist somit die Übertragung der personalen Eigenschaften vom Menschen auf das Tier mithilfe des Gehirns als zentralem Träger der Persönlichkeit. Wie in den meisten Filmen mit diesem Motiv wird der Urheber dieser Transplantation selbst zum Opfer seiner Hybris; in diesem Fall wird der Chirurg durch sein „Geschöpf“ selbst getötet.
Der britische Horror-Film „Castle Sinister“ (Regie Widgey R. Newman) aus dem Jahre 1932 erzählt bezeichnenderweise eine ganz ähnliche Geschichte: Auch hier geht es um einen „Mad Scientist“, der das Gehirn einer jungen Frau in den Schädel eines Gorillas transplantieren möchte. Der Versuch, ein menschliches Gehirn in einen Gorillakörper zu transplantieren, ist auch Thema des Films „A Bird in the Head“ (Regie: Edward Bernds) aus dem Jahre 1946. Auch hier ist ein verrückter Wissenschaftler Urheber dieses Experimentes, das in den letztgenannten Filmen allerdings vereitelt wird.
Eine sehr interessante und durchaus sehenswerte Abwandlung dieses Motivs bietet der sowjetische Film „Sobachye serdtse“ (AKA: Hundeherz; Regie: Vladimir Bortko) von 1988. Als Vorlage diente dem Film der gleichnamige Roman von Michail

Bulgakow, der zunächst Landarzt gewesen war, bevor er zu einem berühmten Schriftsteller und Satiriker wurde. Die Geschichte handelt von Prof. Preobrazhensky und seinem Assistenten Dr. Bormental, die einen Teil des menschlichen Gehirns in ein lebendes Hundegehirn einpflanzen. Durch diesen Eingriff wird der Hund äußerlich zum Menschen verwandelt, bewahrt aber einige Hundeeigenschafen. Zentrales Motiv ist also die Postulierung des Gehirns als zentrale bestimmende Entität. Obwohl der Hund zunächst einen Hundekörper hat und nur ein menschliches Gehirn erhält, bewirkt das Gehirn die Verwandlung des gesamten Körpers nach den Eigenschaften des ursprünglichen Gehirns. Das Gehirn erscheint hier somit als das zentral Formgebende. Freilich ist in dem Film – und das macht ihn so interessant – diese wesensbestimmende Kraft des Gehirns ambivalent, weil eine körperliche Metamorphose vollzogen wird, ohne dass die geistige Metamorphose Schritt hält. Die verbleibenden Hundeeigenschaften sorgen dafür, dass das neue Leben als Mensch unter Menschen nicht gelingen kann und der Schöpfer dieses Zwitterwesens bitter für seinen Eingriff bestraft wird. Auf den politischen Hintergrund der Romanvorlage, die sich gegen die politischen Verhältnisse von Russland im frühen 20. Jahrhundert wendete, kann hier nicht eingegangen werden und somit auch nicht auf die allegorische Funktion des Films. In jedem Fall stellt er, wenn man das Gehirn-Motiv „wörtlich" nimmt, ein sehr anspruchsvolles Beispiel für die Ambivalenz des Identitätsaustauschs mittels Gehirntransplantation dar.
Das Motiv der Transplantation von Menschengehirnen in tierische Körper findet sich in zahlreichen weiteren Filmen wieder; man denke an die polnische Filmkomödie „Swinka" (AKA: „Schwein gehabt"; Regie: Krzysztof Magowski) aus dem Jahre 1990, in der ein Menschengehirn in einen Schweinekörper verpflanzt wird (und umgekehrt); man denke auch an den japanischen Film „Ido Zero Daisakusen" (AKA: „U 4000 – Panik unter dem Ozean"; Regie: Inoshirô Honda) von 1969, um nur einige zu nennen.
Auch der umgekehrte Fall, die Transplantation eines tierischen Gehirns in den Menschen, hat in vielfacher Form Eingang in die Filmgeschichte gefunden. Beispiele: In dem mexikanischen Film „Doctor of Doom" (Regie: Tim Burton) aus dem Jahre 1979 transplantiert ein verrückter Wissenschaftler das Gehirn eines Gorillas in den Schädel eines Menschen. Und in dem Film „The Atomic Brain" (AKA: Monstrosity; Regie: Joseph V. Mascelli) von 1964 wird ein Katzenhirn in ein Frauenkörper implantiert.

Das menschliche Gehirn in der Maschine

Nicht erst seit dem wissenschaftlichen Zeitalter der Brain-Machine-Interfaces, sondern schon Jahrzehnte zuvor tauchte im Kino das Motiv der Verbindung des Gehirns mit der Maschine auf – in den meisten Fällen mit dem Roboter. Als Beispiel für viele sei hier auf den US-amerikanischen Horror-Film „The Colossus of New York“ (Eugène Lourié) aus dem Jahre 1958 verwiesen. Das Gehirn eines verunglückten Friedensnobelpreisträgers wird in einen Roboter implantiert; dieser kann nun denken und reden, aber keine Gefühle empfinden, so dass er zum mordenden Monster wird. Der Sohn des Verstorbenen kann sich mit dem Tod des Vaters nicht abfinden und schafft es, die Restidentität seines Vaters im Roboter zu stimulieren, und kann damit den Roboter zur Ruhe bringen. Das zentrale Motiv bildet somit die Untransplantierbarkeit von Gefühlen in eine Maschine, was nichts anderes heißt, als dass allein der Mensch zu (menschlichen) Gefühlen fähig ist. Damit erzählt der Film eine Geschichte über ein „seelenloses“ Gehirn, ein Gehirn, das erst dann eine Seele erhält, wenn es im Körper verankert ist. Man könnte die Hauptbotschaft auch so fassen, dass erst die Einheit von Gehirn und Körper das spezifisch Menschliche und somit die Differenz zur Maschine ausmacht. Man kann sie aber auch so lesen, dass das Ansinnen des Menschen, sich derart über das Schicksal zu stellen, dass der Tod des Vaters nicht akzeptiert wird, zu fatalen Folgen führt. Die Gehirntransplantation erscheint hier als Zeichen der Verleugnung des Schicksals und damit als Hybris.

Ein weiteres Beispiel für dieses Motiv ist der kanadische Film „Micro-Chip-Man“ (AKA: The Vindicator) des Regisseurs Jean-Claude Lord aus dem Jahre 1984, der von einem Wissenschaftler handelt, dessen Gehirn in einen mechanischen Körper transplantiert wird. Somit entsteht also ein Maschinen-Mensch. Auch die gesamte Robocop-Reihe ist letztlich unter dieses Motiv zu subsumieren, geht es doch hier um das Agieren von Polizeirobotern mit menschlichen Gehirnen.

Dieses vierte Filmmotiv lässt sich noch in weitere Untergruppen einteilen. Da gehört zum einen das Untermotiv des künstlichen Gehirns dazu, wie es vor allem in dem US-amerikanischen Film „The Man with the Synthetic Brain“ (AKA: Blood of Ghastly Horror; Regie: Al Adamson) von 1972 aufgegriffen wurde. Vor allem aber gehören auch all jene Filme zu diesem Motivkomplex, in denen nicht die komplette Transplantation des Gehirns in einen Roboter, sondern allein die Verbindung des Gehirns mit elektronischen Teilen jeglicher Art im Mittelpunkt steht. So werden beispielsweise in dem US-amerikanischen Film „Deadly Friend“ (AKA: Der tödliche Freund; Regie: Wes Craven) von 1986 Teile eines Roboters in das Gehirn einer Leiche eingesetzt und damit die Leiche zum Leben wiedererweckt, allerdings in Form eines Monsters. In dem deutschen Spielfilm „Vernetzt – Johnny Mnemonic“ (Regie: Robert Longo) von 1995 geht es um einen implantierten Speicherchip im Gehirn, ähnlich wie in anderen Filmen, wie z. B. „Psych a Go-Go“ (1965, Regie: Al Adamson), „The Terminal Man“ (1974, Regie: Mike Hodges), „Hak Mau“ (AKA: Black Cat, Hongkong 1991; Regie: Stephen Shin) und „No Dead Heroes“ (1987, Regie: J. C. Miller).

Bis auf diese letzten Subgruppenbeispiele haben die beschriebenen Filmmotive alle damit zu tun, dass das Gehirn aus seinem natürlichen Sitz herausgelöst und in einen für ihn nicht typischen Ort verpflanzt wird – ob es nun das Glas, das Tier, ein anderer Mensch oder gar eine Maschine ist. Überall ist der eigentliche Topos gleich;

es geht um den Topos der Gehirntransplantation. Doch was lässt sich aus dieser groben Zusammenschau dieser Filmmotive herauslesen?

Synopsis

Das Gehirn, wie es in den verschiedenen Transplantation-Topoi filmisch aufgegriffen wird, fungiert in den allermeisten Fällen als „Speichermedium" für die Persönlichkeit des Gehirnträgers. Die jeweils spezifische Persönlichkeit ist im Gehirn so gespeichert, dass sie selbst bei einer Gehirnverpflanzung – zumindest weitgehend – mitübertragen und damit konserviert wird. Man könnte also – als grobe und simplifizierte – Zusammenfassung der Transplantationsmotive die Trägerschaft der Persönlichkeit als eine zentrale Eigenschaft des Gehirns im Film festhalten. Gerade das isolierte oder transplantierte Gehirn wird als Identitätsträger dargestellt, mit allen möglichen narrativen Möglichkeiten, die sich daraus ergeben, bis hin dazu, dass das wiederbelebte isolierte Gehirn die Charakterzüge des Verstorbenen bewahrt und auch in tierische oder künstliche Körper weiterträgt. Wenn die Persönlichkeit allein im Gehirn lokalisiert ist, wird der Körper zur reinen Hülle, zum bloßen Trägermedium für das Gehirn. Dementsprechend handeln die Filmgeschichten oft von den Konflikten, die sich ergeben, wenn eine alte Identität im Gehirn einen neuen Körper findet. Gleichzeitig handeln die Filme davon, dass der Akt der Gehirn- und damit der Identitätstransplantation als menschliche Hybris gesehen wird. Daher ist der Topos, dass das isolierte Gehirn Rache am meist wahnsinnigen Forscher nimmt, der am weitesten verbreitete, was letztlich als eine Allusion an den Frankenstein-Mythos gesehen werden kann (s. Tudor 1991; Frayling 2005).

Fazit

Wie wir eingangs sahen, stand für Aristoteles fest, dass das Herz das Zentralorgan des Menschen sei. Der Psychiater Thomas Fuchs hat in jüngeren Arbeiten die moderne Neurobiologie des „Cerebrozentrismus" bezichtigt, weil sie von Gehirnen als autochtone Entitäten spreche, ohne diese in ihrer Verbindung zum Körper zu erfassen (Fuchs 2006). Direkte Vorlagen für ein solches cerebrozentrisches Denken bietet die Filmgeschichte von ihren frühen Anfängen an zuhauf. Gewagt wäre es, hier eine Korrelation zu sehen. Gleichwohl verdeutlicht dies, dass die Vorstellung des Gehirns als eines Organs für sich, das das Wesentlichste des Menschen allein in sich trägt, offensichtlich eine so breit etablierte Annahme darstellt, dass sie sich als

Chiffre in vielen Filmen wiederfindet. In einer früheren Arbeit habe ich am Beispiel der Psychiatrie und auch am Beispiel der Neurologie zu verdeutlichen versucht, dass der Film dazu neigt, die breit etablierten Mythen einer Kultur aufzugreifen und zu verstärken (Maio 2001, 2004). Schaut man sich die gängigsten Gehirn-Motive im Film an, so wird man den Eindruck nicht los, dass uns auch hier die Filme mehr über unsere unterschwelligen Vorannahmen erzählen, als wir vielleicht wahrhaben wollen.

Literatur

Frayling C (2005). Mad, Bad and Dangerous? The Scientist and the cinema. London: Reaktion Books.

Fuchs T (2006). Kosmos im Kopf? Neurowissenschaften und Menschenbild. Z med Ethik; 52: 3–14

Maio G (2001). Die medialen Deutungsmuster von Krankheit und Medizin. Fortschr Neurol Psychiatrie; 69: 138–46.

Maio G (2004). Zum Bild der Psychiatrie im Film und dessen ethischen Implikationen. In: Gaebel W, Möller HJ, Rössler W (Hrsg). Stigma – Diskriminierung – Bewältigung. Der Umgang mit sozialer Ausgrenzung psychisch Kranker. Stuttgart: Kohlhammer; 99–121.

O'Neill RD (2006). Frankenstein to futurism. Representation of organ donation and transplantation in popular culture. Transplantation Rev; 20: 222–30.

Putnam H (1981). Reason, Truth and History. Cambridge: Cambridge University Press.

Schmidt K, Maio G, Wulff HJ (Hrsg) (2008). Schwierige Entscheidungen. Krankheit, Medizin und Ethik im Film. Frankfurt a. M.: Haag & Herchen.

Tudor A (1991). Monsters and Mad Scientists. Oxford: Blackwell.

Epilog

Auf einen Absacker mit Eckart von Hirschhausen

Liebe Leser,
wer es bis hierhin im Buch geschafft hat, mag sich die Frage stellen, was er mit der geballten Weisheit der Forscher nun für sein Leben anfangen kann. Schlauer ist man geworden, älter und vielleicht auch ein bisschen einsichtiger in die Möglichkeiten und Grenzen der Hirnforschung. Auf das vielschichtige Werk möchte ich mit Ihnen anstoßen und sozusagen als Absacker nur noch eine letzte Studie präsentieren. Sie stammt aus einem jungen Feld, das mit Gesellschaft und Politik, aber auch viel mit Gehirn und Wahrnehmung zu tun hat: die Politische Psychologie. Möge Sie Ihnen die Augen öffnen, solange Sie noch geradeaus schauen können.

Politische Einstellung zwischen Glück und Gluck – warum Alkohol konserviert

„Der Sozialist glaubt an den Fortschritt. Der Konservative glaubt an handgenähte Schuhe.“ (Harald Martenstein)
Die Welt ist ungerecht! Und eine der größten Ungerechtigkeiten: Linke sind überall auf der Welt schlechter gelaunt als Rechte. Vor allem, weil sie sich maßlos über Ungleichheit und ungerechte Verhältnisse grämen.
Der erste Hinweis kam bereits im Jahr 2006 ans Tageslicht, und zwar durch eine repräsentative Umfrage unter amerikanischen Bürgern. Danach bezeichneten sich 47 % aller Konservativen als „sehr glücklich“, während nur 28 % der Anhänger des linken Lagers diese rosige Selbsteinschätzung teilten. Und im Jahr 2008 wies der dänische Ökonom Christian Bjornskov nach, dass dieses Rechts-links-Glücksgefälle über alle Staatsgrenzen hinweg gilt. In der „World Value Survey“ wurden Angaben von 90 000 Testpersonen aus über 70 Ländern ausgewertet, darunter aus den USA, der Schweiz, aus Deutschland und Österreich. Und es gab keine Ausnahme: Je weiter links eine Person politisch steht, desto unglücklicher ist sie – und umgekehrt. Die Wahrnehmung von Ungleichheit macht Europäer übrigens noch unglücklicher als die Menschen in den USA – vermutlich, weil Amerikaner traditionell mehr darauf pochen, dass jeder es zu etwas bringen kann. Und man auf dem Weg vom Tellerwäscher zum Millionär nicht verlernt hat, sich auch an einer Spülmaschine zu freuen.
Sind Linke einfach unzufriedener, weil sie weniger verdienen, seltener heiraten und lieber auf die Straße als in die Kirche gehen? Konservative bejahen eher Aussagen

wie „Es ist gar nicht so ein großes Problem, wenn manche Leute etwas bessere Chancen im Leben haben als andere" oder „Diesem Land ginge es besser, wenn wir uns nicht ständig darüber sorgen würden, ob es Gleichheit zwischen den Menschen gibt". Auf gut Deutsch: Konservative finden den Status quo gut und wollen ungern an den Verhältnissen wackeln. Linke sind vor allem deshalb unglücklicher, weil sie viel stärker mit der Welt, wie sie ist, hadern und sie als unfair und ungerecht betrachten. Auch wenn man es der Toskana-Fraktion der SPD nicht automatisch an den Autos, den Wohnungen und den Anzügen ansieht: Innen drin leiden sie alle sehr!

Aber auch ihr Weltbild könnte durch eine neue Studie ins Wanken geraten. Denn dass eine entscheidende Variable für politische Überzeugungen die Blutalkoholkonzentration (BAK) sein könnte, darauf muss man erst mal kommen. Wer nüchtern noch die Welt verändern wollte und linke Positionen befürwortete, wird mit jedem Promille konservativer. Das ist keine Stammtischparole, sondern ein wissenschaftliches Ergebnis. Tatsächlich will das menschliche Gehirn unter Alkoholeinfluss alles Bestehende erhalten: S. Eidelman, Psychologe der University of Arkansas, und sein Kollege C. S. Crandall ließen 70 Kneipengänger in unterschiedlichen Graden der Trunkenheit ihre politischen Grundeinstellungen bekennen – und anschließend in einen Alkoholtester pusten (s. Abb. 1).

Ihr ernüchterndes Ergebnis: Wenn mit steigendem Alkoholgehalt das Denken langsamer und anstrengender wird, findet man die Welt, wie sie ist, immer besser. Die Überzeugungen werden praktisch automatisch konservativer. Gefragt wurde nicht nach der Vorliebe für eine konkrete Partei, sondern danach, ob man bestimmten Positionen zustimmt, etwa: „Wenn man versucht, Dinge zu ändern, wird es meistens schlimmer als vorher", „Die Welt ist geteilt in bessere und schlechtere Menschen" oder „Privatbesitz ist wichtig für eine starke Nation".

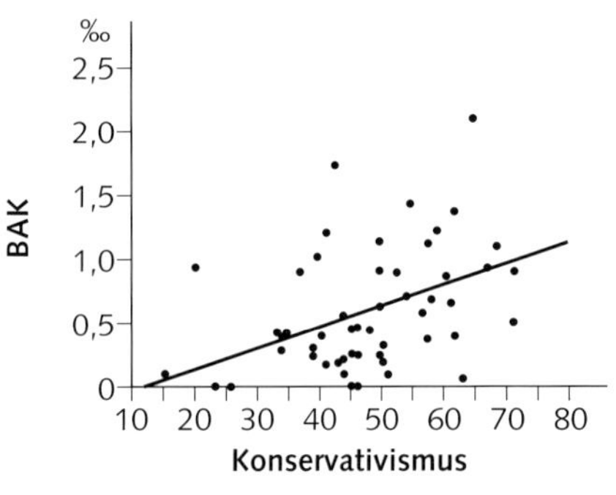

Abb. 1 Der Zusammenhang zwischen der Blutalkoholkonzentration (BAK) und Konservativismus (mod. nach Crandall u. Eidelman 2007[1])

Rechte unterscheiden sich von Linken bekanntermaßen durch ein höheres Bedürfnis nach klaren, einfachen und sicheren Antworten („cognitive closure"). Und Rechte haben weniger das Bedürfnis nach neuen Gedanken („need for cognition"), unabhängig von der Intelligenz. Der Bonner Psychologe Rolf Degen interpretiert die Ergebnisse so:

„Konservative akzeptieren den Status quo eher, weil das weniger Denken er-

1 Crandall CS, Eidelman S (2007). The psychological advantage of the status quo. Presented at 30th Annual Meeting International Society of Political Sciences. Portland, OR.

fordert, keine Veränderung verlangt und ein gutes Gefühl erzeugt. Und das ist genau der Zustand, in den uns der Alkohol versetzt."
Man kann sich also nicht nur die Umstehenden in der Kneipe, sondern auch die Umstände in der Gesellschaft schön trinken. Der Doyen der Politischen Psychologie John T. Jost, New York University, erklärt: „Es ist leichter, einen Linken konservativ handeln zu lassen als umgekehrt." Endlich ist es wissenschaftlich abgesichert: Alkohol konserviert.
Die Untersuchung wirft nicht nur ein neues Licht auf Politiker und Promille, auch auf Wahlen und Prozente. Wahlergebnisse schwanken mit dem Wähler, je nachdem, ob er erst ins Wahllokal geht oder erst ins Stammlokal. Sollte Allensbach zukünftig bei der Sonntagsfrage auch pusten lassen? Und gelten Angaben über der 5-Promille-Hürde?
Auf diese Erhebung müssen wir einen heben! Als Autor von „Die Leber wächst mit ihren Aufgaben" (Hirschhausen 2008[2]) erschreckt mich diese Studie. Lafontaine hat ja recht: „Das Herz schlägt links." Aber die Leber sitzt rechts! Wie schnell wird da aus einem „Spiegel-Trinker" ein „Focus-Leser"! Und wer hätte das gedacht: Grüne werden durch Rotwein nicht blau, sondern schwarz! Prost!
Zu guter Letzt möchte ich Sie teilhaben lassen an ein paar losen Assoziationen, die mir beim Lesen der Manuskripte kamen – und ich verrate nicht, in welchem Zustand …

Was einem so durch den Kopf schießen kann, wenn man das Buch liest …

Es gibt zwei Katastrophen im Leben eines Komikers. Die eine: wenn die Leute an einer dafür vorgesehenen Stelle nicht lachen. Und noch viel schlimmer: Sie lachen, und du weißt nicht, warum. Aber es gibt auch seltene Glücksfälle, z. B., wenn man sich eine witzige Metapher ausdenkt und sie danach plötzlich in der medizinischen Literatur findet: Das gibt es ja wirklich.
So geschah es mir mit zwei Ideen aus dem Epilog von „Braintertainment". Ich schrieb seinerzeit über die große Versuchung, aufleuchtende Zentren für entscheidend wichtig zu halten:
„Natürlich ist es schick, wenn man in bildgebenden Verfahren bestimmte Areale aufblinken sieht. Aber was sagt das wirklich? Wenn Sie nachts ein Foto von einer Stadt machen, leuchten auch manche Areale heller als andere. Was wissen Sie dann darüber, was hinter den leuchtenden Fenstern getan und gedacht wird? Und wahr-

2 Hirschhausen E v (2008). Die Leber wächst mit ihren Aufgaben. Kurioses aus der Medizin. Reinbek: Rowohlt.

scheinlich ist ja im Hirn die Hemmung und nicht die Erregung das wichtigste Prinzip. So wie bei einem Foto einer nächtlichen Stadt passieren womöglich die spannendsten Dinge hinter den Fenstern, die gerade nicht leuchten!" (Hirschhausen 2007, S. 202[3])

Seitdem hagelt es Arbeiten, die sich genau mit diesem Trugschluss beschäftigen, in diesem Buch zu finden beim Autorenduo Walter/Erk. Da darf man als Komiker ein bisschen stolz sein. Und Peter Ustinov zitieren: „Komik ist nur eine besondere Art, ernst zu sein."

Zum zweiten postulierte ich die Existenz eines eigenen Hirnteils:

„Ich glaube ja, es gibt auch bis heute noch Hirnteile zu entdecken. Zum Beispiel postuliere ich bei den Deutschen ein bis dato nicht beschriebenes Hirnanhangsgebilde neben dem Stirn- und den Seitenlappen: den Jammerlappen. Da kommen die negativen Gedanken her. Der wurde bisher nicht entdeckt, weil er nicht mit den anderen Regionen vernetzt ist. Der Jammerlappen hat zum Beispiel keinen Draht zum Sehnerv, trotzdem hat er immer immer alles kommen sehen. Er hat keine Verbindung zum Gedächtnis und ist sich dennoch sicher: ‚Früher war alles besser.'" (Hirschhausen 2007, S. 203)

Meine Sternstunde kam, als mir der Adler und Maulwurf der Neuro-Literatur, mein Freund der Wissenschaftsjournalist Rolf Degen schrieb: „Ich fass es nicht, die haben den Jammerlappen im Gehirn entdeckt. Er heißt Habenula lateralis, bremst den Dopamin-Ausstoß, geht an, wenn wir innerlich ‚Bringt nichts' sagen und ist bei Depressiven überaktiv!" Ich rief, mir über die historische Dimension dieses Augenblickes sehr wohl bewusst: *„Heureka, habemus habenula!* Lang lebe der Jammerlappen!"

Doch dann fiel mir die Schattenseite dieses Fundes wie eine Schuppentür vor den Kopf. Mein Lieblingsgag stimmt jetzt nicht mehr. Den Jammerlappen haben nicht nur Deutsche, auch Ratten. Ach, wäre er doch nie entdeckt worden ...

Die eigentliche Tragik der menschlichen Existenz ist in seinem Bauplan integriert: Das Belohnungssystem ist gar keins! Eigentlich ist es nur ein Gier-System, das uns vorgaukelt, glücklicher zu sein, wenn wir erst XY hätten. Haben wir aber XY, flüstert es sofort: Du hast aber noch nicht Z. Und dann geht es von vorne los. Endlos. Suche und Sucht werden getrieben durch falsche Erwartungen an das, was uns glücklich machen soll (miswanting). Das Gras ist grüner auf der anderen Seite. Was auch stimmt, denn vor lauter Gier auf das Gras des Nachbarn haben wir vergessen, die eigene Wiese zu gießen.

Miss Wanting ist die grausamste Geliebte unseres Hirns, die effektivste Gegenspielerin des Glücks. Aber immerhin hält uns Dopa wach und neugierig und am Dazulernen. In diesem Buch sind wieder viele schöne Anregungen enthalten, die mittelbar mit unserem Alltag zu tun haben.

3 Hirschhausen E v (2007). Ein Epilog. In: Braintertainment. Expeditionen in die Welt von Geist und Gehirn. Stuttgart, New York: Schattauer; 196–212.

Warum leuchtet bei Männern der Nucleus accumbens beim Anblick von Sportwagen? Weil Männer wissen, wie die Augen einer Frau leuchten können, wenn sie ihn im Sportwagen an der Ampel entdeckt (s. den Beitrag von Johann Caspar Rüegg und Wulf Bertram). Schade nur, dass er nur so kurz was davon hat. Denn wenn man schon so viel PS hat, kann man ja nicht damit einfach neben ihr vor der Ampel stehen bleiben, wenn sie auf Grün schaltet. Männern ist es nachweislich übrigens ziemlich egal, was für ein Auto eine Frau fährt. Während Frauen Männer in einem teuren Auto als attraktiver einstufen als in einem Fiat Panda, lässt sich ein Mann von der Karosserie um die Frau nicht in seiner Einschätzung ablenken. Da sage noch einer, Männer seien oberflächlich!
Aber wenn der Mann dann alleine im Flitzer sitzt, hat er wirklich daran mehr Spaß? Auch das wurde schon untersucht. Das beruhigende Fazit: Im Rennwagen fühlt man sich kein Stück besser. Aber im Stau zu stehen ist mit einem schnellen Auto noch viel peinigender als in einem, bei dem die Differenz zur Maximalgeschwindigkeit minimal ist. Wer jemals mit einer Citroën-Ente mit offenem Fenster 80 km/h bergab erreicht hat, weiß, dass dieses Fahrgefühl viel wilder ist als mit einem BMW bei 280 km/h.
Und warum sammeln dann richtig reiche alte Säcke Oldtimer? Weil das ihre einzige Chance ist, neben dem Auto vergleichsweise jung auszusehen. Autos sind und bleiben Phallussymbole. Kein Wunder, dass sich der Smart so schlecht verkauft. Welcher Mann möchte ein Phallussymbol, das auch quer in die Lücke passt?
Damit sind wir schon beim nächsten Artikel: „Die antiken Hauptdarsteller der Hirnforschung“ von Axel Karenberg. Besonders ansprechend ist die Idee von Erasistratos: je größer das Kleinhirn, umso schneller. Das erklärt endlich das fliehende Kinn von Michael Schumacher: Der Unterkiefer wird von einem hypertrophierten Cerebellum nach vorne geschoben.
Im Text von Anna Buchheim und Wulf Bertram findet sich die Idee, dass Rättinnen, die viel geleckt wurden, bessere Mütter wurden. Was tut man nicht alles für die Wissenschaft!
Der therapeutische Einsatz von Spiegelneuronen ist auch noch lange nicht ausgeschöpft (s. den Beitrag von Vittorio Gallese und Giovanni Buccino). Denn so sehr wir Mitgefühl mit anderen brauchen – ein einfacher Spiegel hilft uns, auch ein bisschen empathischer mit uns selbst zu werden. So konnte gezeigt werden, dass ein Spiegel in der Küche Diätwillige wirksam davon abhält, sich „ungesehen“ etwas aus dem Kühlschrank einzuschmeißen. Ebenso werden Menschen ehrlicher, wenn sie sich beim Herausnehmen einer Zeitung aus einem unbewachten Verkaufsständer durch einen Spiegel selbst ins Gesicht schauen müssen. Dann sind wir offensichtlich sehr viel gehemmter, andere zu betrügen. Und uns auch. Intuitiv ist das wohl vielen klar gewesen: Der einzige Ort in der Wohnung, wo es keine Spiegel gibt, ist die Küche! Hätten wir dort einen, bräuchten wir den im Bad nicht mehr.
Und was sagt uns der Text von Rafaela von Bredow? Männer und Frauen sind gleich. Wenn das Mario Barth erfährt!

Etwas beängstigend ist die Vision von Andreas Bartels, dass man Treue per genetischem Transfer auf ein fremdes Tier übertragen kann. Da bekommt das Wort „Fremd-Gen" eine neue Bedeutung! Schönheit liegt nicht nur im Auge des Betrachters, sondern in der Symmetrie der Betrachteten.
Bei der Recherche für „Glück kommt selten allein" stieß ich auf eine tröstliche Idee, dass Schönheit traurig macht, man also nicht so traurig sein muss, wenn man nicht so schön ist. Aber eins nach dem anderen. Eine halbe Million Deutsche lassen sich jedes Jahr verschönern – rein rechnerisch wären also in 160 Jahren alle Deutschen schön. Aber dann kannste ja gleich wieder von vorne anfangen. Allein deshalb ist das schon Quatsch. Ein paar Assoziationen zum Schönheitskult:
Lieber Leser, Hand aufs Herz, wer hat nicht schon mal daran gedacht, sich operieren zu lassen. Oder wenigstens daran, seinen Partner operieren zu lassen? In China werden Frauen die Beine mit Absicht gebrochen, damit sie beim Zusammenwachsen länger werden. Da bekommt der Knochen einen Brechreiz – und ich auch. Das kommt von diesem verdammten Fotoshop, wo den Models die Beine per Mausklick verlängert werden. Ich finde, Beine haben genau dann die richtige Länge, wenn man mit beiden auf den Boden kommt! Und da sollte man auch bleiben. Und in England heißt der Trend: die Denker-Stirn mit Implantat. Nennen Sie mich altmodisch – aber ich denke immer noch lieber mit Synapsen statt mit Silikon.
Eine Million Botox-Behandlungen gab es im letzten Jahr in Deutschland, mit ca. 300 Euro pro Sitzung ein schöner Markt. Und zweistelligen Zuwachsraten. Oder muss man da von Zulähmungsraten sprechen? In den USA hat Botox bereits dazu geführt, dass Schauspieler im Ausland gesucht werden – weil die noch dazu in der Lage sind, Gefühle darzustellen. Wenn die gestrafften US-Gesichter Wut spielen sollen, können sie nur noch mit den Nasenflügeln wedeln.
Kennen Sie jemanden, der rundum mit seinem Äußeren zufrieden ist? Lohnt sich schön sein überhaupt? Schöne Menschen werden bewundert und beneidet. Ist es Schönheit, die uns Glück bringt? Ein attraktives Äußeres ist eine Gabe der Natur, die es den Gesegneten im Leben erst einmal leichter macht: Sie werden im Alltag, in der Schule, im Beruf und sogar vor Gericht bevorzugt behandelt. Aber Schönheit hat auch hässliche Seiten. Denn gutes Aussehen ist – wie alles Körperliche – vergänglich.
Wie sehr dieser Schönheitsschwund an den Betroffenen nagt, hat das Team um die Psychologin Ellen Berscheid von der University of Minnesota mit 240 Männern und Frauen in ihren späten Vierzigern und frühen Fünfzigern gezeigt. Die Forscher ließen Fotos aus der Studienzeit von unabhängigen Juroren in Bezug auf Attraktivität bewerten. Fazit: Die Frauen, die in ihren frühen Zwanzigern blendend aussahen, waren mittlerweile weniger glücklich und psychologisch schlechter angepasst als die ehemaligen grauen Mäuse. Sie waren unzufriedener mit ihrer Ehe und ihrem Leben an sich und litten unter einem verringerten Selbstwertgefühl. Den männlichen Prachtexemplaren blieb dieses Schicksal erspart. Die lassen gleich ab der Pubertät nach. Das weibliche Geschlecht wird mehr über sein gutes Aussehen definiert – und tut das offenbar auch selbst. Das heißt aber auch, dass der Verlust

körperlicher Vorzüge Frauen mehr Kummer macht. Dazu passt das Ergebnis mehrerer internationaler Befragungen: Unter 45 Jahren sind Frauen glücklicher als Männer, während sie im höheren Alter – wenn die Makellosigkeit schwindet – weniger Freude am Leben haben.
Germany's next Topmodels sind also Deutschlands übernächste Depressive. Egal, ob Neid oder Bewunderung – der Blick auf die Schönheitsköniginnen ist häufig durch Illusionen, Wunschdenken und Fehleinschätzungen verblendet. Ein bisschen Mitleid ob ihres Risikos, im Leben eher falsche Wahlen zu treffen, die Gefühle anderer abkühlen zu sehen und selbst ästhetisch abzubauen, ist angebracht. Und jetzt – alle mal in den Spiegel schauen und dankbar sein, dass Sie so aussehen, wie Sie sind!

> Eine Frau dachte, ihr Unglück hinge an ihrer krummen Nase, und ließ sich diese begradigen. Während der Narkose ein höchst seltener Zwischenfall – sie ist klinisch tot, tritt vor ihren Schöpfer und fängt sofort an zu meckern:
> „Warum muss ich sterben? Ich bin erst 20! Wollte mir doch nur die Nase gerade machen lassen!"
> Gott sagt: „Ich weiß. Und ich dachte, wenn es dir eh nur um äußere Schönheit geht, erspar ich dir die Erkenntnis, dass die nicht von Dauer sein kann."
> „Darüber hab ich nie nachgedacht."
> „Das weiß ich auch. Aber wenn es dir ernst ist, bekommst du nochmal 50 Jahre!"
> Die Ärzte hatten die ganze Zeit reanimiert. Die Frau kommt wieder zu sich. Lebt. Denkt: Super, jetzt lohnt es sich ja erst recht, mich operieren zu lassen. Verschuldet sich. Das ganze Paket: Bauch, Beine, Po. Drei Wochen später kommt sie endlich aus der Klinik, geht über die Straße und wird ZACK – vom Laster überfahren.
> Kaum wieder im Himmel, meckert sie gleich los: „Hey, Gott, Du hast gesagt, ich leb noch 50 Jahre!"
> Gott schaut sie lange an: „Tut mir leid – ich hab dich nicht erkannt!"

Apropos: Der tragische Tod von Michael Jackson ist wirklich kein Ruhmesblatt für die ärztliche Zunft: Narkotika als Schlafmittel, plastische Operationen, die aus einem schönen schwarzen Mann eine hässliche weiße Frau gemacht haben, und am Ende noch eine wortwörliche private Liquidation. Das einzig Tröstliche: So etwas kann einem in Deutschland nicht passieren. Zumindest nicht als Kassenpatient.
Texte von Manfred Spitzer zu lesen ist wirklich immer ein Genuss. Und die zitierte Studie von Kathleen Vohs über das bewusstseinsveränderte Betrachten von Geldscheinen hat aktuell eine Fortsetzung gefunden. Noch stärker wirkt, das Geld zu zählen. Das macht zwar egoistisch, aber glücklich, denn es „immunisiert" vor sozialer Zurückweisung. Vohs sagte im Interview, dass Männer doch ihr Geld zählen sollten, bevor sie eine Frau ansprechen, weil sie dann selbstbewusster auftreten würden. Liebe Frau Vohs, warum denn vorher? Währenddessen!
Das erinnert mich an die italienische Macho-Art, für jeden Espresso, der zu bezahlen ist, die ganze fette Geldklammer aus der Brusttasche zu ziehen. Ich glaube, in

dieser Studie steckt viel therapeutisches Potenzial. Depression ist übrigens besonders häufig in Ländern, in denen mit Karte bezahlt wird!

Auch mit Bezug auf die aktuelle Finanzkrise ist die Studie interessant. Denn es muss ja nicht das eigene Geld sein, das gezählt wird. Und Finanzminister bekommen das Kunststück hin, sich vor sozialer Zurückweisung zu schützen, indem sie Geld ausgeben, was ihnen nicht nur nicht gehört – es ist noch nicht mal gedruckt!

Michael Wiegand entzaubert den Traum. Zu Recht: Wie oft habe ich in so genannten Selbsthilfebüchern gelesen: „Verwirkliche deine Träume". Ich habe daraufhin eine Weile auf meine Träume geachtet und bin heilfroh, dass sich die meisten nicht verwirklichen.

Dieter Vaitl schreibt über Ekel-Lust und erinnert mich an den berühmten Kaffee, der aus Bohnen hergestellt wird, die erst durch den Verdauungskanal der Zibet-Katze geschleust wurden. Ich hab mich immer gefragt: Wer hat als Erster rausgefunden, dass das schmeckt? Und was hatte er eigentlich vor?

Wulf Bertram und die Neurogastronomie: Geschmacksverstärker ist in Babynahrung verboten, kurioserweise enthält aber Muttermilch zigfach mehr Glutamat als Kuhmilch. Die Natur ist schon sehr weitsichtig. Nicht nur gegen Krankheitserreger immunisiert Muttermilch, nein: gleich auch gegen Chinarestaurants.

Stephan Schleim und das Gedankenlesen. Menschliche Kommunikation und insbesondere Komplimente beruhen zu einem großen Teil darauf, anderen das zu sagen, was sie gerne hören wollen. Und wenn Ihnen mal nichts Charmantes einfällt, sagen Sie doch einfach: „Ach, Sie sind der Typ, der viel zu intelligent ist, um auf Komplimente hereinzufallen." Darauf fällt jeder rein.

Günter Schiepek gibt zu, dass die verschiedenen Therapieformen gleich wirksam sind, auch wenn sie selten gleich wirken. Meistens erst später. Oder gar nicht. Besonders beruhigend: Laien sind genauso gut wie Leute, die eine lange Ausbildung zum Psychotherapeuten auf sich geladen haben. Immerhin macht die Ausbildung einen nicht schlechter!

Josef Aldenhoff zeigt: Teure Plazebos sind wirksamer als billige. Na also: Verbietet Doc Morris – die gefährden mit ihren niedrigen Preisen wirklich das Gesundheitssystem! Was nix kostet, is auch nix – selbst wenn nix drin ist!

Vince Ebert, einer der ganz Großen des deutschen Wissenschaftskabaretts. Und ob es Gott gibt oder nicht, lieber Vince, darüber streiten wir uns noch im nächsten Leben! Christ sein hat durchaus Vorteile: Welche Feiertage gäbe es denn in einem atheistischen Staat? Den 1. April?

Michael Pauen fragt: Haben wir einen freien Willen? Ich darf dazu nichts sagen. Aber ich weiß nicht, wer mir das verbietet! Das kommt von ganz unten!

Zu Joram Ronel und dem Beitrag über animalischen Magnetismus fällt mir wieder nur ein dummer Witz ein:

> Sagt die Magnetin zum Magneten: „Du, ich hab nichts anzuziehen!"

Sehr schön sind auch die abschließenden Beiträge über das Hirn in Bildender Kunst, Dichtung und Film von Hans-Otto Thomashoff, Daniel Schäfer und Giovanni Maio. Sie können aber auch nicht erklären, warum so viele sich ständig fragen: Warum bin ich nicht ganz dicht und immer im falschen Film?

In dem sehr gelungenen Film „Auf der Suche nach dem Gedächtnis“ über Eric Kandel gibt es eine Szene, in der er sein Erfolgsgeheimnis verrät, also das, was ihn zu einem der wichtigsten Neurowissenschaftler und Nobelpreisträger gemacht hat. Viele Kinder werden gefragt, wenn sie aus der Schule kommen: „Hast du heute etwas Schlaues gelernt?“ Kandel wurde stattdessen gefragt: „Hast du heute was Schlaues gefragt?“

In diesem Sinn: Buch zu und hoffentlich viele Fragen offen,

Ihr
Eckart von Hirschhausen

Autorenverzeichnis

Josef B. Aldenhoff Prof. Dr. med., geboren in Dresden, wollte nach seiner Doktorarbeit eigentlich Chirurg werden, fand sich aber schließlich in der Psychiatrie wieder. Klinisch-psychiatrische Ausbildung am Max-Planck-Institut für Psychiatrie in München, danach zunächst eine Zeit lang patientenferne Labortätigkeit mit Schwerpunkt auf neuropharmakologischen Fragestellungen. Die Klinik holte ihn zunächst als Oberarzt im Bezirkskrankenhaus Kaufbeuren wieder ein, danach war er Oberarzt an der Psychiatrischen Universitätsklinik Mainz. Nach einer C3-Professur am Zentralinstitut für seelische Gesundheit in Mannheim ist er seit 1995 Ordinarius für Psychiatrie an der Christian-Albrecht-Universität Kiel, seit 2004 zusätzlich medizinischer Geschäftsführer des Zentrums für integrative Psychiatrie. Zentrales Interessengebiet: neurobiologische Grundlagen seelischer Störungen und Wirkungsmechanismen von Psychotherapie.

j.aldenhoff@zip-kiel.de

Andreas Bartels PhD, geboren in Zürich, studierte Biologie und schrieb seine Diplomarbeit in kalifornischer Sonne am Salk Institut in San Diego, wo er die Biophysik von Hirnzellen am Computer simulierte – es ging um die Pünktlichkeit der Stromimpulse und wie diese durch hirneigene Drogen beeinflusst werden. Am University College in London promovierte er über das visuelle System im Menschen, wo er auch neue Ansätze der bildgebenden fMRT-Datenanalyse entwickelte, insbesondere um Hirnareale anhand ihrer unterschiedlichen Aktivitätszeitverläufe identifizieren zu können. Gemeinsam mit Semir Zeki sorgte er mit zwei viel zitierten Arbeiten über die Hirnkorrelate mütterlicher und romantischer Liebe für Aufsehen. Nach einem weiteren Forschungsaufenthalt in San Diego untersucht er die Verknüpfung von Hirnarealen und die Verarbeitung von Farben, Gesichtern und Bewegung im menschlichen Gehirn am Max-Planck-Institut in Tübingen. Er leitet nun eine Forschungsgruppe am neu gegründeten Centrum für Integrative Neurowissenschaften in Tübingen.

andreas.bartels@tuebingen.mpg.de

Wulf Bertram Dipl.-Psych. Dr. med., geboren in Soest/Westfalen, Studium der Soziologie, Psychologie und Medizin in Hamburg, danach zunächst Klinischer Psychologe im Universitätskrankenhaus Hamburg-Eppendorf. Nach medizinischem Staatsexamen und Promotion arbeitete er ein Jahr als Assistenzarzt in einem psychiatrischen Dienst in der Toskana, wo er im Rahmen eines Forschungsstipendiums die Auswirkungen der italienischen Psychiatriereform auf die Angehörigen der Patienten untersuchte. Seine psychiatrische Ausbildung setzte er im Bezirkskrankenhaus Kaufbeuren fort, 1985 verließ er die Klinik, um in einem Münchner medizinischen Fachverlag neue Studentenlehrbücher zu entwickeln, seit 1988 ist er wissenschaftlicher Leiter des Schattauer Verlages in Stuttgart, ab 1992 dessen verlegerischer Geschäftsführer. Als ausgebildeter Psychotherapeut arbeitet er neben seiner Verlagstätigkeit weiterhin als Psychotherapeut und Coach in eigener Praxis. Er gründete mit Manfred Spitzer und Joram Ronel (s. d.) das Jazz-Trio „Braintertainers" und spielt darin Saxophon und Klarinette.

Wulf.Bertram@Schattauer.de

Rafaela von Bredow Dipl.-Biol., geboren in Saarbrücken. 1988 bis 1994 Studium der Biologie an der FU Berlin, anschließend lernte sie das journalistische Handwerk an der Henri-Nannen-Schule in Hamburg. Es folgten anderthalb Jahre als Wissenschaftsredakteurin bei GEO. Mit einer Titelgeschichte über Homöopathie gewann sie den Carl-Sagan-Journalistenpreis des deutschen Ablegers der „Skeptiker" (GwUP). 1998 ging sie für den SPIEGEL nach San Francisco: Als US-Wirtschafts- und Wissenschaftskorrespondentin beschrieb sie die DotCom-Ökonomie und die großen Entwicklungen in der amerikanischen Forschung. Nach drei Jahren USA kehrte sie zurück und berichtete von Berlin und Hamburg aus über Evolution, Genetik, Hirnforschung, Ökologie und Verhaltensbiologie. Für die Titelgeschichte „Marktplatz der Natur" erhielten sie und ihre Co-Autoren 2008 den Europa-Preis der Nachrichtenagentur Reuters und der Weltnaturschutzunion IUCN für herausragende Umweltberichterstattung. Im selben Jahr übernahm sie die stellvertretende Leitung der Politikredaktion beim SPIEGEL in Hamburg, ein Jahr darauf wechselte sie – in gleicher Funktion – ins Deutschland-Ressort.

rafaela_bredow@spiegel.de

Giovanni Buccino Prof. Dr. med., geboren in Rotello/Molise, studierte Medizin in an der Università degli Studi di Parma, absolvierte dort sein medizinisches Staatsexamen (Laurea) in Medizin und Chirurgie und erhielt ein neurowissenschaftliches Forschungsdoktorat im Rahmen seiner neurologischen Facharztweiterbildung. Nachdem er sich mehrere Jahre wissenschaftlich mit dem Thema Schlaganfall beschäftigt hatte, widmete er sich der Erforschung des allgemeinen motorischen Systems beim Menschen. Sein Interesse gilt vor allem der Organisation des Spiegelneuronensystems und seiner Bedeutung für Handlungsverständnis, Imitation, Sprache und soziale Beziehungen. Er ist Mitglied der Italienischen Gesellschaft für Neurologie und seit 2009 Dozent der Physiologie an der Medizinischen und Chirurgischen Fakultät der Università Magna Grecia in Catanzaro/Kalabrien und an der Psychologischen Fakultät der Universität S. Raffaele in Mailand. Von 1997 bis 2000 arbeitete er in Deutschland in einem Forschungsprojekt der Heinrich-Heine-Universität Düsseldorf und am Forschungszentrum Jülich. Giovanni Buccino publizierte über 50 wissenschaftliche Arbeiten. In seiner Freizeit ist er ein passionierter Koch, seine Vorliebe gilt (natürlich!) der italienischen Kochkunst.

buccino@unicz.it

Anna Buchheim Prof. Dr. biol. hum., geboren in Münster/Westfalen, Studium der Soziologie 1987–1988 an der LMU München, Psychologie-Studium an der Universität Regensburg von 1988–1994 mit dem Schwerpunkt Klinische Psychologie. Von 1994–2008 wissenschaftliche Mitarbeiterin in der Abteilung für Psychotherapie und Psychosomatische Medizin an der Universität Ulm, dort promovierte sie 2000 und habilitierte sich 2008 für Psychosomatische Medizin, Psychotherapie und Medizinische Psychologie mit einer Arbeit über klinische Bindungsforschung. Im März 2008 erhielt sie einen Ruf auf eine Professur für Klinische Psychologie an die Universität Innsbruck. Anna Buchheim ist als psychologische Psychotherapeutin approbiert und Mitglied der Deutschen Psychoanalytischen Vereinigung. Mehrere Auszeichnungen und Preise (u.a Forschungspreis der Deutschen Gesellschaft für Psychiatrie, Psychotherapie und Nervenheilkunde, Fellowship am Hanse-Wissenschaftskolleg bei Professor Gerhard Roth). Sie hat sich in mehreren Büchern und zahlreichen internationalen Zeitschriftenpublikationen vor allem mit den Themen Bindungsforschung, Borderline-Persönlichkeitsstörung und Bildgebung beschäftigt.

www.uibk.ac.at

Vince Ebert Dipl.-Phys., geboren in Amorbach, studierte Physik in Würzburg. Seine Diplomarbeit mit dem Titel „Infrarot- und Raman-spektroskopische Untersuchungen von ferroelektrischen Phasenübergängen an Betain-Mischkristallen" schlug in der wissenschaftlichen Welt ein wie eine Bombe und bewegt heute noch weltweit etwa 15 Fachleute. Nach seinem Studium arbeitete er zunächst in einer Unternehmensberatung. Sein damaliger Chef überzeugte ihn mit dem Argument: „Als Physiker verstehen Sie zwar genauso wenig von Beratung wie ein BWLer auch, dafür aber in der Hälfte der Zeit." Nach drei Jahren Beratung kündigte er frustriert und begann 1998 seine Karriere als Kabarettist. Er ist bekannt aus mehreren TV-Sendungen, sein Anliegen ist die Vermittlung wissenschaftlicher Zusammenhänge mit den Gesetzen des Humors. Mit seinem Programm „Physik ist sexy" (2004) machte er sich einen Namen als Wissenschaftskabarettist. Gegenwärtig ist Vince Ebert mit seinem Programm „Denken lohnt sich" auf Tour, im Oktober 2008 erschien sein erstes Buch „Denken Sie selbst! Sonst tun es andere für Sie".

info@vince-ebert.de

Susanne Erk PD Dr. med., geboren in Köln, Studium der Medizin in Köln und Bern. Promotion 1998 zum Thema Emotionen in historischen Konzepten der Psychopathie. Von 1999–2005 wissenschaftliche Mitarbeiterin in der Abteilung Psychiatrie III der Universität Ulm, wo sie begann, mithilfe funktionell bildgebender Methoden die neuronalen Grundlagen emotionaler Prozesse zu erforschen. Von 2005 bis 2006 wissenschaftliche Mitarbeiterin in der Psychiatrischen Klinik der Universität Frankfurt im Labor für Neurophysiologie und Neuroimaging sowie dem Brain Imaging Center Frankfurt. Seit 2006 Forschungsgruppenleiterin der Abteilung Medizinische Psychologie der Universität Bonn. Weiterführung der Forschungsarbeit zur Interaktion von Emotion und Kognition, speziell Gedächtnisprozessen und Emotionsregulation bei Gesunden und psychiatrischen Patienten. Aktuelle Forschungsschwerpunkte beinhalten darüber hinaus Studien zu Imaging Genetics von Gedächtnis und Furchtkonditionierung sowie die Erforschung von Gedächtnis und Emotion im Alter. 2008 Habilitation für das Fach Medizinische Psychologie und Kognitive Neurowissenschaften zum Thema „Erinnern mit Gefühl – Zur Interaktion von Emotion und Kognition".

serk@uni-bonn.de

Gregory J. Gage BS, ME, wurde in Amerika geboren und promoviert zurzeit im Rahmen des Biomedizintechnik-Programmes an der University of Michigan. Nach bestandenem Vordiplom in Elektrotechnik auf der Michigan State University arbeitete er viele Jahre als Ingenieur sowohl im Norden der südlichen Vereinigten Staaten als auch in Südeuropa. Seinen Neigungen folgend entschied er, dass seine wahre Berufung die wissenschaftliche Forschung sei und immatrikulierte sich an der University of Michigan, wo er sich auf Neuroengineering und Neurowissenschaften spezialisierte. Seine Forschungen konzentrieren sich auf die Mikro-Schaltkreise, die Entscheidungsprozessen zugrunde liegen. Mit den Techniken der Elektrophysiologie zeichnet er unter anderem die Neuronentätigkeit in Rattengehirnen auf, wenn sie Aufgaben lösen, um an Futter heranzukommen. Während seines Hauptstudiums ging Gage eine Geschäftspartnerschaft mit seinem Laborkollegen, Freund und Co-Autor Tim Marzullo ein und gründete mit ihm die Firma „Backyard Brains". Sie stellt preiswerte Aufzeichnungs-Geräte für Amateur-Wissenschaftler her und Apparate, um die Gehirnsignale lebender Insekten hören, sehen und mit ihnen interagieren zu können. In seiner Freizeit spielt er Klavier, repariert Beschädigtes und verfolgt gespannt, wie es um seine heiß geliebte Detroit-Tigers-Baseball-Mannschaft steht.

gagegreg@umich.edu

Vittorio Gallese Prof. Dr. med., geboren und aufgewachsen in Parma, wo er 1978 auch das Studium der Medizin begann. Bereits während des Studiums beteiligte er sich an den experimentellen neurologischen Forschungsprojekten des Physiologischen Instituts (Leitung Prof. Giacomo Rizzolatti) und arbeitete sich in die Techniken des operanten Konditionierens und der intrakortikalen Mikrostimulation ein. 1983 erhielt er ein Stipendium der IFMS für einen Aufenthalt an der Neurologischen Universitätsklinik Helsinki. 1984 schloss er das Medizinstudium mit einer Arbeit über Aufmerksamkeiststörungen nach Frontalhirnläsionen beim Affen ab. 1988 Lions-Club-Stipendium für einen Aufenthalt an der Universität Lausanne und Abschluss der Facharztausbildung an der Neurologischen Universitätsklinik Parma mit einer Dissertation über die intrakortikale Mikrostimulation bei einer Halbaffenart. Es folgten Studien- und Forschungsaufenthalte in Japan (1992–94). Seit 1994 ist er Mitglied des Forschungsteams am Physiologischen Institut der Universität Parma, seit 2000 apl. Professor. 2002 Fellowship am Institute for Cognitive and Brain Sciences der Universität Berkeley, seit 2006 ordentlicher Professor am Physiologischen Institut der Universität Parma. Er publizierte mehrere Bücher und ca. 150 Arbeiten in nationalen und internationalen Zeitschriften.

vittorio.gallese@unipr.it

Eckart von Hirschhausen Dr. med., geboren in Frankfurt, studierte Medizin in Berlin, Heidelberg und London sowie Wissenschaftsjournalismus. Seit über fünfzehn Jahren ist er als Kabarettist, Moderator und Autor in den Medien und auf allen großen Bühnen Deutschlands präsent. Sein Markenzeichen: intelligenter Witz mit nachhaltigen Botschaften, gesundes Lachen mit Niveau. Hirschhausen ist einer der populärsten Kabarettisten Deutschlands; sein Programm „Glücksbringer" haben über 500 000 Zuschauer live erlebt. Sein Buch „Die Leber wächst mit ihren Aufgaben" wurde zum erfolgreichsten Sachbuch 2008. Auch sein neuestes Werk „Glück kommt selten allein" steht seit Erscheinen auf Platz 1 der Bestsellerliste. Eckart von Hirschhausen wurde vielfach ausgezeichnet – zuletzt mit der Goldenen Schallplatte für die CD zum Erfolgsprogramm „Glücksbringer" und der Goldenen Feder für seine besondere Präsenz in den Medien. 2008 gründete er seine eigene Stiftung HUMOR HILFT HEILEN und sammelt unermüdlich Spenden, um das therapeutische Lachen in Medizin und Öffentlichkeit zu fördern und Clowns in Krankenhäuser zu bringen. Mehr über Eckart von Hirschhausen findet sich unter: www.hirschhausen.com und www.humorhilftheilen.de

Axel Karenberg Prof. Dr. med., geboren in Frankfurt/Main, studierte Medizin und Psychologie, dabei verdichteten sich seine frankophilen Neigungen, die Leidenschaft für klassische Musik und sein Interesse an psychiatrischen Fragen zu einer Dissertation über Fréderic Chopin (ausgezeichnet mit dem Hochhaus-Preis). Nach der Weiterbildung zum Nervenarzt, der Assistentenzeit am Institut für Geschichte der Medizin in Köln und einem zweijährigen Forschungsaufenthalt in Los Angeles habilitierte er sich und wurde 2000 zum apl. Professor der Universität zu Köln, daneben zum „professeur titulaire" an der Université de Luxembourg ernannt. Im Zentrum seines Forschungsinteresses stehen die Geschichte der klinischen Neurologie und einzelner Krankheiten mit einem besonderen Augenmerk auf dem Versuch der Hirnforschung, die Deutungshoheit über Denken, Fühlen und Handeln zu erreichen. Karenberg ist Verfasser zahlreicher Bücher und Zeitschriftenbeiträge, bekannt wurde er mit seinem Buch „Amor, Äskulap und Co" und einem ebenso vergnüglichen wie instruktiven Lehrbuch der medizinischen Fachsprache.

ajg02@uni-koeln.de

Giovanni Maio Prof. Dr. med., absolvierte Studien der Philosophie und Medizin in Freiburg i. Br., Straßburg und Hagen. Zunächst fünfjährige klinisch-internistische Tätigkeit am Klinikum Donaueschingen, darauf folgte eine wissenschaftliche Assistentenzeit in Aachen und Lübeck mit Habilitation an der Universität zu Lübeck. Von 2001–2004 Leiter des Arbeitsbereichs Forschung am Zentrum für Ethik und Recht in der Medizin der Universität Freiburg. 2002 Berufung in die zentrale Ethik-Kommission für Stammzellenforschung durch die Bundesregierung. 2004 Ruf auf die Universitätsprofessur für Bioethik an der Albert-Ludwigs-Universität Freiburg. Danach erhielt er weitere Berufungen auf Lehrstühle in Bochum, Aachen und Zürich, die er nicht annahm. Maio leitete die Initiative zur Gründung eines interfakultär ausgerichteten Ethik-Zentrums der gesamten Universität; seit Dezember 2005 Geschäftsführender Direktor des Interdisziplinären Ethik-Zentrums. Seit April 2006 Direktor des Instituts für Ethik und Geschichte der Medizin in Freiburg; seit 2006 Mitglied der Ethikkommission der Landesärztekammer. Seit 2007 berufenes Mitglied des Ausschusses für ethische und medizinisch-juristische Grundsatzfragen der Bundesärztekammer. Seit Jahren beschäftigt sich Maio mit dem Niederschlag medizinethischer Themen in der Kultur, vor allem im Film (hier besonders mit der Darstellung psychischer Krankheiten) und in der Literatur. Er versucht, aktuelle medizinethische Themen wissenschaftlich in den größeren Horizont der Kultur einzubetten.

maio@ethik.uni-freiburg.de

Timothy C. Marzullo PhD, geboren in Ohio, USA. Sein Interesse an der Biologie entwickelte sich, weil er sich als Jugendlicher wegen rezidivierender Ohrinfektionen häufig in Krankenhäusern aufhalten musste. 2001 erhielt er seinen Bachelor of Science in Biochemie an der University of Texas in Austin, kehrte dann in den Mittelwesten zurück, um dort 2008 in Neurowissenschaften zu promovieren. Während seines Hauptstudiums, in dem er sich mit dem Neokortex von Ratten beschäftigte, schrieb er regelmäßig satirische Artikel, um etwas Abwechslung in die Neurowissenschaft zu bringen. Anfang 2009 war Tim Marzullo Mitgründer von „Backyard Brains“, eine Firma, die dem allgemeinen Publikum neurowissenschaftliche Kenntnisse besser zugänglich machen will und dazu preisgünstige Werkzeuge für Experimente mit dem Nervensystem von gemeinen Insekten produziert. Tim Marzullo ulkt gerne, dass es sein Lebensziel sei, „Neurowissenschaften langweilig zu machen“, indem er die Signaleigenschaften des Gehirns jedem nahe bringt und er davon träume, dass Schlagzeilen wie „Die Geheimnisse des Gehirns“ daher eines Tages nicht mehr auf den Titelseiten von Publikumszeitschriften auftauchen. Wenn er gerade keine Hirnfunktionen erforscht, trifft man ihn meistens in seiner Garage, wo er seine Oldtimer restauriert und repariert.

tmarzull@umich.edu

Hirak Parikh PhD, wuchs im indischen Pune auf, wo die Sommer heiß und die Winter mild sind. Nach seinem Vordiplom in Elektrotechnik an der Pune University wechselte er an die University of Michigan in den Bereich Biomedizintechnik. Sein Forschungsinteresse gilt der Frage, wie die Sechs-Schichten-Struktur des Neokortex zu dessen Funktion führt. Falls diese Frage unbeantwortet bleiben sollte, will Hirak Parikh auf die Suche nach dem unsichtbaren Mann, dem Homunculus, in den Tiefen des Gehirns gehen. Wenn er gerade keine Gehirnforschung betreibt (nachdem er sich die nötige Koffein-Dosis einverleibt hat), macht es ihm viel Freude, auf Wanderpfaden zu joggen, argentinischen Tango zu tanzen und Beatles-Lieder auf der Gitarre zu spielen. Daneben schreibt er auch Satiren und rezensiert Bücher und Kommentare zum Zustand der Welt auf seinem Blog http://hirak.blogspot.com.

hparikh@umich.edu

Michael Pauen Prof. Dr. phil., geboren in Krefeld, schwankte lange zwischen einer Karriere als Förster und einer Lebensstellung als Rockmusiker. Entschied sich dann aber für die Philosophie, studierte in Marburg, Frankfurt und Hamburg und vertritt das Fach seit 2001 zunächst als Professor in Magdeburg, dann an der Humboldt-Universität zu Berlin. Michael Pauen war Visiting Professor am Institute for Advanced Study in Amherst, Massachusetts, sowie Fellow an der Cornell-University, New York, und am Hanse-Wissenschaftskolleg in Delmenhorst, 1997 erhielt er den Ernst-Bloch-Förderpreis. Er ist als Sprecher der Berlin School of Mind and Brain in der Ausbildung von Doktoranden im Schnittfeld von Neurowissenschaften und Philosophie tätig. In diesem Bereich liegen auch die Forschungsschwerpunkte; besonderes Interesse gilt dabei den Konsequenzen der Neurowissenschaften für die alltägliche Praxis und für unser Menschenbild. Jüngste Veröffentlichungen: Was ist der Mensch? Die Entdeckung der Natur des Geistes, 2007; Freiheit, Schuld und Verantwortung (zus. mit Gerhard Roth), 2008.

pauen@gmx.de

Günter Schiepek Prof. Dr. phil. Dr. phil. habil., geboren in Traunstein, Studium der Psychologie in Salzburg, Habilitation für Psychologie in Bamberg. Langjährige Vertretung des Lehrstuhls für Klinische Psychologie an der Universität Münster und Leiter des Forschungsprojekts „Synergetik der Psychotherapie" an der RWTH Aachen (1998–2003). Seit 2008 Professor an der Paracelsus Medizinischen Privatuniversität Salzburg, wo er das Institut für Synergetik und Psychotherapieforschung leitet, zusätzlich Professur an der LMU München sowie Gastprofessuren in Klagenfurt und Krems. Mitglied der Europäischen Akademie der Wissenschaften und Künste und Ehrenmitglied der Systemischen Gesellschaft. Arbeitsschwerpunkte: Synergetik und Dynamik nichtlinearer Systeme in Psychologie, Management und Neurowissenschaften. Prozess-Outcome-Forschung in der Psychotherapie, Neurobiologie der Psychotherapie, computerbasiertes Real-Time-Monitoring in verschiedenen Anwendungsfeldern. Schiepek ist Wissenschaftlicher Beirat zahlreicher Institute, Verbände und Fachzeitschriften und Autor und Herausgeber von 20 Büchern und ca. 170 internationalen und deutschsprachigen wissenschaftlichen Publikationen. Er spielt Französisches Horn in der Bläsergruppe „Bien aller de Bavière", für die er einige eigene Kompositionen geschrieben hat.

guenter.schiepek@ccsys.de

Stephan Schleim M.A., geboren in Wiesbaden, Studium der Philosophie, Psychologie und Informatik an der Universität Mainz mit Schwerpunkt auf der Philosophie des Geistes und der experimentellen Psychologie. Abschluss 2005 mit einer Magisterarbeit über mentale Verursachung und das Leib-Seele-Problem. Von 2005 bis 2009 Mitarbeit im Team von Professor Henrik Walter, Bonn, wo er im Rahmen eines eigenen Projekts den emotionalen Beitrag zu Prozessen der moralischen Entscheidungsfindung untersuchte. Sein weiterer Schwerpunkt ist die philosophische Reflexion der Hirnforschung und die Neuroethik. Neben seiner Forschungsarbeit betätigt er sich als freier Wissenschaftsjournalist und berichtet unter anderem in einem Blog über die neuesten Forschungsergebnisse. In seiner Freizeit beschäftigt er sich am liebsten mit Tanz, Kampfkunst und Wandern.

stephan@schleim.info

Manfred Spitzer Prof. Dr. phil. Dr. med., geboren in Darmstadt, studierte Medizin, Psychologie und Philosophie in Freiburg, und finanzierte sein Studium teilweise mit Gitarrenunterricht und als One-man-Band. 1985 habilitierte er sich an der Universität Freiburg für das Fach Psychiatrie und war von 1990 bis 1997 als Oberarzt an der Psychiatrischen Universitätsklinik Heidelberg tätig, zwischenzeitlich zwei Gastprofessuren an der Harvard-Universität und am Institute for Cognitive and Decision Sciences in Oregon. Sein Forschungsschwerpunkt liegt im Grenzbereich der kognitiven Neurowissenschaft, der Lernforschung und Psychiatrie. Seit 1997 ist er Ordinarius für Psychiatrie in Ulm. Spitzer ist Herausgeber des psychiatrischen Anteils der Zeitschrift „Nervenheilkunde" im Schattauer Verlag und leitet das von ihm gegründete „Transferzentrum für Neurowissenschaften und Lernen" in Ulm mit dem Ziel, Schul- und Erwachsenenbildung durch die Anwendung der Erkenntnisse aus der Hirnforschung zu optimieren. Er hat zahlreiche wissenschaftliche Arbeiten in internationalen Fachzeitschriften sowie mehrere populärwissenschaftliche Bestseller veröffentlicht und moderiert eine wöchentliche Fernsehserie zum Thema Geist und Gehirn. In dem gemeinsam mit Wulf Bertram und Joram Ronel (s. d.) gegründeten Trio „Braintertainers" spielt er Schlagzeug und Trompete.

manfred.spitzer@uni-ulm.de

Hans-Otto Thomashoff Dr. med. Dr. phil, geboren in Köln, Studium in Freiburg, Tübingen und Hamburg mit diversen Auslandsaufenthalten in Jamaika, Malaysia, USA, Südafrika, Neuseeland und Österreich. Dort ließ er sich schließlich nieder und ist als selbständiger Psychiater und Psychoanalytiker (Wiener Psychoanalytische Vereinigung) in Wien tätig. Thomashoff ist promovierter Kunsthistoriker, der Schwerpunkt seiner Veröffentlichungen und Vorträge liegt in Kunstpsychologie und Psychodynamik künstlerischer Arbeit. In jüngster Zeit beschäftigt er sich mit integrativen Erklärungsmodellen zum Verständnis der menschlichen Aggression. Darüber hinaus konzipierte und kuratierte er weltweit Kunstausstellungen zum Thema Psyche und Kunst. Er ist Ehrenmitglied des Weltverbandes der Psychiatrie (WPA) und dort Präsident der Sektion für Kunst und Psychiatrie, kunsthistorischer Berater des Schattauer Verlages sowie Mitherausgeber des International Journal of Art Therapy, St. Petersburg. Er schrieb mehrere „Inspektor Federer"-Kriminalromane, 2009 erschien sein Buch „Versuchung des Bösen – So entkommen wir der Aggressionspirale" im Kösel Verlag.

www.thomashoff.de; dr@thomashoff.de

Dieter Vaitl Prof. (em.) Dr. phil., geboren in Garmisch-Partenkirchen, studierte Philosophie in Rom und Psychologie in Freiburg. Er war Assistent an der Psychosomatischen Abteilung der Universitätskinderklinik in Freiburg sowie Assistent und Professor für Psychophysiologie und Methodenlehre am Psychologischen Institut der Universität Münster. 1975 folgte er einem Ruf auf den Lehrstuhl für Klinische Psychologie an der Universität Gießen. Dort ist er bis heute Geschäftsführender Direktor des Instituts für Psychobiologie und Verhaltensmedizin sowie Direktor des Bender Institutes of Neuroimaging (BION), außerdem leitet er das Institut für Grenzgebiete der Psychologie und Psychohygiene in Freiburg. Gastprofessuren führten ihn unter anderem an die Universitäten Padua, Turin und Mailand. Von 1982–1988 war er Gründungspräsident der Deutschen Gesellschaft für Psychophysiologie sowie Präsident der Vereinigung europäischer Psychophysiologie-Gesellschaften (1994–1996). Er gehört zahlreichen wissenschaftlichen Fachgesellschaften an (z.B. Fellow der International Organization of Psychophysiology, Mitglied des National Institutes of Mental Health, USA) und war viele Jahre Fachgutachter der Deutschen Forschungsgemeinschaft. 1997 erhielt er den Deutschen Psychologie-Preis. Seine derzeitigen Forschungsschwerpunkte liegen auf dem Gebiet der neurobiologischen Grundlagen von Emotionen und veränderten Bewusstseinszuständen (z.B. Hypnose, Meditation).

vaitl@bion.de

Henrik Walter Prof. Dr. med. Dr. phil., geboren in Heidelberg, Studium der Medizin, Philosophie und Psychologie in Marburg, Gießen und Boston, Facharztausbildung in Neurologie und Psychiatrie in Düsseldorf, Hannover, Krefeld und Bad Schussenried. Von 1992–1994 wissenschaftlicher Mitarbeiter am Seminar für Philosophie der Universität Braunschweig, wo er sich insbesondere mit der Philosophie des Geistes und mit Wissenschaftstheorie beschäftigte. Promotion in Medizin zu biochemischen Mechanismen der Schocklunge (1992), in Philosophie über „Neurophilosophie der Willensfreiheit" (1997). Von 1998–2004 leitender Oberarzt und stellvertretender Ärztlicher Direktor der Psychiatrischen Universitätsklinik III in Ulm, 2003 Habilitation für Psychiatrie. Ab 2004 Professur für Biologische Psychiatrie an der Universität Frankfurt, seit 2006 Professur für Medizinische Psychologie an der Universität Bonn. Dort ist er als Direktor der Abteilung Medizinische Psychologie und Stellvertretender Ärzlicher Direktor der Klinik und Poliklinik für Psychiatrie und Psychotherapie tätig. Seine Forschungschwerpunkte sind die neurokognitionswissenschaftliche Untersuchung verschiedener Bereiche des menschlichen Denkens und Fühlens bei Gesunden und Patienten mit psychiatrischen Störungen sowie Neurophilosophie und Neuroethik.

henrik.walter@ukb.uni-bonn.de

Michael Heinrich Wiegand Prof. Dr. med. Dr med. habil., geboren in Altena/Westfalen, Studium der Medizin in Münster, Zürich und Heidelberg. Er promovierte in Zürich zum Doktor der Medizin über das Thema „Zur Frage der psychoreaktiven Auslösung endogener Psychosen". Von 1974–1981 Studium der Psychologie in Heidelberg und Paris, anschließend wissenschaftlicher Assistent an der Forschungsstelle für Psychopathologie und Psychotherapie in der Max-Planck-Gesellschaft München, danach wissenschaftlicher Assistent am Max-Planck-Institut für Psychiatrie, wo er auf einer akutpsychiatrischen und einer neurologischen Station tätig war. Von 1990–1995 war er Oberarzt an der Klinik und Poliklinik für Psychiatrie und Psychotherapie der TU München, wo er die Psychiatrische Poliklinik, den Psychiatrischen Konsiliardienst sowie das EEG-Labor leitete und das Schlafmedizinische Zentrum mit Schlaflabor aufbaute. 1994 Habilitation im Fach Psychiatrie, anschließend Forschungsaufenthalt in den USA mit dem Schwerpunkt „Bildgebende Verfahren in der Depressions- und Schlafforschung". 2004 wurde er zum apl. Professor der Psychiatrie der TU München ernannt. Wiegands wissenschaftliche Themenschwerpunkte sind u.a. die Effekte von Schlaf und Schlafentzug, pharmakologische Behandlung von Schlaf-Wachrhythmus-Störungen und die neurobiologische Traumforschung.

michael.wiegand@lrz.tu-muenchen.de

Personen- und Sachverzeichnis

A

B

E

H

I

L

M

N

O

P

R

S

T

U

V

W

Z